高职高专系列教材

U0807905

精细化工生产技术

（第二版）

吴海霞　王雪香　主编

中国石化出版社

内 容 提 要

全书共分十二个模块，主要介绍表面活性剂、助剂、胶黏剂、涂料、食品添加剂、染料与颜料、农药、油田化学品、水处理化学品、日用化学品、香精与香料、绿色精细化工。前十一个模块分别涉及一类精细化工产品的基本概念、分类、用途及性质，对典型产品的生产原料、反应原理、一般工艺流程、操作工艺、产品检测及复配应用进行了介绍，并给各模块配套安排了典型实训项目，第十二模块对绿色精细化工进行了介绍。

本书可作为高职高专精细化工技术、化工技术类相关专业的教材，也可供从事精细化工生产的工程技术人员参阅。

图书在版编目(CIP)数据

精细化工生产技术 / 吴海霞，王雪香主编. — 2版
— 北京：中国石化出版社，2019.10(2025.1重印)
ISBN 978-7-5114-5522-2

Ⅰ. ①精… Ⅱ. ①吴… ②王… Ⅲ. ①精细化工-化工生产 Ⅳ. ①TQ062

中国版本图书馆CIP数据核字(2019)第218612号

中国石化出版社出版发行

地址：北京市东城区安定门外大街58号
邮编：100011　电话：(010)57512500
发行部电话：(010)57512575
http://www.sinopec-press.com
E-mail：press@sinopec.com
北京科信印刷有限公司印刷
全国各地新华书店经销

*

787×1092毫米 16开本 26印张 672千字
2019年12月第2版　2025年1月第2次印刷
定价：65.00元

前　言

高职教育在服务产业转型升级和服务“中国制造2025”中，承担着为社会输送数以千万计的高素质劳动者和技术技能型人才的重任。加强教材建设是提高职业教育人才培养质量的关键环节，是加快推进职业教育教学改革创新的重要抓手，建设适应职业教育改革发展要求的教材显得尤为迫切。

高职高专系列教材《精细化工生产技术》自第一版问世以来，受到了许多读者和同行的支持及鼓励，为了使教材更具有现代职业教育特征，符合技术技能型人才成长规律。在第二版教材的编写过程中，除了对原内容进行必要的修改外，新增体现未来精细化工发展方向的绿色精细化工模块。在该模块中对目前比较热门的精细化工产品从原料、生产工艺、节能减排等方面进行了介绍，使学生初步了解绿色化工的特点，为今后从事精细化工行业的相关工作打下基础。同时，对模块六染料与颜料中的实训项目进行了更新，换为甲基橙的生产；对模块十和模块十一进行了完善。

在本书的编写过程中，绪论、模块一～模块三由兰州石化职业技术学院吴海霞修订；模块四～模块六由王雪香修订；模块七～模块九由王益民修订；模块十、模块十一由赵丽娟修订；模块十二由赵丽娟编写。全书由吴海霞和王雪香主编，耿化梅、刘珂、张宇婷老师也参与了部分修订工作。

限于编者水平有限，书中难免有不妥和疏漏，恳请读者批评指正。

编者

目　录

模块四　涂料

模块五　食品添加剂

模块六　染料与颜料

模块七　农药

模块八　油田化学品

模块九　水处理化学品

模块十　日用化学品

模块十一　香料与香精

模块十二　绿色精细化工

绪　论

一、精细化工和精细化学品

化工产品（或化学品）是指利用石油、天然气、煤和生物质，采用化学和物理方法生产的原材料。而化学工业的发展过程是人类对自然资源利用逐步深入的过程。当人们尚处于直接利用自然资源或仅能对自然资源进行简单加工时，还不能称为精细化工。只有随着科学的进步，化学工业逐步达到能够利用合成和复配的方法获得在应用性能上可以替代或超过天然物质的产品时，精细化学工业才开始成立。

“精细化学工业”通常简称为“精细化工”，是生产精细化学品工业的通称。精细化工产品又称精细化学品，是化学工业用来与通用化工产品或大宗化学品相区分的一个专用术语。通用化工产品一般指基本原料经过初步加工得到的大吨位产品，它是合成许多重要化工产品的原料或中间体，如醋酸、乙烯、苯等，以及一些应用范围广泛、生产中化工技术要求高、产量大的产品，如石油化工中的合成树脂、合成橡胶及合成纤维三大合成材料等。“精细化学品”一词在国外沿用已久，欧美国家大多将我国和日本所称的精细化学品分为精细化学品和专用化学品。其依据侧重于从产品的功能性来分，销售量小的化学型产品称为“精细化学品”；销售量小的功能型产品称为“专用化学品”。精细化学品和专用化学品的区别表现在以下六个方面：

（1）组成　精细化学品多为单一化合物，可以用化学式表示其成分；而专用化学品很少是单一的化合物，常常是若干种化学品组成的复合物或复配物，通常不能用化学式表示其成分。例如医药和农药的原药属于精细化学品，但是经过复配，剂型加工后商品化的医药和农药就都属于专用化学品了。

（2）使用性能　精细化学品不都是最终使用性产品，可进一步复配加工，故用途较广；而专用化学品大多为最终使用性产品，用途较窄。

（3）制备方法　精细化学品大体是用一种方法或类似的方法制造的，不同厂家的产品基本上没差别；而专用化学品的制造，各生产厂家互不相同，产品有差别，甚至可能完全不同。

（4）销售方式　精细化学品是按其所含的化学成分来销售的，而专用化学品是按其功能来销售的。

（5）更新周期　精细化学品的生命期相对较长，而专用化学品的生命期短，产品更新很快。

（6）附加值　专用化学品的附加价值率、利润率更高，技术保密性更强，更需要依靠专利保护或对技术诀窍严加保密，新产品的生产可完全依靠本企业的技术开发。

对精细化学品的定义，迄今为止，还没有一个公认的比较严格的提法。但有一种公认的定义：凡能增进或赋予一种或一类产品以特定功能，或自身具有某种特定功能的小批量、高纯度、深加工、附加值和利用率较高的化学品称为精细化学品（包括了上述的精细化学品和专用化学品）。

二、精细化学品的范畴和分类

精细化工的范畴相当广泛，包括的范围也无定论。各国对精细化工范畴的规定虽然有些不同但并无多大差别，只是划分的范围宽窄不同而已。《日本精细化工年鉴》中共分为 51 个行业类别。我国原化学工业部把精细化工产品分为 11 大类，具体分类是：①农药；②染料；③涂料；④颜料；⑤试剂和高纯物；⑥信息用化学品(包括感光材料、磁性材料等能接受电磁波的化学品)；⑦食品和饲料添加剂；⑧黏合剂；⑨催化剂和各种助剂；⑩化学药品(原料药)和日用化学品；⑪功能高分子材料。

其中，催化剂和各种助剂一项，又包括以下内容：

① 催化剂，分为炼油用、石油化工用、有机化工用、合成氨用、硫酸用、环保用和其他用途的催化剂；

② 印染助剂，含柔软剂、匀染剂、分散剂、抗静电剂、纤维用阻燃剂等；

③ 塑料助剂，含增塑剂、稳定剂、发泡剂、阻燃剂；

④ 橡胶助剂，含促进剂、防老剂、活化剂等；

⑤ 水处理剂，含水质稳定剂、缓蚀剂、软水剂、杀菌灭藻剂、絮凝剂等；

⑥ 纤维抽丝用油剂，涤纶长丝用、涤纶短丝用、锦纶用、腈纶用、丙纶用、维纶用、玻璃丝用油剂等；

⑦ 有机抽提剂，含吡咯烷酮系列、脂肪烃系列、乙腈系列、糠醛系列等；

⑧ 高分子聚合物添加剂，含引发剂、阻聚剂、终止剂、调节剂、活化剂等；

⑨ 表面活性剂，除家用洗涤剂以外的阳离子型、阴离子型、非离子型和两性型表面活性剂；

⑩ 皮革助剂，合成鞣剂、加脂剂、涂饰剂、光亮剂、软皮油等；

⑪ 农药用助剂，乳化剂、增效剂、稳定剂等；

⑫ 油田用化学品，含原油降凝剂和破乳剂、钻井防塌剂、泥浆用助剂等；

⑬ 混凝土添加剂，含减水剂、防水剂、脱模剂、泡沫剂等；

⑭ 机械、冶金用助剂，含防锈剂、清洗剂、电镀用助剂、焊接用助剂、渗炭剂、渗氮剂汽车等车辆防冻剂；

⑮ 油品添加剂，清净分散剂、抗磨剂、抗氧化剂、抗腐蚀剂、抗静电剂、黏度改进剂、降凝剂、抗爆剂、液压传动添加剂、变压器油添加剂等；

⑯ 炭黑，含高耐磨、半补强、色素等各种功能炭黑；

⑰ 吸附剂，含稀土分子筛系列、氧化铝系列、天然沸石系列、活性白土系列等；

⑱ 电子工业专用化学品(不包括光刻胶、掺杂物、MOS 试剂等高纯物和高纯气体)，含显像管用碳酸钾、氟化物、助焊剂、石墨乳等；

⑲ 纸张用添加剂，如增白剂、补强剂、防水剂、填充剂等；

⑳ 其他助剂。

必须说明的是，上述分类是我国原化工部在 1986 年从化学工业部的行业范围相关规定出发，并未包括精细化工的全部内容。生物技术产品、医药制剂、酶、精细陶瓷等也属于精细化工产品。随着精细化工的发展，新的品种还将不断地涌现，精细化工的范畴还将不断扩大。

三、精细化工的特点

与大宗化工产品不同，精细化工产品生产的过程包括化学合成和复配、剂型(制剂)的加工、商品化(或标准化)三个部分。每一过程中又包含多种化学、物理、生理、经济等方面的要求，使得精细化工行业必然是技术密集度高的产业，其主要特点体现在以下几个方面：

1. 小批量、多品种

精细化工品种繁多，每种产品都有其一定的适用范围，且用量不大，少量产品就能满足社会的不同需要。例如病人对药物的服用量是以毫克计量的，染料在纺织品上的用量不超过织物质量的3%~5%，香精和香料的用量约为1mg/kg，因此它们不可能像大宗化工产品一样大批量生产。相对于大宗化工产品而言，精细化学品批量小，其年产量从千克级到几吨，但也有上千吨的。例如，最常用的阴离子表面活性剂十二烷基苯磺酸钠的年产量就可达100kt以上。

多品种是精细化工产品的重要特点，首先由于产品应用面窄、针对性强，往往是一种类型的产品有多种牌号，例如全世界已有的食品添加剂有14000多种，我国现有的表面活性剂品种达2000多种；其次为了满足社会日益增长的各种要求，新产品和新剂型将不断出现；另外精细化工产品都具有一定的市场寿命，产品更新换代快促使新的品种不断增加。

小批量、多品种的特点决定了其生产大多采用间歇生产方式，且多数精细化学品的生产，从原料出发，经过深度加工才能制得，因而生产流程长、工序多。为了提高设备的利用率，许多工厂采用多品种综合生产流程，设计和制作用途广、功能多的生产装置。例如1973年，英国帝国化学工业公司就能以一套装备、三台计算机生产当时74个偶氮染料的50个品种。

2. 具有特定功能和专用性

与大宗化工产品的性能不同，精细化学品都具有特定的功能，专用性强而通用性弱。这种功能表现为特定的化学作用、物理作用和生物活性。例如，材料中加入阻燃剂就是为了提高材料的难燃性，即在接触火源时燃烧速度很慢，离开火源时能很快停止燃烧并熄灭。阻燃剂阻燃作用的发挥是通过物理和化学的途径来切断燃烧循环。物理作用表现在耐高温、高强、超硬、导体、磁性、吸热、压电、热敏、光电等，有时伴随化学作用。生物活性体现在能增进或赋予生物某种生理活性，例如植物生长调节剂具有促进植物细胞的生长、分裂、生根、发芽、开花、结果等作用。

3. 高技术密集

精细化工是综合性较强的技术密集型工业，而且产品更新换代快、市场寿命短、技术专利性强、市场竞争剧烈。精细化工产品的高技术密集体现在以下方面：

首先，精细化工产品从确定目标到要生产一个优质的精细化工产品，其流程较长，涉及化学、物理、工程、管理等方面，除了化学合成以外，还必须考虑如何使其商品化，这就要求多门学科知识的互相配合及综合运用。有些化合物的合成多达十几步反应，总收率有时会低于20%。因此，要想获得高质量、高收率，且性能稳定的产品，就需要掌握先进的生产技术和科学管理技术。不仅如此，同类精细化工产品之间的相互竞争也是十分激烈的。为了提高竞争力，必须坚持不懈地开展科学研究，注意采用新技术、新工艺和新设备，及时掌握国内外情报。因此，一个精细化学品的研究开发，要从市场调查、原料开发、产品合成、产品应用、市场开发以及技术服务等全面考虑和实施，这需要解决一系列的技术课题，渗透着多方面的技术、知识、经验和手段。

其次，技术密集体现在精细化工产品的开发费用高、时间长而成功率较低，特别是医药和农药，据美国1993年国会技术评价局称，开发一个新药品种的成功率仅为1/5000，平均开发成本达3.59亿美元，历时12年。其他精细化工产品的开发情况大体亦如此，如染料的专利开发成功率也仅为1‰~2‰。相对而言，剂型及系列不同牌号产品的开发，虽然也涉及多种学科及高密集技术，但其投资和风险毕竟小得多。因此，目前世界上新化合物的开发，通常都由技术和经济力量雄厚的大公司承担。

技术密集还表现在情报密集、信息量大而快。一方面由于精细化学品常根据市场需求和用户不断提出应用上的新要求改进工艺过程，或是对原化学结构进行修饰，或是修改更新配方和设计，其结果必然产生新产品或新牌号。另一方面，大量的基础研究工作产生的新化学品，也需要不断地寻找新的用途。为此，有的大型化学公司已经采用新型计算机信息处理技术对国际化学界研制的各种新化合物进行储存、分类以及功能检索，以达到快速设计和筛选的要求。

就技术密集度而言，化学工业是高技术密集指数工业，精细化工又是化学工业中的高技术密集指数工业。日本曾作过这方面的分析，以机械制造工业的技术密集度指数为100，则化学工业为248，而医药和涂料分别为340和279。精细化工产品的高技术密集的结果必然导致技术保密性强、技术垄断性强、销售利润率高。

4. 经济效益显著

精细化工行业属于投资小、利润及附加值高的行业。精细化工相对其他化学工业优势为投资少、效率高，资本密集度仅为化学工业平均指数的0.3~0.5，为化肥工业的0.2~0.3，一般投产3~5年即可收回全部设备投资。

精细化工产品的利润是较高的，这主要是缘于其技术的垄断。一些垄断技术及市场适销对路的产品，利润率甚至高达100%以上。一般精细化工产品的税前利润率通常可达15%~25%，而基本化工产品的税前利润率则仅在7%~15%之间。举例来说，1美元石油化工原料加工到合成材料，可增值8美元，如加工到精细化学品，则可增值到106美元。

附加价值是指在成品的产值中扣去原材料、税金、设备和厂房的折旧费后剩余部分的价值。这部分价值是指当产品从原材料开始经加工到成品的过程中实际增加的价值。它包括利润、工人劳动、动力消耗以及技术开发等费用，所以称为附加价值(附加值率是指附加价值和产值的比值)。精细化学品的附加值率一般高达50%以上，化肥和石油化工的附加值率仅20%。日本曾以氮肥100为基数推算其他行业的附加值指数为：石油化学品335.8，涂料732.4，医药制剂4078，农药310.6，塑料1213.2，感光材料589.4。

5. 大量采用复配技术

由于精细化学品应用对象的多种要求及特殊性，很难用一种原料来满足需要，必须采用复配技术。复配是指两种或两种以上物质通过恰当比例，按照一定的方式去混合，而获得一种新产品的技术或过程，体现出多种性能和协同效应。例如，日常生活中用到的牙膏一般由保湿剂、胶黏剂、摩擦剂、发泡剂、香味剂、稳定剂和特殊添加剂等组成，而仅在普通牙膏中按其配方中磨料不同可分为碳酸钙型、磷酸钙型、氢氧化铝型，其他由于特殊人群的需要又在配方中加入不同的药物使其具有防龋齿、脱敏、消炎、抗牙结石等功能。有些配方中的成分多达十几种。因此，在精细化工中，采用复配技术制得的商品数目，远远超过由化学合成制得的单一产品的数目。所以掌握复配技术，提高创新能力，不断开发新品种、新剂型、新配方，是当前精细化工发展的重要动向。

另外，剂型加工技术也广泛用于精细化学品的加工中。剂型是指将专用化学品加工制成适合使用的物理形态或分散形式，如制成液剂、混悬液、乳状液、可湿剂、半固体、粉剂、颗粒等以满足不同的使用需求。

6. 商业性强

精细化工产品的品种繁多，用户对商品的选择性高，市场竞争十分激烈，商品性强。由于精细化工品技术性强，研究花费大，更新换代快，又多是采用复配技术，为了保护生产者长远的利益，延长产品的市场寿命，就必须对技术有很高的保密性；要适应市场变化，随着人们的生活水平不断提高，会对现有的精细化工品使用性能提出更高的要求，因此经常做好市场调查和预测，不断研究消费者的心理要求，不断了解科学发展所提出的新课题，不断调查国内外同行的新动向，才能取得市场的竞争能力，不断给企业带来新的活力；另外要有配套的应用技术服务，精细化工的生产单位应在技术开发的同时，积极开发应用技术和开展技术服务工作，不断开拓市场，提高市场信誉，注意及时把市场信息反馈到生产计划中去，从而增强企业的经济效益。

四、精细化工在国民经济中的地位和作用

精细化学品与工农业生产、国防、尖端科技以及人们的日常生活密切相关。从国民经济的农、轻、重各部门，到国防科技、高新技术产业；从人们的衣食住行到文化生活的各个方面，无不依赖精细化学品。例如，人们平时穿的衣服材质主要有棉、麻、毛、合成纤维、皮革等，它们的加工制造过程中离不开染料、整理剂、洗涤剂、鞣剂、光亮剂等精细化学品；平时吃的粮食、蔬菜、肉蛋鱼、瓜果、饮品等，在其种植、饲养、加工、储运等过程中离不开农药、饲料、食品添加剂、保鲜剂等精细化学品。

可以说，现代生活中使用的各种材料、器具等，在其生产制造过程中，都使用和涉及了各种各样的精细化学品，精细化学品几乎渗透到国民经济的各个领域。

精细化工的作用体现在以下方面：

(1) 直接作最终产品或它的主要成分，例如，医药、兽药、农药、染料、颜料、香料、味精、糖精等。

(2) 增加或赋予各种材料以特性，例如，塑料工业所用的增塑剂、稳定剂等各种助剂。

(3) 增进和保障农、林、牧、渔业的丰产丰收，例如，选种、浸种、育秧、病虫害防治、土壤化学、改良水质、果品早熟、保鲜等都需要借助精细化学品的作用来完成。

(4) 丰富人民生活，例如，为人们生活提供丰富多彩的衣食住行等享受性用品，保障和促进人类健康、保护环境清洁卫生，提高人们生活水平，这些都离不开精细化学品。

(5) 促进技术进步，例如，感光材料及其应用技术的突破，促进了勘探测量手段的提升，在植物资源调查，森林树木死亡率分析，地下、地质和石油矿藏勘查等方面均有重要的应用。

(6) 高经济效益，这已影响到一些国家的技术经济政策，把精细化工视为生财之道，不断提高化学工业内部结构中精细化工所占的比重。

精细化工率(即精细化工总产值与化工总产值的比率)已成为衡量一个国家现代化程度的标准。发达国家的精细化工率已达到60%以上，我国目前为40%左右。致使我国每年要消耗数十亿美元的外汇进口所需的精细化学品，而国内许多化工产品由于加工的精细程度不够高，在国际市场无竞争力，这已经引起国家的重视。我国在染料、涂料、表面活性剂、黏

合剂、助剂、农药、医药、油品添加剂等行业都研究及制订了发展规划。今后精细化工依然是我国发展战略的重点之一。

五、精细化工现状和发展趋势

我们国家从“六五”开始，直到“十二五”国民经济发展计划中，都把精细化工，特别是新领域精细化工作为发展的战略重点之一。在政策和投资上予以倾斜，已安排100多个建设和改造项目，总投资已超过50亿元。经过20多年的努力，精细化工已在我国得到确立，其精细化工率2004年已经达到44.08%。据统计，2007年全国精细化工的工业产值为5000亿~5500亿元(不包括医药、兽药和日用化工)，产品总量约30Mt。虽然我国已跻身世界精细化工生产大国的行列，但与发达国家比，我国的精细化工仍存在以下的不足：

一是生产技术水平低，装备落后，原材料消耗高。我国的精细化工基本上是通过自身力量发展起来，生产的装备水平相对落后，虽然某些产品在国际市场具有一定的价格竞争能力，但产品的原材料消耗水平却高于发达国家，低成本主要是通过较低的装置投资和较低的劳动力成本获得的。

二是企业规模小。企业集中度低，资源利用效率低。由于我国精细化工成长过程正值经济体制转型期，由于具有投资规模小和高回报的特点，因此吸引了相当一批中小投资者参与国内精细化工的发展，企业的规模普遍较小，带来了资源利用效率低、污染源多、一些产品能力严重过剩等不良后果。

三是原料型产品多，深加工产品少。精细化工产品的特点是具有较强的配方性，虽然我国已能生产上万种精细化工产品，但仍以原料型产品居多，复配技术弱，因此企业的经济效益不十分理想。

四是较多企业不具备研发能力，低水平重复严重。产品更新换代快是精细化工产品的特点之一，因此研发能力是企业竞争力的核心。但由于企业规模小，绝大多数企业不具备开发新产品的能力，缺乏可持续发展能力。

五是高端产品少，专用性能不突出。由于研发水平所限、产学研脱节和对市场的发展认识不足，我国精细化工高端产品的配套能力不强。

未来我国经济发展的首要任务要调整经济结构，将高消耗型转为“节约型”，将高污染型转为“清洁型”。在这一调整进程中，国民经济各领域都将不断优化升级向更高水平发展，同时一些新兴产业将形成，如新兴的环保产业、新能源、新材料、新型保健品等，所有这些都为精细化学品提供了发展空间和市场机会。另外，我国化学工业正在全方位地由粗放型向专业化和精细化方向发展，正在实现化学工业自身的结构调整目标，这将对国内的精细化工行业的发展产生很大的促进作用。而我国未来部分产业的发展趋势将从以下几方面考虑：

1. 农药

根据国家农业生产和农产品安全的要求，未来我国的农药生产将进一步向高效、低毒、低残留方向发展；进一步优化产品结构，高毒、高残留品种的产量持续降低，重点发展国内尚不能生产的农药中间体、高毒农药替代产品的中间体、含杂环的农药中间体、手性农药的农药中间体，进一步调整生产企业结构，向集团化、大型化方向发展。

2. 染料

中国染料工业在实施总量控制、保持产量和出口为世界第一的基础上，今后将重点发展分散染料、活性染料、功能染料和天然染料；逐步淘汰含有芳香胺的染料，禁止118种禁用染料的生产；大力开发还原染料、直接染料、硫化染料和酸性染料的新品种；采用高新技术改造现有活性等染料及其配套中间体的生产企业，使产品更加精细化，做到经济规模，增加绿色、环保、天然的比重。

3. 涂料

中国涂料的消费量一直保持较高的增长速度，年均增长率约为8%。2007年，中国涂料总产量接近6Mt。随着房地产业的发展，为建筑涂料带来发展机遇，为满足建筑业（特别是室内建筑材料十项标准强制执行）的要求，解决溶剂型涂料残余总挥发分（VOC）高，对环境污染、影响人体健康的问题，今后将大力发展国产水溶性、环保型内墙和木器家具涂料，丙烯酸系列等防污染外墙涂料。重点发展中高档汽车涂料、船舶涂料、工业和民用防腐和防火涂料。

4. 食品添加剂

我国食品添加剂今后的发展重点：一是进入一日三餐的方便营养的食品生产所用添加剂，如安全、高效、复配型的抗氧、防霉保鲜剂，面粉改良剂、乳化剂及增稠剂，主要产品有单甘酯、卵磷脂、异维生素C、丙酸盐、黄原胶等；二是满足各种人群需要的特殊营养食品所用添加剂，如糖尿病人用的代糖添加剂，肥胖病人用的脂肪替代品等。

5. 塑料助剂

中国塑料助剂的生产企业有700多家，塑料助剂的用量达到1500kt，其中PVC加工用助剂为1200kt。将重点发展柠檬酸酯类无毒增塑剂；苯甲酸酯类耐污染增塑剂；将现有酯类增塑剂生产中酯化所用硫酸催化剂改为固体酸催化剂，并使生产从间断变为连续。热稳定剂将向无锡低铅无尘化方向发展；阻燃剂应向低毒、低烟（或抑烟）、低腐蚀、无卤化方向发展；迅速开发聚苯硫醚（PPS）等耐高温特种工程塑料及高分子合金的加工以及塑料制品多次回收利用所需的助剂。

6. 胶黏剂

随着一系列环保及安全法规的颁布，胶黏剂将重点发展低甲醛释放量的脲醛胶、高档次的聚氨酯类胶黏剂，淘汰污染严重的鞋用氯丁胶；满足电子工业、汽车工业和建筑工业要求的高性能环氧胶、PVC热熔胶以及有机硅建筑密封胶等。

模块一

表面活性剂

知识目标 掌握表面活性剂的定义、结构特点；理解表面活性剂的应用；理解磺化反应，乙氧基化反应的基本原理，理解典型产品的结构、性质、生产工艺及其应用；理解配方在最终商品中的地位。

技能目标 能够进行典型表面活性剂的生产。

项目一 基本知识

表面活性剂是一类具有双亲结构的化合物，分子中一般含有两种不同极性的基团，既有亲油基团又含有亲水基团。表面活性剂具有改变表面润湿性、乳化、破乳、起泡、分散等多方面的作用。目前，表面活性剂的应用已经渗透到纺织、皮革、塑料、食品、化工、采矿等几乎所有的领域和技术部门。表面活性剂虽然用量小，但对改进工艺、提高质量、增产节约收效显著，有“工业味精”的美称。人们对其进行系统的理论和应用研究并不长，但是由于上述独特的多功能性，发展十分迅速。目前全世界表面活性剂产量年增长 9.1%，已有 5000 多个品种，上万种商品号。

一、表面活性剂的定义

界面是指由不同相的物质相互接触，形成相与相的分界面。通常人们见到的物质聚集状态有气相、液相和固相，它们两两组合后，界面可分为气-液、气-固、液-固、液-液、固-固五种类型。由于人眼看不见气相，所以常把气-液、气-固界面称作表面。当液体与其他物体接触时，液体内部分子的受力与液体表面层分子的受力不相同。例如，当液体与空气相接触时，液体内部分子对液体表面层的吸引力大于空气对液体表面层的吸引力。所以，液体表面就产生内向聚集呈现球形的现象，液体保持这种现象的力称为表面张力。同样，其他两相之间所具有的张力都可称为界面张力。

某些物质具有使溶剂的表面张力下降的性质，称为表面活性；而把具有表面活性，加入很少量就能显著降低溶剂(一般为水)的表面张力，改变体系界面状态的物质称为表面活性剂。

二、表面活性剂的结构和亲水亲油平衡值

表面活性剂分子都是双亲化合物，分子具有不对称的极性结构，一般由两部分组成，一部分易溶于水，具有亲水性质，叫做亲水基；另一部分不溶于水而易溶于油，具有亲油性质，叫做亲油基或疏水基。两类结构和性能截然相反的分子碎片或基团处于同一分子的两端并以化学键相连，这种结构赋予了该类分子既亲水、又亲油，但又不是整体亲水或亲油的特性。

表示表面活性剂的亲水性、亲油性好坏的指标叫做亲水亲油平衡值(*HLB*)。一般 *HLB* 值越大，说明该表面活性剂的亲水性越强，*HLB* 值越小，说明其亲油性越强。获得 *HLB* 值的方法有实验法和计算法两种。*HLB* 值没有绝对值，是相对于某个标准所得的值。一般以石蜡的 *HLB* 值为 0，没有亲油基的聚乙二醇 *HLB* 值为 20 作为标准。

HLB 值的计算可采用 Davies 法，即 *HLB* 作为结构因子的总和来处理，把表面活性剂结构分解为一些基团，每一基团对 *HLB* 均有确定的贡献。自实验结果可得各种基团的 *HLB* 数值，称为 *HLB* 基团数值。一些基团的 *HLB* 值列在表 1-1 中，将 *HLB* 值代入下式，即可算出表面活性剂的 *HLB* 值。

$$HLB = 7 + \sum(\text{亲水的基团数}) - \sum(\text{亲油的基团数})$$

对于非离子表面活性剂，则可用下式计算：

$$HLB=(E+P)/5$$

其中，E 代表表面活性剂分子中的环氧乙烷的质量分数；P 为多元醇的质量分数。阴、阳离子型表面活性剂的 *HLB* 值在 1~40 之间，而非离子表面活性剂的 *HLB* 值在 1~20 之间。

表 1-1　一些基团的 *HLB* 值

亲水的基团数		亲油的基团数		亲水的基团数		亲油的基团数	
SO_4Na	38.7	—CH—	0.475	酯(自由)	2.4	$—(C_3H_4O)—$ (氧丙烯基)	0.5
COOK	21.1	$—CH_2—$	0.475	COOH	2.1	$—CF_2—$	0.87
COONa	19.1	$—CH_3$	0.475	—OH(自由)	1.9	$—CF_3$	0.87
SO_3Na	11.0			—O—	1.3		
—N(叔胺)	9.4			—OH(失水山梨醇环)	0.5		
酯(先水山梨醇环)	6.8			$—(C_2H_4O)—$	0.33		

表面活性剂的性质由其化学结构所决定，而 *HLB* 值的大小与化学结构紧密相联，因此根据表面活性剂的 *HLB* 的大小就可判定其大体的性质及用途。*HLB* 值在 1.5~3.0 时，可作为消泡剂；*HLB* 值在 3~6 时，可作为 W/O(油包水型乳状液)的乳化剂；*HLB* 值在 7~9 时，可作为润湿剂；*HLB* 值在 8~18 时，可作为 O/W(水包油型乳状液)的乳化剂，*HLB* 值在 13~15 时，可作为洗涤剂；*HLB* 值在 15~18 时可作为增溶剂。使用 *HLB* 值时应该注意的是，它只是一种由经验式得来的数值，其方法比较粗糙，所以仅仅依靠 *HLB* 值来确定表面活性剂的性质往往是不可靠的。

三、表面活性剂的分类

表面活性剂的分类方法很多，例如根据疏水基的结构进行分类，分为直链、支链、芳香

链、含氟长链等；根据亲水基进行分类，分为羧酸盐、硫酸盐、季铵盐、内酯等。最常用的分类方法是根据表面活性剂在水溶液中能否解离出离子和解离出什么样的离子来分类。凡是在水溶液中能离解成离子的叫离子型表面活性剂，按照离子所带的电荷不同，又分为阴离子型、阳离子型及两性型表面活性剂。在水溶液中不能电离，只能以分子状态存在的称作非离子型表面活性剂。一些具有特殊功能或特殊组成的新型表面活性剂，未按照离子性、非离子性划分，而是按照其特性列入特殊表面活性剂类。

1. 阴离子型表面活性剂

这类表面活性剂在水溶液中能解离出带负电荷的亲水性原子团，按其亲水基又可分为：

(1) 羧酸盐类　　R—COOM

(2) 磺酸盐类　　$R—SO_3M$（R 包括芳基）

(3) 硫酸酯盐类　　$R—OSO_3M$

(4) 磷酸酯盐类　　$R—OPO_3RM$　　$R—OPO_3M_2$

(5) 酰基氨基酸盐类　　R′CONHR″COOM

由于 R 和 M 不同，每一种又可衍生出许多种类的表面活性剂，其中烷基苯磺酸钠的产量最大，是合成洗涤剂的重要成分之一。阴离子型表面活性剂一般都具有好的渗透、润湿、乳化、分散、增溶、起泡、去污等作用。

2. 阳离子型表面活性剂

该类表面活性剂在水溶液中能解离出带正电荷的亲水性原子团，工业上一般不直接应用阳离子表面活性剂的表面活性，多利用其派生性质。它除用作纤维柔软剂、抗静电剂、防水剂、染色助剂等之外，还用作矿物浮选剂、防锈剂、杀菌剂、防腐剂等。阳离子表面活性剂以胺系为主，分类如下：

(1) 脂肪胺盐　　伯胺盐类　　$R—NH_2 \cdot HX$

　　　　　　　　仲胺盐类　　$R—NH(CH_3) \cdot HX$

　　　　　　　　叔胺盐类　　$R—NH(CH_3)_2 \cdot HX$

　　　　　　　　季铵盐类　　$R—N^+(CH_3)_3 \cdot X^-$

(2) 烷基咪唑盐

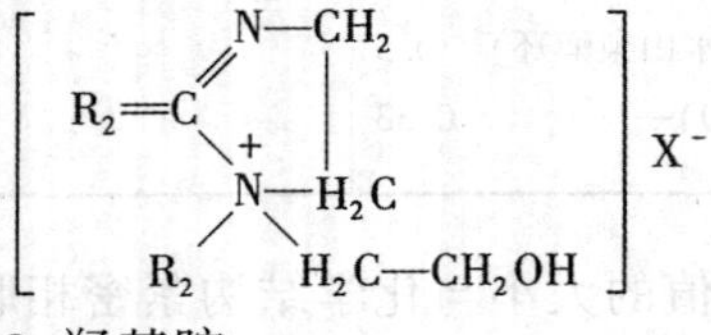

(3) 烷基吡啶盐

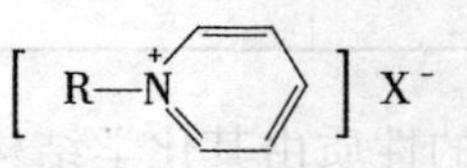

(4) β-羟基胺

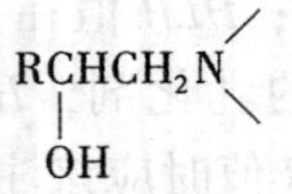

(5) 磷化合物

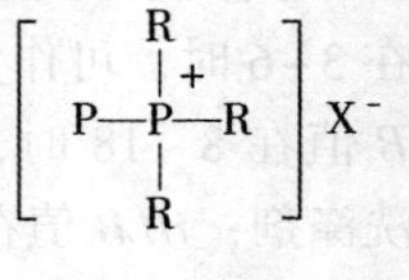

3. 两性离子表面活性剂

该类表面活性剂在它的分子中同时含有可溶于水的正电荷基团和负电荷基团。在酸性溶液中正电荷基团呈阳离子性质，显示阳离子型表面活性剂性质；在碱性溶液中，带负电荷基团呈阴离子性质，表现为阴离子型表面活性剂性质；而在中性溶液中呈非离子性质。主要包括以下几类：

(1)羧酸盐类

$R—NHCH_2CH_2COOH$

氨基酸型

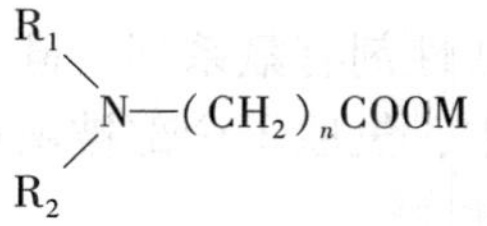

甜菜碱型

(2)磺酸盐型(磺化内铵盐)

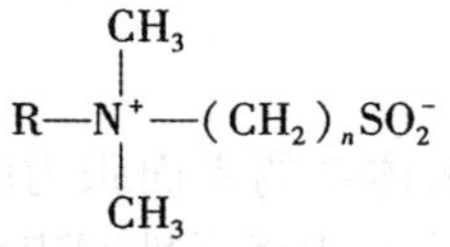

(3)硫酸酯盐型(氨基硫酸酯盐)

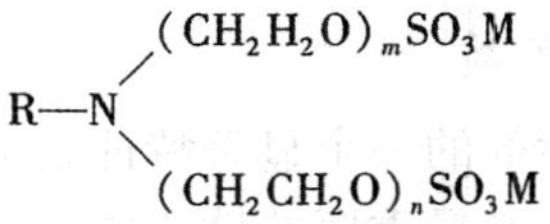

(4)咪唑啉盐

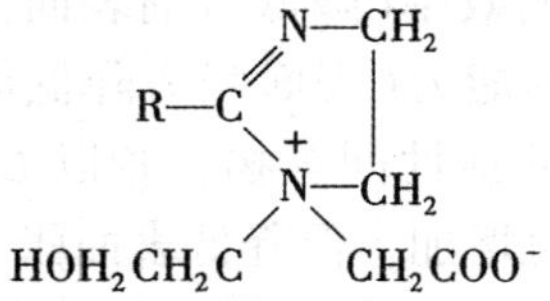

(5)氧化铵

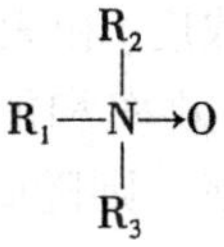

4. 非离子型表面活性剂

该类表面活性剂溶于水后不解离成离子，因而不带电荷，但同样具有亲水性和亲油性。可分为以下几类：

(1)聚乙二醇型

$RO\text{-}(C_2H_4O)_n\text{-}H$

脂肪醇聚环氧乙烷醚

$RCOO\text{-}(C_2H_4O)_n\text{-}H$

脂肪酸聚环氧乙烷酯

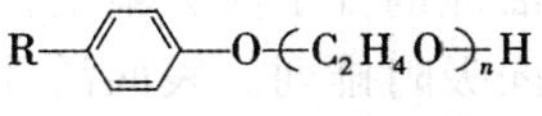

烷基酚聚环氧乙烷醚

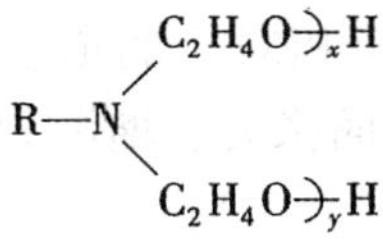

或

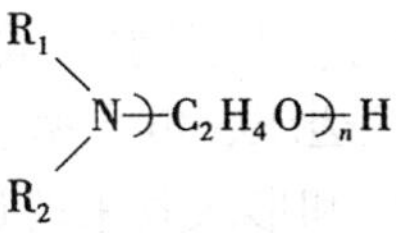

聚环氧乙烷烷基胺

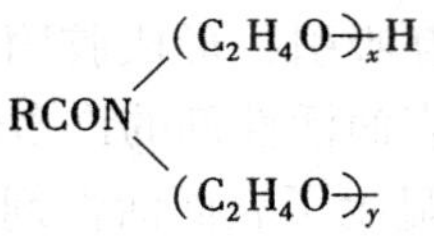

或 $RCONH(C_2H_4O)_n\text{-}H$

聚环氧乙烷烷基醇酰胺

(2)多元醇型

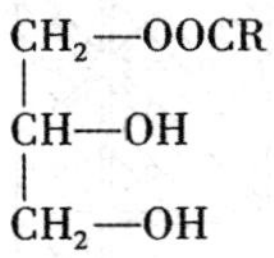

甘油脂肪酸

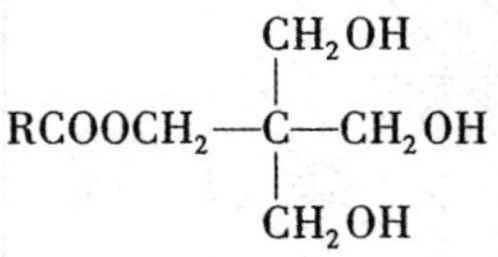

季戊四醇脂肪酸酯

$RCOOC_{12}H_{23}O_{10}$

蔗糖脂肪酸酯

$RCOOC_6H_8(OH)_5$

山梨醇脂肪酸酯

$RCOOC_6H_8(OH)_3$

失水山梨醇脂肪酸酯

(3)聚醚

$RO\text{-}(C_2H_4O)_a\text{-}(C_3H_6O)_b\text{-}(C_2H_4O)_c\text{-}H$

(4)烷基醇酰胺

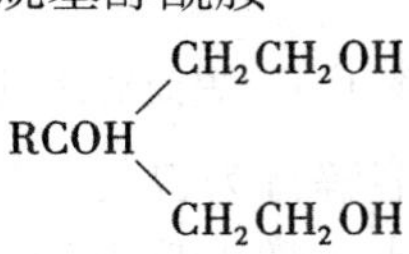

(5)烷基多苷

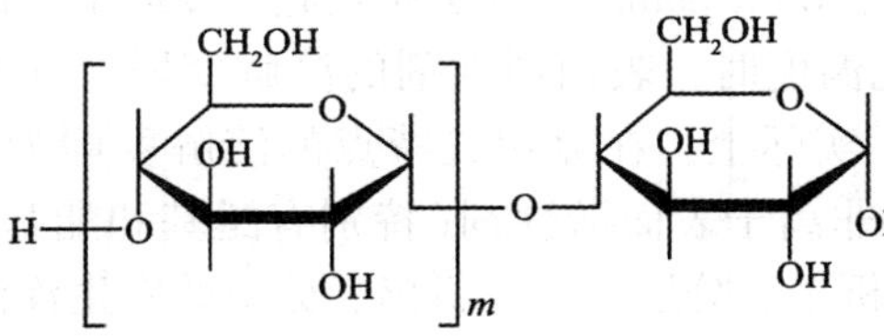

α-型

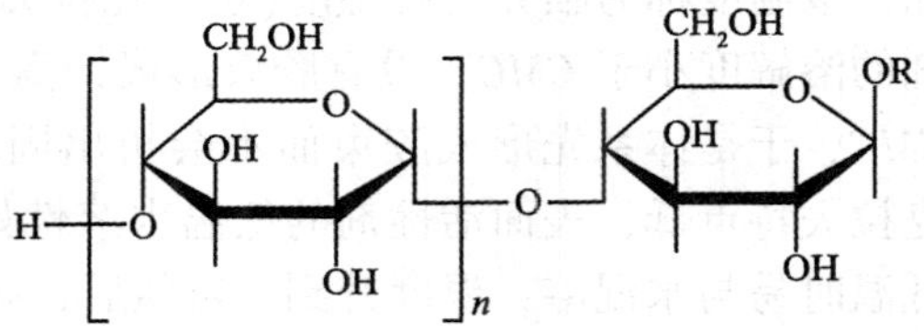

β-型

5. 特殊表面活性剂

特殊表面活性剂有氟系列、硅系列、含硼、聚合物表面活性剂等。含氟型是指表面活性剂中的碳氢链中，氢原子全部被氟原子取代；而含硅型是指以聚硅烷链为疏水基团。它们均具有高表面活性。

四、表面活性剂的性质和作用

1. 基本性质

表面活性剂的一个显著特征是会使水溶液的表面张力或油/水体系的界面张力降低，这也是表面活性剂最重要的性质之一，因此可以将表面张力的降低作为表面活性剂表面活性大小的度量。主要有两种度量形式：表面活性剂表面张力降低的效率(降低溶剂表面张力至一定值时所需表面活性剂的浓度)和表面活性剂表面张力降低的能力(表面张力降低能达到的最大程度)，表面活性剂的效率和能力不一定平行。对于表面活性同等物，若以 *CMC* 的倒数代表降低表面张力的效率，则随碳原子数的增加，其效率也增加，但降低表面张力的能力则基本不发生变化。一般来说，在水溶液中，表面活性剂的效率随其亲油性增加而增加，即随碳原子数的增加而增加，与同碳原子数的直链相比，亲油基上有支链时，效率变小；对于有相同亲油基的聚氧乙烯化非离子表面活性剂，其降低表面张力的效率，随氧乙烯基数目的增加而缓慢下降。前已述及，表面活性剂具有双亲结构，因此当表面活性剂水溶液浓度比较低时，表面活性剂分子便会聚集在界面上，以亲水基朝向水相、疏水基背向水相插入气相或油相形成定向吸附排列。表面活性剂的这种界面吸附、定向排列的界面活性是许多界面现象的基础。当表面活性剂在界面吸附达到饱和时，疏水作用将导致溶液中的表面活性剂以亲水基朝向水相，疏水基相互吸引，形成胶团(或胶束)。与刚刚形成胶束相对应的浓度称为临界胶束浓度。事实上，表面活性剂的许多性质如渗透压、电导率、表面张力、增溶力、去污力均发生突变。图 1-1 显示了表面活性剂界面定向和形成胶束的过程。

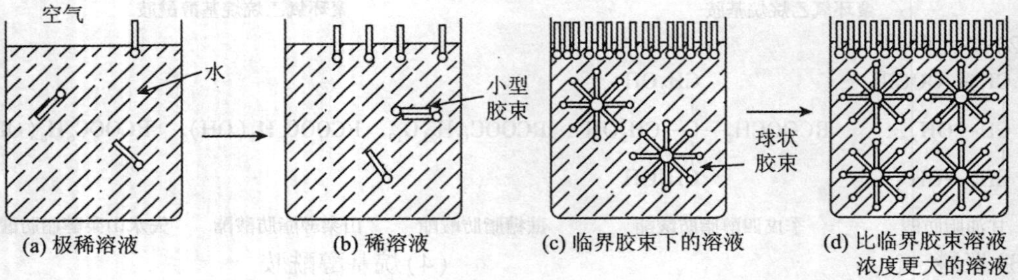

图 1-1　表面活性剂的浓度变化和表面活性剂的活动情况的关系

表面活性剂的溶解行为也与一般有机化合物不同，有两种特殊的现象。离子型表面活性剂在低温时溶解度小，随温度升高，溶解度逐渐增大，但到达某一温度时，溶解度急剧增加，该温度称为临界溶解温度(也叫克拉夫特点 Krafft point)。其实质是此温度以下表面活性剂的溶解度小于 *CMC*，没有胶束形成，高于此温度时，表面活性剂的溶解度增大到大于其 *CMC*，于是体系先形成胶束而不会析出固体。实际上，在克拉夫特点的溶解度即为 *CMC*。克拉夫特点低，表面活性剂的低温水溶性好。非离子表面活性剂(特别有醚基和酯基的)在低温时易与水混溶，温度升到一定值后，则会析出、分层，这一析出、分层并发生浑浊的温度称为浊点。这种现象是由于分子内醚键和酯基容易与水分子形成氢键，但又很不稳定，升高温度，氢键断裂而析出导致的。

对于应用而言，Krafft 点是一个下限温度，而浊点是上限温度。

2. 分散作用

分散是指内相为不溶性固体微粒分布在外相为液体或半固体组成的粗分散体系，这种体系也叫悬浮液。悬浮液至少由三部分组成：分散相、连续相和分散剂。表面活性剂常用作分散剂或悬浮剂。在分散过程中，表面活性剂的作用体现在可以通过静电作用在亲水粒子表面形成反向吸附层，增大油溶性(或通过疏水作用在亲油粒子表面形成正向吸附，增大水溶性)；非离子表面活性剂利用其庞大亲水头造成空间阻碍，阻止分散微粒重新靠近和合并；加大离子性表面活性剂浓度，在反向吸附层上形成第二层带电吸附层会使分散粒子因电性排斥而得到分散。

3. 润湿作用

固体和液体接触时，原来的固-气界面消失，形成新的固-液界面，此过程称为润湿。在清洁的玻璃上滴一滴水，水会在玻璃表面铺展开，而在石蜡上滴一滴水，则不能铺展而保持滴状。表面活性剂能提高水的润湿及渗透能力，润湿性的大小可用接触角 θ 表示。接触角指的是在固液气三相交界处，自固液经过液体内部到气液界面的夹角，以图 1-2表示。通常将 $\theta=90°$定为是否润湿的标准，$\theta>90°$叫不润湿，$\theta<90°$叫润湿，θ 越小，润湿越好。

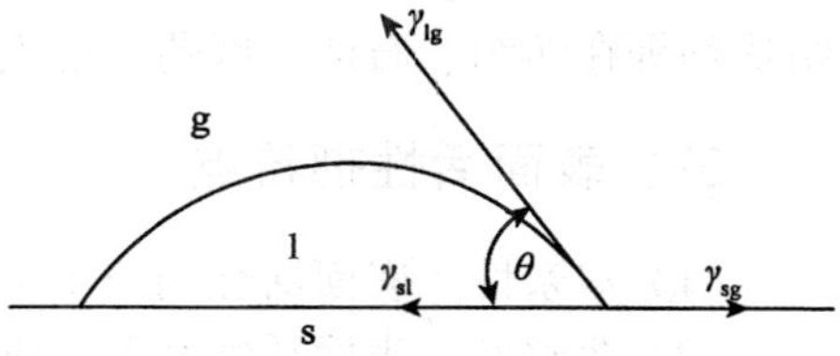

图 1-2　接触角

4. 乳化作用

两种互不相溶的液体，一种以微粒(液滴或液晶)形式分散于另一种中形成的体系为乳状液。为使乳状液稳定需要加入第三种组分乳化剂。乳状液中以液滴存在的那一相称为分散相(或内相、不连续相)，连成一片的一相叫分散介质(或外相、连续相)。表面活性剂的乳化作用主要依赖于表面活性剂的亲水亲油性和在油/水界面的吸附，降低了两相的界面张力，并在界面形成稳定的吸附层防止分散液滴重新聚并，最终形成水为连续相的(O/W 型)或油为连续相的(W/O 型)乳状液。乳状液是热力学不稳定体系。因为要将一种液体高度分散于另一种液体中，就大大地增加了体系的界面，需要对体系做功。这就增加了体系的总能量，这部分能量以界面形式存在于体系之中。因此被分散的液珠有力图减少界面、降低界面能、自发凝结的倾向。因此说乳状液是热力学不稳定体系。

5. 增溶作用

表面活性剂在水溶液中形成胶束后具有能使不溶或微溶于水的有机物的溶解度显著增大的能力，且此时溶液呈透明状，胶束的这种作用称为增溶。能产生增溶作用的表面活性剂叫增溶剂，被增溶的有机物称为被增溶物。增溶体系和乳状液不同，它在热力学上是稳定的。

6. 起泡作用

泡沫是由液体薄膜或固体薄膜隔离开的气泡聚集体，可分为液体泡沫和固体泡沫。仅由液体和气体形成的泡沫为两相泡沫，当其中含有固体粉末时，形成的是多相泡沫。只有溶液才能明显起泡，纯液体则不能，即使压入气泡，也不能形成泡沫。起泡作用可用于矿物的浮选。首先采用能大量起泡的表面活性剂(起泡剂)，当向水中通入空气或由于水的搅动引起空气进入水中时，表面活性剂的疏水端在气/液界面上向气泡中空气的一方定向，亲水端留在溶液中，形成气泡。另一种起捕集作用的表面活性剂，在固体矿粉的表面吸附，这种吸附随矿物的不同而具有选择性，而向外的疏水端部分插入气泡内。这样在浮选过程中气泡可把指定的矿粉带走，达到选矿的目的，如图 1-3 所示。

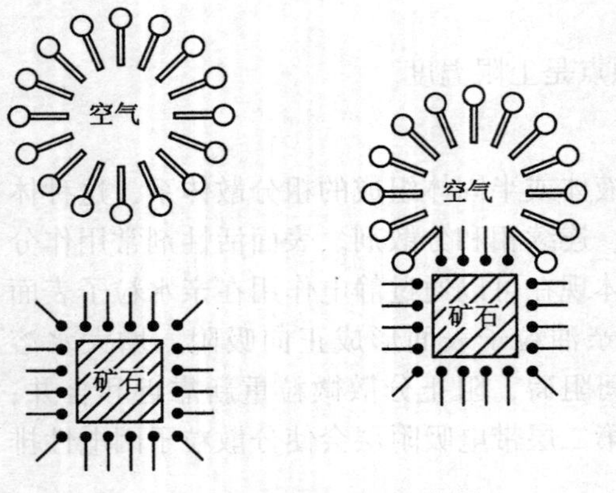

图 1-3　浮选过程示意图

—— 捕集剂；○═ 起泡剂

表面活性剂除了具有以上作用外还具有去污、消泡、保湿、润滑、杀菌、柔软、抗静电、防腐蚀、凝聚、平滑、减磨、防锈、防水、防冰、防雾、脱脂等作用。它作为精炼剂、洗净剂、乳化剂、渗透剂、扩散剂、分散剂、抑制剂、防结块剂等在纺织、石油、医药、造纸、农业、化工、冶金、建筑等领域广泛应用。

五、表面活性剂特点

(1) 双亲性　表面活性剂分子中应同时具有亲水性和亲油性的官能团。

(2) 溶解性　表面活性剂至少应溶于液相中的某一相。

(3) 界面吸附　达到平衡时，表面活性剂在溶液内部的浓度小于溶液表面的浓度。

(4) 界面定向　吸附在界面的表面活性剂分子会定向排列成分子层。

(5) 生成胶束　当表面活性剂在溶剂中浓度达到一定值时，它的分子会聚集而形成胶束。

开始出现这一变化的极限浓度为临界胶束浓度(CMC)。

(6) 多功能性　表面活性剂通常具有多种功能，如清洗、发泡、乳化、分散等。

项目二　阴离子表面活性剂

阴离子表面活性剂指的是在溶于水时，能够解离出发挥表面活性作用带负电荷基团的表面活性剂。人们很早就使用阴离子表面活性剂，从古代的草木灰到肥皂，揭开了近代表面活性剂工业的序幕，接着出现了磺化蓖麻油(俗称红油)，红油长期应用于纺织纤维的染色整理，后来出现了高级醇硫酸酯盐及烷基苯磺酸盐等。由于其价格和性能比较适宜，因此它是各类表面活性剂中应用最广、产量最大的一类。

一、主要品种

(一) 羧酸盐型阴离子表面活性剂

1. 肥皂

肥皂是历史悠久产量较大的一种阴离子表面活性剂产品，其化学式为 RCOOM，其中 R 为 C_8~C_{22}烃基，M 为 Na、K 或 NH_4，一般为 Na。肥皂是由天然动物、植物油脂与碱皂化制得，其化学反应式为：

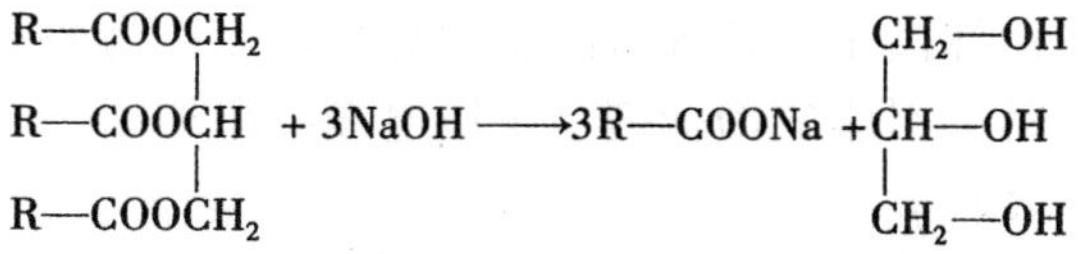

工业制皂有盐析法、中和法和直接法，盐析法和直接法的原理都是油脂皂化法。传统盐析法是将油脂和碱液放入皂化釜，加热煮沸，待皂化后注入盐析池，加浓盐水进行盐析，上层肥皂精加工得产品，下层甘油回收加工得副产品。生产周期需数日。为缩短周期可采用中和法，即采用氧化锌、石灰作催化剂，先将油脂高压水解，再加碱中和。较先进的工艺是连续皂化法，即利用油脂在高温 200℃高压 20～30MPa 下快速皂化，4min 即可得 40%～80%的肥皂，产品质优价廉。

皂化所用的碱可以是氢氧化钠或氢氧化钾，前者得到的肥皂叫钠皂，主要制作洗衣皂和香皂；后者叫钾皂，主要作化妆皂。肥皂的性质除与金属离子的种类有关外，还与脂肪酸部分烃基组成有关。钠皂质地最硬，钾皂次之，胺皂最软，脂肪酸的碳链越长，饱和度越大，凝点越高，用其制成的肥皂越硬。

硬脂酸钠($C_{17}H_{35}COONa$)是具有脂肪气味的白色粉末，易溶于热水和热乙醇，用于制造皂类洗涤剂，是常用的化妆品乳化剂。

2. 多羧酸皂类

多羧酸皂的典型产品是琥珀酸(即丁二酸)系列制品，主要用作润滑油添加剂、防锈剂。其制备一般是 $C_3 \sim C_{24}$ 的烯烃与顺丁烯二酸酐在 200℃下直接加成为烷基琥珀酸酐。其反应为：

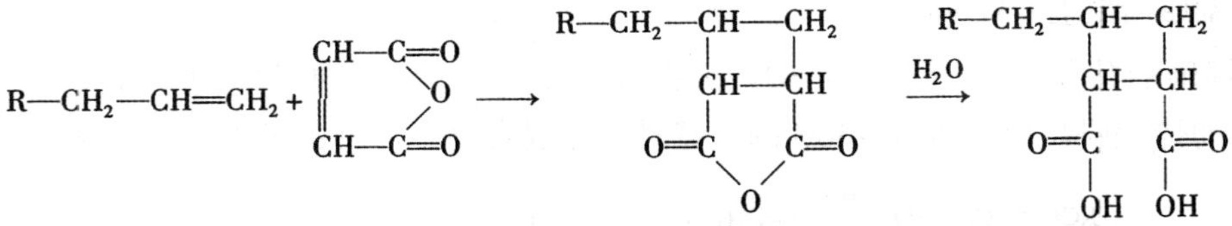

由于分子中含有两个亲水基，其表面活性不是很强，所以常将此系列产品中两个羧基中的一个用丁醇或戊醇酯化，生成单羧酸钠盐，即变为润湿、洗净、乳化作用良好的表面活性剂。

3. 酰基氨基羧酸盐

人们在使用过程中发现肥皂有冷水溶解度差、不耐硬水的缺点，因而开发了一批以脂肪酸为长链疏水基，通过各种桥接成分与羧基连接的羧酸盐型表面活性剂，这类表面活性剂也叫做改性肥皂，酰基氨基羧酸盐是典型代表品种，其主要由相应链长的脂肪酰氯与各种氨基酸或氨基酸缩合物反应制得。结构为：

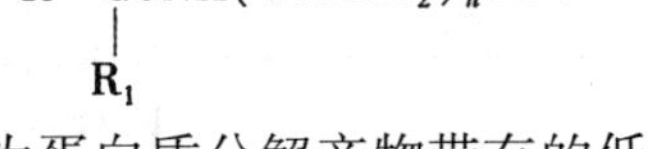

其中，R 为长链烷基；R_1 和 R_2 为蛋白质分解产物带有的低碳烷基。常用的氨基酸原料是肌氨酸和蛋白质水解物，脂肪酰氯为月桂酰氯、肉豆蔻酰氯、棕榈酰氯、硬脂酰氯及油酰氯。

酰基肌氨基酸盐(ASA)是开发较早的一种改性皂。ASA 的制备可在 pH 值为 10.5、温度为 50℃的条件下，肌氨酸钠水溶液与酰氯、氢氧化钠反应制得：

$$CH_3NHCH_2COONa+C_{11}H_{23}COCl+NaOH \longrightarrow C_{11}H_{23}CON(CH_3)CH_2COONa+NaCl+H_2O$$

ASA 具有良好的综合性能，是个人卫生用品中优秀的原材料，由于其丰富奶油质的泡沫特性，可以用在香波、泡沫浴中；其独特的抗龋齿性可以作为牙膏的发泡剂和杀菌剂，油田中也可用作杀菌剂，还是润滑脂的增稠剂、金属电镀的添加剂。

（二）磺酸盐类表面活性剂

磺酸盐表面活性剂是阴离子表面活性剂的主要品种，其亲油基为长链烃基、烷基芳基、含有酯、醚、酰胺基的烃基，亲水基的 C—S 键对氧化和水解较稳定，在硬水中不易产生钙、镁磺酸盐沉淀物。磺酸盐表面活性剂是生产洗涤剂的主要原料，并广泛用作渗透剂、润湿剂、防锈剂等。

1. 烷基苯磺酸盐

烷基苯磺酸盐的结构式为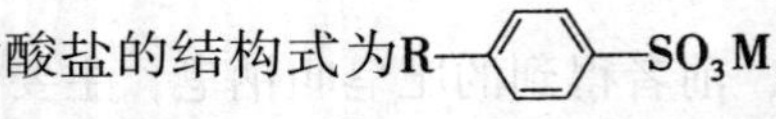，R 是 C_{10} ~ C_{18} 烷基，M 可以是 Na、K、NH_4。而烷基苯磺酸钠是其中产量最大的阴离子表面活性剂，约占阴离子表面活性剂总量的 90% 左右。烷基苯磺酸钠是一种乳白色的流动性浆状物，经钝化后可形成六角形或斜方形薄片状晶体。从分子结构看，它由亲油性烷基基团、离子性的亲水磺酸基团及作为连接手段的亲油性苯环基团三部分构成。经过对其结构与性能之间关系的研究，从其表面活性与生物降解性两方面考虑，理想的烷基苯磺酸钠盐的结构应该是 C_{10} ~ C_{14} 的直链烷基，苯环在烷基的第三或第四个碳原子上连接，亲水基为苯环对位的单磺酸基团，化学分子式为 $C_{12}H_{25}C_6H_4SO_3Na$。

烷基苯磺酸钠的工业生产过程包括：烷基苯的生产、烷基苯的磺化和烷基苯磺酸的中和，后面部分对此有详细介绍，此处不再赘述。

2. α-烯烃磺酸盐（AOS）

α-烯烃磺酸盐是由 α-烯烃与 SO_3 直接反应并经中和、水解制得的产品，主产物为 60% ~ 70% 的烯烃磺酸盐和 40% ~ 30% 的羟基磺酸盐混合物。其制备过程见图 1-4。

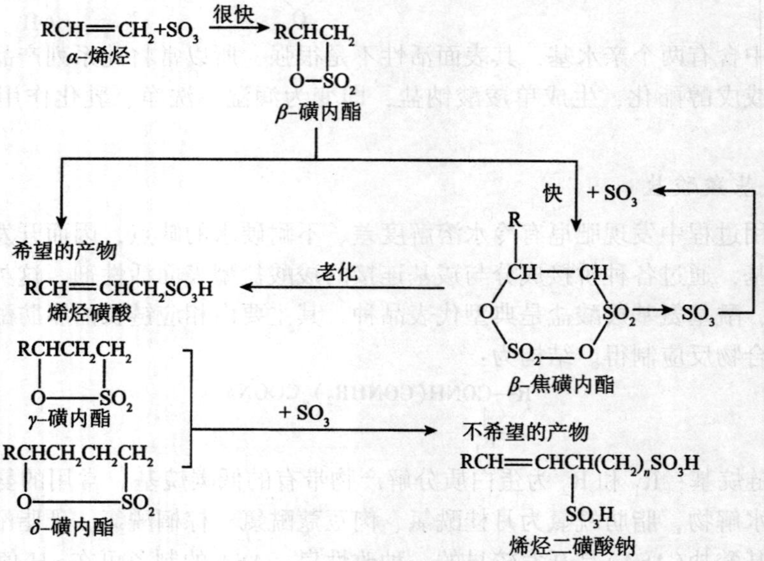

图 1-4　AOS 的磺化化学

磺化产物在中和前必须在 30~35℃ 下放置 5~10min 使其老化，以使 β-磺内酯异构化为烯烃磺酸和 γ、δ-磺内酯的混合物，并使亚稳态的 β-焦磺内酯分解为烯烃磺酸并产生 SO_3，减少生成溶解度低的α-羟基磺酸盐的机会。老化后的产物与过量碱中和。由于磺内酯不可能被中和，因此还要在约150℃左右进行水解，水解过程如图1-5所示，最终可以得到含烯烃磺酸钠55%~60%，羟烷基磺酸钠25%~30%，烯烃二磺酸二钠5%~15%。

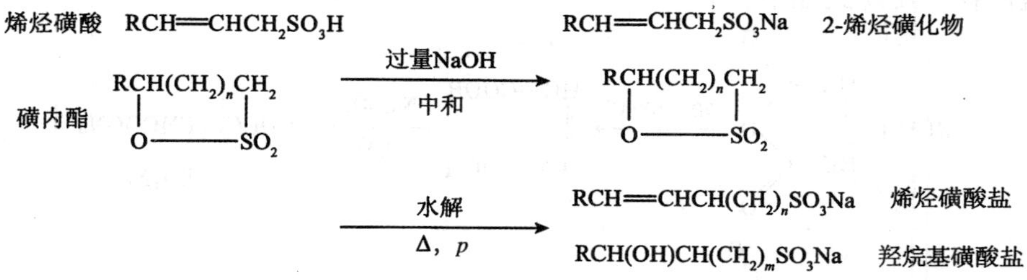

图1-5　AOS的中和、水解

α-烯烃磺酸盐与烷基磺酸盐的性能相似，但AOS对皮肤的刺激性较小，生化降解较好，可用于个人卫生用品中；AOS还在硬水中表现出良好的去污力和起泡力，具有很好的水溶性，在液体洗涤剂和粉状洗涤剂中都得到广泛应用。

3. 仲烷烃磺酸盐(SAS)

仲烷烃磺酸盐是C_{13}~C_{18}的正构烷烃通过氧磺化或氯磺化制得，商品名为Teepol。其反应式如下：

$$RH+2SO_2+O_2+H_2O \xrightarrow{\text{紫外光}} RSO_3H+H_2SO_4$$

$$RSO_3H+NaOH \longrightarrow RSO_3Na+H_2O$$

$$RH+2SO_2+Cl_2 \longrightarrow RSO_2Cl+HCl$$

$$RSO_2Cl+2NaOH \longrightarrow RSO_3Na+NaCl+H_2O$$

在反应中，磺酸基可能出现在直链烷烃的任一个碳原子上。SAS在碱性、弱酸及水中有良好的稳定性，在硬水中也具有良好的润湿、乳化、分散、去污和发泡能力，生物降解优于LAS，是配制液体洗涤剂、洗发香波、浴液的有效表面活性剂，也是工业清洗剂的良好原料和纺织助剂。

4. 琥珀酸酯磺酸盐(MS)

琥珀酸酯磺酸盐是由亚硫酸钠或亚硫酸氢钠对顺丁烯二酸酐(也叫琥珀酸或马来酸酐)与各种含烃基或胺基的化合物酯化而得到的，按照琥珀酸上两个羧基的酯化情况分为单酯和双酯，其通式为：

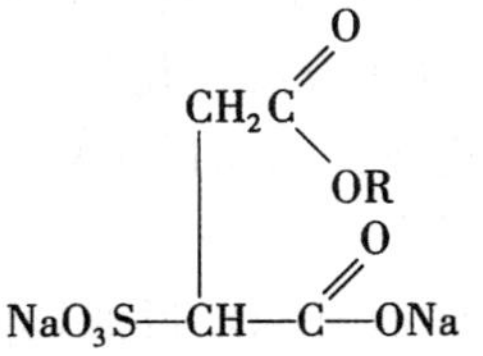

单酯

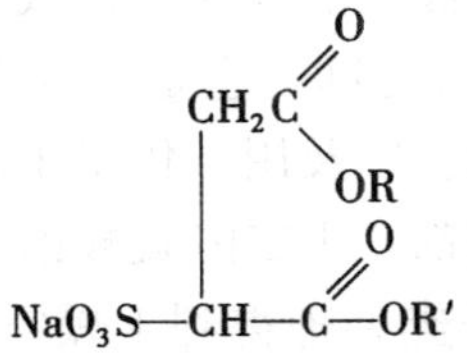

双酯

式中，R及R′均为烷基，由于R的结构不同可得到具有不同亲油性能和使用性能的系列表面活性剂。双酯是极好的润湿剂，广泛用在纺织印染工业，促进水溶液渗透到纤维中并使染料分散，但双酯在硬水中，水溶性不好，作用也不温和，因此，在洗涤用品中，双酯的作用不大。单酯产物具有优良的起泡性和泡沫稳定性，优良的钙皂分散能力，是较好的洗净剂和发泡剂；单酯还具有毒性低，性能温和等特点，广泛用于个人卫生用品中。其工业生产方法是在硫酸或甲苯磺酸等酸性催化剂下，加热羟基化合物或其盐与顺丁烯二酸酐，生成单酯或双酯，然后再用亚硫酸盐与单酯或双酯发生加成反应得到相应的磺酸盐产物。反应式如下：

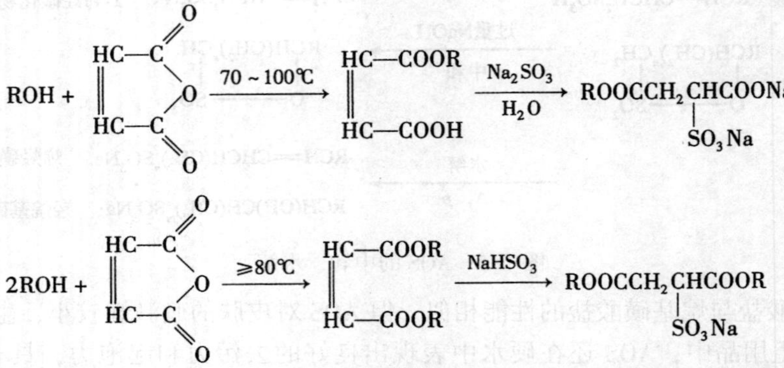

能与顺丁烯二酸酐反应的羟基化合物有脂肪醇、脂肪醇聚环氧乙烷醚、烷醇酰胺、乙氧基化烷醇酰胺、单甘油酯、聚甘油酯、聚乙二醇、有机硅醇等上百种化合物，因此可以根据使用的需要改变分子结构合成出某种独特性能的产品。MS 目前除大量应用于日用化工领域作为发泡剂和清洗剂外，还在涂料、医药、造纸工业、皮革加工、采矿等行业广泛使用。

（三）硫酸酯盐类

1. 脂肪醇硫酸盐（FAS）

脂肪醇硫酸盐的化学结构式为 $ROSO_3Na$。早在 1930 年就已经商品化，目前约有 40%的椰油醇用于生产 FAS。FAS 是优良的发泡剂和净洗剂，主要用途是配制液体洗涤剂、餐具洗涤剂、牙膏、纺织用润湿剂，以及用于化工生产中的乳化聚合等。其工业生产通常用氯磺酸或三氧化硫与脂肪醇酯化，产物再与氢氧化钠或醇胺反应。

$$ROH+ClSO_3H \longrightarrow ROSO_3H+HCl$$

$$ROH+SO_3 \longrightarrow ROSO_3H$$

$$ROSO_3H+NaOH \longrightarrow ROSO_3Na+H_2O$$

$$ROSO_3H+H_2NCH_2CH_2OH \longrightarrow ROSO_3^{\ominus}H_3N^{\oplus}CH_2OH$$

十二醇硫酸钠，也叫月桂醇硫酸钠（K12），是 FAS 中的典型代表。其商品包装有两种形式粉状和液体，液体产品为为无色或淡黄色浆状物，浆状物活性物含量在 25%~60%之间，粉状物在 80%~90%之间。它是牙膏中常用的发泡剂，也在香波、化妆品、地毯清洁剂中用作润湿剂和洗涤剂，以及用于化工中的乳化聚合等。此外，粉状的 FAS 可用于配制粉状清洗剂，农药用润湿剂。十二醇硫酸钠的生产工艺流程见图 1-6。

燃硫法制备的经处理得到干燥空气稀释的 SO_3 气体通过 SO_3 过滤器除去酸雾后进入降膜式磺化反应器的头部，与经过计量的脂肪醇沿反应器内壁流下形成的液膜并流发生硫酸化反应，得到硫酸酯，生成的硫酸酯在气液分离器中与未反应的尾气分流后，送往中和器，与工艺水和碱液混合发生中和反应，得到一定浓度的十二烷基硫酸钠水溶液；反应系统的尾气在静电除雾器中除去所含有机物和微量 SO_3 后再在碱洗塔洗去 SO_2 后，达到环保要求后放空。

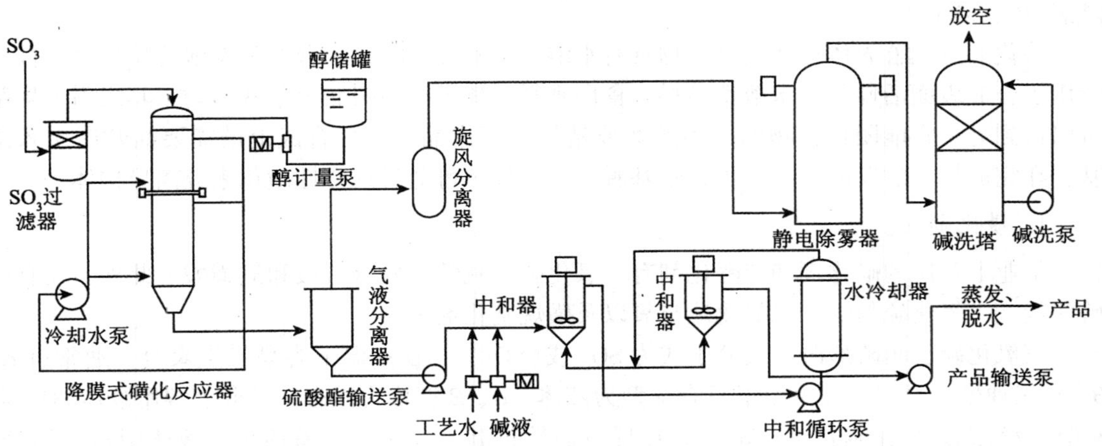

图 1-6　十二烷基硫酸钠生产工艺流程

2. 脂肪醇聚氧乙烯醚硫酸盐(AES)

脂肪醇聚氧乙烯醚硫酸盐是近些年发展较快的硫酸酯盐，分为钠盐和铵盐。易溶于水，具有优良的去污、乳化、发泡性能和抗硬水性能，温和的洗涤性质不会损伤皮肤。其通式为 $RO(CH_2CH_2O)_nSO_3M$，式中，R 是 $C_{12}\sim C_{18}$ 的烃基，通常为 $C_{12}\sim C_{14}$，$n=3$，M 是钠、钾、胺或铵盐。

脂肪醇聚氧乙烯醚硫酸盐主要用途是制备液体洗涤剂、洗发香波、餐具洗涤剂、乳胶发泡剂、纺织工业助剂和聚合反应的乳化剂。

(四) 磷酸酯盐

磷酸酯类表面活性剂具有优良的抗静电、乳化、防锈和分散性能，广泛用于纺织、化工、国防和轻工业等部门。磷酸酯盐阴离子表面活性剂包括烷基磷酸酯盐(高级醇磷酸酯盐)和脂肪醇(烷基酚)聚氧乙烯醚磷酸酯盐。其中高级醇磷酸盐分为单酯和双酯，脂肪醇(烷基酚)聚氧乙烯醚磷酸酯盐包括单酯、双酯和三酯。其结构式为：

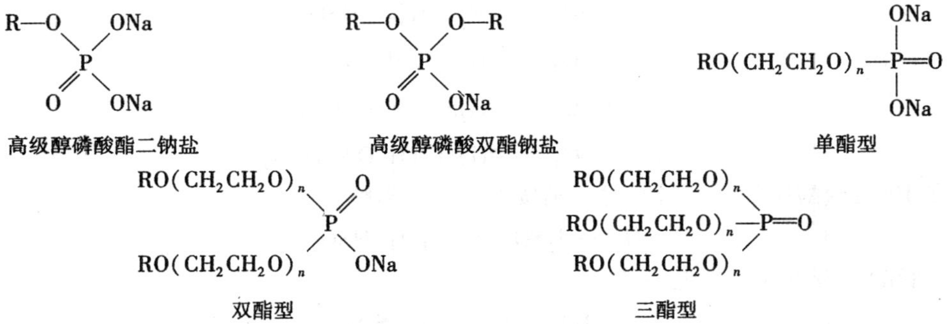

二、直链烷基苯磺酸钠盐的生产技术

(一) 反应原理

向有机化合物中引入磺基($—SO_3H$)或它相应的盐或磺酰卤基的反应称磺化反应。磺化是磺基(或磺酰卤基)中的硫原子与有机分子中的碳原子相连接形成 C—S 键的反应，得到的产物为磺酸化合物(RSO_2OH 或 $ArSO_2OH$)、磺酸盐($R—SO_3M$，M 为 NH_4 或金属离子)和磺酰氯（R—SO_2Cl）。

磺化的意义首先体现在使得产物具有水溶性、酸性、乳化、湿润和发泡等特性，可被广泛用于合成表面活性剂、水溶性染料、食用香料、离子交换树脂及某些药物；其次引入磺基可以得到另一官能团化合物的中间产物或精细化工产品；最后合成上的需要而暂时引入磺基，在完成特定的反应以后，再将磺基脱去。此外，可通过选择性磺化来分离异构体等。

1. *磺化剂*

工业上常用的磺化剂和硫酸化剂有三氧化硫、硫酸、发烟硫酸和氯磺酸。此外，还有亚硫酸盐、二氧化硫与氯、二氧化硫与氧以及磺烷基化剂等。

三氧化硫也叫硫酸酐，其分子式为 SO_3 或（SO_3）$_n$，在室温下容易发生聚合，通常有 α、β、γ 三种聚合形式。在室温下只有 γ 型为液体，α、β 型均为固态，工业上常用液体 SO_3（即 γ 型）及气态 SO_3 作磺化剂，由于 SO_3 反应活性很高，故使用时需稀释，液体用溶剂稀释，气体用干燥空气或惰性气体稀释。SO_3 的三种聚合体共存并可互相转化。在少量水存在的情况下，γ 型能转化成 β 型，即从环状聚合体变为链状聚合体，由液态变为固态，从而给生产造成严重的困难，为此要在 γ 型中加入稳定剂。

浓硫酸和发烟硫酸用作磺化剂适用范围很广。工业硫酸有两种规格，即92%～93%的硫酸（亦称绿矾油）和98%的硫酸。如果有过量的 SO_3 存在于硫酸中就成为发烟硫酸，它也有两种规格，即含游离的 SO_3 分别为20%～25%和60%～65%，在常温下均为液体。

烟酸的浓度可以用游离 SO_3 的含量 $C(SO_3)$（质量分数，下同）表示，也可以用 H_2SO_4 的含量 $C(H_2SO_4)$ 表示。两种浓度的换算公式如下：

$$C(H_2SO_4)=100\%+0.225C(SO_3)$$

$$\text{或 } C(SO_3)=4.44[C(H_2SO_4)-100\%]$$

2. *磺化反应历程及动力学*

以硫酸、发烟硫酸或三氧化硫作为磺化剂进行的磺化反应是典型的亲电取代反应。磺化剂自身的离解提供了各种亲电质点，如100%硫酸能按下列几种方式离解：

$$2H_2SO_4 \rightleftharpoons SO_3+H_3^+O+HSO_4^-$$

$$2H_2SO_4 \rightleftharpoons H_3SO_4^++HSO_4^-$$

$$3H_2SO_4 \rightleftharpoons H_2S_2O_7+H_3^+O+HSO_4^-$$

$$3H_2SO_4 \rightleftharpoons HSO_3^++H_3^+O+2HSO_4^-$$

若在100%硫酸中加入少量水时，则按下式完全离解：

$$H_2O+H_2SO_4 \rightleftharpoons H_3^+O+HSO_4^-$$

发烟硫酸可按下式发生电离：

$$SO_3+H_2SO_4 \rightleftharpoons H_2S_2O_7$$

$$H_2S_2O_7+H_2SO_4 \rightleftharpoons HS_2O_7^-+H_3SO_4^+$$

因此，硫酸和发烟硫酸是一个多种质点的平衡体系。这些质点实质上是不同溶剂化的 SO_3 分子，都能参加磺化反应，其含量随磺化剂浓度的改变而变化。各种质点参加磺化反应的活性差别较大，在 SO_3、$H_2S_2O_7$、$H_3SO_4^+$ 三种常见亲电质点中，SO_3 的活性最大，$H_2S_2O_7$ 次之，$H_3SO_4^+$ 最小，而反应选择性则正好相反。

芳香化合物进行磺化反应时，分两步进行。首先，亲电质点向芳环进行亲电攻击，生成

σ 络合物，然后在碱(如 HSO_4^-)作用下脱去质子得到芳磺酸。

采用发烟硫酸或硫酸磺化芳烃时，其反应动力学可如下表示：

当磺化质点为 SO_3 时：

$$\nu=k_{(SO_3)}[ArH]\cdot[SO_3]=k'_{(SO_3)}[ArH]\cdot[H_2O]^{-2}$$

当磺化质点为 $H_2S_2O_7$ 时：

$$\nu=k_{(H_2S_2O_7)}[ArH]\cdot[H_2S_2O_7]=k'_{(H_2S_2O_7)}[ArH]\cdot[H_2O]^{-2}$$

当磺化质点为 $H_3SO_4^+$ 时：

$$\nu=k_{(H_3SO_4^+)}[ArH]\cdot[H_3SO_4^+]=k'_{(H_3SO_4^+)}[ArH]\cdot[H_2O]^{-1}$$

由以上三式可以看出，磺化反应速率与磺化剂中的含水量有关。当以浓硫酸为磺化剂，水很少时，磺化反应速率与水浓度的平方成反比，即生成的水量越多，反应速率下降越快。因此，用硫酸作磺化剂的磺化反应中，硫酸浓度及反应中生成的水量多少，对磺化反应速率的影响是一个十分重要的因素。

3. 磺化影响因素

(1) 有机化合物结构及性质　被磺化物的结构、性质，对磺化的难易程度有着很大影响。磺化反应是典型亲电取代反应，芳环上有供电子基，有利于反应的进行。芳烃环上取代基的体积大小也能对磺化反应产生影响。环上取代基的体积越大，磺化速度就越慢。这是因为磺基的体积较大，若环上已有的取代基体积也较大，占据了有效空间，则磺基便难以进入。同时，环上取代基的位阻效应还能影响磺基的进入位置，使磺化产物中异构体组成比例也不同。

(2) 磺化剂的浓度及用量　当用浓 H_2SO_4 作磺化剂时，每引入一个磺基就生成 1mol 水，随着磺化反应的进行，硫酸的浓度逐渐降低，对于具体的磺化过程，随着生成的水量增加，硫酸不断被稀释，反应速度会迅速下降，直至反应几乎停止。因此，对一个特定的被磺化物，要使磺化能够进行，磺化剂浓度必须大于某一值，这种使磺化反应能够进行的最低磺化剂(硫酸)浓度称为磺化极限浓度。当用 SO_3 的质量百分浓度来表示磺化极限浓度时，称为磺化 π 值。显然，容易磺化的物质其 π 值较小，而难磺化的物质的 π 值较大。为加快反应及提高生产强度，通常工业上所用原料酸浓度须远大于 π 值。用 SO_3 磺化时，反应不生成水，反应不可逆。因此，工业上为控制副反应，避免多磺化，多采用干空气-SO_3 混合气，其 SO_3 的体积含量为 2%~8%。

当磺化剂起始浓度确定后，利用被磺化物 π 值概念，可利用下式计算出磺化剂用量：

$$x=\frac{80(100-\pi)n}{a-\pi}$$

式中　x——原料酸(磺化剂)的用量，kg/kmol 被磺化物；

a——原料酸(磺化剂)起始浓度，用 SO_3 质量分数表示；

n——被磺化物分子上引入的磺基数。

由上式可以看出，当用 SO_3 作磺化剂，对有机化合物进行一磺化时，其用量为 80kgSO_3/kmol 被磺化物，即相当于理论量；当采用硫酸或发烟硫酸作磺化剂时，其起始浓度降低，磺化剂用量则增加，当 W 降低到接近于 π 时，磺化剂的用量将增加到无穷大。

利用 π 值的概念，只能定性地说明磺化剂的起始浓度对磺化剂用量的影响。实际上，对于具体的磺化过程，所用硫酸的浓度、用量以及磺化温度和时间，都是通过大量最优化实验而综合确定的。

(3) 磺酸基的水解与异构化　芳磺酸在一定温度下于含水的酸性介质中可发生脱磺水解反应，即磺化的逆反应。此时，亲电质点为 H_3O^+，它与带有供电子基的芳磺酸作用，使其磺基水解。

$$ArSO_3H+H_2O \rightleftharpoons ArH+H_2SO_4$$

对于带有吸电子基的芳磺酸，芳环上的电子云密度降低，其磺基不易水解；相反，对于带有供电子基的芳磺酸，磺基易水解。此外，介质中 H_3O^+浓度愈高，水解速度越快。

磺基不仅可以发生水解反应，且在一定条件下还可以发生磺基的异构化。由于磺化—水解—再磺化和磺基异构化的共同作用，使芳烃衍生物最终的磺化产物含有邻、间、对位的各种异构体。随着温度的变化、磺化剂种类、浓度及用量的不同，各种异构体的比例也不同。

(4) 磺化温度和时间　磺化反应是可逆反应，正确选择温度与时间对于保证反应速度和产物组成有十分重要的影响。通常，反应温度较低时，反应速度慢，反应时间长；温度高时，反应速度快而时间短，但易引起多磺化、氧化、生成砜和树脂物等副反应。温度还能影响磺基进入芳环的位置，如对于甲苯一磺化过程，采用低温反应时，主要为邻、对位磺化产物，随着温度升高，则间位产物比例升高，邻位产物比例则明显下降，对位产物比例也下降。另外，用硫酸磺化时，当到达反应终点后不应延长反应时间，否则将促使磺化产物发生水解反应，若采用高温反应，则更有利于水解反应的进行。

(5) 添加剂　磺化过程中加入少量添加剂，对反应常有明显的影响，主要表现在抑制副反应：磺化时的主要副反应是多磺化、氧化及不希望生成的异构体和砜。当磺化剂的浓度和温度都比较高时，有利于砜的生成：

$$ArSO_3H+2H_2SO_4 \rightleftharpoons ArSO_2^++H_3^+O+2H_2SO_4^-$$

$$ArSO_2^++ArH \longrightarrow ArSO_2Ar+H^+ \text{(Ar 代表芳香基)}$$

在磺化液中加入无水硫酸钠可以抑制砜的生成，这是因为硫酸钠在酸性介质中能解离产生 HSO_4^-，使平衡向左移动。加入醋酸与苯磺酸钠也有同样作用。

除此之外，添加剂还能起到改变定位和加速化学反应的作用。

(6) 搅拌　在磺化反应中，良好的搅拌可以加速有机物在酸相中的溶解，提高传热、传质效率，防止局部过热，提高反应速率，有利于反应的进行。

4. 磺化方法

(1) 三氧化硫磺化法　三氧化硫磺化法具有反应迅速；磺化剂用量接近于理论用量，磺化剂利用率高达 90%以上；反应无水生成，无大量废酸，三废少；经济合理等优点。常用于脂肪醇、烯烃和烷基苯的磺化。主要包括：

① 液体三氧化硫法。液体三氧化硫的制备是将 20%～25%发烟硫酸加热到 250℃，蒸出的 SO_3 蒸气通过一个填充粒状硼酐的固定床层，再经冷凝，即可得到稳定的 SO_3 液体。液态三氧化硫使用方便，但成本较高。此法适用于不活泼液态芳烃的磺化，生成的磺酸在反应温度下必须是液态，而且黏度不大。

② 三氧化硫-溶剂法。此法应用广泛，优点是反应温和且易于控制；副反应少，产物纯度和磺化收率较高；适用于被磺化物或磺化产物是固态的情况。常用的溶剂有硫酸、二氧化硫等无机溶剂和二氯甲烷、1，2-二氯乙烷、四氯乙烷、石油醚、硝基甲烷等有机溶剂。

采用三氧化硫磺化法应注意的问题：SO_3 的液相区狭窄（熔点为 16.8℃，沸点为 44.8℃），室温下易自聚形成固态聚合体，使用不便。为防止 SO_3 形成聚合体，可添加适量的稳定剂，如硼酐、二苯砜和硫酸二甲酯等。SO_3 反应活性高，反应激烈，副反应多，特别是使用纯 SO_3 磺化时。为避免剧烈的反应，工业上常用干燥的空气稀释 SO_3，以降低其浓度。对于容易磺化的苯、甲苯等有机物，可加入磷酸或羧酸以抑制砜的生成。用 SO_3 磺化，反应热效应显著，瞬时放热量大，容易造成局部过热而使物料焦化。由于有机物的转化率高，所得磺酸黏度大。为防止局部过热，抑制副反应，避免物料焦化，必须保持良好的换热条件，及时移除反应热。此外，还要适当控制转化率或使磺化在溶剂中进行，以免磺化产物黏度过大。SO_3 不仅是活泼的磺化剂，而且是氧化剂。使用时必须注意安全，特别是使用纯净的 SO_3，要注意控制温度和加料秩序，防止发生爆炸事故。

（2）过量硫酸磺化法　被磺化物在过量的硫酸或发烟硫酸中进行磺化称为过量硫酸磺化法，生产上也称为“液相磺化”。硫酸在体系中起到磺化剂、溶剂及脱水剂作用。过量硫酸磺化法虽然副产较多的酸性废液，而且生产能力较低，但因该法适用范围广而受到广泛的重视。

过量硫酸磺化法可连续操作，也可间歇操作。连续操作常采用多釜串联操作法。采用间歇操作时，加料次序取决于原料的性质、反应温度以及引入磺基的位置和数目。若被磺化物在磺化温度下呈液态，常常是先将被磺化物加入釜中，然后升温，在反应温度下将磺化剂徐徐加入。这样可避免生成较多的二磺化物。如果被磺化物在反应温度下呈固态，则先将磺化剂加入釜中，然后在低温下加入固体被磺化物，待其溶解后再缓慢升温反应。例如，萘和2-萘酚的低温磺化。

5. 中和过程

中和过程包括如下两个反应：

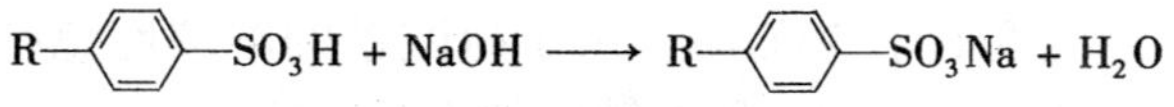

$$H_2SO_4 + 2NaOH \longrightarrow Na_2SO_4 + H_2O$$

直链烷基苯磺酸与碱中和的反应与一般的酸碱中和反应有所不同，它是一个复杂的胶体化学反应，由于直链烷基苯磺酸黏度很大，在强烈的搅拌下，磺酸被粉碎成微粒，反应是在粒子界面上进行的。产物是在搅拌作用下移去，新的碱分子在磺酸粒子表面再进行中和；照此下去，磺酸粒子逐步减少，直至磺酸和碱全部反应完，形成一均相的胶体。中和后的产物俗称单体，主要有直链烷基苯磺酸钠（称为活性组分或有效物）、无机盐（主要是硫酸钠和氯化钠）、不皂化物（不与碱反应的物质，主要是不溶于水、无洗涤能力的油类如石蜡烃、烷基苯等）。影响中和工序及单体质量的因素包括中和温度、工艺水加入量，pH 值的影响、混合与搅拌、无机盐等条件。

（1）中和温度　中和温度对中和反应本身影响不大，它的影响主要反映在单体的表现黏度，即表现为单体的流动性。温度对单体黏度的影响和对一般流体的影响不一样。在一定温度范围内，单体黏度随温度升高而降低，但超过一定温度后，由于单体的表面活性及胶溶性，随着温度的升高，它的黏度又继续升高，黏度越高，流动性越差。

中和温度太高，会发生局部过热，使单体颜色变坏。因此，在中和反应过程中，温度必须控制在 40～50℃，连续中和稍高点如 50℃ 左右，半连续中和可低些如 35～45℃。在保证单体流动性的前提下，要尽可能降低温度，以防止着色。因此，中和系统必须有足够的换热能力，把反应热及时移走，以维持中和温度。

（2）工艺水的加入量　中和时，加入工艺水的目的是调节单体的稀稠度，并使中和反应均匀完全。为保证单体总固体含量高，相对密度大，一般应尽量少加水。但是，单体过于稠厚也会使酸碱混合不均匀，搅拌效果差，反应效果不好，流动性变差，因此必须控制加水量。

(3) pH 值的影响　在反应中，要求控制单体的 pH 值在 7~10。这是因为酸性介质对设备有腐蚀，且酸对碱中的碳酸盐有分解作用。分解产物中的二氧化碳会使单体发松，甚至造成溢釜现象；同时由于中和反应在酸性介质中的反应不均匀，也使单体结构发松。另外，操作中出现忽酸忽碱现象，更易使单体变色，影响产品质量。所以，中和过程中一定要严格控制 pH 值。

(4) 搅拌的作用　根据磺酸中和反应的特点，良好的搅拌能使酸碱充分接触并移走反应热。中和反应时，碱水是连续相而酸是分散相，磺酸分散状况取决于搅拌作用的强弱。分散成粒状的磺酸和氢氧化钠在酸粒子表面发生反应，生成的胶状物质也借助于搅拌从酸滴表面及时移去，使反应继续直至最后完成。因此搅拌既有粉碎和分散磺酸液滴的作用，又有将液滴表面的生成物及时移去的作用，中和过程中，若单体稠厚，又无良好的搅拌，就容易发生磺酸结团，或出现单体反酸现象。

(5) 无机盐的影响　单体中所含的无机盐大部分是硫酸钠(俗称芒硝)和氯化钠，氯化钠的量较少，硫酸钠是硫酸与氢氧化钠中和的产物，磺酸中所含硫酸的量决定了单体中硫酸钠的含量。硫酸钠对单体的流动性具有很大的作用。由于硫酸钠是一种无机电解质，而直链烷基苯磺酸钠是一种具有胶体属性的表面活性剂。所以，在单体中，硫酸钠具有凝结和去水作用，使胶体结构变得紧密，使单体流动性变好。当总固体含量一定时，硫酸钠含量越高，单体流动性越好。因此，生产中在中和操作过程中还要加入一些硫酸钠溶液。但是，硫酸钠的含量太高，使总固体含量增加，在有效物一定的情况下，又使单体变稠，流动性变差。此外，如果硫酸钠过多，当温度低于 30℃时，由于硫酸钠的溶解度急剧下降，硫酸钠就会饱和结晶析出，造成输送管堵塞。因此，硫酸钠的加入必须适量。

(6) 磺酸中有机杂质的影响　直链烷基苯磺酸中的有机杂质有两类：一类是未磺化油，另一类是副反应或二次反应产物，主要有磺酸酐、砜、二磺酸、烯烃、氧化物、有色物质等。这些不皂化物的存在使单体发松、发黏，流动性变差，严重者在成型喷雾干燥时使粉粒呈锯末状，密度小，易潮解，而着色物质的存在会使单体色泽加深。

（二）原料准备

用三氧化硫黄化生产十二烷基苯磺酸钠所使用的原料主要有硫黄和烷基苯以及 NaOH。

硫黄		溴价/(g/100g)	≤0.03
水分/%	≤0.1	水分/(mg/kg)	≤100
硫含量/%	≥99.5	可磺化物/%	≥97.5
钾含量/%	≤0.01	平均相对分子质量	238~250
灰分/%	≤0.04	消耗定额(按生产 1t100%磺酸计)	
烷基苯		烷基苯(平均相对分子质量为 245)/kg	765
色泽	≤20	硫黄/kg	100

（三）工艺过程

1. 直链烷基苯磺酸的生产

(1) 燃硫法生产十二烷基苯磺酸　世界上合成的十二烷基苯磺酸大多是采用 SO_3 气相薄

膜磺化连续生产法，工艺流程见图 1-7，其优点是停留时间短、原料配比精确、热量移除迅速、能耗低和生产能力大。包括：

① 空气干燥和压缩。大气经过滤器被工艺风机送入系统，经过水冷却器和乙二醇冷却到 5℃，除去大部分水，冷却后的空气被送入硅胶干燥塔进行干燥吸附，使其出口露点达到-60℃(一般要求露点在-40℃以下)。

② SO_3 制备。固体硫黄在熔硫池中经蒸汽加入熔化(温度 140~150℃)，被液硫计量泵送入燃硫炉中与干燥空气相遇，燃烧后生成650℃左右的 SO_2 气体，通过 SO_2 冷却器进入 SO_2/SO_3 转化塔中，在 V_2O_5 催化剂作用下转化为 SO_3，其中两个中间空气冷却器保证最佳催化温度 430~450℃，其出口 SO_2 转化率可达98%，然后 SO_3 气体通过冷却器冷却至磺化工艺要求温度 50~55℃。

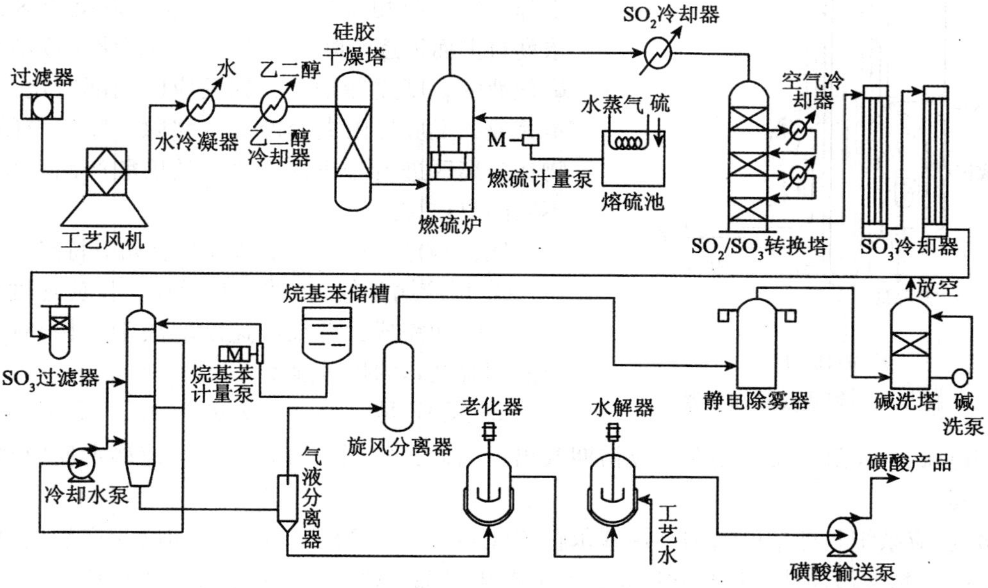

图 1-7　工业烷基苯磺酸生产工艺流程图

③ 磺化反应。干燥空气稀释的 SO_3 气体通过 SO_3 过滤器(玻璃纤维静电除雾器)除去酸雾后进入降膜式磺化反应器，与经过计量的烷基苯沿反应器内壁留下形成的液膜并流发生磺化反应。生产热由夹套冷却水及时移走，生成的磺酸与未反应的尾气在气液分离器中分离后，经过约 5~10min 老化，老化的作用让反应后的磺酸保持一定的停留时间，使包含在磺酸中的少量的三氧化硫继续与烷基苯反应，减少产品中未磺化油和无机盐含量。老化后的磺酸送往水解罐，约加入 0.5%的水以破坏少量残存的酸酐，并降低其中游离硫酸和未反应原料的含量。最后通过输送泵送至产品储罐，得到质量稳定的产品。

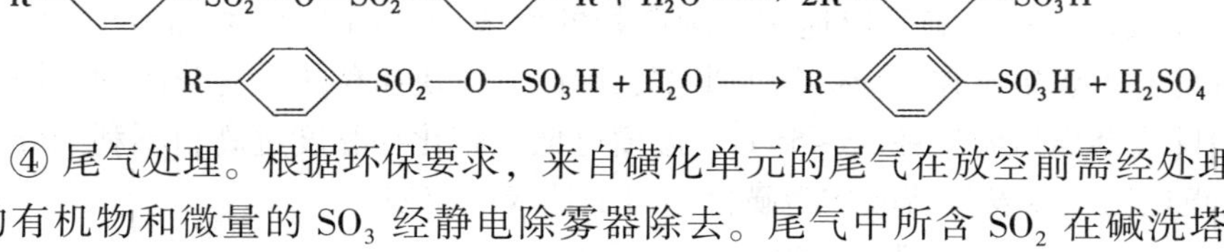

④ 尾气处理。根据环保要求，来自磺化单元的尾气在放空前需经处理，以微粒形式存在的有机物和微量的 SO_3 经静电除雾器除去。尾气中所含 SO_2 在碱洗塔中被连续循环的 NaOH 溶液吸收除去。尾气的排放浓度为 $SO_2 \leq 5\times10^{-6}$，$SO_3 \leq 15\times10^{-6}$。

SO_3 气相薄膜磺化法的关键技术是薄膜磺化反应器，迄今为止，已经出现了许多类型的三氧化硫薄膜磺化反应器。图 1-8 是目前应用比较广泛的一种双膜式磺化反应器。该反应器由一套直立式并备有内、外冷却夹套的两个不锈钢同心圆筒组成。整个装置分原料分配区、反应区和产物分离区三部分。液相烷基苯经顶部环形分布器均匀分布，沿内、外反应管壁自上而下流动，形成均匀的内膜和外膜。空气-SO_3 的混合物也被输送到分布器的上方，进入两同心圆管间的环隙(即反应区)，与有机液膜并流下降，气液两相接触而发生反应。在反应区，SO_3 浓度自上而下逐渐降低，烷基苯的磺化率逐渐增加，磺化液的黏度逐渐增大，到反应区底部磺化反应基本完成，反应热由夹套冷却水移除。废气与磺酸产物在分离区进行分离，分离后的磺酸产品和尾气由不同的出口排出。

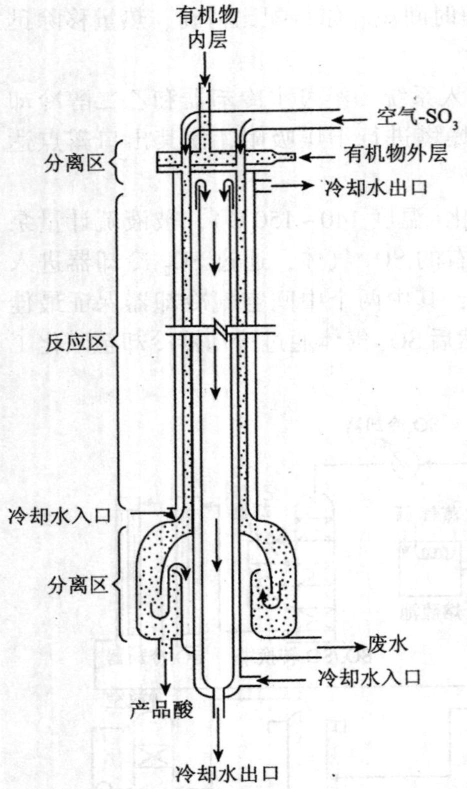

图 1-8　管式薄膜磺化器

气相 SO_3 磺化十二烷基苯具有如下特点：

① 反应属于气-液非均相反应，反应速度很快，几乎在瞬间完成；总反应速度取决于气相 SO_3 分子至液相烷基苯的扩散速度。

② 反应是一个强放热过程，反应热达到 711.75kJ/kg。大部分反应热在反应初期放出。因此，控制反应速度，快速移走反应热是生产的关键。

③ 反应系统黏度急剧增加。烷基苯在 50℃时，黏度为 1mPa · s，而磺化产物的黏度为 1.2Pa · s，黏度增加使传质传热困难，容易产生局部过热，加剧过磺化等副反应。

④ 副反应极易发生。反应时间、SO_3 用量等因素如控制不当，许多副产品将产生。

基于以上反应特点，工业上除了选用合理的磺化反应器外，还应充分考虑磺化工艺条件，以确保生产的正常进行和产品质量：

a. SO_3 浓度及用量。由于 SO_3 反应活性很高，为避免反应速度过快和减少副反应，须使用 SO_3-干空气混合气，其中 SO_3 含量一般为 3%~7%(体积分数)。原料配比采用 SO_3：烃=1.03：1(物质的量的比)，接近理论量。

b. 气体停留时间。由于反应几乎在瞬间完成，且反应总速度受气体扩散控制，因此，进入连续薄膜反应器的气体应保持高速，以保证气-液接触呈湍流状态；同时，也为避免发生多磺化，这就要求气体在反应器内的停留时间一般应小于 2s。

c. 反应温度。温度能直接影响反应速率、副产物的生成和产品的黏度。由于磺化反应是强放热反应，且反应主要集中在反应区的上半部，因此，应快速移热、充分冷却，控制反应温度。一般控制反应器出口温度在 35~55℃；温度过低，磺化物黏度过高，不利于分离。

(2) 发烟硫酸磺化法　以发烟硫酸作为磺化剂与烷基苯反应如下：

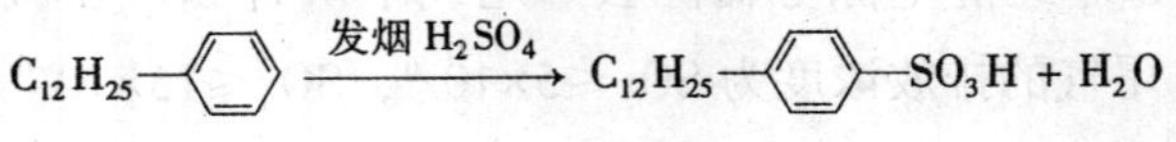

与三氧化硫黄化相比，发烟硫酸磺化较易控制，反应热效应较小，但由于反应过程中产生大量废酸，生产成本偏高。其生产工艺如图 1-9 所示。

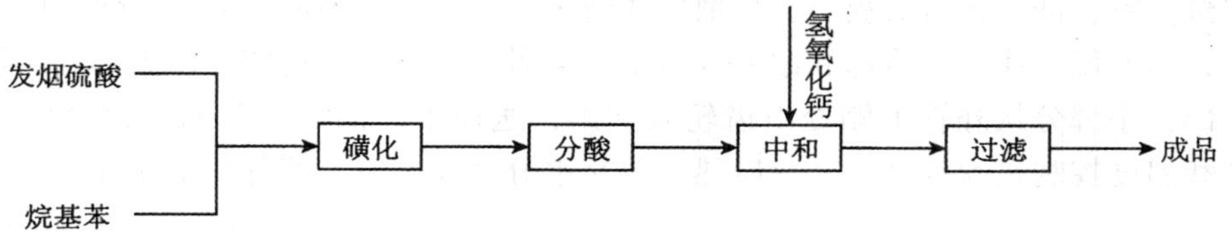

图 1-9　发烟硫酸磺化法生产烷基苯磺酸工艺示意图

① 磺化。将烷基苯和发烟硫酸分别由高位槽经转子流量计按 1.1~1.2∶1.0 的质量比连续引入磺化反应泵内，反应物大部分进入冷却器冷却到 35~40℃，然后以 20∶1 的回流质量比回流到反应泵进口和新鲜物料继续反应。磺化温度控制在 35~40℃。

② 分酸。将磺化后的混酸和水分别从高位槽中经转子流量计按 85∶15 的质量比送入分酸泵中，使物料在分酸泵中充分混合后送入分酸冷却器，大部分物料回入分酸泵中，少量物料送入分酸器分酸。经冷却器冷却后的物料送入分酸器内分酸。分出的大部分废酸回流，小部分放入废酸储槽，留作它用，上部分出的磺酸送入中和釜。分酸后的废酸中和值控制在 600mg/g 左右，磺酸中和值在 160mg/g 左右。分酸温度控制在 45~50℃。

2. 烷基苯磺酸的中和

烷基苯磺酸中和有间歇、半连续和连续中和三种操作方式。间歇中和是在一耐腐蚀的中和釜中进行，中和釜为一敞开式的反应器，内有搅拌器、冷却盘管、冷却夹套等。操作时，先在中和釜内放入一定数量的碱和水，在不断搅拌的情况下逐步加入烷基苯磺酸，当温度升至 30℃后，以冷却水冷却；pH 值至 7~8 时放料；反应温度控制在 30℃左右。间歇中和时，前釜要为后釜留部分单体，以使反应加快均匀。所谓半连续中和是指进料中和为连续，pH 调整和出料是间歇的。它是由一个中和釜和 1~2 个调整釜组成。烷基苯磺酸和氢氧化钠在中和釜内反应，然后溢流至调整釜，在调整釜内将单体 pH 值调至 7~8 后放料。连续中和是目前较先进的一种操作方式。连续中和的形式很多，但大部分是采取主浴(泵)式连续中和。中和反应是在泵内进行的，以大量的物料循环使系统内各点均质化。根据循环方式又可分为内循环和外循环两种：

(1) 主浴式外循环连续中和的装置是由循环泵、均化泵(中和泵)和冷却器组成的。从水解器来的磺酸进入均化泵的同时，碱液和工艺水分别以一定流量在管道内稀释，稀释的碱液与从循环泵出来的中和料浆混合后也进入均化泵，在入口处磺酸与氢氧化钠立即中和，并在均化泵内充分混合，完成中和反应。从均化泵出来的中和料浆经 pH 测量仪后，进入冷却器，除去反应产生的热量，控制温度为 50~60℃。冷却器出来的中和料浆大部分用循环泵送到均化泵入口，进行循环，以稀释中和热量，小部分通过单体储罐旁路出料。中和碱液的质量分数约为 12%，系统压力 2~8MPa，中和料浆循环比 20∶1。

(2) 主浴式内循环连续中和也称塔式中和或闪激式中和，其生产工艺流程见图 1-10，中和反应器为一个内外管组成的套管设备，外管外有夹套冷却。在内管底部装有轴流式循环泵的叶轮，下面装有磺酸水碱液的注入管。两只注入管上有蒸汽冲洗装置，以防止管路堵塞。内管上部装有折流板，用于调节其高度。套管上部为蒸发室，它和分离器相连，由蒸汽喷射泵抽真空，残压为 5.3kPa。整个操作均采用自动控制。磺酸和烧碱分别经转子流量计

(或比例泵)计量后从中和器底部进入反应系统，随即和轴泵从外管流下的单体混合，借助泵叶片的剧烈搅拌及物料在内管的湍流运动使物料充分混合，并进行反应。单体从内管顶部喷入真空蒸发室，冲击在折流板上，分散形成薄膜，借助喷射泵形成的真空使单体部分水分闪激蒸发，从而使单体得到冷却和浓缩。由于真空脱气的作用，也使单体大部分从外管回到中和器底部，小部分从外管下侧处由齿轮泵抽出，送往单体储罐。总固体含量控制在55%左右。中和温度控制在50~55℃，反应热主要靠水分蒸发带走，部分热量靠外管夹套冷却水冷却移走。

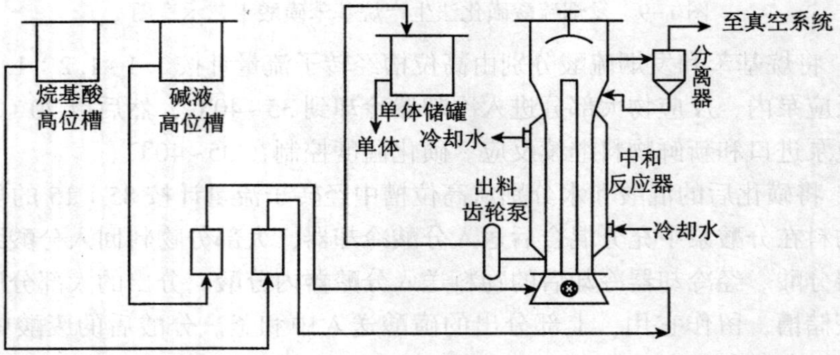

图 1-10　主浴式内循环连续中和生产工艺流程

(四) 产品分析检测

1. 烷基苯磺酸

烷基苯磺酸产品规格(GB/T 8447—2008)见表 1-2。

表 1-2　工业直链烷基苯磺酸的理化指标

项目		指标		项目		指标	
		优等品	合格品			优等品	合格品
烷基苯磺酸含量/%	≥	97	96	硫酸含量/%	≤	1.5	1.5
游离油含量/%	≤	1.5	2.0	色泽(Klett)	≤	30	50

外观为浅黄色到棕黄色黏稠液体，为有机弱酸，溶于水。

2. 烷基苯磺酸钠

国标 GB/T 5178—2008 规定了直链烷基苯磺酸钠的平均相对相对分子质量的测定，表 1-3给出了两家生产公司的烷基苯磺酸钠的质量规格。

表 1-3　烷基苯磺酸钠质量规格

项目	金陵石化公司烷基苯厂	美国开米松公司	项目	金陵石化公司烷基苯厂	美国开米松公司
活性物含量/%	≥40	约 60	硫酸钠含量/%	—	2.0
游离油含量/%	≤2.5(按 100%活性物计)	2.5	色泽(Klett)	外观乳白色	30

(五) 复配应用

直链烷基苯磺酸钠主要用途是作为洗涤剂的活性物质，例如宝石的清洗剂。宝石首饰长期佩戴后，会出现色彩和光泽暗淡的现象，并因长时间佩戴沾染上油污和灰尘，要用适当的方法清洗。本品是以表面活性剂为主要原料制成，适用于多数宝石清洗，使用方便，不损伤宝石。

原料	组成/%	作用	原料	组成/%	作用
脂肪醇聚氧乙烯醚	5~6	表面活性剂	硫酸	适量	pH 调节剂
十二烷基苯磺酸钠	13~16	乳化剂	乙醇	2~4	增溶剂
脂肪醇聚氧乙烯醚硫酸钠	4~6	表面活性剂	苯甲酸钠	0.1	防腐剂
净洗剂 6501(椰子油酸二乙醇胺)	3~5	洗净剂	香料	0.1	—
食盐	适量	增稠剂	纯水	加至 100	—
乙二胺四乙酸	0.06~0.15	稳定剂			

先将水加入带有搅拌器的反应器中，慢慢加热，在水温保持 40~50℃下，加入脂肪醇聚氧乙烯醚，不断搅拌，直到全部溶解。在上述温度下，依次加入十二烷基苯磺酸钠、净洗剂 6501、脂肪醇聚氧乙烯醚硫酸钠等表面活性剂。不断搅拌，直至全部溶解均匀。降温至 40~45℃时，在不断搅拌下加入苯甲酸钠、乙二胺四乙酸、食盐，至全溶后，继续加入乙醇、香料，搅拌均匀，测定所制备溶液的 pH 值，加入适量硫酸，调节溶液 pH 值为 7~8 后即为所得产品。

用本品清洗宝石如红宝石、蓝宝石等宝石首饰、可在 50℃左右的热水中，滴入少量本品，将宝石放入浸泡数分钟后，用柔软的毛刷轻轻刷洗干净，再用清水冲净、擦干或阴干。清洗黄玉、玛瑙等首饰应浸泡在加有少量本品的冷水中，用毛刷轻轻刷净，再用清水漂洗干净、擦干。

项目三　阳离子表面活性剂

阳离子表面活性剂是指在水溶液中解离生成带正电荷的亲水基的表面活性剂。其亲水基主要为碱性氮原子，也有磷、硫、碘等原子。含氮阳离子型表面活性剂主要为胺盐及季铵盐。胺盐常指伯、仲、叔胺的盐，它们可由相应的胺用盐酸、醋酸等中和得到。胺盐为弱碱性的盐，对 pH 较为敏感，在酸性条件下，形成可溶于水的胺盐，碱性条件则游离出胺。而季铵盐属于强碱，无论在酸性或碱性溶液中均能溶解。

阳离子表面活性剂很少用作清洗用，原因是很多基质的表面都带有负电荷。在应用过程中，带正电荷的阳离子表面活性剂分子不去溶解碰到的油垢，反而吸附在基质的表面上。这种特定性质决定了阳离子表面活性剂特殊用途。首先是抗静电性(由于其可中和负电荷)；其次是织物的柔软剂(在基质表面形成油膜，使织物具有憎水作用并能显著降低纤维表面的静摩擦系数，从而使纤维具有良好的平滑性)。另外，阳离子表面活性剂大量用于防霉和杀菌(可定向在细菌半透膜与水或空气的界面上，紧密排列的界面分子阻碍有机体的呼吸或切断营养物质的来源而导致死亡)。

一、主要品种

(一) 脂肪胺盐型表面活性剂

脂肪胺盐表面活性剂是由脂肪胺与相应的酸生成的盐，即醋酸盐、油酸盐、环烷酸盐等。

其中 $C_{12}\sim C_{18}$ 烷基的伯、仲、叔胺是主要的脂肪胺，结构式为 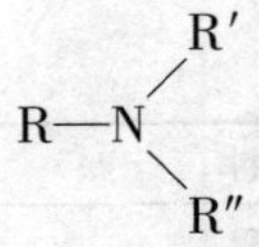，R 是 $C_{12}\sim C_{18}$ 烷基，R′、R″可以是氢、CH_3 或其他低碳烷基。伯胺可以由脂肪酸与氨反应制得脂肪腈，然后在镍催化剂作用下加氢还原制得伯胺。

$$RCOOH \xrightleftharpoons{NH_3} RCOONH_4 \xrightleftharpoons[+H_2O]{-H_2O} RCONH_2 \xrightleftharpoons[+H_2O]{-H_2O} RC\equiv N$$

$$RC\equiv N \xrightarrow{H_2} RCH_2NH_2$$

仲胺可由伯胺制备或脂肪醇和氨反应制得。叔胺可从伯胺或叔胺衍生得到。

伯胺盐主要用作纤维柔软剂、矿物浮选剂或沥青乳化剂，仲胺盐用的不多，主要是聚氧乙烯化胺盐（Soromin 系列），叔胺盐以含酯键或酰胺键的产品为主（Sapamine 系列）。

$$C_{17}H_{35}COOCH_2CH_2N(CH_2CH_2OH)_2 \cdot HCOOH(SorominA)$$

$$C_{17}H_{35}CONHCH_2CH_2N(C_2H_5)_2 \cdot CH_3COOH(SapamineA)$$

这些物质均具有良好的抗静电、柔韧性、匀染性、渗透性和分散性。

（二）季铵盐阳离子表面活性剂

季铵盐阳离子表面活性剂从形式上看是铵离子（NH_4^+）的 4 个氢离子被有机基团所取代，形成 $R_1R_2N^+R_3R_4$ 的形式。其中 R_1 是高碳烷基（$C_{12}\sim C_{18}$），R_2 可以是高碳烷基或甲基，R_3 是甲基，R_4 可以是甲基、苄基、烯丙基等。季铵盐和胺盐的区别在于季铵盐是强碱，无论在酸性或在碱性溶液中均能溶解，并解离成带正电荷的脂肪链阳离子；而胺盐是弱碱盐，对 pH 较敏感，在碱性条件游离成不溶于水的胺，失去表面活性。

季铵盐一般都有较好的水溶性，碳链长度增加，水溶性降低。$C_8\sim C_{14}$ 的易溶于水，$C_{16}\sim C_{18}$ 的难溶于水。单长链烷基的季铵盐能溶于极性有机溶剂、但不溶于非极性溶剂。双长链烷基季铵盐几乎不溶于水，而溶于非极性溶剂。若季铵盐中含有不饱和的脂肪族或芳香族基团时，能增加其溶解度。季铵盐的商品通常为其含量在 10%~75% 的水溶液或有机溶剂的溶液。

季铵盐制备最简单的方法为叔胺与烷基化剂反应。烷基化剂有卤代烷、硫酸烷基酯和氯化苄等。例如：

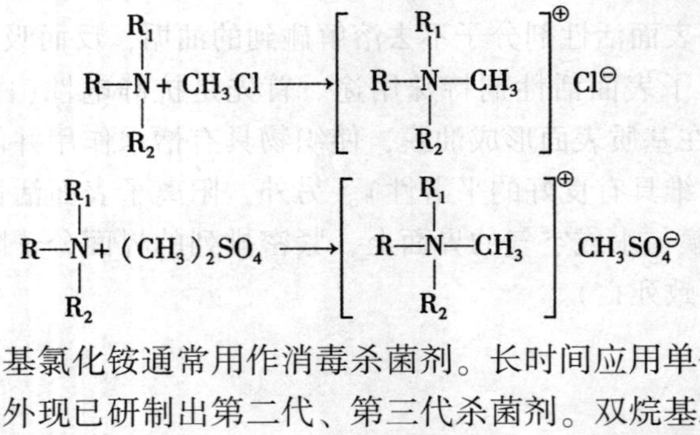

其中脂肪烷基二甲基氯化铵通常用作消毒杀菌剂。长时间应用单一品种易使某些微生物产生抗药性，因此国内外现已研制出第二代、第三代杀菌剂。双烷基二甲基氯化铵具有合成工艺简单、生产成本低、无毒、无味、杀菌效果好等优点，成为第三代杀菌剂（双烷基中以碳数为 8~10 的季铵盐杀菌效果最佳）。若将其与第一代杀菌剂烷基二甲基苄基氯化铵复配使用，杀菌性能比前三代产品高出 4~20 倍。C_8~C_{10}双烷基甲基叔胺的长链烷基可以是双癸基、辛基癸基、双辛基等系列产物，常用的还有氯化十二烷基三甲基铵(表面活性剂 1231)、氯化十六烷基三甲基铵(表面活性剂 1631)等。

（三）氧化叔胺

氧化叔胺是烷基二甲基叔胺或烷基二羟乙基叔胺的氧化产物，其化学式为 $R(CH_3)_2N\rightarrow O$，烷基为 C_{16}~C_{18}烃基。其中所含基团 N→O 是强极性基，电子云密度趋向氧原子，因而形成氢键的能力很强，具有吸湿性。它在酸性介质中呈阳离子性、在中性及碱性介质中呈非离子性。

工业上氧化叔胺由烷基二甲基叔胺、烷基二羟乙基叔胺和酰胺基胺氧化制得，过氧化氢是常用的氧化剂。反应式如下：

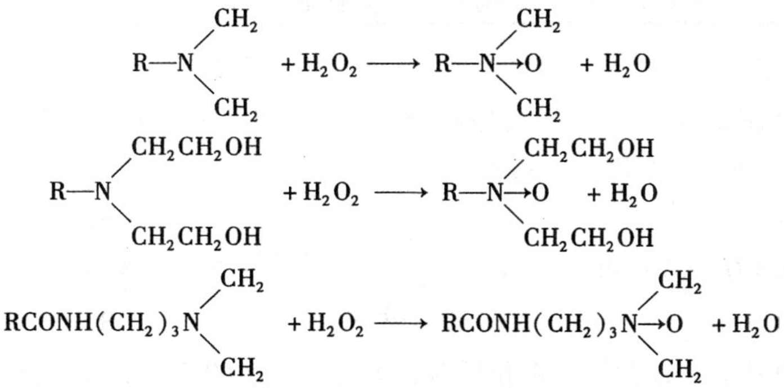

反应中常加入螯合剂抑制重金属离子，提高过氧化氢的利用率。

氧化叔胺具有优良的发泡与泡沫稳定性，用于洗发香波、液体洗涤剂、手洗餐具洗涤剂。它的润湿、柔软、乳化、增稠、去污作用，除用于洗涤剂制备外，还用于工业洗净、纺织品加工、电镀加工等。

二、长链季铵盐型阳离子表面活性剂生产技术

（一）生产原理

长链季铵盐合成的基本反应为叔胺与烷基化剂的反应，是亲核取代反应，这是因为胺上的氮原子上有一对未共用的电子对，具有亲核作用，能够接受质子。季铵化反应的影响因素如下：

1. 胺类碱性

一般情况下，胺类的碱性强，其亲核性也强，季铵化反应越容易进行。若以 pK_b 的变化来考查反应过程，则有如下规律：pK_b 小于 6 的胺在室温下可与 CH_3I 反应，易于生成季铵盐；pK_b 在 6~10 的胺在加热条件下才能生成季铵盐；pK_b 大于 10 的胺在醇中加热至沸也不能生成季铵盐。伯、仲、叔胺的碱性次序为：仲胺>伯胺>叔胺，说明取代烷基对增大胺类碱性有利，但叔胺由于空间位阻效应，碱性反而下降。胺的同系物中，相对分子质量越大碱性越强，对环状胺，氮原子在饱和环上的碱性比在不饱和环上的碱性强。

2. 季铵化试剂的结构

常用烷基化试剂卤代烷中，反应活性按下列顺序递减：I>Br>Cl>F；烷基取代基越大，则空间位阻效应越大，因而反应难度增大。对不同烷基化试剂，反应的难易程度如下：RO-

SO_2—>I—>RCOO—>HO—>NR_2—。对 pK_b 小于 6 的胺，用碘甲烷或苄基氯在室温下即可发生季铵化反应，用碘甲烷在加压、100℃左右也能发生季铵化反应；对 pK_b 在 6~10 之间的胺，在加热条件下或用硫酸二甲酯即可使其发生季铵化反应。

3. 溶剂的影响

一般来说，极性溶剂如甲醇、苯甲醇的存在可促进长链季铵盐的合成。醇中加入一部分水也可取得良好的结果，而非极性溶剂对反应的影响较小。

(二) 原料准备

脂肪醇	含量≥95%	氯甲胺	含量≥98%
甲胺	含量≥98%	氢氧化钠	含量≥90%
氢气	纯度>99%　氧含量<0.3%	异丙醇	工业级

(三) 生产工艺

以椰子油加氢制得的 C_8~C_{10} 醇为原料经一步法合成双烷基甲基叔胺，再用氯甲烷经季铵化反应得 C_8~C_{10} 双烷基二甲基季铵盐，反应式如下：

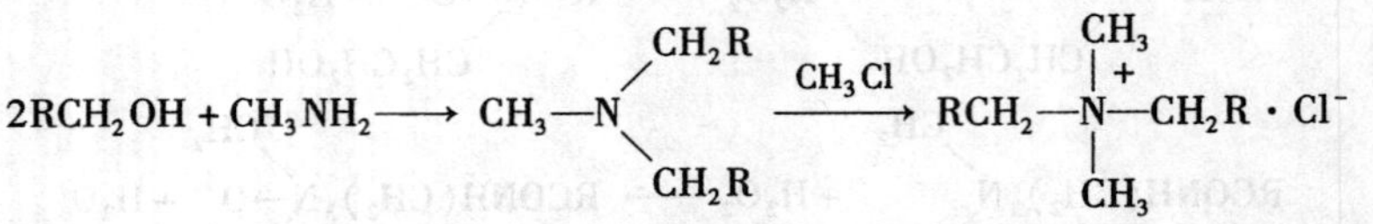

由于双烷基甲基的季铵化是自催化反应，因此本工艺的关键是叔胺化反应。实现叔胺化反应需要采用多功能高活性和具有优良选择性与稳定性的催化剂。

工艺流程见图 1-11。先由地槽 9 将脂肪醇打入高位槽 11，计量后放人配料罐 10，将催化剂称量后加入，启动搅拌大约 5min 后，将混合料通过泵 16 打入反应釜 1，反应系统用氮气清洗 5min；以 380 号导热油加热，搅拌下升温至 100℃，通氢气循环，继续升温至 200℃，保持约 1h，即认为催化剂活化完成。降温至 160℃，开始进甲胺气，以 1℃/min 的速度升温，以流量计 12、13、14 控制甲胺、氢气及混合气的流速，此时可以观察到油水分离器 4 中有大量水生成，水中有溶解的未反应一甲胺放入罐 5，蒸发出一甲胺导入罐 18 重复使用。

通甲胺时间约 3h 停止通甲胺，保持温度 205℃，直通氢气，总循环流保持不变 1h，停止通氢气降温至 150℃，由板框过滤机 7 过滤，过滤后的粗叔胺可储存于罐 8。催化剂重复使用，第二批投料，不用活化催化剂，只需在氢循环下升温至 160℃，直接通一甲胺反应即可重复其后操作。

萃取工序：粗叔胺产品中溶解一部分过渡金属离子，蒸馏前先通过泵 17 打入萃取罐 20，将配制好的含 10%的萃取剂溶液按粗胺量的 20%(体积分数)打入，升温至 60℃，搅拌 40min，静置 20min 后放去下层萃取溶液，同样操作重复一次。第二次萃取液可作第二批的第一次萃取液使用，经过萃取的叔胺为淡黄色，当叔胺收率在 98%以上时，可以直接通过泵 21 打入蒸馏釜 22。

蒸馏工序：蒸馏可以提纯叔胺，回收未反应的醇和少量仲胺，降低消耗定额，蒸馏总收率大于 96%，收集 185~220℃馏分，作为叔胺可以直接放入季铵化罐 23，也可以放入精叔胺的储罐 31。

季铵化工序：放入季铵化罐 23 的叔胺，在常压及 50℃下，通入 CH_3Cl 反应 5h，可使叔胺季铵化 50%以上。在 0.4~0.5MPa、85℃±2℃反应 4h，可使叔胺完全季铵化，无游离胺

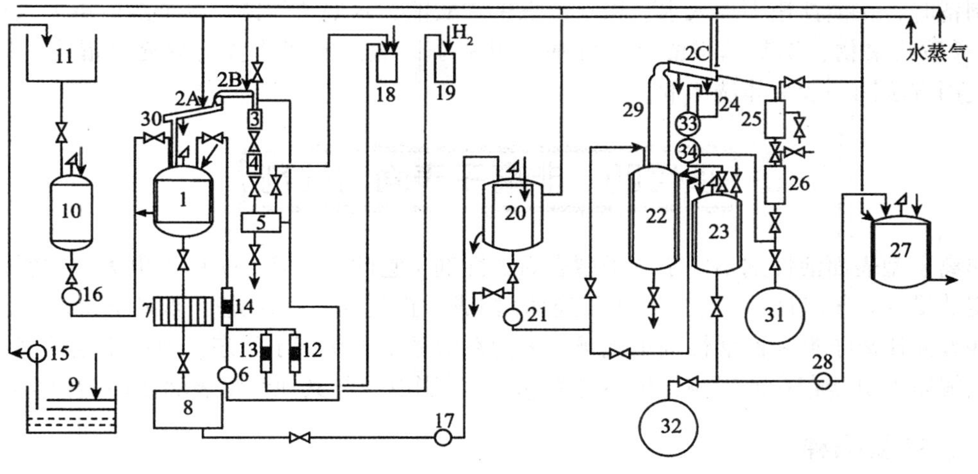

图 1-11　$C_8 \sim C_{10}$双烷基二甲基季铵盐生产工艺流程

1—反应釜；2A，2B，2C—冷凝器；3，4—油水分离器；5—蒸发罐；6，15，16，17，21，28—泵；7—板框过滤机；8—叔胺储罐；9—地槽；10—配料罐；11—高位槽；12，13，14—流量计；18—甲胺罐；19—氢气罐；20—萃取罐；22—蒸馏釜；23—季胺化罐；24—氯甲烷罐；25，26—分离器；27—混合罐；29，30—分馏柱；31—叔胺储罐；32—季铵盐储罐；33，34—氯甲烷净化装置

存在。需要注意的是本工艺所用的氯甲烷是农药副产品。因此增加了两步装置 33、34 净化氯甲烷，并加 15%～25%异丙醇以均化基质的极性。但在通氯甲烷 0.5h 左右时，因季铵化是自催化的过程，又是放热反应，所以操作应特别谨慎，以免飞温，导致季铵化产物颜色变深。

（四）分析检测

双辛基甲基叔胺		双辛基二甲基氯化铵	
外观	无色至浅黄色液体	外观	浅黄色透明液体
色泽(Hazen)	<100	活性物质含量/%	(80±2)
叔胺含量/%	≥94	未反应胺含量/%	≤2
伯、仲胺含量/%	≤2	pH 值	6～8
主组分/%	≥85		

（五）复配应用

食品及饮料行业使用大量器皿，用于暂存食物及原材料，许多饮品及乳品还使用各种类型的包装瓶。这些器皿和包装瓶在使用前都需要进行清洗。一些回收的饮料瓶、啤酒瓶也需要彻底清洗后再使用。本品具有去污力好、腐蚀性小、兼有消毒作用等特点，可用于洗涤食品及饮料行业的包装物、器皿、玻璃瓶等。

饮料瓶及食品包装瓶清洗剂的组成和作用如下：

成　分	组成/%	作　用	成　分	组成/%	作　用
烷基磺酸钠	6～12	润湿剂、去污剂	马来酸酐－丙烯酸共聚物	1～3	污垢分散剂
烷基二甲基季铵盐	5～8	杀菌剂	六偏磷酸钠	1.5～3.5	除垢剂
三聚磷酸钠	1～3	除垢剂	纯水	加至 100	—
尿素	1～3	增溶剂			

制备时，在搅拌槽中加入水、尿素、三聚磷酸钠、六偏磷酸钠，等全溶后再加入马来酸酐-丙烯酸共聚物、烷基苯磺酸钠、烷基二甲基季铵盐，搅拌使各组分充分混合，即得产品。使用方法同一般液体洗涤剂。

项目四　非离子表面活性剂

非离子型表面活性剂不同于离子型表面活性剂，它的亲水基在水中不电离，主要是由具有一定数量的含氧基团(一般为醚基和羟基)构成，正是这一点决定了非离子型表面活性剂在某些方面比离子型表面活性剂更优越。因为在溶液中不是离子状态，所以稳定性高，不易受强电解质无机盐存在的影响，也不易受 pH 值的影响，与其他类型表面活性剂相容性好。

一、主要品种

(一) 聚氧乙烯醚型非离子表面活性剂

这类非离子表面活性剂一般随烷基链的增长其熔点和疏水性相应地也增加，聚氧乙烯基中单元数增加，则水溶性增加。

1. 脂肪醇聚氧乙烯醚型非离子表面活性剂

脂肪醇聚氧乙烯醚是非离子表面活性剂的一大品种。具有优良的润湿性、低温洗涤、耐硬水和易生物降解等性能，广泛用于工业、石油、金属加工、纺织、农药等领域乳化。其制备是将环氧乙烷加成到醇的羟基上形成醚，反应式如下：

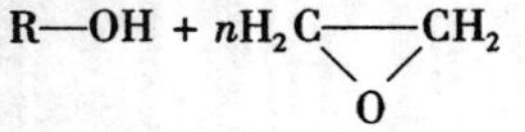

$\longrightarrow RO(CH_2CH_2O)_nH$ ($R = C_{12} \sim C_{14}$ 醇或 $C_{16} \sim C_{18}$ 醇；$n = 3，9，12，25$ 等)

2. 聚氧乙烯烷基酚非离子表面活性剂

聚氧乙烯烷基酚非离子表面活性剂是用烷基酚与环氧乙烷加成聚合制得的系列产品。20 世纪 60 年代中期前，由支链烷基酚制取，现在用直链烷基酚制成线型聚氧乙烯烷基酚(LAP)，国内生产的品种有各种环氧乙烯分子数的乳化剂 OP、清洗剂 TX 等系列产品。聚氧乙烯烷基酚的结构式为：

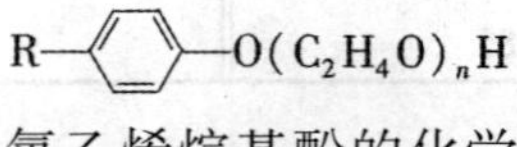

式中，R 一般为 8~9 个 C 原子。聚氧乙烯烷基酚的化学性质很稳定，不怕强酸、强碱，即使在温度较高时也不易被破坏。聚氧乙烯烷基酚随环氧乙烷加成数的不同，性能也相应变化。当环氧乙烷分子数 n 为 1~6 时，加成物为油溶性，不溶于水；$n>8$ 时，则为可溶于水的化合物。当 $n=8\sim10$ 时，水溶液的表面张力较低，此时具有较强的润湿性、去污力和乳化性能，之后随 n 变大则表面张力逐渐升高，而润湿能力降低；$n>15$ 没有渗透性、润湿性及去污能力，但可在强电解质溶液中用作洗涤剂与乳化剂。

工业上用的较多的是聚环氧乙烷壬基酚系列，其聚合反应如下：

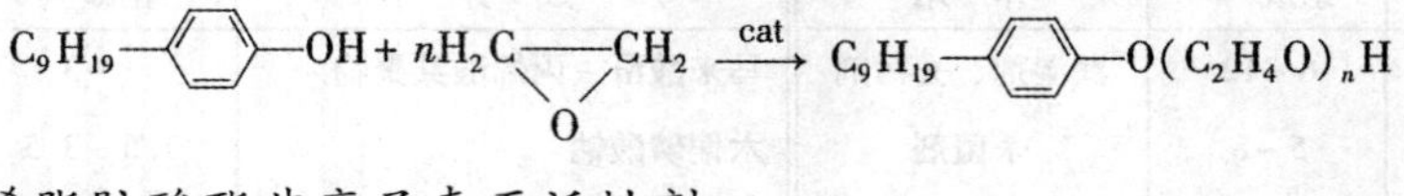

3. 聚氧乙烯脂肪酸酯非离子表面活性剂

此类表面活性剂分子中存在酯基(—COOR)，比起醚键显得较不稳定，在酸、碱性热溶液中易水解，在强酸、强碱中洗涤作用远不及肥皂。但由于脂肪酸来源较容易，并具有低泡、生物降解好的特点，主要用作乳化剂、分散剂、纤维油剂及染色助剂。常用的脂肪酸有硬脂酸、椰子油酸、油酸、松香酸、合成脂肪酸等。碳链越长，产物的溶解度越小，浊点越高，但是含羟基或不饱和的脂肪酸是例外。其合成可采用脂肪酸和环氧乙烷的酯化制得：

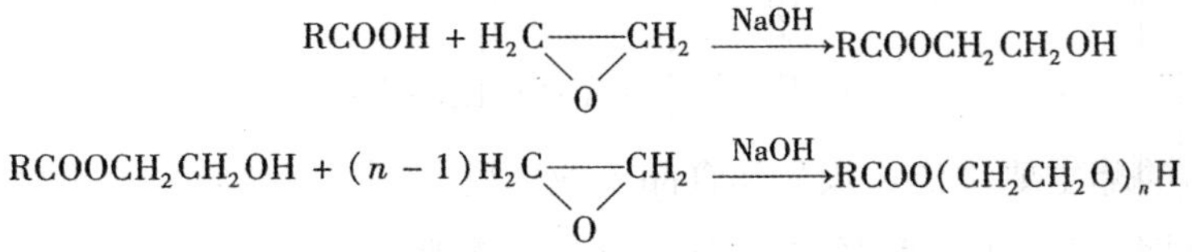

副反应为：$2RCOO(CH_2CH_2O)_nH \rightleftharpoons RCOO(CH_2CH_2O)_nOCR+HO(CH_2CH_2O)_nH$

生成的产品是聚氧乙烯脂肪酸单酯、双酯与聚乙烯乙二醇的混合物。另外脂肪酸、脂肪酸酐、脂肪酰氯、脂肪酸金属盐、脂肪酸酯与聚乙二醇反应均可得到产品。

4. 聚氧乙烯烷基胺非离子表面活性剂

聚氧乙烯烷基胺是由胺与环氧乙烷反应而制得的一种表面活性剂，结构通式为：

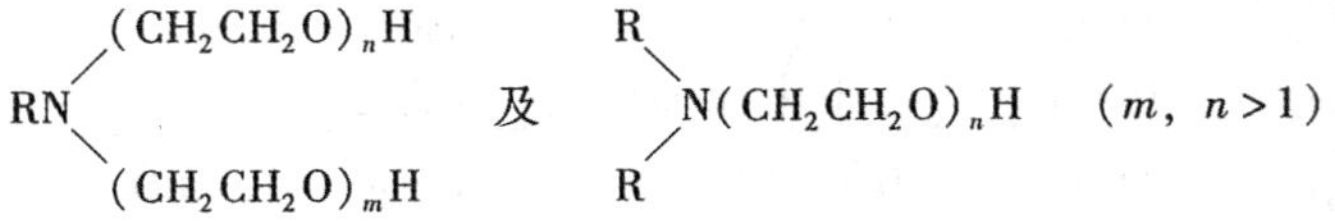

低聚合度的具有阳离子表面活性剂的特征，随着聚合度的加大，转为非离子性，在碱性溶液中较稳定，呈非离子性；在酸性溶液中呈现阳离子性，可以很强的吸附在物体表面，在纺织印染中作匀染剂或剥色剂，在金属塑料等硬表面作防水剂和腐蚀剂，还可作为沥青乳化剂使用。

（二）多元醇型非离子表面活性剂

多元醇型非离子表面活性剂含有多个羟基作为亲水基团。其亲水基原料主要为甘油、季戊四醇、山梨醇、失水山梨醇和糖类，所用亲油基原料主要为脂肪酸。这类表面活性剂具有良好的乳化、分散、润滑和增溶性，广泛用于食品、医药、化妆品、纺织印染和金属加工等行业。

1. 甘油脂肪酸单、双酯及聚甘油酯

甘油脂肪酸酯是脂肪酸多元醇酯的典型品种，由甘油和脂肪酸直接酯化可得到单酯、双酯和三酯的混合物。其中三酯没有乳化能力，双酯的乳化能力也只有单酯的1%以下，最常用的为甘油脂肪酸单酯。其生产包括两种方法，一种是甘油直接酯化法，另一种是甘油醇解法（酯交换）。

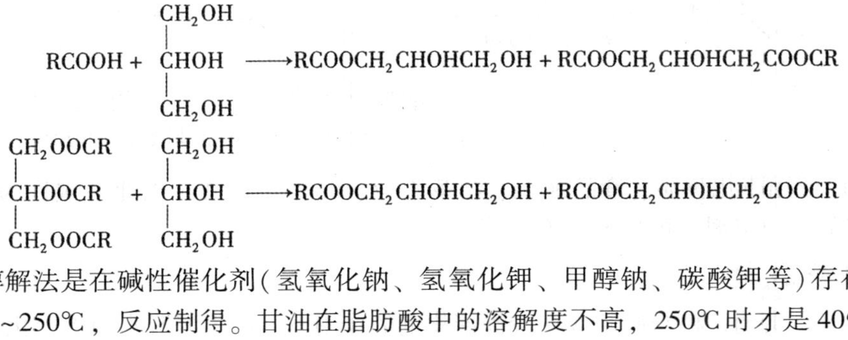

甘油醇解法是在碱性催化剂（氢氧化钠、氢氧化钾、甲醇钠、碳酸钾等）存在的情况下加热至180~250℃，反应制得。甘油在脂肪酸中的溶解度不高，250℃时才是40%，所以限

制了醇解的程度。若加入溶剂在低温和均相条件下反应，则可大大提高单酯的收率。为获得高含量单酯产品，可采用分子蒸馏，单酯含量可达 90% 以上。甘油在酸或碱的催化下，也可发生分子间脱水形成聚合甘油，聚甘油再与脂肪酸反应即可制得聚甘油脂肪酸酯，聚合度 n 一般小于 10，其结构式为：

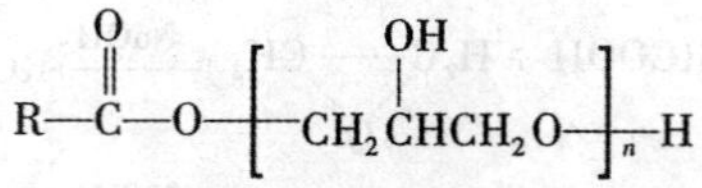

聚甘油脂肪酸酯主要用作化妆品和食品工业的乳化剂。其无毒，对人体无副作用。

2. 失水山梨醇脂肪酸酯和聚氧乙烯山梨糖醇酐脂肪酸酯

失水山梨醇脂肪酸酯的商品名为司盘(Span)，它的单、双、三酯均为商品。山梨醇可由葡萄糖加氢制得，是不含醛基而有六个羟基的多元醇，具有较好的热氧稳定性。山梨醇在硫酸中 140℃ 能从分子内脱水得到失水山梨醇及异山梨醇。

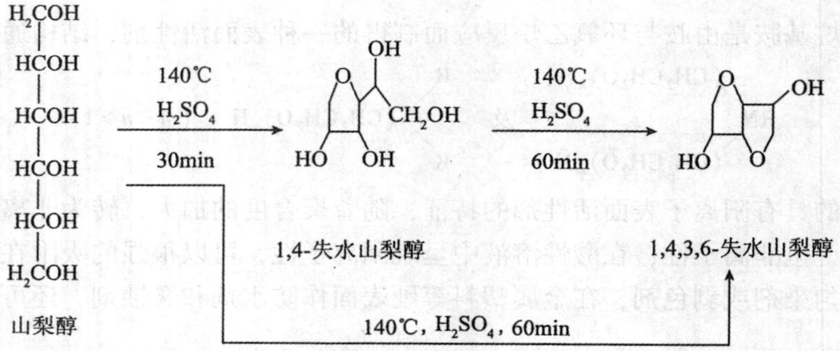

常用的脂肪酸有月桂酸、棕榈酸、硬脂酸、油酸与妥尔油脂肪酸等，酯化反应可直接将脂肪酸与失水山梨醇在 225~250℃ 催化剂下反应得到失水山梨醇脂肪酸酯。Span 系列不溶于水，但溶于许多矿物和植物油中，是水/油型乳化剂，增溶剂、柔软剂及纤维润滑剂，可用于合成纤维生产及化妆品中，另外它低毒、无刺激，且有利于人们消化，因此也广泛用于食物、饮料及医药方面的乳化及增溶。Span 作乳化剂时一般不单独使用，而是与其他水溶性好的表面活性剂复配，尤其与聚氧乙烯山梨糖醇酐脂肪酸酯复配最为有效。聚氧乙烯山梨糖醇酐脂肪酸酯的商品名叫做吐温(Tween)，它是失水山梨醇脂肪酸酯在 130~170℃ 下在甲醇钠催化下与环氧乙烷作用得到的产物，一般分子中含有 5~20 个氧乙烯基。例如吐温 80 合成如下：

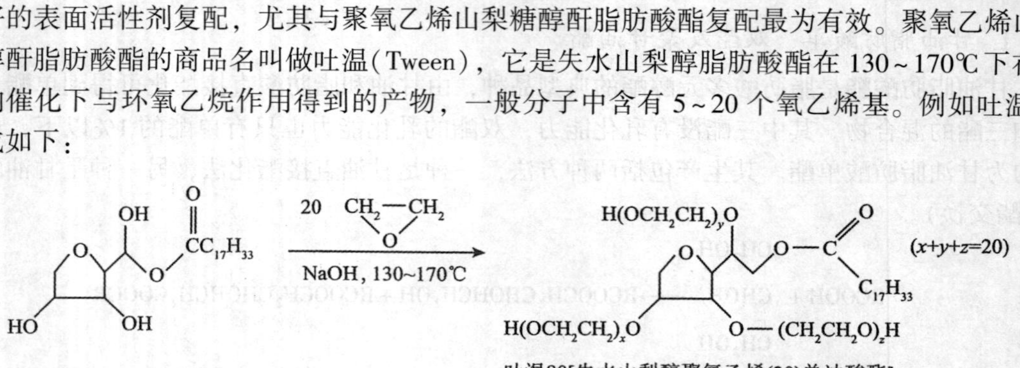

吐温80[失水山梨醇聚氧乙烯(20)单油酸酯]

Tween 广泛用于化妆品、食品加工、制革工业、农药、印染等工业领域作为 O/W 型乳化剂、增溶剂、稳定剂、抗静电剂等。

3. 烷基糖苷

烷基糖苷是由葡萄糖与脂肪醇在酸性催化剂的作用下，经缩醛脱水而得的化合物。一般组成为单苷、二苷、三苷和多苷的混合物，所以也称烷基多糖苷(简称 APG)。其结构通式为：

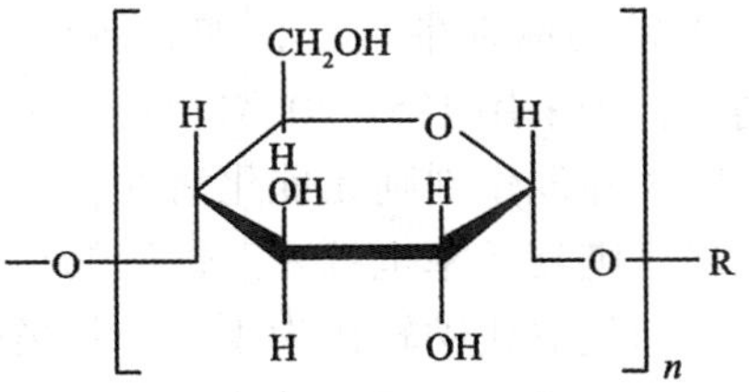

一般情况下，烷基多苷的聚合度 n 在 1.1~3 之间，R 为 $C_5 \sim C_{18}$的烷基。APG 常温下呈白色固体粉末或淡黄色油状液体，在水中溶解度大，较难溶于常用的有机溶剂。APG 是新一代温和、绿色、环保型表面活性剂。从分子结构上讲，APG 属非离子表面活性剂，其亲水性来自糖上多个羟基与水形成氢键，但与醇醚不同，不存在“浊点”。它兼有非离子和阴离子表面活性剂的优点：表面张力低；起泡能力强，泡沫细腻、丰富、稳定；润湿性好；去污力强；配伍性能极佳，对人体皮肤温和，与其他表面活性剂有良好的协同增效效应，尤其可以大大降低化妆品配方体系的刺激性；无浊点，易溶于水，易于稀释，无凝胶现象，使用方便，在电解质浓度很高的情况下，溶解度仍然很高；抗氧化、耐硬水，钙皂分散力强；绿色，无毒，无刺激，生物降解迅速彻底；具有较强的广谱抗菌活性。

二、脂肪醇聚氧乙烯醚型非离子表面活性剂的生产技术

(一) 反应原理

乙氧基化反应是指在脂肪酸、烷基酚或脂肪醇的羟基上用环氧乙烷作用引入聚氧乙烯醚基团的反应，催化剂可以是酸也可以是碱性催化剂，工业上常采用碱性催化剂如氢氧化钠、醇钠等，机理如下：

$$ROH + NaOH \rightleftharpoons RONa + H_2O$$

$$RONa \rightleftharpoons R—O^- + Na^+$$

$$R—O^- + H_2C\underset{O}{—}CH_2 \xrightarrow{慢} R—OCH_2CH_2O^-$$

$$ROH + R—OCH_2CH_2O^- \xrightleftharpoons{快} R—O^- + ROCH_2CH_2OH$$

$$R—OCH_2CH_2O^- + H_2C\underset{O}{—}CH_2 \xrightarrow{快} R—OCH_2CH_2OCH_2CH_2O^-$$

第三步是决定反应速率的，不同亲油基的反应速率按伯醇>苯酚>羧酸顺序递减，但苯酚和羧酸的酸性比伯醇高，从而提高了第一步的反应速率，当全部转化为一加成物后才开始进一步的反应，增长聚合度。伯醇则不同，单乙氧基化还未完成，就已经开始后面的反应了。

影响乙氧基化的主要因素包括：

(1) 反应物的结构　脂肪醇同系物中，反应速率一般随碳链长度增加而降低，且按其羟基的位置不同，反应速度的排序为伯醇>仲醇>叔醇。仲醇、叔醇的反应性低于其乙氧基加成产物，因此它们的乙氧基化产物相对分子质量分布较伯醇宽。按醇、酚、酸的乙氧基加成反应速度，则伯醇>酚>羧酸，这是共轭酸随其酸度增加亲核性降低的缘故。由于酸、酚的反应速度比伯醇慢，所以表现为酸、酚的乙氧基化有诱导期，而伯醇则没有。取代酚的取代

基对反应速度也有影响，其次序为 $CH_3O—>CH_3—>H>Br>—NO_2$。如苯酚比对硝基苯酚的反应速度要快17倍。

（2）催化剂的影响　工业上常用碱性催化剂，如金属钠、甲醇钠、氢氧化钾、氢氧化钠、碳酸钾、碳酸钠、醋酸钠等，当采用195～200℃反应温度时，前4种催化剂活性相近，后3种则较低；若温度降低，后3种催化剂则无催化活性，氢氧化钠的活性也显著低于前3种。显然碱性催化剂的碱性越强，则其效率也越高。钠醇的活性高于氢氧化钠，是由于在质子交换过程中，钠醇转化为醇，而氢氧化钠转化为水。一般情况下，催化剂浓度增高，反应速率加快，且在低浓度时，反应速度随浓度增高的增加高于高浓度时。通常前四种催化剂的投入量为醇重量的0.1%～0.5%。

（3）温度　乙氧基化反应的加成速度随温度的提高而加快，但不呈线性关系，即在同一温度的增值下，高温区的反应速度的增加大于低温区。反应温度常在130～180℃。

（4）压力　环氧乙烷的压力和其浓度成正比，随压力增加反应速度增加。为了缩短反应时间，可在0.05～0.5MPa压力下反应。

（二）原料的准备（生产AE03、AE09）

1. 环氧乙烷

环氧乙烷（EO）是带有乙醚气味的无色透明液体，其在空气中的着火点为429℃，它能与水以任何比例混合，易燃，空气中环氧乙烷的体积分数在3%～100%时会引起爆炸，把环氧乙烷加热到分解温度571℃，甚至在无空气的条件下也会引起爆炸。防止环氧乙烷爆炸的可靠办法是用氮气、二氧化碳等气体将其稀释至爆炸限以下。环氧乙烷在氮气和二氧化碳中的爆炸下限的体积分数分别为75%、82%，为安全起见环氧乙烷的体积分数要低于爆炸下限的10%以上。另外，如果稀释气体中含有空气，会使爆炸下限降低，因此，装满环氧乙烷的容器必须认真的排除空气。环氧乙烷对人有麻醉作用，同时有多种不良反应。环氧乙烷对人的呼吸道和眼睛有强烈的刺激作用。对于干燥皮肤，无水环氧乙烷不会造成伤害，含有质量分数为40%～80%的环氧乙烷水溶液会引起皮肤的灼伤或疱疹。吸入大量环氧乙烷会引起中毒，出现恶心、呕吐、头痛、腹泻等症状。因此，环氧乙烷在生产、储运和使用过程中，必须采取预防措施。

环氧乙烷的物理性质如下：

外观	无色和透明液体	醛类/(mg/kg)	≤10
纯度/EO	≥99.9	酸值/(mgKOH/kg)	≤20
色度/APHA	≤5	CO_2/%	≤5
水分/%	≤0.005	相对密度(0/4℃)	0.894～0.896

2. 脂肪醇

脂肪醇的物理性质如下：

脂肪醇	色度/APHA	羟值/(mg KOH/g)	酸值/(mg KOH/g)	碘值/(gI_2/100g)	水分/%	馏分/%
$C_{12\sim14}$醇	≤10	280～290	≤0.1	≤0.5	≤0.1	≤95
$C_{16\sim18}$醇	≤25	204～220	≤0.2	≤0.8	≤0.1	≤95

3. 消耗定额

项目	环氧乙烷/kg	$C_{12\sim14}$醇/kg	催化剂/kg	冰醋酸/kg	双氧水(30%)/kg
AEO3	390	610	2	2	2
AEO9	650	350	3	3	3

（三）工艺过程

采用间歇循环式乙氧基化装置生产脂肪醇聚氧乙烯醚的工艺流程见图 1-12。

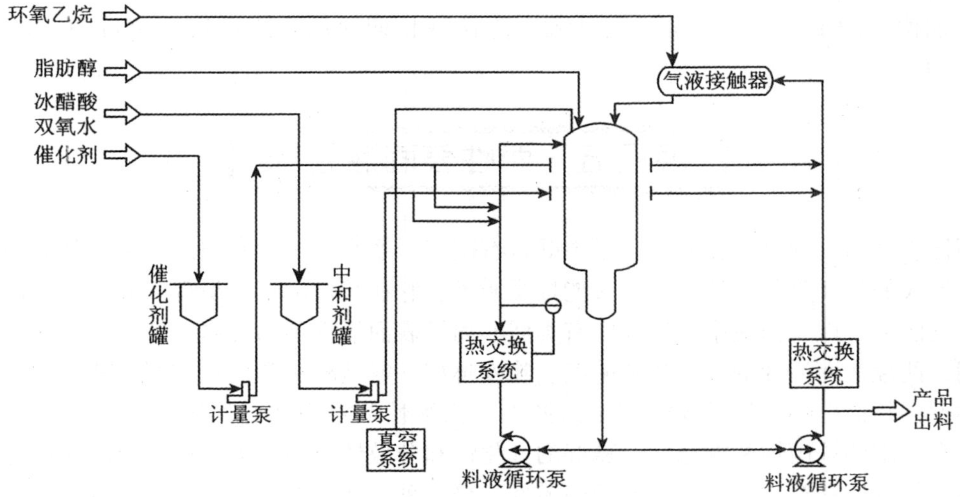

图 1-12　脂肪醇聚氧乙烯醚生产流程图

脂肪醇聚氧乙烯醚的生产工艺有多种，这里以意大利的第三代 Press 乙氧基化工艺为例。将脂肪醇与催化剂定量加入反应器后升温至 90~110℃，同时启动物料循环泵喷雾抽空脱水。然后用氮气置换。继续升温至 160℃左右，通入液态环氧乙烷。环氧乙烷进入反应器后立即汽化并充满反应器而溶有催化剂的脂肪醇经泵压和喷嘴以雾状均匀喷入反应器的环氧乙烷气相中，并迅速反应，液相物料连续循环喷雾与环氧乙烷反应，保持环氧乙烷分压 0.2~0.4MPa。直至配比量的环氧乙烷反应完为止，取样分析。中和脱色，即出料包装。

Press 工艺的特点是：反应速率高、副产少、操作弹性大、安全性高。

（四）产品分析检测

项目	外观(25℃)	色度(APHA)	酸值/(mgKOH/g)	pH 值(1%，25℃)	浊点(1%)/℃	水分/%	*HLB* 值
AEO3	无色液体	≤50	168~176	6~8	—	≤0.1	8.3
AEO9	白色膏体	≤50	90~100	6~8	66~70	≤0.1	13.6

（五）复配应用

钢铁常温快速除锈液：对钢铁表面的锈蚀、氧化皮等杂质的处理方法通常是用加热的硫酸、常温的盐酸或混合酸清洗，但该法存在许多缺点，如耗能多、对基体金属产生氢脆、使钢材失重、产生酸雾等，因此用户需要一种常温下快速除锈和除氧化皮等杂质又不产生酸雾的除锈液。本产品除使用少量有机酸外，还添加缓冲剂及酸雾抑制剂，不但有很高的除金属氧化物能力，而且可以减缓钢铁腐蚀、抑制酸雾挥发等。

配方原料	草酸	十二烷基硫酸钠	磷酸(85%)	盐酸(33%)	脂肪醇聚氧乙烯醚	六亚甲基四胺	水
质量/%	0.6	0.5	2.3	51	0.6	0.5	44.5
作用	去油除锈剂	乳化剂	除锈剂	除锈剂	乳化剂	酸雾抑制剂	

按配方比例将各种物料混合溶于水搅匀即可。使用时将锈蚀的钢铁浸在含有本品的除锈槽中。除锈时间 10 分钟左右。随着多次使用，除锈效果会明显下降。这时应对除锈槽液体的浓度进行检测，当液体的酸浓度低于 14%时，应添加除锈液再继续使用。一般只需添加槽液的 1/3 左右即可恢复功效。除锈液长期使用后应进行简单过滤，以保证除锈液洁净。

项目五　两性表面活性剂

两性表面活性剂是指在同一分子中既含有阴离子亲水基又含有阳离子亲水基的表面活性剂。它最大的特征是既能给出质子又能接受质子，它在酸性溶液中呈现阳离子性，在碱性溶液中呈现阴离子性，而在中性溶液中有类似非离子表面活性剂的性质。按亲水基和疏水基结构不同，两性表面活性剂分为甜菜碱型、咪唑啉型、氨基酸型和氧化胺型，其中最主要的是咪唑啉型，约占全部产量的 50%以上。两性表面活性剂对织物有优异的柔软平滑性和抗静电性，有一定的杀菌性和抑霉性，良好的乳化性和分散性，与其他类型表面活性剂有良好的配伍性，低毒性和对皮肤、眼睛的低刺激性，极好的耐硬水性，并具有良好的生物降解性。因此在日用化工、纺织工业、染料、颜料、食品、制药、洗涤等方面的应用日益扩大。

一、主要产品

(一) 甜菜碱型表面活性剂

甜菜碱最初从植物甜菜中分离而得，故以此命名这类表面活性剂。天然甜菜碱是三甲胺乙内酯 $(CH_3)_3N^+CH_2COO^-$，其不具有表面活性。甜菜碱型表面活性剂阳离子部分为季铵盐型阳离子，阴离子部分可以是羧基、磺酸基、硫酸酯基等。在此类型中，开发最早、结构最简单、应用较广的为烷基二甲基甜菜碱，结构通式为：

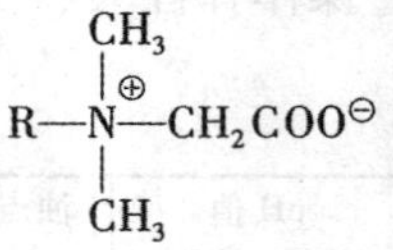

(R 为 $C_{12\sim18}$ 的烃基)

1. 羧基甜菜碱

羧基甜菜碱的典型品种是 *N*-烷基二甲基甜菜碱，主要合成方法是由烷基二甲胺与氯乙酸钠溶液反应得到：

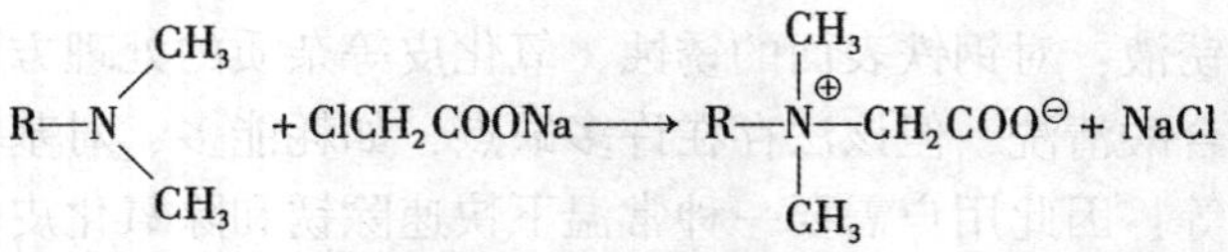

首先用等物质的量的氢氧化钠中和氯乙酸至 pH 值为 7，得到氯乙酸钠盐，然后依次加入等物质的量的十二烷基二甲基胺，在 50~150℃反应 5~10h，制得 *N*-十二烷基甜菜碱。

2. 磺基甜菜碱

磺基甜菜碱主要用于纺织工业的染色、匀染、润湿等工序，且对聚丙烯纤维、尼龙有足够的抗静电效果。它是由长链叔胺、*N*-酰基亚烷基胺等与磺烷基化试剂反应制得。磺烷基剂主要有溴乙磺酸钠，丙磺内酯、环氧氯丙烷/亚硫酸盐和烯丙基氯/亚硫酸盐等，由于丙磺内酯是致癌物已不再使用。其合成如下：

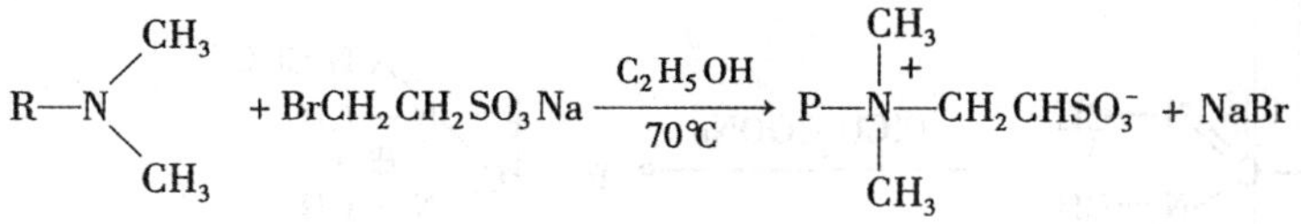

（二）两性氨基酸

1. α-氨基酸衍生物

此类表面活性剂种类比较多，最为著名的是商品 Tego，该系列常用的 Tego51 的结构式为 $RNHCH_2CH_2NHCH_2CH_2NHCH_2COOH \cdot HCl$（R 为 $C_8 \sim C_{10}$），其合成可由氯代烷与亚乙基多胺反应，再与氯乙酸钠缩合制得：

$$RCl + NH_2 \leftarrow\!\!\!(CH_2CH_2NH)\!\!\!\rightarrow_n H \longrightarrow RNH\leftarrow\!\!\!(CH_2CH_2NH)\!\!\!\rightarrow_n H \xrightarrow{ClCH_2COONa} RNH\leftarrow\!\!\!(CH_2CH_2NH)\!\!\!\rightarrow_n CH_2COOH$$

Tego 类产品具有生产工艺简单、产品性能温和、毒副作用很小的优点。

2. β-氨基丙酸衍生物

此类表面活性剂中最重要的是 *N*-十二烷基-β-氨基丙酸钠，它具有发用化妆品所需的特殊性能，如低毒性、安全性、无刺激，特别是对眼睛无刺激、泡沫去污性能好及与皮肤亲和力强、相容性好的特点。其合成路线如下：

$$C_{12}H_{25}NH_2 \xrightarrow[H_2C=CHCN]{\text{缩合}} C_{12}H_{25}NHCH_2CH_2CN \xrightarrow[NaOH]{\text{水解}} C_{12}H_{25}NHCH_2CH_2COONa$$

$$C_{12}H_{25}NH_2 + H_2C{=\!=}CHCOOCH_3 \xrightarrow{\text{缩合}} C_{12}H_{25}NHCH_2CH_2COOCH_3 \xrightarrow[NaOH]{\text{水解}} C_{12}H_{25}NHCH_2CH_2COONa + CH_3OH$$

（三）咪唑啉型

咪唑啉型两性表面活性剂是对分子中具有咪唑啉环的各种两性表面活性剂的总称。这类表面活性剂最突出的优点是具有极好的生物降解性能，除此以外，它对皮肤和眼睛的刺激性极小，发泡性很好。因此在化妆品助剂、香波及纺织助剂等方面应用较多，在石油、冶金、煤炭等工业中可作为全面缓蚀剂、清洗剂及破乳剂等使用。

咪唑啉型两性表面活性剂的品种较多，主要分为羧酸型、硫酸酯型、碳酸型、磷酸酯型等。例如：2-烷基-*N*-羧甲基-*N*-羟乙基咪唑啉，其结构见右。

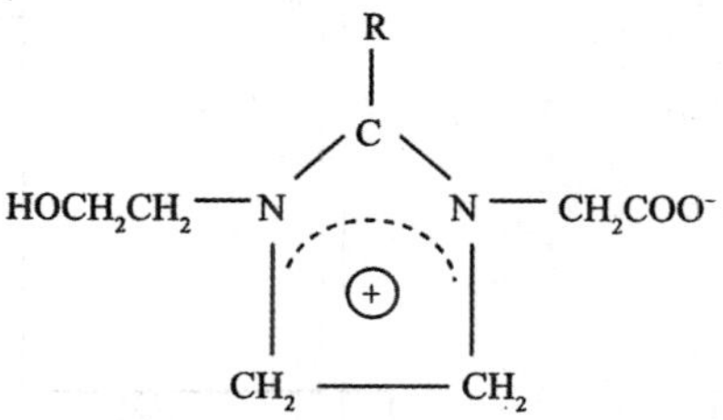

咪唑啉硫酸酯型两性表面活性剂：该类化合物可由 1-(β-羟乙基)-2-烷基咪唑啉衍生物与氯磺酸作用得到。其反应为：

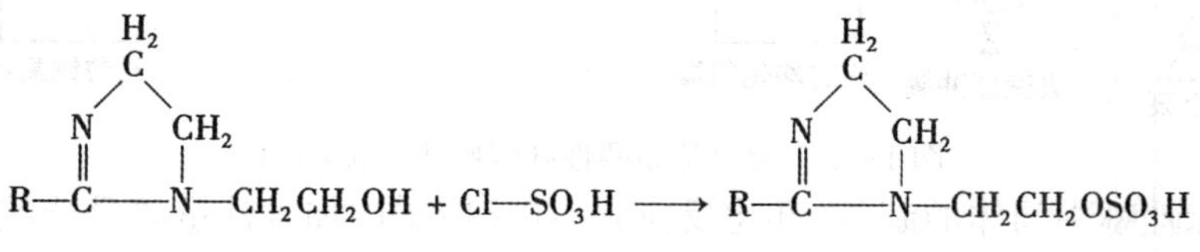

二、咪唑啉两性表面活性剂生产技术

（一）反应原理

$$RCOOH+NH_2CH_2CH_2NHCH_2CH_2OH \xrightarrow{脱水} RCONHCH_2CH_2NHCH_2CH_2OH+RCON\begin{cases}CH_2CH_2NH_2\\CH_2CH_2OH\end{cases}$$

（二）原料准备

1. 原料

名称	外观	性质		名称	外观	性质	
月桂酸	白色晶体	熔点/℃	42～43	AEEA （氨基乙基乙醇胺）	无色或淡黄色液体	含量/%	≥98
		酸值/（mgKOH/g）	278.0			初馏点/℃	240
氯乙酸	白色结晶	含量/%	≥98	碱面	白色粉末	含量/%	≥98

2. 消耗定额（按生产每吨产品计）

月桂酸/kg	<170	AEEA/kg	<90
氯乙酸/kg	<160	碱面/kg	<90

（三）工艺流程

工艺流程如图 1-13 所示。

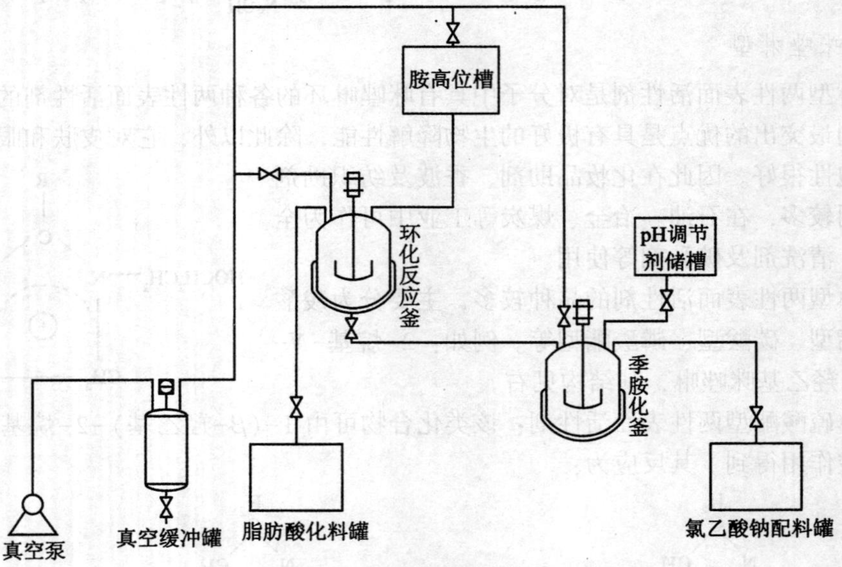

图 1-13　羧甲基型两性咪唑啉生产流程图

（1）烷基咪唑啉中间体的制备（环化反应）　在反应釜内加入计量的月桂酸，加热熔化后加入计量的 AEEA，在一定的时间内升温到指定温度，真空下不断蒸出反应生成的水，反应完成后，分析中间体的质量达到预定的指标后进入下一步反应。

(2)氯乙酸钠的制备　在另一反应釜内加入计量的水，在一定温度和搅拌下，加入计量的氯乙酸，全部溶解后，用碳酸钠调节到预定的 pH 值(9~11)，即得到反应所需的氯乙酸钠溶液。

(3)产品的制备(季铵化反应)　将氯乙酸钠溶液升温到 85~90℃后，搅拌下，慢慢加入环化反应制得的咪唑啉中间体，加完后，保温反应一定时间。当体系的 pH 值从 13 降至 8~8.5 时，为反应终点，分析合格后包装。

(四) 产品分析检测

外观	琥珀色液体	盐含量	7% ±1%
固体含量	40% ±2%	pH 值	9 ±1

(五) 复配应用

浓缩型织物液体洗涤剂

目前，浓缩型织物用液体洗涤剂发展很快，它与粉状洗涤剂相比，具有使用设备简单，因不必成型而节约成本，可立即溶于水和使用方便的优点。本品是一种浓缩型洗衣机用清洗剂，具有去污力强、泡沫低、易漂洗等特点。

组　成	椰油基羧甲基钠型咪唑啉醋酸盐	脂肪醇聚氧乙烯(7)醚	硅酸钾溶液	碳酸钠	氢氧化钾	荧光增白剂	香精	水
质量/份	3~7	2~4	7~13	3~8	6~12	0.1~0.3	适量	加至 100
作用	洗涤剂	活性剂	洗涤助剂	洗涤助剂	洗涤助剂	增白	加香	

在带搅拌器的搪瓷釜中加入水，在搅拌下加入碳酸钠、氢氧化钾及荧光增白剂，使其全溶后加入硅酸钾溶液；加入椰油基羧甲基钠型咪唑啉醋酸盐、脂肪醇聚氧乙烯醚，充分搅匀；将混合液静置后进行过滤，滤液中加入香精，也可根据需要加入适量色素。混匀后即可包装为成品。本品使用方法与一般液体洗涤剂相同。

项目六　特种和新型表面活性剂

用碳、氢、氧、氮、硫、卤素(除氟外)等元素构成的表面活性剂一般归人普通表面活性剂范畴，而将含氟、硅、硼、有时也包含磷元素构成的表面活性剂视为特种表面活性剂。

一、特种表面活性剂

(一) 氟碳表面活性剂

氟碳表面活性剂是指在表面活性剂的碳氢链中的氢原子全都被氟原子取代后形成的全氟表面活性剂。氟碳表面活性剂具有“三高二憎”的特点，即具有高表面活性、高效稳定性和高化学惰性，并同时具有憎水性和憎油性。碳氟表面活性剂的最低表面张力为 15~20mN/m，一般碳氢化合物表面活性剂水溶液表面张力通常在 30~40mN/m。碳氢化合物表面活性剂一般在 12 个碳原子以上才有好的表面活性，而氟碳表面活性剂在 6 个碳原子就呈现好的表面活性，一般在 8~12 为最佳。其临界胶束浓度要比相应碳氢表面活性剂低 10~100 倍。氟碳表面活性剂中的碳氟键具有较高的键能(485.7kJ/mol)并由于氟原子的屏蔽，使 C—C 键的稳定性提高，因而氟碳表面活性剂具有较强的化学稳定性和热稳定性。全氟烷基磺酸的热分解温度可达 420℃，甚至在浓硫酸和浓硝酸中也不被破坏。正是这些杰出的优点使得氟碳表面活性剂具有特殊用途。水溶性的氟碳表面活性剂主要用于氟树脂乳液聚合的乳化剂、电镀添加剂、高效灭火剂、渗透剂和精密电子仪器清洗剂等；油溶性的氟碳表面活性剂主要用于涂料、油墨均质剂、环氧系胶黏添加剂及氟树脂用表面改质剂。

氟碳表面活性剂的制备方法通常有电解氟化法、四氟乙烯调聚、齐聚法或六氟丙烯氧化和聚合法等。电解氟化法是将烷基磺酸、羧酸在氢氟酸介质中电解，制得带活性基的碳氟链，然后再如普通表面活性剂那样经过反应衍生为阴、阳、非、两性型表面活性剂。四氟乙烯调聚或齐聚可得以五聚四氟乙烯为主的聚合物，六氟丙烯则为制备氧杂碳氟表面活性剂的主要方法。下面介绍电解氟化法。

电解氟化法是由 Simons 首先开发，把无水氟化氢和碳氢化合物在 Simons 电解槽中电解氟化，极间电压在 4~6V，电解控制在无氟气体排出的条件下。碳氢化合物在阳极氟化成全氟化有机物。以此作为氟表面活性剂的原料，一般以八个碳的羧酰氯及磺酰氯用于氟化。电解过程中，由于 C—C 键断裂等大量副反应，收率较低，但使用较廉价的氢氟酸，并从原料酰氯经一步合成即得保存反应性官能团的全氯化合物，为进一步衍生氟碳表面活性剂提供了方便。

（二）含硅表面活性剂

含硅表面活性剂是指以硅烷基链或硅氧烷基链为亲油基，聚氧乙烯链、羧基、磺酸基或其他极性基团为亲水基所构成的表面活性剂。硅表面活性剂按照亲油基不同可分为硅烷基型和硅氧烷基型；按照亲水基分类有阴离子型、阳离子型和非离子型。像碳氟键一样，C—Si，或 Si—O—Si 键也具有较高的疏水性，3~5 个聚硅氧烷链节可达到 12~18 个碳氢链的疏水效果，其降低水表面张力的能力仅次于含氟表面活性剂，可以达到 20mN/m 的水平。含硅表面活性剂具有很好的热稳定性，同时还具有优良的润湿性能。含硅表面活性剂的另一特点是在浊点以上作消泡剂，在浊点以下作稳泡剂，这一特点在聚氨酯泡沫塑料中得到应用，起到乳化、稳泡、匀泡等综合作用。含硅表面活性剂的毒性很小，属于低毒类，对黏膜刺激性很小。由于含硅表面活性剂的优良性能使其在化妆品和个人卫生用品、金属加工、纤维加工、涂料等行业中得到广泛应用。

含硅表面活性剂的合成包括有机硅亲油链的合成和亲水基团的引入两步。阴离子含硅表面活性剂由含卤硅烷与丙二酸酯反应后再水解或利用环氧乙烷有机硅化合物与亚硫酸盐反应制得。非离子含硅表面活性剂一般是由各种硅氧烷基在催化剂存在下与聚醚或环氧乙烷反应；阳离子含硅表面活性剂可通过含卤素的硅烷或硅氧烷和胺类反应或由硅烷与含烯烃的胺类加成反应后再进行季铵化制得。

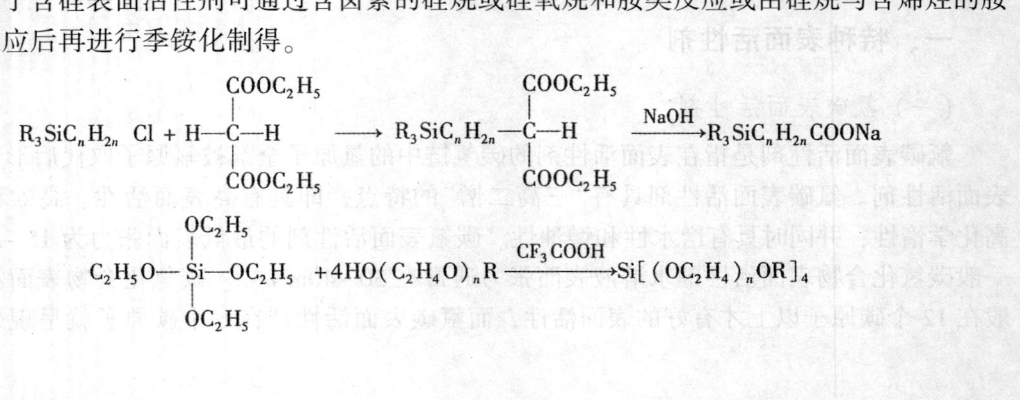

$$(CH_3O)_3Si(CH_2)_3Cl + C_{18}H_{37}N(CH_3)_2 \longrightarrow (CH_3O)_3Si(CH_2)_3-\overset{CH_3}{\underset{CH_3}{\overset{|}{\underset{|}{N^+}}}}-C_{18}H_{37}\cdot Cl^-$$

含硅氧烷的表面活性剂综合了含氟、含硅化合物的特点，具有高的耐热和化学稳定性，同时具有更低的表面张力。可作织物防水、防污、防油处理或作高效消泡剂使用。

二、高分子表面活性剂

相对分子质量在数千以上，同时又具有表面活性的物质叫做高分子表面活性剂。高分子表面活性剂降低表面张力的能力并不显著，一般也没有形成胶束的特征，去污力、起泡力和渗透力均较低，这些特征与一般小分子表面活性剂有很大差别。但高分子表面活性剂在各种表、界面上有很好的吸附作用，因而分散性、凝聚性和增溶性均较好，用量增大时，还具有很好的乳化性和乳化稳定性，并可作为稳泡剂使用。许多高分子表面活性剂还具有良好的保水作用、增稠作用，成膜性和黏附力也很优秀。

高分子表面活性剂可以分为阴、阳、两性和非离子几大类，有时也按来源分为天然、半合成和合成三大类。天然高分子如各种树胶、淀粉、果胶等；半合成高分子是以淀粉、纤维素、蛋白质经化学改性得到的各种聚合物，如羧甲基纤维素（CMC）、羟基淀粉（CMS）等；合成高分子则是由石油化工衍生聚合单体聚合得到的全合成高分子，如聚乙烯醇（PVA）、聚丙烯酸等。

三、生物表面活性剂

生物表面活性剂是指细菌、酵母、真菌等多种微生物在适宜的条件下代谢产生的表面活性物质。生物表面活性剂是细胞与生物膜正常生理活动所不可缺少的成分。生物表面活性剂的疏水基一般是脂肪酸或烃类，而亲水基为糖、多元醇、多糖及肽等。根据亲水基，可分为以糖为亲水基的糖脂系；以低缩氨基酸为亲水基的酰胺缩氨酸系；以磷酸基为亲水基的磷酸酯系；以羧酸为亲水基的脂肪酸系；结合多糖、蛋白质及脂的高分子生物表面活性剂。

生物表面活性剂的制备有两种：一种是直接从动植物及生物体内提取，对于相对分离容易、含量丰富、产量大的生物表面活性剂是一种简便易行的途径，例如磷脂类表面活性剂是从蛋或大豆中提取的；另一种方法由微生物制备得到。生物表面活性剂因完全生物降解、无毒、具有高表面活性和生物活性，在食品、化妆品、医药等领域有较好的应用前景。

四、冠醚类表面活性剂

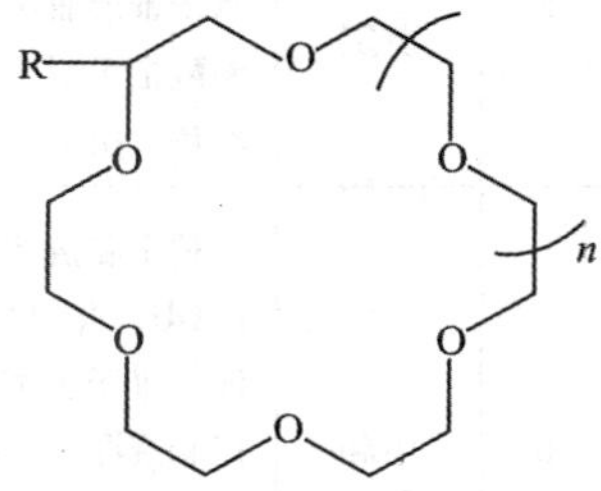

（R 为高碳烷基）

冠醚类表面活性剂是在疏水基上接有环状聚醚的化合物，是一类能选择性络合阳离子、阴离子及中性分子，又具有表面活性以及形成胶团等复合性能的表面活性剂。由于冠醚大环主要是由聚氧乙烯构成，与非离子表面活性剂极性相似，因此在冠醚上引入烷基，得到与非离子表面活性剂类似，但又有独特性质的新型表面活性剂。基本结构见右。

冠醚类表面活性剂在生物化学、分析化学、药物和有机化学中用处很大，例如相转移催化剂。当它们和极性基团或金属离子结合形成络合物后，就转变为离子性表面活性剂。在合成时，可以调节环的大小，使之适应大小不同的离子络合。

实训项目：十二烷基苯磺酸钠的合成

【实训项目卡】

实训班级	实训场地	学时数	指导教师
		6	
实训项目	十二烷基苯磺酸钠的合成		
所需仪器	烧杯(100mL、500mL)，四口烧瓶(250mL)，滴液漏斗(60mL)，分液漏斗(250mL)、量筒(100mL)、温度计(0～50℃、0～100℃)、锥形瓶(150mL)、托盘天平、碱式滴定管、滴定台、密度计、二孔水浴锅、电动搅拌机		
所需试剂	NaOH 溶液(质量分数 15%)、NaOH 溶液(0.1mol/L)、NaOH 固体、发烟硫酸、十二烷基苯、酚酞指示剂、pH 试纸		

实训内容

序号	工序	操作步骤	要点提示	工艺参数或数据记录
1	装置安装	装好四口烧瓶，滴液漏斗，电动搅拌器，温度计		
2	药品量取	用密度计分别测定烷基苯与发烟硫酸的相对密度，用量筒量取 50g(换算为体积)烷基苯转移至干燥的预先称量的四口烧瓶中，用量筒量取 58g 发烟硫酸倒入滴液漏斗中	发烟硫酸、磺酸、废酸、氢氧化钠均有腐蚀性，操作时注意安全	
3	磺化	在搅拌下将发烟硫酸逐滴加入烷基苯中，滴加时间 1h。控制反应温度在 30～35℃，加料结束后停止搅拌，保温反应 30min，反应结束后记下混酸质量	磺化反应为剧烈放热反应，需严格控制加料速度和反应液温度	
4	分酸	在原实验装置中，按混酸：水 = 85:15(质量比)计算出需加水量，并通过滴液漏斗在搅拌下将水逐滴加到混酸中，温度控制在 45～50℃，加料时间为 0.5～1 h。反应结束后将混酸转移到事先称量好的分液漏斗中，静置 30min，分去废酸(待用)，称量，记录	应控制加料速度和温度，搅拌要充分，防止结块	
5	中和值测定	用量筒取 10mL 水加于 150mL 锥形瓶中，并称取 0.5g 磺酸于锥形瓶中，摇匀，使磺酸分散，加 40mL 水于锥形瓶中，轻轻摇动，使磺酸溶解，滴加 2 滴酚酞指示剂，用 0.1mol/L NaOH 溶液滴定至出现粉红色，按下式计算出中和值 H	计算公式：$H=\frac{cV}{m}\cdot\frac{40}{100}$ 式中 c—NaOH 溶液浓度，mol/L； V—消耗 NaOH 溶液的体积，mL； m—为磺酸质量，g	
6	中和	按中和值计算出中和磺酸所需 NaOH 质量，称取 NaOH，并用 500mL 烧杯配成质量分数 15% NaOH 溶液，置于水浴中，在搅拌下，控制温度 35～40℃，用滴液漏斗将磺酸缓慢加入，时间 0.5～1h。当酸快加完时测定体系的 pH 值，控制反应终点的 pH 值为 7～8(可用废酸和质量分数 15%～20% NaOH 溶液调节 pH 值)	可用废酸和质量分数为 15%～20% 的 NaOH 溶液调节 pH 值	
7	称量	反应结束后称量所得烷基苯磺酸钠的质量	计算产品收率	

习　　题

一、选择题

1. 下列属于两性离子型表面活性剂的是(　　)。

A. 肥皂类　　B. 脂肪酸甘油酯

C. 季铵盐类　　D. 卵磷脂

2. 下列属于非离子型表面活性剂的是(　　)。

A. 十二烷基硫酸钠　　B. 十二烷基苯磺酸钠

C. 苯扎溴铵　　D. 脱水山梨醇脂肪酸酯

3. W/O 型的乳化剂是(　　)。

A. 硬脂酸钠　　B. 三乙醇胺皂

c. 硬脂酸钙　　D. 十二烷基硫酸钠

4. 下列产品中，属于表面活性剂的是(　　)。

A. 乙醇　　B. 食盐水

c. 胰加漂 T　　D. 邻苯二甲酸二辛酯

5. 下列哪类表面活性剂可用作织物的柔软剂，抗静电剂(　　)。

A. 阴离子表面活性剂　　B. 生物表面活性剂

C. 两性表面活性剂　　D. 阳离子表面活性

6. AES 是下列哪种物质的简称(　　)。

A. 烷基苯磺酸钠　　B. 脂肪醇聚氧乙烯醚硫酸盐

C. α-烯烃磺酸钠　　D. 脂肪硫酸盐

7. 表面活性剂 *HLB* 值在何值时，一般可作为油包水型乳化剂(　　)。

A. 2~6　　B. 8~10　　C. 12~14　　D. 16~18

8. 表面活性剂 *HLB* 值在(　　)时，一般可作为洗涤剂。

A. 2~6　　B. 8~10　　C. 12~14　　D. 16~18

9. W/O 型洗面奶指的是(　　)。

A. 水包油型　　B. 油包水型　　C. 混合型　　D. 以上都不对

10. 表面活性剂表面张力降低的效率和表面活性剂表面张力降低的能力(　　)。

A. 一定平行　　B. 一定不平行　　C. 不一定平行　　D. 不确定

二、填空题

1. 根据亲水基的结构，阴离子表面活性剂的类型主要有________、________、________、________等类别。

2. 工业化生产的阳离子表面活性剂主要有________和________两类，其中最重要的又是________类。

3. 两性表面活性剂中最重要是________和________两大类。

4. 非离子表面活性剂主要有________和________两大类。

5. 表面活性剂的结构特征为分子的一端为________，另一端为________。这两类结构与性能截然相反的分子碎片或基团分处于________并以________相连接，形成了一种________的结构。

三、简答题

1. 什么是表面活性剂？什么又是表面张力？

2. 表面活性剂是怎样分类的？

3. 阳离子型表面活性剂主要有哪几类？并分别写出每种类别的结构通式和主要用途。

4. 阴离子型表面活性剂主要有哪几类？并分别写出每种类别的结构通式和主要用途。

5. 什么是 *HLB* 值？它有什么应用？

6. 表面活性剂的亲油基原料包括哪些？

7. 以苯为原料，选用合适的试剂合成十二烷基苯磺酸钠。
8. 影响磺化反应的因素有哪些?
9. 膜式磺化器是三氧化硫连续磺化装置中应用最多的反应装置，具有哪些特点?
10. 简述双烷基二甲基季铵盐的生产工艺流程。
11. 何为乙氧基化反应? 乙氧基化反应的影响因素有哪些?
12. 简述乙氧基化反应的工艺流程。

模块二

助　　剂

知识目标 理解助剂的概念、分类、作用；，理解增塑剂的定义、分类、了解增塑剂的选择原则和作用机理；理解增塑剂的主要品种的性能、应用；掌握典型产品邻苯二甲酸酯的生产原理，工艺流程，复配应用；了解抗氧剂的作用机理，理解抗氧剂的主要品种的性能、应用，掌握典型产品对苯二胺类抗氧剂的生产原理，工艺流程，复配应用；了解热稳定剂的作用机理，理解热稳定剂的主要品种的性能、应用；了解光稳定剂的作用机理，理解光稳定剂的主要品种的性能、应用；了解阻燃剂的作用机理，理解阻燃剂的主要品种的性能、应用；理解硫化体系助剂的类别，掌握主要产品的性能，应用特点等；了解其他合成材料助剂的定义，分类、主要产品的生产，应用等。

技能目标 能够根据应用要求，为合成材料塑料和橡胶的生产过程选择合适的助剂，能够生产邻苯二甲酸二辛酯。

项目一　基本知识

目前，材料、能源、信息已经发展为当代科学技术的三大支柱，而材料又是一切技术发展的物质基础。高分子材料主要是指塑料、橡胶、合成纤维。目前高分子材料已成为国民经济各部门、尖端技术、国防建设和人民生活以及现代科学技术不可缺少的材料。高分子材料由于原料来源丰富、制造方便、品种繁多、节省能源和投资，且用途广泛；相当于传统材料金属、木材和水泥之和，因此在材料领域中的地位日益突出，增长最快。然而，高分子也有许多需要克服的缺点，如某些塑料性脆因此不耐冲击；耐热性差而无法在高温下使用；生胶加工困难且直接加工的产品无法满足使用要求。因此，在高分子加工和使用过程中加入了助剂。

“助剂”是一个很广泛的概念。塑料、橡胶、合成纤维等合成材料以及纺织、印染、涂料、农药、造纸、皮革、食品、石油炼制等工业部门，都需要各自的助剂。这里所说的是在塑料、橡胶、合成纤维等材料和产品的生产、加工、使用过程中，为改善工艺条件、提高产品质量或赋予产品某些特殊性能所添加的各种辅助化学品，通常被称为助剂或添加剂。合成材料的生产及制品加工过程中添加的助剂共分两类，在合成树脂生产过程中添加的助剂，如引发剂、终止剂、乳化剂、分散剂等，称为合成助剂；塑料(合成树脂和天然树脂)或生胶加工成制品的过程中添加的助剂，称为加工助剂。加工助剂是本模块介绍的主要内容，包括增塑剂、稳定剂、阻燃剂、交联剂、抗静电剂及发泡剂等。因为这些助剂往往是在产品加工过程中添加进去的，故也常被称为“添加剂”或“配合剂”。

一、助剂的分类和作用

随着合成材料工业的发展，助剂的类别和品种不断增加，对制品的加工性能和应用性能所起的作用也更加重要。但助剂的分类比较复杂。从助剂的化学结构看，既有有机物，又有无机物；既有单一化学品，又有混合物；既有低分子化合物，又有聚合物。从助剂的应用对象看，有些助剂是针对某一种合成材料的、有些助剂则是各种材料通用的。目前比较通用的是按照助剂的功能分类，在功能相同的一类中，再按照作用机理或化学结构分类。

(1) 防老化助剂　这类助剂的功能是防止或延缓聚合物在储存、加工及使用过程中，由于光、热、氧、微生物、机械疲劳等环境因素的影响而引起的老化，防止聚合物材料性能的劣化。主要包括抗氧化剂(在橡胶工业中也称防老剂)、光稳定剂、热稳定剂和防霉剂等。

(2) 改善力学性能的助剂　这类助剂的功能是改善聚合物材料某些力学性能。如抗张强度、硬度、刚性、冲击强度等。包括交联剂(在橡胶工业中常称作硫化剂)、填充剂、偶联剂、抗冲击剂等。

(3) 改善加工性能的助剂　这类助剂的作用在于降低聚合物内外摩擦力，改善聚合物加热成型时的流动性、可塑性及脱模性，使加工过程更易进行。这类助剂有润滑剂、脱模剂、软化剂、塑解剂等。

(4) 柔软化和轻质化助剂　主要有增塑剂、发泡剂等。发泡剂又分为物理发泡剂和化学发泡剂，主要用于泡沫塑料、合成木材、海绵等的制造。

(5) 改善表面性能和外观的助剂　防止制品在加工及使用过程中产生静电危害的抗静电剂；防止食品包装用及农业温床覆盖用塑料薄膜内壁形成雾滴的防雾滴剂以及着色剂；为改善表面手感，起润滑柔软作用而加入纤维纺织品的柔软剂；为使织物平整、挺直而加入的硬挺剂等。

(6) 难燃化助剂　难燃包括不燃和阻燃两个概念。主要指阻燃剂。阻燃剂加入到材料中可以防止由于聚合物燃烧造成的火灾危害。它可以使合成材料在接触火源时燃烧缓慢，脱离火源时自行熄灭。一般还包括抑制材料燃烧时产生大量烟雾的烟雾抑制剂。

助剂对聚合物性能的改善是多方面的，对聚合物工业的发展具有不可估量的促进作用。助剂的用量可能很小，但所起的作用却是十分显著的。例如，聚丙烯树脂极易老化，用纯树脂压制的薄片在150℃下只需0.5h便脆化，根本无法加工和使用。然而在树脂中加入适当抗氧化剂和其他稳定剂后，在同一温度下树脂便可经受2000h的老化试验，成为用途十分广泛的通用塑料。

二、影响助剂效果的因素

1. 助剂与聚合物的配伍性

助剂与聚合物的配伍性包括它们之间的相容性以及在稳定性方面的相互影响。这是首先应考虑的问题。因为助剂必须长期、稳定、均匀地存在于制品中，才能发挥其应有的效能，所以通常要求两者要有良好的相容性。否则助剂就容易析出。如果析出的是固体助剂，俗称“喷霜”，若析出液体助剂则称作“渗出”或“出汗”。助剂析出后不仅影响产品的功效，而且影响制品的外观和手感。助剂与聚合物的相容性主要取决于它们结构的相似性。一般来说，极性强的助剂与极性强的聚合物相容性较好而与极性弱的聚合物相容性较差，反之亦然。

2. 助剂的耐久性

助剂的耐久性是指在聚合物的加工使用过程中，助剂应有部分损失。助剂主要是通过挥发、被萃取和迁移三条途径损失的。挥发性大小取决于助剂本身的结构。如相对分子质量大，则挥发性低，耐久性好。当制品在使用过程中需要与某种液体相接触时，助剂在该液体中的溶解度越高，则助剂被该液体萃取的可能性越大。因此选择助剂时要考虑材料的使用环境。迁移是指助剂由制品中向邻近物品的转移。助剂的损失不仅会造成聚合物制品性能变坏，同时也可能污染环境。

3. 助剂对加工条件的适应性

某些聚合物的加工条件比较苛刻，如加工温度高、时间长。因此必须考虑助剂能否适应。加工条件对助剂的要求，最主要的是耐热性，即要求助剂在加工温度下不分解、不挥发和升华，此外还要考虑助剂对加工设备和模具是否产生腐蚀作用。

4. 制品用途对助剂的制约

助剂的选择常常受到制品最终用途的制约，这是选用助剂的重要依据。助剂的加入可能影响聚合物制品的外观、颜色、气味、毒性以及电性能、热性能、耐候性、污染性等，选用助剂时一定要考虑制品用途的制约。如有毒的助剂绝对不允许应用于接触食品、药品的制品及儿童玩具制品。

5. 助剂配合中的协同作用和相抗作用

一种聚合物常常同时使用多种助剂，这些助剂同处于一个聚合物体系里，彼此之间有所影响。如果一种助剂的存在可使另一种助剂作用增强，则它们之间具有协同作用；反之，如果一种助剂的加入削弱了另一种助剂的原有效能，则二者之间存在抗结作用，相抗作用是协同作用的反面，会彼此削弱各种助剂原有的效能。在设计聚合物配方时，应注意充分发挥助剂间的协同作用。另外，还应防止不同助剂可能发生化学反应或引起变色等不良后果。

项目二　增　塑　剂

一、增塑剂的定义和分类

凡是添加到聚合物体系中，能增加聚合物塑性、柔韧性或膨胀性的物质叫做增塑剂。一般均为高沸点液体或低熔点固体，主要为前者。增塑剂分类的方法很多，可以从不同的角度对增塑剂进行分类。

（1）按化学结构分类　增塑剂可分为邻苯二甲酸酯类、脂肪族二元酸酯类、磷酸酯类、环氧化合物类、聚酯类、烷基苯磺酸酯类、含氯增塑剂类，以及其他类。

（2）按相容性分类　分为主增塑剂和辅助增塑剂。凡能和树脂充分高度相容的增塑剂称为主增塑剂，或称溶剂型增塑剂。它的分子不仅能进入树脂分子链的无定形区，也能插入分子链的结晶区。因此它不会渗出而形成液滴、液膜，也不会喷霜而形成表面结晶。这种主增塑剂可以单独应用。而辅助增塑剂一般只能进入树脂无定形区域而不能进入分子链的结晶区，也叫做非溶剂性增塑剂，它必须与主增塑剂配合使用，否则会出现渗出或喷霜现象。

(3) 按分子结构分类　增塑剂可分为单体型和聚合型两大类。单体增塑剂有固定的组成，绝大部分的增塑剂都属于此类。其相对相对分子质量在 300~500 之间。聚合型相对分子质量一般在 1000~6000 之间。只有聚酯型和聚氨酯型等少量增塑剂为聚合型增塑剂。

(4) 按作用方式分类　可以分为内增塑剂和外增塑剂。内增塑剂是在聚合过程中加入第二单体，能进行共聚，对聚合物进行改性。因此内增塑剂实际上是聚合物分子的一部分；另一种情况是在聚合物分子链上引入支链，由于支链在分子结构中的存在，降低了聚合物链与链之间的作用力，也降低了分子链的规整性，从而使分子链之间互相移动的可能性增加，即增加了聚合物的塑性。

外增塑剂一般为低相对分子质量的化合物或聚合物。将其添加到需要增塑的聚合物中，可增加聚合物的塑性。外增塑剂通常是高沸点、难挥发的液体或低熔点固体，不与聚合物起化学反应。和聚合物的相互作用主要是在升高温度时的溶胀作用，与聚合物形成一种固体溶液。外增塑剂性能全面，生产和使用比较方便。本模块讨论的增塑剂是指外增塑剂。

(5) 按工作特性来分类　增塑剂可分为通用型和特殊型两种。可以普遍采用，但无特殊性能的增塑剂就是通用增塑剂；除增塑剂作用外还有其他功能的增塑剂称为特殊增塑剂，如耐寒增塑剂脂肪族二元酸酯、阻燃增塑剂磷酸酯等。

二、增塑剂的选择要求

(1) 与聚合物具有良好的相容性　相容性是增塑剂在聚合物分子链之间处于稳定状态下相互掺混的性能，这是作为增塑剂最主要的基本条件，以保证增塑剂与聚合物之间形成长期、稳定的均相组成，充分发挥增塑的作用。

(2) 塑化效率高　增塑剂的塑化效率可以表示为树脂达到某一柔软程度时需要添加的量。塑化效率和相容性是两个不同的概念。例如，如果有 A、B 两种增塑剂，虽然 A 对树脂的相容性比 B 大，但 B 相对于 A 用较少的量可以使树脂达到同样的柔韧度，则可以认为 B 的塑化效率比 A 高。塑化效率是一个相对比值，通常以邻苯二甲酸二辛酯(DOP)为基准(以 100%来表示)，和其他增塑剂的效率值进行比较，就可以计算出增塑剂间的相对效率值，用它可以比较增塑剂的塑化效果。例如对 PVC 而言，邻苯二甲酸二丁酯塑化效率为 28.5%，相对效率比值 0.81；磷酸三甲苯酯塑化效率为 35.3%，相对效率比值 1.12。相对效率值小于 1.0 的是较好的增塑剂。而大于 1 的则是相对 DOP 来说较差的增塑剂。

(3) 低挥发性　增塑剂一般是蒸气压较低的高沸点液体，但是在热加工以及制品的存放使用过程中，还是会有部分增塑剂从制品表面挥发到环境中去，造成制品性能的下降。因此，要求增塑剂的挥发性越低越好。

(4) 耐溶剂萃取性好　水、油、有机溶剂等在与增塑制品接触过程中会对增塑剂产生萃取作用，造成增塑剂从聚合物中被萃取出来而使制品性能下降以及造成其他不良影响。例如，经塑化的 PVC 表面发生粘连、增塑剂向被包装的食品中迁移，使食品带有增塑剂的气味。大多数增塑剂耐油、耐溶剂的萃取性较差。

(5) 不迁移性　制品中的增塑剂应不向所接触的固体界质进行迁移，否则会引起软化、发黏、表面龟裂等现象。

（6）耐老化性好　抗老化主要是指对光、热、氧、辐射等的耐受力。由于增塑剂在聚合物中的加入量很大，所以增塑剂的耐老化能力直接影响到塑化制品的耐老化性。一般具有直链烷基的增塑剂比较稳定，烷基支链多的增塑剂耐热性相对差一些。环氧系列增塑剂具有良好的耐候性，并可防止制品加工时着色，同时具有较好的耐热、耐光性。

（7）耐寒性能好　增塑剂是否具有良好的耐寒性与结构有直接关系。一般相容性较好的增塑剂，耐寒性都较差。分子中带有环状结构的增塑剂耐寒性不好，而具有直链烷基结构的增塑剂耐寒性能好，而且烷基链越长，耐寒性能越好；支链增多，耐寒性下降。原因在于低温下具有环状结构与支链结构的增塑剂在分子间运动时黏滞阻力变大。

（8）具有阻燃性　在聚合物应用的许多场合中都要求具有阻燃性，许多场合都要求制品具有难燃性能。在增塑剂中，氯化石蜡、氯化脂肪酸酯和磷酸酯类都具有阻燃性，特别是磷酸酯的阻燃性很强。

除以上要求外，增塑剂选用时还应考虑电绝缘性能好，耐霉菌性好，尽可能无色、无味、无毒，良好的耐化学药品和耐污染性以及价格低廉等。

三、增塑剂作用机理

增塑剂是能使聚合物塑性增加的物质。所谓塑性是指聚合物材料在应力作用下发生永久变形的性质。聚合物的玻璃化转变温度（T_g）高于室温时，处于玻璃态。如果加入增塑剂，则可将其玻璃化温度降到室温以下，这时聚合物处于高弹态，可呈现较大的回弹性、柔韧性和抗冲击强度。

处于聚集状态的物质，分子间存在着分子间作用力——范德华力，其作用范围在几十纳米以内。当物质分子内存在羟基（—OH），氨基（$—NH_2$）等基团时，在分子内部和分子间还可存在氢键，其作用较范德华力强。范德华力和氢键还具有分子链上的加合性，阻碍了分子间的相互移动，成为对抗塑化作用的一个主要因素。同时，聚合物在满足分子链规整性和有序性的前提下，可以进行结晶。但聚合物的结晶一般是部分结晶，也就是说，从整体上讲，聚合物分子链处于卷绕和杂乱状态，而部分聚合物链段则可以形成折叠链晶体。三维有序的结晶结构散插在杂乱卷绕的分子链形成的非晶区域内。增塑剂分子插入聚合物结晶区比插入非结晶区要困难得多，聚合物的结晶成为对抗塑化作用的又一主要因素。

增塑剂分子首先必须克服聚合物内部各种对抗塑化的因素，插入到大分子链之间，将分子链间的相互作用减弱，使在较低的温度下就可以发生链段和分子链的运动，即使链段开始运动的温度（玻璃化温度 T_g）和分子链开始运动的温度（黏流化温度 T_f）降低，从而达到增塑的目的。表现为聚合物的硬度、模量、软化温度和脆化温度下降，伸长率、曲挠性和柔韧性提高。

以邻苯二甲酸二丁酯（DBP）为例，PVC 分子链的各链节，由于氯原子的存在而具有极性，分子链间的相互吸引也因此较为强烈。在温度升高时，分子热运动加剧，分子链间的间隔有所增加，DBP 的酯基极性部分会使 DBP 的苯环发生极化，结果使 DBP 与 PVC 分子链紧密结合在一起。这样，即使冷却时 DBP 也仍然留在原来位置处；而 DBP 的非极性亚甲基链由于不发生极化，它夹在 PVC 分子链之间，显著削弱了 PVC 分子链间的作用力，从而使聚合物的可塑性增强。由此可见，一般增塑剂分子内部必须含有能与极性聚合物相互作用的极性部分和不与聚合物作用的非极性部分。

四、增塑剂的主要品种

（一）苯二甲酸酯类

此类增塑剂包括邻苯二甲酸酯类、间苯二甲酸酯类和对苯二甲酸酯类。其中邻苯二甲酸酯类是最广泛使用的增塑剂，大多数具有比较全面的性能，一般作主增塑剂使用，配合用量大，有通用增塑剂之称，其产量达增塑剂总产量的80%以上。其中，最常用的是邻苯二甲酸二辛酯(DOP)，邻苯二甲酸二丁酯(DBP)也用得较广泛，但由于挥发性较大、耐久性较差，DBP的发展受到一定的限制。DOP与聚氯乙烯(PVC)树脂可以很好地混合，由于它们有很好的电性能、较好的低温性、较低的挥发性和相当低的抽出性与毒害性以及其他许多优点，因此可以很满意地被用于各种配方中，如电缆、薄膜等。

邻苯二甲酸酯类通式为：

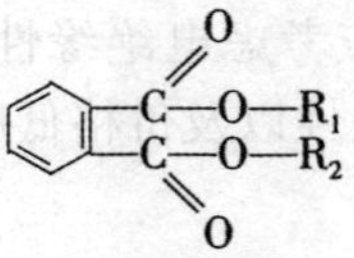

其中，R_1与R_2为C_1~C_{18}烷基、环烷基、苯基或苄基等，R_1与R_2可以相同，也可以不同。

（二）脂肪族二元酸酯类

脂肪族二元酸酯是一类典型的耐寒增塑剂，它的结构通式为：

$$R_1O—\overset{\displaystyle O}{\overset{\|}{C}}—(CH_2)_n—\overset{\displaystyle O}{\overset{\|}{C}}—OR_2$$

式中，n一般为2~11，R_1与R_2为C_4~C_{11}的烷基或环烷基。作为增塑剂使用的是饱和脂肪族二元酸酯，主要有己二酸酯、壬二酸酯及癸二酸酯。这类增塑剂的特点是具有优良的低温性能，加入高分子材料中，可以使材料或制品的脆化温度达到-70~-300℃，其中以癸二酸酯最为突出。它们的缺点是相容性较差，因此一般作为辅助增塑剂使用。

脂肪族二元酸酯一般是用二元酸和醇在催化剂存在下，通过酯化反应合成。生产工艺一般通过酯化、中和、水洗及压滤(或蒸馏)等工序，采用间歇法或半连续法生产。

1. 常压酯化工艺

一般均采用带水剂(如苯、甲苯等)，例如癸二酸二辛酯生产过程：癸二酸(由蓖麻油制得)和辛醇(质量比1∶1.6)在硫酸(癸二酸和辛醇总质量的0.25%)的催化下进行酯化反应，先生成单辛酯，这步酯化较为容易；第二步生成双酯，较为困难。要控制较高的温度，约130~140℃，在0.093MPa的真空度下进行脱水，反应时间3~5h，才可获得高收率；粗酯用2%~5%的纯碱水溶液中和，然后在70~80℃下水洗，再于0.096~0.097MPa的真空度下脱醇，当粗酯闪点达到205℃时即为终点；粗酯经压滤即得成品。

$$\begin{matrix}COOH\\|\\(CH_2)_8\\|\\COOH\end{matrix} + 2HO—CH_2\underset{}{\overset{\displaystyle C_2H_5}{\overset{|}{C}H}}(CH_2)_3CH_3 \xrightarrow{H_2SO_4} \begin{matrix}COOCH_2\overset{\displaystyle C_2H_5}{\overset{|}{C}H}—(CH_2)_3CH_3\\|\\(CH_2)_8\\|\\COOH\end{matrix} + H_2O$$

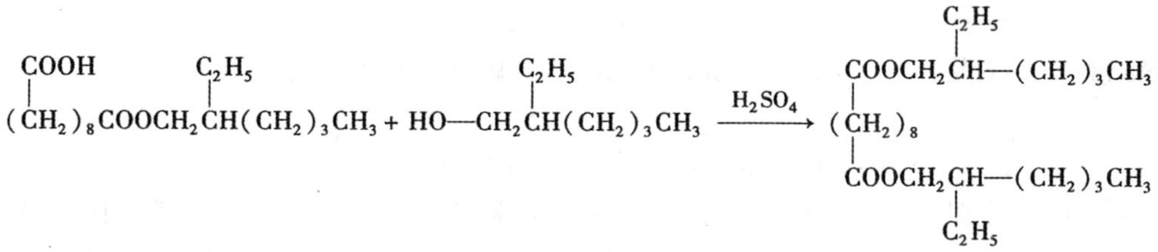

2. 减压酯化工艺

生产流程如下：

己二酸，2-乙基己醇，硫酸⟶减压酯化⟶中和⟶水洗⟶脱醇⟶压滤⟶成品

（三）磷酸酯类

磷酸酯的化学结构通式表示为： 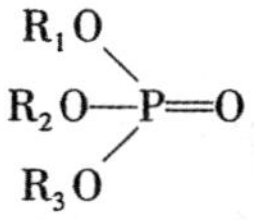

其中，R_1、R_2、R_3 可以相同，也可以不同，可以是烷基、卤代烷基或芳基。磷酸酯类增塑剂主要有四种类型，即磷酸三烷基酯、磷酸三芳基酯、磷酸烷基芳基酯、含氯磷酸酯。磷酸酯除具有增塑作用外，还有阻燃作用。它们与多数树脂和合成橡胶有良好的相容性，是一种具有多功能的主增塑剂。但耐寒性差、价格高，并且大多数磷酸酯毒性较强，不能用于与食品接触或儿童玩具制品中。

磷酸酯生产通常是由三氯氧磷或三氯化磷与醇或酚经酯化制得：

$$POCl_3 + 3ROH \longrightarrow (RO)_3PO + 3HCl\uparrow$$

$$3ROH + Cl_2 + PCl_3 + H_2O \longrightarrow (RO)_3PO + 5HCl\uparrow$$

在磷酸酯类增塑剂中，磷酸三甲苯酯（TCP）的产量最大，磷酸甲苯二苯酯（CDP）次之，磷酸三苯酯（TPP）第三。

（四）环氧化合物类

这类增塑剂是指分子中含有环氧基团的具有增塑效果的有机化合物。主要有环氧脂肪酸甘油酯、环氧脂肪酸单酯以及环氧四氢邻苯二甲酸酯三种类型。

环氧酯类增塑剂最大的特点是增塑的同时还具有热稳定作用，可改善制品对光、热的稳定性能，与稳定剂起协同作用。环氧化油（环氧甘油三羧酸酯）是使用得最多的一类环氧增塑剂，通常具有良好的抗萃取性、抗迁移性和低温性能。但相容性较低，不能做主增塑剂使用。其主要品种为环氧化大豆油。环氧化大豆油是甘油的脂肪酸酯，其脂肪酸的成分是油酸32%~36%、亚油酸51%~57%、棕榈酸2.4%~6.8%、硬脂酸4.4%~7.3%。因此，它的成分也是比较复杂的，其结构式如下：

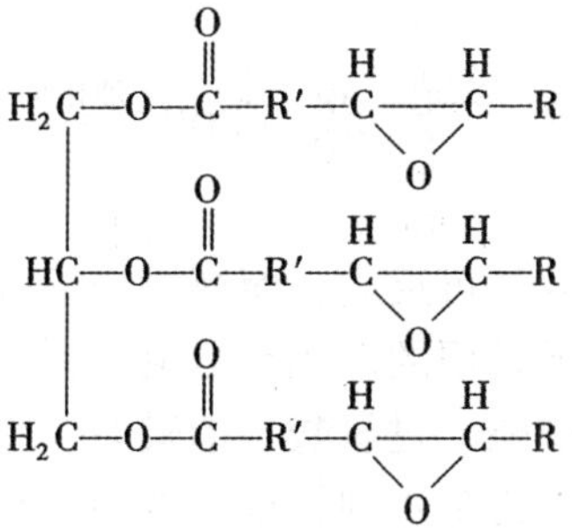

（五）聚酯增塑剂

聚酯类增塑剂是由二元酸和二元醇制得的聚合型的增塑剂，其结构为：

$$H-\overset{O}{\overset{\|}{C}}\!\left(O-R_2-O-\overset{O}{\overset{\|}{C}}-R_1-\overset{O}{\overset{\|}{C}}\right)_n\!O-R_2-O-\overset{O}{\overset{\|}{C}}-OH$$

式中，R_1 与 R_2 分别代表二元醇（乙二醇、丙二醇等）和二元酸（己二酸、壬二酸、癸二酸、邻苯二甲酸）的烃基。有时为了通过封闭基进行改性，需加入少量一元醇或一元酸。

聚酯增塑剂的特点是挥发性小、迁移性小、耐久性优异，而且可以作为主增塑剂使用，主要用于耐久性要求高的制品，但价格较贵，多数情况和其他增塑剂配合使用。其应用领域广泛，既可用于 PVC 树脂，也可用于丁苯橡胶、丁腈橡胶以及压敏胶、热熔胶、涂料等。

（六）含氯增塑剂

这类增塑剂主要包括氯化石蜡、氯化脂肪酸等。氯化石蜡是指 $C_{10}\sim C_{30}$ 正构烷烃的氯代物，含氯量 40%~70%，有液体和固体两种形式，具有阻燃性是含氯增塑剂的最大特点，用作增塑剂的氯化石蜡以含氯量 50% 较为合适，此时相容性、塑化效果及加工性能均好；高含氯量的氯化石蜡一般作阻燃剂使用。氯化石蜡还具有较好的电绝缘性能和耐低温性能，但对光、热、氧的稳定性较差，这是由于在光热氧作用下易发生脱除 HCl 反应。一般只作为辅助增塑剂用。

（七）其他增塑剂

除上述的增塑剂种类以外，还有苯多酸酯类（耐热性、耐久性好）、烷基磺酸苯酯类（力学性能好、耐皂化、迁移性低、电性能好、耐候等）、柠檬酸酯（无毒、防霉）等。下面列举几个常见品种：

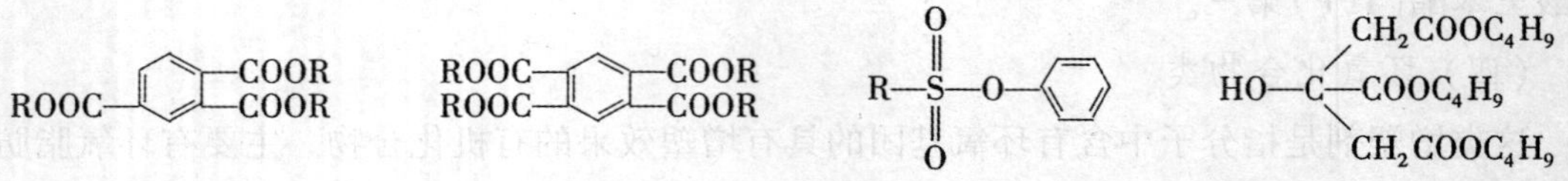

偏苯三酸酯　　均苯四酸酯　　烷基磺酸苯酯（$R=C_{12}H_{25}\sim C_{18}H_{37}$）　　柠檬酸三丁酯

五、邻苯二甲酸酯生产技术

（一）反应原理

邻苯二甲酸酯的主要制备方法是由相应的醇和苯酐进行酯化反应。其反应式为：

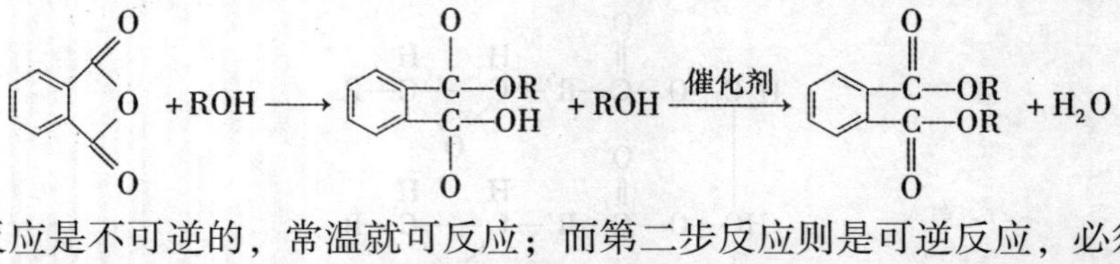

第一步反应是不可逆的，常温就可反应；而第二步反应则是可逆反应，必须在催化剂和加热条件下才可进行。酯化反应最常用的催化剂是硫酸和对甲苯磺酸等。氢离子对酯化反应有很好的催化作用。此外也有用磷酸、过氯酸、苯磺酸、甲基磺酸以及铝、铁、钙等氧化物与金属盐等。反应时可用过量醇作为带水剂，也可外加带水剂，如苯、甲苯等。

（二）原料准备（DOP）

主要原材料及其规格		
苯酐		
纯度/%	≥	99.3
熔点/℃	≥	131
色泽（铂-钴）	≤	10
色泽（铂-钴，硫酸试验）（100℃，3h）	≤	150
辛醇		
密度（20℃）/（g/cm^3）		0.833~0.835
酸值（以醋酸计）/%	≤	0.02
水分/%	≤	0.05
沸程/℃		183~185
醛（以2-乙基己醛计）/%	≤	0.02
色泽（铂-钴）	≤	10
色泽（铂-钴，硫酸试验）	≤	20
消耗定额（按生产1tDOP计）		
苯酐（以苯酐计DOP收率98.8%）/kg		380
辛醇（以辛醇计DOP收率99.3%）/kg		672
硫酸（92%）/kg		16
碳酸钠/kg		9

（三）生产工艺

邻苯二甲酸酯类增塑剂的合成工艺流程如图2-1所示。

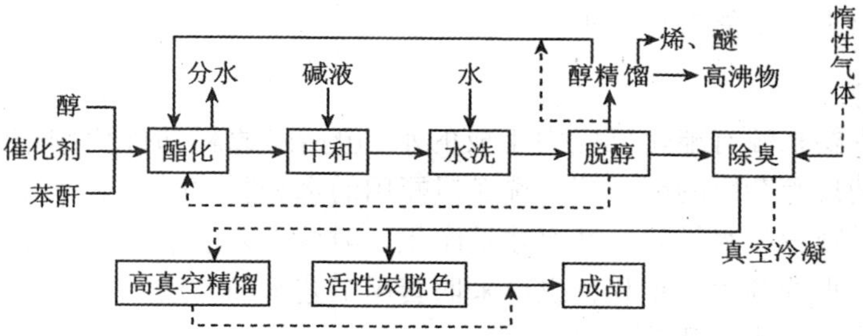

图2-1　邻苯二甲酸酯增塑剂生产流程图

1. 酯化

原料与催化剂等同时加入反应器，使两步反应在同一设备内完成。也可以将两步反应分开在两个反应器内分别进行，而仅在后一反应器内加入催化剂。酯化反应是液相反应，规模不大时，间歇操作比较有利。间歇式反应器为带有搅拌和换热（夹套和蛇管热交换）的釜式设备，为了防腐和保证产物纯度，可以采用搪瓷反应釜。当产量大时，则采用连续操作的反应器。反应器可以采用管式、釜式、塔式反应器。

2. 中和

反应结束时，反应混合物中有残留的苯酐和未反应的单酯而呈酸性，若用酸性催化剂，则酸值更高，必须加碱中和。常用的碱液为3%~4%碳酸钠，浓度太稀，中和不完全，且醇的损失和废水量会增加；碱液浓度太高，则会发生与酯的皂化反应。中和过程伴随的副反应包括碱与酸性催化剂反应、纯碱与单酯反应、纯碱和酯的皂化反应等，为减少副反应，控制中和温度不超过85℃。另外，副反应产物单酯钠盐是表面活性剂，有很强的乳化作用，特别是在温度低、搅拌剧烈或反应混合物的密度与碱水相近的情况下更易发生乳化，此时可采用加热静置或加盐来破乳，中和属于放热反应，主要是连续中和，一般采用串联阶梯式装置。

3. 水洗

水洗的目的是除去粗酯中夹带的碱液、钠盐等杂质，以防止粗酯在后续工序高温作业时引起泛酸和皂化。国外常采用无离子水来进行水洗，可以减少成品中金属离子型杂质，提高体积电阻率。在一般情况下，水洗进行两次后，反应液呈中性。当不采用催化剂或采用非酸催化剂时，可以免去中和与水洗两道工序。

4. 醇的分离回收

俗称脱醇，通常采用水蒸气蒸馏法来把醇与酯分开，有时醇是与水共沸的溶剂(或称带水剂)，一起被蒸汽蒸出来，然后用蒸馏法分开。由于脱醇是采用过热蒸汽，因此可以除去中和水洗后反应物中含有的少量水。国内脱醇装置一般有一至两台预热器和一台脱醇塔，预热器多为列管式蒸发器，脱醇塔为填料塔。国外与国内大同小异，有蒸发器、填料塔联用的，也有单用一种的。采用较多的是倾向液膜式蒸发器。

5. 精制

采用酸性催化剂，要得到高质量产品，需采用真空蒸馏的方法，此法优点是温度低，保持反应物的热稳定性，几乎100%达到绝缘级质量要求。但是设备投资较大。对有些使用上要求不高的产物，通常只要加入适量脱色剂(如活性炭、活性白土)吸附微量杂质，再经压滤将吸附剂分离出去，也能符合要求。

6. 三废处理

工业废水的主要来源有酯化反应中生成的水(包括随原料和催化剂带入的水)、经多次中和后含有单酯钠盐等杂质的废碱液、洗涤粗酯用的水和脱醇时汽提蒸汽的冷凝水。治理废水首先应从工艺上减少废水排放，其次才是净化。减少工艺废水最好的方法是选用非酸性催化剂，省去中和、水洗等生产步骤，也可采取套用工艺水的方法。国内废水处理一般采用过滤、隔油、粗粒化、生化处理等方法。

图2-2是酸性催化剂生产DOP流程图。

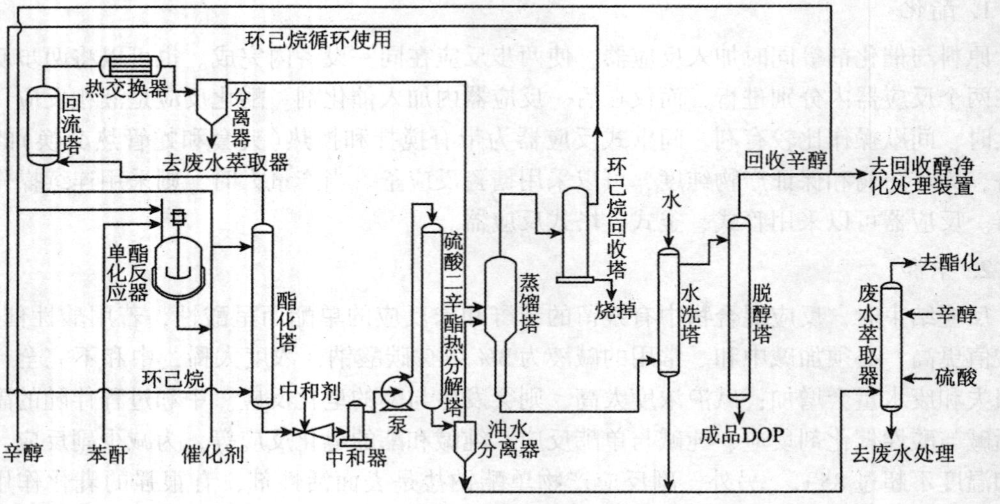

图2-2　酸性催化剂生产DOP流程图

苯酐、辛醇分别以一定的流量进入单酯化器，单酯化温度为130℃。所生成的单酯和过量的醇混入硫酸催化剂后，进入酯化塔。环己烷(帮助酯化脱水用)预热后以一定流量进入酯化塔。酯化塔顶温度为115℃，塔底为132℃。环己烷和水、辛醇以及夹带的硫酸从酯化塔顶部气相进入回流塔。环己烷和水从回流塔顶馏出后，环己烷去蒸馏塔，水去废水萃取器。辛醇及夹带的少量硫酸从回流塔返回酯化塔。酯化完成后的反应混合物加压后经喷嘴喷入中和器，用10%碳酸钠水溶液在130℃下进行中和。经中和的硫酸盐、硫酸单辛酯钠盐和邻苯二甲酸单辛酯钠盐随中和废水排至废水萃取器。中和后的DOP、辛醇、环己烷、硫酸二辛酯、二辛基酯等经泵加压并加热至180℃后进入硫酸二辛酯热分解塔。在此塔中硫酸二辛酯皂化为硫酸单辛酯钠盐，随热分解废水排至废水萃取器。DOP、环己烷、辛醇和二辛基醚等进入蒸馏塔，塔顶温度为100℃，环己烷从塔上部馏出后进入环己烷回收塔，从该塔顶部得到几乎不含水的环己烷循环至酯化塔再用，塔底排出的重组分烧掉。分离环己烷后的DOP和辛醇从蒸馏塔底排出后进入水洗塔，用非离子水于90℃进行水洗，水洗后的DOP、辛醇进入脱醇塔，在减压下用1.2MPa的直接蒸汽连续进行两次脱醇、干燥，即得成品DOP。从脱醇塔顶部回收的辛醇，一部分直接循环至酯化部分使用，另一部分去回收醇净化处理装置。

（四）产品分析检测

指标名称		一级品	二级品	绝缘材料级
外观		透明油状液体	透明油状液体	透明油状液体
色泽(Pt-Co比色)/号		不深于40	不深于120	不深于40
酯含量/%	≥	99.0	99.0	99.0
相对密度(20℃)		0.982~0.988	0.982~0.988	0.982~0.988
酸值/(mgKOH/g)	≤	0.10	0.20	0.07
加热减量(125℃，3h)/%	≤	0.3	0.5	0.2
闪点(开杯)/℃	≥	192	190	195
体积电阻系数/Ω·cm	≥			1×10^{11}

（五）应用

本品是塑料加工中使用最广泛的增塑剂，除了醋酸纤维素、聚醋酸乙烯外，与绝大多数工业上使用的合成树脂和橡胶均有良好的相容性。本品具有良好的综合性能，其混合性能好、增塑效率高、挥发性较低、耐水抽出、电气性能高、耐热及耐气候性良好。本品作为一种主增塑剂广泛应用于聚氯乙烯各种软质制品的加工，可用于硝基纤维素漆，使漆膜具有弹性和较高的抗张强度；还可用于与食物接触的包装材料，但由于易被脂肪抽出，故不宜用于脂肪性食物的包装材料；本品还可用作合成橡胶的软化剂，能够改善制品的回弹性，降低压缩永久变形，而且对胶料的硫化无影响。

PVC地板砖

成分	聚氯乙烯树脂	邻苯二甲酸二辛酯	硬酯酸铅	硬脂酸	轻质碳酸钙
用量	100	30	3~5	0.5	150~200
作用	主原料、树脂	增塑	稳定剂	加工润滑剂	填料，改善流动相、耐磨性，耐冲击性

按上述配方计量，将所有组分加入到捏合机中，高速混合，并进行塑炼，进入挤出机，挤出板材，再进行压光贴合，冷却后裁切而得制品。

项目三　抗　氧　剂

一、抗氧剂的定义和分类

塑料、橡胶以及其他的高分子材料在加工、储存、使用过程中会发生结构的变化，逐渐失去应用价值，这种现象称为高分子材料的老化。老化是一种不可逆过程，主要表现为外观的变化(如表面变暗、变色、发黏、脆化等)、物理性能(如耐热性、耐磨性、流变性能等)、机械强度(如硬度、抗冲击强度等)以及电性能(如绝缘电阻、击穿电压等)的劣化。引起老化的因素很多，内在因素如材料分子结构、助剂性质等；外界因素有光、热、氧、应力及微生物破坏等。外界因素中以光、热、氧三个因素最为重要，它们使聚合物发生降解和交联反应，破坏高分子材料原有的结构，引起老化。为了延长高分子材料的寿命，抑制或者延缓聚合物的氧化降解，通常使用抗氧剂。所谓抗氧剂是指那些能减缓高分子材料自动氧化反应速度的物质(在橡胶工业中，抗氧剂被叫做防老剂)。抗氧剂除了用在塑料、橡胶中以外，也广泛地用于石油、油脂及食品工业，以防止燃料油、润滑油酸值和黏度的上升及油脂、肉类和饲料的酸败。

抗氧剂的品种繁多，按其功能不同可以分为链终止型抗氧剂和预防型抗氧剂两类；按相对分子质量来分，分为低相对分子质量抗氧剂和高相对分子质量抗氧剂等；按用途可以分为塑料抗氧剂、橡胶防老剂以及石油抗氧剂、食品抗氧剂等；按化学结构进行分类，主要有胺类、酚类、含硫化合物、含磷化合物、有机金属盐类等。

二、聚合物的氧化和抗氧化机理

(一) 聚合物的氧化

聚合物的氧化过程属于自动氧化过程，一般认为，自动氧化反应是自由基机理，那么这个机理必然包括链的引发、增长和终止几个过程。下面是其链反应过程：

①链的引发　$RH \longrightarrow R\cdot + H\cdot$

$RH + O_2 \longrightarrow R\cdot + \cdot OOH$

②链的增长　$R\cdot + O_2 \longrightarrow ROO\cdot$

$ROO\cdot + RH \longrightarrow R\cdot + ROOH$

$ROOH \longrightarrow RO\cdot + \cdot OH$

③链的终止　$R\cdot + \cdot R \longrightarrow R—R$

$R\cdot + \cdot OOR \longrightarrow ROOR$

$ROO\cdot + ROO\cdot \longrightarrow ROOR + O_2$

以上过程导致了主链断裂，而主链断裂导致高分子的降解，结果使相对分子质量大幅度下降，力学性能变坏。在链降解的同时，聚合物自由基还可相互结合发生交联反应，往往形成无控制的网状结构，导致高分子材料的脆化、变硬、强度降低等。

(二) 抗氧剂的作用机理

根据抗氧剂的作用机理的不同，抗氧剂可以分为链终止型抗氧剂(主抗氧剂)和预防型抗氧剂(辅助抗氧剂或过氧化氢分解剂)两类。

1. 链终止型抗氧化剂

（1）自由基捕获剂　具有很强的捕获自由基（特别是过氧自由基）的能力，能够中断链增长阶段的反应：

$$ROO\cdot + AH \longrightarrow ROOH + A\cdot$$

$$R\cdot + AH \longrightarrow RH + A\cdot$$

（2）电子给予体　能够给出电子而使自由基消失，例如一些变价金属：

$$RO_2\cdot + Co^{2+} \longrightarrow RO_2^- \cdot Co^{2+}$$

（3）氢给予体　可以与聚合物竞争自由基，从而降低聚合物的自动氧化反应速率，例如仲芳胺和受阻酚化合物：

$$ArO_2\cdot NH + RO_2\cdot \longrightarrow ROOH + Ar_2N\cdot$$

$$Ar_2N\cdot + RO_2\cdot \longrightarrow Ar_2NO_2R$$

$$ArOH + RO_2\cdot \longrightarrow ROOH + ArO\cdot$$

$$ArO\cdot + RO_2\cdot \longrightarrow RO_2OAr$$

2. 预防型抗氧剂

它的作用是能除去自由基的来源，抑制或延缓引发反应。包括一些过氧化物分解剂和金属离子钝化剂等。它们单独使用时效果不明显，一般作为辅助抗氧化剂与主抗氧化剂配合使用。

（1）过氧化物分解剂　包括一些酸的金属盐、硫化物、硫酯和亚磷酸酯等化合物。它们能与过氧化物反应并使之转变为稳定的非自由基产物，从而完全消除自由基的来源。

$$ROOH + R_1SR_2 \longrightarrow ROH + R_1SOR_2$$

$$ROOH + R_1SOR_2 \longrightarrow ROH + R_1SO_2R_2$$

$$ROOH + (RO)_3P \longrightarrow ROH + (RO)_3P{=}O$$

（2）金属离子钝化剂　变价金属能促进聚合物的自动氧化反应，使聚合物材料的使用寿命缩短，这在电线、电缆工业中尤为重要。工业上生产和研制的金属钝化剂主要是酰胺和酰肼两类化合物。

三、抗氧剂的选用原则

（1）变色性和污染性　在选择抗氧化剂时应首先注意到抗氧化剂的变色性及污染性，是否会对制品的应用造成影响。

（2）挥发性　抗氧化剂的挥发性应尽可能低，挥发性主要取决于抗氧化剂分子结构和相对分子质量，另外还与温度、暴露面积等有关。

（3）溶解性　理想情况是抗氧化剂在聚合物中的溶解度高，而在其他介质中溶解度低，因为环境萃取一方面降低抗氧化效率，同时也对制品卫生性有不利影响。

（4）稳定性　抗氧化剂对光、热、氧、水等因素稳定性高。

（5）物理状态与毒性　在聚合物制造过程中应首选液体的、易乳化的抗氧化剂；在加工过程中选用固体的、易分解的无尘抗氧化剂；用于与食品接触的制品中应选无毒抗氧化剂。

除了上述原则外，还需考虑其他的外界影响因素，如温度、臭氧的作用等。当两种或两种以上的抗氧剂配合使用时，抗氧剂的用量取决于复配抗氧剂的性质、协同效应、制品使用条件与成本价格等种种因素。

四、抗氧剂的主要品种

（一）胺类抗氧剂

广泛使用在橡胶工业中，也称防老剂。是一类发展最早也是效果最好的抗氧剂，它不仅对氧，而且对臭氧也有很好的防护作用。对光、热、挠曲、铜害的防护也很突出。按照结构不同，胺类防老剂可进一步分为二芳基仲胺类、对苯二胺类、醛胺类和酮胺类。

1. 二芳基仲胺

长期以来占有重要地位。主要品种有防老剂 A 与防老剂 D。

两者具有较全面的防老能力。抗热、抗氧、抗挠屈龟裂性都很好。在橡胶工业中，被广泛应用。用量一般为 1%～3%。由于防老剂 D 产品中含有微量 β-萘胺致癌物，现已逐渐淘汰。

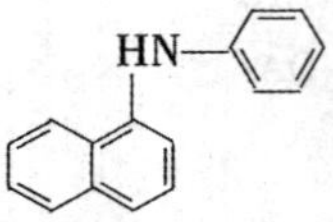

N-苯基-α-萘胺（防老剂 A）

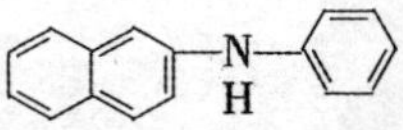

N-苯基-β-萘胺（防老剂 D）

2. 对苯二胺类

这是一类对橡胶的氧、臭氧老化、曲屈疲劳、热老化等都有着良好的防护作用的抗氧剂，其通式为：

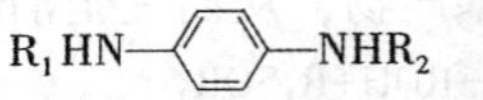

（R_1、R_2 为烷基或芳基）

目前，主要产品有 4010、4010NA、4020 等。对苯二胺型橡胶防老剂毒性中等，性能良好而全面，用于取代有致癌作用的防老剂 A 和防老剂 D。

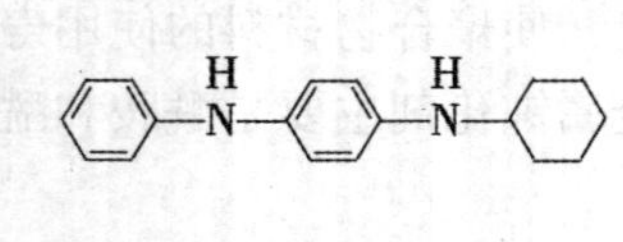

N-环己基-*N'*-苯基对苯二胺（防老剂 4010）

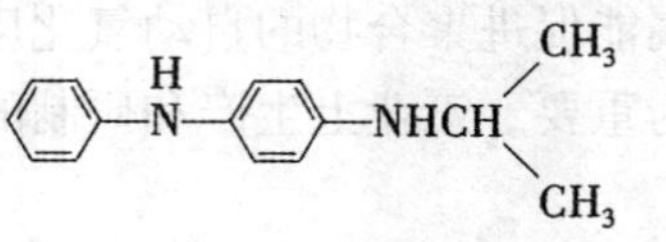

N-异丙基-*N'*-苯基对苯二胺（防老剂 4010NA）

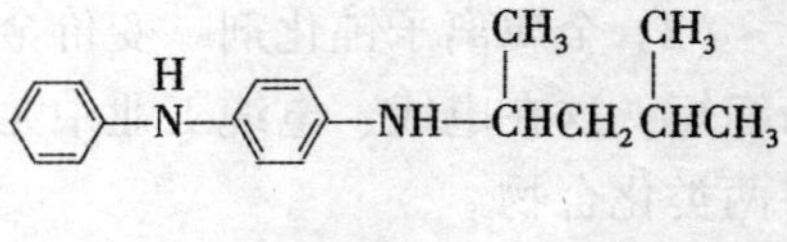

N-（1，3-二甲基丁基-*N'*-苯基对苯二胺）（防老剂 4020）

3. 醛胺或酮胺缩合物

醛酮分子中的羧基与胺发生加成缩合反应生成醛胺或酮胺缩合物：

$$>C=O + H_2NR \longrightarrow >C=NR + H_2O$$

其代表品种主要是低相对分子质量防老剂 AP 和高相对分子质量防老剂 AH 的两种缩合物，其结构式如下：

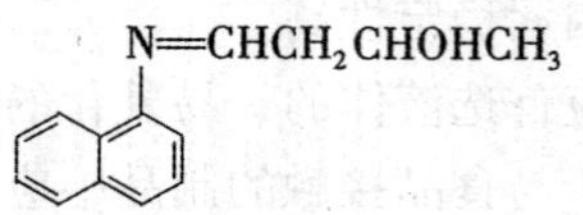

防老剂 AP

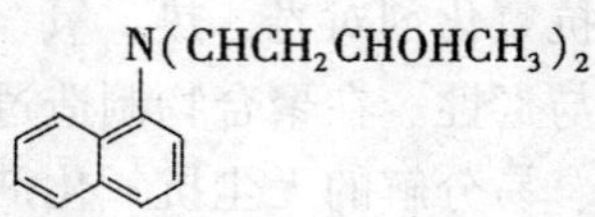

防老剂 AH

防老剂 AP 为棕黄色粉末，遇光颜色变深，防老剂 AH 为淡黄色至深红色脆性玻璃状树脂，遇光则颜色逐渐变深，醛胺缩合物主要用作橡胶抗氧剂。其抗热抗氧性能良好，喷霜现象较少。一般用量为 0.5%~5%。

(二) 酚类抗氧剂

酚类抗氧剂是所有抗氧剂中不污染、不变色性最好的一种，主要用于塑料与合成纤维工业中。在橡胶加工工业中，由于防护作用较弱，通常只用于老化要求不太高的制品。但是近年来已大量采用酚类抗氧剂作为合成橡胶不污染的生胶稳定剂。作为抗氧剂，主要是阻碍酚类。它们的结构特征是酚羟基的邻位有一个或两个较大的基团，可分为单酚、双酚和多酚。

1. 烷基单酚

这类抗氧剂的合成主要是应用酚的烷基化反应，代表品种 BHT，也称抗氧剂 264(2，6-二叔丁基-4-甲基苯酚)，其抗氧效果好，稳定、安全、易于解决环境污染等问题，广泛用于食品、塑料和合成橡胶，是需求量最大的一种酚类抗氧剂，合成反应如下：

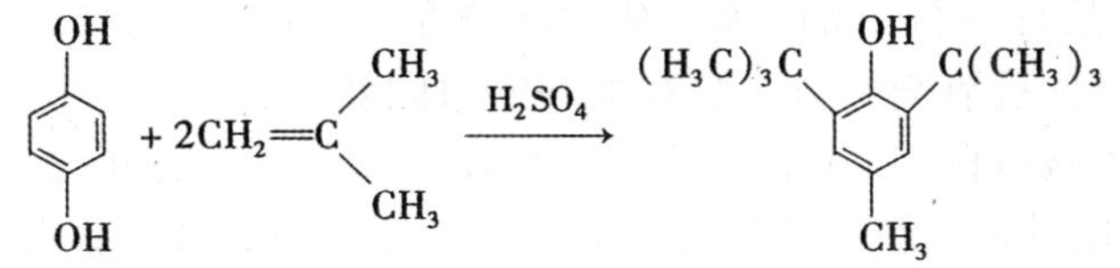

抗氧剂 264 的生产方法有间歇法和连续法两种。连续法和间歇流程类似。间歇法的生产工艺流程见图 2-3。该法是以硫酸为催化剂，先将异丁烯在烷化中和反应釜中与对甲酚反应。反应一定时间后用碳酸钠中和至 pH 值为 7(70℃)；再在烷化水洗釜中用水洗，分出水层后用乙醇重结晶。经离心机过滤后，在熔化水洗釜内熔化、水洗，分去水层。在重结晶釜中再用乙醇重结晶(80~90℃)，经过滤、干燥即得成品。

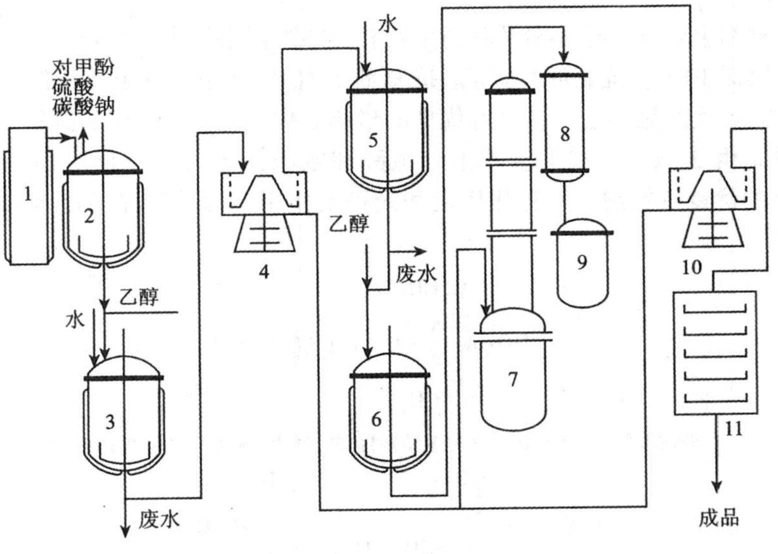

图 2-3　间歇法生产抗氧化剂 264 工艺流程

1—异丁烯汽化罐；2—烷化中和反应釜，3—烷化水洗釜；4—离心机；5—溶化水洗釜；6—结晶釜；7—乙醇蒸馏塔；8—冷凝塔；9—乙醇储罐；10—离心机；11—干燥箱

另一个有代表性的品种为抗氧剂 1076，即β-(4-羟基-3，5-二叔丁基苯基)丙酸正十八碳醇酯，属于阻碍酚取代的酯。抗氧剂 1076 是优良的非污染性无毒抗氧剂，有较好的耐热及耐水萃取性能。可用于聚乙烯、聚丙烯、聚苯乙烯、ABS 树脂、聚氯乙烯、尼龙、聚酯、

纤维素塑料和各种橡胶的抗氧剂。用量一般为 0.1~0.5 份。

2. 双酚类

双酚类主要有烷撑双酚及其衍生物和硫代双酚。烷撑双酚代表性品种有抗氧剂 2246，化学名称 2，2′-亚甲基双(4-甲基-6-叔丁基苯酚)。它是通用型强的抗氧剂之一，具有挥发性小、不着色、不污染、不喷霜等优点，可用作多种工程塑料的抗氧剂，以及天然橡胶、合成橡胶的防老剂。其合成反应式如下：

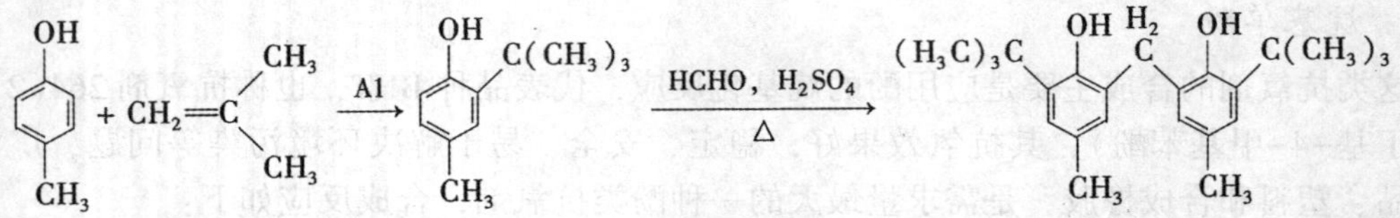

硫代双酚代表性品种为抗氧剂 300，化学名称是 4，4′-硫代双(6-叔丁基-3-甲基苯酚)。它是一种非污染性抗氧剂，与炭黑有很好的协同效应，因此，在塑料、橡胶、石油制品、松香树脂(抗氧化减色作用)中获得广泛的应用。尤其对聚乙烯电线电缆料以及高密度聚乙烯管材料、户外用其他黑色聚乙烯材料等，更具独特的效果，适用于白色、浅色或透明制品。其合成反应式为：

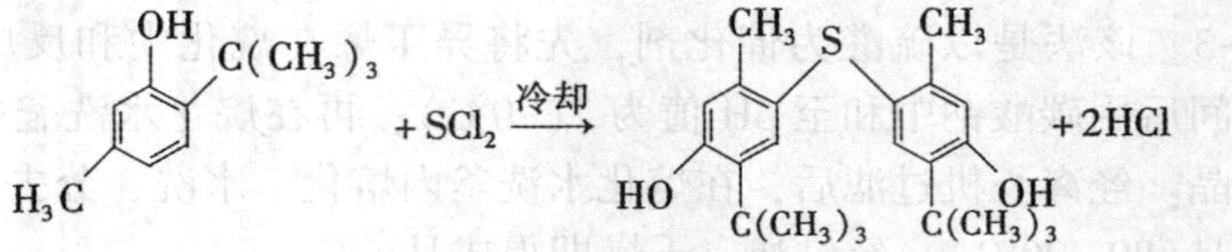

3. 多酚类

多酚类抗氧剂主要有烷撑多酚及其衍生物和三嗪阻碍酚两类。烷撑多酚及其衍生物的代表性品种有抗氧剂 1010、抗氧剂 CA 等。抗氧剂 1010 为高相对分子质量酚类抗氧剂，是目前抗氧剂中性能较优的品种之一，具有优良的耐热氧化性能。三嗪阻碍酚的代表性品种为抗氧剂 3114，它是由 2，6-二叔丁基苯酚与甲醛和氰尿酸进行缩合反应而制备的。抗氧剂 3114 是聚烯烃的优良抗氧剂，并有热稳定和光稳定作用，而且与光稳定剂和辅助抗氧剂并用有协同效应。

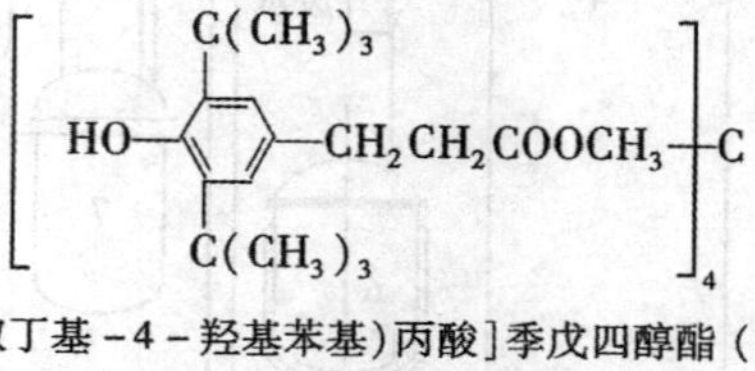

四[(3.5-二叔丁基-4-羟基苯基)丙酸]季戊四醇酯（抗氧剂 1010）

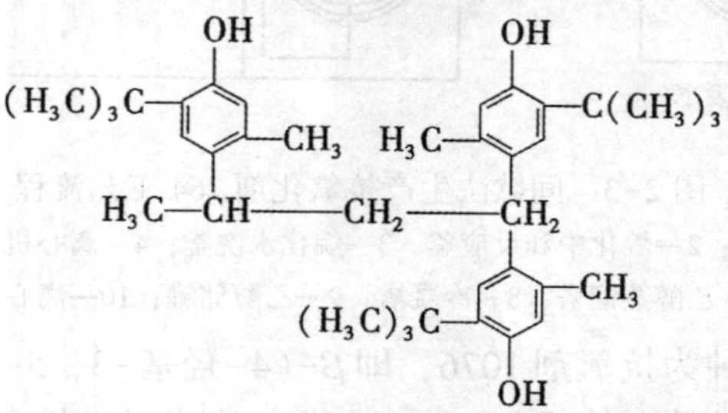

1，1，3-三(2-甲基-4-羟基-5-叔丁基苯基)丁烷（抗氧剂 CA）

4. 含磷抗氧剂

主要是亚磷酸酯类化合物，其通式为： 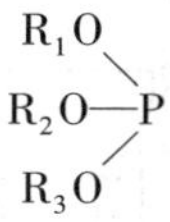 （R_1、R_2、R_3 可为烷基或芳基）

亚磷酸酯是一类常用的辅助抗氧剂，它与主抗氧剂并用，有良好的协同效应。在聚氯乙烯中，又是常用的辅助热稳定剂。典型品种如抗氧剂 168，化学名称为亚磷酸三-(2，4-二叔丁基)苯酚，是一种性能优异的亚磷酸酯抗氧剂，其抗萃取性强，对水解作用稳定，并能显著提高制品的光稳定性，可与多种酚类抗氧剂复合使用。它是由 2，4-二叔丁基苯酚与 PCl_3 直接反应制备的。

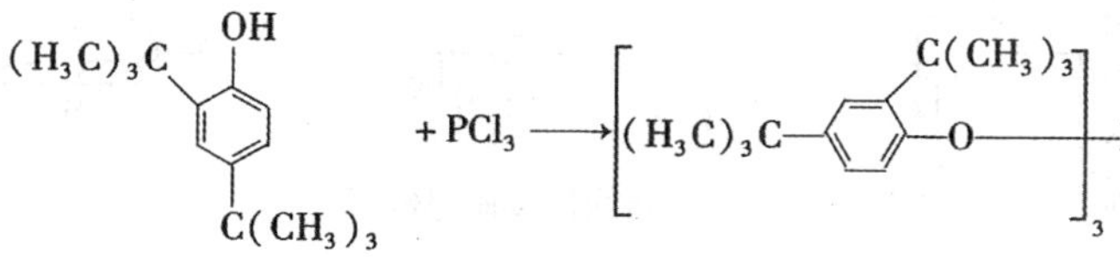

五、对苯二胺类抗氧剂生产技术(防老剂 4010)

（一）生产原理

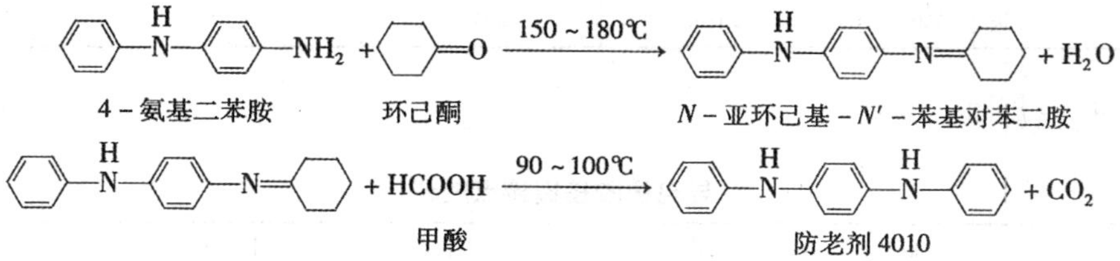

（二）原料准备

4-氨基二苯胺		环己酮		甲酸		溶剂汽油
凝点/℃	68	纯度/%	97.5	纯度/%	85	120 号

消耗定额(按生产 1t 产品计)：

t

4-氨基二苯胺	0.93	甲酸	0.274
环己酮	0.62	溶剂汽油	0.450

（三）工艺流程

将规定量的 4-氨基二苯胺和环己酮加进配制釜，搅拌升温，当温度达 110℃时开始脱去部分水，然后打入缩合釜中，进一步升温到 150～180℃继续脱水，直至缩合反应结束，冷却物料，送还原釜。当温度降至 90℃时，滴加甲酸进行还原，还原后，物料抽进含有 120 号溶剂汽油的结晶釜中。进行冷却结晶，待结晶完毕，放料进行吸滤，洗涤，抽干后湿料再送去干燥、粉碎，即得产品。工艺流程如图 2-4 所示。

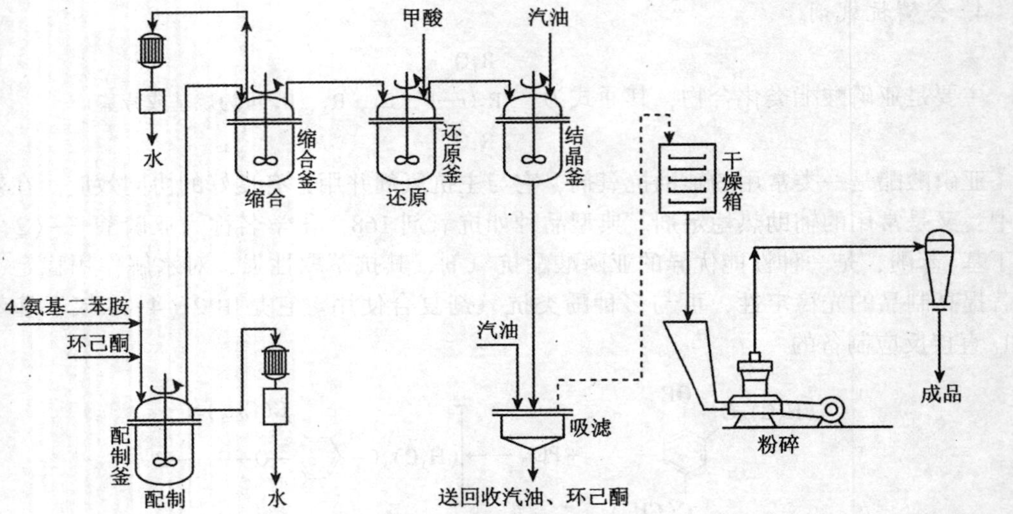

图 2-4　防老剂 4010 生产流程图

（四）产品分析检测

指标名称	外观	干品熔点/℃	灰分含量/%	加热减量/%	100 目微余物/%
一级品	青灰至烧	≥113	≤0.3	≤0.4	≤0.5
二级品	灰色粉末	≥108	≤0.3	≤0.4	≤0.5

（五）复配应用

导电橡胶按键接点胶料

成分	用量/kg	作用	成分	用量/kg	作用
天然橡胶	100	主要胶料	防老剂 4010	1.5	对热、氧、高能辐射均有防护作用
氧化锌	5	硫化活性剂	超导电炭黑	1.0	补强导电剂，提高硫化胶的弹性、硬度和导电性
硬脂酸	4	硫化活性剂	促进剂 TMTD	1.5	硫化促进剂
硫黄	1.5	硫化剂	促进剂 D(二苯胍)	0.5	硫化促进剂

先将天然橡胶和促进剂 D，促进剂 TMTD 混合，进行塑炼，再加入其余全部组分共同混炼、薄通得胶料。按导电橡胶按键接点加工工艺要求成型、硫化制成按键接点。

项目四　热稳定剂

一、定义和分类

为防止塑料在热和机械剪切力等作用下引起降解而加入的一类物质称热稳定剂。许多高分子材料，以聚氯乙烯最为突出，加工和使用时常需应用热稳定剂。因为聚氯乙烯是一种极性高分子，必须加热至160℃以上才能塑化成型，但聚氯乙烯一般加热到120~130℃就要分解，产生氯化氢。加工温度比分解温度还要高，因此就需添加热稳定剂。

热稳定剂的种类较多，可以分为铅稳定剂、金属皂类、有机锡稳定剂、液体复合稳定剂、有机主稳定剂、环氧化合物、亚磷酸酯、多元醇等。

二、聚氯乙烯的降解及热稳定剂的作用机理

PVC加热高于100℃时，即伴随有脱氯化氢反应，在PVC的加工温度下(170℃左右)降解速度加快，除了脱氯化氢之外，还发生变色和大分子交联。PVC热降解脱氯化氢反应主要有自由基机理、离子机理和单分子机理三种解释。在PVC分子链中，由于氯原子电负性极强而引起邻近亚甲基上氢原子带部分正电荷，受热时可脱去1分子HCl而形成烯丙基氯：

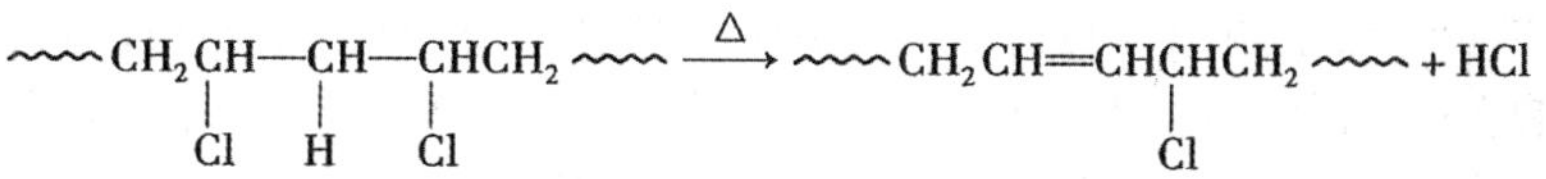

烯丙基氯是极不稳定的，因为在形成烯丙基正离子或自由基时都因存在p-π共轭而非常稳定。因此烯丙基上的氯原子反应性高，无论是离子型还是自由基反应都很容易进行，即在受热情况下，容易与邻近亚甲基上的氢原子结合成HCl脱出，形成共轭双烯结构：

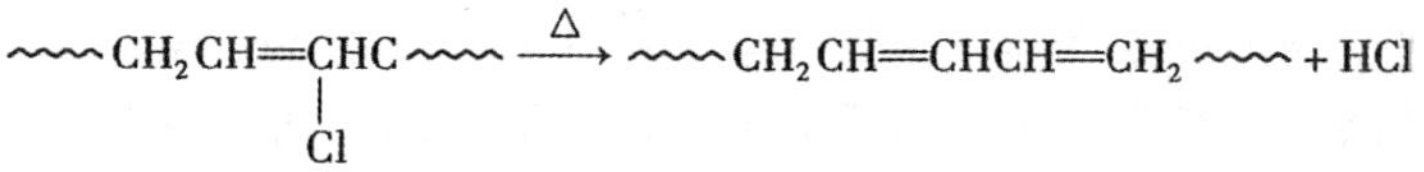

处于共轭双键邻位的氯原子则更加活泼，更易脱出HCl使脱HCl反应继续下去，逐渐形成更大共轭体系的聚烯结构，反应速度逐渐加快，形成了链式脱HCl反应：

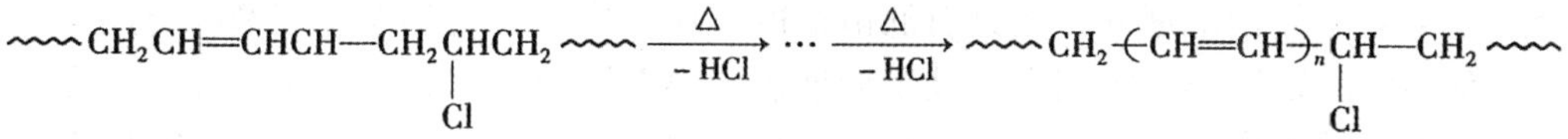

游离出来的HCl对上述反应起催化加速作用，使得脱HCl的反应越来越快，反应生成的共轭多烯序列本身是一种生色团，当共扼双键数目达到5~7个时，制品开始着色，随着共轭多烯链长的增加，色泽逐渐加深。同时，共轭多烯结构极具反应性，一方面易与氧作用发生分子断裂和氧化降解；另一方面发生分子内和分子间的共聚、加成和环化反应，导致PVC树脂的交联及低相对分子质量芳香族化合物的生成，最终使PVC性能劣化。

根据上述PVC热降解机理，热稳定剂应具有以下一种或几种功能：①结合脱出的HCl，终止其自动催化作用；②置换分子中活泼的氯原子(即烯丙基氯原子)，抑制脱氯化氢反应；③能与聚烯结构进行双键加成反应，破坏大共轭体系的形成，清除或减少制品的变色和颜色加深；④捕获自由基，防止聚烯结构的氧化。

三、主要品种

(一) 铅稳定剂

铅稳定剂是PVC最早使用的稳定剂，现在仍大量使用，约占稳定剂用量的60%。铅稳定剂主要是一些盐基性铅盐。盐基性铅盐是指带有未成盐的一氧化铅(俗称为盐基)的无机酸铅和有机酸铅。PbO具有很强的结合氯化氢的能力，它本身也可作为热稳定剂，但它带

有黄色，会使制品着色，而盐基性铅盐大多是白色的，常见的品种有三盐基硫酸盐（$3PbO \cdot PbSO_4 \cdot H_2O$）、二盐基亚磷酸铅（$2PbO \cdot PbHPO_3 \cdot 1/2H_2O$）、二盐基邻苯二甲酸铅、二盐基硬脂酸铅和硬脂酸铅等。盐基性铅盐一般是用氧化铅与无机酸或有机酸盐，在醋酸或醋酐的存在下反应而成的，如：

$$4PbO + H_2SO_4 \xrightarrow{HOAC} 3PbO \cdot PbSO_4 \cdot H_2O$$

$$PbO + 2HOAC \longrightarrow Pb(OAC)_2 + H_2O$$

或

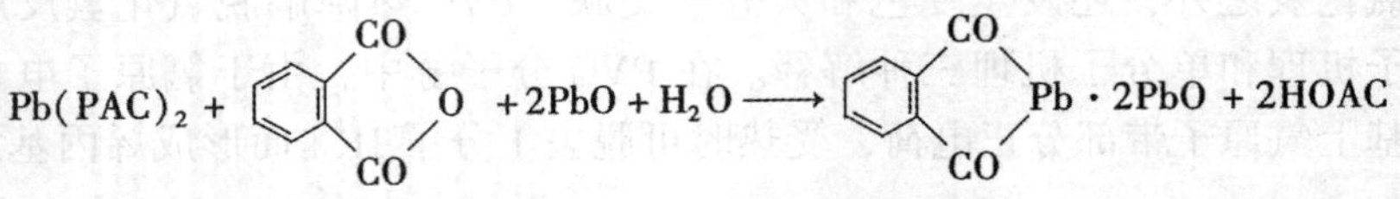

这类稳定剂的优点是耐热性良好，电气绝缘性优良，具有白色颜料的性能，覆盖力大，因此耐候性也良好，可作发泡剂的活性剂，价格低廉。铅稳定剂的缺点是所得制品不透明、毒性大、有初期着色性、相容性和分散性差、没有润滑性，必须与金属皂、硬脂酸等润滑剂并用，容易产生硫化污染。就耐热性而言，亚硫酸盐>硫酸盐>亚磷酸盐，以盐基性亚硫酸铅为最好。

（二）金属皂类

这是一类高级脂肪酸的金属盐。金属元素一般为 Ca、Ba、Sr、Mg、Zn、Cd 等，脂肪酸基有硬脂酸、月桂酸、油酸等。另外芳香族酸、酚及醇类的金属盐习惯上也归入此类。脂肪酸皂主要用金属的可溶性盐（如 $BaCl_2$、$CdSO_4$ 等）与脂肪酸钠盐复分解而制得，如：

$$2C_{17}H_{35}COONa + BaCl_2 \longrightarrow (C_{17}H_{35}COO)_2Ba\downarrow + 2NaCl$$

$$2C_{17}H_{35}COONa + CdSO_4 \longrightarrow (C_{17}H_{35}COO)_2Cd\downarrow + 2Na_2SO_4$$

金属皂类除了作稳定剂外，还具有润滑剂的作用，广泛地与其他稳定剂配合用于各种软质和硬质制品中。在这类稳定剂中，处于周期表中第 B 副族的 Zn、Cd 等所成的皂都具有初期稳定作用大、长期耐热差的特点，被称为主金属皂稳定剂。Ca、Ba、Mg 等第 B 主族元素金属，它们所成的皂都具有初期稳定作用小、长期耐热性好等共同特点，被称作辅助金属皂稳定剂。这两类金属皂各有所长，它们互相配合作用，就有明显的协同作用。一般钡皂和锡皂配合，广泛用于聚氯乙烯软质制品中；而钙皂和锌皂配合，则主要用于无毒的软质制品。

（三）有机锡稳定剂

作为热稳定剂的有机锡化合物绝大多数是二烷基锡的衍生物，具有如下通式：

$$R_mS_n—Y_{4-m}\quad (m=1 或 2)$$

式中，R 为甲基、丁基、辛基等烷基；Y 为含硫、氧的有机基团。根据 Y 的不同，有机锡稳定剂主要有三种类型：脂肪酸盐型（—OOCR）、马来酸盐型（—OOCCH ═CHCOOH）和硫醇盐型（—SR，$—SCH_2COOR$）。有机锡稳定剂的合成方法，首先制备卤代烷基锡，后者与 NaOH 作用成氧化烷基锡，最后再与羧酸、马来酸酐、硫醇等反应，即可得到有机锡的脂肪酸盐、马来酸盐、硫醇盐等。而合成上最重要的是合成卤代烷基锡。合成卤代烷基锡有两种途径：格利雅法是将卤代烷与镁作用，先制得卤代烷基镁（格氏试剂），再与四氯化锡作用就可制得二卤二烷基锡。直接法是用卤代烷与金属锡直接反应制成二卤二烷基锡，再将其与氢氧化钠水溶液作用，得到氧化二烷基锡。最后，将氧化二烷基锡与脂肪羧酸作用，即可制得有机锡稳定剂。例如二月桂酸二丁基锡，其直接法合成反应为：

$$2C_4H_9I + Sn \longrightarrow (C_4H_9)_2SnI_2$$

$$(C_4H_9)_2SnI_2 + 2RCOONa \longrightarrow (C_4H_9)_2Sn(OOCR)_2 + 2NaI$$

生产工艺流程如图 2-5 所示。

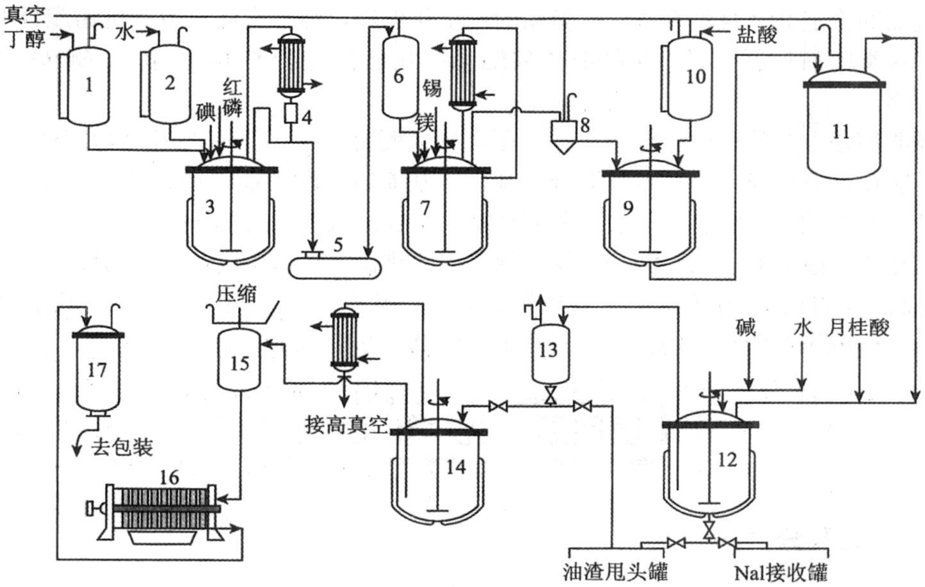

图 2-5　二月桂酸二丁基锡生产工艺流程

1，2—计量罐；3—碘丁烷反应器；4—分水器；5—碘丁烷接受罐；7—锡化反应器；8—沉降罐；9—酸洗釜；10—盐酸计量罐；11—碘代丁基铝储罐；12—缩合罐；13—油水分离罐；14—脱水釜；15—成品压滤罐；16—板框压滤机；17—产品储罐

常温下将红磷和丁醇投入碘丁烷反应釜，然后分批加入碘。加热使反应温度逐渐上升，当温度达到 127℃左右时停止反应，水洗蒸馏得到精制碘丁烷。再将规定配比的碘丁烷、正丁醇、镁粉、锡粉加入锡化反应釜内，强烈搅拌下于 120~140℃反应一定时间，蒸出正丁醇和未反应的碘丁烷，得到碘代丁基锡粗品。粗品在酸洗釜内用稀盐酸于 60~90℃洗涤得精制二碘代二正丁基锡。在缩合釜中加入水，液碱升温到 30~40℃时逐渐加入月桂酸。之后再加入二碘代二正丁基锡，于 80~90℃下反应 1.5h 后静置 10~15min，分出碘化钠，将反应液送往脱水釜减压脱水、冷却、压滤即得成品。

（四）液体复合稳定剂

液体复合稳定剂是以两类金属皂为主体，配合亚磷酸酯等有机辅助稳定剂及抗氧剂和溶剂等多种组分构成的复配物。一般来说，金属盐类是复合稳定剂的主体成分。从金属种类的配合来看，有钡/锡/锌(通用型)，钡/锌(耐硫化污染型)，钙/锌(无毒型)以及钙/锡和钡/锡复合物等类型。有机酸的种类包括辛酸、油酸、环烷酸、合成脂肪酸、树脂酸、苯甲酸、水杨酸等。亚磷酸酯有亚磷酸三苯酯、亚磷酸一苯二异辛酯、三壬基苯基亚磷酸酯等。抗氧剂习惯使用双酚 A 等。溶剂一般可用矿物油、高级醇、液体石蜡或增塑剂等。

液体复合稳定剂与金属皂类相比，与树脂和增塑剂的相容性好，透明性好，不易析出，用量较少，使用方便。用于软质透明制品比用有机锡稳定剂便宜，没有初期着色，耐候性好。用于增塑糊黏度稳定性高。液体复合稳定剂的主要缺点是润滑性较差(需与金属皂类或硬脂酸等并用)，会使制品的软化点降低，长期储存会变质等。液体复合稳定剂的主要用途是作软质制品。

(五) 有机辅助稳定剂

有机辅助稳定剂本身没有或仅有微弱的稳定化作用，但与金属皂或有机锡配合可显示协同效果。这类助剂品种很多，包括亚磷酸酯、环氧化合物、多元醇、β-二酮和一些含氮、含硫化合物。

亚磷酸酯是重要的辅助稳定剂之一，在金属皂配合物中，具有改善热稳定性、着色性、透明性、防垢性及耐候性等特点。混合烷基、芳基亚磷酸酯性能一般优于三芳基亚磷酸酯。代表品种有亚磷酸三苯酯、亚磷酸二苯基癸基酯、亚磷酸苯二癸酯等。

环氧化物对改善 Ca-Zn、Ba-Zn 复合稳定剂的热稳定性、耐候性和透明性效果极大，对 Ba-Cd 系稳定性能也有改善，但对有机锡无影响。缺点是用量过大会析出，代表品种如环氧大豆油，还可作增塑剂使用，在软制品中可降低增塑剂用量。

项目五 光稳定剂

一、定义及分类

塑料及其他高分子材料，暴露在日光或强荧光下，由于吸收了紫外线能量，引发了自动氧化反应，导致了聚合反应的降解，使得制品的外观和物理力学性能变坏，这一过程称为氧化或光老化，凡是能够抑制这一过程的物质称为光稳定剂，或称为紫外线稳定剂。

常用的光稳定剂根据其稳定机理的不同可分为紫外线吸收剂、光屏蔽剂和紫外线淬灭剂、自由基捕获剂等。

二、光屏蔽剂

光屏蔽剂一般指能够反射和吸收紫外线的物质，在聚合物材料中加入光屏蔽剂，可使制品屏蔽紫外光波，减少紫外线的透射作用，从而使其内部不受紫外线的危害，通常多为无机颜料或填料，主要有炭黑、二氧化钛、氧化锌、锌钡等。其中炭黑是效能最高的光屏蔽剂，因为炭黑能够抑制自由基反应，使用炭黑时必须考虑到炭黑的粒度、添加量、在聚合物中的分散性、与其他稳定剂的协同效应等。炭黑的粒度以 15~25nm 为准，使用量以 2%以内为宜，用量大于 2%光稳定效果不明显增大，反而使耐寒性、电气性能下降。胺类、酚类抗氧剂与炭黑并用时有对抗作用，但含硫稳定剂与炭黑并用则有突出的协同效应。

三、紫外线吸收剂

紫外线吸收剂是目前最普遍使用的光稳定剂，它们是一类能够强烈地、选择性地吸收高能量的紫外线，并进行能量转换，以热能形式或无害的低能辐射将能量释放或消耗的物质，紫外线吸收剂是目前应用最广的一类光稳定剂，按其结构可分为水杨酸苯酯类、二苯甲酮类、苯并三唑类、取代丙烯腈类、三嗪类等，工业上应用最多的是二苯甲酮类和苯并三唑类。

1. 水杨酸苯酯类

这是一类最老的紫外线吸收剂。其优点是价廉、与树脂的相容性较好；缺点是紫外线吸收率低，吸收波段较窄(340nm 以下)，本身对紫外线不够稳定，光照以后发生重排，明显地吸收可见光，使制品带色。可用于聚乙烯、聚氯乙烯、聚偏氯乙烯、聚苯乙烯、聚酯、纤维素酯等。一般用量为 0.2%~1.5%，个别的可达 4%。结构式为：

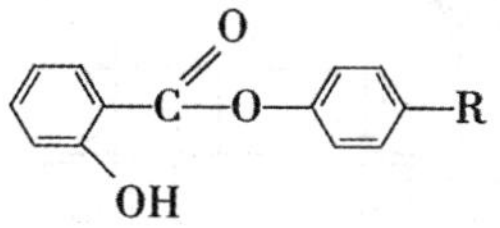

2. 二苯甲酮类

这是一类邻位带有羟基的二苯甲酮衍生物：

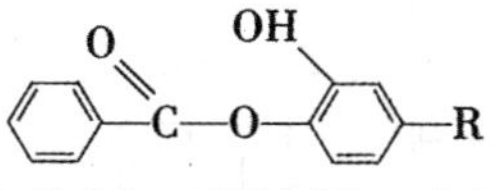

二苯甲酮类光稳定剂与树脂相容性好、毒性低，广泛用于各类合成材料中。含有一个邻位羟基时，只吸收 380nm 以下的紫外光，不吸收可见光，可用于制造无色或浅色制品；含有两个邻位羟基的二苯甲酮吸收紫外光的能力增强，但同时也吸收部分可见光，使制品略带黄色，相容性亦变差。这类化合物的制备一般是由适当的酚与苯甲酰氯进行酰基化反应而成。

3. 苯并三唑类紫外线吸收剂

这类紫外线吸收剂基本结构为：

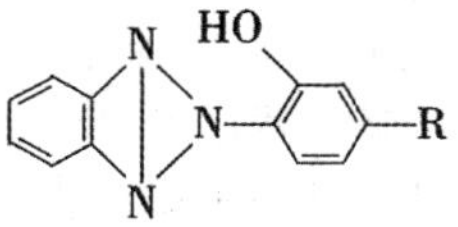

UV-327 属苯并三唑类紫外线吸收剂，化学名称为 2-(2′-羟基-3′, 5′-二叔丁基苯基)-5-氯苯并三唑。其合成反应一般由对氯邻硝基苯胺重氮化后与 2, 4-二叔丁基酚进行偶合，然后加锌还原制得：

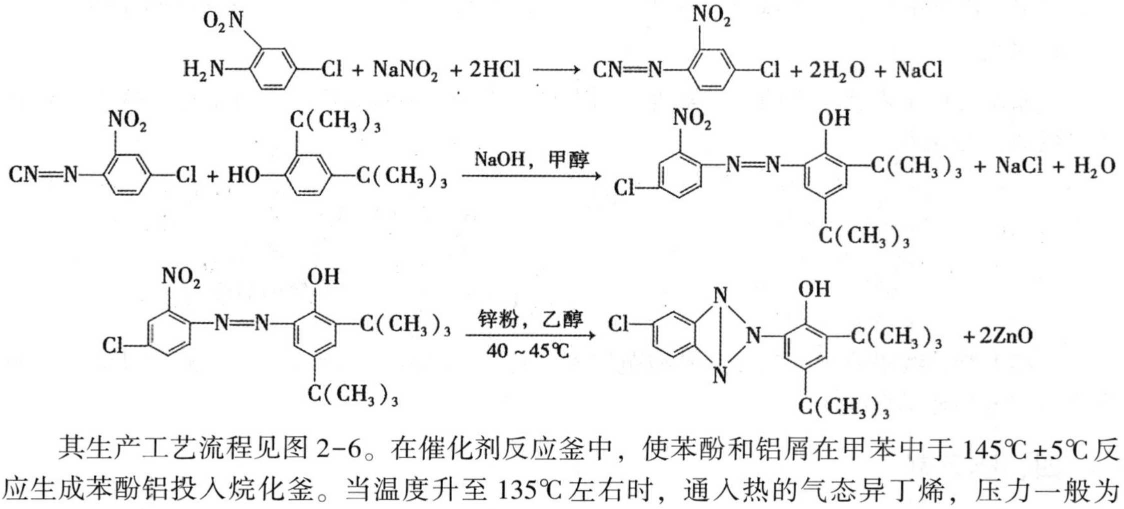

其生产工艺流程见图 2-6。在催化剂反应釜中，使苯酚和铝屑在甲苯中于 145℃±5℃反应生成苯酚铝投入烷化釜。当温度升至 135℃左右时，通入热的气态异丁烯，压力一般为 1.0~1.4MPa。产品在烷化水洗釜中用水洗去氢氧化铝，蒸去大部分甲苯后，再在精馏塔中减压蒸馏，收集2，4-二叔丁基酚在重氮化槽中，对氯邻硝基苯胺于低温（5℃以下）重氮化后，与2，4-二叔丁基酚在偶合反应釜中，在0~5℃下以甲醇为溶剂进行偶合反应。反应混合物经过滤后，在还原反应釜中以乙醇为溶剂用锌粉还原。产物再于重结晶釜中用乙酸乙酯净化提纯，趁热过滤，弃去锌渣，冷却、过滤、水洗、烘干即得产品。

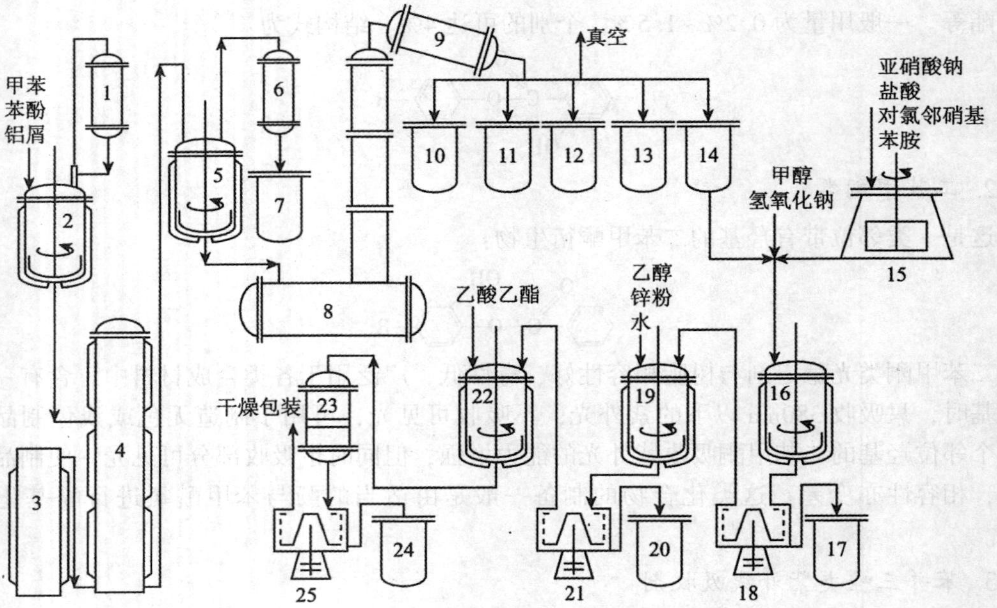

图2-6　紫外线吸收剂UV-327生产流程图

1，6，9—冷凝器；2—催化剂；3—异丁烯气化罐；4—烷化釜；5—烷化水洗釜；7—甲苯储罐；8—精馏塔；10—苯酚储槽；11—前后馏分储罐；12—邻位体储罐；13—2，6体储罐；14—2，4体储罐；15—重氮化槽；16—偶合反应釜；17—甲醇储槽；18，21，25—离心机；19—还原反应釜；20—乙醇储槽；22—重结晶反应釜；23—过滤器；24—乙酸乙酯储槽

本品强烈地吸收340~400nm的紫外线，化学稳定性好，挥发性极小。与聚烯烃的相容性良好，可以耐高温加工。有优良的耐洗涤性能，特别适用于聚丙烯纤维。还可用于聚甲醛、聚甲基丙烯酸甲酯、聚氨酯和多种涂料。本品与抗氧剂并用，有优良的协同作用。

4. 三嗪类

三嗪类是近年来新出现的一类紫外线吸收剂。是 a-羟基苯基三嗪衍生物。特点是含有邻位羟基，通式为：

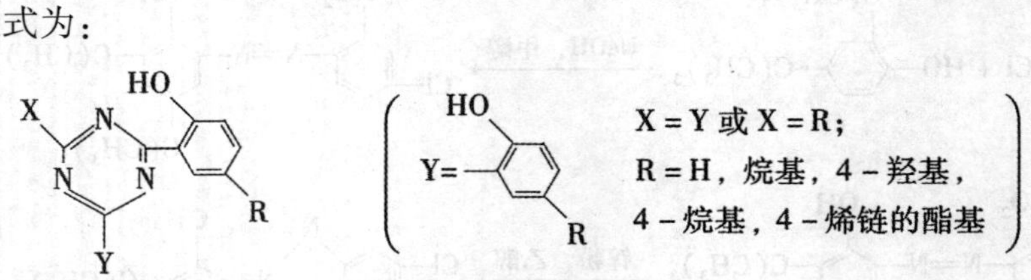

三嗪类紫外线吸收剂的吸收紫外线范围宽，能强烈地吸收300~400nm的紫外线，其吸收能力较苯并唑类更强。

四、猝灭剂

猝灭剂主要是镍的有机配合物，它不同于紫外线吸收剂，并不强烈地吸收紫外线，也不像紫外线吸收剂那样通过分子内的结构变化转移能量，而是通过分子间的能量转移，它能迅速而有效地将激发态的分子“猝灭”，使其回到基态，从而达到保护高分子材料，使其免受紫外线破坏的作用。主要是金属络合物，如二价镍络合物等，常和紫外线吸收剂并用，起协同作用。下面列举几个主要产品：

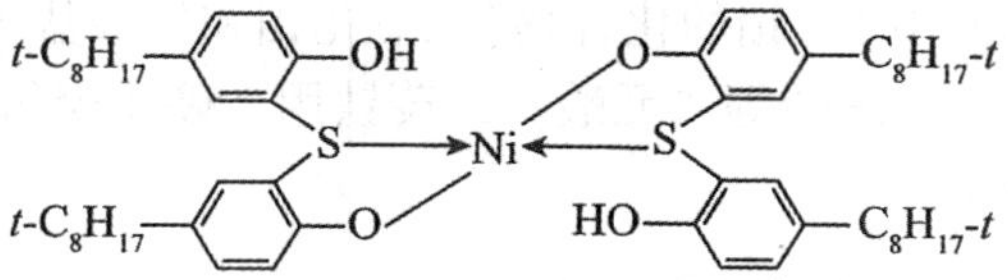

2,2′-硫代双-(4-叔辛基苯酚)镍（光稳定剂AM-101）

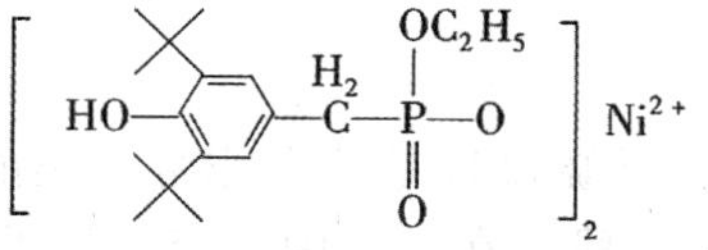

双(3，5)－二叔丁基－4－羟基苄基磷酸单乙酯镍（光稳定剂 2002）

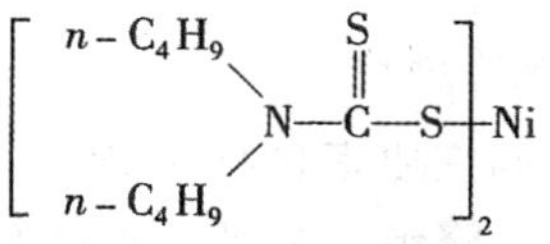

N，*N*－二正丁基二硫代氨基甲酸镍（光稳定剂 NBC）

五、自由基捕获剂

自由基捕获剂是近年来新开发的一类具有空间位阻效应的胺类化合物，简称受阻胺类光稳定剂，此类化合物几乎不吸收紫外线，但通过捕获自由基，分解过氧化物，传递激发态能量多种途径，赋予聚合物以高度的光稳定性。其稳定效能比上述的光稳定剂高几倍，是目前公认的高效光稳定剂。其结构通式如下：

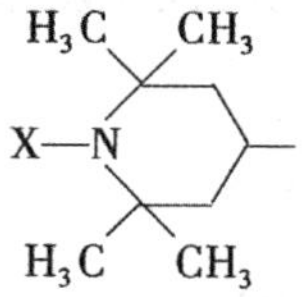

（X 为 H、烷基等）

项目六　阻　燃　剂

一、阻燃剂的定义及分类

有机聚合物通常是可燃的，在燃烧时产生的热量大，火焰温度高，且易发生不完全燃烧而冒黑烟，同时产生大量有毒、有害、有刺激性、腐蚀性的燃烧产物。随着聚合物材料应用范围的不断扩大，阻燃性成为聚合物材料越来越重要的性能。除了开发本身具有阻燃性质的新型聚合物材料外，添加阻燃助剂依然是最有效而简便的方法。

所谓阻燃剂是一类可以提高聚合物难燃性的助剂，一般还包括烟雾抑制剂和有毒气体捕捉剂。具有阻燃作用的物质，大多是周期表中第ⅤA 族元素及ⅦA 及 Al、B、Zr、Sn、Mo、W、Mg、Ca、Ti 等元素化合物，最常用的是磷、溴、氯、锑、铝和硼的化合物。

根据聚合物阻燃加工方法不同，一般把阻燃剂分为添加型和反应型两大类。添加型阻燃剂主要包括磷酸酯、卤代烃和无机化合物等，它们使用时简单地掺和在高聚物之中，其优点是使用方便、适应面广，主要用于热塑性树脂中，缺点是对制品的使用性能有较大的影响。而反应型阻燃剂在聚合物制备过程中作为原料单体之一，通过化学反应使自己成为聚合物分子链的一部分，因此对合成材料的物理机械性能和电性能影响较小，而且阻燃性持久，多用于热固性树脂(如聚氨酯、环氧树脂、聚酯和聚碳酸酯等)。反应型阻燃剂主要包括卤代酸酐、含磷多元醇等。

目前所用的烟雾抑制剂有金属氧化物水合物(氢氧化铝和氢氧化镁)、碳酸盐(碳酸钙、碳酸镁等)、硼酸盐(硼酸锌等)、钼的化合物(三氯化钼和钼酸盐等)等。此外，烟雾抑制剂还有二茂铁、反丁烯二酸、马来酸等二元酸。二茂铁用于硬质聚氯乙烯制品，二元酸则主要用于硬质聚氨酯泡沫塑料中。

二、聚合物燃烧和阻燃剂作用机理

1. 聚合物的燃烧

燃烧过程的三要素包括可燃物、氧和温度，燃烧过程是一个非常复杂的急剧的氧化过程。分为加热、降解、分解、点燃和燃烧等几个阶段。在空气中，聚合物受热后温度上升，机械强度下降，软化成黏稠状进而熔融。随后发生聚合物降解，产生挥发性的可燃物(聚合物单体和易燃烃类等)及其热裂解物(不燃性气体以及交联反应生成的炭质残渣及液相物等)。根据这些挥发性可燃气体燃烧性的差异以及它们增值速度的不同，在外部热源的继续作用下，到达某一温度时聚合物就会着起火来，聚合物燃烧所放出的一部分热量通过传导、辐射和对流等途径又被正在降解的聚合物所吸收，于是挥发出更多的可燃性产物。如果燃烧着的聚合物能充分吸收自己燃烧时所放出的热量，即使移去最初的热源之后，聚合物仍将继续燃烧。同时，在燃烧过程中火焰周围的空气会发生急剧的扰动，增加了可燃性挥发物与空气的混合速度，因此在实际着火情况下，在非常短的时间里就会使火焰迅速传播而引起一场大火。这个过程可用图 2-7 的过程来表示。

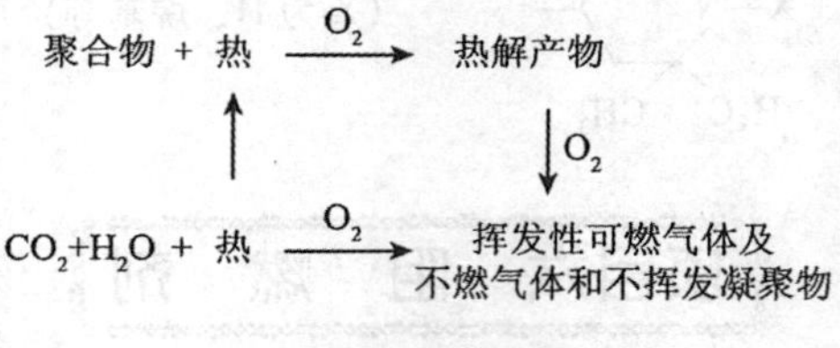

图 2-7　聚合物燃烧过程示意图

表征聚合物可燃性的重要参数是氧指数，定义为使试样像蜡烛状持续燃烧时，在氮-氧混和气流中所必需的最低氧含量：

$$氧指数(\%)=\frac{[O_2]}{[O_2]+[O_2]}\times 100\%$$

式中，$[O_2]$、$[N_2]$分别表示最低浓度下的氧体积流量和氮气体积流量，单位为 mL/min。氧指数与聚合物的可燃性呈反比关系，氧指数越大，聚合物的可燃性越小。如果氧指数在 26%以上，即认为该物质在空气中具有自熄性。总体而言，聚苯乙烯、聚烯烃及丙烯酸树脂等是易燃的，而含卤树脂、尼龙、聚碳酸酯、酚醛树脂、硅酮树脂、脲醛树脂和三聚氰胺树脂等是较难燃的。

2. 阻燃剂作用机理

不同阻燃剂的阻燃作用各不相同。它们能对燃烧的某一个或多个阶段的速度加以抑制。最好能将燃烧抑制在萌芽状态，即截断某一阶段来源或中断链锁反应，停止游离基的产生。

阻燃剂主要是通过物理和化学的途径来切断燃烧循环。其作用机理和影响因素主要可归纳为以下几个方面：

（1）吸热效应　利用阻燃剂在受热情况下发生分解反应（吸热过程）吸收热量以及热分解产生不燃性挥发物的汽化热，使聚合物在受热情况下温度难以升高而阻止聚合物热降解的发生，起到阻燃作用。具有吸热效应的多是一些含有结晶水的物质，如 $Al(OH)_3$ 受热时放出结晶水并蒸发为水蒸气而吸收大量热量：$2Al(OH)_3 \longrightarrow Al_2O_3+3H_2O-299kJ$

由于燃烧热被大量吸收，降低了聚合物的温度，从而减缓了分解蒸发和燃烧。具有吸热效应的阻燃剂其分解温度应与聚合物的热分解温度具有一致性，阻燃剂分解温度过低可能造成阻燃剂在加工温度下分解，高于聚合物热分解温度起不到阻燃作用。

（2）覆盖隔离效应　如果聚合物燃烧时能在其表面形成一隔离层，阻止热传递，降低可燃性气体释放量和隔绝氧气也能够达到同样目的。阻燃剂形成覆盖隔离层的方式有两种。第一，利用阻燃剂热产物促使聚合物表面迅速脱水并炭化，形成炭化层，由于单质碳不进行产生火焰的蒸发燃烧和分解燃烧，因此具有阻燃保护效果；第二，某些阻燃剂在燃烧温度下分解生成不挥发的玻璃状物质覆盖在聚合物表面，这种致密的保护层可起到隔绝热、氧及可燃物的作用。

（3）转移效应　由于阻燃剂的存在改变了聚合物材料热分解模式，使其不停留在产生可燃气体阶段而是一直分解到炭，从而抑制了可燃性气体的产生，达到阻燃目的。例如用磷酸盐或重金属盐的水溶液浸渍过的纤维素，干燥后加热只炭化变焦，难以燃烧，这是由于磷酸盐引起了纤维素的脱水反应，从而促进了单质碳的生成。

$$(C_6H_{10}O_5)_n \longrightarrow 6nC+5nH_2O$$

（4）稀释效应　阻燃剂在燃烧温度下分解产生大量不燃性气体，如水、二氧化碳、氨气、卤化氢气体等。这些不燃性气体将可燃性气体的浓度稀释到可燃烧浓度范围以下，阻止燃烧的发生；另外稀释效应还可发生在固相。无机类阻燃剂同时兼作填充剂使用，填充量大，在一定程度上稀释了固相中可燃物质的浓度，提高了聚合物材料的阻燃性。

（5）抑制效应　指终止燃烧的连锁反应。阻燃剂具有与羟基自由基反复反应而生成水的能力，使燃烧速度降低直至火焰熄灭。

（6）协同效应　某些物质本身阻燃作用很小或不具有阻燃作用，而与其他阻燃剂并用时能显示出较强的阻燃性，即具有协同效应。

（7）抑制发烟机理　具有吸热、覆盖隔离、转移效应的阻燃剂，因其阻燃过程发生在凝聚相，抑制了可燃性气体的产生，同时具有抑烟作用。另外，通过促进碳粒氧化成 CO、CO_2 气体的反应和增加燃烧残渣中碳含量等途径也可达到抑烟作用，如金属氧化物、氢氧化物、硼酸盐、二茂铁等无机阻燃剂都显示出卓越的抑烟效果。

阻燃剂的作用往往是上述多种效应的综合结果。

三、添加型阻燃剂

添加型阻燃剂通常以液体或固体的形式，在聚合物加工成型时混入，与聚合物仅仅是单纯的混合，所以添加阻燃剂后虽然改善了聚合物的阻燃性能，但也往往影响聚合物的物理力学性能，因此使用时要细致地进行配方工作。添加型阻燃剂可分为无机阻燃剂和有机阻燃剂。

常用的无机添加型阻燃剂有氧化锑、硼化合物、红磷、氢氧化镁、氢氧化铝等。

常用的有机添加型阻燃剂有卤化物、磷酸酯等。

（一）卤化物

卤族元素阻燃效率的顺序是 I>Br>Cl>F。因为 C—F 键很稳定，难分解，故阻燃性能差，而碘化物的热稳定性差，具有实用价值的仅是溴和氯的化合物。工业上用氯和溴化合物阻燃效能顺序为脂肪族>脂环族>芳香族。但脂肪族卤化物热稳定性差，加工温度不能超过205℃，芳香族卤化物热稳定性好，加工温度可达 315℃。常见品种有氯化石蜡、全氯戊环癸烷、十溴二苯醚、六溴化环十二烷、六溴苯等。

氯化石蜡包括含氯量 50%和含氯量 70%的两大类产品，含氯量 50%的主要用作聚氯乙烯树脂的辅助增塑剂，含氯量 70%的则主要作为阻燃剂使用。氯化石蜡以固体石蜡或液体石蜡为原料，用氯气氯化而成。主要成分为：$C_{20}H_{24}Cl_{18} \sim C_{24}H_{19}Cl_{21}$。

含氯 70%的氯化石蜡为白色粉末，化学稳定性好，价廉，用途广泛，常和 Sb_2O_3 混合使用。可用于聚乙烯、聚苯乙烯、聚酯、合成橡胶的阻燃剂。氯化石蜡的缺点是分解温度较低（120℃），受到一定限制，在塑料成型时有时会发生热分解，使制品着色且腐蚀金属模具，这使它的应用受到限制。

（二）磷酸酯

有机磷化物是最主要的添加型阻燃剂，主要有磷酸酯、含卤磷酸酯以及红磷、磷酸铵等。其阻燃效果比溴化物和氯化物要好。一些不含卤原子的磷酸酯、磷酸三苯酯（TPP）、磷酸三甲苯酯（TCP），既是阻燃剂，又是增塑剂。另一种是含卤素的磷酸酯，含卤磷酸酯的分于中同时含有卤、磷两种阻燃元素，由于协同效应，性能优良，代表品种有：

$(CH_2ClCH_2O)_3PO$　　$O{=}P{(}O{-}\underset{Cl}{\overset{H_2}{C}}{-}CHCH_2Cl)_3$　　$(CH_2Br{-}CHBr{-}CH_2{-}O)_3P{=}O$

磷酸三－（β－氯乙基）酯　　磷酸三－（2，3－二氯丙酯）　　磷酸三－（2，3－二溴丙酯）

磷系阻燃剂在燃烧时，有机磷化物分解成磷酸、偏磷酸、聚偏磷酸。磷酸形成非燃性液膜，沸点达 300℃；偏磷酸、聚偏磷酸为强酸性，可使炭化物凝成保护性隔离膜，因此磷系阻燃剂具有覆盖隔离效应和转移效应双重作用，同时具有抑烟作用。磷系阻燃剂阻燃效果好，添加量小，含 1%磷阻燃剂的效果相当于含溴 4%~7%，含氯 10%~30%阻燃剂的效果。

（三）无机化合物

1. 氢氧化物

主要品种有氢氧化铝、氢氧化镁。它们兼具阻燃抑烟及填充功能，阻燃效果差，需大量添加，因而对制品物理性能及机械加工性能有影响，经表面技术处理和微细化后可得到改善。氢氧化铝可适用于不饱和聚酯、聚氯乙烯、环氧树脂、酚醛树脂等，氢氧化铝的脱水吸热温度较低，为 235~350℃，因此在塑料刚开始燃烧时的阻燃效果显著。氢氧化镁还具有安全无毒，高温加工时热稳定性好等优点。氢氧化镁分解温度较高，达 340~490℃，吸热量也较小，因此对抑制材料温度上升的性能比氢氧化铝差，对聚合物的炭化阻燃作用却优于氢氧化铝。因此两者复合使用，互为补充，其阻燃效果比单独使用更好。

2. 金属氧化物

这类阻燃剂一般不单独使用，而是作为阻燃协效剂与卤、磷阻燃剂等配合使用。添加不同的金属氧化物可以调节氧化锑的热分解温度使之与聚合物热分解行为相一致，如氧化铁可使氧化锑热分解温度降低50~100℃，CaO、ZnO可使温度升高25~30℃。胶体Sb_2O_3具有热稳定性能好，发烟量低，易添加、易分散且价格低廉，作为卤系阻燃剂的协效剂广泛用于橡塑、化纤制品中。

四、反应型阻燃剂

在反应型阻燃剂分子中，除含有溴、氯、磷等阻燃性元素外，同时还具有反应性官能团。在聚合物制备过程中作为原料单体之一，通过化学反应使自己成为聚合物分子链的一部分，因此对合成材料的物理机械性能和电性能影响较小，而且阻燃性持久，但一般价格高，和添加型阻燃剂相比，反应型阻燃剂的种类较少，应用面也较窄，用于热固性树脂(如聚氨酯、环氧树脂、聚酯和聚碳酸酯等)。一些反应型阻燃剂也能作为添加型阻燃剂使用。

反应型阻燃剂主要品种有四氯苯二甲酸酐和四溴苯二甲酸酐、氯桥酸酐和氯桥酸、四氯双酚A和四溴双酚A等。

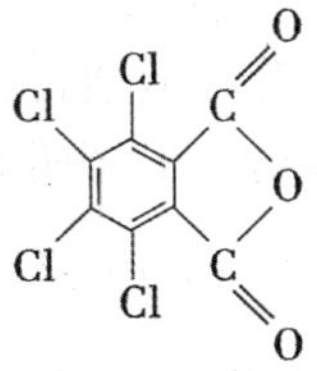

甲氯苯二甲酸酐

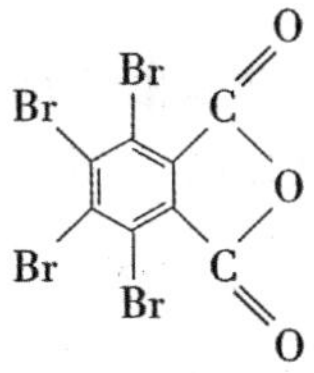

四溴苯二甲酸酐

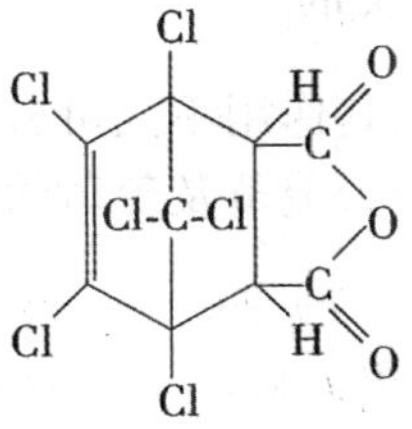

氯桥酸酐

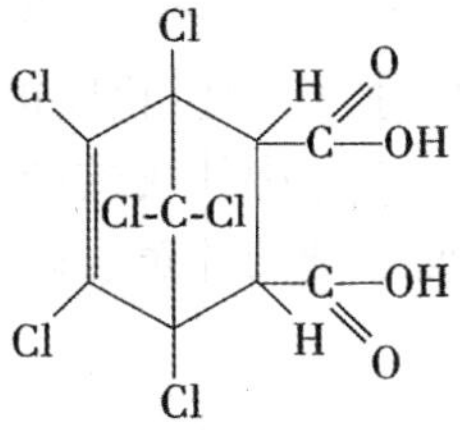

氯桥酸

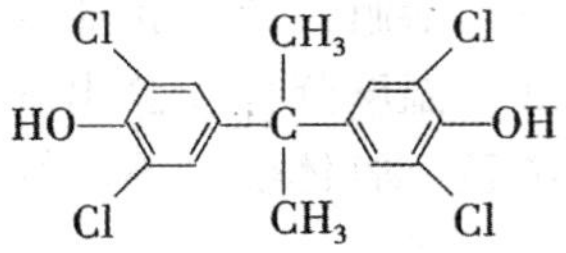

四氯双酚A

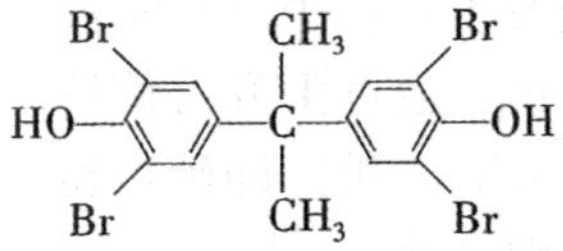

四溴双酚A

五、阻燃剂的选择要求

(1) 阻燃剂不降低聚合物的物理机械性能，即塑料经阻燃加工后，其原来的物理机械性能不变坏，特别是不降低变形温度、机械强度和电气特性；

(2) 阻燃剂的分解温度必须与聚合物的热分解温度相适应，以发挥阻燃效果，而不能在塑料加工成型时分解，以免分解产生的气体，污染操作环境和使成品变色；

(3) 具有持久性，其阻燃效果不能在材料使用期间消失；

(4) 具有耐候性；

(5) 价格低廉。

项目七　硫化体系助剂

橡胶在未经硫化时，分子间没有交联，其化学结构基本上属于线型或轻度支链型的大分子。因而缺乏良好的物理力学性能，没有大的实用价值。然而，当橡胶经过硫化以后，其结构变为三维网状结构，使其性能有了本质上的改变，大大提高了它的弹性、硬度、拉伸强度、抗张强度等一系列物理力学性能。将线型高分子转变为体型(三维网形结构)高分子的化学过程称为交联，凡能导致聚合物发生交联作用的物质叫做交联剂。

应当指出，交联过程在不同的领域中，由于历史原因，可以有不同的术语。人们最早是从橡胶中发现这种现象的，1839 年固特异(Good Year)将天然胶和硫黄共热后，发现它变为坚实有弹性的物质，不再发黏，而且对热稳定，当时称为硫化，而硫黄则为硫化剂，这个"硫化"术语一直沿用至今，而且仅适用于橡胶。在以后的发展中，塑料工业(包括涂料和胶黏剂等)又将交联过程称为"固化"、"硬化"、"熟化"等。

在交联过程中，除添加交联剂外，还须加入一些其他助剂以提高交联效率，改进工艺条件，改善产品质量等，例如在橡胶硫化中除加入硫化剂外，还加入硫化促进剂、活性剂和防焦剂，共同构成硫化体系，这些统称交联用助剂。

一、交联剂

交联剂按其作用不同可分为交联引发剂、交联催化剂、交联固化剂等。但通常交联剂按化学结构可分为硫黄及硫黄给予体、有机过氧化物、多元胺、醌类化合物、酚醛树脂类、金属氧化物等。

(一) 硫黄

硫黄是橡胶最重要的硫化剂，其价格低廉，易于制取。用于硫化的硫黄要求不含酸(使硫化延迟)、不含有 SO_3。硫黄的溶解性随胶料而异，在天然橡胶或丁苯胶中易于溶解；在顺丁胶及丁腈胶中，在室温下难溶解，溶解性能直接影响橡胶的加工操作和硫化胶的质量。一般来说，温度上升可使溶解度增加，温度降低，会出现喷霜现象。工业中使用的硫黄硫化剂，主要有六种。即硫黄粉、沉淀硫黄、胶体硫、不溶性硫黄、表面处理的硫黄、硫黄与其他物质混合物。

(二) 硫黄给予体

硫黄给予体是指在硫化温度下能释放出活性硫的含硫化合物。在使用时，在较低的温度下不发生硫化作用，只有当升高温度释放出活性硫后才开始硫化，因而操作安全，不会发生焦烧。另外，这种硫黄给予体硫化与普通硫黄硫化不同，它形成单硫醚和双硫醚的交联多，而多硫醚交联少；这样得到的硫化胶有较好的耐热老化性能。此外，硫黄给予体作为硫化促进剂与硫黄并用，具有良好的促进作用。

1. 秋兰姆类

其中主要品种为二硫化四甲基秋兰姆(TMTD)，秋兰姆化合物除用作硫化促进剂外，可作二烯类橡胶的硫化剂。TMTD 的硫化特点是硫化胶具有优良的耐热性。当同时要求耐油性时，TMTD 的效果也很好。为了提高硫化效果，通常在胶料中配合氧化锌和硬脂酸，使硫化胶耐热老化，压缩永久变形小。通式为：

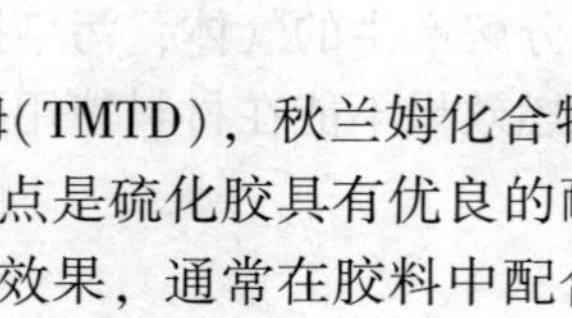

$(x=2\sim4)$

2. 含硫吗琳衍生物

主要是二硫化二吗琳和 4-(2-苯并噻唑二硫代)吗琳。前者主要用于二烯类橡胶、丁基橡胶和三元乙丙胶等。其硫化胶性能比硫黄硫化胶更好。后者操作安全性更高，硫化胶耐老化性能好。

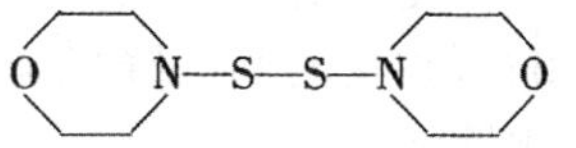

二硫化二吗啉

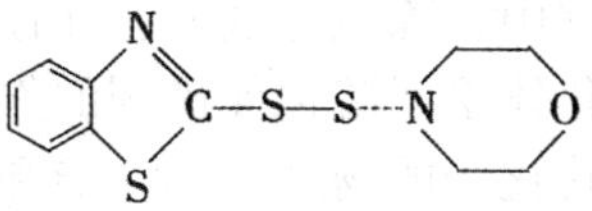

4－(2－苯并塞唑基二硫代)吗啉

另外，由烷烃的二卤化物与多硫化钠反应制得多硫聚合物也常用于要求卓越抗油性和抗溶剂性合成橡胶的硫化。烷基苯酚的一硫化物和二硫化物可用于二烯类橡胶硫化。其硫化胶不喷霜，抗张强度高，耐热性能优良。

(三) 有机过氧化物

有机过氧化物的结构可看作是过氧化氢(HOOH)的一端或两端有机过氧化物分子的氢原子被有机基团置换的衍生物。主要有氢过氧化物、二烷基过氧化物、二酰基过氧化物、过氧酯和酮过氧化物：

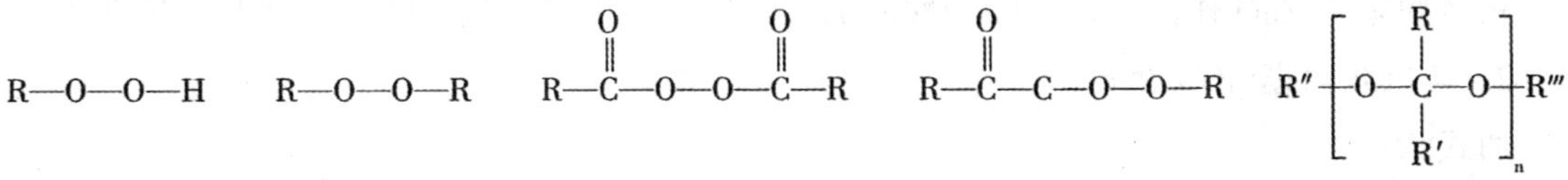

烷基过氧化氢　　二烃基过氧化氢　　二酰基过氧化物　　过羧酸酯　　过氧化酮

这里，R、R′可以是烷基、芳基，它们可以相同，也可以不同。R″、R‴也可以是H或OH，但分子中至少要有一个过氧基。过氧化物交联剂可交联绝大多数聚合物，特别是不能用硫黄等物质交联的饱和或低不饱和度聚合物。交联产物压缩永久变形小，无污染性且耐热性良好。与硫黄硫化相比，交联物的力学性能稍低，残存令人不快的臭味。过氧化物易受其他助剂的影响，防老剂和填充剂对其交联有阻化作用，降低交联效果。另外过氧化物交联需在无氧状态下(密闭容器或惰性气体保护)进行反应，以避免由于氧的存在而促进聚合物氧化造成主链断裂。使用有机过氧化物交联剂不能添加酸性填料，因为有机过氧化物在酸性介质中易分解。过氧化物交联剂的主要品种有叔丁基过氧化氢、异丙苯过氧化氢、二叔丁基过氧化氢、二异丙苯过氧化氢、过氧化二苯甲酰、过氧化二月桂酰、过苯甲酸叔丁酯等。

(四) 胺类

主要是含有两个或两个以上胺基的胺类，如乙二胺、已二胺、三(1，2-亚乙基)四胺、四(1，2-亚乙基)五胺、亚甲基双邻氯苯胺等，可用作氟橡胶、聚氨酯橡胶的硫化剂以及环氧树脂固化剂。

乙二胺	$H_2NCH_2NH_2$	无色液化，沸点116.5℃
三(1，3－亚乙基)四胺	$H_2NCH_2CH_2NHCH_2CH_2NHCH_2CH_2NH_2$	淡黄色黏稠液体，沸点266～267℃
四(1，2－亚乙基)五胺	$CH_2CH_2NHCH_2CH_2NH_2$ | NH | $CH_2CH_2NHCH_2CH_2NH_2$	淡黄色黏稠液体，沸点333℃
已二胺	$NH_2(CH_2)_6—NH_2$	无色片状结晶，熔点39～42℃
亚甲基双邻氯苯胺(MOCA)	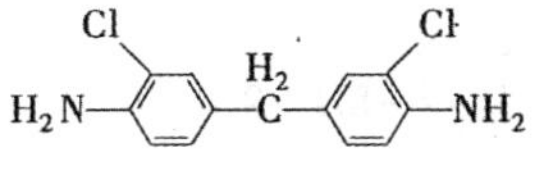	白玉淡黄色疏松针状结晶，熔点124～125℃

二、硫化促进剂

在橡胶硫化过程中，除硫化剂外，往往还需加入硫化促进剂、活性剂，有时还需加入防焦剂，共同构成硫化体系。硫化促进剂的作用在于缩短硫化时间、降低硫化温度、减少硫化剂用量，并能改善硫化胶的物理力学性能和耐热老化性能。

按照化学结构，将硫化促进剂分为二硫代氨基甲酸盐类、秋兰姆类、黄原酸盐类、噻唑类、次磺酰胺类、硫脲类、胍类、醛氨类、胺类、混合促进剂及其他特殊促进剂。

1. 秋兰姆

秋兰姆类作为硫化剂已在前面加以介绍。作为促进剂的秋兰姆类化合物除一硫化物、二硫化物及多硫化物均可作为硫化剂使用。秋兰姆促进剂多用于天然橡胶、丁苯橡胶、异戊胶、丁腈胶、顺丁胶等。还可作为噻唑类或次磺酰胺类的第二促进剂。秋兰姆不会使硫化胶变色，适用于制白色透明及艳色制品。无毒，略有气味而易消失，可用于与食品接触的制品。

秋兰姆须用 ZnO 作活化剂。硬脂酸的加入可进一步提高硫化胶的硫化度及力学性能。

2. 二硫代氨基甲酸盐类

通式为：

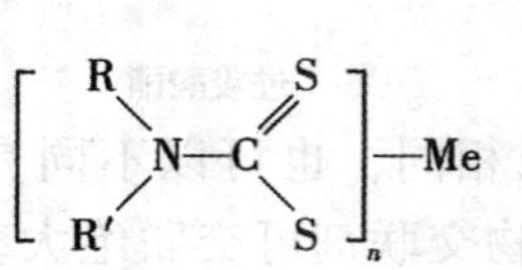

Me 为 Zn、Cd、Cu、Na 等
R，R′为烷基，芳基

代表品种有：

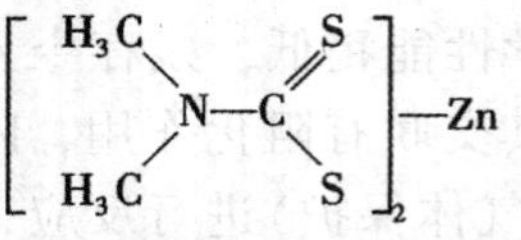

二甲基二硫代氨基甲酸锌（促进剂 PZ）

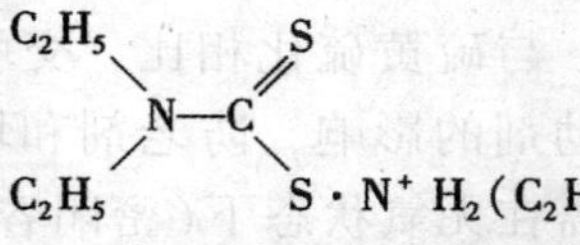

二乙基二硫代氨基甲酸二乙胺盐

3. 噻唑类

噻唑类指分子中含有噻唑环结构的促进剂，此类促进剂的主要产品为：

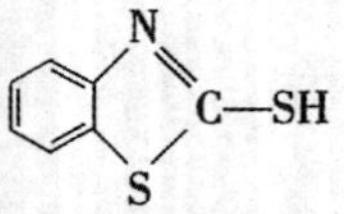

2－巯基苯并噻唑（促进剂 M）

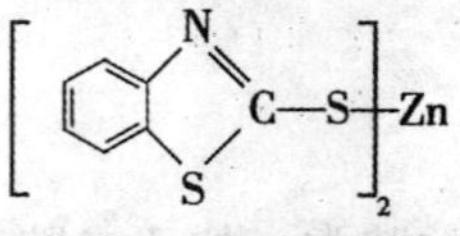

2－巯基苯并噻唑锌（促进剂 MZ）

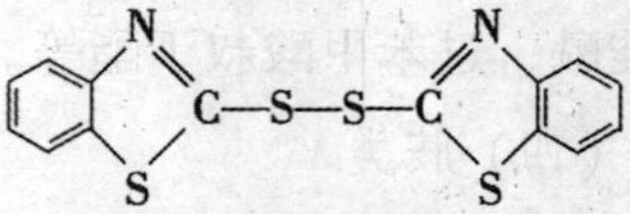

二硫化二苯并噻唑（促进剂 DM）

促进剂 M 的生产有高压法和常压法两种。

高压法：

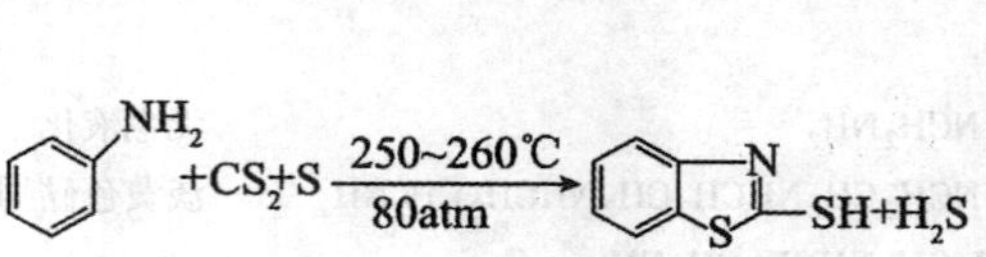

常压法：

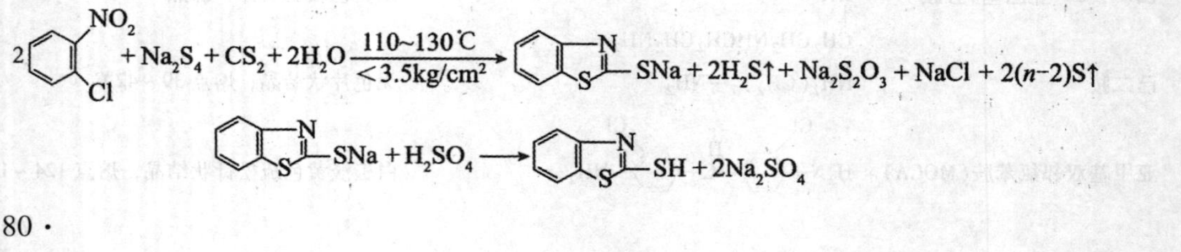

4. 次磺酸胺类

主要是苯并噻唑次磺酰胺化合物通式为：

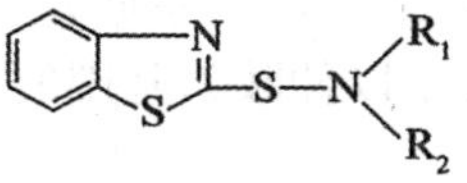

其中，R_1、R_2 为烷基、芳基或环己基，也可以为 H 原子，可相同，也可不同，主要品种有：

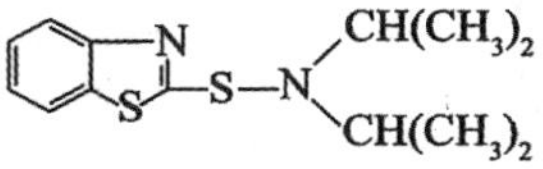

N，*N*－二异丙基－2 苯并噻唑次碘酰胺（促进剂 DIBS）
（浅黄色粉末，熔点 55～60℃）

N－叔丁基－2－苯丙噻唑次磺酰胺（促进剂 NS）
（浅黄色粉末，熔点＞104℃）

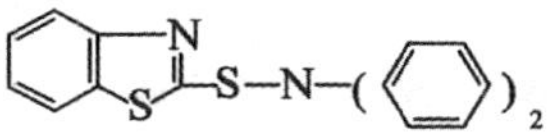

噻唑次碘酰胺（促进剂 DZ）
（白色到浅灰色粉末，熔点 90～108℃）

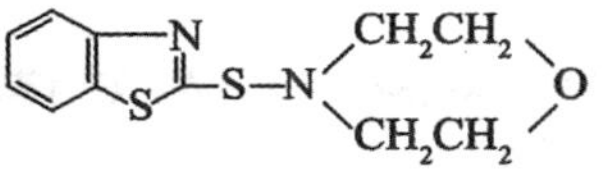

N，*O*－二（1，2 亚乙基）－2－苯并噻唑次磺酰胺（DOBS）
（纯的工业品为淡黄色粉末，熔点 80～90℃）

此类促进剂在低温下没有促进效果，温度升高到一定程度后，橡胶与硫黄反应形成硫化氢，在 H_2S 作用下次磺酰胺促进剂迅速发生分解生成巯基苯并噻唑和胺化合物：

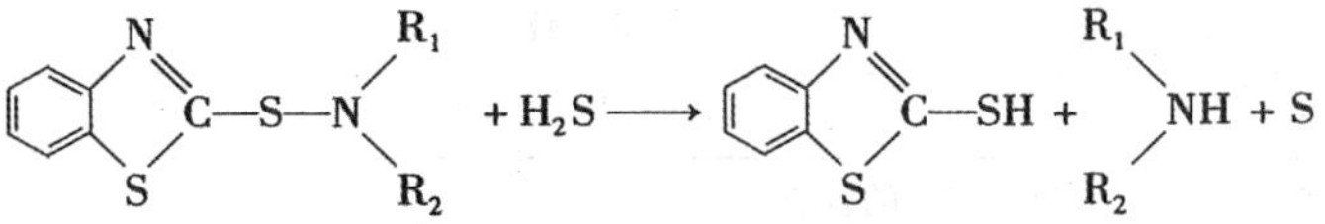

前者在后者的活化作用下发挥极大的促进作用使硫化很快完成，所以该类促进剂被称为“迟效高速”促进剂，其焦烧时间长、操作安全性好。硫化胶具有良好的物理力学性能和耐热性能。

三、硫化活性剂

某些物质配入橡胶后，能增加有机促进剂的活性，充分发挥其效能，从而起到减少促进剂用量或缩短硫化时间的目的，这类物质称为硫化活性剂，简称活性剂。

活性剂能增加促进剂的活性，可减少促进剂的用量或缩短硫化时间，并能提高硫化胶的交联度。活性剂可以分为无机活性剂和有机活性剂两类，有些有机促进剂能作为活性剂使用。

无机活性剂主要是金属氧化物，如 ZnO、MgO、CaO、PbO 等，最重要的是 ZnO。

有机活性剂主要有硬脂酸、月桂酸、二乙醇胺，其中最重要的为硬脂酸。硬脂酸是天然和合成橡胶及胶乳广泛应用的硫化活性剂。

活性剂的一个特点是仅以少量加入胶料中，即可大大提高硫化度，而且在不少场合，假若没有活性剂的存在，硫化作用实际上就不能产生。

四、防焦剂

胶料在硫化之前的加工及储存期间，在较高温度下发生早期硫化现象称为焦烧现象，焦烧导致胶料塑性降低难以加工。为防止焦烧现象的发生，可以加入防焦剂。防焦剂的作用就是防止胶料焦烧，提高操作安全性，延长胶料、胶浆的储存期。通常使用的防焦剂主要是有机酸类(主要有苯甲酸、邻苯二甲酸酐)、亚硝基化合物和硫代酰亚胺化合物三类。

亚硝基化合物的代表性品种为*N*-亚硝基二苯胺，是用异丙醇作为介质，在盐酸存在的条件下使二苯胺亚硝基化制得的。对于以仲胺为基础的次磺酰胺促进剂效果较好，但具有污染性。

硫代酰亚胺化合物的代表性品种为*N*-(环已基硫代)邻苯二甲酰亚胺(防焦剂 CTP)，是各种促进剂的硫黄硫化过程的有效防焦剂。

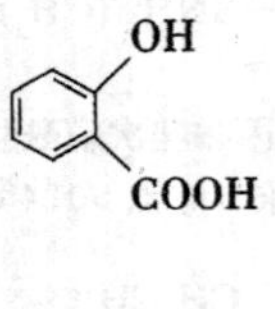
水杨酸

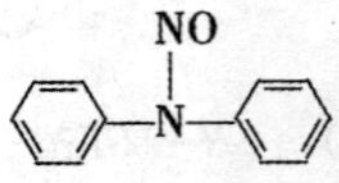
N－亚硝基二苯胺

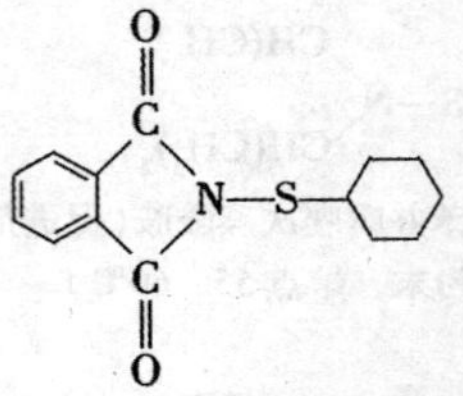
N－环已基硫代邻苯二甲酰亚胺

实训项目：增塑剂邻苯二甲酸二辛酯的合成

【实训项目卡】

实训班级	实训场地	学时数	指导教师
		6	

实训项目	增塑剂邻苯二甲酸二辛酯的合成
所需仪器	三口烧瓶(250mL)、球形冷凝管、玻璃水泵、温度计(0~200℃)、缓冲瓶、量筒(100mL)烧杯、布氏漏斗、抽滤瓶(500mL)、分液漏斗、分馏装置、电热套
所需试剂	苯酐、硫酸、纯碱、活性炭

实训内容

序号	工序	操作步骤	要点提示	工艺参数或数据记录
1	酯化	将 25g 苯酐加入三口烧瓶中，再加入 50g 2-乙基已醇和 0.2~0.3mL 浓硫酸，加热至 150℃、减压酯化(真空度为 9.332kPa)，酯化时间约 3h，随时分出酯化反应的水，酯化的同时加入 0.1g 的活性炭。酯化完后将粗 DOP 倒入烧杯中	减压酯化应事先检查装置的气密性	
2	中和	往烧杯中加入饱和的碳酸钠溶液中和至 pH 值为 7~8，再加入 50mL 80~85℃热水洗涤两次。分离后将粗品倒入分馏烧瓶中并加入少量活性炭	可用试纸检测 pH 值	
3	精制分馏	加热，减压(真空度为 9.332×10^5Pa)蒸出水和未反应的 2-乙基已醇，温度控制在 190℃左右。为提高纯度可再蒸馏 1 次	分馏温度高，注意安全	
4	过滤	最后过滤除活性炭即得产品		

习　题

一、选择题

1. 下列助剂属于功能性助剂的是(　　)。

A. 防霉剂　　B. 润滑剂　　C. 塑解剂　　D. 发泡剂

2. 按增塑剂的(　　)分类，可将增塑剂分为单体型和聚合型。

A. 化学结构　　B. 特性和使用效果　　C. 分子结构　　D. 树脂的相容性

3. 下列不属于磷酸酯类增塑剂缺点的是(　　)。

A. 价格贵　　B. 耐寒性差　　C. 毒性大　　D. 挥发性低

4. 下列物质不能作为酯化反应催化剂的是(　　)。

A. 三氟化硼乙醚　　B. 钛酸四丁酯

C. 阳离子交换树脂　　D. 阴离子交换树脂

5. 在某一酯化混合物中，水的沸点最低且不与其他产物共沸，采用下列哪种方法可使反应尽可能完全(　　)。

A. 共沸精馏蒸水法　　B. 直接蒸出水

C. 直接蒸出酯　　D. 用过量的低碳醇

6. 下列化合物阻燃效果最好的是(　　)。

A. 磷酸甲苯二苯酯　　B. 磷酸三苯酯

C. 磷酸三(2，3-二氯丙酯)　　D. 氯化石蜡

7. 酸酐和咪唑类交联剂主要用于(　　)的交联。

A. 环氧树脂　　B. 不饱和聚酯　　C. 橡胶　　D. 塑料

8. 下列各类化合物中，不能作为硫化促进剂的是(　　)。

A. 秋兰姆类　　B. 噻唑类

C. 硫代氨基甲酸酯　　D. 黄原酸盐

9. 下列属于紫外线吸收剂的是(　　)。

A. 二价镍络合物　　B. 二氧化钛

C. 哌啶衍生物　　D. 苯并三唑类

10. 氯化石蜡可作增塑剂用或作阻燃剂用，如果主要用作阻燃剂时，共最适宜的氯含量应为(　　)。

A. 45%　　B. 50%　　C. 60%　　D. 70%

二、填空题

1. 增塑剂自身的玻璃化温度越低，塑化效率越________。

2. 作为增塑剂最主要的基本条件是________。

3. 苯二甲酸酯是工业增塑剂中最主要的品种，其中以________应用最广。

4. 阻燃剂氯化石蜡 70，70 代表________。

5. 稳定剂按其化学结构可分为盐基性铅盐、________、有机锡化合物、________及复合稳定剂。

6. 油溶性抗氧化剂可以均匀地分布在________中，对________及________的食品具有很好的抗氧化作用。常用的品种如丁基羟基茴香醚，二丁基羟基甲苯，没食子酸丙酯等。

7. 增塑剂是指____________________，它的主要作用是____________________、______________________和____________________。

三、名词解释

1. 交联剂　　2. 促进剂　　3. 热稳定剂　　4. 光稳定剂

四、简答题

1. 什么叫助剂？分为哪几类？

2. 什么样的物质称为增塑剂？简述其增塑机理？
3. 什么是阻燃剂？对其有哪几方面要求？
4. 助剂的选择和应用中应注意的问题。
5. 合成材料助剂有哪些类别？
6. 简述增塑剂的性能及其基本要求。
7. 简述邻苯二甲酸酯类增塑剂的生产工艺并以框图形式画出其间歇式生产工艺过程。
8. 溴系阻燃剂是目前世界上产量最大的有机阻燃剂之一，请简要介绍溴系阻燃剂的阻燃机理。
9. 高分子合成材料中常用的光稳定剂根据其稳定机理不同分为哪几类？并举例说明。
10. 用简图表示抗氧剂 4010NA 的生产过程。
11. 在邻苯二甲酸二辛酯生产过程中，为什么要将酯化反应中生成的水及时分出？
12. 采用哪些工艺措施可减少酯化反应的副反应和提高 DOP 的纯度？

模块三

胶 黏 剂

知识目标 理解胶黏剂的定义、分类,掌握胶黏剂的组成，了解胶黏剂的固化方法，了解胶黏剂的性能指标，选用原则；理解热固性和热塑性树脂胶黏剂的主要产品性能和制备工艺，掌握聚乙酸乙烯乳液胶黏剂、酚醛树脂胶黏剂、环氧树脂胶黏剂的合成原理，制备工艺和复配应用，理解橡胶黏合剂的通用生产工艺、主要产品，了解特种胶黏剂的品种。

技能目标 能够根据应用要求选择合适的胶黏剂，并选择相应配方，能够根据配方完成制备，能够控制制备工艺中的主要操作条件，能够根据产品选择合适的施胶工艺。

项目一 基 本 知 识

胶黏剂又称黏合剂、粘接剂等，它是一类通过黏附作用而使被粘接物体结合在一起的物质的总称。人类使用胶黏剂有着悠久的历史，最早使用的黏合剂大都来源于天然的胶黏物质，如木汁、血胶、骨胶、石灰、松脂、生漆、桐油等。在几千年前，人类就学会了以黏土和水作为石料的胶黏剂；用动物胶作木船的填缝密封胶，埃及的金字塔和中国的万里长城就是大规模使用胶黏剂的集中体现。但将胶黏剂作为一个独立的行业而得到真正发展，仅是从21世纪人们合成出酚醛树脂胶黏剂开始的。目前世界胶黏剂品种已达5000多个，产量已达10Mt以上。

胶黏剂是现代工业发展和人类生活提高必不可少的材料。粘接技术有其他连接方式不可比拟的特殊优点，在现代经济、现代国防、现代科技中发挥着重大作用。如木材加工业，其中胶合板、木屑板、装饰板、家具及办公用品等都大量使用胶黏剂；在汽车行业中，胶黏剂用作车身、内衬材料、隔音隔热材料及座椅等的胶黏；在造船工业中，胶黏剂的应用也十分普遍，采用胶黏剂的蜂窝夹层板制造的船身，质量轻、浮力大，而且刚性好，船身可减轻40%；在电子电气工业中，胶黏剂主要用作绝缘材料，浸渍、灌封材料和印制电路板及集成电路的制造；在机床配件安装及机械零件加工中，如机床的托板、导向装置、油缸、油路元件的堵漏密封，以及机床的导轨修补都用到胶黏剂；在飞机制造业中，全世界采用胶黏结构的飞机有一百多种，胶黏剂做成的层压板被用于机尾和机舱的制造中，并可提供密封空气和密封燃料的联接方式，一个大的胶黏剂连接的机舱可少用 76300 个铆钉，阿波罗宇宙飞船的指挥舱、登月舱所用的钛合金蜂窝结构用的是耐高温的环氢-酚醛胶黏剂，另外导弹弹头装配过程中也会用到胶黏剂；在医学上胶黏剂也有广泛的应用，如伤口的黏合。在建筑工程中的室内装饰与防水密封，胶黏剂都起着重要的作用。

一、胶黏剂的分类

胶黏剂品种繁多、组成各异，从不同的角度去考虑和划分，就会有不同的分类方法。

按主体材料(或基料)成分可以分为两大类，即无机和有机胶黏剂，见表 3-1。

表 3-1　胶黏剂分类

天然材料	动物胶		皮胶、骨胶、虫胶、鱼胶等
	植物胶		淀粉、糊精、阿拉伯树胶、天然树脂胶(如松香、木质素等)天然橡胶等
	矿物胶		矿物蜡、沥青等
合成材料	合成树脂	热塑性	纤维素酯、烯类聚合物(聚乙酸乙烯酯、聚乙烯醇、聚异丁烯)聚氨酯、聚丙烯酸酯、聚酰胺、聚乙烯醇缩醛、乙烯-醋酸乙烯共聚物等
		热固性	酚醛树脂、脲醛树脂、环氧树脂、不饱和聚酯树脂、聚异氰酸酯、丙烯酸树酯、聚酰亚胺、聚苯并咪唑等
	合成橡胶性		丁苯橡胶、丁基橡胶、氯丁橡胶、氰基橡胶、聚硫橡胶、硅橡胶、聚氨酯橡胶。
	复合型		酚醛-聚氨酯胶、酚醛-氯丁橡胶、酚醛-氰基橡胶、环氧-聚硫橡胶、环氧-氰基橡胶等
无机材料	热熔型		焊锡等低熔点金属、玻璃陶瓷等
	水固型		水泥、石膏等
	硅酸盐类		通式：$M_2O \cdot nSiO_2 \cdot mH_2O$，式中 M=Li、Na、$K^+$、$NR_4$
	磷酸盐类		正(偏、焦、多聚偏)硫酸盐与金属的氧化物、氢氧化物、硼酸盐等固化剂反应的产物

胶黏剂按照粘接后是否受力分为结构胶和非结构胶。结构胶黏胶剂是用于受力结构件胶接，并能长期承受较大动、静负荷的胶黏剂，常用热固性树脂配制；非结构胶黏剂适用于非受力结构件胶接。常用热塑性树脂配制。

胶黏剂按形态可分类为溶液型(主要是树脂或橡胶，在适当的有机溶剂或水中溶解成黏稠的溶液)；乳液或乳胶(树脂在水中分散为乳液，橡胶的分散物叫乳胶)；粉状(水溶性胶黏剂、使用前加溶剂调成糊)、膏状(高度不挥发的、具有间隙充填性的、高黏稠的胶黏剂，主要用于密封)；膜状(以纸、布、玻璃纤维等为基材，涂敷或吸附黏合剂后，干燥成薄膜状使用，或者直接以胶黏剂与基材形成薄膜材料。有高的耐热性和黏合强度，主要用于结构件)；固体(主要是热熔型胶黏剂)。

胶黏剂按固化方式的不同分为溶液型、反应型、热熔型、压敏型四种类型。溶剂型是一种全溶剂蒸发型，溶剂从黏合端面挥发或者被黏物自身吸收而消失，形成黏合膜而发挥黏合力。反应型由不可逆的化学变化引起固化，这种化学变化，系在主体化合物中加入催化剂，通过加热或不加热进行。按照配制方法及固化条件，可分为单组分、双组分甚至三组分等的室温固化型、加热固化型等多种形式。热熔型以热塑性的高聚物为主要成分，是不含水或溶剂的粒状、圆柱状、块状、棒状、带状或线状的固体聚合物。通过加热熔触黏合，随后冷却固化发挥黏合力。压敏型是受指压即粘接且不发生固化的胶黏剂，俗称不干胶。

二、胶黏剂的组成

胶黏剂一般由多种材料组成，包括基料、溶剂、固化剂、增塑剂、填料、偶联剂、交联剂、促进剂、增韧剂、增黏剂、增稠剂、稀释剂、防老剂、阻聚剂、阻燃剂、引发剂、光敏剂、消泡剂、防腐剂、稳定剂、络合剂、乳化剂等。并非每种胶黏剂都含有上述各个组分，除了基料是必不可少的组分之外，其他组分则视性能要求和工艺需要决定取舍。

1. 基料

基料是胶黏剂的主要成分，起黏合作用，要求有良好的黏附性与湿润性。作为基料的物质可以是天然物质(如淀粉、蛋白质等)也可以是人工合成高聚物(如热固、热塑树脂)。从目前来看人工合成高聚物占绝对优势。

2. 固化剂和促进剂

固化剂又称硬化剂、熟化剂，是胶黏剂中最主要的配合材料，它直接或通过催化剂与主体聚合物进行反应，固化结果是把固化剂分子引进树脂中，使分子间距离、形态、热稳定性、化学稳定性等都发生了明显变化。例如，使原来的热塑性线形主体聚合物变成坚韧或坚硬的体形网状结构，促进剂是可加速胶黏剂中主体聚合物与固化剂的反应、缩短固化时间、降低固化温度的一种配合剂。

3. 溶剂

胶黏剂的基料一般为固态物质或黏稠液体，不易施工，加入溶剂(也称稀释剂)可以提高胶黏剂的湿润能力。提高胶液的流平性，从而方便施工，提高粘接强度。其中活性稀释剂因分子中具有活性基团，可参与胶黏剂固化时的反应，而非活性稀释剂只共混于胶黏剂体系中，起降低黏度作用。常用的溶剂有烃类、酮类、酯类、卤烃类、醇醚类及强极性的砜类和酰胺类等。

溶剂选择时通常宜选择与高分子材料极性相同或相近的液体。其次，在选择溶剂时，一般要求选择挥发速度适当的溶剂。溶剂挥发过快，一方面会使胶液表面结膜，膜下溶剂来不及挥发掉，另一方面挥发是吸热过程，如挥发过快会使胶膜表面温度降低而凝结水汽，影响粘接质量；溶剂挥发过慢，需要延长晾置时间，影响工效。此外，选择溶剂时，也要考虑溶剂的价格、毒性和来源等。

4. 填料

填料是一些可用来降低固化过程的收缩率，改变热膨胀系数及胶黏剂的硬度、力学强度、导电性、降低成本的物质。常见的填料有石英粉、炭黑、银粉、磁粉、钛白粉、滑石粉、石棉绒等。

5. 增塑剂与增韧剂

增塑剂是一种能降低高分子化合物玻璃化温度和熔融温度，改善胶层脆性，增进熔融流动性，使胶膜具有柔韧性的低熔点的固体或高沸点的液体。增塑剂分为内增塑剂(例如聚硫橡胶、液体丁腈橡胶等)和外增塑剂(例如邻苯二甲酸酯类、磷酸酯类等)两类。增韧剂是一种带有能与主体聚合物起反应的官能团的化合物，在胶黏剂中成为固化体系的一部分，从而改变胶黏剂的剪切强度、剥离强度、低温性能与柔韧性。常用增韧剂有橡胶类、缩醛树脂、聚酰胺树脂、聚砜树脂等。

6. 偶联剂

偶联剂是用于提高难黏或不黏的两个表面间黏合能力的化学品。因为偶联剂中的反应基团可以和被黏物固体表面形成化学键，其结构与所黏合的材料有关，常用的偶联剂以硅烷及其衍生物为主。

7. 其他助剂

为使聚合物大分子主链间产生交联的物质而加入交联剂，交联剂的加入可提高粘接强度、耐热性、耐水性、耐化学药品性、抗蠕变性、耐老化性等。

引发剂是指在聚合反应中能引起单体分子或预聚物活化而产生自由基的物质。常用的引发剂有过氧化苯甲酰、异丙苯过氧化氢、过硫酸钾等。

增黏剂是为增加胶黏剂的初黏性、压敏黏性、持黏性而加入的树脂、橡胶、有机化合物等物质，常用的增黏剂有萜烯树脂、松香等。

防老剂是为了延长胶黏剂的使用寿命而加入的防止高分子化合物老化的物质，包括抗氧剂、光稳定剂、热稳定剂、紫外线吸收剂、变价金属抑制剂。

阻聚剂(也称抑制剂)，是在含有不饱和双键的胶黏剂如瞬干胶、厌氧胶等中加入的延长使用期和储存期的物质，如对苯二酚、对叔丁基邻苯二酚等。

阻燃剂是一类能够阻止可燃物引燃或抑制火焰传播的助剂，常用的阻燃剂有磷酸酯、卤代烃、氧化锑、氢氧化铝等。

防腐剂对微生物或霉菌具有杀灭、抑制或阻止生长作用的药剂，以及对金属具有防止腐蚀的药品统称为防腐剂，包括防霉剂、杀菌剂、防锈剂、缓蚀剂等。在用淀粉、骨胶等制造的水性胶黏剂中，细菌和霉菌容易繁殖，储存过程中胶液变黑、变臭、膨胀、腐败变质，以至于无法使用，必须加入适当的防霉、杀菌剂。

三、粘接的原理和基本工艺

粘接是一种复杂的物理和化学过程，涉及的学科广泛，人们相继提出许多理论，现简要介绍通常的几种理论。①吸附理论：该理论认为，当胶黏剂分子充分润湿被黏物表面并与之达到良好接触。分子之间的距离小于一定距离时，两种分子之间便会产生分子间引力，由于这种吸引力便产生了胶黏作用。②机械理论：认为，粘接力是由于胶黏剂渗入被黏物体表面的缝隙或凹陷处，经过固化后产生契合、钩合、锚合而连接。该理论适合于对多孔物质粘接的解释。③静电理论：当胶黏剂与被粘接材料接触时，在界面两侧形成双电层，如同电容器的两个极板，黏合力主要来自双电层的静电引力。④扩散理论：胶黏剂和被黏物的分子互相扩散，在界面发生互溶，导致界面的消失和过渡区的产生，从而形成牢固的结合力。该理论对聚合物之间的黏合解释较为成功。

粘接过程中光有好的胶黏剂，未必能获得高的粘接强度。这是因为粘接质量的好坏还与粘接的工艺方法息息相关。粘接工艺是利用胶黏剂把被黏物连接成整体的操作步骤，其过程是：首先对被黏零件的待黏表面进行修配，使之配合良好；其次根据材质及强度的要求，对被黏表面进行不同的表面处理；然后涂布胶黏剂，将被黏表面合拢装配；最后通过物理或化学方法固化，就实现连接。粘接的一般工艺程序如下：

确定接头→选择胶黏剂→表面处理→(配胶)→涂胶→晾置→叠台→清理→(初固化)→固化→(后固化)→(检查)→整修

四、胶黏剂选用原则

1. 被粘接材料的种类和性质

黏结多孔而不耐热的材料，如木材、纸张、皮革等，可造用水基型、溶液型黏合剂；对于表面致密，而且耐热的被黏物，如金属、陶瓷、玻璃等，可选用反应型热固黏合剂；对于难黏的被黏物，如聚乙烯、聚丙烯，可选用乙烯-醋酸乙烯共聚物热熔胶或环氧树脂胶。

对极性被黏物，则选用强极性黏合剂，如环氧树脂胶、酚醛树脂胶、丙烯酸酯胶以及无机黏合剂。对弱极性被黏物，则选用高反应性黏合剂如聚氨酯胶，或用能溶解被黏材料的溶剂进行胶接。

2. 被粘接材料应用的场合及受力情况

黏结件的使用场合，主要指其受力的大小、种类、持续时间、使用温度、冷热交变周期和介质环境等。对黏结强度要求不高的一般场合，可选用价廉的非结构黏合剂；对黏结强度要求高的结构件，则要选用结构黏合剂；对要求耐热和抗蠕变的场合，可选用能固化生成三维网状结构的热固性树脂黏合剂；冷热交变频繁的场合，应选用韧性好的橡胶-树脂黏合剂；要求耐牢的场合，应选用合成橡胶黏合剂；对特殊要求的考虑，如导电率、导磁、超高温、超低温等，则必须选择供这些特殊应用的黏合剂。

3. 粘接的目的和用途

就粘接而言，兼具连接、密封、固定、定位、修补、填充、堵漏、嵌缝、防腐、灌注、罩光以及满足某种特殊要求等多种功效。实际上在使用胶黏剂时，往往是某一方面用途占主导地位，所以应视具体情况来选择胶黏剂。例如，用于连接，就要用粘接强度高的胶黏剂；用于密封，就要选用密封胶黏剂；用于填充、灌注、嵌缝等，就要选用黏度大、加入较多填料、室温固化的胶黏剂；用于固定、装配、定位、修补，就要选用室温快速固化的胶黏剂；用于罩光，就要选用黏度低、透明无色的胶黏剂。对于大面积粘接或大规模生产，胶黏剂的固化速度不能太快，否则一边在施工，一边已固化了。对于大型设备和热感元件，不能选用高温固化的胶黏剂。无线电工业的导电粘接，要用导电胶等。

4. 粘接工艺

不同的胶黏剂，其粘接工艺也不同。有的需要室温固化，有的需要加热固化。有的需要加压固化，有的需要加温、加压固化，有的要固化很长时间，还有的只要几秒钟……选择胶黏剂时不能只看强度高、性能好，还要考虑是否具备胶黏剂所要求的工艺条件，例如酚醛-丁腈胶黏剂综合性能较好，但需要加压0.3~0.5MPa下150℃高温固化，若不具备加压和高温的条件，则这种胶黏剂就不能选用。而在自动化生产流水线作业的情况下，因为上、下道工序很快，就要选用快速固化的胶黏剂，如热熔胶。工艺上最简单的是室温固化、单组分的胶黏剂，如室温固化环氧胶黏剂、氯丁胶黏剂、厌氧胶等。对于大型设备或异型工件，由于加热、加压都难以实现，就应选用室温固化胶黏剂。

5. 胶黏剂的成本和来源难易

选用的胶黏剂成本低、效果好、胶黏剂来源容易且简便经济是选择黏合剂必须考虑的因素。

五、胶黏剂的固化

为了便于胶黏剂对被黏物表面的湿润，胶黏剂在粘接前要制成液态或使之变成液态，粘接后，只有变成固态才具有强度。通过适当方法使胶层由液态变成固态的过程称为胶黏剂的固化。按固化方式可将胶黏剂划分成热熔胶黏剂、溶液胶黏剂、乳液胶黏剂和反应型胶黏剂等四种类型。

1. 热熔胶的固化

热熔胶的固化是一种简单的热传递过程，即加热熔化涂胶黏合，冷却即可固化。固化过程受环境温度影响很大，环境温度低，固化快。为了使热熔胶液能充分湿润被黏物，使用时必须严格控制熔融温度和晾置时间，对于基料具结晶性的热熔胶尤应重视。否则将因冷却过快使基料重结晶不完全而降低粘接强度。

2. 溶液型胶黏剂的固化

溶液塑胶黏剂有水溶型与有机溶液型的，是将热塑性聚合物溶解于一定的溶剂中制成的一定浓度的高分子溶液。溶液胶的固化主要是靠溶剂的挥发完成的，其固化速度主要取决于溶剂的挥发速度，还受环境温度、湿度、被黏物的致密程度与含水量、接触面大小等因素的影响。配制溶液胶时应选择特定溶剂或混合溶剂以调节固化速度。挥发性太强的溶剂，易影响结晶基料的结晶速度与程度，甚至造成胶层结皮而降低粘接强度。另外快速挥发造成的粘接处降温凝水对粘接强度也不利。若溶剂挥发太慢，固化时间长，效率低，还可能造成胶层中溶剂滞留，对粘接不利。在使用溶液胶黏剂时还应严格注意火灾与中毒现象。

3. 乳液型胶黏剂的固化

乳液胶黏剂是聚合物胶体在水中的分散体，是一种相对稳定的体系。当乳液中的水分逐渐渗透到被黏物中去并挥发掉时，其浓度就会逐渐增大，从而因表面张力的作用使胶粒凝聚而固化。环境温度对乳液的凝聚影响很大，温度足够高时乳液能凝聚成连续的膜；温度太低(低于最低成膜温度，该温度通常比玻璃化温度略低一点)时不能形成连续的膜，此时胶膜呈白色，粘接强度极差。不同聚合物乳液的最低成膜温度是不同的，因此在使用该类胶黏剂时一定要使环境温度高于其最低成膜温度，否则粘接效果不好。

4. 反应型胶黏剂的固化

反应型胶黏剂的基料中都存在着活性基因，在固化剂、引发剂及其他物理条件的作用下，因基料发生聚合、交联等化学反应而固化。按固化方式反应型胶黏剂可分为固化剂固化型、催化剂固化型与引发剂引发固化型等几种类型。环氧树脂、聚氨酯类胶黏剂多是用固化剂固化的；第二代丙烯酸酯结构胶，不饱和聚酯胶等常用引发剂引发固化，一些酚醛、脲醛树脂胶可用酸性催化剂催化固化。某些反应型胶黏剂固化时会出现凝胶化现象，设计配方或使用胶黏剂尤应注意，对于某一特定的胶种来说，设定的固化温度是不能降低的，温度降低的结果是固化不能完全致使粘接强度下降。这种劣变，是难以用延长固化时间来补偿的。对于设定在较高温度固化的胶种，最好采用程序升温，这样可以避免胶液溢流，不溶组分分离，并能减小胶层的内应力。对于固化过程中有挥发性低相对分子质量物质生成的胶种，固化时常须施加一定的压力，如果固化过程不产生小分子物质则仅施以接触压力以防止粘接面错位就行。

用固化剂固化的胶黏剂，固化剂用量一般是化学计量的。加入量不足时难以固化完全，过量加入则胶层发脆，均不利于粘接。为了保证固化完全，固化剂一般略过量一些。用引发剂固化的胶黏剂，在一定范围内增大引发剂用量，可以增大固化速度而对胶层性能的影响不大。用量不足易使反应过早终止，不能固化完全；用量过大，聚合度降低，均使粘接强度降低。为了避免凝胶化现象对胶层的不利影响，可以使用复合引发剂，即将活性低与活性高的引发剂配合使用。加入引发剂后，再适当加入一些特殊的还原性物质(称为促进剂)可以大大降低反应的活化能，提高反应速度，甚至可以制成室温快固胶种。这就是氧化还原引发体系。由于还原剂在促进引发剂分解的同时降低引发效率，因此在氧化还原引发体系中引发剂的量要加大。催化剂只改变反应速度，催化剂固化型胶黏剂在不加催化剂时反应极慢。因此常温下可以长期存放，加入催化剂后由于降低了固化反应的活化能而使固化反应变易，胶层可以固化。催化剂用量增大，固化速度变快，过量则会使胶层性能劣化。另外在催化剂用量较少时适当提高固化温度也是可行的。

项目二　合成树脂胶黏剂

合成树脂胶黏剂是当今产量最大、品种最多、应用最广，也是对国民经济和科学技术发展影响最大的胶黏剂。合成树脂胶黏剂可分为热塑性与热固性树脂两大类。

热塑性树脂具有线形的化学结构，因而较柔软、易弯曲，此类树脂一般都有很好的初期黏合力，但强度相对较低、耐热性能较差、耐溶剂性能不好，在常温下往往有蠕变倾向。

热固性树脂具有网状交联的立体结构，相对较坚硬和易脆折。它对各种材料都有很高的黏合强度，有良好的耐溶剂性和耐热性，以及具有突出的抗蠕变性。

热塑性树脂胶黏剂和热固性树脂胶黏剂各有其特点。为了在某些特定的场合以及在结构件上应用，往往需要具有综合性能的胶黏剂。这就出现了复合型的树脂胶黏剂，即以环氧树脂、酚醛树脂等热固性树脂与聚乙烯醇缩醛、尼龙等热塑性树脂或橡胶类弹性体相配合，以获得最佳黏合效果的胶黏剂。

一、热塑性树脂胶黏剂

热塑性胶黏剂具有线型的化学结构，加热时会软化和熔化，在压力下会蠕变。热塑性的特性决定了它们一般用于粘接强度要求不太高、使用条件不十分苛刻的场合。如一般性的金属、瓷器、玻璃和塑料以及多孔物质，如纸张、木材、皮革等的黏合。热塑性胶黏剂按所用的高分子材料区分，主要有聚乙酸乙烯酯及其共聚物、丙烯酸树脂系聚合物、热塑性聚氨酯、聚酯、聚乙烯醇缩醛、热塑性聚酰胺、硝酸纤维素、热塑性弹性体等。

(一) 聚乙酸乙烯酯及其共聚物胶黏剂

聚乙酸乙烯酯及其共聚物胶黏剂是热塑性高分子胶黏剂中产量最大的品种，主要包括聚乙酸乙烯(PVac)乳液、乙酸乙烯酯(Vac)与丙烯酸酯、马来酸酯、羟甲基丙烯酰胺、乙烯等不饱和单体的共聚物胶黏剂。

1. 聚乙酸乙烯乳液胶黏剂

俗称白乳胶，在我国合成胶黏剂中产值和产量均居第二位，广泛应用于纸质、木材、纤维、陶瓷、皮革加工、塑料薄膜和混凝土等材料的粘接。聚乙酸乙烯酯是乙酸乙烯酯单体经聚合得到的，其结构式为：

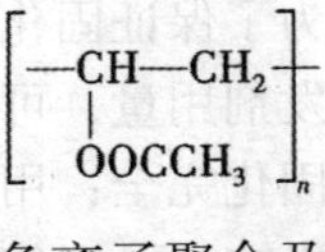

聚乙酸乙烯酯可采用游离基聚合、负离子聚合及辐照聚合等方法获得，但较通用的方法是游离基聚合方法。在游离基聚合中，采用本体聚合、溶液聚合及乳液聚合方法均可，但乳液聚合方法最为常用。

(1) 原料　聚乙酸乙烯酯乳液合成时，需要的原料包括单体乙酸乙烯酯，分散介质、引发剂、乳化剂、保护胶体、增塑剂、冻融稳定剂以及各种调节剂等。

乙酸乙烯酯为无色可燃液体，具有甜的醚香，微溶于水，易水解，水解产生的乙酸会干扰聚合。乙酸乙烯酯蒸气有毒，对中枢神经系统有伤害作用，并刺激黏膜引起流泪。当有少量氧化物存在时，乙酸乙烯酯即可聚合，一般需添加阻聚剂，如二苯胺、两价金属(Ca、Zn、Mg)的松酸酯盐、苯酚、对苯二酚等。

分散介质对于任何乳液聚合过程来说都是不可缺少的。在乳液聚合过程中应用最多的分散介质是水，通常水为总反应组分质量的60%~80%，因此水对聚合反应有很大的影响。其影响最大的杂质是Fe、Cl^-、SO_4^-、氮和其他有机物，当杂质含量过高时，需进行处理(除氧和杂质离子)。用水作分散介质，放热反应易于控制，有利于制得均匀的高相对分子质量产物。

引发剂是容易分解成游离基的化合物。用得较多的是过硫酸钾、过硫酸铵，也有用过氧化氢的。用量为单体质量的0.1%~1%。其中，过硫酸铵在水中的溶解度高达20%以上，所以工业生产用的较多。

乳化剂是使互不相溶的油(单体)-水，转变为相当稳定、难以分层的乳液而加入的表面活性剂。常用的乳化剂有OP-10、烷基硫酸钠、烷基苯磺酸钠、油酸钠、歧化松香酸钠等。乳化剂用量为水乳液质量的0.01%~5%，可以在最初加入，也可以在连续添加单体时逐步加入。

保护胶体在黏性的聚合物表面形成保护层，以防其合并及凝聚。常用的保护胶体有动物胶、明胶、聚乙烯醇、甲基纤维素、羧甲基纤维素、阿拉伯胶、聚丙烯酸钠等。在实际生产中，大多将这些物质和乳化剂复合使用，以控制乳胶粒尺寸、粒度分布以及增大乳液的稳定性。乙酸乙烯酯乳液聚合常采用聚乙烯醇作为保护胶体，其总用量为乳液质量的1%~4%，可以一次加入，也可最初加一部分，余下的在反应过程中逐步计量加入。

调节剂又称链转移剂。在游离基型聚合反应过程中，为了控制聚合物的相对分子质量，常常需要加入调节剂。常用的调节剂有四氯化碳、硫醇、多硫化物等，用量为单体质量的2%~5%。

用以保持反应介质的pH值，Vac聚合时如果pH值太低引发速度太慢，介质的pH越高，引发剂分解的越快，形成的活性中心越多，聚合速率就越快，故可通过缓冲剂来控制聚合速度。常用碳酸盐、磷酸盐、醋酸盐。用量为单体质量的0.3%~5%。

聚乙酸乙烯酯的玻璃化温度为30℃。添加增塑剂的目的是使聚乙酸乙烯酯在较低温度时有良好的成膜性和粘接力。常用的有酯类，特别是邻苯二甲酸烷基酯类如邻苯二甲酸二丁酯和芳香族磷酸酯如磷酸三甲苯酯，增塑剂用量为单体质量的10%~15%左右，用量不宜太多，否则会使胶膜的蠕变增加。

当聚合物乳液遇到低温条件时会发生冻结，冻结和消融会影响乳液的稳定性。冻结的乳液消融之后，轻则造成乳液表面黏度升高，重则造成乳液的凝聚。常采用的防冻措施是在乳液加入冻融稳定剂。常用的有甲醇、已二醇及甘油等。这些物质可降低聚合物乳液的冻结温度。一般添加量为乳液的2%～10%。

当乳液中加入淀粉或纤维素类添加剂时则必须加入防腐剂，常用的防腐剂有甲醛、苯酚、季铵盐等，一般用量为总投料量的0.2%～0.3%。

乳液胶使用时易产生气泡，加少量消泡剂可以消除气泡。消泡剂常用硅油或高级醇类化合物。用量为总投料量的0.2%～0.3%。

（2）合成原理　聚乙酸乙烯酯是乙酸乙烯酯单体经游离基反应而形成的。游离基聚合反应过程一般由链引发、链增长和链终止等组成。乳液聚合的体系主要由单体、水、乳化剂及溶于水的引发剂四种基本组分组成，如图3-1所示。

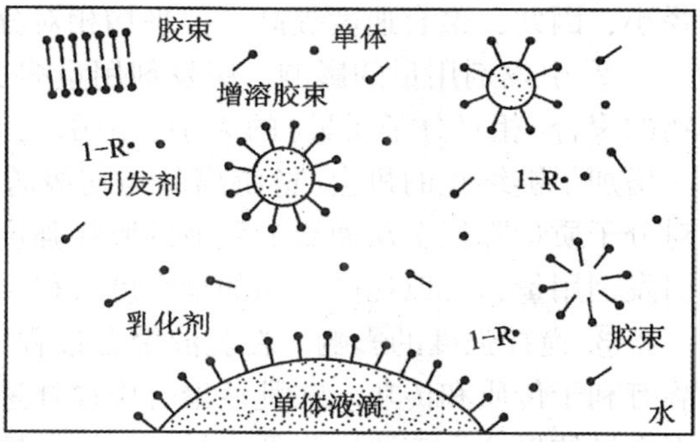

图3-1　乳液聚合体系示意图

聚合发生前，单体和乳化剂分别以下列三种状态存在于体系中：极少量单体和少量乳化剂以分子分散状态溶解于水中；大部分乳化剂形成胶束，直径约4～5nm，胶束内增溶有单体，胶束数目为$10^{17\sim18}$个/cm^3；大部分单体分散成液滴，直径约为1000nm，表面吸附着乳化剂，形成稳定的乳液，液滴数约为$10^{10\sim12}$个/cm^3。引发剂溶于水，分解产生游离基，将在何种场所引发聚合，这是乳液聚合机理要解决的重要问题。

由于溶解在水中的单体浓度极低，引发剂引发聚合产生的增长链在相对分子质量很小时就将从水相中沉淀出来，停止增长：单体液滴中无引发剂；同时，由于单体液滴比胶束大得多，比表面积则小得多，引发剂在水相分解产生的游离基也不能扩散进入单体液滴引发聚合。绝大部分聚合发生在胶束内。胶束内是油溶性单体和水溶性引发剂相遇的场所，同时，胶束内单体浓度很高，相当于本体聚合时单体浓度，比表面积大，提供了游离基扩散进入引发聚合的条件。随着聚合的进行，水相中的单体进入胶束，补充消耗的单体，单体液滴中的单体又复溶解于水中。此时体系中有三种粒子：单体液滴、发生聚合的胶束和没有发生聚合的胶束。胶束进行聚合后形成聚合物乳胶粒。生成聚合物乳胶粒的过程，又称为成核作用。

聚合反应时，水相中产生的游离基扩散入单体增溶胶束内，进行引发、增长，不断形成乳胶粒。随着聚合的进行，乳胶粒内单体不断消耗，液滴中单体溶入水相，不断向乳胶粒扩散补充，以保持乳胶粒内单体浓度恒定。随着聚合的进行，乳胶粒体积不断增大，为保持稳定，必须从溶液中吸附更多的乳化剂分子。缩小的单体液滴上的乳化剂分子也不断补充吸附到乳胶粒上。当水相中乳化剂浓度低于*CMC*值时，未成核的胶束变得不稳定，将重新溶解分散于水中，最后未成核胶束消失，从此，不再形成新的乳胶粒，乳胶粒数将固定下来。此阶段称为第一阶段(乳胶粒生成阶段)。此后聚合物乳胶粒数目恒定，而单体继续由单体液滴进入乳胶粒之中进行补充，使乳胶粒内单体浓度恒定，直到单体液滴消失为止，这个阶段为聚合第二阶段(恒速阶段)。单体液滴消失后，乳胶粒内继续进行引发、增长、终止，直到单体完成转化。但由于单体无补充来源，聚合速度随乳胶粒内单体浓度下降而下降，最后单体-聚合物乳胶粒转变成聚合物乳胶粒。此阶段为聚合第三阶段(降速阶段)。

经过上述聚合过程，即得到了由乳化剂分子均匀而稳定地将聚合物乳胶粒分散在水相中的乳液。

(3) 影响聚乙酸乙烯酯乳液质量的因素：

① 乳化剂的影响。当单体用量、温度、引发剂等条件固定时。乳化剂用量增加，胶粒数目增多，乳胶粒数目也就越多，同时，乳胶粒粒径也就越小，这样，就可提高聚合反应速度，有利于得到颗粒度较细、稳定性好的乳液。但若用量太多，也会降低乳液的耐水性。乳化剂种类不同，其特性参数 *CMC* 值、单体的增溶度等也不同。当乳化剂用量和其他条件相同时，*CMC* 值越小、单体增溶度越大的乳化剂成核概率大，所生成的乳胶粒多、乳胶粒直径小，因此，聚合速度提高。但平均相对分子质量一般来说要降低一些。

② 引发剂用量的影响。引发剂用量多少直接影响到乙酸乙烯酯聚合反应的速率和聚合物的聚合(相对分子质量)的大小。因引发剂用量增多，即会增加链游离基的数量，但也同时增加了链终止的机会(链游离基与初级游离基碰撞而使链终止)。而这两种作用都会使相对分子质量降低，从而影响乳液的胶接强度。因此，在保证一定的聚合速率的前提下，减少引发剂用量，可以提高产品的聚合度，得到高相对分子质量的产物。

③ 搅拌强度的影响。在乳液聚合过程中，搅拌的一个重要作用是把单体分散成单体液滴有利于传质和传热。在乳液聚合中搅拌速度越大，所得乳胶粒直径越大，乳胶粒数越少，因而导致聚合反应速度降低，另一方面，搅拌强度大时，混入乳液聚合体系中的空气增多，空气中的氧是游离基聚合反应的阻聚剂，故也会使聚合反应速率降低。过于剧烈的机械作用还会使乳液产生凝胶或硬化，失去稳定性。但为了使反应液温度均匀，又要求有足够的搅拌速度，因此对乳液聚合过程来说，在保证反应液温度均匀的前提下，应采用较小的搅拌速度。

④ 反应温度的影响。反应温度高时，游离基生成速率大，致使乳胶粒中链终止速率增大，故聚合物相对分子质量降低；由于游离基生成速率大，使水相中游离基浓度增大，会使乳胶粒数目增大、粒径减小，同时胶粒中单体浓度也有所增加，因而聚合反应速率提高。反应温度升高的综合结果，是使聚合速率增加，聚合度降低。但是温度升高，还可能引起许多副作用。如乳液反应凝聚破乳，产生支链和凝胶聚合物，并对聚合物微结构和相对分子质量有影响。

⑤ 其他影响因素。单体或引发剂的滴加条件：在乳液聚合中，单体滴加时间越短，形成的乳液黏性越小，随着滴加时间的增长，黏度变高，结构黏性变大。在同样条件下滴加单体，若初期引发剂加入量相同，则后期引发剂的滴加量越多，黏度越高，结构黏性也越大。如果后期引发剂的滴加量相同，则初期引发剂加入量越多，黏度越高，结构黏性也越大。

乳胶粒中单体浓度：乳胶粒中单体浓度越大，聚合速率和聚合物的聚合度也越大。根据动力学计算，聚合速率和聚合物的平均聚合度都与乳胶粒中的单体浓度成正比。

氧：在乙酸乙烯酯的聚合过程中，氧具有特殊的作用。在很多情况下，它是有效的引发剂。有时它却又能作阻聚剂。它之所以有这样的双重效果，是因为乙酸乙烯酯的活化分子易吸收氧而形成过氧化物。这种过氧化物有时因热不稳定而分解，形成游离基，引发了聚合反应；有时则相反，形成稳定的聚合过氧化物而使增长链失去活性。反应究竟向哪个方向进行，取决于反应温度、吸氧量和其他条件。在升高温度时，过氧化物的热分解增强，产生一些新的活性中心，而使聚合反应加速。在室温下，过氧化物仅略有分解，这当然就要增大阻聚作用。另外，氧在量少时起引发剂的作用，而量多时则起阻聚作用。

（4）合成工艺　一般投料方式可分为三种：将反应的各组分都一次加入反应釜混合后加热、搅拌进行反应；将乳化剂、表面张力调节剂、引发剂等组分先加入水相中搅拌均匀，将单体连续滴加入水相中搅拌、加热进行反应；将乳化剂、表面张力调节剂等组分先后加入水相中，搅匀后加入单体总量的5%～15%的单体和30%左右的引发剂，待搅拌升温至回流正常后开始连续滴加单体。后加单体量可以在4～9h内滴加完。而剩余的引发剂可在滴加单体后以一定的时间间隔加入。现在一般都采用后两种方式，国内生产中多采用第三种加料方式，用这种方式生产的乳液颗粒小、稳定性好。pH值调节剂和增塑剂、冻融稳定剂、防腐剂均在反应结束冷却到50℃以下后加入，搅拌均匀即放料。

前期反应温度一般在70～80℃，后期单体滴加完毕后，升温至90～95℃将冷凝器内水分放掉，将游离的单体排放或回收。在此温度下保温一定时间冷却至50℃以下。在反应过程中，通过调整滴加单体速度使聚合温度维持在78℃左右，滴加速度慢难以维持聚合的恒定温度78℃，速度过快导致聚合温度过高，降低产物的相对分子质量。具体原料比例见表3-2。

表3-2　聚乙酸乙烯酯乳液胶合成配方（质量份）

原料	乙酸乙烯酯	水	聚乙烯醇	过硫酸铵	辛基苯酚聚氧乙烯醚（OP-10）	碳酸氢钠	邻苯二甲酸二丁酯
用量	46～48	41～45	4～5	0.8～1.2	0.1～0.3	0.1～0.3	3～7

把聚乙烯醇和水加入溶解釜，搅拌并升温至95℃，溶解后得到聚乙烯醇溶液。将其过滤后投入反应釜，再加入辛基苯酚聚氧乙烯醚、打底单体（占总量的1/7）和过硫酸铵水溶液（占过硫酸铵水溶液总量的1/3），开始升温直到65℃左右，当回流视镜出现液滴时，关闭蒸汽阀。温度上升至75～78℃，此时若回流阀正常即开始滴加单体，同时每小时滴加一次过硫酸铵（占总量的3%左右，也配成溶液加入）。这一阶段的温度偏高或偏低，可调整单体的滴加速度和引发剂的用量，但总量仍符合配方要求。加完单体，观察反应温度，若偏高可分次补加引发剂（为配方不足部分），待液温升至90～95℃时。保温一段时间，冷却至50℃以下，加入碳酸氢钠溶液，搅拌均匀后加入邻苯二甲酸二丁酯，搅拌1h放料。

（5）产品质量：

外观	固体含量/%	粒度/μm	pH值	黏度/Pa·s
乳白色黏稠液体，均匀而无明显粒子	50±2	1.4～1.5	4～6	1～2

有的国家除了要求达到上述质量指标外，尚需测定乳液的稳定性（包括冻融稳定性、高温稳定性、对添加物的稳定性等）、乳液的最低成膜温度、涂胶后的开口陈化时间、与脲醛树脂的混合性、胶接强度等。

（6）应用　聚乙酸乙烯酯乳液胶现已大量用于建筑、家具等木工胶接方面，还用于将单板、布、塑料、纸等粘贴在木质人造板上。

聚乙酸乙烯酯乳液胶用于木材胶接时，要求木材含水率应在5%～12%；当含水率在12%～17%时，会影响胶接强度；当含水率超过17%时，则会严重影响胶接强度。一般涂胶量为100～110g/m^2（单面），胶接压力为0.49MPa，胶压时间因温度高低而异。可以在室温胶接，也可以加热胶接，加热的目的是为了加快水的挥发，有利于胶层的形成。若在室温下胶压，若室温高，胶压时间短；室温低，胶压时间长。如在12℃，胶压时间为2～3h；而在

25℃时，胶压时间只需 20~90min。若热压胶接，则以 80℃为宜，如胶接单板，只需数分钟即可。胶压后需放置一定时间，才能达到较理想的胶接强度。通常夏季放置时间为 8h 左右，而冬季则需一昼夜。

用聚乙酸乙烯酯乳液胶胶接时，胶层的形成是由于水分挥发。乳胶粒发生黏性流动而融合粘连，失去流动性，当水分进一步挥发时，若胶的温度高于某一温度时，粒子就发生变形、融合，而形成连续的胶膜。若温度低于某一温度时，即使水分挥发，粒子也不发生变形和融合，所以不能形成连续的胶膜。能使乳液胶形成连续胶膜的最低温度就叫最低成膜温度(MFT)。不加各种添加剂的聚乙酸乙烯酯乳液胶的最低成膜温度为 20℃。若添加增塑剂或溶剂，其最低成膜温度可下降至 0℃。因此，用聚乙酸乙烯酯乳液胶在室温胶接时，则要求室内温度必须高于它的最低成膜温度。

聚乙酸乙烯酯乳液胶可以不添加任何助剂而直接使用。但由于一般都是在常温下胶接，因此气温高低将直接影响胶的使用黏度。如气温过高、黏度过低，可适当添加增黏剂，如聚乙烯醇、淀粉、羧甲基纤维素等，用量视气温及所要求的工作黏度而定。一般夏季用量多些，冬季用量少些。若乳液干燥速度太快，为改善其润湿性，提高胶接强度，也可加入少量的溶剂，如甲苯、二甲苯、苯甲醇、醋酸丁酯等。

聚乙酸乙烯酯乳液胶宜储藏在玻璃容器、瓷器及塑料袋内，外用铁桶或木桶保护，也可直接放在塑料桶内。储藏时容器必须密封，以防自然结皮，浪费胶液。亦可在表面浇一层很薄的水层作为封面，可避免结皮，待使用时再调合之。乳液应尽量避免堆放在露天环境，更不能放在严寒场所，以免乳液冻结而影响使用。储存场所及运输过程中的温度以 10~40℃为宜。若乳液已受冻，在末解冻前不可加水和其他物质，也不要搅拌，将冻结的乳液储放在 30~40℃左右的暖房内待全部解冻为止，也可将冻结的乳液连同存放的密封容器一起浸入 50~60℃左右的温水中，待全部解冻为止。乳液解冻后，如外观恢复正常，仍可使用。

2. 乙酸乙烯酯共聚物胶黏剂

聚醋酸乙烯酯本身是热塑性树脂，又加入增塑剂，故玻璃化温度低，耐热性和耐蠕变性差，同时黏度变化也很大，这些弱点使聚醋酸乙烯酯乳液的应用受到一定限制。为了改善聚醋酸乙烯酯胶黏剂的粘接性、柔韧性及耐水性等，常引入其他烯烃类单体进行共聚、交联等进行改性，如醋酸乙烯酯与乙烯、氯乙烯、丙烯酸、丙烯酸酯、马来酸酯等的共聚，共聚后，共聚物形成内增塑，增加了韧性；或引入交联基团提高了乳液的耐热性、耐水性、耐化学性和粘接强度。

共聚改性有两步法、复合聚合法、单体延时加料法等，以制取核/壳型或互穿网络型共聚物。这些共聚物兼具核部较低玻璃化温度的乙酸乙烯酯共聚物的优良柔韧性、成膜性和壳部具有较高玻璃化温度共聚物的刚性、耐热性和耐水性。例如，乙酸乙烯酯(VAc)与反丁烯二酸二异丁酯(DiBF)共聚乳液胶黏剂的反应：

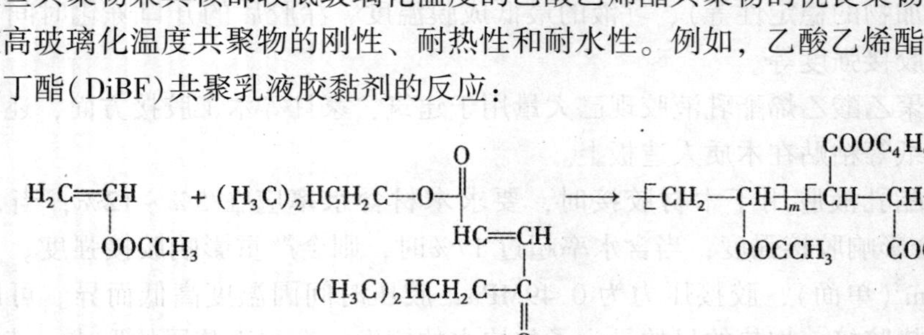

乙酸乙烯酯与反丁烯二酸二异丁酯共聚乳液胶黏剂，由于引入疏水组分，显著地提高了

聚乙酸乙烯酯乳液的耐水性。以该胶粘接的木试件固化后浸水 1h，测得的湿剪切强度为 7.16 MPa，而未加 DiBF 的只有 5.3MPa，同时，相应的韧性、耐寒性也有较大提高。

（二）丙烯酸酯及其衍生物

丙烯酸酯类胶黏剂主要分为两大类：一类是热塑性聚丙烯酸酯与其他单体的共聚物，主要用于压敏型、热熔型和水乳型接触胶黏剂，为非反应性的胶黏剂；另一类是反应性丙烯酸酯包括各种丙烯酸酯单体或在分子末端有丙烯酰基的低聚物为主要组分的胶黏剂，即瞬干胶、厌氧胶、光敏胶和丙烯酸酯结构胶。其中应用最多的是水乳型接触胶黏剂，其次是溶液型胶黏剂。按其形态和应用特点可将其分为溶液型、乳液型、压敏型、瞬干型、厌氧型与热熔型，其中压敏胶、厌氧胶、光敏胶、热熔胶等已自成体系，本部分不作讨论，下面主要介绍乳液型、溶液型、反应型丙烯酸系胶黏剂和氰基丙烯酸系胶黏剂。

1. 乳液型丙烯酸酯胶黏剂

聚丙烯酸系共聚物乳液一般是以丙烯酸甲酯、乙酯或丁酯作为主单体，与甲基丙烯酸酯类、苯乙烯、丙烯腈、偏二氯乙烯、乙酸乙烯酯等共聚制得的。在很多情况下还要加入功能单体，如(甲基)丙烯酸、马来酸、富马酸、衣康酸等；具有交联基团的单体如双(甲基)丙烯酸羟乙酯、(甲基)丙烯酸羟丙酯、N-羟甲基丙烯酰胺和含多个不饱和乙烯基的交联剂，如双(甲基)丙烯酸(聚)乙二醇酯、二乙烯基苯等。代表性的共聚物结构式为：

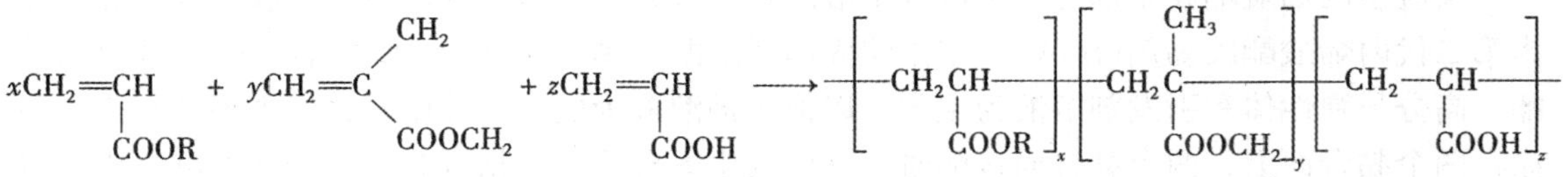

式中，R 为乙基或丁基，一般 y、z 的用量要比 x 少，若 y 的用量增加，将形成硬性的胶膜。

乳液型丙烯酸酯胶黏剂可用于无纺布、织物、植绒、聚氨酯泡沫材料、地毯背衬，以及建筑方面，作为砖石、装饰及密封用胶黏剂。

丙烯酸酯进行乳液聚合的组成包括：单体、水、引发剂、乳化剂、缓冲剂和保护胶体等。引发剂可采用过氧化物体系，也可采用氧化还原体系。乳化剂包括阴离子型和非离子型乳化剂。缓冲剂是为维持 pH 值所加入的一些碳酸氢钠等非酸盐，具有代表性的保护胶体有聚乙烯醇、甲基纤维素等。下面介绍一种丙烯酸酯共聚乳胶黏合剂的生产，配方如下：

甲基丙烯酸甲酯(55～62kg)、丙烯酸丁酯(28～33kg)、过硫酸铵(含量为 99.5%，0.35kg)、十二烷基硫酸钠(5kg)、甲基丙烯酸(3～5kg)、N-羟甲基丙烯酰胺(3～5kg)、钛酸二烯丙酯(含量为 99.5%，0.17～0.20kg)、去离子水(120kg)。

制备工艺：在预乳化罐中加入去离子水、乳化剂(十二烷基硫酸钠)、N-羟甲基丙烯酰胺、单体和调节剂(钛酸二烯丙酯)，充分搅拌进行预乳化；在聚合釜中加入去离子水，加热至 86～88℃，投入一定量的预乳液和引发剂溶液，搅拌，在 86～88℃滴加剩余的预乳液和引发剂溶液，在 1.5～2.0h 滴完，反应 1.0～1.2h，冷却至 40℃:，用氨水调节 pH 值至 4～5，过滤、出料，收率>96%。

2. 溶液型丙烯酸酯胶黏剂

溶液型丙烯酸酯胶黏剂分为两种：一种是将聚合物溶解于适当的溶剂中，制成一定黏度的聚合物溶液胶；另一种是以(甲基)丙烯酸酯为主的单体进行溶液聚合的方法制得的胶。此类胶黏剂也称为第一代丙烯酸酯类胶黏剂，其特点是具有透明性，一般用于有机玻璃之间以及有机玻璃与金属等材料的粘接。下面介绍此类中典型品种 BS-3 胶黏剂的合成工艺。

BS-3 胶黏剂的主要组成为甲基丙烯酸甲酯-苯乙烯-氯丁橡胶接枝共聚物，配方如下(质量分数)：甲基丙烯酸甲酯为 48 份；环烷酸钴(4%汽油溶液)为 0.75 份；苯乙烯为 7.5 份；偶氮二异丁腈为 0.04~0.06 份；氯丁橡胶为 1.5 份；乙酸乙酯为 5.5 份；307#不饱和聚酯(50%乙酸乙酯溶液)为 7.5 份；工业汽油为 11 份。

生产方法：在反应釜中投入乙酸乙酯与汽油，开动搅拌，投入已经切碎处理的氯丁酸橡胶，在反应釜夹套通蒸汽，控制釜温为 60℃，溶解 2h，待溶液澄清透明，再加入甲基丙烯酸甲酯、苯乙烯以及引发剂偶氮二异丁腈，将釜温升到 80℃，保温 1h，再升到 88~90℃，使两种单体与氯丁橡胶接枝共聚，保持 2h 后，溶液变为透明的黏稠液体，反应即告完成。逐步冷却至室温，加入交联剂 307#不饱和聚酯和促进剂环烷酸钴，搅拌均匀，即为 BS-3 胶黏剂。

在使用前加入占胶黏剂总量 3%~6%的固化剂过氧化甲乙酮，胶液经一定时间后即固化，起到粘接作用。主要用于铝、铁、不锈钢、铜等金属材料和有机玻璃、聚苯乙烯、硬聚氯乙烯、聚碳酸酯以及 ABS 塑料等的粘接。

3. *反应型丙烯酸酯胶黏剂*

反应型丙烯酸酯胶黏剂是一类以丙烯酸酯自由基共聚为基础的双组分型胶黏剂，也可称为第二代丙烯酸酯胶黏剂(SGA)、室温快固丙烯酸酯胶黏剂或 AB 胶等。通常以甲基丙烯酸酯、高分子弹性体和引发剂溶液为主剂，以促进剂溶液为底剂。使用时，将主剂和底剂分别涂在两个黏合面上，两个黏合面接触时，立即发生聚合反应，粘接时间几分钟即可完成。主剂在粘接之前为单体或聚合度不高的初聚物，分子较小、润湿和扩散能力强，粘接固化后形成高分子聚合物，从而获得一定的黏合力。制备此类胶乳剂的关键在于：①在使用条件下，可产生大量的活性自由基来引发聚合反应。该引发体系，应是很好的氧化-还原体系，同时单体纯度较高；②胶黏剂中引入高分子弹性体或增黏剂，应能使聚合反应或者接枝交联反应顺利进行；③适量增加多官能团的单体或预聚体，以保证胶接强度和内聚强度；④应有良好的储存稳定性。典型配方见表 3-3。

表 3-3　底剂型丙烯酸酯结构胶配方分析

组分	原材料名称	质量/份	各组分作用
主剂	甲基丙烯酸羟乙酯	63	单体，聚合时形成固体结构
	甲基丙烯酸	10	单体，可提高固化速度
	三缩四乙二醇二甲基丙烯酸酯	4	双酯，加速固化物的交联速度和程度
	热塑性聚氨酯	20	弹性体增韧剂，改善固化物脆性
	对苯二酚	0.01	稳定剂，增加胶液的储存期
底剂	2-吡啶基硫脲	5	促进剂
	甲醇	50	溶剂
	乙腈	45	溶剂

注：被粘接面喷底剂，溶剂挥发后涂主剂，然后黏合，1min 定位，24h 后，钢-钢剪切强度为 15MPa，剥离强度为 5N/min。

反应型丙烯酸酯胶黏剂可用于金属、塑料、珠宝首饰、玻璃及复合材料的粘接，并且粘接迅速。对于粘接材料进行一般的表面处理就可以达到较高的粘接强度。对于金属，甚至可以进行油面粘接，但是气味较大、有毒、耐热性及耐水性较差。

4. α-氰基丙烯酸酯胶黏剂

其主要成分为 α-氰基丙烯酸的甲酯、乙酯、丁酯、异丙酯等。由于氰基和酯基具有很强的吸电子性，所以在弱碱或水存在的情况下，可快速进行阴离子聚合而完成粘接过程。氰基丙烯酸酯胶黏剂属于产量较少、价格较贵的一类，其除了聚乙烯、聚四氟乙烯等外，几乎可以粘接所有物质，因此有“万能胶”之称。除此之外，其电气性能、耐老化性、耐溶剂性均很优良。常用的商品有 501、502、504 等胶。

氰基丙烯酸酯普遍采用的合成工艺是将相应的氰乙酸酯与甲醛发生加成缩合反应，然后加热裂解这种缩合产物，即得 α-氰基丙烯酸酯：

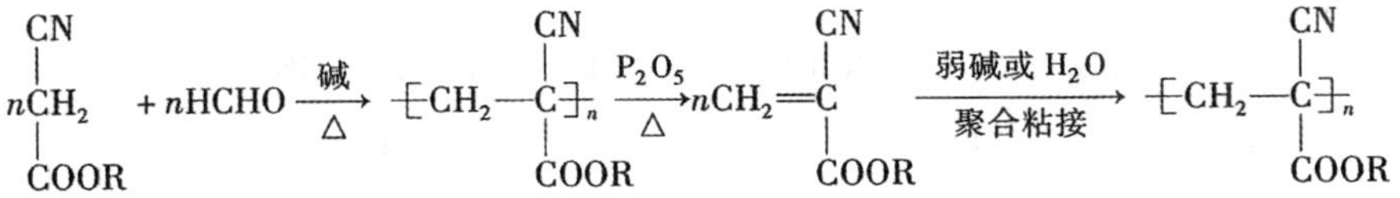

502 胶黏剂的合成工艺流程如图 3-2 所示。

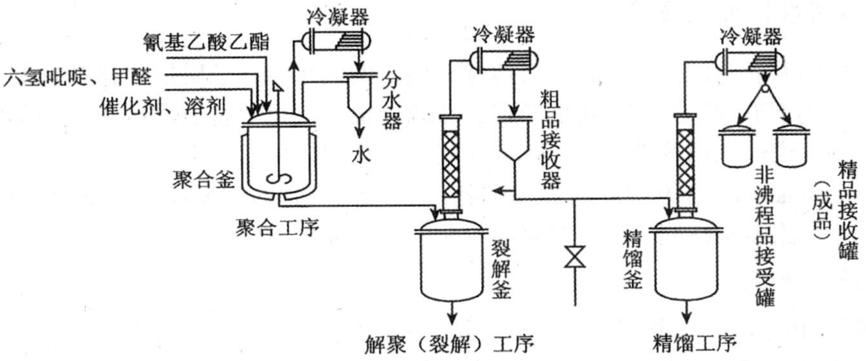

图 3-2　氰基丙烯酸乙酯胶黏剂(502 胶黏剂)合成工艺流程

先将氰基乙酸乙酯与二氯乙烷加入反应釜中，搅拌并升温至 70℃；然后慢慢滴加甲醛与六氢吡啶的混和物，滴加速度以釜内温度稍低于回流温度为宜，在 30~60min 内加完；继续加热使之回流，通过分水器除水，使出水达 70~72 份后，加入邻苯二甲酸二丁酯及对甲基苯磺酸，再继续回流分水，直到蒸汽温度超过 83℃，蒸去二氯乙烷；降温到 60~70℃ 加入五氧化二磷，对苯二酚搅匀后，在减压蒸馏装置中，并在二氧化硫气氛中，进行裂解，收集沸程为 90~120℃ 的粗品；在收集品中加入五氧化二磷 2 份，对苯二酚 0.5 份，再进行精馏，收集 80~90℃ 下的馏分(在二氧化硫的保护下)即得产物 502 胶。

(三) 聚乙烯醇类胶黏剂

聚乙烯醇(PVA)于 1934 年在日本随维尼纶的生产而诞生，1939 年美国杜邦公司首先工业化生产，二次世界大战时期开始用作胶黏剂。聚乙烯醇是能溶于水的唯一的多羟基化合物，具有优良的成膜性、乳化性，胶层有高的强度、韧性、耐磨性，也能耐油脂及溶剂。聚乙烯醇类胶黏剂主要包括聚乙烯醇水溶液胶黏剂、聚乙烯醇缩甲醛(PVF)水性胶黏剂、聚乙烯醇缩丁醛(PVB)胶黏剂、聚乙烯醇缩甲乙醛胶黏剂、聚乙烯醇缩乙二醛胶黏剂等。

聚乙烯醇是在甲醇或乙醇溶液中，以氢氧化钠作催化剂，由聚乙酸乙烯酯水解得到：

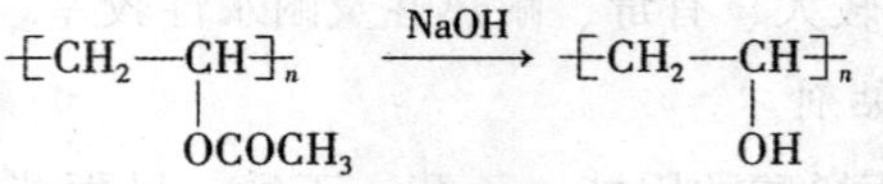

配成低浓度聚乙烯醇胶黏剂仍显示良好的粘接力，生成的胶膜强度高。聚合度在500~2400间有多种型号，作为胶黏剂一般用较高聚合度为宜。胶黏剂配方是将聚乙烯醇5~10kg与水90~95kg混合，搅拌下加热到80~90℃直至浅黄色的透明液体即成。

PVA分子中含有大量羟基，亲水性大，单纯以聚乙烯醇作为胶黏剂，因耐水性差而限制了其使用范围。目前普遍采用化学改性方法提高耐水性能。与醛类化合物进行缩聚反应制备聚乙烯醇缩醛类胶黏剂。缩合之后，减少了亲水的羟基，产生了疏水的亚甲基反应式如下：

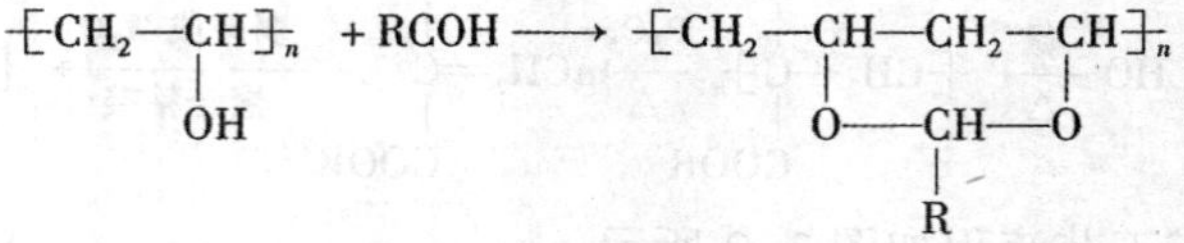

二、热固性树脂胶黏剂

热固性树脂胶黏剂的基料是含有反应性官能团的低相对分子质量的高聚物或预聚物，在热或固化剂作用下形成不溶、不熔的胶层，在热、辐射、化学腐蚀等环境下，具有良好的强度、韧性、耐蠕变性和耐热性。但热固性树脂胶黏剂固化中易产生体积收缩和内应力，使胶层强度下降，可加入填料等改性剂加以弥补。热固性树脂的主要品种有酚醛树脂、环氧树脂、氨基树脂、聚氨酯树脂、不饱和聚酯树脂及聚乙烯醇类树脂等。

（一）酚醛树脂

酚醛树脂(PF)是第一个人工合成的高分子化合物。酚醛树脂是由酚(苯酚、甲酚、二甲酚、间苯二酚等)与醛(甲醛、乙醛、糠醛等)在酸性或碱性催化剂存在下作用所生成的缩聚物。酚醛树脂除作胶黏剂外，尚有许多重要用途。用不同的酚和甲醛及两者不同配比、催化剂，可制得不同性质和用途的酚醛树脂产品，例如用弱酸催化可制得线型酚醛树脂清漆，NaOH催化可制得酚醛石棉模塑料。

酚醛树脂可分为热塑性和热固性两种类型，用于胶黏剂的主要是后一种类型。酚醛树脂胶黏剂，按固化温度分，有高温型(130~150℃)、中温型(105~110℃)、常温型(20~30℃)；按形态分有溶剂型和粉末型等。

1. 原料

酚醛树脂中常用的醛是甲醛和糠醛。甲醛是一种无色，有强烈刺激性气味的气体。易溶于水、醇和醚。甲醛在常温下是气态，通常以水溶液形式出现。甲醛是原浆毒物，能与蛋白质结合，吸入高浓度甲醛后，会出现呼吸道的严重刺激和水肿、眼刺痛、头痛，也可发生支气管哮喘。甲醛水溶液中易发生聚合生成聚甲醛，常加入甲醇防止自聚。

酚类化合物中用得最多的是苯酚。苯酚，又名石炭酸、羟基苯，是最简单的酚类有机物，一种弱酸。纯苯酚为无色针状结晶体具有特殊的气味。在空气中受光的作用，逐渐变成深红色，微溶于水，易溶于有机溶剂。苯酚在常温下稍有挥发。苯酚极毒，具有腐蚀与刺激作用。它能使蛋白质降解，较长时间接触会破坏皮肤组织，大量地接触能麻痹中枢神经系统而导致生命危险。当皮肤受到侵害时，可用大量的水冲洗，用酒精清洗，再擦3%丹宁溶液，并涂敷樟脑油。

2. 合成原理

酚醛树脂分为热塑性(线型)酚醛树脂和热固性酚醛树脂。

(1) 热塑性酚醛树脂的合成　热塑性酚醛树脂是在酸性介质中(pH值<3)，酚过量的情况下(通常酚醛物质的量比为7∶6)进行缩合反应的产物。聚合最终形成热塑性酚醛树脂的分子结构为：

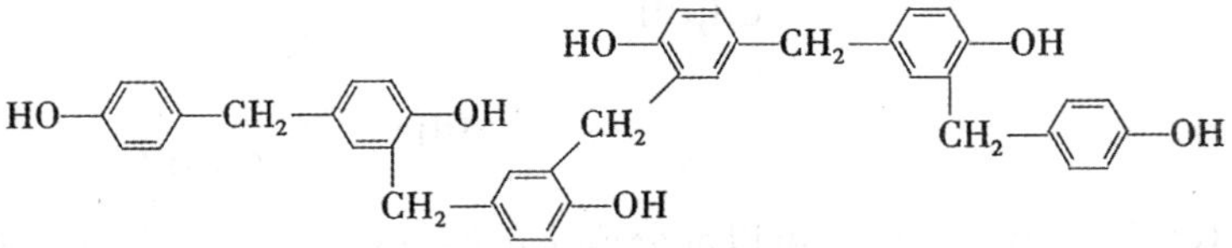

高邻位热塑性酚醛树酯是在pH值为4~7范围内，采用二价金属盐作催化剂时缩聚而成。一般常用的催化剂是$Mn(OH)_2$、$Co(OH)_2$、醋酸锌等。

(2) 热固性酚醛树脂的合成　苯酚与甲醛(过量)在碱或酸性介质中进行缩聚，生成可熔性的热固性酚醛树脂。一般在碱性介质中反应，则苯酚与甲醛的物质的量之比为6：7(pH值8~11)，可用的催化剂有氢氧化钠、氨水、氢氧化钡。用氢氧化钠作催化剂，总反应分两步：

① 加成反应。苯酚与甲醛起始进行加成反应，生成多羟基酚：

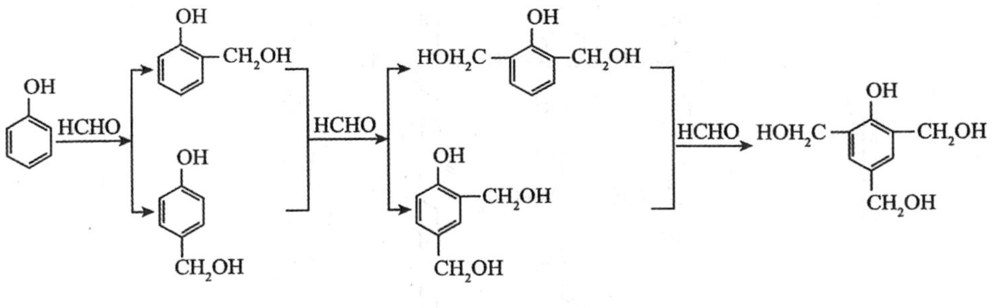

加成反应形成单元酚醇与多元酚醇的混合物。

② 羟甲基的缩合反应。羟甲酚可进一步进行缩聚反应，在热固性的酚醛树脂形成过程中，随着反应程度不同，可将热固性酚醛树脂分为A、B、C三个阶段。

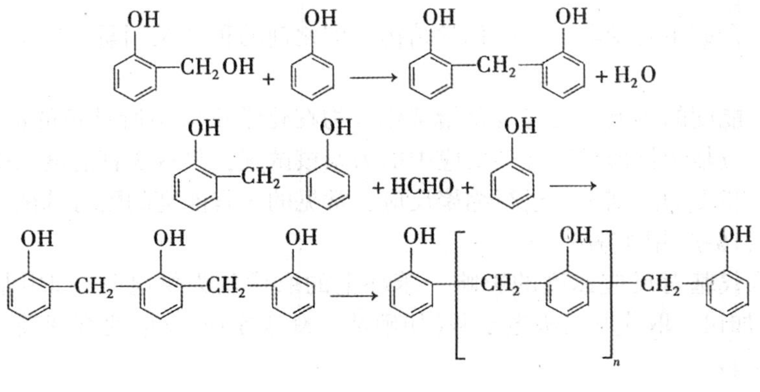

A 阶树脂：能溶解于乙醇、丙酮及碱的水溶液中，加热后能转变为不熔不溶的固体，是热塑性的，又称可熔酚醛树脂。A 阶树脂相对分子质量大约在 800～1000 之间，且具有较好的流动性和润湿性，能满足胶液和浸渍工艺的要求，因此一般合成的酚醛树脂胶黏剂均为此阶段的树脂。

其中，水溶性的 A 阶树脂可以用加热加压的方法固化，而醇溶性 A 阶树脂宜在常温下以酸（常用石油磺酸、草酸等）催化的方法固化。A 阶树脂是下列直链和支链的混合物：

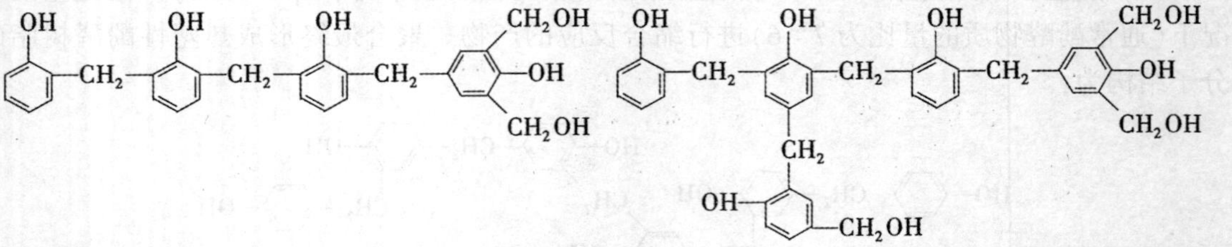

B 阶树脂：不溶解在碱溶液中，可以部分或全部溶解在丙酮或乙醇中，加热后能转变为不熔不溶的产物，也称半熔酚醛树脂。B 阶树脂的分子结构比可熔酚醛树脂要复杂得多，分子链产生支链，B 阶树脂具有溶胀性，加热可软化，在 110～150℃下，可拉伸成丝，冷却后即变成脆性的树脂。

C 阶树脂：不熔不溶的固体物质，不含或含有很少能被丙酮抽提出来的低分子物。C 阶树脂又称为不熔酚醛树脂，其相对分子质量很大，具有复杂的网状结构，并完全硬化，失去其热塑性及可熔性。受热时，A 阶酚醛树脂逐渐转变为 B 阶酚醛树脂，然后再变成不熔不溶的体型结构的 C 阶树脂。C 阶树脂结构可表示为：

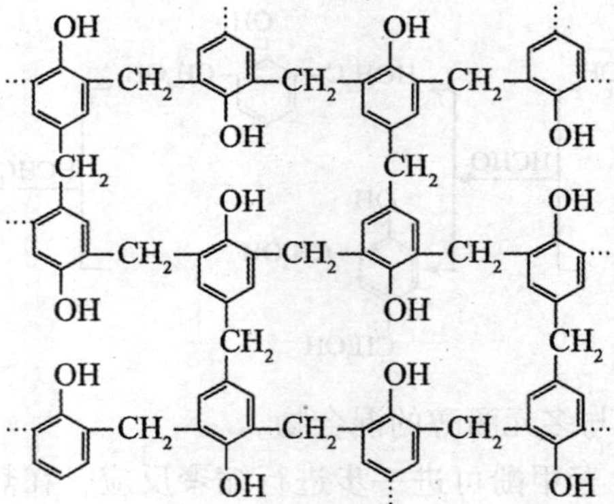

3. 影响因素

酚醛树脂的合成主要受醛与酚的化学结构、催化剂的种类及用量、反应体系的 pH 值等影响。

（1）酚类官能度的影响　官能度是指某化合物在化学反应中所具备的活性部位的数目。由于酚与醛的反应是亲核加成反应，反应中酚为亲核试剂，只有 3 官能度的酚可以形成体型聚合物，而单官能度的酚则不能进行缩聚反应，常见的 3 官能度的酚有苯酚、间苯二酚，3，5-二甲苯酚，2，6-二甲苯酚等。

（2）酚类取代基对反应速度的影响　苯环上的取代基为供电基（如甲基、乙基、氨基等）则反应速度加快，取代基为吸电子基（如硝基、氰基等）则反应速度变慢。另外空间位阻对反应也有影响。

(3) 苯酚与甲醛物质的量比的影响　从酚醛树脂的分子结构可以看出，生产热固酚醛树脂时，酚醛物质的量比一定小于 1，若大于 1 则因不能产生足够的羟甲基而致使缩聚反应无法进行到底。

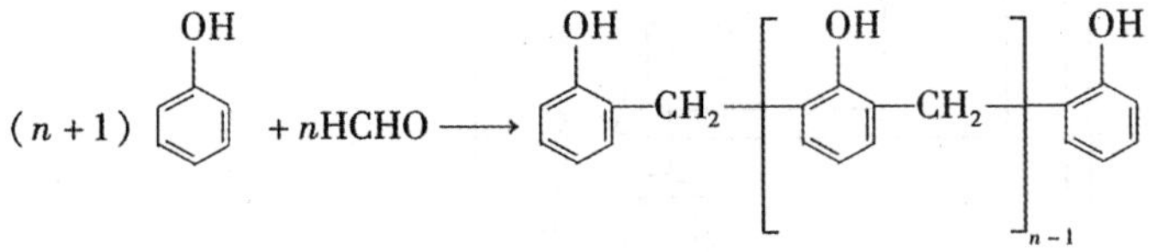

物质的量比为 1 时，只能生成线型树脂：

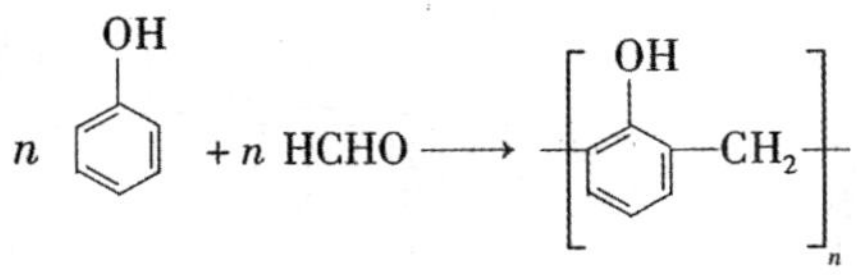

物质的量比小于 0.5，则可缩聚成体型树脂。总之，醛的物质的量要比酚的大，醛的物质的量越大，则固化速度越快，树脂的交联程度越大；但用量过大，会因固化太快而使树脂的黏度下降。

(4) 反应介质 pH 值的影响　苯酚与甲醛在不同 pH 值介质中反应的机理及生成物结构与性能均不相同。理论与实践证明，pH 值小于 7 有利于亲核加成，pH 值大于 7 则有利于缩合反应，即碱性条件下加成比缩合快，酸性条件下缩合比加成快，在酸或碱性条件下的反应机理是：

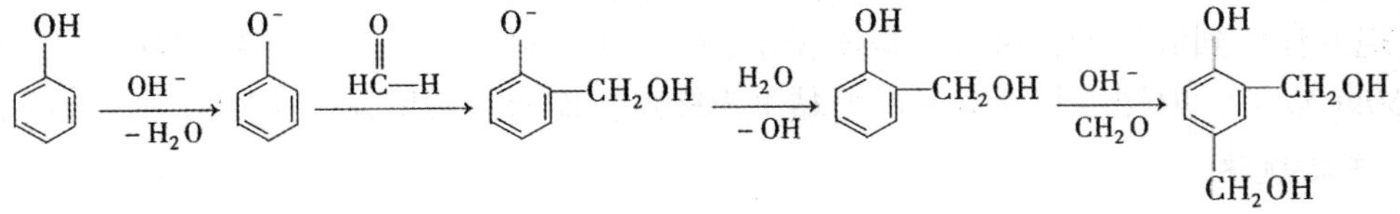

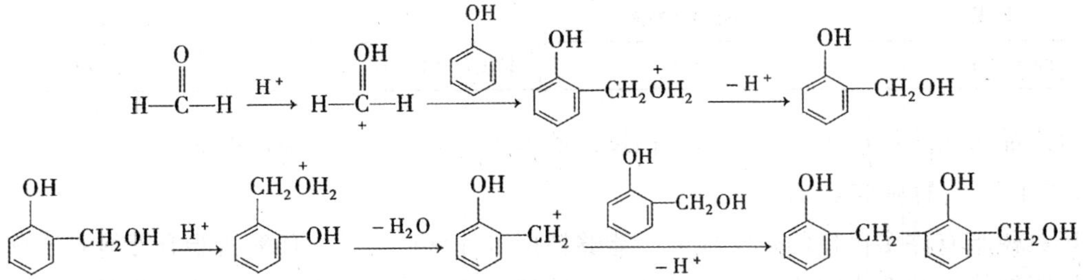

从以上机理可以看出，在碱性条件下，生成的活性很强的酚氧离子很快与甲醛反应生成羟甲酚，继而生成多羟甲酚。在酸性条件下，生成的羟甲酚则因很快变成苯甲碳正离子而迅速缩聚成树脂。显然碱性条件下由于多羟甲酚的生成，导致最后缩聚产生为体型结构，而酸性条件下则因生成的单羟甲基酚很快发生了缩合而主要得到线型产物。

(5) 催化剂与反应产物的关系　催化剂与反应产物的关系比较密切，酸性催化剂(HCl、H_2SO_4 等)与碱性催化剂[NaOH、$Ba(OH)_2$ 等]的使用将分别得到线型与体型树脂，有些催化剂本身可能加入到分子链中去。

4. 工艺流程

醇溶性酚醛树脂胶黏剂的生产工艺流程见图 3-3。

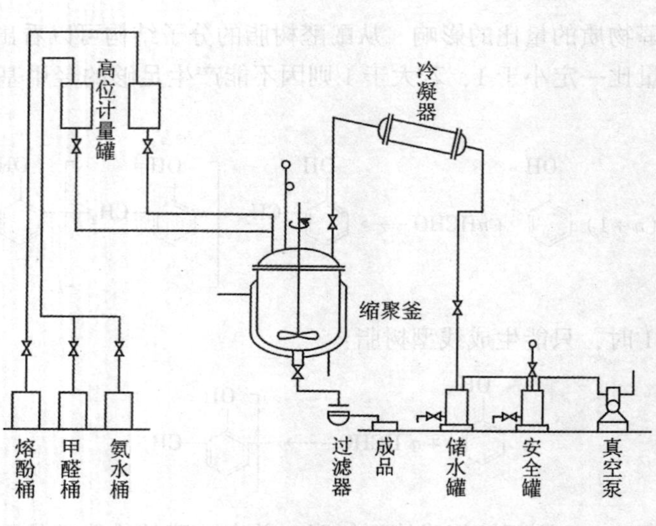

图 3-3　酚醛树脂胶黏剂的生产工艺流程图

生产 1t 产品原料及消耗定额：

kg

苯酚（纯度 98%）	300	氨水（26%）	21
甲醛（37%）	517.5	酒精（纯度 95%）	275

将熔化的苯酚加入缩聚釜中，开启搅拌机，依次加入甲醛和氨水，升温到 75~80℃，至反应出现发浑即到混浊点，再进行减压脱水（真空度 80kPa 以上），液温达 80℃以上时，脱水达 350kg 以上，取样冷却到室温以不黏手为终点。加入酒精稀释，搅拌均匀，过滤装桶。

5. 产品规格

外观	透明棕色黏液	游离酚/%	≤10
固体含量/%	50±1	黏度（涂 4 号杯，25℃）/s	15~30

该产品可用于层压板、胶合板的粘接，还可用于电气绝缘清漆的配制。

（二）环氧树脂胶黏剂

环氧树脂有许多优良的化学性能，能够粘接多种材料，所以环氧树脂有万能胶之称。在环氧树脂结构中含有脂肪族羟基、醚基、苯环和极活泼的环氧基。羟基和醚基都有高度的极性，使环氧树脂分子能与相邻界面产生静电引力，而环氧基团与介质表面的游离基起反应形成化学键，因此环氧树脂的黏合力特别强。它对大部分的材料如木材、金属、玻璃、塑料、橡胶、皮革、陶瓷、纤维等都具有良好的黏合性能，只对少数材料如聚苯乙烯、聚氯乙烯、赛璐路等黏合力较差。固化后的环氧树脂具有优良的耐化学腐蚀性、耐热性、耐酸碱性、耐有机溶剂性及好的电绝缘性。此外，树脂固化后收缩性小，如加入适量的填充剂，收缩率能降至 0.1%~0.2%，并可在 150~200℃下长期使用，耐寒性可达-55℃。

环氧树脂是分子中含有两个或两个以上环氧基团而相对分子质量较低的高分子化合物。环氧树脂按照化学结构分类有缩水甘油醚类环氧树脂、缩水甘油酯类、缩水甘油胺类、脂环族环氧树脂、线型脂肪族型和脂肪族型。前三类是由环氧氯丙烷与具有活泼氢的多元醇或多元酚、多元酸、多元胺等缩合而成。后两类是用有机过氧酸使烯烃双键过氧化而得。工业上应用最多的环氧树脂是双酚 A 型环氧树脂，也称通用型或标准型环氧树脂，属于第一类，产量约占环氧树脂总产量的 90%以上。

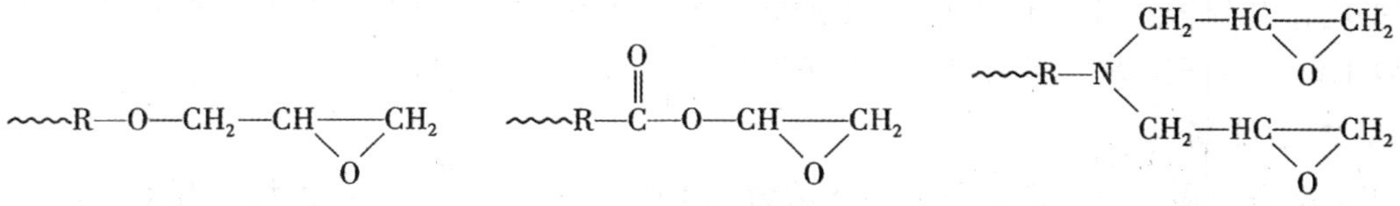

缩水甘油醚型环氧树脂　　缩水甘油酯环氧树脂　　缩水甘油胺型环氧树脂

环氧树脂的类型不同，其型号也不同，表示为：

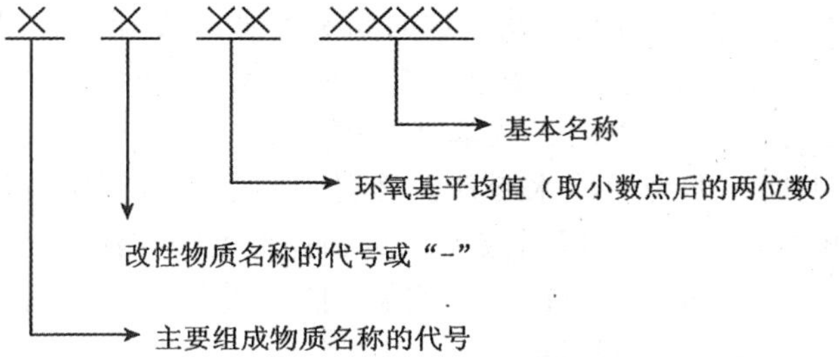

例如 E-51，其中 E 指的是酚基丙烷环氧树脂，51 指的是环氧值为 0.51mol/100g。

1. 原料

环氧氯丙烷是无色液体。有似氯仿气味。易挥发。不稳定。能与乙醇、乙醚、氯仿、三氯乙烯和四氯化碳等混溶，不溶于水，不能与石油烃混溶。易燃。摄取，吸入及皮肤吸收有毒。刺激性强烈。在空气中容许量 $2\times10^{-6}cm^3/m^3$。易燃，中度着火危险性。

双酚 A 学名 2，2-二(4-羟基苯基)丙烷，简称二酚基丙烷。白色晶体，熔点 156～158℃。主要用于制备环氧树脂(约占 65%)和聚碳酸酯(约占 35%)。不溶于水、脂肪烃，溶于丙酮、乙醇、甲醇、乙醚、醋酸及稀碱液，有毒。

2. 合成原理

双酚 A 型环氧树脂由双酚 A(二酚基丙烷)和环氧氯丙烷在碱性催化剂作用下缩合而成，环氧氯丙烷的环氧基与双酚 A 的羟基作用，生成醚键；在氢氧化钠作用下，酚醚中的羟基与相邻的氯基作用，脱去氯化氢，形成新的环氧基；新生成的环氧基再与双酚 A 中的羟基作用，生成新的醚键；继续与环氧氯丙烷作用，形成线型环氧树脂，总反应式如下：

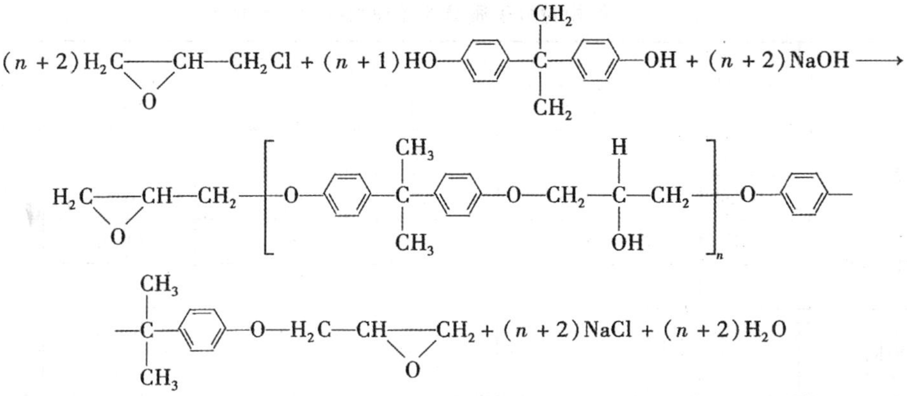

其聚合度 $n=0\sim20$，当 $n=0$ 时，相对分子质量为 340，外观为黏稠液体；当 $n>2$ 时，在室温下呈固态。如果在反应中适当控制环氧氯丙烷和双酚 A 的比例，则可生成高相对分子质量的树脂，交联密度将减少，而不适于作胶黏剂来使用，因此，一般用作胶黏剂的环氧树脂为平均相对分子质量小于 700，软化点低于 50℃ 的低相对分子质量树脂。相对分子质量为 900 以上的品种在室温下均呈固态，其主要用途是涂料和层压材料。

3. 工艺过程

工艺流程见图 3-4。把双酚 A 投入溶解锅 1 中，然后通入环氧氯丙烷，开动搅拌器，夹套通入蒸汽加热使其升温溶解；用齿轮泵 2 将溶解液打入带有锚式搅拌器的反应锅 3 中，开动搅拌器。搅拌器的转速为 70r/min；从氢氧化钠溶液高位计量槽 4 第一次滴加氢氧化钠溶液，加氢氧化钠至一定量时温度升高较快，这时将夹套通入冷却水，以控制反应系统温度；反应初阶段结束后，减压回收过量的环氧氯丙烷，环氧氯丙烷的蒸气经冷凝器 6 冷凝进入接受器，放出后循环使用；回收结束后，从苯高位槽 5 加入苯溶解，再第二次加氢氧化钠溶液；第二阶段反应结束后，夹套通冷水冷却，静置，把上层苯树脂溶液抽吸到回流脱水锅 8，下层的盐脚加苯再萃取一次，抽吸后放掉；回流脱水锅中回流至蒸出的苯清晰无水珠为止。冷却静置，经过滤器 10 至储槽 11 中，沉降后抽入脱苯锅 12 中脱苯（先常压后减压）；脱苯后，直接从锅中放出成品环氧树脂。

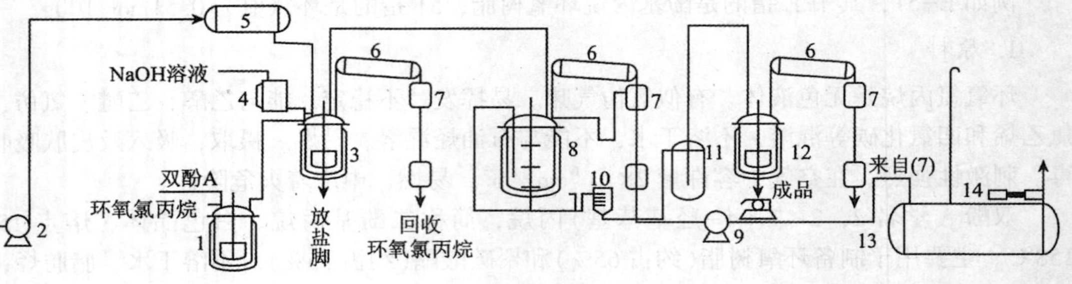

图 3-4　环氧树脂生产工艺流程图

1—溶解锅；2，9—齿轮泵；3—反应锅；4—氢氧化钠溶液高位计量槽；5—苯高位槽；6—冷凝器；7—接受器；8—回流脱水锅；10—过滤器；11—苯树脂溶液沉降储槽；12—脱苯塔；13—苯地下储槽；14—蒸汽泵

回流脱水的目的是脱去苯树脂溶液中的微量水分，以析出溶于水中的碱和盐。水、碱、盐的存在都影响树脂的质量，故采用溶剂萃取法时必须回流脱水。低相对分子质量环氧树脂生产中各步骤的操作控制条件见表 3-4。

表 3-4　低相对分子质量环氧树脂操作控制条件

步骤	项目	树脂牌号				
		E-51	E-44	E-42	E-35	E-31
溶解	温度/℃	90	70	70	70	70
	时间/h	0.5	0.5	0.5	0.5	0.5
第一次加 NaOH	温度/℃	48~53	50~55	50~55	50~55	50~55
	时间/h	0.5	4	4	6	6
维持时间	温度/℃	50~55	55~60	55~60	50~55	50~55
	时间/h	8	4	4	4	4

续表

步骤	项目	树脂牌号				
		E-51	E-44	E-42	E-35	E-31
回收	最高温度/℃	<120	<85	<85	不做回收	
	真空度/Pa	>8.0×10^4	>8.0×10^4	>8.0×10^4		
加苯溶解	温度/℃	70	70	70	70	70
	时间/h	0.5	0.5	0.5	0.5	0.5
第二次加 NaOH	温度/℃		68~73	68~73		
	时间/h		1	0.5		
维持时间	温度/℃		68~73	68~73		
	时间/h		3	2.5		
回流脱水	控制终点	至馏出液清晰无水珠落下为止				
沉降	时间/h	4	4	4	4	4
脱苯放料	通常条件	先常压脱苯至液温 110℃以上，开始减压后，脱苯至 140~143℃无馏出液时放料				

4. 分析检测

环氧树脂的主要性能指标包括以下几部分：

（1）环氧基含量　环氧树脂中所含环氧基多少，是标志环氧性能的重要指标，国内外，分别用环氧值、环氧基含量和环氧当量表示。

① 环氧值　每 100g 环氧树脂所含环氧基的物质的量，1mol 环氧基为 43g。

② 环氧基含量　每 100g 环氧树脂所含环氧基的质量(g)，用百分数表示。

③ 环氧当量　相当于含一个环氧基的环氧值树脂的质量(g)，环氧值的倒数乘以 100 称为环氧当量。

三者之间可以互相换算：$环氧值=\frac{环氧百分含量}{环氧基相对分子质量}$

$$环氧基含量=环氧值\times 43\%$$

$$环氧当量=\frac{100}{环氧值}$$

例如：相对分子质量为 340，每个分子中含有 2 个环氧基团，它的环氧值为 200/340=0.59，其环氧当量为：1/0.59×100=170。

（2）黏度　黏度是低相对分子质量环氧树脂的必测性能，测定黏度的仪器采用较多的有涂-1 黏度计、涂-4 黏度计、落球黏度计和旋转黏度计等。使用每种胶黏剂时须选择适宜黏度，为便于施工。一般双酚 A 型液体环氧树脂黏度在 25℃下为 4~15Pa·s。

（3）软化点　软化点是高分子物质从固态变成流态所需的温度，测定可采用环球法。

（4）氯含量　氯含量分无机氯含量和有机氯含量。用化学方法测定，其大小与电性能关系特别密切，尤其是耐湿热性能。以每 100g 环氧树脂中所含氯的物质的量(mot)表示。

（5）挥发分　挥发分是指 100g 树脂中低分子杂质、易挥发成分的含量。一般以 110℃±2℃电热鼓风箱烘 3h 来测定。在树脂中，若挥发分含量高，则胶黏剂的机械强度、收缩率等性能都会降低。

(6) 热变形温度　热变形温度(HDT)是评价树脂的重要标准，它可用来检验稀释剂及杂质存在的影响，也可用来评价固化剂以及测定特定树脂体系内固化剂的适当添加量。常借助于维卡耐热测定法来测量。

5. 复配应用

环氧树脂胶黏剂由环氧树脂、固化剂、增韧剂、促进剂、稀释剂以及填料等配制而成。根据被粘接的材料性质和所要求的粘接性能，选择环氧树脂的牌号、添加的组分种类和配比。首先根据设定的胶黏强度和耐温性能选择环氧树脂的牌号，其次根据性能要求和应用工艺选择固化剂。再根据需要选择促进剂、稀释剂、增韧剂、填料、偶联剂(提高胶接强度)、阻燃剂以及着色剂等。

固化剂：环氧树脂本身是热塑性线型结构化合物，不能直接作胶黏剂用，必须加入固化剂并在一定条件下进行固化交联反应，生成不溶不熔的体型网状结构后，才有实际使用价值。固化剂可分为反应型固化剂(如脂肪族和脂环族胺类、芳香族胺类和有机酸酐低分子物类)和催化型固化剂(如叔胺、咪唑、硼化物等)。例如，胺类固化剂主要是通过“活泼氢”与环氧基起反应，使树脂固化交联：

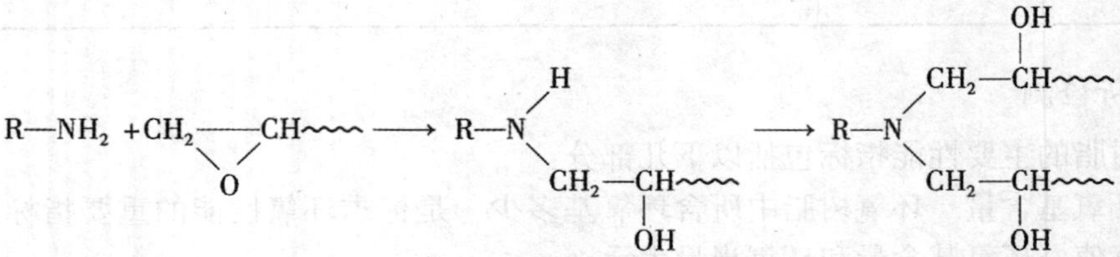

催化型固化剂主要是使环氧基开环，使环氧树脂进行均聚，生成以醚键为主要结构的均聚物。固化剂的用量与环氧树脂的环氧值和固化剂自身的特性有关，如采用胺类固化剂必须准确地选择固化剂用量。

$$胺固化剂用量=\frac{胺的摩尔质量\times 环氧值}{胺分子中的活泼氢个数}$$

环氧树脂胶黏剂根据包装形式可分成单组分环氧树脂胶黏剂和双组分环氧树脂胶黏剂两种。双组分环氧树脂胶黏剂一般由环氧树脂和固化剂两部分组成，使用前混合均匀。

下面各举一种配方进行说明：

(1) 双组分环氧树脂胶黏剂　其生产工艺流程见图 3-5。

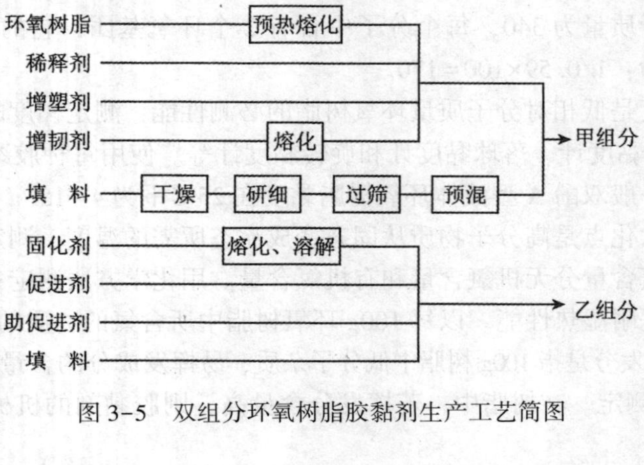

图 3-5　双组分环氧树脂胶黏剂生产工艺简图

常用的环氧树脂一般黏度较大，在室温低于15℃时很黏稠，不便取出或与其他组分混合。可以用加热的方法来降低黏度，增加流动性，但加热温度不宜超过60℃。对于固体环氧树脂，可以加热熔化，或以溶剂溶解，或是研细过筛之后，再与其他组分混合。

对于填料，应在加入前于110~150℃烘干，以除去水分和所吸附的气体。有的填料须在600~900℃高温下进行活化。填料的干燥最好是现用现烘，也可预先干燥之后，放入密闭的容器内储存，但放置时间也不宜太久。

对于固体固化剂，最好将其变成液体，方法是加热熔化或以溶剂溶解，也可制成过冷液体，如间苯二胺。若是以固态形式加入环氧树脂内，需研细过筛(一般为200目以上)，以利分散均匀。

配制环氧胶的反应釜或搅拌器可以是金属或搪瓷的，为了减少环氧树脂与器壁的黏附，便于清洗，应镀铬抛光或涂以硅树脂漆。

应当注意，配胶用的容器、搅拌器或其他辅助工具，都要求洁净干燥、无油污或脏物。取用甲、乙两组分的工具不可混用，否则会造成局部混合固化，影响胶黏剂的质量。

甲、乙两组分混合均匀后，下一步就是分别包装，包装要求方便、耐用，可采用牙膏管状、注射器状、塑料桶(盒)、金属桶(盒)等形式包装。包装要密封性好，取用方便。

快固型双组分环氧树脂胶黏剂典型配方见表3-5。

表3-5 快固型双组分环氧树脂胶黏剂典型配方

组分	配方组分	质量/份	各组分作用
甲组分	E-44环氧树脂	50	黏料
	E-51环氧树脂	50	黏料
	羟基丁腈橡胶	20	增韧剂，改善胶黏剂的脆性
	气相二氧化硅	5	触变剂，改善胶黏剂的流淌性
乙组分	硫醇-环氧加成物	100	固化剂，聚硫醇
	硅微粉	45	填料，降低成本和固化收缩率
	KH-550	1	偶联剂，提高胶黏强度
	DMP-30	2	促进剂，加速固化，缩短固化时间
	气相二氧化硅	2	触变剂，改善胶黏剂的流淌性

注：① 固化条件：甲组分：乙组分=1：1(体积比)；25℃时，3~5min初固，钢-钢剪切强度>15MPa。

② 多元硫醇作为固化剂很有特色，单独使用时活性差，室温下反应非常慢，但在适当的促进剂(如DMP-30)存在下形成硫离子，固化反应速度数倍于多元胺系。可以在0℃以下固化。固化温度越低，这一特色越是发挥得明显。

(2) 单组分环氧树脂胶黏剂　单组分环氧树脂胶黏剂一般要用粉末状潜伏性固化剂，组分中既含有环氧树脂又含有固化剂，因此配制温度不能过高，以免配制的胶液稳定性差。配制工艺与双组分胶类似：

原材料及器具准备→按配方准确称量→混合搅拌均匀→检查与检验→包装

配制成的单组分环氧树脂胶黏剂应马上灌装，然后低温储存，以免硬化。

单组分环氧贴片胶黏剂典型配方中各组分作用见表3-6。

表 3-6 单组分环氧贴片胶黏剂典型配方中各组分作用

配方组分	E-51 环氧树脂	胺类固化剂	潜伏性咪唑	透明红	填料	气相二氧化硅
质量份	100	40	3	0.5	50	2
作用	黏料	潜伏固化剂，需加温固化	促进剂，降低固化温度，加快固化速度	染料，着色	降低成本和固化收缩率	触变剂，改善胶黏剂的流淌性

注：①固化条件：150℃时，2min 初固，钢-钢剪切强度>10MPa。

②单组分红胶，用于 SMT 贴片或其他粘接用途。

（三）聚氨酯胶黏剂

聚氨酯胶黏剂是指分子链中含有氨基甲酸酯基团(—NHCOO—)或异氰酸酯基(—NCO)的一类胶黏剂。由于含有异氰酸酯基和氨酯基，具有很高的活性和很强的极性，对于橡胶、金属、织物、皮革、纸张、木材、陶瓷、玻璃、塑料等多种材料都有优良的粘接性能。同时，聚氨酯大分子链之间或与被黏物之间均能形成氢键结合，使分子内聚力增强，粘接强度更高，耐磨性、耐溶剂性更好。

1. 分类

聚氨酯胶黏剂根据其成分和固化方法可分为单组分和双组分型。

(1) 单组分型　有溶剂型、湿气固化型、紫外线固化型和水分散型。

① 溶剂型　是高相对分子质量的热塑性聚氨酯的溶剂溶液。多用于胶接热塑性聚氯乙烯。由于溶剂型存在空气污染和劳动卫生方面的问题，希望其能转换为水分散型。

② 湿气固化型　是由聚酯多元醇或聚醚多元醇和二异氰酸酯合成的—NCO 封端的聚氨酯预聚体，通过固化触媒促进固化反应，但需要抑制与水反应产生 CO_2 气体的技术。主要用于汽车风挡玻璃与车身的直接胶接固定。

③ 紫外线固化型　是以丙烯酸或甲基丙烯酸与—NCO 封端的聚氨酯预聚体反应而得到的聚氨酯丙烯酸酯为主成分，添加光聚合引发剂，在紫外线照射下数秒钟即可固化。通常是无溶剂型，也可使用低相对分子质量的氨基甲酸乙酯-丙烯酸的低聚物。用于电子元件在电路板上的固定、光纤维的连接、镜头胶接、牙齿胶接等。

④ 水分散型(水乳液)　聚氨酯乳液的制造方法很多，典型的采用预聚体的制造方法如：先合成两端为—NCO 基的聚氨酯预聚体，然后使其与一定量的二羟甲基丙酸反应扩链，得到含有羧基的两端为—NCO 的预聚体。这种预聚体加水高速搅拌即形成自乳化的聚氨酯乳液，在这种分散体中加入二元胺，在分散粒子内扩链并产生交联，便得到聚氨酯分散体。

(2) 双组分型　是由端—OH 基的多元醇(主剂)组分和聚异氰酸酯(固化剂)或一端为—NCO 基的聚氨酯预聚体(主剂)的组分和多元醇(固化剂)构成。可在常温下固化，若加热固化可得到高交联密度的胶黏剂。主要作为结构性胶黏剂和层压材胶接用。作为结构性胶黏剂用于胶接纤维增强塑料(FRP)、金属、陶瓷等。作为层压材的胶黏剂其主剂是相对分子质量在 20000~40000 的聚酯或聚醚、或者是聚酯多元醇与二异氰酸酯反应而得到聚氨酯多元醇，固化剂是 TMP(三羟甲基丙烷)—TDI(甲苯二异氰酸酯)加成物、六次甲基二异氰酸酯(HDI)二聚体等。多以溶液型使用。

按其组成的不同，聚氨酯胶黏剂可分为多异氰酸酯、封闭型异氰酸酯、预聚体型聚氨酯三类。

（1）多异氰酸酯胶黏剂　此类胶黏剂系指以三个或三个以上的多异氰酸酯小分子聚合物直接作为胶黏剂。包括异氰酸酯硫化天然橡胶或丁苯橡胶、TDI、HDI 和三苯基甲烷三异氰酸酯等。由于异氰酸酯分子体积小且又溶于有机溶液中，故此类胶黏剂很容易渗透到一些多孔性材料中而进一步提高胶接强度。它能和被胶接物表面的水分及含水氧化物反应导致界面间产生化学键，如与纤维素中的水结合反应生成脲。但其毒性大、柔韧性差，不适用于结构件的胶接。

（2）封闭型异氰酸酯胶黏剂　此类胶黏剂是用一种化合物（如酚类、醇类、亚硫酸氢盐）将端基—NCO 暂时保护起来，防止水或其他活性物质对它的作用，可解决在储存中吸收空气中水分而固化的缺点。使用时可经加热、加催化剂解除“封闭”，释放出异氰酸酯基而起胶接作用。这是一个平衡反应，反应式如下：

$$\mathrm{R{-}(NCO)}_n + n\mathrm{BH} \underset{\text{解离}}{\overset{\text{封闭}}{\rightleftharpoons}} \mathrm{R{-}\!\left(NH{-}\overset{\overset{\displaystyle O}{\|}}{C}{-}B\right)}_n$$

（3）预聚体型聚氨酯胶黏剂　此类胶黏剂是聚氨酯胶黏剂中较为重要的一部分。有单组分和双组分两大类。

单组分型是由二异氰酸酯和两端含羟基的聚酯和聚醚，以物质的量比 2∶1 反应，得到端基异氰酸酯基的弹性体胶黏剂。这些弹性体溶于脱水的乙酸乙酯等溶剂中，成为单包装胶。使用时，溶剂挥发，异氰酸酯基在常温下遇到空气中的潮气即产生固化。这种胶黏剂使用方便，具有一定的韧性，空气中的湿度以 40%～90% 为宜，当加入氯化铵或尿素作为催化剂时，可室温固化，也可加热固化。

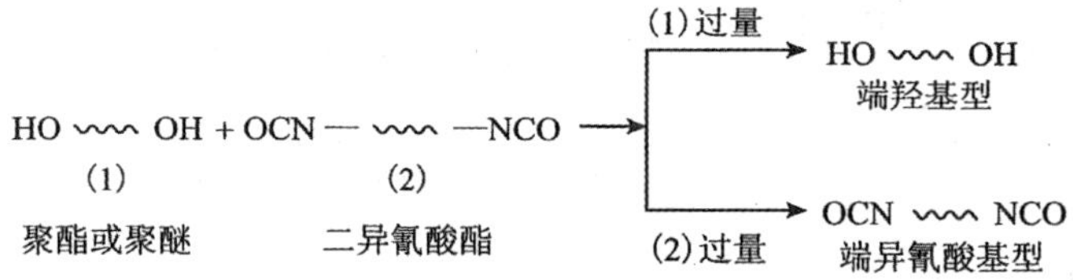

双组分型的一个组分是分子的端基为—NCO 的预聚体，另一组分是含有活泼氢的固化剂，通常是含有—OH 和—NH_2 的化合物或预聚体，按一定比例配合使用。根据固化剂的种类，可以室温固化，也可以加热固化。

2. 合成

聚氨酯的合成方法一般以二异氰酸酯和多元醇为主要原料，合成反应原理如下：

$$n\mathrm{OCNRNCO} + n\mathrm{HOR'OH} \longrightarrow \mathrm{\left(\overset{\overset{\displaystyle O}{\|}}{C}NHRNH\overset{\overset{\displaystyle O}{\|}}{C}OR'O\right)}_n$$

3. 聚氨酯胶黏剂的组成

聚氨酯胶黏剂所用原料主要包括异氰酸酯、多元醇、催化剂和溶剂等。

（1）异氰酸酯　包括脂肪族异氰酸酯与芳香族异氰酸酯。常用的主要有：

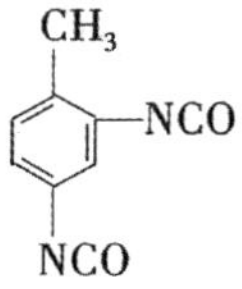

2，4－甲苯二异氰酸酯
（简称：2,4 体，2，4－TDI）

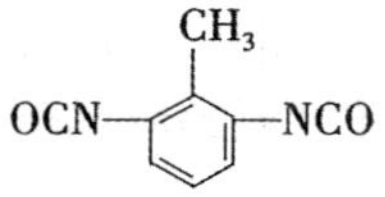

2，6－甲苯二异氰酸酯
（简称：2,6 体，2，6－TDI）

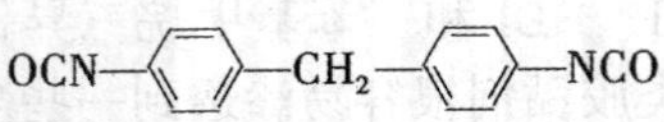

二苯基甲烷-4，4′-二异氰酸酯(MDI)

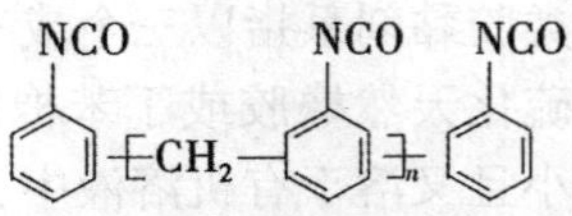

多亚甲基多苯基异氰酸酯(PAPI)

$OCN—(CH_2)_6—NCO$

1，6-己二异氰酸酯(HDI)

(2) 聚酯多元醇　制备用的聚酯多元醇主要有三种类型：聚羧酸酯多元醇，聚-ε-己内酯多元醇和聚碳酸酯二醇。聚酯多元醇大部分为二官能团，也有的采用支化度很低的聚酯多元醇。主要有聚己二酸乙二醇酯二醇、聚己二酸乙二醇丙二醇酯二醇、聚己二酸-1，4-丁二醇酯二醇等。

$$HO—CH_2—CH_2—O[\overset{O}{\overset{\|}{C}}(CH_2)_4\overset{O}{\overset{\|}{C}}—OCH_2—CH_2—O]_nH$$

聚己二酸乙二醇酯二醇

$$HO—CH_2CH_2—O[(\overset{O}{\overset{\|}{C}}(CH_2)_4\overset{O}{\overset{\|}{C}}—O—CH_2—\overset{CH_3}{\overset{|}{CH}}—O)_a(\overset{O}{\overset{\|}{C}}(CH_2)_4\overset{O}{\overset{\|}{C}}—O—CH_2—CH_2—O)_b]_nH$$

聚己二酸乙二醇-丙二醇酯二醇

(3) 聚醚多元醇　聚醚多元醇是端羟基的低聚物，主链上的烃基由醚键连接的化合物，聚氨酯胶黏剂制备中最常用的聚醚是聚氧化丙烯二醇、聚氧化丙烯三醇和聚四氢呋喃二醇。

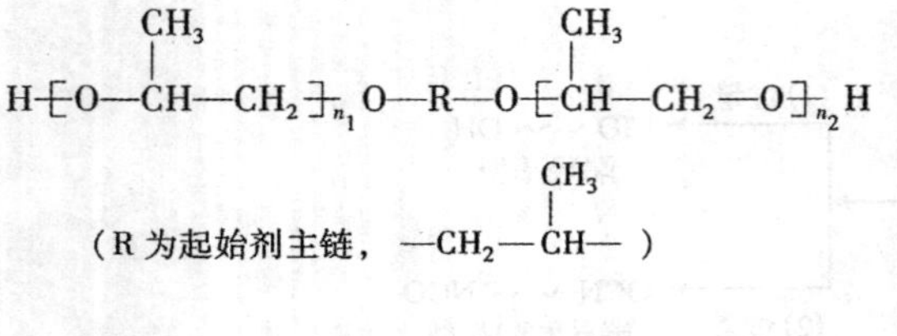

聚氧化丙烯二醇(PPG)

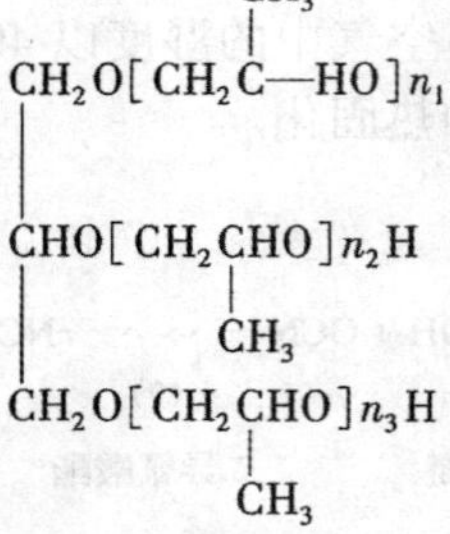

聚氧化丙烯三醇

$HO[CH_2CH_2CH_2CH_2O]_nH$

聚四氢呋喃二醇

(4) 溶剂　溶剂的作用是调整聚氨酯胶黏剂的黏度，便于工艺操作，溶剂基本不含水。聚氨酯胶黏剂采用的溶剂通常包括酮类(如甲乙酮、丙酮)、芳香烃(如甲苯)、二甲基甲酰胺等。

(5) 催化剂　制备聚氨酯树脂需用的催化剂有：有机锡类催化剂、叔胺类催化剂。有机锡类催化剂催化 NCO/OH 反应比催化 NCO/H_2O 反应要强，在聚氨酯胶黏剂制备时大多采用此类催化剂。叔胺类催化剂主要催化异氰酸酯和水的反应。

(6) 扩链剂与交联剂　含羟基或含氨基的低相对分子质量多官能团化合物与异氰酸酯共同使用时起扩链剂与交联剂的作用。扩链剂与交联剂有醇类和胺类。常用的有 1，4-丁二醇、3，3′-二氯-4，4′-氨基二苯基甲烷，三羟甲基丙烷。

(7) 其他助剂　除了上面的助剂以外，其他的如稳定剂、填料、触变剂、偶联剂、增黏剂和增塑剂等通常也应用在聚氨酯胶黏剂中。

4. 聚氨酯的固化

(1) 单组分预聚体胶的固化　单组分预聚体胶可以常温固化。因预聚体是带有—NCO 的弹性体高聚物，遇空气中的潮气即和 H_2O 反应生成含有—NH_2 的高聚物，并进一步与—

NCO 反应生成含有脲基的高聚物：

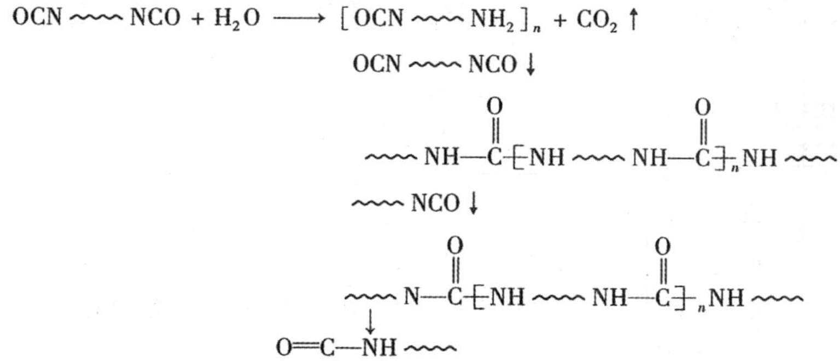

这种湿固化型不需其他组分，使用方便，具有一定的强度和韧性。由于湿固化，胶层中有气泡产生，—NCO 含量越高，气泡越多，因此预聚体的—NCO 含量不能过高。此外，胶接强度受湿度影响很大，相对湿度大于 90%时，凝胶时间约数小时，胶层中气泡多，影响性能；相对湿度低于 40%时，需 1 天以上才能凝胶，固化不完全。所以湿度以 40%~90%之间为宜。

(2) 双组分预聚体胶的固化　双组分预聚体胶的一组分是端基含有—NCO 的预聚体；另一组分是固化剂，如胺类化合物或含羟基化合物。固化剂的活性是不同的，一般胺类比酯类活性大，采用不同固化剂可以调节固化时间并获得不同性能的聚氨酯，当预聚体—NCO 含量高时，可用低分子二元醇或端基含—OH 的聚酯、聚醚与固化剂并用，以改善预聚体胶的弹性。当预聚体—NCO 含量低时，可以用多官能度的胺类或醇类，以获得高度交联的聚氨酯。

为了使用方便和延长有效期，可使用溶剂。溶剂必须不含水、醇或其他含活泼氢的化合物。常用的溶剂有乙酸乙酯、丙酮、甲乙酮、氯苯等。

异氰酸酯与含羟基和氨基化合物的固化反应：

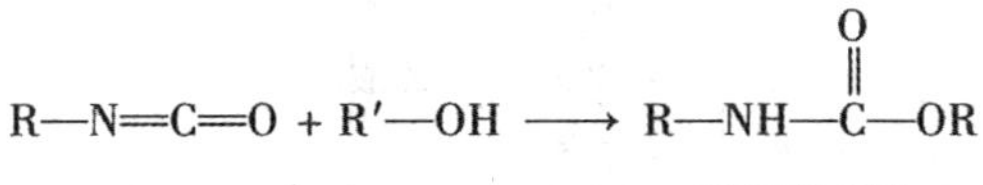

氨基甲酸酯

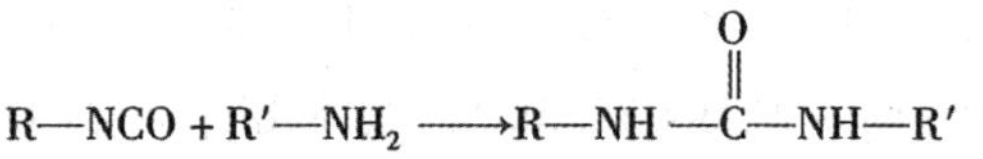

取代脲

5. 工艺流程

(1)单组分聚氨酯密封胶生产　配方为：多羟基聚醚为 500 份；甲苯二异氰酸酯(TDI)为 13 份；二甲苯甲烷异氰酸酯(MDI)为 110 份；催化剂为 0.6 份；阻聚剂(对苯二酚)为 0.6 份；填料(轻质碳酸钙)为 120~150 份；增黏剂(如松香)为 3 份。

流程见图 3-6，首先将聚醚置于反应釜中，进行真空脱水，温度为 110~150℃，保持 1h 以除去原料中含有的微量水。在不断搅拌下，将 TDI、MDI 与松香加入到脱水后的聚醚中，控制温度为 80~90℃，反应 2h 左右后加入阻聚剂、催化剂和填料，搅拌均匀即可，然后装管密封保存。

制得的产品外观为黏稠膏状物；固含量>99.5%；粘接强度(20℃)为 1.3MPa、(金属-

金属)(-40℃)为 6.8MPa；伸长率>320%；抗拉强度为 1.2MPa。可用于汽车顶橱、车身护板及挡风玻璃安装等的粘接与密封，也可用在各种车辆车身钢板的焊接处。

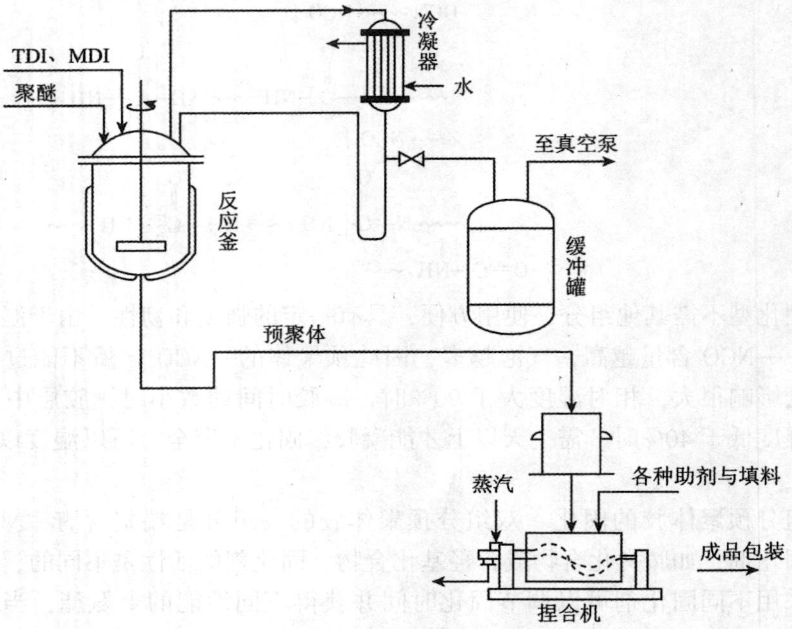

图 3-6　单组分聚氨酯密封胶制备流程简图

(2) 双组分聚氨酯胶黏剂：

生产定额(按制 1t 产品计)	规格	质量/kg	生产定额(按制 1t 产品计)	规格	质量/kg
甲组分			乙组分		
己二酸	工业级	735	三羟甲基丙烷	工业级	60
乙二醇	工业级	367.5	甲苯二异氰酸酯(TDI)	工业级	246.5
乙酸乙酯	工业级	~2295	乙酸乙酯	工业级	212
甲苯二异氰酸酯	工业级	~73.5			

流程见图 3-7，聚酯釜中投入乙二醇，开搅拌及油夹套加热，加入己二酸，升温至 200~210℃。至出水量 185kg 时，减压(53.3kPa)脱水 8h，再高真空 101.3kPa 约 5h，至取样测酸值和羟值合格出料。在另一预聚釜中加入 5kg 乙酸乙酯和 60kg 聚酯二醇，加热至 60℃，加入约 5kg 的 TDI，反应放热，物料黏度增大，加入约 151kg 乙酸乙酯，溶解后出料为甲组分。

在反应釜中投入乙酸乙酯和 TDI，开动搅拌，滴加三羟甲基丙烷，保持内温 65~70℃，滴完后，再保持 1h，冷至室温出料，得乙组分。

产品规格：甲组分外观为微黄色透明黏稠溶液；黏度(涂-4 杯，25℃，s)为 30~90；固体含量为 30%±2%；储存期为 1 年。

乙组分外观为黄色透明黏稠液体；固体含量为 50%±2%；—NCO 含量为 11%~13%；储存期为 1 年；粘铝合金常温剪切强度>8MPa(甲/乙=100/20)。

产品用途：粘接金属、玻璃、陶瓷、木材、皮革、塑料、泡沫塑料，还可以用作织物、皮革、涤纶薄膜的涂料。

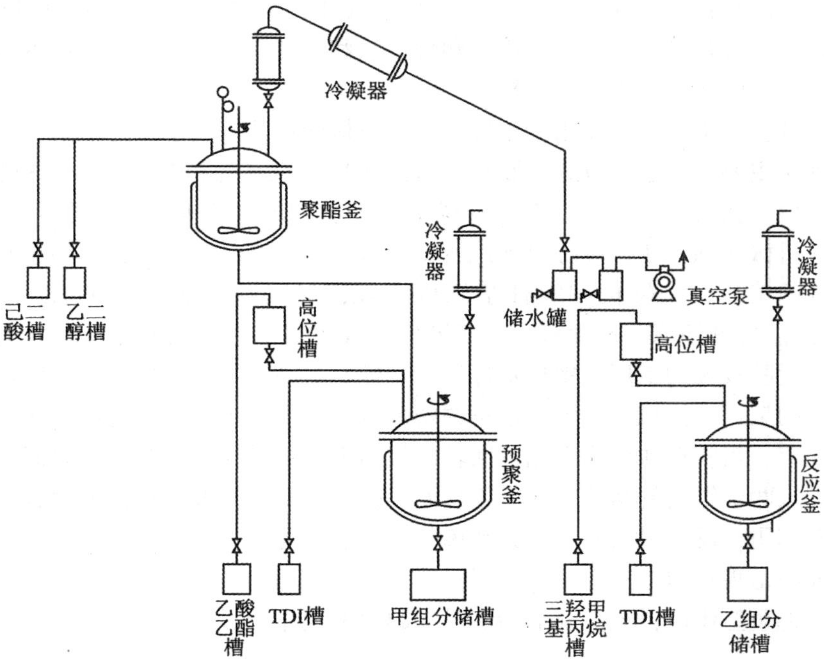

图 3-7　双组分聚氨酯胶黏剂生产流程图

项目三　橡胶胶黏剂

橡胶胶黏剂是以橡胶或弹性体为基料与适当溶剂和助剂配制而成的。它具有优良的弹性，适于粘接柔软的或热膨胀系数相差悬殊的材料，例如橡胶与橡胶、橡胶与金属、塑料、皮革、木材等材料之间的粘接。在飞机制造、汽车制造、建筑、轻工、橡胶制品加工等部门有着广泛的应用。

橡胶胶黏剂主要分两大类：即结构型胶黏剂和非结构型胶黏剂，结构型又分溶剂胶液型和胶膜胶带型，它们多为复合体系。非结构型橡胶胶黏剂可分溶液型和乳液型两大类，其中以溶液型橡胶胶黏剂为主要类型。橡胶胶液又分为非硫化型和硫化型两种。将生胶经充分塑炼后，直接溶于有机溶剂中，就制得非硫化型橡胶胶黏剂，如天然橡胶、环化橡胶、再生橡胶等，这类胶液价格低廉，但强度较差。硫化型橡胶胶液是在塑炼后的生橡胶中加入硫化剂、硫化促进剂、补强剂、增黏剂、抗氧剂等配合剂，并经混炼后溶于有机溶剂而制得。这种胶液性能较好，因此应用范围较广。橡胶胶黏剂也可以分为天然橡胶胶黏剂和合成橡胶胶黏剂，其中合成橡胶胶黏剂又可分为氯丁、丁腈、丁苯、丁基、聚氨酯、丙烯酸酯、硅橡胶胶黏剂等。

一、橡胶胶黏剂生产工艺

1. 塑炼

塑炼的实质就是使橡胶大分子链断裂，大分子链由长变短，平均相对分子质量降低的过程。促使大分子链断裂的因素有机械破坏和热氧化裂解两种作用。机械破坏是指在机械作用下，使大分子链断裂；热氧化裂解是指氧气对橡胶分子的化学降解作用。在机械塑炼过程中，这两种作用同时存在。根据所采用的塑炼方法和工艺条件的不同，它们各自所起作用程度的不同，所表现的塑炼效果也不一样。

橡胶胶黏剂生产中，最常使用的塑炼方法有机械塑炼法和化学塑炼法。

机械塑炼法主要是通过开放式炼胶机、密闭式炼胶机和螺杆塑炼机等的机械破坏作用，降低生胶的弹性，获得一定的可塑性。机械塑炼法中，开炼机塑炼时的温度一般在80℃以下，属于低温机械塑炼方法。开炼机塑炼所得塑炼胶质量好，收缩小，适用于胶料品种变化多、耗胶量少的工厂。密炼机和螺杆塑炼机塑炼，塑炼温度都在120℃以上，甚至高达180℃，属于高温机械塑炼。采用密炼机塑炼生产效率高，劳动强度低，动力消耗少，适于胶种变化少、耗胶较大的工厂。螺杆塑炼机生产效率更高，耗电量更少，一般用于胶料品种少、耗胶量大的工厂。开炼机塑炼是最早的塑炼方法，主要工作部分是两个速度不等、相对回转的空心辊筒。当胶料加到两个相对回转的辊筒上时，借在生胶与辊筒表面之间的摩擦作用，把生胶带入两个辊筒的间隙中，由于辊筒的挤压作用和拉撕作用，使生胶受到强烈的剪切作用和化学作用，反复多次便可达到塑炼的目的。

化学塑炼法是指在塑炼过程中，为了提高塑炼效果而加入塑解剂的方法。塑解剂在低温下塑炼时，起终止型作用；在高温下塑炼时，起引发型作用。

2. 混炼

混炼是指在炼胶机上将各种配合剂均匀地混到生胶（塑炼胶）中的过程。混炼胶的质量对胶料进一步加工和成品的质量有着决定性的影响，即使配方很好的胶料，如果混炼不好，将会出现配合剂分散不均匀，胶料可塑度过高或过低，易焦烧、喷霜等，使后续工艺不能正常进行。而且还将导致制品性能下降。混炼方法通常分为开炼机混炼和密炼机混炼两种。开炼机混炼适用于制造小批量胶料的工厂，有时也用于一些特殊胶料的制造。密炼机混炼则广泛用于大中型企业。

开炼机混炼胶操作顺序可分为三个阶段，即包辊、吃粉和翻炼。包辊是指加入生胶的软化阶段；吃粉是指加入粉剂的混合阶段；翻炼是指吃粉后使生胶和配合剂达到均匀分散的阶段。影响混炼效果的有辊距、辊筒的转速和速比、辊温、混炼时间等，另外加料顺序也是影响开炼机混炼质量的一个重要因素，加料顺序不当会导致分散不均匀、脱辊、过炼，甚至发生焦烧等质量问题。加料顺序的一般原则是：用量少、难分散的配合剂先加；用量多、易分散的配合剂后加；硫黄或临界温度低、活性大的促进剂需待其他配合剂完全混合均匀后，或将胶料冷却后再加。通常加料顺序为：橡胶（再生胶或各种母炼胶）⟶固体软化剂⟶小料（促进剂、活性剂、防老剂）⟶补强剂、填充剂⟶液体软化剂⟶硫黄⟶促进剂⟶薄通⟶捣胶下片。液体软化剂一般待粉剂吃尽后再加，以防粉剂结团和胶料打滑。若补强剂、填充剂和液体软化剂用量较多时，可交替加入，以加速混合分散。

3. 切片和溶解

混炼胶的溶解一般在带有强力搅拌的密封式溶解器中进行：首先将混炼胶剪成细碎的小块（最好刚混炼完毕即切片），投入溶解器中，倒入大部分溶剂，待胶料溶胀后室温下搅拌8~24h，使之溶解成均匀的溶液，再加入剩余的溶剂调配成所需浓度的胶液。根据所用橡胶的特性，也可以将仅塑炼的生胶和各种配合剂不经混炼而直接加入溶剂中溶解，但这样制成的胶液一般储存稳定性较差。

二、主要产品

（一）氯丁橡胶胶黏剂

在合成橡胶胶黏剂中，氯丁橡胶胶黏剂是产量最大、应用范围最广的品种之一，氯丁橡胶胶黏剂可室温冷固化、初黏力很大，粘接强度较高，综合性能优良，能够粘接橡胶、皮革、织物、塑料、木材、纸品、玻璃、陶瓷、混凝土、金属等多种材料，因此氯丁橡胶胶黏剂也有“万能胶”之称，是性能优异、广谱高效的橡胶胶黏剂。氯丁橡胶胶黏剂的分类见表 3-7。

表 3-7　氯丁橡胶胶黏剂的主要组成与应用

类型	溶液型	乳胶型	树脂改性型	室温硫化双组分型
组成	氯丁橡胶，填料，硫化体系，防老剂，溶剂	橡胶胶乳，填料，硫化体系，防老剂	氯丁橡胶，酚醛树脂，硫化体系，防老剂，溶剂	甲：氯丁橡胶，硫化体系，防老剂，溶剂 乙：促进剂
固化条件	室温，加压	室　温，加压	室温，锤压或加热，加压	室温，锤压
特性与用途	价廉，粘接强度稍差，用于木材，织物的粘接	价廉，使用方便，用于木材、织物的粘接	粘接强度高，初黏力高，使用方便，用于粘接橡胶、皮革和金属等	粘接强度好，初黏力高，使用稍麻烦，用于橡胶、皮革和金属等
牌号	XY－403 胶，XY－404 胶，兵乓球拍胶	氯丁乳胶胶黏剂	XY－401 胶，XY－402 胶，XY－6 胶，801 张力胶	熊猫牌 202，203 胶

1. 氯丁橡胶的组成与配方

（1）基料　氯丁橡胶胶黏剂的基料是由氯代丁二烯经乳液聚合制得：

$$n\mathrm{CH_2{=}C(Cl){-}CH{=}CH_2} \longrightarrow \mathrm{{-}\!\!\left(CH_2{-}C(Cl){=}CH{-}CH_2\right)\!\!{-}_n}$$

氯丁橡胶为白色或淡黄色片状或块状韧性固体，具有可逆的结晶性，粘接性好，具有较高的拉伸强度和伸长率。耐老化、耐热、耐油、耐化学腐蚀性优异。所有的氯丁橡胶都可用于配制胶黏剂，但氯丁橡胶的结晶性和相对分子质量对胶黏剂的性能影响很大。一般来说，结晶速度越快，初黏力越强；结晶度越高，粘接强度越大；结晶温度越高，耐热性越好；相对分子质量过高或过低对胶黏剂稳定性均不利，相对分子质量分布宽的，制备的胶黏剂稳定性极差。

（2）硫化剂　氯丁橡胶与天然橡胶一样可以加入硫化体系进行硫化，使其链状结构形成网状或体状结构，强度得到加强。最常用的硫化剂是氧化锌和氧化镁。一般说来，这种硫化体系在 140℃高温下硫化，但实际上室温固化的氯丁橡胶胶黏剂也常加入氧化镁、氧化锌硫化体系。轻度锻烧氧化镁的加入，能有效地吸收胶膜的残存溶剂，使胶膜结晶速度加快。氧化镁的加入可以吸收氯丁橡胶分解时放出的微量氯化氢，并能在胶片混炼时防止胶片烧焦。例如，以橡胶 100 份计，加入氧化锌 5 份和氧化镁 4 份，能得到满意的硫化效果。

(3) 防老剂　加入防老剂可以提高氯丁橡胶的耐热性能，延缓其热分解，并提高胶液的稳定性。国产氯丁胶黏剂常用的是苯胺类，如防老剂 D(*N*-苯基-*β*-苯胺)、防老剂 A(*N*-苯基-*α*-苯胺)，也可以用污染性小的苯酚类防老剂，如防老剂 SP(苯乙烯化苯酚)、防老剂 BHT(2，6-二叔丁基对甲酚)等。选择防老剂时除了要考虑其与氯丁橡胶的相容性好、延缓老化效果好外，还要考虑不影响加工性能、无毒等因素。防老剂在氯丁橡胶胶黏剂中的用量一般为 2%。

(4) 促进剂　为促使室温硫化加快，以及提高胶黏剂的耐热性而加入促进剂。常用的有多异氰酸酯、硫脲类及胺类。如均二苯硫脲、三乙基亚甲基二胺等，通常加入量为每 100 份橡胶中加入 2~4 份。硫化促进剂的加入，促进了氯丁橡胶分子链的交联，对强度提高有显著作用，但是对胶液的储存稳定性有影响，因而常常使用在双组分氯丁橡胶胶黏剂上。

(5) 溶剂　溶剂型的氯丁橡胶胶黏剂中，溶剂的选择十分重要。它不但直接影响到胶液的浓度、黏度、胶液稳定性、挥发速度、黏性保持期、初黏力等方面，而且也影响胶黏强度。一般来讲，氯丁橡胶易溶于芳烃及氯化烃中，在汽油、丙酮、甲乙酮、乙酸乙酯等常用溶剂中微溶。也可选用混合溶剂，例如通用型氯丁橡胶配制胶黏剂，可用乙酸乙酯和汽油的混合溶剂。胶液的浓度通常在 30%左右。

(6) 填料　具有补强和调节黏度，并降低成本的作用，常采用碳酸钙、陶土、炭黑等。但是在溶剂型氯丁橡胶胶黏剂中用的不多，因为胶黏剂溶剂量大，固体含量低，容易沉淀，起不到预期的作用。

(7) 树脂　氯丁橡胶胶黏剂加入树脂的目的主要是为了改进耐热性和粘接性，对提高坚硬非孔性物质，如金属、玻璃、聚氯乙烯塑料及树脂等的粘接强度十分有效，常用的有松香改性酚醛树脂(210)及菇烯树脂等。2402 树脂的用量根据所用氯丁橡胶的性能和具体使用要求而定。一般来说，用于橡胶与金属胶接时宜多用些树脂；用于橡胶与橡胶胶接时宜少用些树脂，通常的用量为 45~90 份。用量过多会影响胶膜的弹性并缩短胶黏剂的黏性维持期，用量过少则改性效果不明显。

2. 氯丁橡胶胶黏剂的固化

对于氯丁橡胶胶黏剂来说，不同的体系其固化机理不同。由于氯丁橡胶分子具有较强的极性，结构比较规整，常温下结晶能力强，分子内聚力大，因此，溶液型氯丁橡胶胶黏剂的固化过程就是溶剂挥发的过程。对于加入氧化镁、氧化锌的体系，在硫化过程中，氧化物与氯丁橡胶分子发生了反应，形成醚式键而交联固化。

3. 氯丁橡胶胶黏剂的制备

溶液型氯丁橡胶胶黏剂的制备流程如下：

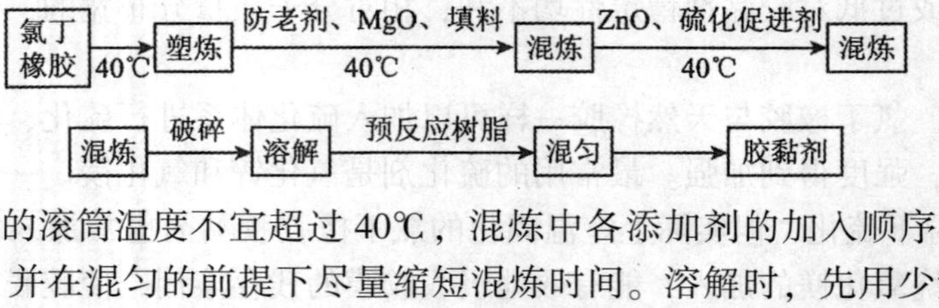

塑炼时炼胶机的滚筒温度不宜超过 40℃，混炼中各添加剂的加入顺序很重要，混炼温度也不超过 40℃，并在混匀的前提下尽量缩短混炼时间。溶解时，先用少量溶剂在密封容器中泡胀、溶匀后，加入预反应树脂，再加溶剂调配成所需浓度的胶液。

当在氯丁胶中使用多异氰酸酯、二苯硫脲或乙酰硫脲等硫化促进剂时，胶液的活性大，室温数小时就会胶凝，故一般将这类硫化促进剂加溶剂另外包装，配成双包装氯丁橡胶胶黏剂。

氯丁橡胶的乳液胶黏剂由乳液聚合的氯丁橡胶乳直接加入各种添加剂而得。与溶剂型氯丁胶相比，乳液胶中的水虽然比有机溶剂挥发要慢、胶液黏度小，胶接强度低，但它无毒、不燃、成本低，因而用途也很广。乳液氯丁胶黏剂中，采用阴离子型和非离子型表面活性剂作乳液的稳定剂；丙烯酸树脂，古马隆树脂、沥青、聚乙烯醇及淀粉等作增黏剂；甲基纤维素作增稠剂；滑石粉、轻质碳酸钙、胶态二氧化硅等作填料；氧化锌、硫黄作硫化剂。

（二）丁腈橡胶胶黏剂

丁腈橡胶胶黏剂是以丁腈橡胶为主体，加入增黏剂、增塑剂、防老剂、溶剂等配制而成的15%~30%的胶液。有单组分和双组分的；溶剂型和乳液型的；有室温固化和高温固化的。丁腈橡胶胶黏剂适于合成橡胶、塑料、皮革、织物、木材、橡胶与金属、橡胶与皮革等的粘接。尤其是聚氯乙烯板、塑料、膜、软质材料的粘接，具有优异的耐油性、较好的粘接性、良好的耐热性和储存的稳定性。

1. 丁腈胶黏剂的组成

（1）丁腈橡胶　丁腈橡胶是丁二烯和丙烯腈在30℃下进行乳液共聚所得的胶浆，用电解质（NaCl）凝聚后，经洗涤、干燥、包装成卷备用，其反应如下：

$$H_2C{=}CH{-}CH{=}CH_2 + H_2C{=}CH{-}CN \longrightarrow \left[\left(CH_2{-}CH{=}CH{-}CH_2 \right) CH_2{-}\underset{\displaystyle CN}{\underset{|}{CH}} \right]_n$$

根据丙烯腈含量的不同，可分为高（35%~42%）、中（25%~35%）、低（18%~25%）丙烯腈三类，丙烯腈含量增加，耐油性、耐磨性、耐水性、抗拉强度和硬度提高，但耐寒性、弹性和透气性减小。高丙烯腈含量的丁腈橡胶粘接力大，溶解性好，国内配制此类胶黏剂用得最多的是丁腈-40。

（2）硫化剂　为了改善胶的耐热等性能，并适应于常温胶接，就要求丁腈橡胶能在低温下快速硫化。常用的硫化剂有硫黄、氧化锌、秋兰姆二硫化物及有机过氧化物等。

（3）填料　对提高胶层的物理机械性能、耐热性和胶接强度以及调节胶层的热膨胀系数都有很大的作用，在黑色填料中，以槽法炭黑效果最好，制得的胶的胶接强度较高，用量为40~60份。使用氧化铁也能提高胶层强度、储存稳定性和胶接性能，但耐磨性较差，用量为50~100份。在白色填料中，常用氧化锌（用量为25~50份）和二氧化钛（即钛白粉，用量为5~25份）。前者能使胶具有较好的胶接性能；后者除了提高胶接性能外，还能提高胶的白度和储存稳定性。

（4）增塑剂　为提高耐寒性、改善胶层弹性和加工性能，可加入增塑剂，如邻苯二甲酸二丁酯、磷酸三苯酯等。

（5）增黏剂　为增加初始粘接力，提高粘接强度或采用喷涂法涂胶，避免胶液的流失而加入增黏剂，有酚醛树脂、古马隆树脂、过氯乙烯树脂、石油树脂等。

（6）防老剂　最常用的防老剂为没食子酸丙酯。

（7）溶剂　溶解丁腈橡胶的溶剂有丙酮、丁酮、甲苯、二氯乙烷、氯苯、乙酸乙酯、乙酸丁酯等，有时也采用上述溶剂的混合物。从溶解性、挥发速度、毒性和成本等综合考虑，乙酸乙酯比较常用。

2. 丁腈橡胶的生产工艺

丁腈橡胶黏剂的配方见表 3-8。配制丁腈橡胶胶黏剂时，先塑炼丁腈橡胶(生胶)，再加入除溶剂及能溶于溶剂的助剂外的其他助剂进行混炼，混炼均匀后，立即压片，将胶片剪碎后，与其他助剂一起放入选定的溶剂中进行溶解，待完全溶解后，即得到浓度为 15%~35%的丁腈橡胶胶黏剂。若混炼后的胶片放置时间过长，在溶解前应先在冷辊上补混炼 5~10min，再立即溶解。溶解所用设备为立式密闭型搅拌机。

表 3-8　丁腈橡胶胶黏剂配方

组　分	配方号			组　分	配方号		
	1	2	3		1	2	3
丁腈橡胶	100	100	100	促进剂 M 或 DM	1	1.5	0.8
氯化锌	5	5	5	没食子酸丙酯	1	—	—
硬脂酸	0.5	1.5	1.5	炭黑	—	50	45
硫黄	2	2	1.5	适用性	通用	适用于丁腈-18	适用于丁腈-26 和丁腈-40

配制低黏度胶液时，先用溶剂的 1/3~1/2 的量浸泡胶料碎片，经 4~6h，胶料充分膨胀后开始搅拌，至全部呈均匀黏稠状，再将剩余溶剂缓慢加入，稀释至所需浓度为止。

配制高黏度胶液时，可使用捏和机。开始时将 20%的溶剂加入胶料碎片中，边搅拌边膨胀，然后将剩余的溶剂分次少量加入。由于搅拌生热，需进行冷却，温度应控制在 30℃以下，否则有起火的危险。当采用混合溶剂时应先加入强溶剂，待溶解后，再加入溶解能力小的溶剂。

配制时，凡是能溶于溶剂的助剂均可直接加入溶剂中。不能溶解的应先混炼于胶料之中，不可直接加入溶剂中，否则分散效果较差。

(三) 天然橡胶胶黏剂

天然橡胶是橡胶树上流出的胶乳，经过凝固、干燥等工序加工而成的弹性体，是一种以聚异戊二烯为主要成分的不饱和天然高分子化合物，其分子结构为：

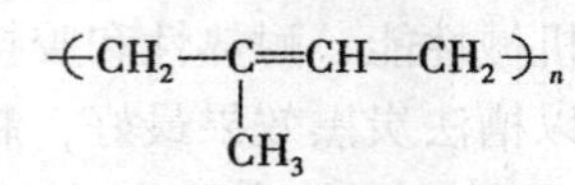

天然橡胶是各种不同相对分子质量的聚异戊二烯的混合物，平均相对分子质量在 7×10^5 左右。天然橡胶的分子结构为线型的、不饱和的非极性分子，是一种结晶性橡胶，因此具有优良的弹性、较高的机械强度、电绝缘性和低温性能。缺点是耐油、耐溶剂性差，不耐高温、不耐老化。

天然橡胶可通过溶剂浸泡或经塑炼、混炼后加溶剂配制成不同用途的天然橡胶胶黏剂，对橡胶、皮革、织物和金属等进行粘接。天然橡胶的溶剂有汽油、苯、甲苯、二甲苯等。由于采用了有机溶剂，所以较容易地添加硫化剂、防老剂及其他改性树脂等。

配方举例(质量份)

生橡胶碎屑	松香	四氯化碳	虫胶	乙醇	苯	丙酮
10 份	1 份	3.4 份	0.8 份	1.5 份	260 份	1.5 份

制备工艺：先分别将松香溶入四氯化碳中，虫胶溶于乙醇中，苯与丙酮混合；然后将上面三种混合液混合，再加入生橡胶碎屑，搅拌成透明胶水即成。

（四）丁苯橡胶胶黏剂

丁苯橡胶是丁二烯和苯乙烯单体共聚的高分子化合物：

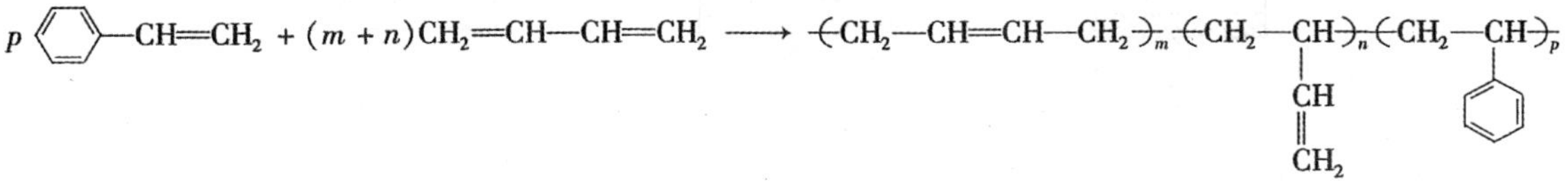

丁苯橡胶胶黏剂以丁苯橡胶为基料，加入的添加组分类似于丁腈橡胶胶黏剂。和丁腈橡胶相比较，丁苯橡胶缺少强极性基、分子极性小，黏附性和耐油性都差，主要用于制备压敏胶、密封胶等非结构性胶黏剂，用于胶接橡胶、金属、织物、木材及纸张。丁苯橡胶做成的压敏胶带和密封膏，是建筑工业的通常用胶。

丁苯橡胶胶黏剂的制法是：先将橡胶进行塑炼，再加入配合剂进行混炼，将得到的混炼胶切割成小块，溶于溶剂中即可。用于粘接橡胶和金属配方举例：

丁苯橡胶	氧化锌	硫黄	促进剂 DM	防老剂	邻苯二甲酸二丁酯	炭黑	二甲苯
100	3.2	8	3.2	3.2	32	100	1000

注：硫化条件为 148℃，30min。

项目四　特种胶黏剂

一、压敏胶黏剂

压敏胶及压敏胶带的制造有悠久的历史，早在 18 世纪，德国已有人把松脂与蜜蜡配成有黏性的硬膏。1890 年美国就制成以橡胶为主体的硬性橡皮膏。迄今，国际市场上有宽度为 10~1500mm 的大小不同、用途各异的压敏胶带商品千余种。

压敏胶黏剂是一类无须借助于溶剂或热，只需施加轻度指压，即能与被黏物黏合牢固的胶黏剂，主要用于制造压敏胶黏带、胶黏片和压敏标签。由于使用方便，揭开后一般又不影响被黏物表面，因此用途十分广泛。

（一）压敏胶带的组成

压敏胶带一般制成带状卷筒，有单面涂胶、双面涂胶和胶片三种形式。单面涂胶是在基材（或称背材）正面涂加底涂剂后再涂压敏胶，反面涂背面处理剂后卷成筒；双面涂胶胶黏带与胶片不需背面处理剂但需在一个胶面上贴一层隔离纸。压敏胶带的构造如图 3-8 所示。具体的组成材料如下。能做基材的包括纸张、棉布、塑料薄膜、金属、橡胶薄膜及各种复合材料等；胶黏剂包括合成树脂胶黏剂、赋黏剂（松香、松香酯等）、增塑剂（苯二甲酸酯类等）、防老剂、稳定剂、交联剂、着色剂及填料等；底层处理剂也称底涂剂、底胶等，涂布于胶黏剂与基材之间以增加胶黏剂对基材的黏附力，防止脱胶。底胶有混合型和接枝型两种类型，有些压敏胶与基材之间的黏附力强，可以不用底胶；背面处理剂，单面胶黏带基材背面，应涂一层化学物质以便胶黏带卷成圆圈时起层间隔离作用，常用的有聚丙烯酸酯、聚氯乙烯、纤维素衍生物或有机硅化合物等；隔离纸，对于双面胶黏带、标签、粘贴胶纸、胶黏片等压敏胶表面上应覆盖一层隔离纸，常用的隔离纸有半硬性聚氯乙烯薄膜、聚丙烯薄膜等。

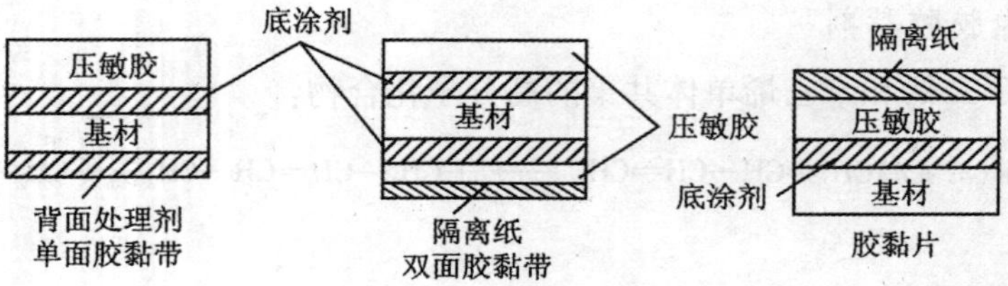

图 3-8　压敏胶带的构成示意图

（二）压敏胶的分类

压敏胶黏剂按其主体聚合物的化学结构可分为橡胶型压敏胶和树脂型压敏胶。常用的压敏胶黏剂有以下几类：天然橡胶压敏胶黏剂、合成橡胶和再生橡胶压敏胶黏剂、热塑弹性体压敏胶黏剂（主要以苯乙烯-异戊二烯-苯乙烯嵌段共聚物和苯乙烯-丁二烯-苯乙烯嵌段共聚物为代表的热塑弹性体）、有机硅及其他树脂压敏胶黏剂。

下面介绍橡胶型压敏胶黏剂。

由橡胶、增黏树脂、防老剂、软化剂、颜填料等组成的溶液型压敏胶是一类最为通用、产量也最大的压敏胶黏剂。它们虽然没有交联，其性能也足以满足许多常用的、没有特殊性能指标的压敏胶黏制品的要求，广泛用于制造各种基材的包装胶黏带、办公用的透明胶黏带、软质聚氯乙烯电气绝缘胶黏带、压敏胶黏标签、医用橡皮膏和其他医用等压敏胶黏制品。其制造一般包括生胶的塑炼、切碎、溶解，以及与增黏树脂、防老剂、软化剂、颜填料等组分混合和调制等。

例如通用型橡胶压敏胶黏剂：丁苯橡胶 50 份、氯化丁基橡胶 50 份，氢化松香甘油酯 30 份，聚异丁烯（低相对分子质量）30 份，防老剂 0.5 份，溶剂适量。

胶液的配制有两种方法：一种是先将橡胶塑炼后在切碎机上切成碎片，然后在溶解混合器中用有机溶剂溶解，并混入增黏树脂及其他添加剂，搅拌均匀后再用溶剂调节到所需的黏度和固体含量。另一种方法是先将橡胶和增黏树脂及其他添加剂一并在塑炼机上混合均匀，再将混合料切碎并溶解。第一种方法混合比较好，在实际生产中应用较多。

二、导电胶黏剂

导电胶是一种固化或干燥后具有一定导电性的胶黏剂。它可以将多种导电材料连接在一起，使被连接材料间形成电的通路。电子工业中，导电胶已成为一种必不可少的新材料。导电胶的品种繁多，从应用角度可以将导电胶分成一般型导电胶和特种导电胶两类。一般型导电胶只对导电胶的导电性能和胶接强度有一定要求；特种导电胶除对导电性能和胶接强度有一定要求外，还有某种特殊要求，如耐高温、耐超低温、瞬间固化、各向异性和透明性等。

导电胶是由黏料（主要是合成树脂、合成橡胶和一些无机盐等）、导电粒子（金粉、银粉、铜粉、镍粉等）和增韧剂等配合剂组成的复合物。某些导电胶的组成中，需加入固化剂，固化促进剂、稀释剂、偶联剂等。

例如，254-6 铜粉环氧导电胶是由环氧树脂、450 固化剂和铜粉按 1∶0.33∶3.5 的比例配制而成，常温 24h 或 80℃/h 可固化，可用于电视机、收录机、半导体收音机的电源系统的接头连接。

三、医用胶黏剂

因直接参与生物体粘接，所以要求材料对生物体必须无毒、无害、适应性好，粘接能在温和的条件下瞬时完成，操作容易，同生物体粘合牢固，不妨碍生物体自身恢复等。

医用胶黏剂分为以下三大类：

1. 软组织胶黏剂

适合于胶接皮肤、脏器、神经、肌肉、血管等。主要有 α-氰基丙烯酸烷基酯类。单体结构中，碳原子连接着吸电子基团(氰基、酯基)，单体具强亲电性，遇到亲核性弱的物质(水、氨基、醇、弱碱)能迅速发生阴离子聚合反应，使双键电子云密度降低，液态的胶黏剂瞬间变成固态的黏合媒介物，使破裂损伤的组织两端黏合起来。此类胶黏剂还包括血纤蛋白胶黏剂、脲烷预聚物胶黏剂、明胶、有机硅等。

2. 硬组织胶黏剂

适合于胶接和固定牙齿、骨骼、人体关节等。其中牙科用胶黏剂又分为黏固剂和合成树脂胶黏剂。黏固剂主要用于黏固固定修复体，或正畸矫治器及附件等的黏固，也可用于窝洞的基衬和暂时填充。传统黏固剂有磷酸锌、磷酸硅等。当前较理想的是玻璃离子黏固剂，含氟素和单宁酸，粘接性强。有阻塞牙本质小管及抗敏防龋作用，固化后物质性质与牙齿相近，适于门齿填补。合成树脂在牙科的临床应用较多，主要承担机械力的作用。如甲基丙烯酸酯系和聚羧酸系等。骨科用胶黏剂，最常见的是骨水泥，骨水泥属于丙烯酸酯类，是由甲基丙烯酸甲酯的均聚物或共聚物与甲基丙烯酸甲酯单体组成的室温自凝塑料，多用于骨组织与金属或高分子聚合物制造的人工器官、各种关节的粘接，也用于骨转移性肿瘤病理性骨折的填充固定。

3. 皮肤压敏胶

医用压敏胶由弹性体和增黏树脂组成。所用原料可以是天然橡胶、丙烯酸共聚物、有机硅共聚物、聚乙烯基醚、聚异丁烯、聚氨酯等。目前，医用压敏胶发展较快，需求量日渐增大。医用压敏胶种类较多，用途广泛，如嵌段聚醚聚氨酯对皮肤刺激小，有优异的耐水性和形状记忆能力，重复水洗后表面黏性能恢复；经皮吸收剂有含药的聚异丁烯压敏胶，用于治疗高血压，妇女更年期障碍；含芬他尼镇痛药的有机硅压敏胶能缓和癌病患者痛苦等。

配方举例：α-氰基丙烯酸正丁酯胶黏剂的制备 质量份

甲醛(37%)	氰乙酸正丁酯	六氢吡啶	多功能复合助剂	磷酸(85%)
165	124	2	16	适量

多功能复合助剂：10g 2%的 1788 聚乙烯醇水溶液中加入 3g 碳酸钙、2g 三氧化二铝及 1g 二氧化硅等 200 目以上的微细粉末混匀，在装有搅拌器、温度计、冷凝器的三口瓶中，一边搅拌一边加入甲醛水溶液、氰乙酸正丁酯、六氢吡啶及多功能复合助剂，在 95~100℃反应 3~4h，加磷酸终止反应，分离得湿预聚物 492g，湿预聚物经自然干燥或热风干燥后，在 40~120℃真空干燥 2h，得干预聚物 331g。将干预聚物放入解聚瓶中，在五氧化二磷及对苯二酚存在下，在 400~600Pa 进行热裂解收集 250℃以下馏分，得粗品 265g。将粗品蒸馏，收集 260~400Pa、68~75℃馏分，得产物 238g。该胶黏剂的剪切强度(钢-钢)：>180MPa；储存期>6 个月。

四、光敏胶黏剂

光敏胶主要由光敏树脂（低聚物或单体的丙烯酸双酯或甲基丙烯酸双酯）、交联剂（能与树脂中双键共聚的含有活性双键的化合物，如丙烯酸基、乙烯基等）、光敏剂（也叫增感剂，多用含羰基的化合物和醚类化合物）、阻聚剂以及某些促进剂等组成，分单组分、双组分两类。光敏胶的固化是在光的作用下光敏剂产生出游离基使树脂和交联剂进行交联聚合反应生成网状的高分子化合物。光敏胶黏剂适用于透明材料的粘接，如有机玻璃、聚苯乙烯、聚碳酸酯和玻璃等；牙齿粘接和修补，代替传统的银汞合金，减少原牙科补牙操作复杂工序，避免汞中毒；印刷工业的光刻板，印刷品上光等。光敏胶的组成见表 3-9。

表 3-9　光敏胶的组成

组分	树脂	交联剂	光敏剂	增塑剂	稳定剂
用量/%	50~70	30~40	1~2	0~10	0~0.1
作用	给予胶层内聚强度和粘接力	使树脂交联成体型聚合物	在紫外线等作用下分解引发交联反应	改善树脂脆性	防止胶液在使用前变质
常用物料	各种环氧树脂、聚酯、聚氨酯的丙烯酸双酯	甲基丙烯酸甲酯、甲基丙烯酸、邻苯二甲酸、邻苯二甲酸二丙烯酯等	安息香、安息香乙醚等	邻苯二甲酸二丁酯	对苯二酚、邻苯二甲酸酐

五、厌氧胶黏剂

厌氧胶黏剂指隔绝氧气就可自行固化的一类胶黏剂，是为了解决机械产品中液体与主体泄漏，各种螺纹件在振动下松动及机械装配工艺改革而发展起来的工业用胶。汽车用厌氧胶约占其总销售量的 25%。厌氧胶的组成见表 3-10。

表 3-10　厌氧胶的组成

组分	树脂	交联剂	催化剂	促进剂	稳定剂	表面处理剂
用量/%	70~90	0~30	2~5	0~2	0~0.1	单独使用
作用	给予胶层内聚强度和粘接力	使树脂交联成体型聚合物	产生游离基引发交联反应	降低催化剂分解温度	防止胶液在使用前变质	加速胶液固化速度
常用物料	各种环氧树脂、聚酯、聚氨酯的丙烯酸双酯等	丙烯酸、甲基丙烯酸甲酯、甲基丙烯酸	过氧化二异丙苯、过氧化二苯甲酰等	三乙胺、二甲基苯胺、酒精等	1，1-苯醌等	促进剂 M、环烷酸钴等

厌氧胶之所以能固化，其原因是聚合和阻聚这一对化学反应竞争的结果。当自由基生成速度很慢或氧气浓度很高时，由于氧气的阻聚作用抑制引发剂产生游离基，聚合反应进行得很慢，而当以薄膜形式存在并处于排除氧气的情况下，引发剂产生游离基，微量氧还起到促进聚合反应作用，短时间内就可固化。

厌氧胶使用时注意，厌氧胶固化需要隔绝和排除空气，接头间隙应小于 0.2mm，如果间隙较大，可加入一些铁粉或氧化铜粉作为填料；某些金属材料如铁、钢等对厌氧胶固化起促进作用，能提高胶接强度，所以厌氧胶特别适用于粘接这些金属材料；一般使用厌氧胶要先在被黏物表面涂表面处理剂，以加速固化，提高强度。

六、密封胶黏剂

起密封作用的胶黏剂即密封胶。防止气体或液体的泄漏，防止灰尘、水分的浸入，以及防止机械振动、冲击损伤、隔音隔热等均属于密封的范畴。密封胶广泛应用于管理工程、建筑业、机械工业、电子工业。液态密封胶黏剂主要有无机密封胶、环氧树脂密封胶、聚氨酯密封胶、尼龙密封胶、聚硫橡胶密封胶、氯丁橡胶密封胶等。液态密封胶的主要成分是各种液态或半固体聚合物。根据需要，选用不同性能的聚合物并选择一些相应填料和配合剂。密封胶的成份、用量和作用如表 3-11 所示。

表 3-11　液态密封胶的组成

组分	聚合物	填料	固化剂	促进剂	防老剂	溶剂	表面处理剂
用量/%	50~95	0~50	0~10	0~2	0~2	0~30	单独使用
作用	给胶液内聚强度，黏附力及耐水、耐油、耐酸碱等性能	增加黏度、内聚强度、耐热性和降低成本	用于干性密封胶树脂或橡胶的固化	促进胶液固化	延长使用寿命	便于施工	增加黏附力
常用原料	聚氨酯、环氧树脂、聚酯树脂、尼龙、丁腈橡胶等	石英粉、气相二氧化硅、硅藻土、氧化铁等	与树脂、橡胶相应的固化剂、硫化剂	与固化剂、硫化剂相应的促进剂	防老剂甲、防老剂丁等	醋酸乙酯、丙酮、汽油等	各种偶联剂，如 KH-550、聚异氰酸酯等

密封胶的制备是利用三辊混炼机按一定次序将树脂、橡胶、填料和防老剂进行混炼而成。对于干性液态密封胶，要先把硫化剂单独混炼成膏状，然后在使用之前再加入胶液混合均匀即可。

七、热熔胶黏剂

热熔胶黏剂，简称热熔胶，是一种室温呈固态，加热到一定温度就熔化成液态流体的热塑性材料。在熔化时将其涂敷于被黏物表面，叠合冷却至室温则将被黏物连接在一起，具有一定粘接强度。与其他胶黏剂相比具有以下优点，热熔胶不含溶剂，胶接时一般无有害物质放出，所以对操作者无害，对环境无污染，储存和运输也方便；胶接迅速，整个胶接过程仅需几秒钟，不需要固化加压设备，适用于自动化连续生产，生产效率高；热熔胶可以反复熔化胶接，故特别适用于一些特殊工艺要求构件的胶接，如一些文物的修复；可以胶接多种材料，表面处理也不严格，经济效益好。因此得到了许多工业部门的广泛应用。

1. 热熔胶的组成

（1）基料　是热熔胶的主要成分，其在胶中的作用是保证粘接强度和胶的内聚力，主要有 EVA 树脂(乙烯和乙酸乙烯共聚物)、EEA 树脂(乙烯与丙烯酸乙酯共聚物)、EAA 树脂(乙烯与丙烯酸共聚物)、聚乙烯树脂、聚酰胺树脂(羧酸与胺类聚合物)、聚酯树脂等。

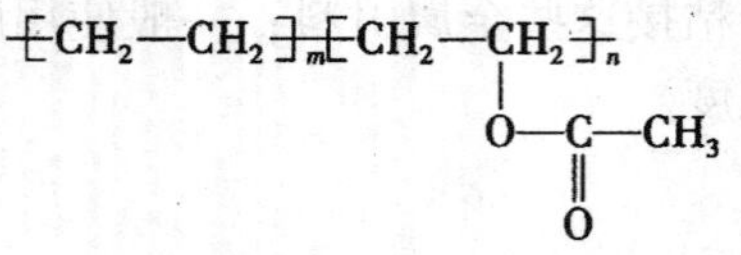

EVA 树脂

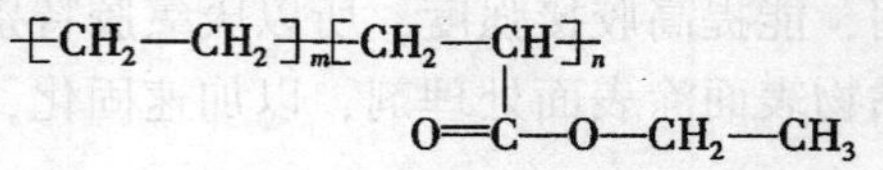

EEA 树脂

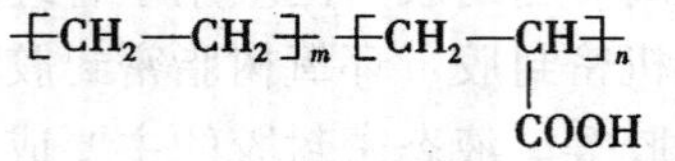

EAA 树脂

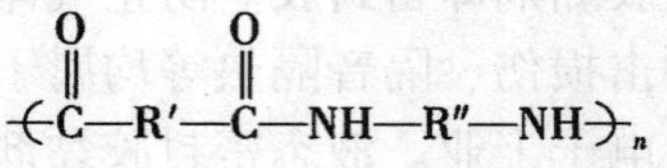

聚酰胺树脂

(2) 增黏剂　主体材料在熔融时，熔融黏度高，对被黏物润湿性和初黏性不好，为改善主体聚合物的这些性能，提高它的黏附力，降低成本，改善操作性能，需要在主体材料中加入增黏剂。加入量为 20~200 份，主要有松香、聚异丁烯、古马隆树脂等。

(3) 黏度降低剂　配制热熔胶时，往往加入一些黏度降低剂，常用的为蜡类物质。蜡类除能降低黏度外，还改善胶液流动性、润湿性，提高粘接强度，降低成本，但过多则会降低强度。常用的蜡类有白石蜡(熔点 50~70℃)、微晶石蜡(熔点 70~100℃)、低分子聚乙烯蜡等。

(4) 抗氧剂　抗氧剂的作用是防止热熔胶的氧化和热分解，防止胶变质和粘接强度降低等。加入量一般不超过 2%，常用的抗氧剂有 2，6-二叔丁基对甲苯酚(BHT)，4，4′-硫基双(6-叔丁基间甲酚)，含磷化合物等。有时也使用两种或多种并用，效果比单用好。

(5) 填料　填料主要作用是降低成本，减少固化后体积收缩率和过度的渗透性，提高热熔胶的耐热性和热容量，延长胶的操作时间等。填料用量一般为 15% 以下，加入过多会使胶的黏度增大太多，降低黏附力和韧性。常用的填料有二氧化钛、硫酸钡、碳酸钙、瓷土、陶土、炭黑和白炭黑等，填料要求干燥，粒度以细为好。

(6) 增塑剂　热熔胶中加入增塑剂能降低熔融黏度，加快熔化速度，提高柔韧性和耐寒性，用量一般不超过 10%，用量过多会降低胶的耐热性、内聚强度和粘接强度。常用的增塑剂有邻苯二甲酸二辛酯、邻苯二甲酸二丁酯和低相对分子质量聚丁二烯等。

2. 乙烯-醋酸乙烯共聚物(EVA)热熔胶

乙烯-醋酸乙烯共聚体是典型的无规高分子化合物，结晶性较小，极性和柔韧性较高。

在加热熔融时具有良好的浸润性，在冷却固化时具有良好的挠曲性、抗应力开裂性和胶接强度。因此，EVA 是十分理想的热熔胶的基体。EVA 热熔胶主要用于包装、无线装订、家具装饰面和烯烃塑料等的胶接，适用于木材、纸张、塑料和金属等多种材料。配方举例如下(质量份)：

木材封边用热熔胶的配方						反应性 EVA 热熔胶的配方					
EVA(28/150)	30	石蜡	20	抗氧剂	2	EVA	60~85	DCP	0~0.6	TMPTMA	0~0.5
松香	10	酚醛树脂	20	碳酸钙	20	增黏树脂	10~30	BPO	0~0.5	其他	1~5

制备热熔胶最简单的工艺是将配方中所涉及的原料加入到搅拌釜中，经加热、熔融均匀即可。热熔胶也可以采用双辊混炼机进行生产。

实训项目：聚醋酸乙烯乳液的合成

【实训项目卡】

实训班级	实训场地	学时数	指导教师
		6	

实训项目	聚醋酸乙烯乳液的合成
所需仪器	四口烧瓶(250mL)、球形冷凝管、滴液漏斗(60mL)、温度计(0~100℃)、量筒(10mL、100mL)、玻璃棒、烧杯(200mL)、电热套、电动搅拌机等
所需试剂	醋酸乙烯、聚乙烯醇 1799、乳化剂 OP-10、邻苯二甲酸二丁酯、过硫酸化钾、碳酸氢钠

实训内容

序号	工序	操作步骤	要点提示	工艺参数或数据记录
1	配方解读	名称 质量分数/% 醋酸乙烯单体 46 邻苯二甲酸二丁酯 5 聚乙烯醇 2.5 蒸馏水 45.76 乳化剂 OP-10 0.5 过硫酸钾 0.09 碳酸氢钠 0.15	根据配方计算所需原料量	
2	聚乙烯醇的溶解	将聚乙烯醇与蒸馏水加入四口烧瓶中加热至90℃，搅拌 1h 左右溶解完全	聚乙烯醇除作乳化剂外，还兼保护胶体及作增稠剂	
3	加热反应	加乳化剂搅拌溶解均匀。之后加入醋酸乙烯单体质量分数的20%与过硫酸钾质量分数40%，加热升温。当温度升至60~65℃时停止加热	醋酸乙烯单体必须新精馏过的，因酯类和酸类有显著的阻聚作用，聚合物的相对分子质量不易增大，使聚合反应复杂化	
4	继续投料	通常在66℃时开始共沸回流，待温度升至80~83℃且回流减少时，开始以每小时加入总量20%左右的速度连续加入醋酸乙烯单体，控制在3~4h将单体加完	回流时应注意控制温度	
5	反应完成	控制反应温度在78~82℃，每小时加入过硫酸钾质量分数的15%~20%。加完单体后加入余下的过硫酸钾，因放热体系温度升至90~95℃，保温30min	过硫酸钾在每次加入时使用水溶解成质量分数 10%的水溶液	
6	加添加剂	冷至50℃以下加入质量分数 10%的碳酸氢钠水溶液，调整 pH=6，再加入邻苯二甲酸二丁酯，搅拌30min，冷却即为成品		

习　　题

一、选择题

1. 在黏合剂中起黏合作用的材料是(　　)。

A. 固化剂　　B. 填料　　C. 偶联剂　　D. 基料

2. 下列物质可用作固化剂的是(　　)。

A. 邻苯二甲酸酯类　　B. 玻璃纤维　　C. 间苯二胺　　D. 多异氰酸酯

3. 下列物质可用作偶联剂的是(　　)。

A. 邻苯二甲酸酯类　　B. 玻璃纤维　　C. 间苯二胺　　D. 多异氰酸酯

4. 下列物质可用作增塑剂的是(　　)。

A. 邻苯二甲酸酯类　　B. 玻璃纤维　　C. 间苯二胺　　D. 多异氰酸酯

5. 下列不属于紫外光固化黏合剂优点的是(　　)。

A. 固化速度快　　B. 机械强度高　　C. 环境污染小　　D. 固含量高

6. 酚与醛物质量比的不同、所用催化剂不同、树脂性能也不同，采用下列哪种方法可得到热固性的酚醛树脂(　　)。

A. 酸性催化剂、苯酚过量　　B. 酸性催化剂、甲醛过量

C. 碱性催化剂、苯酚过量　　D. 碱性催化剂、甲醛过量

7. 下列碱性催化剂(　　)是用来生产水溶性酚醛树脂常用的催化剂。

A. 氢氧化钠　　B. 氢氧化钡　　C. 氢氧化铵　　D. 碳酸钠

8. 酚醛树脂的固化温度分为高、中和常温三种，其中中温固化的条件是(　　)。

A. 强碱为催化剂 pH>10　130~150℃固化　　B. 弱碱为催化剂 pH<9　130~150℃固化

C. 碱为催化剂 pH>12　104~115℃固化　　D. 强碱为催化剂 pH<7　常温固化

9. 胶黏剂中加入一定量的填料，可提高胶黏剂的粘接强度、耐热性和尺寸稳定性，并可降低成本。如为提高硬度和抗压性，可添加(　　)。

A. 石棉纤维、玻璃纤维　　B. 石墨粉、二硫化钼

C. 钛白粉、氧化铝粉　　D. 石英粉、瓷粉、铁粉

10. 某环氧树脂的环氧值为 0.5，以二亚乙基三胺为固化剂，则二亚乙基三胺的用量为(　　)。

A. 11.32　　B. 11.5　　C. 10.32　　D. 10.58

11. 下列黏合剂中，能用于人体器官、外科手术等医疗方面的黏合剂是(　　)。

A. 氰基丙烯酸酯类黏合剂　　B. 环氧树脂类黏合剂

C. 聚氨酯黏合剂　　D. 甲基丙烯酸酯

12. 黏合剂的黏度、浓度与施胶方法密切相关，若采用喷涂法施胶，黏度为(　　)。

A. 3~4Pa·s　　B. 20~25Pa·s　　C. 25~30Pa·s　　D. 35Pa·s 以上

13. 下列属于热熔胶的是(　　)。

A. 丁苯橡胶　　B. 硅橡胶

C. 丙烯酸酯　　D. 乙烯-乙酸乙烯酯共聚物

14. 最早使用的合成胶黏剂是(　　)，应用在木材工业。

A. 脲醛树脂胶　　B. 酚醛树脂胶

C. 环氧树脂胶　　D. 聚醋酸乙烯酯胶黏剂

15. 合成树脂胶黏剂的使用温度应(　　)。

A. 高于玻璃化温度　　B. 等于玻璃化温度

C. 低于玻璃化温度　　D. 以上都不对

16. 聚醋酸乙烯酯是(　　)。

A. 热固性胶黏剂 B. 热塑性胶黏剂

C. 改性的热固性树脂胶黏剂 D. 改性涂料

17. 黏合剂的配制中，常使用填料，它的作用是改变黏合剂的某些性能及降低成本。如采用石棉纤维、玻璃纤维、铝粉、云母作填料可提高黏合剂的耐冲击强度。此外，铝粉还可用(　　)。

A. 提高导热性 B. 提高耐磨性

C. 提高耐热性 D. 提高硬度和耐压性

18. 下列黏合剂哪一个是无机黏合剂(　　)。

A. 多糖类黏合剂 B. 骨胶黏合剂 C. 磷酸盐黏合剂 D. 宁类黏合剂

19. 快干胶的化学名为(　　)。

A. 聚醋酸乙烯黏合剂 B. 厌氧胶黏剂

C. 环氧树脂黏合剂 D. α-氢基丙烯酸胶黏剂

20. 用于改善胶黏剂的机械性能和降低产品成品的是(　　)。

A. 固化剂 B. 基料 C. 稀释剂 D. 填料

二、判断题

1. 一般情况下，当添加的偶联剂质量分数为 1%～10%时，黏合剂的强度可提高 10%左右。(　　)

2. 热固性树脂黏合剂的主要产品有三醛树脂黏合剂、环氧树脂黏合剂、不饱和聚酯和聚氨酯树脂黏合剂，其中三醛树脂黏合剂包括羟醛树脂、脲醛树脂和三聚氰胺甲醛树脂。(　　)

3. 三官能度的酚与甲醛反应可得到热塑性的酚醛树脂。(　　)

4. 苯酚与甲醛在碱作用下的树脂化过程，分甲乙丙阶段，三阶树脂都能溶于丙酮、乙醇等有机溶剂。(　　)

5. 醇溶性的酚醛树脂一般采用一次缩聚法生产，水溶性的酚醛树脂一般采用二次缩聚法。(　　)

6. α-氰基丙烯酸酯的固化速度，与空气湿度有密切关系，空气湿度越大，固化速度越慢。(　　)

7. 聚乙烯醇不能由乙烯醇直接聚合。(　　)

8. 氧化镁和氧化锌均可作为氯丁橡胶的硫化剂。(　　)

9. 热熔胶是含水和溶剂 100%的固体黏合剂。(　　)

10. 聚乙烯醇可以有乙烯醇直接聚合而成。(　　)

三、简答题

1. 什么叫黏合剂？黏合剂有哪些成分组成及其每组分的作用？

2. 热塑型以及热固性树脂胶黏剂各有什么特点，每种胶黏剂又包括哪些主要品种？

3. 什么是橡胶黏合剂？合成的橡胶黏合剂可分为几类？

4. 如何选择胶黏剂？

5. 胶黏剂粘接工艺与其他连接方法相比，有哪些优点？

6. 聚乙酸乙烯乳液胶黏剂配方组成有哪些？各起何作用？简述其制备工艺。

7. 简述橡胶胶黏剂生产工艺。

8. 聚醋酸乙烯单体的聚合是什么反应？

9. 为什么聚醋酸乙烯聚合的单体必须是新精馏的？

10. 聚醋酸乙烯聚合实验用什么引发剂？为什么要分期加入？

11. 聚乙烯醇在聚醋酸乙烯乳液聚合反应中起什么作用？

模块四

涂料

知识目标 掌握涂料的定义、组成、作用、分类、命名、成膜机理与方式等相关基本知识，了解涂料的一般生产过程与施工工艺，学习涂料成膜物质合成的基本原理，掌握典型涂料产品基本特点、性能、适用范围及发展趋势。

技能目标 学习典型涂料用成膜物质合成原料的种类、性质，成膜物质聚合工艺类型，掌握醇酸树脂、丙烯酸树脂、聚氨酯树脂等成膜物质的合成方法及相关涂料产品配方工艺，学会涂料产品性能检测方法。

项目一 基本知识

涂料指通过特定的施工方法涂布于物体表面，在一定条件下能形成连续性薄膜而起保护、装饰或其他特殊功能(绝缘、防锈、防霉、耐热等)的一类液体或固体材料。因早期的涂料大多以植物油为主要原料，故又称作油漆。涂料在我们生活中发挥的作用越来越大，广泛应用于工业、农业、国防、科研和日常生活中。

一、涂料的组成

涂料主要由不挥发性物质和挥发性物质按一定比例配制而成，不挥发性物质分为主要成膜物质、次要成膜物质、辅助成膜物质，挥发性物质主要指溶剂，又称稀释剂，如表 4-1 所示。

表 4-1 涂料的组成

组成			原料
不挥发性物质	主要成膜物质	油料	动物油：鱼油、牛油 植物油：桐油、豆油、亚麻油、蓖麻油
		树脂	天然树脂：松香、生漆、动物性的虫胶、天然沥青等 合成树脂：酚醛、醇酸、聚氨酯、环氧、丙烯酸、有机硅树脂等

续表

组成			原料
不挥发性物质	次要成膜物质	无机颜料	钛白粉、氧化铁红、铬黄、锌白、铬绿、炭黑、石墨、红丹等
		有机颜料	甲苯胺红、苯胺黑、酞青蓝、耐晒黄等
	辅助成膜物质	体质颜料	硫酸钡、碳酸钙、滑石粉
		助剂	催干剂、增塑剂、固化剂、稳定剂、防霉剂、引发剂、防结皮剂、抗污剂、消泡剂、流平剂等
挥发性物质		稀释剂	石油溶剂、苯、二甲苯、甲苯、氯苯、环戊二烯、乙酸乙酯、丙酮、环己酮、丁酮等

（一）成膜物质

成膜物质是指涂料中除挥发性成分之外的所有成分，这些是构成涂膜的物质。成膜物质又叫涂料的基料、漆料、漆基，用以黏结涂料中其他成分，对涂料和涂膜的性质起决定性作用。成膜物质在施工后形成薄的涂膜，并为涂膜提供所需要的各种性能，因此涂料常以主要成膜物质为基础，结合其颜色、特性与应用命名的，如环氧铁红防锈底漆、丙烯酸聚氨酯面漆等。

成膜物质又分为主要成膜物质、次要成膜物质和辅助成膜物质三大类：

1. 主要成膜物质

主要成膜物质是指能单独形成有一定强度、连续的干膜的物质，是必不可少的成分。主要成膜物质是组成涂料的基础，它对涂料的性质起着决定作用。可作为涂料主要成膜物质的品种很多，包括油脂、油脂加工产品、纤维素衍生物、天然树脂和合成树脂。

用于涂料的油脂主要是各种植物油，如月桂酸、硬脂酸、软脂酸、油酸、桐油、亚麻仁油和梓油等。在合成树脂出现以前，天然树脂是制备涂料主要成膜物质的主要原料，或者单独使用，或者与油合用。天然树脂涂料的涂膜比油脂涂料干得快，且坚硬光亮，是涂料工业初期的主要产品。用于涂料的天然树脂主要有松香及其衍生物、虫胶、乳酪素、动物胶、天然沥青、大漆及其衍生物等。合成树脂是由一种或几种单体通过聚合反应而制得的高分子聚合物。随着聚合工业的发展，合成树脂已成为当今涂料工业中使用的主要成膜物质，常用的有醇酸树脂、丙烯酸树脂、酚醛树脂、环氧树脂、氨基树脂及聚氨酯树脂，等等。几种主要成膜物质按一定比例使用可互为补充或互相改性，以适应多方面性能的要求。

2. 次要成膜物质

次要成膜物质也是构成涂膜的重要组成部分，但它不能离开主要成膜物质单独构成涂膜，可改进漆膜的某些性能，如强度、老化、美观等。涂料中没有次要成膜物质照样可以形成涂膜，但是有了它可以使涂膜的性能得到改善，使涂料的品种增多，一般指颜料、填料等。

颜料是涂料配方中的重要组成部分，不仅赋予涂膜色彩和遮盖力，还对涂料的流变性、耐候性和耐化学品性有很大影响。它能使涂料具有遮盖、着色、保护、防腐蚀等基本功能，还能使一些专用涂料具有导电、伪装、光致发光、光致变色等特种功能。涂料用颜料分为无机颜料、有机颜料和体质颜料，其中体质颜料又称为填料。

无机颜料可分为白色颜料、黑色颜料、彩色颜料、防锈颜料及功能颜料等，主要包括炭黑及铁、钛、钡、锌、镉、铬和铅等金属氧化物及其盐。有机颜料具有鲜艳的色泽、较高的附着力、齐全的色谱，但其遮盖力相比无机颜料而言较弱，产量比后者小得多，按结构可分为偶氮颜料类、色淀类、铜钛菁类、稠环类及有机大分子类。近年来一些高性能有机颜料能满足长期室外曝晒、耐酸碱、耐高温、耐溶剂、耐迁移等多方面性能要求，可与无机颜料相媲美。

(1) 白色颜料　主要有钛白、锌白和锌钡白等。钛白的化学成分是二氧化钛，它是涂料工业用量最大的颜料，占涂料用颜料总量的90%以上，但其价格高，对涂料成本影响较大。钛白具有优异的遮盖性能、明亮的白度及很高的光泽以及良好的分散性，耐光、耐热、耐酸碱且无毒，可用于白色及浅色涂料。锌白即氧化锌，具有良好的耐光、耐热和耐候性，不易粉化，但遮盖力较小。锌钡白又称为立德粉，其主要化学成分为硫化锌和硫酸钡，其性能不如钛白，不耐酸、不耐曝晒，发达国家的涂料工业已基本上不用它作白色遮盖型颜料。

(2) 黑色颜料　主要包括炭黑、氧化铁黑、苯胺黑等品种。炭黑是一种极细的、疏松的无定形炭末，具有高的不透明度和着色能力，化学性质稳定，耐酸碱、耐光、耐热，广泛应用于保护和装饰涂料，如汽车的喷漆和瓷漆、房屋涂料、窗框漆和装璜瓷漆等。氧化铁黑遮盖力较高，对光和大气作用稳定，有一定的防锈作用。苯胺黑属有机类黑色颜料，是目前所知的最黑的颜料，具有优良的耐溶剂、耐碱、耐光、耐热性能，但毒性较大。

(3) 彩色颜料　彩色颜料在涂料中起着着色、美观和遮盖作用。无机彩色颜料主要有氧化铁系的氧化铁黄、氧化铁红、氧化铁黑、氧化铁棕，另有钼铬红、镉黄、镉红、钒酸铋、氧化铬绿等；有机彩色颜料为可发色的有机大分子化合物，如联苯胺黄、铜酞菁、多氯代铜钛菁、大红粉等。

(4) 防锈颜料　防锈颜料在涂料中起着防锈作用，防止钢铁、有色金属受自然因素的腐蚀，是不以着色为目的而用于配制防锈漆使用的一类颜料。早期的品种有红丹、黄丹、铬酸盐等，防锈效果好但因含有铅、铬及有毒成分影响环境及人类健康。

(5) 其他功能颜料　功能性颜料可赋予涂料特殊性能，如特种装饰效果(金属质感、珠光光泽、夜光、荧光等)、防火、导电、抗静电、示温等。

体质颜料又称填料、填充料，它是折射率较低的白色或无色的细微固体粒子，用以提高着色颜料的体积，增加漆膜厚度和保护能力，几乎无着色能力和遮盖力。在涂料中使用填料还可降低涂料成本，但并非填料使用量越多越好。

在涂料配方的设计中，最重要的内容之一就是根据性能要求，决定颜填料和基料的比例。颜料体积浓度(*PVC*)就是涂料配方中的一个重要参数。其定义为在涂料的干膜中颜料和体质颜料(填料)所占的体积比(*PVC*)：

$$PVC=\frac{\text{涂膜中颜填料总体积}}{\text{涂膜总体积}}\%$$

随着颜填料用量的增多，则 *PVC* 值增大，单位体积内用来包覆成膜的树脂和固化剂的用量就会相对减少，导致干膜内的疏松程度增加，内聚力下降，从而使涂膜的综合性能有所降低。但如果颜填料用量太少，不仅会导致成本增加，还会影响到涂膜的透气功能。

3. 辅助成膜物质

辅助成膜物质统称为涂料用助剂，指为改善涂膜或涂料的各种性能、延长储存期、扩大应用范围、方便施工等而添加的化学品，包括乳化剂、湿润分散剂、消泡剂、增稠剂、催干剂、防腐防霉变剂、增塑剂、紫外线吸收剂等。助剂一般不能成膜，但对基料形成涂膜的过程与耐久性起着相当重要的作用。如催干剂能促进涂膜中油和树脂的氧化、聚合作用，大大缩短涂膜的干燥时间，并且涂膜光滑不沾手。常用的催干剂有金属氧化物及盐类、亚油酸盐和松香酸盐、环烷酸盐等。增塑剂又称增韧剂、软化剂，可以增加漆膜的柔韧性，提高附着力，克服漆膜硬脆开裂的缺点。常用的增塑剂有磷酸酯类、苯二甲酸酯类。紫外线吸收剂可吸收和遮挡紫外线或者捕获由紫外线辐射引发的自由基，防止分子断裂，从而提高涂膜的抗紫外线性、耐老化性和耐候性。助剂的用量一般很小，但对涂料性能产生重大影响，是涂料工业的“味精”。

（二）挥发性物质

1. 溶剂

溶剂是为了降低成膜物质的黏稠度，使之便于施工操作，获得连续性均匀涂膜而添加的挥发性物质，主要包括萜烯化合物、脂肪烃、醇、酯、酮、醇醚与醚酯、取代烃和环烷烃等。

溶剂按其在涂料中的作用，可以分为主溶剂、助溶剂和稀释剂。为了获得满意的溶解及挥发成膜效果，在产品中往往采用混合溶剂。

2. 稀释剂

稀释剂是挥发性的有机液体，主要用来稀释涂料，以达到便于施工的目的。它是多种溶剂组合成的混合溶剂。稀释剂与溶剂的区别首先在于它们对特定主要成膜物质的溶解能力有差别。稀释剂只稀释现成涂料，降低涂料的黏度，并且一般是在施工过程中才加入涂料中。而溶剂能独立溶解涂料中的成膜物质，且作为涂料的组成部分，已按一定的比例加入涂料产品中。其次涂料中含有的溶剂都有可能作为该涂料的稀释剂，但是有的稀释剂不一定可以作为溶剂使用。

二、涂料的作用、分类与命名

（一）涂料的作用

涂料与塑料、橡胶和纤维等高分子材料不同，不能单独作为工程材料使用，但可赋予涂装表面以特定的功能，其作用主要有以下几个方面：

1. 保护作用

涂料经固化后能在物体表面形成一层保护膜，可阻止或延迟物体因长期暴露于空气中受到水分、空气、微生物等的侵蚀而造成的金属锈蚀、木材腐蚀、水泥风化等破坏现象。另外，涂料还可提高材料的耐摩擦、抗冲击等力学性能，如汽车底盘用抗石击涂料后就能保护汽车底盘，防止在砂砾、碎石的高冲击作用下出现剥落、破损或裂痕等。因此涂料被称为“工业外衣”。

2. 装饰作用

随着人民生活水平的提高，选择商品的标准不只限于质量，其外表也越来越受到人们的重视。涂料能使物体表面带上鲜艳或明显的色彩，能给人们美的感受和轻快之感，使环境更加优雅别致，并提高产品的档次和销售价值。因此，涂料的装饰性也成为品种开发的重要因素。

3. 色彩标志作用

各种颜色的涂料不但可作绘画广告，更可用不同色彩来表示警告(如危险、安全或停止等信号)，在各种管道、道路、容器及机械设备上涂上各种色彩，能调节人的心理、行动，使色彩功能达到充分发挥。国际上用涂料作标志的色彩逐渐趋于标准化。如氢气钢瓶是绿色的，氮气瓶是黑色的，氯气钢瓶则用黄色；交通运输中常用不同色彩表示警告、危险、前进、停止等信号以保证安全。

4. 特殊功能作用

涂料可以起到很多特殊功能的作用，如电性能方面的电绝缘、导电、屏蔽电磁波、防静电产生；热能方面的区分高温、室温和一般温度标记；吸收太阳能、屏蔽射线；机械性能方面的防滑、自润滑、防碎裂飞溅等；还有防噪声、减振、卫生消毒、防结霜、防结冰、阻燃等各种不同作用。例如，阻燃涂料能提高木材的耐火性；防霉杀菌涂料可减少和防止微生物对材料的破坏；示温涂料可随着物体表面温度的不同而呈现不同的色彩；阻尼涂料可吸收声波、机械振动等引起的噪声和振动，用于舰船可吸收声纳波，提高舰船的隐蔽性。

(二) 涂料的分类

涂料用途广泛，种类繁多，其分类各异。

(1) 按涂料用途　分为建筑涂料、工业涂料、通用涂料、特种涂料。工业涂料包括木器涂料、车用涂料、船舶涂料、轻工涂料等。

(2) 按成膜物质　分为酚醛树脂涂料、醇酸树脂涂料、硝基涂料、丙烯酸树脂涂料、聚氨酯涂料、环氧树脂涂料等，还有油基涂料，如表 4-2 所示。

表 4-2　涂料的分类(按成膜物质分)

序号	代号	涂料产品类型	代表性成膜物质
1	Y	油脂涂料	天然动植物油、情油(熟油)、合成干性油
2	T	天然树脂涂料	松香及衍生物、虫胶、乳酪素动物胶、大漆及衍生物
3	P	酚醛树脂涂料	纯酚醛树脂、改性酚醛树脂、二甲苯树脂
4	L	沥青树脂涂料	天然沥青、煤焦油沥青、石油沥青
5	C	醇酸树脂涂料	甘油(或季戊四醇等)醇酸树脂及各种油改性醇酸树脂等
6	A	氨基树脂涂料	脲(或三聚氢氨)甲醛树脂和各种改性醇酸树脂等
7	Q	硝基树脂	硝化纤维素和改性硝化纤维素
8	M	纤维素涂料	醋酸纤维、苄基纤维、乙基纤维、酯丁纤维、羟甲基纤维等
9	X	乙烯树脂涂料	聚乙烯醇缩丁醛树脂、氯乙烯-偏氯乙烯共聚物、聚苯乙烯、氯化聚丙烯、石油树脂等
10	B	丙烯酸树脂涂料	丙烯酸树脂涂料、丙烯酸共聚物等
11	Z	聚酯树脂涂料	饱和聚酯和不饱和聚酯
12	H	环氧树脂涂料	环氧树脂、脂肪族聚烯烃环氧树脂、改性环氧树脂
13	S	聚氨酯树脂	加成物、预聚物、缩二脲及异氰脲酸酯多异氰酸酯(芳香族与脂肪族)
14	J	橡胶涂料	天然橡胶及其衍生物，如氰化橡胶；合成橡胶及其衍生物、如氯磺化聚乙烯橡胶

续表

序号	代号	涂料产品类型	代表性成膜物质
15	G	过氯乙烯树脂涂料	过氯乙烯树脂、改性过氯乙烯树脂
16	W	元素有机涂料	有机硅、有机钛、有机铝等元素有机聚合物
17	E	其他	未包括在以上所列的其他成膜物质，如无机高分子材料、聚酰亚胺树脂等

(3) 按分散介质　分为水性涂料、溶剂型涂料、粉末涂料等。

(4) 按涂膜功能　分为不黏涂料、铁氟龙涂料、装饰涂料、防腐涂料、导电涂料、防锈涂料、耐高温涂料、示温涂料、隔热涂料、防火涂料、防水涂料等。

(5) 按成膜机理　分为挥发性干燥涂料、热熔性干燥涂料、气干性涂料、烘干性涂料、多组分固化型涂料、辐射固化涂料等。

(6) 按涂层作用　分为底漆、腻子、面漆、罩光漆等。

(7) 按施工方法　分为喷漆、浸漆、电泳漆、自泳漆等。

(三) 涂料的命名

涂料的名称以成膜物质为基础，结合其颜色、特性及用途进行命名：

涂料全名=颜料或颜色名称+成膜物质名称+基本名称

如红醇酸磁漆、醇酸导电磁漆等。

基本名称表示涂料的基本品种、特性和专业用途，例如清漆、瓷漆、底漆、锤纹漆、甲板漆、汽车修补漆等。对于不含颜料的清漆，其全名一般是由成膜物质名称加上基本名称而组成。颜色名称通常由红、黄、蓝、白、黑、绿、紫、棕、灰等颜色，有时再加上深、中、浅等色构成。有些涂料的颜色对漆膜的性能起到显著作用，可用颜料的名称代替颜色的名称，例如铁红、锌黄、红丹等。为简便起见，成膜物质名称可适当简化，如聚氨基甲酸酯简称聚氨酯、环氧树脂简称环氧等。当基料中含有多种成膜物质时，选择起主要作用的一种成膜物质命名。有时也选取几种成膜物质命名，主要成膜物质名称在前，次要成膜物质名称在后，例如红环氧硝基瓷漆。

三、涂料的成膜

涂料的成膜就是将涂料(液体或粉末)转变成连续完整涂层的过程，它是通过选择适当的涂装方法，按照严格的施工工艺完成的复杂的物理化学过程。

(一) 物理方式成膜

1. 溶剂挥发成膜

传统的热塑性溶剂型涂料，例如氯化聚烯烃、硝基纤维素、丙烯酸树脂、CAB 和聚乙烯醇缩甲醛等成膜物溶解于一定的溶剂体系制备成固体分小于 50% 的涂料，装涂后溶剂挥发固化成膜。

2. 聚合物分散体系成膜

聚合物分散体系包括以水为分散介质的乳液，以及非水分散的有机溶剂等。聚合物不溶于介质，以微粒状态稳定分散在分散介质中。成膜时分散介质挥发，在毛细管作用力和表面张力的推动下，乳液离子紧密堆集，并且发生形变，粒子壳层破裂，粒子之间界面逐渐消失，聚合物分子链相互渗透和缠绕，从而形成连续、均一的涂膜。

（二）化学方式成膜

成膜物质在成膜过程中发生化学反应，分子间交联生成具有三维结构体型大分子的连续涂层称为化学方式成膜。

1. 单组分热固性涂料成膜

单组分涂料施工便利，省工、省时、省料，很受市场欢迎。如醇酸树脂、环氧树脂、聚氨酯改性醇酸等通过吸收空气中的氧引起不饱和脂肪侧链氧化交联是典型代表。单组分湿气固化聚氨酯吸收空气中的水，与成膜物中过剩的—NCO 反应生成聚脲聚氨酯涂层。反应交联型的粉末涂料也可以归入单组分涂料。

2. 自由基聚合反应成膜

以不饱和聚酯、丙烯酸或烯丙基化的环氧、聚氨酯、聚酯低聚物及环氧化合物与活性稀释剂等组成的成膜物在自由基引发剂的作用下，或者紫外线、电子束等高能光束引发光敏剂分解产生的自由基或活性离子作用下发生聚合交联成膜，整个反应在几秒至几分钟内完成。成膜过程几乎没有有机溶剂挥发，环境友好和节能，这是目前涂料行业发展最快的领域之一。

3. 双组分涂料的成膜

环氧树脂与胺固化剂，聚合物多元醇或多元胺与多异氰酸酯固化剂之间发生加成聚合交联成膜，他们都是双组分包装，使用前按比例混合，涂装成膜。

4. 非均相一涂分层成膜过程

传统的涂料工艺要求成膜物质形成均相的连续的涂层，而且不同涂层通过分层涂装和配套完成。20 世纪 90 年代初开始开发一道涂装形成两层以上涂层的涂料，可以大大节省施工时间和费用。一涂分层成膜技术处于发展阶段，前景看好。

四、涂料的主要性能指标与质量检测标准

涂料的主要性能指标包括制造储存性能，施工性能指标及在成膜后的性能指标。

（一）制造储存性能

主要指涂料产品形态、组成、储存性等性能。

1. 颜色与外观

本项目是检查涂料的形状、颜色和透明度的，特别是对清漆的检查，外观更为重要，如国家标准 GB 1727—1993《清漆、清油及稀释颜色测定方法》。

2. 细度

细度是检查色漆中颜料颗料或分散均匀程度的标准，以“μm”表示，测定方法见 GB 1724—1979《涂料细度测定法》。

3. 黏度

黏度测定的方法很多，涂料中通常是在规定的温度下测量定量的涂料从仪器孔流出所需的时间，以秒(s)表示，如涂-4 黏度计，具体方法见 GB 1723—1993《涂料黏度测定法》。

4. 固体分(不挥发分)

固体分是涂料中除去溶剂(或水)之外的不挥发分(包括树脂、颜料、增塑剂等)占涂料质量的百分比，用以控制清漆和高装饰性磁漆中固体分和挥发分的比例是否合适，从而控制漆膜的厚度。具体方法见国家标准 GB 1725—1979《涂料固体含量测定法》。

5. 涂料储存稳定性

储存稳定性是指涂料产品在正常的包装状态和储存条件下，经过一定的储存期限后，产品的物理或化学性能所能达到原规定的使用要求的程度，或者说是涂料产品抵抗在规定条件下，进行存放后可能发生的性能变化的程度。详见国家标准 GB/T 6753 3—86《涂料储存稳定性试验》。

6. 抗冻融稳定性

这是一项乳胶漆的重要考核指标，是指水性漆经受冷冻和随后融化(循环试验)后，保持其原有性能的能力。国家标准规定：涂料在-5℃(16h)和+23℃(8h)循环储存三次，仍保持其原有性能不变才算合格。

(二)涂膜的性能指标

1. 附着力

涂膜与被涂物体表面结合在一起的坚牢程度。附着力的大小取决于成膜物质对被涂物体表面的润湿程度、被涂物体表面的清洁程度及表面处理方法，而关键是成膜物质与对被涂表面的相互作用力。

2. 硬度

涂膜干燥后具有的坚实性，即涂膜表面对作用其上的另一个硬度较大的物质所表现的阻力。这个阻力可以通过一定重量的负荷作用在比较小的接触面积上，通过测定漆膜抗变形的能力而表现出来，因此硬度是表示漆膜机械强度的重要性能之一。

3. 柔韧性和耐久性

柔韧性指涂膜随其底材一起变形而不发生损坏的能力。耐久性指涂层与基材的黏结力不随时间的延长而出现剥落、粉化等现象的能力。

4. 耐冲击性(冲击强度)

指涂膜在高速度负荷冲击下发生快速形变而不出现开裂或脱落的能力。它表现了成膜物质的柔韧性及涂层的附着力。

5. 光泽

漆膜表面把投射其上的光线反射出去的能力，反射的光量越多，则其光泽越高。漆膜光泽对装饰性涂层来说是一项重要的指标。

6. 耐热及耐老化性

涂膜长期暴露在较高温度或在大气中，涂层会逐渐被紫外线、空气中的氧气和水分侵蚀而使光泽和颜色变暗淡甚至消失，这是由于聚合物降解之故。在涂料配方中加入防老剂，可提高涂膜的抗老化性能。有关涂料的性能指标及测试方法在相关标准中均有详细规定，性能指标的定义可参考国家标准 GB/T 5206. 4—1989。

五、涂料的生产

涂料生产，一般包括成膜物质(如树脂)的合成和涂料的配制。

(一) 成膜物质的合成

成膜物质主要是由单体通过聚合反应(由低分子单体合成聚合物的反应)而获得的高聚物。

1. 聚合反应的类型

(1) 按聚合前后组成是否变化将聚合反应分为：加聚反应和缩聚反应。

加聚反应：主要指烯类单体在活性种进攻下打开双键、相互加成而生成大分子的聚合反应，单体、聚合物组成一般相同。

缩聚反应：主要指带有两个或多个可反应官能团的单体，通过官能团间多次缩合而生成大分子，同时伴有水、醇、氯化氢等小分子生成的聚合反应。

(2) 按反应机理的不同可分为：连锁聚合反应和逐步聚合反应。

连锁聚合——其大分子的生成通常包括链引发、链增长、链转移和链终止等基元反应；

逐步聚合——其大分子的生成是一个逐步的过程。

(3) 开环聚合反应：指由杂环状单体开环而聚合成大分子的反应。常见的单体为环醚、环酰胺(内酰胺)、环酯(内酯)、环状硅氧烷等。开环聚合反应的聚合机理可能是连锁聚合或者是逐步聚合。

(4) 大分子反应：除了可以由小分子单体的聚合反应合成大分子之外，利用大分子结构上的可反应官能团的反应也可以合成新型的高分子化合物，这种方法实际上是对现有聚合物的化学改性。

涂料工业中的防腐树脂如氯化橡胶、高氯化聚乙烯(HCPE)、高氯化聚丙烯(HCPP)以及羟乙基纤维素(HEC)、聚乙烯醇缩丁醛(或甲醛)等，就是通过大分子反应合成的。

2. 聚合反应的实施

聚合反应的实施即聚合方法，按物料聚集状态分，有气相、液相及固相聚合；若按反应介质和条件不同可分为四种：本体聚合、溶液聚合、悬浮聚合和乳液聚合；按照单体在聚合介质中的分散情况可分为均相聚合和非均相聚合。聚合方法的选择，取决于单体性质和聚合物的用途。四种聚合方法的工艺特征及比较见表 4-3。

表 4-3　四种聚合方法的工艺特征及比较

聚合方法	本体聚合	溶液聚合	悬浮聚合	乳液聚合
定义	单体本身聚合，用加热或加少量引发剂使单体进行聚合的方法	将单体溶解于溶剂中进行聚合的方法	以水为介质，在分散剂作用下，经搅拌将单体分散成小液滴悬浮于水中进行聚合的方法	单体在乳化剂的作用及机械搅拌下，在水中形成乳状液而进行聚合的方法
主要原料	单体、引发剂	单体、引发剂、溶剂	单体、引发剂、水、分散剂	单体、引发剂、水、乳化剂
反应介质	本体	溶剂	水	乳液

续表

聚合方法	本体聚合	溶液聚合	悬浮聚合	乳液聚合
聚合场所	本体内	溶液内	分散的小液滴内	胶束和乳胶粒同内
温度控制	难	易，溶剂为热载体	易，水为热载体	易，水为热载体
生产特征	不易散热，可连续或间歇生产，设备简单，宜生产透明浅色制品	易于散热，可连续生产，不宜制成粉、粒状	易于散热，间歇生产，需有分离、洗涤、干燥等工序，由于分散剂的存在导致产品纯度下降	易于散热，可连续生产，反应后期黏度仍很低，特别适用于制备黏性较大的高聚物
产品特点	纯度高，块、粒、粉状皆可	纯度低，溶液或颗粒状	较纯净，含分散剂，粉状或珠粒状	含少量乳化剂等助剂，乳液、胶粒或粉状
三废情况	很少	含溶剂废水	有废水产生	胶乳废水
主要产品	有机玻璃、高压聚乙烯、聚苯乙烯、聚氯乙烯等	聚丙烯腈、聚醋酸乙烯酯等	聚乙烯、聚苯乙烯等	丁苯橡胶、丁腈橡胶、氯丁橡胶、聚醋酸乙烯酯乳液等

3. 成膜物质生产过程

涂料用成膜物质多为液态，包括溶液聚合物、非水分散聚合物、水分散聚合物及纯聚合物溶液等。生产过程主要有配料、聚合、过滤等工序，有时为提高聚合物含量，还增加脱溶剂过程。图 4-1 为液态成膜物质生产装置图。

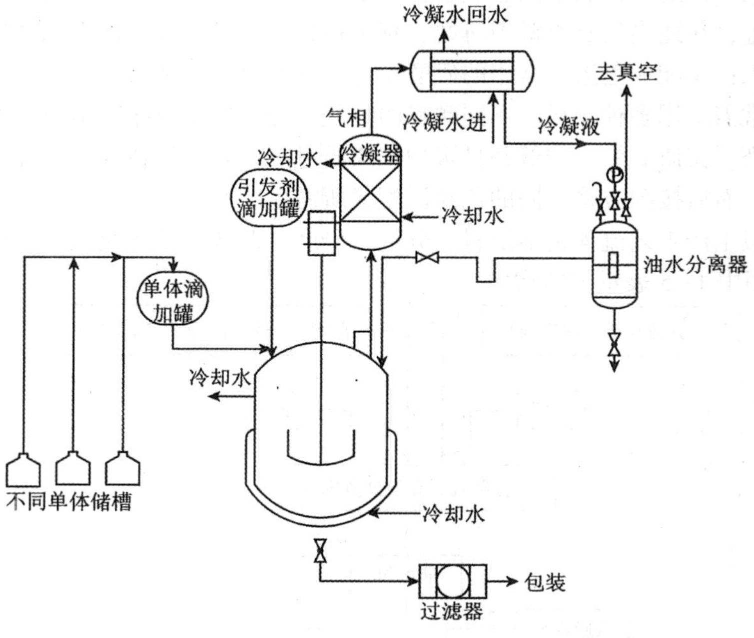

图 4-1　液态成膜物质生产装置图

合成树脂的种类虽多，但其生产流程具有一定共性。典型的生产工艺流程描述如下：原料经过计量，加料到反应釜中，进行反应。先用热媒对反应釜进行加热到反应温度，使反应物发生反应，保持该温度到设定反应时间。合成反应一般为放热反应，温度过高副反应增多，需要移走反应中所产生的热量。可采用冷却水在夹套中对反应釜进行冷却。为了充分混合反应物，也为防止局部过热，需要对反应物料进行搅拌。反应产生的水和轻组分通过冷凝器和分水器进行处理。水蒸气由反应釜上部气相排出，通过冷凝器冷凝；在分水器中，上层的溶剂溢流到反应釜(或收集槽)，下层水通过排放阀进行定期排放收集。反应釜中的料液经冷却后一般浓度较高，加入适量的溶剂和助剂进行稀释以达到生产所要求的黏度和浓度。产品经过滤后，送往储罐进行储存或专用桶包装存放。

(二) 涂料的配制

涂料产品分清漆和色漆二种。清漆不含颜料，主要用于家具的涂装和色漆罩光，清漆涂膜干燥快，涂膜透明、光亮而坚硬，耐候性、耐油性较好，但耐水性较差。色漆是由成膜物质和一定数量的颜料及其他助剂，经研磨调配而成的有色涂料，分为底漆和面漆。

底漆又分为头道底漆、腻子、二道底漆和防锈漆。头道底漆是涂装于物体表面的第一层涂料，要求能为第二涂层提供良好的附着基础，涂膜细密坚牢，对金属表面具有防锈功能。腻子呈稠厚的浆状，涂在头道漆之上，用于填补被涂物体表面的缺陷如空洞、缝隙等，干燥后打磨平整，提高物体表面的装饰性，要求坚牢不裂、硬而易磨。打磨后的腻子表面粗糙、有小针眼，二道漆可予以填补，二道漆干透后也要打磨平整。面漆具有遮盖和改变物体表面颜色等功能，在整个涂层中发挥主要装饰和保护作用。面漆主要是磁漆，有白光、半光及无光等品种，其中有光色漆的品种数量最多。

为获得平整均匀的涂膜，对涂料细度有较高的要求，尤其是装饰性强的面漆，要求细度一般在 20μm 以下。研磨可将聚集成较大颗粒的颜料分离，并被成膜物质包覆而不再聚集成大颗粒，可持久、稳定地分散于液态成膜物质中。研磨是以配方中部分成膜物质、颜料及润滑剂、分散剂等，在适当的研磨机中研磨，直至符合细度要求后，再将配方中剩余成膜物质及其他组分加入；调配成色漆。常用的研磨设备是球磨机、三辊磨、砂磨机等。

配制色漆常需要用多种颜料。不同颜料的性质、分散性及纯净度不同。若将不同颜料按配方混合后研磨，其研磨效率较低并且影响色漆质量。一般是将各种颜料分别研磨，制成单一颜料的色浆，而后按配方将不同的色浆调配成所需色漆。

涂料的一般生产工艺流程包括配料、分散、研磨、调合、过滤及包装等步骤。其工艺流程见图 4-2，图中 1~5 表示加料次序。

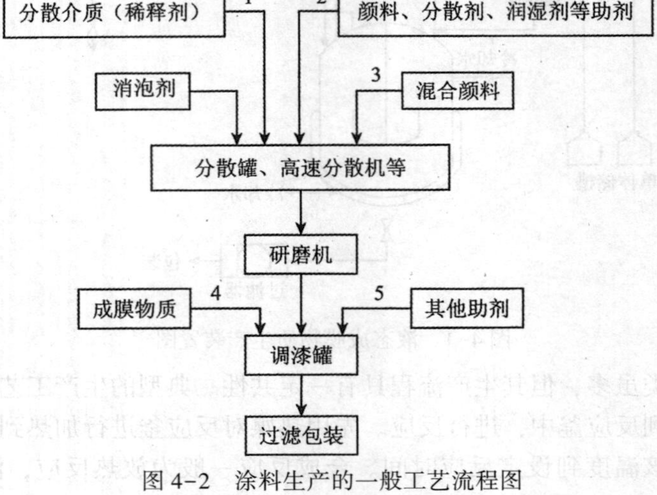

图 4-2　涂料生产的一般工艺流程图

项目二　醇酸树脂涂料

一、概述

醇酸树脂涂料是以醇酸树脂为主要成膜物质的合成树脂涂料。醇酸树脂是由脂肪酸(或其相应的植物油，如桐油、亚麻油、椰子油)、多元酸(如邻苯二甲酸酐、顺丁烯二酸酐等)及多元醇(甘油、季戊四醇、乙二醇等)经缩聚反应而成的高分子化合物。醇酸树脂以其原料来源广泛、配方灵活、善于通过多种改性赋于各种性能特色而成为涂料行业用量最大、用途最广的合成树脂，在涂料行业合成树脂中应用比例可达 70%，对涂料的性能有着决定性的影响。由醇酸树酯调配的醇酸漆到目前为止仍然是涂料市场上最重要的涂料品种之一，其产量约占涂料工业总量的 20%～25%。

醇酸树脂涂料有以下特点：

(1) 漆膜干燥后形成高度网状结构，不易老化，耐候性好，光泽持久不退。

(2) 漆膜柔韧坚牢，耐摩擦。

(3) 抗矿物油、抗醇类溶剂性良好。烘烤后的漆膜耐水性、绝缘性、耐油性都大大提高。

但醇酸树脂涂料也存在一些缺点：如干结成膜快，但完成干燥的时间长；耐水性差，不耐碱。因此为改善其性能可添加丙烯酸、松香、苯甲酸、有机硅等其他化学物质，与多元酸或油、多元醇和脂肪酸共聚制备成改性醇酸树脂。

二、醇酸树脂的分类

(一) 按油品种不同分类

用于制造醇酸树脂的植物油或脂肪酸通常根据其干燥性质，分为干性油、半干性油和不干性油三类。脂肪酸的干性与碘值、脂肪酸的结构特点的关系见表 4-4。

表 4-4　脂肪酸的干性与碘值、脂肪酸的结构特点的关系

分类	结构特点	碘值/(gI_2/100g)	油或脂肪酸名称
干性油	分子中双键数≥6 个	≥140	桐油、亚麻油、脱水蓖麻油等
半干性油	分子中双键数 4～6 个	100～140	豆油、葵花籽油、棉籽油等
不干性油	分子中双键数<4 个	≤100	蓖麻油、椰子油、米糠油等

干性油在空气中能逐渐干燥成膜。半干性油要经过较长时间能形成黏性的膜。不干性油则不能成膜。油的干性除了与双键的数目有关外，还与双键的位置有关。处于共轭位置的油，如桐油，有更强的干性。工业上常用碘值，即 100g 油所能吸收的碘的克数，来测定油类的不饱和度，并以此来区分油类的干燥性能。

1. 干性油醇酸树脂

由不饱和脂肪酸或干性油、半干性油为主改性制得的树脂能溶于脂肪烃、萜烯烃(松节油）或芳烃溶剂中，干燥快、硬度大而且光泽较强。桐油反应太快，漆膜易起皱，与其他油类混用以提高干燥速率和硬度。蓖麻油本身是不干性油，含有约85%的蓖麻油酸，在高温及催化剂存在下，脱去一分子水而增加一个双键，其中约20%～30%为共轭双键。因此脱水蓖麻油就成了干性油。

2. 不干性油醇酸树脂

由饱和脂肪酸或不干性油为主来改性制得的醇酸树脂，不能在室温下固化成膜，需与其他树脂经加热发生交联反应才能固化成膜。其主要用途是与氨基树脂拼用，制成各种氨基醇酸漆，具有良好的保光、保色性，用于电冰箱、汽车、自行车、机械电器设备，性能优异；其次可在硝基漆和过氯乙烯漆中作增韧剂以提高附着力与耐候性。醇酸树脂加于硝基漆中，还可起到增加光泽，使漆膜饱满，防止漆膜收缩等作用。

3. 半干性油醇酸树脂

性能在干性油、不干性油醇酸树脂之间。

（二）按油含量不同分类

树脂中油含量用油度来表示。油度（OL）的含义是醇酸树脂配方中油脂的用量（m_o）与树脂理论产量（m_r）之比。其计算公式为：$OL = m_o/m_r \times 100\%$。

如果以脂肪酸直接合成醇酸树脂，脂肪酸含量（OLf）为配方中脂肪酸用量（m_f）与树脂理论量之比：$OLf = m_f/m_r \times 100\%$。其中，

m_r = 单体用量－生成水量 = 甘油（或季戊四醇）用量＋油脂（或脂肪酸）用量－生成水量

醇酸树脂的油度可区分为短、中、长和特长，如表4-5所示。

表4-5　醇酸树脂的油度（或苯二甲酸酐含量）区分值

油度	油量/%	苯二甲酸酐/%	油度	油量/%	苯二甲酸酐/%
短	35～45	>35	长	60～70	20～30
中	45～60	30～40	特长	>70	<20

1. 短油度醇酸树脂

可由豆油、脱水蓖麻油和亚麻油等干性半干性油制成，漆膜凝结快，自干能力一般，弹性中等，光泽及保光性好。烘干后，短油度醇酸树脂比长油度的硬度、光泽、保色、抗摩擦性能都好，用于汽车、玩具、机器部件等方面作面漆。

2. 中油度醇酸树脂

主要以亚麻油、豆油制得，是醇酸树脂中最主要的品种。这种涂料可以刷涂或喷涂。中油度漆干燥很快，有极好的光泽、耐候性、弹性，漆膜凝固和干硬都快，可自己烘干，也可加入氨基树脂烘干。

3. 长油度醇酸树脂

树脂的油度为60%～70%。它有较好的干燥性能，漆膜富有弹性，有良好的光泽，保光性和耐候性好，但在硬度、韧性和抗摩擦性方面不如中油度醇酸树脂。另外，这种漆有良好的刷涂性，可用于制造钢铁结构涂料、室内外建筑涂料。因为它能与某些油基漆混合，因而用来增强油基树脂涂料，也可用来增强乳胶漆。

4. 特长油度醇酸树脂

树脂的油度在70%以上。其干燥速度慢、易刷涂。一般用于油墨及调色基料。

总之，对于不同油度的醇酸树脂，一般说来，油度越高，涂膜表现出的特性越多，比较柔韧耐久，漆膜富有弹性，适用于室外用涂料。油度越短，涂膜表现出的特性少，比较硬而脆，光泽、保色、抗磨性能好，易打磨，但不耐久，适用于室内涂料。

（三）按改性单体名称不同分类

如苯乙烯改性醇酸、氨基甲酸酯改性醇酸、有机硅改性醇酸、丙烯酸改性醇酸等。醇酸树脂中的树脂二字往往略去，简称醇酸。

三、醇酸树脂的合成原料

（一）多元醇

制造醇酸树脂的多元醇主要有丙三醇（甘油）、三羟甲基丙烷、三羟甲基乙烷等。用三羟甲基丙烷合成的醇酸树脂具有更好的抗水解性、抗氧化稳定性、耐碱性和热稳定性，与氨基树脂有良好的相容性，此外还具有色泽鲜艳、保色力强、耐热及快干的优点。乙二醇和二乙二醇主要同季戊四醇复合使用，以调节官能度，使聚合平稳，避免胶化。

（二）有机酸

有机酸可以分为两类：一元酸和多元酸。一元酸主要有苯甲酸、松香酸以及脂肪酸；多元酸包括邻苯二甲酸酐、间苯二甲酸、对苯二甲酸、顺丁烯二酸酐等。多元酸单体中以邻苯二甲酸酐最为常用，引入间苯二甲酸可以提高耐候性和耐化学品性，但其熔点高、活性低，用量不能太大；己二酸和癸二酸含有多亚甲基单元，可以用来平衡硬度、韧性及抗冲击性；偏苯三酸酐的酐基打开后可以在大分子链上引入羧基，经中和可以实现树脂的水性化，用作合成水性醇酸树脂的水性单体；一元酸主要用于脂肪酸法合成醇酸树脂。各种有机酸的性能不同，对应制备树脂性能各异。如苯甲酸可以提高耐水性，由于增加了苯环单元，可以改善涂膜的干性和硬度，但用量不能太多，否则涂膜变脆；亚麻油酸、桐油酸等干性油脂肪酸感性较好，但易黄变、耐候性较差；豆油酸、脱水蓖麻油酸、菜籽油酸、妥尔油酸黄变较弱，应用较广泛；椰子油酸、蓖麻油酸不黄变，可用于室外用漆和浅色漆的生产。苯甲酸可以提高耐水性，由于增加了苯环单元，可以改善涂膜的干性和硬度，但用量不能太多，否则涂膜变脆。

（三）植物油

植物油是一种三脂肪酸甘油酯，三个脂肪酸一般不同，可以是饱和酸、单烯酸、双烯酸或三烯酸，但大部分天然油脂中的脂肪酸主要为十八碳酸，也可能含有少量月桂酸（十二碳酸）、豆蔻酸（十四碳酸）和软脂酸（十六碳酸）等饱和脂肪酸。

植物油类有桐油、亚麻仁油、豆油、棉籽油、妥尔油（松浆油）、红花油、脱水蓖麻油等。植物油的质量指标包括外观、气味、密度、黏度、酸值、皂化值和不皂化物、碘值等。为使油品质量合格，适应醇酸树脂的生产，合成醇酸树脂的植物油必须经过精制才能使用。精制方法包括碱漂和土漂处理，俗称“双漂”。碱漂主要是去除油中的游离酸、磷脂、蛋白质及机械杂质，也称为“单漂”。“单漂”后的油再用酸性土漂吸附掉色素（脱色）及其他不良杂质，才能使用。

（四）催化剂

若使用醇解法合成醇酸树脂，醇解时需使用催化剂。常用的催化剂为氧化铅和氢氧化锂（LiOH），由于环保问题，氧化铅被禁用。醇解催化剂可以加快醇解进程，且使合成的树脂清澈透明。其用量一般占油量的 0.02%。聚酯化反应也可以加入催化剂，主要是有机锡类，如二月硅酸二丁基锡、二正丁基氧化锡等。

（五）催干剂

干性油（或干性油脂肪酸）的“干燥”过程是氧化交联的过程，反应可以自发进行，但速率很慢，需要数天才能形成涂膜。加入催干剂可以促进这一反应。催干剂是醇酸涂料的主要助剂，其作用是加速漆膜的氧化、聚合、干燥，达到快干的目的。通常催干剂可分为两类：一类为主催干剂，主要是钴、锰、钒（V）和铈（Ce）的环烷酸（或异辛酸）盐，以钴、锰盐最常用，用量以金属计为油量的 0.02%～0.2%。另一类为助催干剂，通常是以一种氧化态存在的金属皂，它们一般和主催干剂并用，如钙（Ca）、铅（Pb）、锆（Zr）、锌（Zn）、钡（Ba）和锶（Sr）的环烷酸（或异辛酸）盐。

（六）溶剂

目前国内生产的醇酸树脂大多为溶剂型醇酸树脂，溶剂用量占一半以上。一般根据醇酸树脂的油度和用途选择使用不同的溶剂，长油度醇酸树脂可以全部使用 200 号漆用溶剂油；中油度醇酸树脂则需要用少量芳烃与 200 号漆用溶剂油配合使用；短油度醇酸树脂中多用甲苯、二甲苯和少量丁醇、醋酸酯等。

四、醇酸树脂涂料的生产

（一）醇酸树脂的合成原理

合成醇酸树脂时先将甘油与脂肪酸酯化或甘油与油脂醇解生成单脂肪酸甘油酯，使甘油由 3 官能度变为 2 官能度，然后再与 2 官能度的苯酐缩聚。如甘油与甘油三酸酯（油脂）进行酯交换（醇解），得到甘油一酸酯、甘油二酸酯以及油脂的混合物：

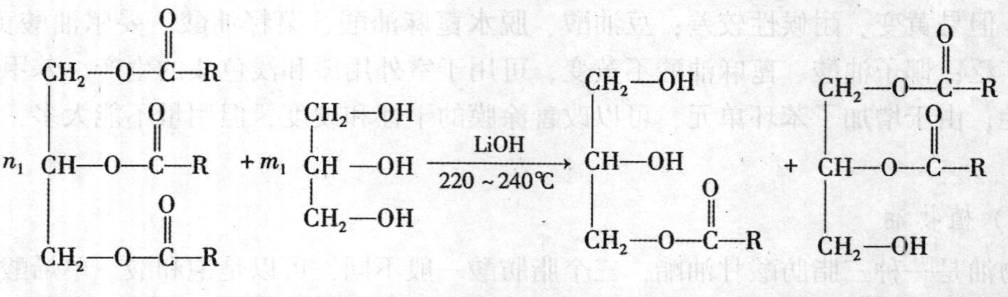

甘油一酸酯、甘油二酸酯和邻苯二甲酸酐进行酯化缩聚，所得醇酸树脂是近似于线型的高分子化合物：

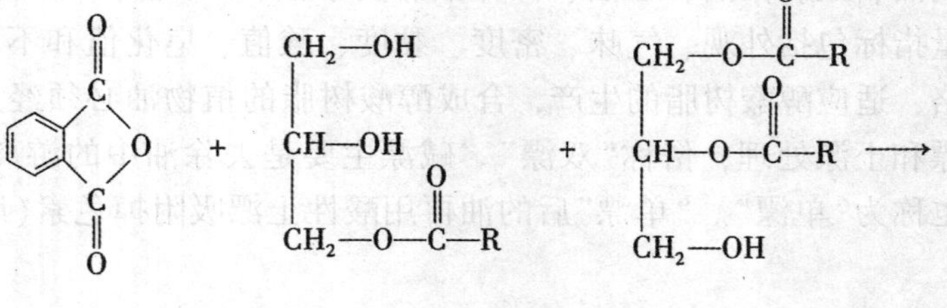

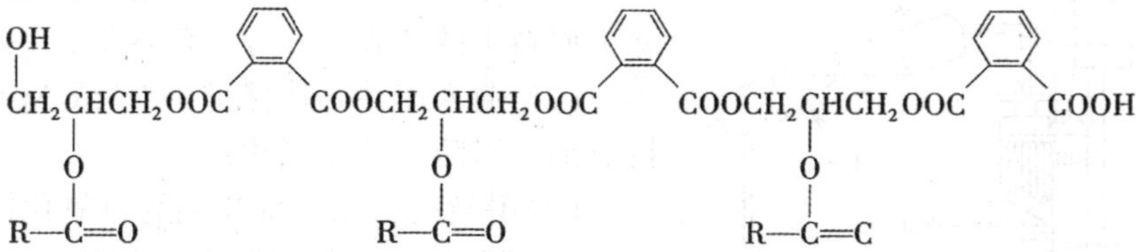

式中，R 代表脂肪酸基引入的不饱和烃基，如：

油酸	$CH_3(CH_2)_7CH=CH(CH_2)_7COOH$
亚油酸	$CH_3(CH_2)_4CH=CHCH_2CH=CH(CH_2)_7COOH$
亚麻酸	$CH_3CH_2CH=CHCH_2CH=CHCH_2CH=CH(CH_2)_7COOH$
桐油酸	$CH_3(CH_2)_3CH=CHCH=CHCH=CH(CH_2)_7COOH$
蓖麻油酸	$CH_3(CH_2)_6\underset{\underset{OH}{\vert}}{C}HCH_2CH=CH(CH_2)_7COOH$

（二）醇酸树脂的合成工艺

工业上生产醇酸树脂，根据原料不同，可分为脂肪酸法和醇解法两种。前者用的是脂肪酸、多元醇与多元酸，能互溶形成均相体系进行酯化，避免了复杂的醇解工序，其工时缩短，配方设计灵活，聚合速度快，质量容易控制，但原料对设备腐蚀性较强。后者是用多元醇先将油加以醇解，使之在与多元酸酯化时形成均相体系，原料对设备的腐蚀性小，生产成本较低，但酸值不易下降，树脂干性较差，涂膜较软。在缩聚酯化工艺上又分为溶剂法和熔融法两种。如在缩聚体系中加入共沸液体(如二甲苯)以除去酯化反应生成的水，则称为溶剂法；熔融法是将甘油、邻苯二甲酸酐、脂肪酸或油在惰性气体中不加共沸液体直接加热至200℃以上酯化，直到酸值达到要求，再加溶剂稀释。这种方法反应温度高(200～250℃)、反应速率慢，产品质量较差。溶剂法的优点是所制得的醇酸树脂颜色较浅，质量均匀，产率较高，酯化温度较低且易控制，设备易清洗等。但熔融法设备利用率高，比溶剂法安全。醇解-溶剂法合成醇酸树脂的工艺流程框图如图 4-3 所示。

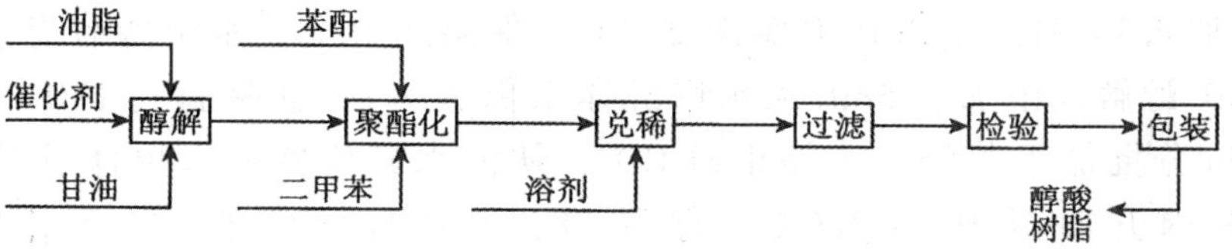

图 4-3　醇解-溶剂法生产醇酸树脂工艺框图

1. 醇解法合成醇酸树脂

醇解法是醇酸树脂合成的方法之一。醇酸树脂生产设备简图如图 4-4 所示。由于油脂与多元酸(或酸酐)不能互溶，用油脂合成醇酸树脂时要先将油脂醇解为不完全的脂肪酸甘油酯(或季戊四醇酯)，其中含有单酯、双酯和没有反应的甘油及油脂，再与多元酸或酸酐缩聚形成大分子树脂。

醇解时要注意甘油用量、催化剂种类和用量及反应温度，以提高反应速度和甘油一酸酯含量。此外，还要注意以下几点：

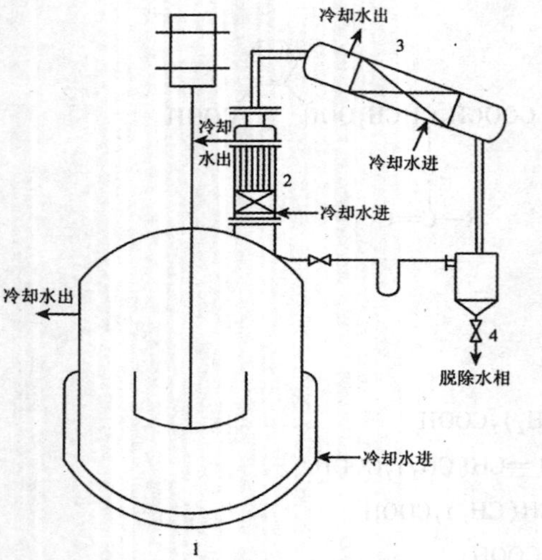

图 4-4　醇酸树脂生产设备简图

1—反应釜；2—回流冷凝器；
3—横冷凝器；4—油水分离器

（1）用油要经碱漂、土漂精制，至少要经碱漂除去原料中的磷脂、固醇、色素等；

（2）通入惰性气体保护（CO_2 或 N_2），也可加入抗氧剂，以防止油脂氧化；

（3）醇解时常用的催化剂为氢氧化锂（LiOH）；

（4）醇解反应是否进行到应有深度，须及时用醇容忍度法检验以确定其终点。

2. 脂肪酸法合成醇酸树脂

脂肪酸可以与苯酐、甘油互溶，因此脂肪酸法合成醇酸树脂可以单批反应。脂肪酸法合成醇酸树脂一般也采用溶剂法。反应釜为带夹套的不锈钢反应釜，装有搅拌器、冷凝器、惰性气体进口、加料、放料口、温度计和取样装置。为实现油水分离，冷凝器下部配置一个油水分离器，经分离得二甲苯溢流回反应釜循环使用。

3. 醇酸树脂的合成实例（38%短油度椰子油醇酸树脂的合成）

（1）原料准备：

原料	用量/kg	相对分子质量	物质的量/kmol
精制椰子油	127.862	662	0.193
95%甘油	79.310	92.1	0.818
苯酐	148.0	148	1.000
油内甘油			0.193
油内脂肪酸			3×0.193

（2）合成工艺：①将精制椰子油及甘油总量的 60%加入反应釜，升温，同时通 CO_2 120℃时加入 LiOH；②2h 内升温至 220℃，保温醇解至无水甲醇容忍度达到 5（即在 25℃、1mL 醇解油中加入 5mL 无水甲醇体系仍透明）；③降温到 180℃加入剩余甘油，用 20min 分批加入苯酐；④停止通 CO_2，从油水分离器加入单体总量 6%的二甲苯；⑤在 2h 内升温至 195～200℃，保温 2h；⑥取样测酸值、黏度。当酸值约为 8mgKOH/g、黏度（加氏管）达到 10s 时停止加热，出料到兑稀罐，110℃加适量二甲苯，过滤，收于储罐。

（三）醇酸树脂涂料的配制

由醇酸树脂可配制清漆、色漆、底漆、防锈漆、绝缘漆、皱纹漆（用于仪器仪表的涂装）等。将中油度或长油度醇酸树脂溶于适当溶剂，加入催干剂，过滤后即可制得醇酸树脂清漆。常用溶剂为 200 号溶剂油，若加入松节油及二甲苯可增加清漆稳定性；催干剂常采用几种催干剂配合使用。

醇酸清漆典型配方举例：

kg

漆料成分	配方 1	配方 2	漆料成分	配方 1	配方 2
中油度醇酸树脂(50%)	84.0	—	环烷酸钙(2%)	2.40	0.30
长油度醇酸树脂(50%)	—	88.5	环烷酸锰(3%)	—	0.05
环烷酸钴(4%)	0.45	0.25	环烷酸铅(10%)	—	0.60
环烷酸锌(3%)	0.35	0.30	二甲苯	12.8	10.0

产品分析：

指标名称	配方 1	配方 2	指标名称	配方 1	配方 2
颜色(铁-钴比色)/号	<12	<14	干燥时间(25℃)/h		
外观	透明	透明	表干	≤6	≤5
黏度(涂-4 杯)/s	40~60	40~80	实干	≤18	≤24
不挥发分/%	≥45	≥45	酸值/(mgKOH/g)	≤12	≤8

五、醇酸树脂的改性

醇酸树脂涂料具有很好的施工性和初始装饰性，但也存在一些明显的缺点：涂膜干燥缓慢，硬度低，耐水性、耐腐蚀性差，户外耐候性不佳等，需要通过改性来满足性能要求。而醇酸树脂分子中含有羟基、羧基、双键、酯基等反应性基团，可以分别用含羧基、羟基、烷氧基、烯基、酯基等单体化合物、半成品或低聚物进行改性，通过化学反应构成新的醇酸树脂，获得新的性能，使产品升级换代。

从 20 世纪 60 年代开始，我国涂料行业曾开展了醇酸树脂化学改性的研究与开发。采用不同改性剂制得性能不同的改性醇酸树脂，如松香改性醇酸树脂、酚醛树脂改性醇酸树脂、丙烯酸改性醇酸树脂、有机硅改性醇酸树脂、乙烯类单体改性醇酸树脂等。

另外，同其他溶剂型涂料一样，溶剂型醇酸涂料含有大量的溶剂(>40%)，因此在生产、施工过程中严重危害大气环境和操作人员健康。由于水无毒、无味、不燃而且廉价，由水来做溶剂不仅降低成本，同时降低了 VOC(涂料中的挥发性有机化合物)含量，近年来水性醇酸树脂的研究与应用得到了较快的发展。

项目三　丙烯酸树脂涂料

一、概述

以丙烯酸酯、甲基丙烯酸酯及苯乙烯等乙烯基类单体为主要原料合成的共聚物称为丙烯酸树脂，以其为成膜基料的涂料称作丙烯酸树脂涂料。该类涂料具有色浅、保色、保光、耐候、耐腐蚀和耐污染等优点，已广泛应用于汽车、飞机、机械、电子、家具、建筑、皮革涂饰、造纸、印染、木材加工、工业塑料及日用品的涂饰。近年来，国内外丙烯酸树脂涂料的发展很快，目前已占涂料的 1/3 以上，因此，丙烯酸树脂在涂料成膜树脂中居于重要地位。

从组成上分，丙烯酸树脂包括纯丙树脂、苯丙树脂、硅丙树脂、醋丙树脂、氟丙树脂、叔丙(叔碳酸酯-丙烯酸酯)树脂等。从涂料剂型上分，主要有溶剂型涂料、水性涂料、高固体组分涂料和粉末涂料。其中水性丙烯酸烯树脂涂料的研制和应用始于20世纪50年代，70年代初得到了迅速发展，与传统的溶剂型涂料相比，水性涂料具有价格低、使用安全，节省资源和能源，减少环境污染和公害等优点，因而已成为当前涂料工业发展的主要方向之一。

涂料用丙烯酸树脂也经常按其成膜特性分为热塑性丙烯酸树脂和热固性丙烯酸树脂。热塑性丙烯酸树脂其成膜主要靠溶剂或分散介质(常为水)挥发使大分子或大分子颗粒聚集融合成膜，成膜过程中没有化学反应发生，为单组分体系，施工方便，但涂膜的耐溶剂性较差；热固性丙烯酸树脂也称为反应交联型树脂，其成膜过程中伴有几个组分可反应基团的交联反应，因此涂膜具有网状结构，因此其耐溶剂性、耐化学品性好，适合于制备防腐涂料。

二、合成丙烯酸树脂的原料

(一) 聚合单体及其选择

丙烯酸类及甲基丙烯酸类单体是合成丙烯酸树脂的重要单体。该类单体品种多、用途广、活性适中，可均聚也可与其他许多单体共聚。此外，常用的非丙烯酸单体有：苯乙烯、丙烯腈、醋酸乙烯酯、氯乙烯、二乙烯基苯、乙(丁)二醇二丙烯酸酯等。一般根据共聚涂膜的使用要求，选择合适的单体对共聚物进行分子设计并通过实验，研制符合要求的涂料用树脂。不同单体对涂膜性能的影响见表4-6。

表4-6 聚合单体对丙烯酸系涂料涂膜性能的影响

单体名称	功 能
甲基丙烯酸甲酯、甲基丙烯酸乙酯、苯乙烯、丙烯腈	提高硬度，称之为硬单体
丙烯酸乙酯、丙烯酸正丁酯、丙烯酸月桂酯、丙烯酸-2-乙基己酯、甲基丙烯酸月桂酯、甲基丙烯酸正辛酯	提高柔韧性，促进成膜，称之为软单体
丙烯酸-2-羟基乙酯、丙烯酸-2-羟基丙酯、甲基丙烯酸-2-羟基乙酯、甲基丙烯酸-2-羟基丙酯、甲基丙烯酸缩水甘油酯、丙烯酰胺、*N*-羟甲基丙烯酰胺、*N*-丁氧甲基(甲基)丙烯酰胺、二丙酮丙烯酰胺(DAAM)、甲基丙烯酸乙酰乙酸乙酯(AAEM)、二乙烯基苯、乙烯基三甲氧基硅烷、乙烯基三乙氧基硅烷、乙烯基三异丙氧基硅烷、甲基丙烯酰氧基丙基三甲氧基硅烷	引入官能团或交联点，提高附着力，称之为交联单体
丙烯酸与甲基丙烯酸的低级烷基酯、苯乙烯	抗污染性
甲基丙烯酸甲酯、苯乙烯、甲基丙烯酸月桂酯、丙烯酸-2-乙基己酯	耐水性
丙烯腈、甲基丙烯酸丁酯、甲基丙烯酸月桂酯	耐溶剂性
丙烯酸乙酯、丙烯酸正丁酯、丙烯酸-2-乙基己酯、甲基丙烯酸甲酯、甲基丙烯酸丁酯	保光、保色性
丙烯酸、甲基丙烯酸、亚甲基丁二酸(衣康酸)、苯乙烯磺酸、乙烯基磺酸钠、AMPS(2-丙烯酰胺-2甲基丙磺酸)	实现水溶性，增加附着力，称之为水溶性单体、表面活性单体

涂料用丙烯酸树脂常为共聚物，选择单体时必须考虑他们的共聚活性。选择单体时还应注意单体的毒性大小，一般丙烯酸酯的毒性大于对应甲基丙烯酸酯的毒性，此外丙烯酸乙酯

的毒性也较大。在与丙烯酸酯类单体共聚用的单体中，丙烯腈、丙烯酰胺的毒性很大，应注意防护。

丙烯酸(酯)类单体在光、热或混入水以及铁作用下，极易发生聚合反应，为防止单体在运输和储存的过程中聚合，常加阻聚剂(如对苯二酚、对羟基二苯胺等)。阻聚剂必须于单体进行聚合前除去，否则将影响聚合反应的正常进行。通常采用蒸馏法、碱溶法或离子交换法除去。

(二) 引发剂

溶剂型丙烯酸树脂的引发剂主要有过氧类和偶氮类两种。过氧类引发剂如过氧化二苯甲酰、过氧化二月桂酰、过氧化-2-乙基己酸叔丁酯、过氧化苯甲酸叔丁酯、异丙苯过氧化氢等；偶氮类引发剂品种较少，常用的主要有偶氮二异丁腈和偶氮二异庚腈。乳液型丙烯酸树脂合成用引发剂一般为无机的过硫酸盐。

为了使聚合平稳进行，溶液聚合时常采用引发剂同单体混合滴加的工艺，单体滴加完毕，保温数小时后，还需一次或几次追加滴加后消除引发剂，以尽可能提高转化率，每次引发剂用量为前者的10%~30%。

(三) 溶剂

溶剂型涂料中的良溶剂可使丙烯酸树脂清澈透明，黏度下降，树脂及其涂料的成膜性能好。不同组成的涂料所用的溶剂有所不同，常用的溶剂为甲苯、二甲苯、乙酸乙酯、乙酸丁酯、丙酮、丁(甲乙)酮、甲基异丁基酮、乙醇、异丙醇、丁醇等。用作室温固化双组分聚氨酯羟基组分的丙烯酸树脂不能使用醇类、醚醇类溶剂，以防其和异氰酸酯基团反应，溶剂中含水量应尽可能低，可以在聚合完成后，减压脱出部分溶剂，以带出体系微量的水分。

(四) 相对分子质量调节剂

为调控相对分子质量，需要加入相对分子质量调节剂(或称为黏度调节剂、链转移剂)。常用品种为硫醇类化合物，如正、仲或叔十二烷基硫醇，巯基乙醇，巯基乙酸等。硫醇一般带有臭味，其残余将影响感官评价，因此其用量要很好地控制。目前，也有一些低气味转移剂可以选择，如甲基苯乙烯的二聚体。另外通过提高引发剂用量也可以对相对分子质量起到一定的调控作用。

(五) 乳化剂

丙烯酸乳液主要用于乳胶漆的基料，在建筑涂料市场占有重要的地位。乳液型丙烯酸树脂合成时将油性单体在水介质中由乳化剂分散成乳状液，使互不相溶的油水两相借助搅拌的作用转变为能够稳定存在，久置亦难以分层的白色乳液。因此乳化剂是乳液聚合必不可少的组分。常用的有十二烷基硫酸钠、十二烷基磺酸钠、十二烷基苯磺酸钠、壬基酚聚氧化乙烯醚类等。

三、丙烯酸树脂的合成工艺

丙烯酸系涂料从剂型上分，主要有溶剂型涂料、水性涂料、高固体组分涂料和粉末涂料。不同剂型的涂料用丙烯酸树脂，采用不同的单体配方及合成工艺。以下主要介绍溶剂型丙烯酸树脂和乳液型丙烯酸树脂的合成工艺。

（一）溶剂型丙烯酸树脂的合成

1. 溶剂型丙烯酸树脂的基本合成原理

溶剂型丙烯酸树脂聚合反应是自由基溶液聚合，其反应过程包括：链的引发；链的增长；链的终止。

(1) 链引发　引发剂过氧化物在分解温度下分解产生自由基，乙烯类单体与自由基加成而生成一个新的活泼的单体自由基。

$$(RCOO)_2 \longrightarrow 2RCOO \longrightarrow 2R\cdot + 2CO_2 R\cdot + CH_2 = CHX \longrightarrow RCH_2—CHX\cdot$$

(2) 链增长　新的单体自由基继续与另一单体加聚，生成一个有较长链节的自由基。

$$RCH_2—CHX\cdot + CH_2 = CHX \longrightarrow RCH_2—CHX—CH_2—CHX\cdot \; R(CH_2—CHX\cdot)_n + CH_2 = CHX \longrightarrow R(CH_2—CHX\cdot)_{n+1}$$

(3) 链终止　增长着的链自由基二者结合，或与其他化合物反应，夺得一个电子而将自己的自由基转移过去。

$$R(CH_2—CHX\cdot)_n + R(CH_2—CHX\cdot)_m \longrightarrow R(CH_2—CHX)_{n+m}R$$

2. 溶剂型丙烯酸树脂的合成

树脂的合成主要采用溶液聚合，目前工业上所用的丙烯酸树脂合成多采用釜式间歇法生产。聚合釜一般采用带夹套的不锈钢或搪玻璃釜，通过夹套换热，方便加热、排除聚合热或使物料降温；反应釜装有搅拌和回流冷凝器，有单体及引发剂滴加罐、进料口，还有惰性气体入口，并且配有防火、防爆措施。其基本工艺如下：

(1) 共聚单体的混合。计量要准确，无论大料（如硬、软单体）或是小料（如功能单体、引发剂、相对分子质量调节剂等）最好精确到0.2%以内。原料应现配现用。

(2) 加入釜底料。将配方量的（混合）溶剂加入反应釜，缓慢升温至回流温度，保温约0.5h，除氧。

(3) 在回流温度下，按工艺要求滴加单体和引发剂的混合溶液。滴加速度要均匀，温升过快应降低滴料速度。

(4) 保温聚合。单体滴完后，保温反应一定时间，使单体进一步聚合。

(5) 保温结束后，可以分两次或多次间隔补加引发剂，提高转化率。

(6) 再保温一段时间。取样分析。主要测外观、固含量和黏度等指标。

(7) 调整指标。

(8) 过滤、包装、质检、入库。

3. 热塑性丙烯酸树脂合成实例

热塑性丙烯酸树脂可以熔融、在适当溶剂中溶解，大多以甲基丙烯酸酯类单体为主，有的含丙烯酸丁酯、苯乙烯等单体。这类树脂不含有羟基、环氧基等可参与交联反应的活性基团，因此成膜过程不发生进一步反应，其配制的涂料通过溶剂挥发后大分子的聚集成膜。

该类涂料具有丙烯酸类涂料的基本优点，耐候性好（接近交联型丙烯酸涂料的水平），保光、保色性优良，耐水、耐酸、耐碱良好。但也存在一些缺点：固体分低（固体分高时黏度大，喷涂时易出现拉丝现象），涂膜丰满度差，低温易脆裂、高温易发黏，溶剂释放性差，实干较慢，耐溶剂性不好等。但上述弱点可通过配方设计或拼用其他树脂加以解决。

（1）塑料漆用热塑性丙烯酸树脂的合成配方：

序号	原料名称	用量质量份	序号	原料名称	用量质量份
01	甲基丙烯酸甲酯	27.00	06	二甲苯(1)	40.00
02	甲基丙烯酸正丁酯	6.000	07	重芳烃 S-100	5.000
03	丙烯酸	0.4000	08	二叔丁基过氧化物	0.4000
04	苯乙烯	9.000	09	二叔丁基过氧化物	0.1000
05	丙烯酸正丁酯	7.100	10	二甲苯(2)	5.000

（2）合成工艺　先将06、07投入反应釜中，通氮气置换反应釜中空气，加热升温至125℃，将01、02、03、04、08混合后于4~4.5h滴入反应釜，保温2h，再加入09、10于反应釜，继续保温2~3h，降温，出料。该树脂固含量：50%±2%，黏度：4000~6000mPa·s（25℃下的旋转黏度），主要性能是耐候性与耐化学性好。

4. 热固性丙烯酸树脂合成实例

热固性丙烯酸树脂也称为交联型或反应型丙烯酸树脂，主要包括羧基丙烯酸树脂和环氧基丙烯酸树脂，其中羟基丙烯酸树脂应用最广，用于同多异氰酸酯固化剂配制室温干燥双组分丙烯酸-聚氨酯涂料和丙烯酸-氨基烘漆。热固性丙烯酸树脂可克服热塑性丙烯酸树脂的缺点，使涂膜的机械性能、耐化学品性能大大提高。

（1）合成配方：

序号	原料名称	用量质量份	序号	原料名称	用量质量份
01	甲基丙烯酸甲酯	21.0	07	过氧化二苯甲酰(1)	0.800
02	丙烯酸正丁酯	19.0	08	过氧化二苯甲酰(2)	0.120
03	甲基丙烯酸	0.100	09	二甲苯(2)	6.00
04	丙烯酸-β-羟丙酯	7.50	10	过氧化二苯甲酰(3)	0.120
05	苯乙烯	12.0	11	二甲苯(3)	6.00
06	二甲苯(1)	28.0			

（2）合成工艺：①将06打底用溶剂加入反应釜；用N_2置换系统内空气，升温使体系回流，保温0.5h；②将01~05单体、07引发剂混合均匀，匀速加入反应釜，3.5h加完；③保温反应3h；④将08用09溶解，加入反应釜，保温1.5h；⑤将10用11溶解，加入反应釜，保温2h；⑥取样分析。外观、固体含量、黏度检测合格后，过滤、包装。

该树脂可以与适当比例的聚氨酯固化剂（即多异氰酸酯）配制室温干燥型双组分聚氨酯清漆或色漆。催化剂用有机锡类，如二月桂酸二正丁基锡（DBTDL）。

（二）水性丙烯酸树脂的合成

水性丙烯酸树脂包括丙烯酸树脂乳液、丙烯酸树脂水分散体（亦称水可稀释丙烯酸）及丙烯酸树脂水溶液。乳液主要是由油性烯类单体乳化于水中，在水溶性自由基引发剂引发下合成的，而树脂水分散体则通过自由基溶液聚合或逐步溶液聚合等不同工艺合成。从应用看以前两者最为重要。丙烯酸乳液大量用于乳胶漆的基料，在建筑涂料市场占有重要地位。根据单体组成可分为纯丙乳液、苯丙乳液、醋丙乳液、硅丙乳液、叔醋（叔碳酸酯-醋酸乙烯酯)乳液、叔丙(叔碳酸酯-丙烯酸酯)乳液等。以下重点介绍丙烯酸乳液的合成。

1. 丙烯酸乳液的合成原料

一般的乳液至少包括单体、乳化剂、水溶性引发剂、分散剂(去离子水)四个组成部分。乳液聚合体系至少由单体、引发剂、乳化剂和水四个组分构成，一般水与单体的配比(质量)为70/30~40/60，乳化剂为单体总量的2%~5%，引发剂为单体的0.1%~0.5%；工业配方中常另加缓冲剂、相对分子质量调节剂和表面张力调节剂等。

(1) 乳化剂　乳化剂实际上是一种表面活性剂，它可以极大的降低界面(表面)张力，使互不相溶的油水两相借助搅拌的作用转变为能够稳定存在、久置亦难以分层的白色乳液，是乳液聚合的必不可少的组分。

(2) 引发剂及其选择　乳液聚合的引发剂常采用水溶性热分解型引发剂。一般使用过硫酸盐($S_2O_8^{2-}$)：过硫酸胺、过硫酸钾、过硫酸钠。随着乳液聚合的进行，体系的pH值将不断下降，影响引发剂的活性，所以乳液聚合配方中通常还包括缓冲剂，如碳酸氢钠，磷酸二氢钠，醋酸钠等。另外，聚合温度对其引发活性影响较大。过硫酸钾引发剂的聚合温度一般在80℃以上，聚合终点，短时间可加热到90℃，以使引发剂分解完全，进一步提高单体转化率。

此外，氧化-还原引发体系也是经常使用的引发剂品种。其中氧化剂有：无机化合物过硫酸盐，过氧化氢；有机化合物异丙苯过氧化氢，特丁基过氧化氢，二异丙苯过氧化氢，等等。还原剂有亚铁盐(Fe^{2+})，亚硫酸氢钠($NaHSO_3$)，亚硫酸钠(Na_2SO_3)，连二亚硫酸钠($Na_2S_2O_6$)，硫代硫酸钠($Na_2S_2O_3$)，吊白粉。

(3) 活性乳化剂　乳液聚合的常规乳化剂为低分子化合物，乳胶漆成膜时，乳化剂向漆膜表面迁移，对漆膜耐水性、光泽、硬度产生不利影响。活性乳化剂实际上是一种表面活性单体，其通过聚合借共价键连入高分子主链，从而克服常规乳化剂易迁移的缺点。目前，已有不少表面活性单体进入市场，如对苯乙烯磺酸钠，乙烯基磺酸钠，AMPS(2-丙烯酰胺基-2-甲基丙磺酸)。此外，也可以是合成的具有表面活性的大分子单体，如丙烯酸单聚乙二醇酯，端丙烯酸酯基水性聚氨酯等，该类单体具有独特的性能，一般属于企业技术秘密。

(4) 水　水是乳液聚合的分散介质，一般采用去离子水。聚合初期，物料为单体/水乳化体系；聚合后期，物料转化为聚合物/水乳化体系，一般呈流动性较好的乳液。若物料呈现黏稠膏状，则转化为水/聚合物乳液体系，不能作为涂料成膜物质。因此，水的用量十分重要。一般而言，水与其他物料的体积比大于1，乳液固体含量在50%以下。

(5) 其他组分

① 保护胶体　乳液聚合体系中经常加入水溶性保护胶体，如羟乙基纤维素(HEC)、明胶、阿拉伯胶、海藻酸钠等天然水溶性高分子，其中HEC最为常用，其特点是对耐水性影响较小；另外合成型水溶性高分子的更为常用，如聚乙烯醇(PVA1788)、聚丙烯酸钠、苯乙烯-马来酸酐交替共聚物单钠盐。

② pH值调节剂和缓冲剂　树脂品种不同，选用的pH值调节剂也不同。阴离子型水性树脂使用碱性调节剂，如氨水、胺类；阳离子型水性树脂使用有机酸类调节剂，如甲酸、乙酸和乳酸等。常用的缓冲剂有碳酸氢钠，磷酸二氢钠，醋酸钠。如前所述，它们可使体系的pH值维持在相对稳定的水平，使链引发正常进行。

2. 乳液聚合原理

乳液聚合是一种重要的自由基聚合实施方法，油性单体在水介质中由乳化剂分散成乳状液，在水溶性引发剂的作用下引发聚合，这种方法主要用于橡胶用树脂(丁苯橡胶)、乳胶漆基料的聚合。乳液聚合具有以下特点：

① 水作分散介质，黏度低且稳定，价廉安全。

② 机理独特，可以同时提高聚合速率和聚合物相对分子质量。若用氧化-还原引发体系，聚合可在较低的温度下进行。

③ 对直接应用胶乳(乳液)的场合更为方便，如涂料，胶黏剂，水性墨等。

④ 获得固体聚合物时须经破乳、洗涤、脱水、干燥等工序，纯化困难，生产成本较悬浮聚合高。

乳液聚合与其他自由基聚合方法相比具有速度快、平均相对分子质量高的特点，这是由它的聚合机理所决定的。参见黏合剂模块。

3. 丙烯酸树脂乳液合成实例

丙烯酸树脂乳液在国内专业化生产已达80%以上，基中纯丙性能最好，但价格较高，多用于高层建筑的外墙涂料。苯丙、乙丙两者的成本比纯丙低，多用于内墙涂料和一般外墙涂料。丙烯酸乳胶涂料有内墙和外墙涂料两种，又可分为有光、平光和无光三种。

(1) 苯丙乳液的合成　苯丙乳液为苯乙烯和丙烯酸酯共聚物乳液，可配制外墙和内墙涂料，但填料比例不同，添加剂也不同。

① 原料及配方　苯丙乳液的典型配方见表4-7。

表4-7　苯丙乳液的典型配方

乳液组成		用量(质量比)/%			
		配方1	配方2	配方3	配方4
单体	苯乙烯	23	23	35	30
	丙烯酸	—	1	1	—
	丙烯酸丁酯	23	23	—	10
	丙烯酸异辛酯	—	—	11	7
	甲基丙烯酸	0.5	—	—	0.5
	甲基丙烯酸甲酯	2	—	—	—
乳化剂	OP-10	—	2.5	1.5	2.0
	K-12	—	1	1	1
	MS-1	2.4	—	—	—
保护胶体	聚甲基丙烯酸钠	1.4	—	—	—
	聚丙烯酸钠	—	1	1.5	—
	聚苯乙烯-顺丁烯二酸酐共聚钠盐	—	—	—	1.5
分散剂	水	48.8	49.5	49	49
引发剂	过硫酸钾、过硫酸铵	0.24	0.24	0.24	0.24
缓冲剂	小苏打、磷酸氢二钠	0.22	0.22	0.22	0.22

说明：OP-10为聚氧化乙烯烷基酚醚类非离子型乳化剂，“10”代表分子中乙氧基—CH_2CH_2O—链节的数目；K-12属阴离子型乳化剂十二烷基硫酸钠；MS-1属阴离子型和非离子型乳化剂。

② 生产工艺　将乳化剂溶解于水中，加入混合单体，在激烈搅拌下进行乳化。后将乳化剂的1/5投入反应釜中，加入1/2的引发剂，升温至70~72℃，保温至物料呈蓝色荧光，此时出现放热高峰，温度有可能达到80℃以上。待温度下降后开台滴加混合液，滴加速率以控制釜内温度稳定为原则，单体乳液滴加完毕后，升温至95℃，保温30min，再抽真空除去未反应单体，最后冷却，加入氨水调pH值至8~9，出料。

（2）内墙漆用叔丙乳液的合成　叔丙乳液指叔碳酸乙烯酯与丙烯酸及其酯、甲基丙烯酸及其酯类的共聚物乳液。

① 原料及配方　叔丙乳液的典型配方见表4-8。

表4-8　叔丙乳液的典型配方

组分	原料名称	用量(质量份)	组分	原料名称	用量(质量份)
A组分(底料)	去离子水	45	B组分(预乳液)	N-羟甲基丙烯酰胺	1.328
	K-12	0.044		丙烯酸	0.664
	OP-10	0.089	C组分(引发剂液)	过硫酸钾(初加)	0.100
B组分(预乳液)	$NaHCO_3$	0.099		去离子水(初加)	2.000
	去离子水	15		过硫酸钾(滴加)	0.232
	K-12	0.177		去离子水(滴加)	15.00
	OP-10	0.354	D组分(后消除)	TBHP	0.072
	甲基丙烯酸甲酯	34.023		去离子水	1.500
	丙烯酸丁酯	13.788		SFS(雕白块)	0.060
	VV-10	16.601		去离子水	1.500

说明：VV-10指高度支链化的10个碳原子的叔碳酸乙烯酯；TBHP为叔丁基过氧化氢；SFS指次硫酸氢钠甲醛或甲醛合次硫酸氢钠，为半透明白色结晶或小块，易溶于水。高温下具有极强的还原性，有漂白作用。

② 合成工艺　将底料加入反应瓶升温至78℃；取组分B的10%加入反应瓶打底，升温至84℃，加入初加KPS(过硫酸钾)溶液；待蓝光出现，回流不明显时同时滴加剩余预乳液及滴加引发剂溶液，约4h滴完；保温1h；降温为65℃，后消除，保温30min；降至40℃，用氨水调pH值为7~8，过滤出料。

项目四　聚氨酯树脂涂料

一、概述

1937年，德国化学家Otto Bayel及其同事用二或多异氰酸酯和多羟基化合物经“逐步加成聚合”合成的高分子化合物，其分子主链上除含有多个氨基甲酸酯基($-NH-\overset{O}{\overset{\|}{C}}-O-$)链节外，还往往含有醚基、酯基、脲基和酰胺基等基团，习惯上总称为聚氨酯树脂。聚氨酯分子结构中羰基的氧原子可与氨基上的氢形成环状或非环状氢键。

聚氨酯分子中极性很强的异氰酸酯基、酯基、醚键、脲、酰氨基等，可使聚氨酯涂膜具有良好的附着力；而环状或非环状氢键在外力作用下，可吸收能量(20~25kJ/mol)以避免化学键的断裂，当外力消除后可重新形成氢键。因此，聚氨酯树脂的断裂伸长率、耐磨性和韧性等均优于其他树脂，漆膜光亮耐磨、坚硬，耐化学腐蚀性、耐热性能优异，并可根据需要而调节其成分配比，可以从极坚硬的调节到极柔软的弹性涂层。聚氨酯能在高温下烘干，也能在低温下固化，即使在0℃以下也能正常固化，具有常温固化速度快、施工适应季节长等优点。

聚氨酯涂料有单、双包装之分，按成膜物质化学组成及固化机理，共可细分为五种。双包装的聚氨酯涂料有羟基固化型聚氨酯涂料和催化固化型聚氨酯涂料两种类型。单组分聚氨酯涂料主要有聚氨酯改性油涂料、潮气固化型聚氨酯涂料、封闭型聚氨酯涂料等品种。聚氨酯涂料在国防、基建、化工防腐、电气绝缘、木器涂料等各方面都得到广泛应用。

（1）羟基固化型聚氨酯涂料　这种涂料的一个组分是含有异氰酸酯基的加成物或预聚物(也叫低分子氨基甲酸酯聚合物)，另一个组分是含羟基和聚醚、聚酯、环氧树脂等。使用时，将两个组分按一定比例混合，使异氰酸基与羟基反应而固化。这一类涂料的性能优良、品种很多、用途广泛，主要用于金属、水泥、木材、橡胶以及皮革等材料的涂布，有清漆、磁漆和底漆等品种。

（2）催化固化型聚氨酯涂料　是为避免空气湿度的影响、方便施工、保证较快干燥成膜而制备的另一种双组分聚氨酯涂料，即利用催化剂，使预聚物中的异氰酸酯基(—NCO)与空气中的水反应成膜。常用的催化剂为二甲基乙醇胺、环烷酸钴等。所用催化剂单独包装。此类涂料的品种多为清漆，干燥快，附着力、光泽、耐磨以及耐水性好，用于木材、混凝土表面等。

（3）聚氨酯改性油(聚氨酯清漆)　又称氨酯油，先将干性油与多元醇进行酯交换，再与二异氰酸酯反应而成。即以甲苯二异氰酸酯替代苯酐与甘油一、二脂肪酸酯反应，所得树脂分子链中含氨基甲酸酯基，而不含游离的—NCO基，它的干燥是在空气中通过双键氧化而进行的。此漆干燥快。由于酰氨基的存在而增加了其耐磨、耐碱和耐油性，适用于室内、木材、水泥的表面涂覆；缺点是流平性差、易泛黄、色漆易粉化。

（4）潮气固化型聚氨酯涂料　由多异氰酸酯与多羟基聚酯或聚醚反应而得。成膜物质分子结构中含游离的—NCO基，可与水反应形成脲键，故可在湿度较大的空气中固化，固化速度与空气湿度有关，湿度小固化慢，湿度大固化快。因固化产生二氧化碳，容易使涂膜产生针孔、麻点等，故此种涂料的喷涂次数较多。是一类非常重要的防腐涂料品种。

（5）封闭型聚氨酯涂料　以苯酚、酮肟、醇、己内酰胺等为封闭剂，将二异氰酸酯或其加成产物的游离—NCO基临时封闭，使—NCO暂时失活，然后再与聚酯或聚醚等含有—OH的组分混合配制，成为单组分聚氨酯涂料，室温下无反应活性，不受潮气影响，储存期稳定。施工时高温烘烤涂膜(100~150℃)，封闭剂解封，重新释放出—NCO，与涂料中的活性氢组分交联固化成膜。其成膜原理与同类黏合剂固化过程相似。

二、聚氨酯涂料的合成原料

（一）聚氨酯的合成单体

1. 多异氰酸酯

多异氰酸酯可以根据异氰酸酯基与碳原子连接的结构特点，分为四大类：芳香族多异氰酸酯(如甲苯二异氰酸酯，即TDI)、脂肪族多异氰酸酯(六亚甲基二异氰酸酯，即HDI)、芳脂族多异氰酸酯（即在芳基和多个异氰酸酯基之间嵌有脂肪烃基，常为多亚甲基，如苯二亚甲基二异氰酸酯，即XDI）和脂环族多异氰酸酯（即在环烷烃上带有多个异氰酸酯基，如异佛尔酮二异氰酸酯，即IPDI）。芳香族多异氰酸酯合成的聚氨酯树脂户外耐候性差，易黄变和粉化，属于“黄变性多异氰酸酯”，但价格低，来源方便，在我国应用广泛，如TDI常用于室内涂层用树脂；脂肪族多异氰酸酯耐候性好，不黄变，其应用不断扩大，欧美等发达国家已经成为主流的多异氰酸酯单体；芳脂族和脂环族多异氰酸酯接近脂肪族多异氰酸酯，也属于“不黄变性多异氰酸酯”。聚氨酯树脂中90%以上采用芳香族多异氰酸酯，甲苯二异氰酸酯是最早开发、应用最广、产量最大的二异氰酸酯单体；根据其两个异氰酸酯（—NCO）基团在苯环上的位置不同，可分为2，4-甲苯二异氰酸酯（2，4-FDI，简称2，4-体）和2，6-甲苯二异氰酸酯（2，6-TDI，简称2，6-体）。二苯基甲烷二异氰酸酯（MDI）是继TDI以后开发出来的重要的二异氰酸酯，有三种异构体。此外，还有脂肪族的六亚甲基二异氰酸酯（HDI）、二聚酸二异氰酸酯（DDI）、异佛尔酮二异氰酸酯（IPDI）及二环已基甲烷二异氰酸酯（HMDI）等。

芳香族异氰酸酯为原料的聚氨酯涂料综合性能好、产量大、品种多、应用广，但有一个严重缺陷，其涂膜受太阳光照射后泛黄严重，易失光，耐候性较差，常应用于室内使用的深色漆。以脂肪族异氰酸酯为原料的涂料具有优良的耐候性，常用于户外使用的高档装饰涂料。

2. 含羟基化合物

主要有聚酯多元醇、聚醚多元醇及其他低聚多元醇等。聚酯多元醇是二元羧酸（如己二酸）和多元醇（如乙二醇、丙二醇、1，4-丁二醇、新戊二醇等）的缩聚产物，目前比较常用的有：聚己二酸乙二醇酯二醇、聚己二酸-1，4-丁二醇酯二醇、聚己二酸己二醇酯二醇和聚碳酸酯二醇等。聚醚多元醇是以低分子量的多元醇、多元胺或含有活泼氢化合物为起始剂，与氧化烯烃在催化剂作用下开环聚合得到具有醚键和端羟基的低聚物：

$$YH_n + x\,\underset{\diagdown O \diagup}{CH_2-\overset{\overset{R}{|}}{C}H} \xrightarrow{base} Y\!\left[\left(CH_2-\overset{\overset{R}{|}}{C}H-O\right)_x\right]_n$$

其中，YH_n为起始剂，常用的有多元醇（或胺），n为官能度，x为聚合度，R为氢或烷基。

聚氨酯合成常用的聚醚型二醇主要产品有：聚环氧乙烷（聚乙二醇）二醇（PEG）、聚环氧丙烷（聚丙二醇）二醇（PPG）、聚四氢呋喃二醇（PTMEG）以及上述单体的均聚或共聚二醇或多元醇，其中PPG产量大、用途广，PTMEG综合性能优于PPG，PTMEG由阳离子引发剂引发四氢呋喃单体开环聚合生成，其产量近年来增长较快，国内也已有厂家生产。

（二）扩链剂

为了调节大分子链的软、硬链段比例，同时也为了调节相对分子质量，在聚氨酯合成中常使用扩链剂。扩链剂主要是多官能度的醇类。如乙二醇、一缩二乙二醇（二甘醇）、1，2-丙二醇、一缩二丙二醇、1，4-丁二醇（BDO）、1，6-己二醇（HD），三羟甲基丙烷（TMP）或蓖麻油。加入少量的三羟甲基丙烷（TMP）或蓖麻油等三官能度以上单体可在大分子链上造成适量的分支，可以有效地改善力学性能，但其用量不能太多，否则预聚阶段黏度太大，极易凝胶，一般加1%左右。

（三）溶剂

异氰酸酯基活性大，能与水或含活性氢(如醇、胺、酸、水等)的化合物反应(见涂料中常用的异氰酸酯反应)。因此，若所用溶剂或其他单体(如聚合物二醇、扩链剂等)含有这些杂质，必将严重影响树脂的合成，结构和性能，有时甚至导致事故，造成生命及财产损失。缩聚用单体，溶剂的品质要求达到所谓的“聚氨酯级”。溶剂中能与异氰酸酯反应的化合物的量常用异氰酸酯当量来衡量，异氰酸酯当量为1mol异氰酸酯(苯基异氰酸酯为基准物)完全反应所消耗的溶剂的克数。换言之，溶剂的异氰酸酯当量愈高，即其所含的活性氢类杂质愈低。聚氨酯树脂及其涂料的溶剂一般由酯类、酮类和烃类溶剂配合使用，使用前一般要将溶剂进行精制以去除水分等杂质，保证产品储存稳定和产品质量。

涂料中常见的异氰酸酯反应主要有以下几类：

（1）异氰酸酯与醇反应：

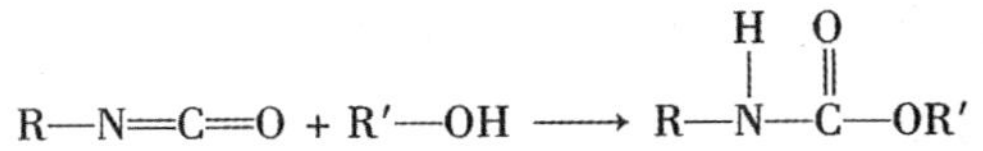

这是涂料领域制造聚氨酯的加成物、预聚物、封闭物、氨酯油等以及双组分涂料的固化涉及的主要反应。此反应是剧烈的放热反应，因此在合成树脂时要注意控制温度，必要时减缓加料速度，或用夹套冷却。形成的氨基甲酸酯在高温或在催化剂作用下能与异氰酸酯反应，生成脲基甲酸酯：

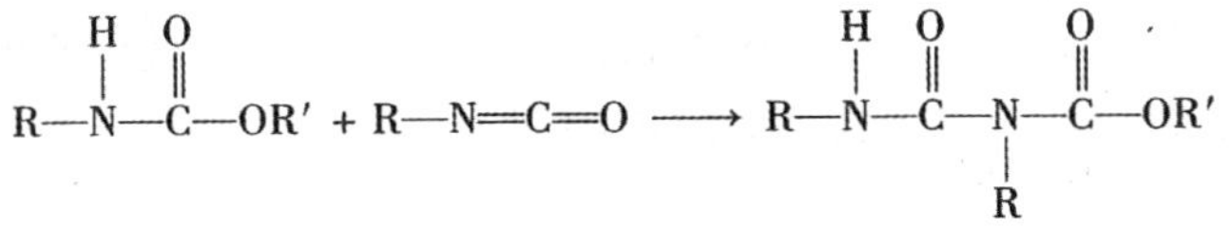

（2）异氰酸酯与水反应：

$$R{-}N{=}C{=}O + H_2O \longrightarrow R{-}NH_2 + CO_2$$

生成的胺继续与异氰酸酯反应生成脲：

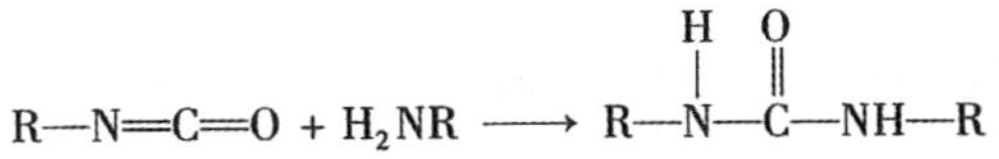

潮气固化型聚氨酯涂料就是通过上述两个反应固化成膜的；二是在制涂料时若所用的原料或半成品中含水，则会发生上述反应而凝胶。若成品含水则在涂料罐中会产生二氧化碳而鼓气，涂料含水则涂膜产生小泡。此外，异氰酸酯基和胺的反应常用于脂肪族水性聚氨酯合成时预聚体在水中的扩链，此时胺基的活性远大于水的活性，通过脲基生成高相对分子质量的聚氨酯。

（3）异氰酸酯与脲反应：

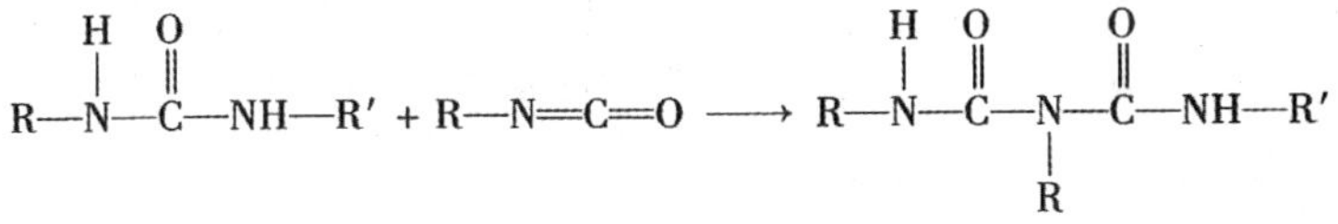

在高温下异氰酸酯与脲反应生成缩二脲，这是一类聚氨酯固化剂。

此外，异氰酸酯还可与羧酸、酰胺等反应，或发生自聚。上述反应中，多异氰酸酯同羟基化合物的反应尤为重要，其反应条件温和，可用于合成聚氨酯预聚体、多异氰酸酯的加和物以及羟基型树脂(如羟基丙烯酸树脂、羟基聚酯和羟基短油醇酸树脂等)的交联固化。

(四) 催化剂

对于聚氨酯涂料，微量的催化剂可降低活化能，促进异氰酸酯的反应。聚氨酯化反应通常使用的催化剂为有机锡化合物、一些叔胺类化合物及有机膦化合物。比如二丁基锡二月桂酸酯(T-12，DBTDL)和辛酸亚锡。二者皆为黄色液体，前者毒性大，后者无毒。有机锡对—NCO与—OH的反应催化效果好，叔胺类催化剂有甲基二乙醇胺、二甲基乙醇胺、三乙胺、*N*，*N*-二甲基环己胺、三乙醇胺、三亚乙基二胺等，其中三亚乙基二胺最为常用，用量一般为固体分的0.01%~0.1%。有机膦如三丁基膦、三乙基膦。

三、聚氨酯树脂的合成工艺

如前所述，涂料用聚氨酯树脂一般分为单组分涂料用聚氨酯树脂和双组分涂料用聚氨酯树脂。不同类型的树脂其合成工艺不同，以下分别加以介绍。

(一) 单组分聚氨酯树脂

1. 聚氨酯改性油(氨酯油)

聚氨酯油也称为氨酯油，它首先由多元醇和干性或半干性油酯交换得单脂肪酸多元醇酯，然后再由单脂肪酸多元醇酯与二异氰酸酯经聚氨酯化反应来合成。聚氨酯油大分子链上带有在钴、钙、锰等催干剂催化下可以氧化交联的干性或半干性油脂肪酸侧基，其干燥较醇酸树脂快，涂膜硬度高、耐磨，耐水、耐弱碱性好，可以视为醇酸树脂的升级产品，兼有醇酸树脂、聚氨酯树脂的一些优点。其合成原理如下：

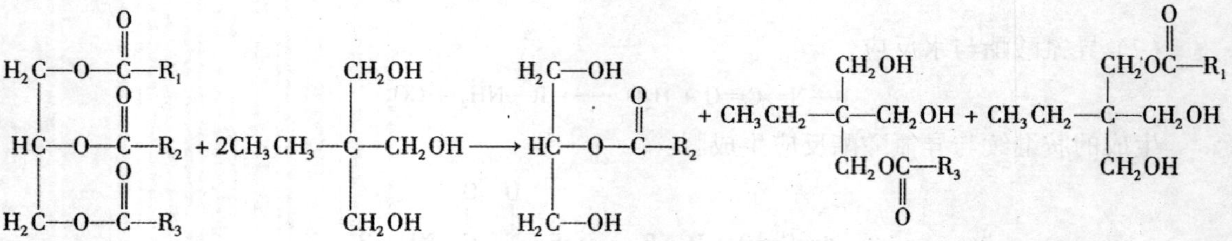

$$(n+1)\mathrm{HO{-}R{-}OH} + n\mathrm{OCN{-}R'{-}NCO} \longrightarrow \mathrm{HO{-}R{-}O{-}\overset{O}{\overset{\|}{C}}{-}\overset{H}{N}{-}R'{\sim\sim\sim}R'{-}NH\overset{O}{\overset{\|}{C}}{-}OR}$$

下面列举聚氨酯油合成实例。

(1) 配方：

原料	规格	用量/质量份	原料	规格	用量/质量份
豆油	双漂	893	异佛尔酮二异氰酸酯	工业级	559.4
三羟甲基丙烷	工业级	268	二月桂酸二丁基锡	工业级	1.2‰
环烷酸钙	金属含量4%	0.2%(以油计)	丁醇		5%
二甲苯	聚氨酯级	100			

（2）合成工艺：

① 依配方将豆油、三羟甲基丙烷、环烷酸钙加入醇解釜，通入 N_2 保护，加热使体系呈均相后开动搅拌；使温度升至 240℃；醇解约 1.5h，测醇容忍度，合格后降温至 180℃，加入 5%的二甲苯共沸带水，至无水带出，将温度降至 60℃。

② 在 N_2 的继续保护下，将配方量二甲苯的 50%加入反应釜，将异佛尔酮二异氰酸酯滴入聚合体系，约 2h 滴完；用剩余二甲苯洗涤异佛尔酮二异氰酸酯滴加罐并加入反应釜。

③ 保温 1h，加入催化剂；将温度升至 90℃，保温反应；5h 后取样测—NCO 含量，当—NCO 含量小于 0.5%时，加入正丁醇封端 0.5h。降温，调固含量、过滤、包装。

2. 潮气固化聚氨酯

潮气固化聚氨酯是一种端异氰酸酯基的聚氨酯预聚体，它由聚合物(如聚酯、聚醚、醇酸树脂、环氧树脂)多元醇同过量的二异氰酸酯聚合而成。为了调节硬度及柔韧性也可以引入一些小分子二元醇，如丁二醇、己二醇、1，4-环己烷二甲醇等。合成配方中—NCO 基团与—OH 基团的摩尔比一般在 3 左右，使异氰酸酯基过量，聚氨酯预聚体上—NCO 基团的质量含量在 5%~15%之间。该类树脂配制的涂料施工后，由大气中的水分起扩链剂的作用，预聚体通过脲键固化成膜。

潮气固化聚氨酯涂料具有聚氨酯涂料的优点。如涂层耐磨、耐腐蚀、耐水、耐油，附着力强、柔韧性好。该类涂料的特点是可以在高湿环境下使用，如地下室、水泥、金属、砖石的涂装。缺点是不能厚涂，否则容易形成气泡。另外，色漆配制工艺复杂，产品一般以清漆供应。

下面是潮气固化聚氨酯的合成实例：

（1）配方：

原料	规格	用量/质量份	原料	规格	用量/质量份
精炼蓖麻油	工业级	932.0	二甲苯	聚氨酯级	1321
三羟甲基丙烷	工业级	134.0	甲苯二异氰酸酯	工业级	1388
环烷酸钙	金属含量 4%	0.2%(以油计)	二月桂酸二丁基锡	化学纯	1.225

（2）合成工艺：

① 依配方将精炼蓖麻油、三羟甲基丙烷、环烷酸钙加入醇解釜，通入 N_2 保护，加热使体系呈均相后开动搅拌；使温度升至 240℃；醇解约 1h，测醇容忍度，合格(85%乙醇溶液，1∶4 透明)后，降温至 180℃，加入 5%的二甲苯共沸带水，至无水带出，将温度降至 60℃。

② 在 N_2 的继续保护下，将剩余二甲苯的 50%加入反应釜，将甲苯二异氰酸酯滴入聚合体系，约 1.5h 滴完；用剩余二甲苯洗涤甲苯二异氰酸酯滴加罐，并加入反应釜。

③ 保温 2h，加入催化剂；将温度升至 80℃，保温反应；2h 后取样测—NCO 含量，当—NCO 含量稳定后(一般比理论值小 0.5%)，降温、过滤、包装。

3. 封闭型异氰酸酯

封闭型异氰酸酯是多异氰酸酯、端异氰酸酯加和物或端异氰酸酯预聚物用含有活性氢原子的化合物(如苯酚、乙醇、己内酰胺)先暂时封闭起来，使异氰酸酯基暂时失去活性，成为潜在的固化剂组分。该组分同聚酯、丙烯酸树脂等羟基组分在室温或稍高温度下没有反应活性，故可以包装于同一容器中，构成一种单组分聚氨酯涂料。使用时，将涂装后形成的涂膜经高温烘烤(80~180℃)，封闭剂解封闭挥发，—NCO 基团重新恢复，通过与—OH 反应交联成膜。烘烤温度(即解封温度)同封闭剂和多异氰酸酯结构有关。另外，合成聚氨酯用的有机锡类、有机胺类催化剂对解封也有催化性，可以降低解封温度，从节能角度考虑，降低解封温度有利于节能。封闭型异氰酸酯在漆包线涂料、聚氨酯粉末涂料、阴极电沉积涂料等中应用。

封闭型异氰酸酯是单包装，使用方便，同时—NCO 基被封闭成较为稳定的加和物，对水、醇、酸等活性含氢化合物不再敏感，对造漆用溶剂、颜料、填料无严格要求。施工时可以喷涂、浸涂，高温烘烤后交联成膜，漆膜具有优良的绝缘性能、机械性能、耐溶剂性能和耐水性能。但必须高温烘烤才能固化，能耗较大，不能用于塑料、木材材质及大型金属结构产品。此外，解封剂释放时对环境有一定污染。封闭型异氰酸酯主要用于配制电绝缘漆、卷材涂料、粉末涂料和阴极电泳漆。

（二）溶剂型双组分聚氨酯涂料树脂

溶剂型双组分聚氨酯涂料是最重要的涂料产品，该类涂料产量大、用途广、性能优，可以配制清漆、各色色漆、底漆，对金属、木材、塑料、水泥、玻璃等基材都可涂饰，可以刷涂、滚涂、喷涂，可以室温固化成膜，也可以烘烤成膜。溶剂型双组分聚氨酯涂料为双罐包装，一罐为羟基组分，由羟基树脂、颜料、填料、溶剂和各种助剂组成，常称为甲组分；另一罐为多异氰酸酯的溶液，也称为固化剂组分或乙组分。使用时两个组分按一定比例混合，施工后由羟基组分大分子的—OH 基团同多异氰酸酯的—NCO 基团交联成膜。

1. 羟基树脂的合成

双组分聚氨酯涂料用羟基树脂有短油度的醇酸型、聚酯型、聚醚型和丙烯酸树脂型四种类型。醇酸型、聚醚型多元醇耐候性较差，可以用于室内物品的涂饰。而聚酯型、丙烯酸树脂型则室内、户外皆可以使用。以下是羟基树脂合成实例：

（1）原料准备与配方：

原料	规格	用量/质量份	原料	规格	用量/质量份
丙二醇甲醚醋酸酯	聚氨酯级	111.0	丙烯酸正丁酯	工业级	72.0
二甲苯(1)	聚氨酯级	140.0	丙烯酸	工业级	8.0
丙烯酸-β-羟丙酯	工业级	150.0	叔丁基过氧化苯甲酰(1)	工业级	18.0
苯乙烯	工业级	300.0	叔丁基过氧化苯甲酰(2)	工业级	2.0
甲基丙烯酸甲酯	工业级	100.0	二甲苯(2)	聚氨酯级	100.0

（2）合成工艺：①先将丙二醇甲醚醋酸酯、二甲苯(1)加入聚合釜中，通氮气置换反应釜中的空气，加热升温到 130℃；②将丙烯酸羟丙酯、苯乙烯、甲基丙烯酸甲酯、丙烯酸正丁酯、丙烯酸和叔丁基过氧化苯甲酰(1)混合均匀，用 4h 滴入反应釜；③保温 2h。将叔丁基过氧化苯甲酰(2)用 50%的二甲苯(2)溶解，用 0.5h 滴入反应釜，继续保温 2h。最后加入剩余的二甲苯(2)调整固含量，降温、过滤、包装。

（3）产品检测　固含量：65%±2%；黏度：4000~6000mPa·s(25℃下的旋转黏度)；酸值：<10mgKOH/g；色泽：<1。该产品涂膜光泽及硬度高，丰满度好，流平性佳，可以用于高档 PU 面漆与地板漆。

2. 多异氰酸酯的合成

在双组分聚氨酯涂料中，多异氰酸酯组分也称为固化剂或乙组分。最初，人们直接使用甲苯二异氰酸酯作固化剂同羟基组分配制聚氨酯漆，但甲苯二异氰酸酯等二异氰酸酯单体蒸气压高、易挥发，危害人们健康，应用受到限制。现在，将二异氰酸酯单体同多羟基化合物反应制成端异氰酸酯基的加和(成)物或预聚物，另外，二异氰酸酯单体也可以合成出缩二脲或通过三聚化生成三聚体，使相对分子质量提高，降低挥发性，方便应用。以下仅介绍多异氰酸酯加和物的合成。

多异氰酸酯加和物是国内产量较大的固化剂品种，主要有 TDI-TMP 和 HDI-TMP。

(1) TDI-TMP 加和物的合成原理：

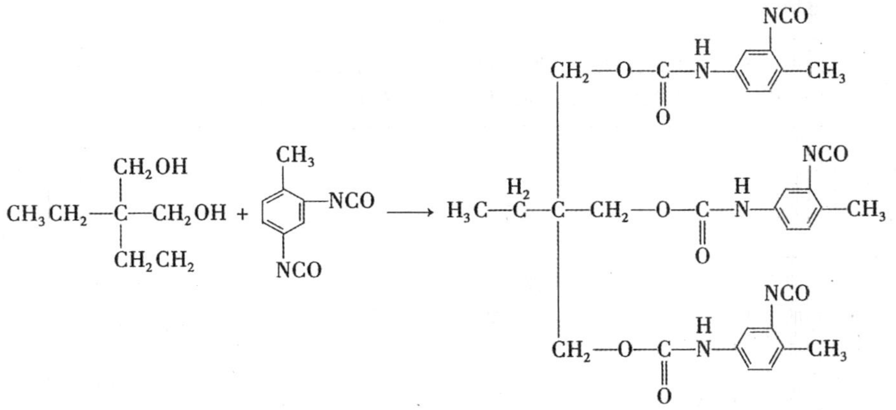

(2) 配方：

原料	规格	用量/质量份	原料	规格	用量/质量份
三羟甲基丙烷	工业级	13.40	苯	工业级	4.50
环己酮	工业级	7.620	甲苯二异氰酸酯	工业级	55.68
醋酸丁酯	聚氨酯级	61.45			

(3) 合成工艺：

① 将三羟甲基丙烷、环己酮、苯加入反应釜，开动搅拌，升温使苯将水全部带出，降温至 60℃，得三羟甲基丙烷的环己酮溶液。

② 将甲苯二异氰酸酯、80%的醋酸丁酯加入反应釜，开动搅拌，升温至 50℃，开始滴加三羟甲基丙烷的环己酮溶液，3h 加完；用剩余醋酸丁酯洗涤三羟甲基丙烷的环己酮溶液配制釜。

③ 升温至 75℃，保温 2h 后取样测—NCO 含量。—NCO 含量为 8%~9.5%、固体分为 50%±2%为合格，合格后经过滤、包装，得产品。

二异氰酸酯单体的残留是 TDI-TMP 加和物存在的主要问题。目前，国外产品的固化剂中游离 TDI 含量都小于 0.5%，国标要求国内产品中游离 TDI 含量要小于 0.7%。为了降低 TDI 残留，可以采用化学法和物理法。化学法即三聚法，这种方法在加成反应完成后加入聚合型催化剂，使游离的 TDI 三聚化。物理法包括薄膜蒸发和溶剂萃取两种方法。国内已有相关工艺的应用。

实训项目：高羟基丙烯酸树脂合成及涂料配制

【实训项目卡】

实训班级	实训场地	学时数	指导教师
		6	

实训项目	高羟基丙烯酸树脂合成及涂料配制
所需仪器	烧杯(100mL、500mL)，三口烧瓶(250mL)、恒压滴液漏斗(100mL)、量筒(100mL)、回流冷凝器、温度计(0~50℃、0~100℃)、锥形瓶(150mL)、托盘天平、黏度仪、烘箱、硬度仪、电热套、电动搅拌机
所需试剂	丙烯酸，丙烯酸羟丙酯，甲基丙烯酸甲酯，过氧化二苯甲酰，甲基丙烯酸丁酯，二甲苯，醋酸丁酯，中铬黄(氧化铁粉)，环已酮，甲苯，交联固化剂(组分 B)

实训内容

序号	工序	操作步骤	要点提示	工艺参数或数据记录
1	投料	聚合单体、引发剂及二甲苯按配方量混合后，将三分之一的量加入三口瓶中，其余反应物加入恒压滴液漏斗	根据配方和试验规模确定原料用量	
2	原料滴加	安装好回流装置、温度计，开启搅拌，升温至 90℃后，打开滴液漏斗加料旋塞开始滴加，控制滴加速度及反应温度，约 2~3h 滴完	注意控制滴加速度及反应温度，否则易造成聚合过度导致黏度过大	
3	反应完成	反应至黏度达到 10~12s 时，停止反应。降温，过滤出料，得树脂液	黏度测定要迅速、及时、准确，控制反应时间	
4	涂料配制	取自制的丙烯酸树脂 700g，与配方量中铬黄(氧化铁粉)、甲苯、醋酸丁酯、环已酮混合后，将其以高速搅拌机进行充分的搅拌与分散，制成组分 A 待用	涂料中各组分的混合一定要均匀、充分	
5	产品测试	使用时，将组分 A 与组分 B(一般为多异氰酸酯)以 3∶1 的质量比例进行混合即可		

习　　题

一、选择题

1. 木材表面涂装一层涂料主要起(　　)作用。

A. 保护作用　　B. 装饰作用

C. 标志作用　　D. 特殊作用

2. 涂料是由成膜物质、颜料、溶剂和助剂等按一定配方配制而成，加入溶剂的主要目的是(　　)。

A. 构成涂料的基础成分　　B. 赋予涂料许多特殊性质

C. 降低成膜物质的黏稠度　　D. 改善涂料性能

3.(　　)是产量最大、品种最多、用途最广的涂料用合成树脂。

A. 醇酸树脂　　B. 酚醛树脂

C. 聚氨酯树脂　　D. 环氧树脂

4. 环氧树脂中因含有(　　)，故而对金属、陶土、玻璃、混凝土、木材等具有优良的附着力。

A. 酯基　　B. 许多羟基和醚键

C. 苯环　　D. 便于分子链旋转的醚键

5. 下列涂料用合成树脂中，具有耐紫外光的是(　　)。

A. 氟类聚合物　　B. 烃类树脂　　C. 有机硅树脂　　D. 乙烯类树脂

6. 增大色漆配方中颜料用量，则 PVC 值(　　)。

A. 减小　　B. 增大　　C. 不变　　D. 不确定

7. 单体、乳化剂、引发剂、水构成了乳液的基本组成，其中(　　)具有降低单体与水的界面张力的作用。

A. 单体　　B. 乳化剂　　C. 引发剂　　D. 水

8. 下列物质可用作示温涂料的是(　　)。

A. 硫化铅　　B. 过氧化钡

C. 硫酸铅和过氧化钡的混合物　　D. 碳纤维

9. 涂料由(　　)两部分组成。

A. 固体物和液体物　　B. 主剂和辅剂

C. 不溶物和易溶物　　D. 不挥发成分和溶剂

10. 涂料涂饰后，________逐渐挥发而不挥发成分干结成膜，故称不挥发成分为________。(　　)

A. 液体物　固体物　　B. 溶剂　成膜物质

C. 易溶物　不溶物　　D. 辅剂　主剂

11. 醇酸树脂涂料干燥后形成高度的(　　)，不易老化，耐候性好，光泽能持久不褪，漆膜柔韧而坚牢，并耐摩擦，抗矿物油、抗醇类溶剂性良好。

A. 立方体结构　　B. 网状结构

C. 锥状物结构　　D. 棱柱体结构

12. 丙烯酸树脂涂料是一种性能优异的新型涂料。它具有优良的色泽，耐热性能良好，热塑性丙烯酸涂料一般可在(　　)以下使用，热固性丙烯酸涂料耐热性能更好。

A. 100℃　　B. 180℃　　C. 150℃　　D. 240℃

13. 我国几千年前已经使用天然原料(　　)作为建筑、车、船和日用品的保护和装饰涂层。

A. 墨汁、桐油　　B. 树漆、桐油

C. 颜料、动物油　　D. 树漆、植物油

二、判断题

1. 涂料和塑料、橡胶和纤维等高分子材料一样，能够单独作为工程材料使用。(　　)

2. 涂料生产用的成膜物质主要是合成树脂。(　　)

3. 增大成膜物质分子的极性，可以减小涂层的附着力。(　　)

4. 油度能够影响醇酸树脂的性质，油度越长则涂膜富有弹性、比较柔韧耐久，较多的表现出油的特性，适用室外用品涂装。(　　)

5. 聚氨酯涂料性能优异，应用广泛，宜用于制造浅色涂料。(　　)

6. 乳液聚合的分散介质，可采用日常用水。(　　)

7. 胶束是乳液聚合的场所，单体液滴是单体的储藏场合。(　　)

8. 在粉末涂料中，最早开发的是环氧粉末涂料。(　　)

9. 树脂水性化的途径只有成盐法一种手段。(　　)

10. 丙烯酸乳液生产过程中加入的乳化剂用量为 2%~5%。(　　)

三、简答题

1. 涂料由哪些基本成分组成？按成膜物质分，涂料可以分为哪几类？涂料的主要性能指标又有哪些？
2. 涂料的作用是什么？
3. 颜料体积浓度(PVC)对涂膜性质有何影响？增大 PVC 值，面漆光泽有哪些改变？
4. 醇酸树脂中的含油量用油度表示，油度的表达式是什么？各区段油度对应的油量是多少？
5. 简述涂料配制的一般工艺流程。
6. 高羟基丙烯酸树脂合成反应的反应温度如何控制？
7. 实训项目中反应物滴加时为什么要用恒压滴液漏斗？
8. 使用过氧化二苯甲酰应注意哪些事项？

模块五

食品添加剂

知识目标　了解食品添加剂的定义、分类、作用、使用标准及其发展趋势；掌握防腐剂、抗氧化剂、酸味剂、甜味剂、增味剂、乳化剂、食用色素、增稠剂等不同食品添加剂的作用原理、使用方法和产品质量标准。

技能目标　熟悉食品添加剂苯甲酸钠、山梨酸钾、尼泊金酯类、丁基羟基茴香醚等代表品种的产品性质、合成原料、合成原理、生产工艺，掌握操作技术要点、产品分析检测方法。

项目一　基本知识

食品是人类生存的物质基础，它提供给人类生命活动所需要的各种营养物质和能量。人们每天必须摄取一定数量的各种食品以维持自己的生命和身体健康，保证正常生长、发育和从事各项活动的能量需求。但是，食品除了要求其营养丰富外，还要求其色、香、味俱佳，并且具有一定的货架寿命。而纯天然食品是很难达到这一要求的，因而食品添加剂在现代食品工业中是必不可少的。在食品生产中，使用食品添加剂可以改善食品品质，使其达到色、香、味俱佳，并能延长食品保存期，增强食品营养成分，便于食品加工，改进生产工艺和提高生产率，提高食品商品的方便化、高档化、多样化和营养化。因此，食品添加剂已成为现代食品工业的重要支柱。

一、食品添加剂的定义与分类

(一) 食品添加剂的定义

目前各国对食品添加剂规定的范围尚不一致，其定义也各不相同。1983 年，联合国粮食与农业组织(FAO)和世界卫生组织(WHO)联合组成的食品法规委员会(CAC)规定：其本身通常不作为食品消费，不用作食品中常见的配料物质，无论其是否具有营养价值，在食品中添加该物质的原因是出于生产、加工、制备、处理、包装、装箱、运输或储藏等食品的工艺需求(包括感官)，或者期望它或其副产品(直接或间接地)成为食品的一个成分，或影响食品的特性。该定义的范围不包括污染物，或为了保持或提高食物的营养质量而添加的物质。美国联邦法规数据库第21篇第170章的定义中食品添加剂是指包括所有未被《联邦食品、药品和化妆品法》第201节豁免的，具有明确的或有理由认为合理的预期用途，直接或间接地，或者成为食品的一种成分，或者会影响食品特征的所有物质。用于生产食品容器和包装物的材料如果直接或间接地成为被包装在容器中食品的成分，或影响其特征的所有物质也符合食品添加剂的定义。"影响食品特征"不包括物理影响。如包装物的成分没有迁移到食品中，不成为食品的成分，则不属于食品添加剂。但如果某种不会成为食品成分的物质在食品加工中被应用而赋予食品不同风味、组织结构或改变了食品其他特征者，也可能属于食品添加剂。日本《食品卫生法》对食品添加剂的定义是，一种在食品制造和加工过程中使用的物质，或者是用于以食品加工或防腐为目的的物质。美国和日本对食品添加剂的定义均包括食品营养强化剂。我国1995年通过的《中华人民共和国食品卫生法》中定义食品添加剂是为改善食品品质和色、香、味，以及为防腐和加工工艺的需要而加入的化学合成或者天然物质。由此也可以看出食品营养强化剂也属于食品添加剂。食品卫生法明确规定营养强化剂是指为增强营养成分而加入食品中的天然的或者人工合成的属于天然营养素范围的食品添加剂。

(二) 食品添加剂的分类

进入20世纪以来，随着工业的发展，食品和食品添加剂工业迅速发展起来，食品添加剂的品种显著增多，目前国内外使用的食品添加剂的总数达14000种以上，其中直接使用于食品的有4000种，间接使用的有10000种；常用的有600余种。

按来源，食品添加剂可分为天然和化学合成两大类。天然食品添加剂是指以动植物或微生物代谢产物等为原料，经提取而获得的天然物质；化学合成的食品添加剂则是采用化学手段，使元素或化合物通过氧化、还原、缩合、聚合、成盐等合成反应而得到的物质。目前使用的大多属于化学合成食品添加剂。

我国的《食品添加剂使用卫生标准》(GB 2760—2014)分为22类：①酸度调节剂；②抗结剂；③消泡剂；④抗氧化剂；⑤漂白剂；⑥膨松剂；⑦胶基糖果中的基础物质；⑧着色剂；⑨护色剂；⑩乳化剂；⑪酶制剂；⑫增味剂；⑬面粉处理剂；⑭被膜剂；⑮水分保持剂；⑯防腐剂；⑰稳定剂；⑱甜味剂；⑲增稠剂；⑳食用香料；㉑加工助剂；㉒其他。共有食品添加剂品种2325种，其中食品用香料和等同香料1870种，不限用量的加工助剂38种，限定使用条件的助剂酶制剂及其他417种。

二、食品添加剂的使用标准

食品添加剂的使用标准是提供安全使用食品添加剂的定量指标，包括允许使用的食品添加剂的品种，使用目的(用途)，使用范围(对象食品)以及最大使用量(或残留量)，有的还注明使用方法。最大使用量通常以g/kg为单位。

制订使用标准，要以食品添加剂使用情况的实际调查与毒理学评价为依据，对某一种或某一组食品添加剂来说，其制订标准的一般程序如下：

(1) 根据动物毒性试验确定最大无作用剂量或无作用剂量(MNL)。

(2) 将动物实验所得的数据用于人体时，由于存在个体和种系差异，故应定出一个合理的安全系数。一般安全系数的确定，可根据动物毒性试验的剂量缩小若干倍来确定。一般安全系数定为100倍。

(3) 从动物毒性试验的结果确定试验物人体每日允许摄入量。以体重为基础来表示的人体每日允许摄入量，即指每日能够从食物中摄取的量，此量根据现有已知的事实，即使终身持续摄取，也不会显示出危害性。每日允许摄入量以mg/kg体重为单位。

(4) 将每日允许摄入量(ADI)乘以平均体重即可求得每人每日允许摄入总量(A)。

(5) 有了该物质每日允许摄入总量(A)之后，还要根据人群的膳食调查，搞清膳食中含有该物质的各种食品的每日摄食量(C)，然后可分别算出其中每种食品含有该物质的最高允许量(D)。

(6) 根据该物质在食品中的最高允许量(D)，制定出该种添加剂在每种食品中的最大使用量(E)。在某种情况下，二者可以吻合，但为了人体安全起见，原则上最大使用量标准低最高允许量，具体要按照其毒性及使用等实际情况确定。

项目二 防 腐 剂

微生物侵入食品则导致食品腐败变质。有目的地控制营养源、能源、水分、温度、pH值等条件，杀灭或抑制微生物的活动，就可以延缓微生物对食品造成的腐败作用，从而达到延长食品保藏期限的目的，如干燥或脱水保藏、真空保藏、盐渍、紫外线杀菌或辐射保藏等。

防腐剂是一类具有抗菌作用，能有效地杀灭或抑制微生物生长繁殖，防止食品腐败变质的物质。添加食品防腐剂并配合其他食品保存方法对防止食品腐败变质有显著的效果，并且使用方便，因而防腐剂在目前食品防腐方面起着重要的作用。

目前全世界使用的食品防腐剂大约有60种，美国约50种，日本43种，我国允许使用的有32种。

一、防腐剂的分类与作用机理

(一) 防腐剂的分类

防腐剂按照化学物质的分类有机防腐剂、无机防腐剂、生物防腐剂三大类。

有机防腐剂可分为酸性有机防腐剂和酯型有机防腐剂。酸性防腐剂如苯甲酸、山梨酸和丙酸以及它们的盐类。这类防腐剂的特点就是体系酸性越大，其防腐剂效果越好。其在碱性条件下几乎无效。酯型防腐剂主要有尼泊金酯、没食子酸酯、单辛酸甘油酯等。这类防腐剂在很宽的pH值范围内都有效，毒性也比较低，但其溶解性较低，一般情况下要复配使用，一方面提高防腐效果，另一方面提高溶解度。为了使用方便，可以将防腐剂先用乙醇溶解，然后加入使用。

无机盐防腐剂，主要是亚硫酸盐、焦亚硫酸盐等，由于使用这些盐后残留的二氧化硫能引起过敏反应，现在一般只将它们列入特殊的防腐剂中。

生物防腐剂主要包括乳酸链球菌素、纳他霉素、溶菌酶、抗菌肽类等。这些物质在体内可以分解成营养物质，安全性高，有很好的发展前景。

(二) 化学防腐剂的作用机理

化学防腐剂抗微生物的主要作用机理可大致分为具有杀菌作用的杀菌剂和仅具抑菌作用

的抑菌剂。杀菌作用或抑菌作用并无绝对界限，常常不易区分。同一物质，浓度高时可杀菌，而浓度低时只能抑菌；作用时间长可杀菌，作用时间短则只能抑菌。另外，由于各种微物质性质的不同，同一物质对一种微生物具有杀菌作用，而对另一种微生物可能仅有抑菌作用。一般认为，食品防腐剂对微生物的抑制作用是通过影响细胞亚结构而实现的，这些亚结构包括细胞壁、细胞膜、与代谢有关的酶、蛋白质合成系统及遗传物质。由于每个亚结构对菌体而言都是必需的，因此食品防腐剂只要作用于其中一个亚结构便能达到杀菌或抑菌，从而防止食品腐败变质的目的。

二、防腐剂的生产技术

（一）苯甲酸及其钠盐的生产

1. 产品性质

苯甲酸又名安息香酸，苯甲酸及其钠盐对多种微生物细胞呼吸酶系的活性有抑制作用，同时对微生物细胞膜功能也有阻碍作用，因而具有抗菌作用。在酸性条件下（pH 值<4.5）苯甲酸防腐效果较好，pH 值为 3 时抗菌效果最强。在规定的添加量下使用时，是比较安全的防腐剂。苯甲酸的钠盐水溶性好，常代替苯甲酸作防腐剂使用，但其防腐效果不及苯甲酸。化学结构式为：

苯甲酸　　　　苯甲酸钠

物化性质：苯甲酸纯品为白色有丝光的鳞片或针状结晶。在热空气中微挥发，于 100℃左右升华。化学性质稳定，有吸湿性，在常温下难溶于水，溶于热水，也溶于乙醇、氯仿、乙醚、丙酮，熔点 122.4℃，沸点 249.2℃。苯甲酸钠为白色颗粒或晶体粉末，无臭或微带安息香气味，味微甜，有收敛性，在空气中稳定，易溶于水，其水溶液的 pH 值为 8。溶于乙醇。

苯甲酸可由邻苯二甲酸酐水解、脱羧制得；也可由甲苯氧化、水解制得；还可由苄基氯水解法制得。苯甲酸经 Na_2CO_3 中和即成钠盐。以下分别加以介绍。

2. 生产工艺

苯甲酸的工业生产方法有甲苯氧化法生产苯甲酸、苄基氯水解法和邻苯二甲酸酐水解、脱羧法，以下介绍甲苯氧化法生产苯甲酸。

（1）合成原理　甲苯在钴盐催化下用空气液相氧化生成苯甲酸。常用催化剂有乙酸、环烷酸、硬脂酸、苯甲酸的钴盐或锰盐以及溴化物。合成反应式如下：

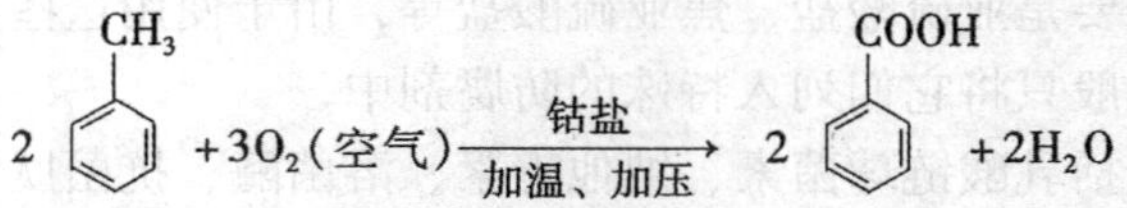

（2）工艺过程　甲苯氧化法生产苯甲酸工艺流程如图 5-1 所示。

反应可在间歇或连续操作方式下进行。前者反应温度较低，时间较长，适宜小规模生产。

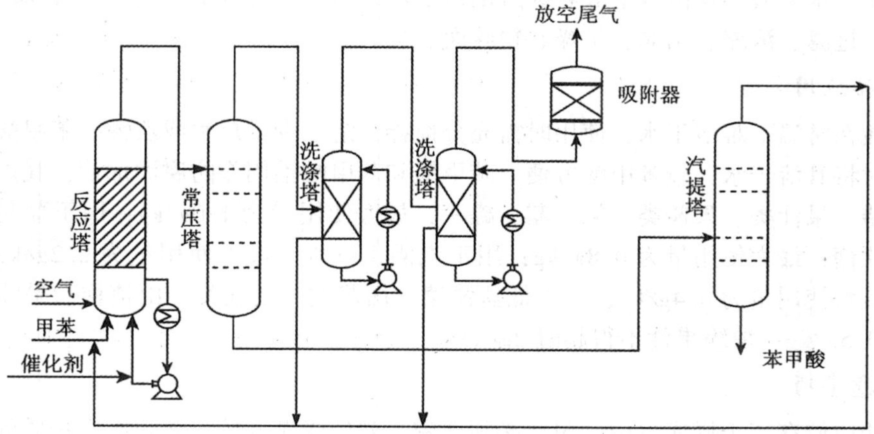

图 5-1　甲苯氧化法制苯甲酸生产流程

工业上普遍采用在高温、加压下连续液相空气氧化法生产苯甲酸，工艺流程图如图 5-2 所示。连续液相空气氧化法有完全氧化法和部分氧化法两种。催化剂用量为 100~150mg/L，反应温度根据两种方法氧化程度不同，分别为 200℃和 150~170℃，压力为 1~3MPa。

新鲜甲苯与回收甲苯和催化剂由底部进入填料反应塔，空气经净化后由反应塔侧下部进入。甲苯在反应塔中进行反应，当反应液达到连续出料所要求的浓度时，由塔顶进入常压蒸馏塔，低沸物中未反应的甲苯及中间产物(苯甲醇、苯甲醛等)经洗涤塔回收返回反应塔，尾气经活性炭吸附后放空。反应生成物由常压塔釜底进入汽提塔，苯甲酸由塔底出料，再进入冷却、结晶等后续工序，制得苯甲酸产品。汽提塔出来的甲苯经油水分离循环使用。

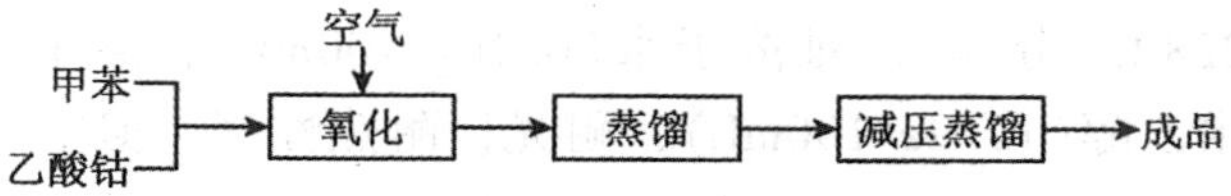

图 5-2　甲苯液相氧化法制备苯甲酸工艺流程

完全氧化法使用的催化剂为乙酸钴，另外加溴化钠作促进剂，反应温度为 200℃，压力 3MPa，此法甲苯转化率高达 99%。氧化反应的收率达 96%，经精馏后苯甲酸的总收率可达 91%，产品纯度为 99. 5%以上。但溴化物腐蚀性较强，回此对氧化塔材质要求较高。

工业上普遍使用的是部分氧化法。部分氧化法所用催化剂与完全氧化法相同，但不另外加促进剂。在反应物中催化剂的浓度为 100~150mg/L，反应温度和压力较完全氧化法低，分别为 150~170℃和 1MPa。

3. 产品分析检测(GB 1901—2005)

苯甲酸(以干基计)的质量分数	≥99. 5	熔点/℃	121 ~123
重金属(以 Pb 计)的质量分数/%	≤0. 001	砷(As)的质量分数/(mg/kg)	≤2
易氧化物试验	通过试验	易炭化物试验	通过试验
邻苯二甲酸试验	通过试验	氯化物(以 Cl 计)的质量分数/%	≤0. 014

在工业上苯甲酸钠是由苯甲酸和碳酸钠(或碳酸氢钠)在水溶液中进行中和反应生成盐，再经脱色、过滤、浓缩、结晶、干燥、粉碎而制得。

4. 产品应用

苯甲酸在常温下难溶于水，使用时需充分搅拌，溶于少量热水或乙醇。苯甲酸钠易溶于水，使用时将其溶于水，较苯甲酸方便。苯甲酸和苯甲酸钠用作防腐添加剂，我国规定可用于酱油、醋、果汁类、果酱类、果子露、罐头，最大使用量为1.0g/kg；用于葡萄酒、果子酒、琼脂软糖，最大使用量为0.8g/kg；用于汽酒、汽水，最大使用量为0.2g/kg；用于果子汽酒，最大使用量为0.4g/kg；用于低盐酱菜、面酱类、蜜饯类、山楂糕、果味露，最大使用量为0.5g/kg；浓缩果汁不得超过2g/kg。

5. 注意事项

苯甲酸应储存于干燥库房中，包装必须严密，勿使受潮变质，防止有害物质的污染。

(二) 山梨酸及其钾盐

1. 产品性质

山梨酸(又名清凉茶酸、花楸酸)即2，4-己二烯酸或2-丙烯基丙烯酸，结构式为$CH_3CH{=}CHCH{=}CHCOOH$，是一种不饱和单羧基脂肪酸，呈无色或白色结晶或粉末，因其水溶性较差，所以多使用其钾盐。山梨酸钾盐是山梨酸与碳酸钾或氢氧化钾中和生成的盐，其水溶性比山梨酸好且溶解状态稳定，使用方便，二者防腐效果相同。

一般认为山梨酸及其钾盐的毒性低于苯甲酸及其钠盐，且无异味，目前许多国家都允许使用，有逐步取代苯甲酸及其钠盐的趋势。我国规定山梨酸及其钾盐可用于多种食品、调味品和饮料，最大使用量为2g/kg。

物化性质：无色针状结晶或白色结晶性粉末。略有特殊气味，升华。相对密度1.204(19℃/4℃)，沸点228℃(分解)。难溶于水(0.16g/100mL)，溶于乙醇(1g/10mL)，乙醚(19g/20mL)，无水乙醇(12.9g/100mL)，耐光，耐热性好，但空气中长期放置则氧化着色。

2. 生产工艺

(1) 以巴豆醛(即丁烯醛)和乙烯酮为原料，合成反应式如下：

$$CH_3CH{=}CHCHO+CH_2{=}CO\xrightarrow{cat}CH_3CH{=}CHCH{=}CHCOOH$$

将巴豆醛与烯酮在含有催化剂(等物质的量的三氟化硼、氯化锌、氯化铝以及硼酸和水杨酸在150℃下加热处理)的溶剂中，于0℃左右进行反应。然后加入硫酸，除去溶剂，在80℃下加热3h以上。冷却后，对所析出的粗结晶进行重结晶得山梨酸。

(2) 以巴豆醛和丙二酸为原料，合成反应式如下：

$$CH_3CH{=}CHCHO+CH_2(COOH)_2\xrightarrow[90\sim100℃,\ 4h]{吡啶}H_3CCH{=}CHCH{=}CHCOOH$$

在反应釜中依次投入175kg巴豆醛、250kg丙二酸、250kg吡啶，室温搅拌1h后，缓缓加热升温至90℃，维持90~100℃反应5h。反应结束后降温至10℃以下，缓慢地加入10%稀硫酸，控制温度不超过20℃，至反应物呈弱酸性，pH值为4~5为止。冷冻过夜，过滤，结晶用水洗，得山梨酸粗品，再用3~4倍量60%乙醇重结晶，得到纯品山梨酸约75kg，用碳酸钾或氢氧化钾中和即得山梨酸钾。工艺流程如图5-3所示。

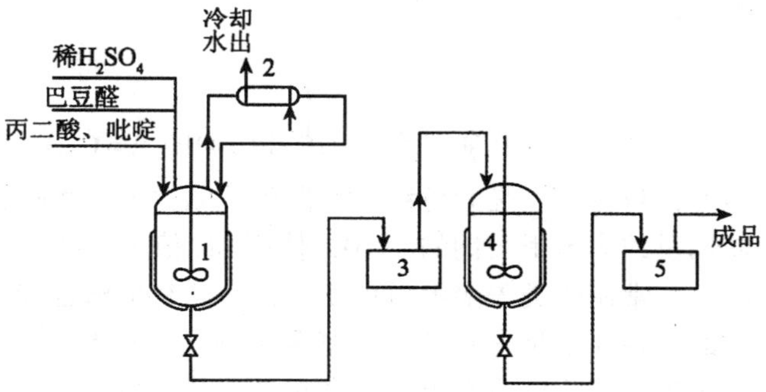

图 5-3　山梨酸生产工艺流程

1—反应釜；2—冷凝器；3、5—离心机；4—结晶釜

(3) 以巴豆醛与丙酮为原料，合成反应式如下：

$$CH_3CH{=}CH{-}CHO + CH_3{-}\underset{\displaystyle CH_3}{\underset{|}{C}}{=}O \xrightarrow[\text{催化剂 }Ba(OH)_2\cdot 8H_2O]{\text{缩合}} CH_3CH{=}CHCH{=}CH\overset{\displaystyle O}{\overset{\|}{C}}CH_3$$

$$\xrightarrow[NaClO]{NaOH} CH_3CH{=}CHCH{=}CH\overset{\displaystyle O}{\overset{\|}{C}}ONa \xrightarrow{H_2SO_4} CH_3CH{=}CHCH{=}CHCOOH$$

此路线采用 $Ba(OH)_2 \cdot 8H_2O$ 作为催化剂，于 60℃ 缩合生成 30% 的聚丁烯醛树脂和 70% 的 3，5-二烯-2-庚酮，再经过次氯酸钠和氢氧化钠处理生成山梨酸钠，再经硫酸酸化、水洗、重结晶得到山梨酸，收率可达 70%。

(4) 以山梨醛为原料，经催化氧化得山梨酸；再将山梨酸和 K_2CO_3 在乙醇或水溶液中，以 1∶0.5(物质的量之比)的投料比进行中和反应，即得山梨酸钾。氧化反应式如下：

$$CH_3CH{=}CH{-}CH{=}CHCHO \xrightarrow[\text{催化剂 }Ag_2O,\ O_2]{\text{氧化}} CH_3CH{=}CH{-}CH{=}CHCOOH$$

3. 质量标准(GB 1905—2000)

山梨酸含量(干基计)/%	99.0~101.0	灼烧残渣含量/%	≤0.2
熔点/℃	132~135	重金属含量(以 Pb 计)/%	≤0.001
水分/%	≤0.5	砷(以 As 计)/%	≤0.0002

4. 产品应用

山梨酸难溶于水，使用时先将其溶于乙醇或碳酸氢钠、硫酸氢钾的溶液中，溶解山梨酸时不得使用铜、铁容器和与铜、铁接触。为防止山梨酸挥发，在食品生产中应先加热食品，然后加山梨酸。使用山梨酸作食品防腐剂时，要特别注意食品卫生，若食品被微生物严重污染，山梨酸便成为微生物的营养物质，不仅不能抑制微生物繁殖，反而会加速食品腐败。山梨酸与其他防腐剂复配使用，可产生协同作用，提高防腐效果。

在食品工业中主要用于干酪、腌渍蔬菜、干燥水果(水果干)、果汁、水果糖浆、饮料、蜜饯、面包、糖果等的防霉、防腐；也用于肉品的保鲜。在医药、饲料、化妆品中也有应用。我国 GB 2760—86 规定了使用范围和最大用量：酱油、人造奶油、琼脂软糖 1g/kg；果汁、葡萄酒 0.6g/kg；酱菜、蜜饯、罐头 0.5g/kg；汽水、汽酒 0.2g/kg。

（三）对羟基苯甲酸酯类

1. 产品性质

对羟基苯甲酸酯又称尼泊金酯，其通式为 p-HOPhCOOR（$R=C_2H_5$，C_3H_7 或 C_4H_9），主要用于酱油、果酱、清凉饮料等。它是无色结晶或白色结晶粉末，无味，无臭，防腐效果优于苯甲酸及其钠盐，使用量约为苯甲酸钠的 1/10，使用 pH 值为 4~8。缺点是使用时因对羟基苯甲酸酯类水溶性较差，常用醇类先溶解后再使用，另外其价格也较高。

对羟基苯甲酸酯类的制备通常是先制备对羟基苯甲酸，然后与不同的醇如甲醇、乙醇、丙醇、正丁醇、异丁醇等进行酯化反应而得。结合对羟基苯甲酸的合成，尼泊金酯的工业生产方法有水杨酸热转位-酯化法、对磺酰胺苯甲酸碱熔-酯化法和酚钾盐羧化-酯化法等。

2. 生产工艺

（1）酚钾盐羧化-酯化法　工艺流程如图 5-4 所示。该法合成反应路线如下：

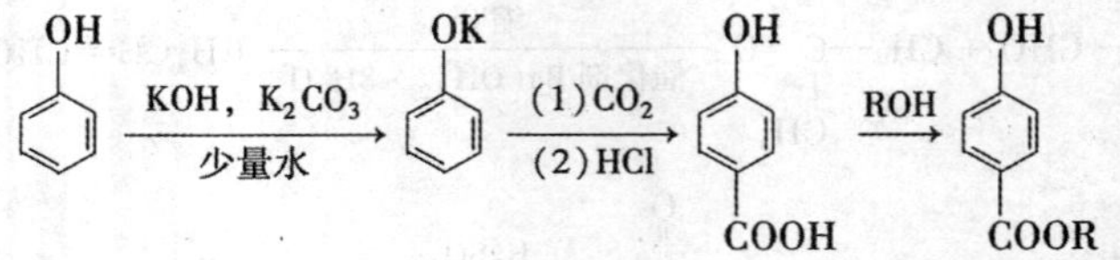

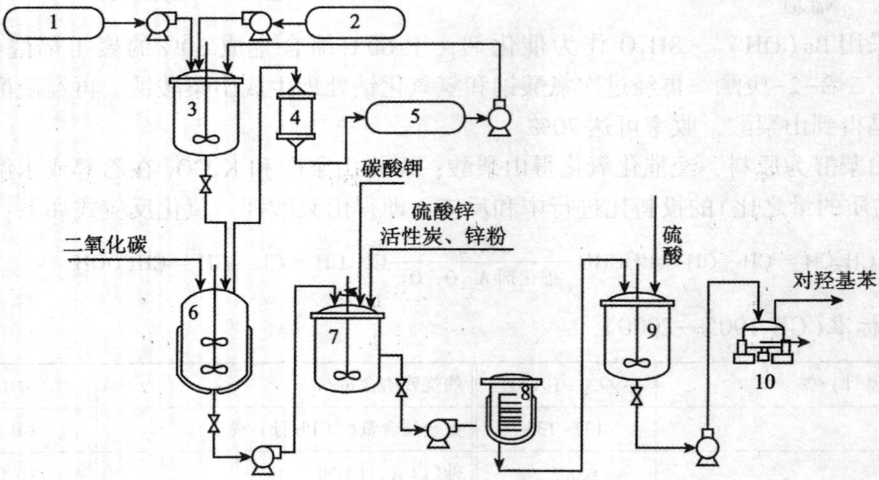

图 5-4　对羟基苯甲酸酯生产工艺流程

1—苯酚储槽；2—氢氧化钾储槽；3—混合器；4—冷凝器；5—回收苯储槽；6—高压釜；7—脱色槽；8—压滤器；9—沉淀槽；10—离心机

来自储槽的苯酚在铁制混合器中与氢氧化钾、碳酸钾和少量水混合，加热生成苯酚钾，然后送到高压釜中，在真空下加热至 130~140℃，完全除去过剩的苯酚和水分，得到干燥的苯酚钾盐，并通入 CO_2 进入羧基化反应。开始时因反应激烈，反应热可通过高压釜夹套冷却水除去，后期反应缓和，需要外部加热，温度控制在 180~210℃，反应 6~8h。反应结束后，除去 CO_2，通入热水溶解得到对羟基苯甲酸钾溶液。溶液经木制脱色槽用活性炭和锌粉脱色，趁热用压滤器过滤后，在木制沉淀槽中用稀盐酸（或稀硫酸）酸化，析出对羟基苯甲酸。析出的浆液经离心分离，洗涤、干燥后即得工业用对羟基苯甲酸，工艺流程如图 5-5 所示。

再将对羟基苯甲酸、乙醇、苯和浓硫酸依次加入到酯化釜内，搅拌并加热，蒸汽通过冷凝器冷凝后进入分水器，上层苯回流入酯化釜内，当馏出液不再含水时，即为酯化终点。切换冷凝液流出开关，蒸出残余的苯和乙醇，当反应釜内温度升至100℃后，保持10min左右，当无冷凝液流出时趁热将反应液放入装有水并不断加速搅拌的清洗锅内。加入 NaOH，洗去未反应的对羟基苯甲酸。离心过滤后的结晶再回到清洗锅内用清水洗两次，移入脱色锅用乙醇加热溶解后，加入活性炭脱色，趁热进行压滤，滤液进入结晶槽结晶，结晶过滤后即得产品对羟基苯甲酸乙酯。

图 5-5　酚钾盐羧化-酯化法生产对羟基苯乙酸工艺流程

（2）水杨酸热转位-酯化法　常温下将水杨酸与氢氧化钾反应生成水杨酸钾盐后，以石蜡为热介质高温下进行转位生成对氧甲基苯甲酸钾盐，然后中和生成对羟基苯甲酸。对羟基苯甲酸再与乙醇反应生成对羟基苯甲酸乙酯。

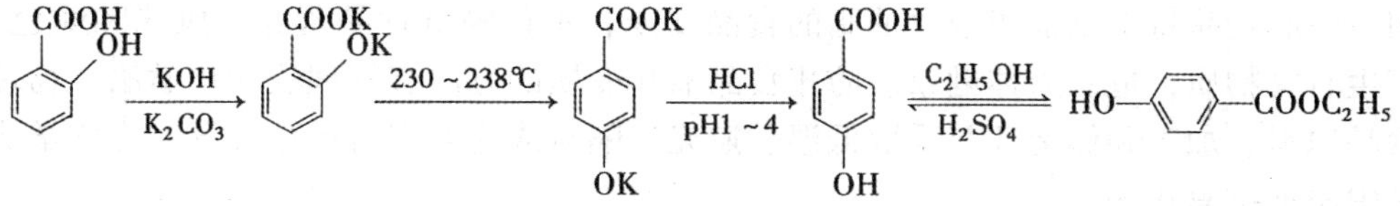

将氢氧化钾、碳酸钾、水在搅拌下加热溶解后，徐徐加入水杨酸，使 pH 值至 7～7.5，将反应液先在常压、后在减压下蒸发至干。将介质固体石蜡加热至物料全部熔化，有部分未反应苯酚于190℃蒸出，随着内温逐渐升高，温度控制在230～238℃搅拌下转位反应1.5h。反应完毕将反应液冷却倒入分液器中，分去石蜡层(回收使用)，将产物液层加热至沸腾，用稀盐酸或稀硫酸调节至 pH 值为 4，加活性炭脱色，趁热过滤。滤液再加酸至 pH 值为 1，冷却至室温，析出对羟基苯甲酸，抽滤，滤饼用水洗 1～2 次，干燥后得对羟基苯甲酸。

以对羟基苯甲酸乙酯为例，按醇/酸质量比为 4∶1，在常用的酯化催化剂硫酸存在下回流(反应温度约 75～85℃)反应 12h。酯化反应结束后，往反应物中加入 3%的氢氧化钠水溶液，经中和除去残留的酸性催化剂后，将反应物溶于 50%醋酸热溶液中，加入活性炭脱色 30min，趁热过滤，滤饼用蒸馏水洗涤，在 70～80℃下干燥得成品。

3. 产品标准

上述生产工艺过程中，选择酯化反应步骤中不同的醇，即可得到不同的尼泊金酯，如对羟基苯甲酸甲酯、对羟基苯甲酸乙酯、对羟基苯甲酸异丙酯、对羟基苯甲酸丁酯等。对羟基苯甲酸异丁酯的质量标准如下：

外观	无色细小晶体或白色结晶粉末	硫酸呈色试验	正常
含量/%	≥99	氯化物(以 Cl^- 计)/%	≤0.035
熔点/℃	75～77	硫酸盐(以 SO_4^{2-} 计)/%	≤0.02
对羟基苯甲酸及水杨酸试验	正常		

4. 产品应用

按我国食品添加剂使用卫生标准，对羟基苯甲酸乙酯可用于酱油，最大使用量为 0.25g/kg；用于醋，最大使用量为 0.10g/kg。对羟基苯甲酸丙酯可用于清凉饮料，最大使用量为0.10g/kg；用于水果、蔬菜表皮，最大用量为0.012g/kg；用于果汁、果酱，最大使用量为0.20g/kg。对羟基苯甲酸丁酯在水中溶解度小，通常都是将其配制成氢氧化钠溶液、乙醇溶液或醋酸溶液使用。在酱油中使用时，在5%的氢氧化钠溶液中加20%～25%对羟基苯甲酸丁酯，然后加到80℃的酱油中，用量为0.05～0.109g/L即可达到酱油防霉目的，可与苯甲酸合用。

项目三 抗氧化剂

一、抗氧化剂概述

（一）食品氧化及抗氧剂

食品在储藏、运输过程中除受微生物的作用而发生腐败变质外，还和空气中的氧发生化学作用，引起食品特别是油脂或含油脂的食品变质，不仅降低食品营养、风味和颜色劣变，而且产生有害物质，危及人体健康。防止食品氧化变质的方法有物理法和化学法。物理法是指对食品原料、加工和储运环节采取低温、避光、隔氧或充氮密封包装等方法；化学法是指在食品中添加抗氧化剂。

食品氧化是一个复杂的化学过程。在光、热、酶或某些金属的作用下，食品尤其是油脂或含油脂食品中所含易于氧化的成分，如不饱和脂肪酸甘油酯，与空气中的氧发生自动氧化反应，生成过氧化物，进而继续裂解，产生有酸臭味的引起食品腐败的醛、酮、醛酸、酮酸等物质。凡能中断油脂自动氧化链传递反应进行（或能与链引发产生的自由基发生链终止反应）的物质，或将所生成油脂过氧化物分解为稳定物质的，即可作为抗氧化剂，达到阻止食品氧化或延长食品保存期的目的。

（二）抗氧化剂的分类

食用抗氧化剂按作用机理分为两大类：供氢型抗氧化剂（丁基羟基茴香醚、二丁基羟基甲苯、没食子酸丙酯、维生素E等）和过氧化物中断剂（硫代二丙酸二月桂酯等）。对于氧化酶的酶促反应所引起食品的褐变，则通常添加还原性的抗氧化剂（如抗坏血酸及其钠盐、异抗坏血酸及其钠盐等）来抑制。

抗氧化剂按其溶解性能可分为油溶性、水溶性两类；按其来源可分为天然和合成的两类。油溶性抗氧化剂可以均匀地分布在油脂中，对油脂及含油脂的食品具有很好的抗氧化作用，常用的品种如丁基羟基茴香醚（BHA）、二丁基羟基甲苯（BHT，也称抗氧剂264）、没食子酸丙酯（PG）、维生素E等。水溶性抗氧化剂能溶于水，主要用于防止食品氧化变色以及因氧化而降低食品的风味和质量，还能防止罐头容器里面的镀锡层的腐蚀，常用的品种有抗坏血酸及其钠盐、异抗坏血酸及其钠盐、二氧化硫及其盐类等。天然抗氧剂是从动植物体或其代谢物中提取的具有抗氧化能力的物质，如生育酚混合浓缩物、茶多酚、植酸等。

某些物质，其本身虽没有抗氧化作用，但与抗氧化剂混合使用，却能增强抗氧化剂的效果，这些物质统称为抗氧化剂的增效剂。增效剂主要有螯合增效和酸性增效两类，目前，广泛使用的增效剂有：柠檬酸、磷酸、酒石酸、苹果酸、抗坏血酸等。

二、抗氧化剂的生产技术

(一) 丁基羟基茴香醚(BHA)

1. 产品性质

丁基羟基茴香醚分子式为 $C_{11}H_{16}O_2$，也称为叔丁基-4-羟基茴香醚，简称 BHA，有 3-叔丁基-4-羟基茴香醚(3-BHA)和 2-叔丁基 4-羟基茴香醚(2-BHA)两种异构体，通常是以前者为主。3-BHA 的抗氧化能力约为 2-BHA 的 2 倍，制备过程中没有必要将它们分开。

物化性质：白色或微黄色结晶状物，熔点 48~63℃，沸点 264~270℃(98kPa)，高浓度时略有酚味，易溶于乙醇(25g/100mL，25℃)、丙二醇和油脂，不溶于水。BHA 对热稳定，在弱碱条件下不易被破坏，与金属离子作用不着色。热稳定性好，因此可以在油煎或焙烤条件下使用。

BHA 为无色至浅黄色蜡状晶体粉末或结晶，稍有石油类的臭气和刺激性味，熔点 57~65℃，但熔点随 3-BHA 和 2-BHA 异构体的混合比不同而异。BHA 不溶于水，易溶于乙酸及猪油和植物油等油脂中，在丙二醇、丙酮和乙醇有机溶剂中呈乳化状态，热稳定性较高，但具有升华性，在弱碱性条件下不易被破坏。BHA 多用于鱼、肉、罐头、油脂、油炸食品及面制品的抗氧化，并有很强的抗微生物作用。

BHA 对热相当稳定，与金属离子作用不着色。BHA 属供氢型抗氧化剂，其中的酚羟基还具有较强的抗菌能力，用量 0.015%时即可抑制金黄葡萄球菌，用量为 0.028%时可阻止寄生曲霉孢子的生长和阻碍黄曲霉毒素的生成。

2. 生产工艺

丁基羟基茴香醚可由对苯二酚与叔丁醇反应，生成 2-叔丁基对苯二酚，再在催化剂存在下与硫酸二甲酯反应而制得；也可以磷酸或硫酸为催化剂，对羟基茴香醚与叔丁醇反应制得。

(1) 对羟基茴香醚烃化法：

① 反应原理：

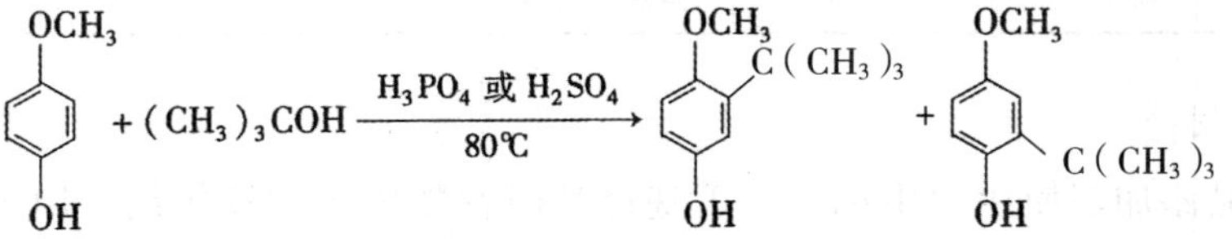

② 生产原料及规格　见表 5-1。

表 5-1　对羟基茴香醚法制备 BHA 使用原料及规格

名称	规格/%	名称	规格/%
对羟基茴香醚	工业级≥98	叔丁醇	工业级≥99
磷酸	工业级 85	环己烷	工业级≥98

③ 操作过程　将 124kg 对羟基茴香醚、300L 磷酸(85%)、1000L 环己烷加入反应釜中，加热升温至 50℃，再将 73kg 的叔丁醇滴加入内，1.5h 内滴完，于 80℃左右反应 1~2h，得到 3-叔丁基-4-羟基茴香醚(3-BHA)和 2-叔丁基 4-羟基茴香醚(2-BHA)。

反应后，将反应物用含量为10%的氢氧化钠溶液进行中和，使 pH 值达到 7，静置分离，除去水层，有机相进行蒸馏以回收溶剂环已烷。将釜残进行水蒸气蒸馏，产物与水一起馏出，经冷凝、冷却、析出粗品，再将其用乙醇溶解、过滤、结晶、分离、干燥得产品。

(2) 对苯二酚烃化、甲基化法　由对苯二酚先烃化，再与硫酸二甲酯单醚化制得。

① 反应原理：

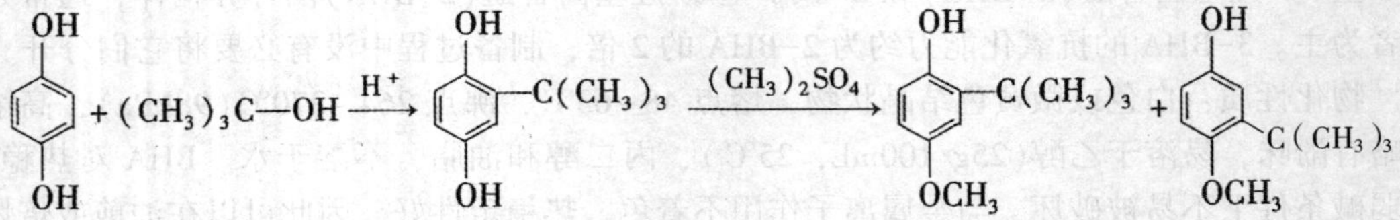

② 生产原料及规格　见表 5-2。

表 5-2　对苯二酚法制备 BHA 使用原料及规格

名称	规格/%	名称	规格/%
对苯二酚	工业级≥98	叔丁醇	工业级≥99
磷酸	工业级 98	硫酸二甲酯	工业级≥98

③ 操作过程　将对苯二酚、磷酸和溶剂投入反应器中，然后加入叔丁醇，经烃化反应生成特丁基对苯二酚(TBHQ)。然后，在惰性的氮气中将 TBHQ 与锌粉和水混合，升温至回流，加入氢氧化钠中和，在 45min 之内将硫酸二甲酯加入，回流反应 10h。回收溶剂后冷却，得粗品。重结晶后过滤、干燥得产品。

3. 质量标准(GB/T 5009. 30—2003)

BHA 在薄层板上的最低检出量 R_f 值及斑点颜色

抗氧化剂	硅胶 G 板结果			聚酰胺板结果		
	R_f 值	最低检出量/μg	色斑颜色	R_f 值	最低检出量/μg	色斑颜色
BHA	0. 37	0. 30	紫红→蓝紫	0. 52	0. 30	灰棕

4. 产品应用

按我国食品添加剂使用卫生标准，丁基羟基茴香醚用作抗氧化剂可用于油脂、油炸食品、干鱼制品、饼干、速煮面、干制食品、罐头、腌腊肉制品等，最大使用量为 0. 2g/kg。除用于食品外，该产品还可用于包装纸、塑料等的抗氧化剂。

(二) 没食子酸丙酯

1. 产品性质

没食子酸丙酯化学名称为 3，4，5-三羟基苯甲酸丙酯，分子式 $C_{10}H_{12}O_5$，相对分子质量 212. 21。它对猪油的抗氧化作用较 BHA 或 BHT 强，但有易着色的缺点，常与其他抗氧化剂并用。没食子酸丙酯（PG）的 LD_{50} 值为 3800mg/kg（大鼠经口），ADI 值暂定为 0～0. 2mg/kg。

物化性质：白色至淡褐色或乳白色结晶，无臭，稍有苦味，易溶于乙醇、丙酮、乙醚而难溶于水、氯仿和油脂。熔点 150℃。对热较稳定，遇光易促进其分解，遇铜、铁离子呈紫色或暗绿色。有吸湿性。

2. 生产工艺

没食子酸丙酯可由没食子酸与相应的醇在质子催化剂的存在下反应生成：五倍子酸性水解制得没食子酸，没食子酸在硫酸催化下，与丙醇发生酯化，得到没食子酸丙酯。

（1）反应原理：

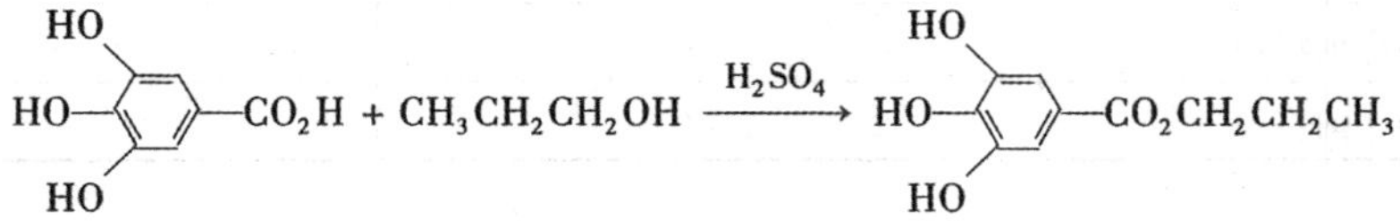

（2）工艺流程　如图 5-6 所示。

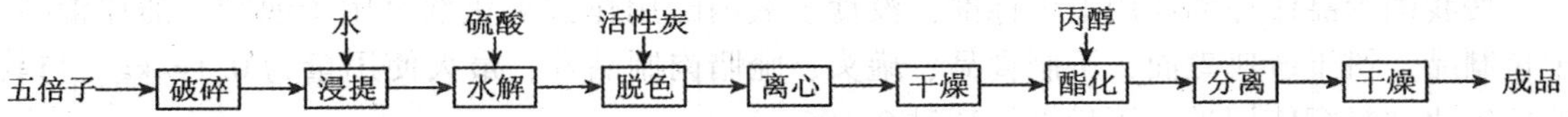

图 5-6　没食子酸丙酯生产工艺流程图

（3）操作工艺　将五倍子除杂后破碎，用 4 倍的水浸提，水浴加热至 50℃，搅拌浸提 18h，采用逆循环法共浸提 4 次，每次 18h。过滤，滤液加入 5%活性炭，于 60℃保温 4h 脱色，趁热过滤，滤渣洗 2～3 次，合并滤液洗液，浓缩至含单宁 20%以上。

单宁经水解或酶解制得没食子酸。常压水解液中单宁浓度 18%～20%，硫酸浓度 18%～20%，在回流状态下水解 8h，水解率可达 95%以上。加压水解是将 150kg 95%的硫酸加入 1670kg 20%的单宁溶液中，于 133～135℃和 0. 18～0. 20MPa 下搅拌反应 2h。反应物冷却至 10℃，析出结晶，分离得粗品。将粗品溶解于 70～80℃的水中，加入总液量 5%的活性炭，保温搅拌 10min，趁热过滤。滤液冷却至室温，静置 12h，结晶，分离得第一次脱色精品。

将其用同样的方法重结晶一次得第二次脱色精品，并于 70℃以下干燥，得 200kg 没食子酸。酶解法是将浸提液减压下于 60℃进行浓缩，至单宁含量达 30%～35%。冷至室温后接入总液量 2%的黑曲霉种子，在 30℃左右发酵 8～9 天，没食子酸沉在下面。以清水洗涤沉淀物，得粗没食子酸。粗品溶解于热水，重结晶得没食子酸。

在酯化反应釜中，加入没食子酸和过量的丙醇，用硫酸为催化剂，加热回流反应 4h。然后蒸馏回收未反应的丙醇。残余物用活性炭脱色，用乙醇重结晶得没食子酸丙酯。

说明：①没食子酸丙酯的酯化反应目前大多选用硫酸作催化剂，尽管硫酸的催化活性较高，但硫酸有一定的氧化性，降低了反应的收率。若反应中使用非氧化性的酸如对甲苯磺酸、十二烷基苯磺酸等作为催化剂，同时使用苯、石油醚或正已烷等作为带水剂，不仅可以提高收率，加速反应，而且可以提高产品品质，降低产品纯化成本；②也可使用强酸性阳离子交换树脂为催化剂，将聚苯乙烯型强酸性阳离子交换树脂（凝胶 732，大孔 D61 和 D72 等）加入 3mol/L 的盐酸中搅拌、浸泡 3 次，每次 1h，制得酸型阳离子交换树脂，用此酸型树脂为催化剂，将没食子酸和丙醇搅拌，回流反应 3h，过滤，蒸出丙醇，用活性炭脱色、结晶，得没食子酸丙酯。

由于树脂与产物易于分离，故催化剂可以重复使用，但由于催化剂同反应物接触有限，反应速度较慢。

3. 质量标准

指标名称	GB 3283—2008	FCC(Ⅳ)
含量(以 $C_{10}H_{12}O_5$ 计)/%	98.0 ~102	98.0~102
熔点/℃	146~150	146~150
干燥失重/%	≤0.5	≤0.5
灼烧残渣/%	≤0.1	≤0.1
铅(Pb)/(mg/kg)	≤1	≤1
砷(As)/(mg/kg)	≤3	—

4. 产品应用

按我国食品添加剂使用卫生标准，没食子酸丙酯用作抗氧化剂可用于油脂、油炸食品、干鱼制品、饼干、速煮面、干制食品、罐头、腌腊肉制品等，最大使用量为 0.1g/kg。与其他抗氧化剂复配使用进，用量不得超过 0.105g/kg。

5. 安全事项

棕色瓶包装，储存于阴凉、干燥处，注意防潮、防热。严禁与有毒、有害物质共运混储。

(三) 茶多酚

1. 产品性质

茶多酚又称维多酚，简称为 TP。主要化学成分为儿茶素类(黄烷醇类)、黄酮及黄酮醇类、花青素类、酚酸及缩酚酸类、聚合酚类等化合物的复合体。其中儿茶素类化合物为茶多酚的主体成分，约占茶多酚总量的 65%~80%。儿茶素类化合物主要包括儿茶素(EC)、没食子儿茶素(EGC)。儿茶素没食子酸酯(ECG)和没食子儿茶素没食子酸酯(EGCG)4 种物质。以绿茶为原料提取的多酚类物质中，茶多酚含量大于 95%，其中儿茶素类占 70%~80%，黄酮占 4%~10%，没食子酸 0.3%~0.4%，氨基 0.2%~0.5%，总糖 0.5%~1.0%，叶绿素(以脱镁叶绿素为主)0.01%~0.05%。

主要化合物化学结构：

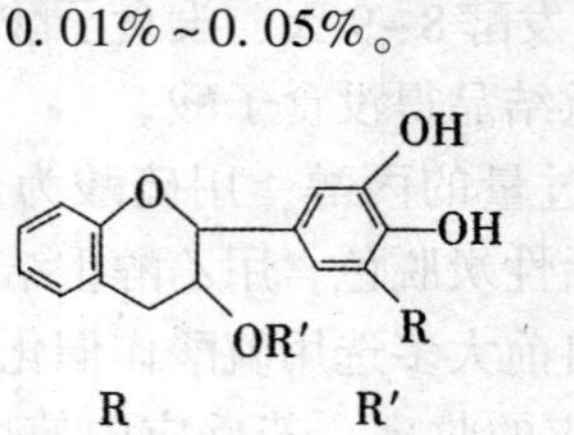

	R	R′
儿茶素	H	H
没食子儿茶素	OH	H
儿茶素没食子酸酯	H	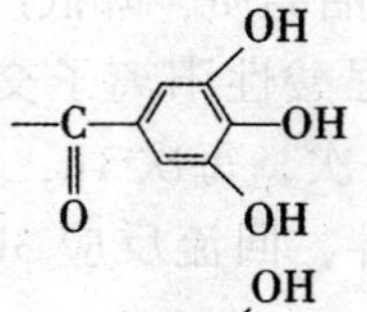
没食子儿茶素没食子酸酯	OH	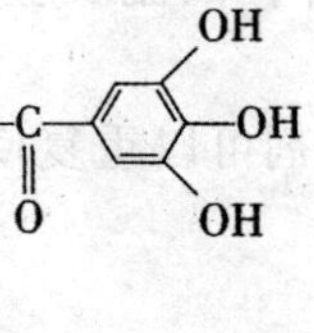

物化性质：纯品为白色无定形粉末，从茶中提取的茶多酚抗氧化剂为白褐色粉末，易溶于水、甲醇、乙醇、丙酮、乙酸乙酯、冰醋酸等。难溶于苯、氯仿和石油醚。对酸、热较稳定。在 160℃ 油脂中 30min 降解 20%，pH = 2～8 时稳定，pH 值>8 时和光照下氧化聚合，遇铁生成绿黑色络合物。小白鼠经口服 LD_{50} = 10g/kg。

茶多酚常作为抗氧化剂及防腐剂广泛用于动植物油脂、水产品、饮料、糖果、乳制品、油炸食品、调味品及功能性食品的抗氧化、防腐保鲜、护色、保护维生素、消除异味及改善食品风味等。另外，茶多酚具有抗氧化作用和抗衰老、降血脂等一系列很好的药理功能。其抗氧化作用比 BHA 和 VE 强，与 VE 和抗坏血酸并用效果更好。我国规定可用于油脂、火腿、糕点馅，最大使用量为 0.4g/kg；用于含油脂酱料，最大使用量为 0.1g/kg；用于肉制品和鱼制品，最大使用量为 0.3g/kg；用于油炸食品和方便面，最大使用量为 0.2g/kg（以油脂中的儿茶素计）。

2. 生产工艺

茶多酚是茶叶中所含的一类多羟基酚类化合物，从茶叶中提取茶多酚的生产方法，主要有离子沉淀萃取法、溶剂萃取法、吸附分离法、低温纯化酶提取法、盐析法和综合提取法等。以下重点介绍溶剂萃取法。

（1）工艺流程　溶剂萃取法制取茶多酚生产工艺过程如图 5-7 所示。

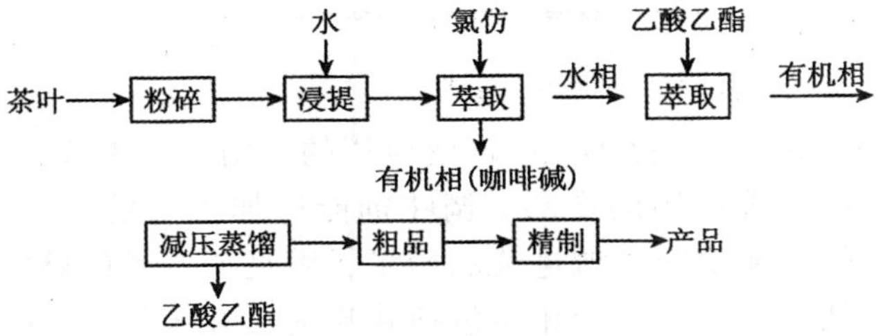

图 5-7　溶剂萃取法制取茶多酚生产工艺流程

（2）操作工艺　将茶叶粉碎后过 0.75mm 筛，加入 10 倍量的清水，于 90℃ 下搅拌浸提 100min。趁热过滤，滤渣再浸提 2 次。合并 3 次滤液，加入等体积氯仿搅拌萃取 30min。静置分层，有机层用于制取咖啡因。分取水相，加入 3 倍量的乙酸乙酯，先后抽提 3 次，每次 20min。静置分层，水相可用于提取茶叶复合多糖。收集有机相，减压蒸馏回收乙酸乙酯。残液浓缩至干，冷却后冷冻干燥得白色粉状品。

溶剂萃取法也可以用乙醇、丙酮等溶剂，但此类方法产品含量只能达到 50%～70%。

若需制得含量>90%的产品，可进一步采用色谱柱分离精制。

说明：第一步的浸提也可使用 30%～90%的乙醇代替水进行浸提：将茶叶研磨粉碎后过 0.75mm 筛，加入浸提锅中，加入 5 倍量 30%～95%乙醇，在 35～40℃ 温度下浸提 20min。浸提过程中搅拌数次。过滤，滤渣再用 2～3 倍含水乙醇重复浸提一次。合并两次滤液，在 45℃ 左右减压浓缩至乙醇基本除去为止。浓缩液用 1 倍量的氯仿分两次萃取以除去色素、咖啡碱等杂质。氯仿层可提取咖啡因。收集含有茶多酚的水相，用 1～2 倍量的乙酸乙酯分 3 次萃取茶多酚，然后 45℃ 左右减压浓缩，回收乙酸乙酯。残余物真空干燥，得茶多酚粗制品。

3. 产品标准

指标	液态	粉态	粗晶体	指标	液态	粉态	粗晶体
含量/% ≤	8	40	90	铅/% ≤	–	0.002	–
干燥失重/% ≤	90.0	5.0	3.0	砷(以As计)/% ≤	–	0.0004	–
灼烧残渣/% ≤	–	0.5	0.5				

4. 产品应用

按我国食品添加剂使用卫生标准，茶多酚可用于油脂、火腿、糕点馅等，最大使用量为0.4g/kg。使用方法是先将其溶于乙醇，加入一定量的柠檬酸配成溶液，然后以喷涂或添加的方式用于食品。

5. 安全事项

生产中使用有机溶剂提取，车间内加强通风，注意防火。产品按食品添加剂要求包装储运。

项目四 调 味 剂

调味剂指在饮食、烹饪和食品加工中广泛应用的，用于改善食物的味道并具有去腥、除膻、解腻、增香、增鲜等作用的产品。调味剂能增加菜肴的色、香、味，促进食欲，有益于人体健康。它的主要功能是增进菜品质量，满足消费者的感官需要，从而刺激食欲，增进人体健康。从广义上讲，调味品包括咸味剂、酸味剂、甜味剂、鲜味剂和辛香剂等，像食盐、酱油、醋、味精、糖(另述)、八角、茴香、花椒、芥末等都属此类。本项目介绍的调味剂主要包括用于调配食品的甜、酸、鲜、咸等口味的酸味剂、甜味剂、鲜味剂等。

一、酸味剂

以赋予食品酸味为主要目的的食品添加剂称为酸味剂。除给人以爽快的刺激、增进食欲，提高食品品质外，它还能调节食品的pH值、用作抗氧化剂的增效剂、防止食品酸败或褐变、抑制微生物生长及防止食品腐败等；与碳酸氢钠复配，可制成疏松剂；它还有增加焙烤食品的柔软度的能力。酸味剂主要有柠檬酸、乳酸、酒石酸、苹果酸、食用磷酸等。

(一) 柠檬酸

1. 产品性质

柠檬酸又称枸橼酸，是一种三元羧酸，其学名为3-羟基-3-羧基戊二酸，分子式$C_6H_8O_7$，在自然界中存在于柠檬、柑桔、梅、李子、梨、桃、无花果等水果中。柠檬酸具有无毒、无色、无臭特性，一般为半透明结晶或白色粉末，易溶于水、乙醇、乙腈、乙醚等，不溶于苯，微溶于氯仿。相对密度1.542g/cm^3，熔点153℃(失水)。具有令人愉悦的酸味，入口爽快，无后酸味，安全无毒，被广泛用作食品和饮料的酸味剂。目前，柠檬酸全世界消耗量已达 1.2Mt，年产能达 1.6Mt，市场贸易量超过 900kt，且每年以 7%的增长率增长，是目前世界需求量最大的一种有机酸。目前还没有一种可以取代柠檬酸的酸味剂。

2. 生产工艺

柠檬酸的生产方法有 3 种：水果提取法，化学合成法，生物发酵法。

水果提取法是将不能食用的次果榨汁，放置发酵，沉淀，用石灰乳中和，然后用硫酸分解，精制而得。该法制得的产品质量较差，经重结晶后，可获得较纯产品。柠檬酸也可以直接从柠檬、橙、橘子、苹果等柠檬酸含量较高的水果中提取。当今，水果的生产已经产业化，水果产量也随之增加，并且比较集中，在考虑生态果园和综合利用时，可以利用这种方法来提取柠檬酸。但此法成本较高，不利于投入工业化生产。

化学法合成柠檬酸是采用草酸乙酸与乙烯酮经缩合反应制得：

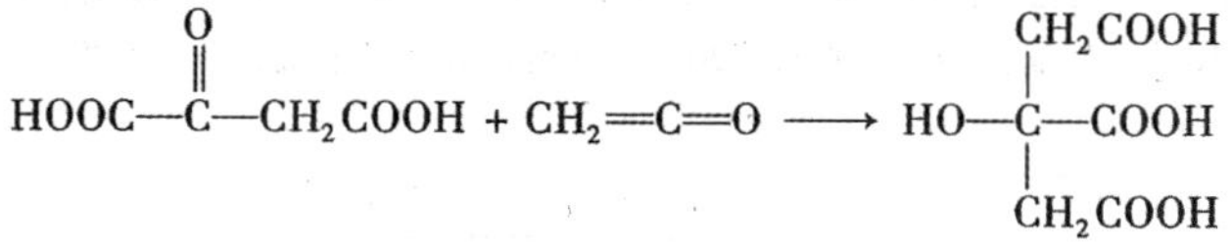

化学合成法的原料还可以是丙酮、二氯丙酮或乙烯酮。以二氯丙酮为原料的合成路线如下：

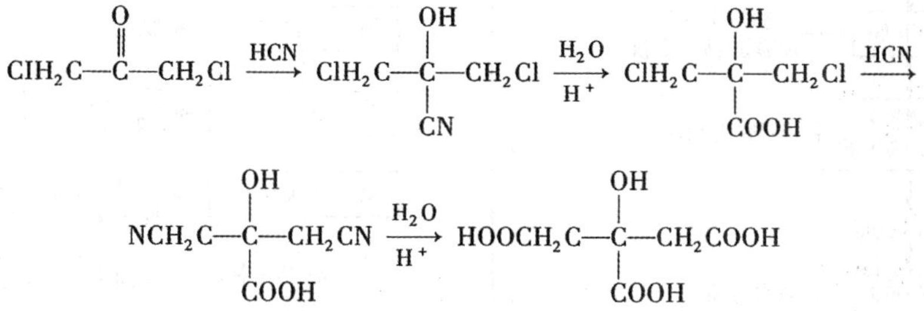

由于化学合成法工艺复杂，成本高，安全性较低，很少使用。

发酵法是制取柠檬酸的主要方法，工业上是以淀粉类物质如玉米、红薯以及蜜饯等糖质为原料，用黑曲霉发酵，沉淀，然后用石灰乳中和，所得的柠檬酸石灰用硫酸分解，再经精制而得。以红薯干为原料深层发酵制柠檬酸的生产工艺流程如图 5-8 所示。整个工艺流程由培菌、发酵、提取和纯化四个工序组成。

(1) 种母醪制备　将浓度为 12%~14%的淀粉浆液放入已灭菌的种母罐 22 中，用表压为 98kPa 的蒸汽蒸煮糊化 15~20min，冷至 33℃，接入黑曲霉菌 N-588 的孢子悬浮液，温度保持在 32~34℃，在通无菌空气和搅拌下进行培养，约 5~6 天完成。

(2)发酵　在拌和桶 1 中加入甘薯干粉和水，制成浓度为 12%~14%的浆液，泵 2 送到发酵罐 3 中，通入 98kPa 的蒸汽蒸煮糊化 15~25min，冷至 33℃，按 8%~10%的接种比接入种醪，在 33~34℃下搅拌，通无菌空气发酵。发酵过程中补加 $CaCO_3$ 控制 pH 值 2~3，约 5~6 天发酵完成。发酵液中除柠檬酸和大部分水分外尚有淀粉渣和其他有机酸等杂质，故应设法提取、纯化。其提纯工艺过程及参数如图 5-9 所示。

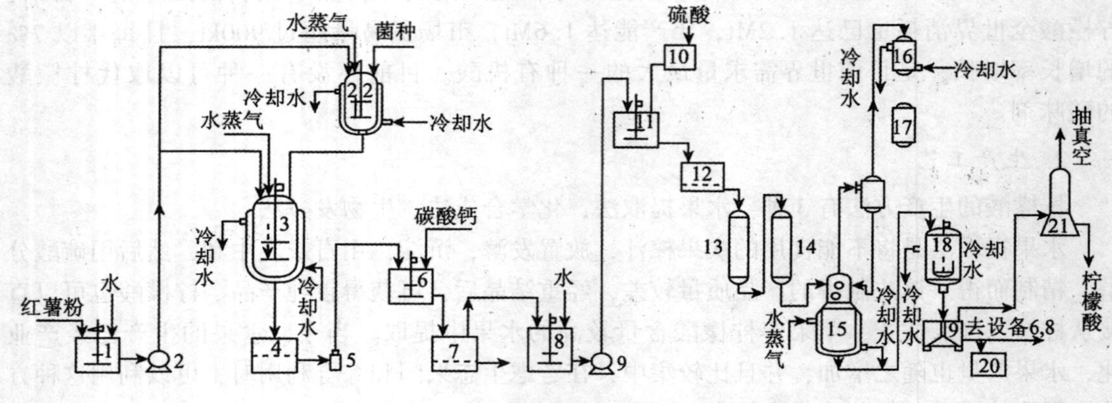

图 5-8 甘薯发酵法柠檬酸生产工艺流程

1—拌和桶；2，5，9—泵；3—发酵罐；4，7，12—过滤器；6—中和桶；8—稀释桶；10—硫酸计量槽；11—酸解槽；13—脱色柱；14—离子交换柱；15—真空浓缩釜；16—冷凝器；17—缓冲器；18—结晶釜；19—离心机；20—母液槽；21—烘干机；22—种母罐

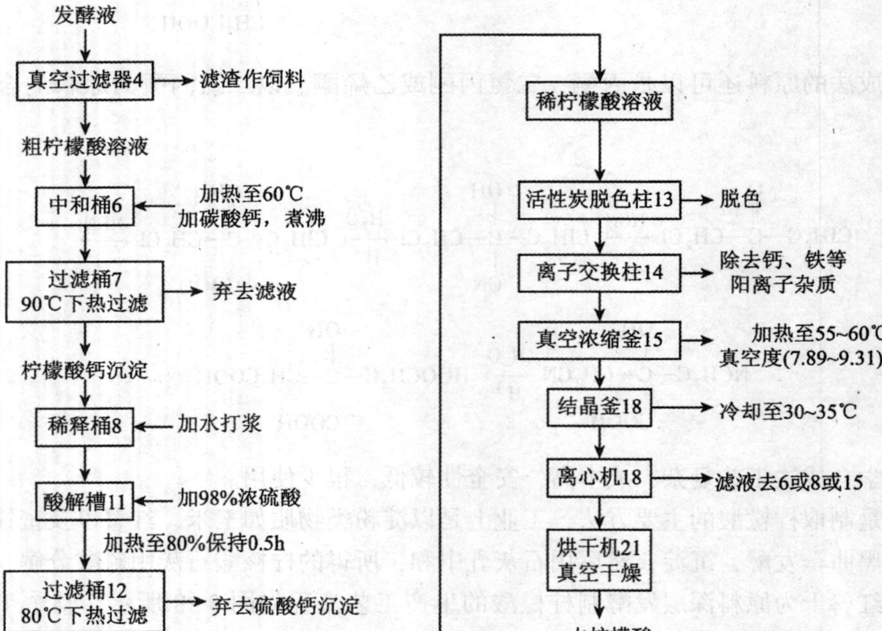

图 5-9 柠檬酸提纯工艺流程

3. 产品标准

指标名称	GB/T 8269—2006	FAO	指标名称	GB/T 8269—2006	FAO
含量(以 $C_6H_8O_7 \cdot H_2O$ 计)/%	≥99.5%	≥99.5%	灼烧残渣/%	≤0.1	≤0.1
熔点/℃	135~152	135~152	重金属(以 Pb 计)/(mg/kg)	≤5	≤5
硫酸盐(以 SO_4^{2-} 计)/%	≤0.05	≤0.05	砷盐/(mg/kg)	≤1	≤1

4. 产品应用

按我国食品添加剂使用卫生标准，柠檬酸可用于果酱类、饮料、罐头、糖果、糕点馅、羊奶等，使用量可根据正常生产需要确定；柠檬酸也用作复配薯类淀粉漂白剂的增效剂，最大使用量为 0.02g/kg。

5. 安全事项

硫酸具有强烈的腐蚀性，操作人员应佩戴必要的劳动保护用具；柠檬酸的干燥应在较低温度下进行，否则会失去结晶水而影响产品色泽；柠檬酸具刺激作用，在工业使用中，接触者可能引起湿疹；粉体与空气可形成爆炸性混合物。遇明火、高热或与氧化剂接触，有引起燃烧爆炸的危险。

（二）苹果酸

1. 产品性质

苹果酸又名 2-羟基丁二酸，有两种立体异构体。以三种形式存在，即 D-苹果酸、L-苹果酸和其混合物 DL-苹果酸。天然存在的苹果酸都是 L 型的，几乎存在于一切水果中，以仁果类中最多。

物化性质：白色结晶体或结晶状粉末，有较强的吸湿性，易溶于水、乙醇，有特殊愉快的酸味。相对密度(d_4^{20}) 1.595。熔点约 130℃，沸点 150℃（分解）。易溶于水，1g 本品能溶于 1.4mL 醇、1.7mL 醚、0.7mL 甲醇、2.3mL 丙醇、几乎不溶于苯。

苹果酸的酸味较柠檬酸强 20%（质量）左右，酸味爽口，微有涩苦。苹果酸在口中呈味缓慢，维持酸味时间显著地长于柠檬酸，效果好，并且不损伤口腔和牙齿。与柠檬酸合用，有强化酸味的效果；苹果酸常与人工合成的二肽甜味剂阿斯巴甜（天冬氨酰苯丙氨酸甲酯）配合使用，作为软饮料的风味固定剂。

2. 生产方法

苹果酸的生产方法有化学合成法、提取法和生物转化法等。天然的苹果酸是 L 型的，L 型苹果酸可参与正常人体代谢；工业上可用化学合成的方法生产 DL 型苹果酸。用发酵的方法生产 L-苹果酸。

(1) 从植物果实中直接提取　将未成熟的苹果、葡萄、山楂、樱桃或五味子的果汁煮沸，加入石灰水，生成钙盐沉淀，处理后分离得到 L-苹果酸。这种方法局限性大，产量低。

(2) 化学合成法　根据原料的不同可分为苯催化氧化法和糠醛氧化法两大类。

① 苯催化氧化法　是工业上生产苹果酸最合理的方法。该法以苯为主原料，五氧化二钒为催化剂，在沸腾床或固定床中，350℃下经空气氧化生成顺丁烯二酸酐。然后，用水吸收顺丁烯二酸酐水合成顺丁烯二酸。再在 1MPa 压强下加热至 160～200℃，与水蒸气反应 10h 生成苹果酸，将反应液浓缩、冷却、结晶、干燥得 D，L-苹果酸成品，反应式如下：

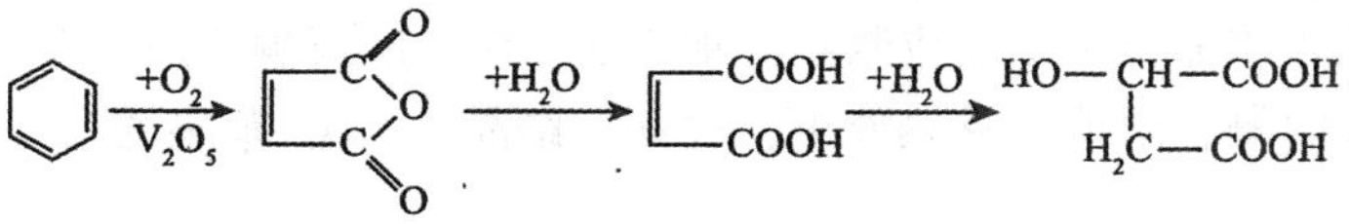

② 糠醛氧化法　由戊醛与稀酸作用经水解、脱水和蒸馏制得糠醛，糠醛在钒催化剂作用下气相氧化成顺丁烯二酸酐，再水解成顺丁烯二酸，加温、加压成 DL-苹果酸：

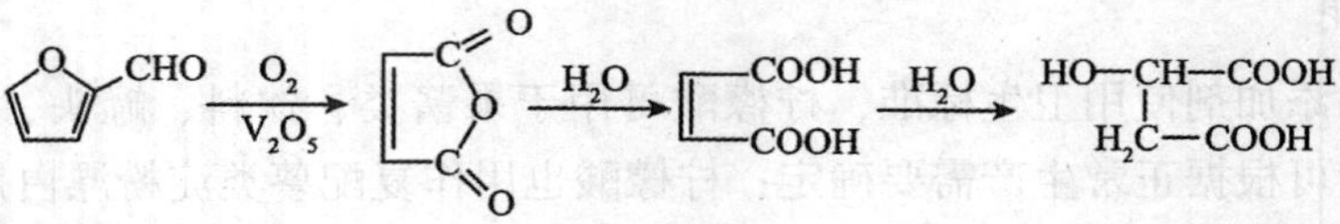

工艺过程与苯氧化法大体相同。

正在开发的方法还有：以环戊二烯、3-甲基-β-丁内酯等为原料的苹果酸生产工艺。D-苹果酸不能被人体吸收，而合成法只能生产 DL-苹果酸，因此发酵法生产 L-苹果酸具有很好的前景。

（3）生物合成法　生物合成法生产 L-苹果酸的工艺主要有三种：一步合成法是采用葡萄糖类物质为原料通过霉菌直接发酵产生苹果酸；两步发酵法是用糖类物质为原料，由根霉发酵成富马酸或者是富马酸与苹果酸的混合物，再由酵母等菌类转化成苹果酸；生物转化法是采用富马酸或马来酸为原料转化成苹果酸。生物转化法生产 L-苹果酸的工艺流程如图 5-10 所示。

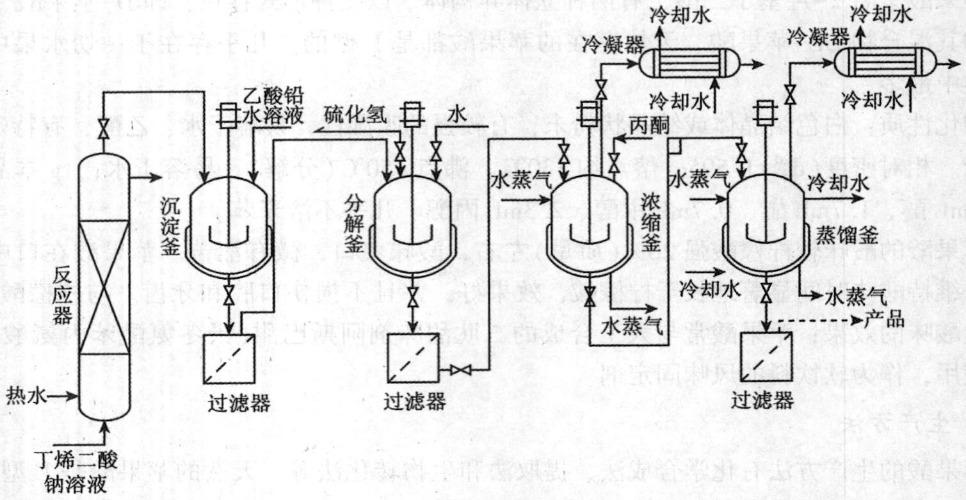

图 5-10　生物转化法生产 L-苹果酸工艺流程

① 生物填料的制备　将细胞在生理盐水中的悬浮液与丙烯酰胺及其交联剂与聚合促进剂混合，制成凝胶，再做成 3mm 直径的颗粒。洗涤后，浸泡在含有约 0.3%牛胆汁的反丁烯二酸钠溶液中，温度控制在 37℃，浸泡 20h，即制成生物填料。

② 氢化和分离　将上述生物填料加入长径比大于 10 的反应柱中，将 1mol/L 的反丁烯二酸钠水溶液通过反应柱，柱温控制 37℃，料液停留时间大于 0.5h，流出液与 2.2mol/L 的乙酸铅水溶液一起进入沉淀器中。搅拌下充分接触，使沉淀完全。放料至抽滤器中抽滤，滤饼用少量温水洗涤。将滤饼投入分解釜中，加 20~40 倍量水，搅拌下使沉淀均匀悬浮，然后通入硫化氢；硫化氢的通入量为苹果酸铅沉淀物质量的 2.2~2.5 倍，放料抽滤除去生成的硫化铅。滤液泵入浓缩釜中浓缩成浆状，加入 5~10 倍量丙酮萃取，萃取液抽滤后，滤液泵入蒸馏釜中回收丙酮，浓缩液趁热放出，冷却、结晶，得 L-苹果酸。

3. 产品标准

L-苹果酸作为食品添加剂，国内的标准是（GB 13737—2008）：

项目	指标	项目	指标
含量(以 $C_4H_6O_5$ 计)/%	≥99	比旋光度 α_m(20℃，D)	-1.6~-2.6
硫酸盐(以 SO_4 计)/%	≤0.02	氯化物(以 Cl 计) /%	≤0.004
砷(以 As 计)/(mg/kg)	≤2	重金属(以 Pb 计)/(mg/kg)	≤10
灼烧残渣/%	≤0.1	澄清度试验	通过试验
富马酸/%	≤0.5	马来酸/%	≤0.05

4. *产品应用*

按我国食品添加剂使用卫生标准，L-苹果酸可用于果子冻、清凉饮料、乳酸菌饮料等，使用量可根据正常生产需要确定；苹果酸与柠檬酸复配使用能产生极好的酸味，复配用量为：苹果酸 1 份，柠檬酸 2 份；如苹果酸 1 份，柠檬 0.4 份，则能形成接近天然苹果的酸味。

二、甜味剂

甜味剂是指赋予食品或饲料以甜味的食物添加剂。目前甜味剂种类较多，可分为：按其来源可分为天然甜味剂和人工合成甜味剂；按其营养价值分为营养性甜味剂和非营养性甜味剂；按其化学结构和性质分为糖类和非糖类甜味剂。葡萄糖、果糖、蔗糖、麦芽糖、淀粉糖和乳糖等糖类物质，虽然也是天然甜味剂，但因长期被人食用，且是重要的营养素，通常视为食品原料，在我国不作为食品添加剂。

- 甜味剂
  - 糖类
    - 糖
      - 蔗糖
      - 果糖
      - 葡萄糖
      - 麦芽糖
      - 果葡糖浆
      - 淀粉糖浆
    - 糖醇
      - D－山梨糖醇
      - 甘露糖醇
      - 乳糖醇
      - 本糖醇
      - 麦芽糖醇
      - 异麦芽酮糖醇
  - 非糖类
    - 天然甜味剂
      - 甜菊糖苷
      - 甘草
      - 甘草酸-钾及三钾
      - 甘草酸铵
      - 罗汉果甜苷
    - 人工合成甜味剂
      - 糖精钠
      - 环已基氨基磺酸钠
      - 天冬氨酰苯丙氨酸甲酯
      - 天冬酰丙氨酸铵
      - 乙酰磺胺酸钾
      - 三氯蔗糖
      - 阿力甜

合成甜味剂的共同特征是热值低、没有发酵性，对糖尿病患者、心血管病患者有益。营养性甜味剂是每单位质量赋予甜能力的发热值大于蔗糖相应热值的 2%的甜味剂，包括除了异构糖和 L-糖外所有的低甜度甜味剂中的所有甜味剂，其中糖醇类甜味剂的热值和发酵性普遍低于蔗糖，在血液中代谢不受胰岛素控制。非营养性甜味剂是每单位质量赋予甜能力的发热值小于蔗甜味剂糖相应热值的 2%的甜味剂，包括高甜度甜味剂和异构麦芽酮糖、L-糖。

天然非营养型甜味剂日益受到重视，是甜味剂的发展趋势。阿斯巴甜、甜菊糖(也称为甜叶菊糖苷)及安赛蜜是我国允许使用的非营养型甜味剂代表品种。

理想的甜味剂必须同时具备以下特点：绝对的安全性，必须经过严格的毒理试验证实其安全无毒；具有良好的味觉特性；具备适当的溶解性和稳定性，以便应用在食品工业中；低廉的价格。

(一)甘露醇

1. 产品性质

无色至白色针状或斜方柱晶体或结晶性粉末。无臭，具有清凉甜味。甜度约为蔗糖的57%~72%。

物化性质：白色针状结晶或结晶粉末，旋光度+23~+24，熔点166℃，相对密度1.52，1.489(20℃)，沸点290~295℃(467kPa)。1g该品可溶于约5.5mL水(约18%，25℃)、83mL醇，较多地溶于热水，溶于吡啶和苯胺，不溶于醚。水溶液呈酸性。该品是山梨糖醇的异构化体，山梨糖醇的吸湿性很强，而该品完全没有吸湿性。甘露醇有甜味，其甜度相当于蔗糖的60%左右。

2. 生产方法

(1)化学合成法　D-甘露醇由D-甘露糖经催化加氢或用硼氢化钠还原而得。

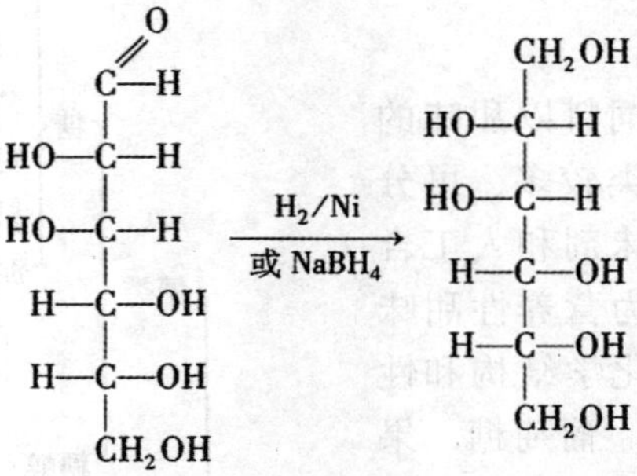

(2)电解还原法　以蔗糖为原料，水解后以无水硫酸钠作导电介质，电解后中和、真空浓缩、过滤、结晶精制得成品。

(3)提取法　以海带为原料，在生产海藻酸盐的同时，将提碘后的海带浸泡液，经多次提浓、除杂、离子交换处理、蒸发浓缩，冷却结晶而得。

我国利用海带提取甘露醇已有几十年历史，这种工艺简单易行，但受到原料资源、提取收率、气候条件、能源消耗等限制，长期以来，其发展受到制约。20世纪我国的甘露醇年产量始终未超过8kt。合成法工艺在我国20世纪80年代开始试验、90年代问世，时间不长，但由于其具有不受原料限制、适合大规模生产等优点，已经取得了长足的发展。

3. 工艺流程

(1)化学合成法：

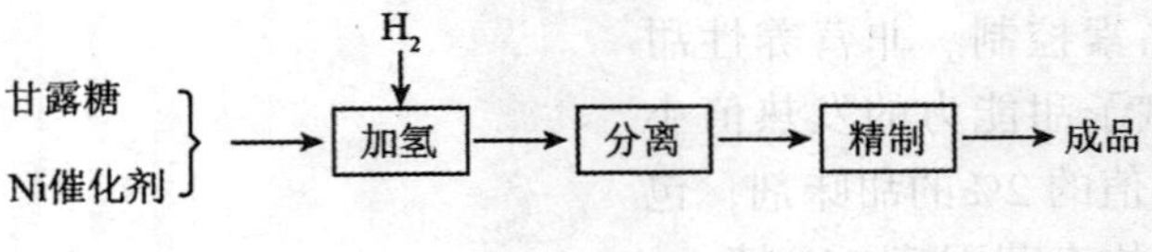

(2)电解还原法：

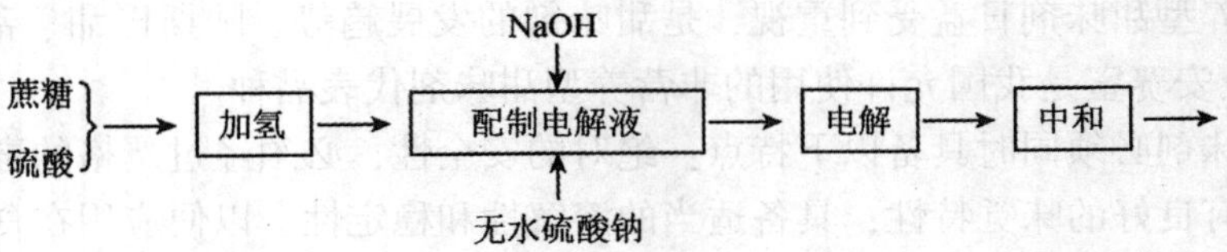

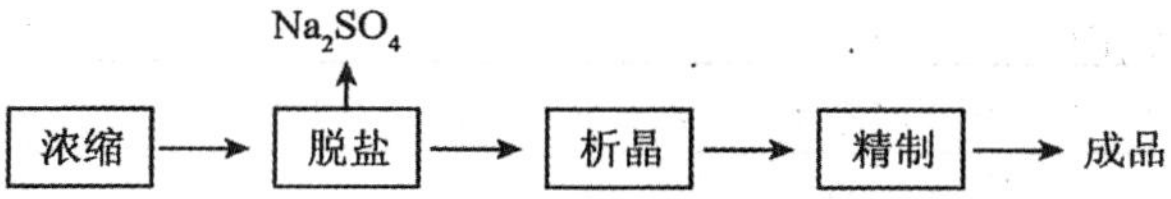

4. 操作过程

（1）化学合成法　将200kg蔗糖配成50%水溶液，然后加入0.6kg 98%浓硫酸于85℃下水解成葡萄糖和果糖，然后用碱中和，用雷尼镍作催化剂，在氢压4.9～17.7MPa，温度50～150℃条件下剧烈搅拌反应。此时，葡萄糖转化为山梨糖醇，果糖则转化成大致等量的山梨糖醇和甘露醇。将反应液过滤，用活性炭脱色，再用离子交换树脂处理。将所得糖液浓缩，缓慢冷却，结晶，经离心分离，干燥而得成品。

当以葡萄糖为原料，先在钼酸催化剂存在下异构化为葡萄糖和甘露糖的混合物，然后以0.20%～1.5%纯碱中和后再分别在60℃、110～160℃下两步加氢。然后将反应液过滤，加活性炭脱色，经离子交换处理后浓缩，冷却析晶、分离、干燥得成品。甘露醇收率达42%。

（2）电解还原法　在溶解锅中加入蔗糖120kg、蒸馏水约150L，加热溶解过滤。升温至85℃，加浓硫酸198mL（先稀释到1L左右）。经搅拌，于85℃保温45min，立刻冷却，同时加无水硫酸钠25kg作为导电介质，当温度降低到20～25℃时，用5mol/L NaOH中和到pH值为4.0，并稀释到300L，待用。电解前调节糖液至pH值为7.0，在电解槽中以表面涂汞的铅极为阴极。以铅极作为阳极，阳极置于一用素烧瓷片的隔膜中，隔膜中放1mol/L H_2SO_4（电池用），电压5～6V，电流密度1.0～1.2A/cm^2，进行电解。开始时pH值为7.0左右，以后pH值自然上升，到30h后用30%氢氧化钠（工业级）溶液调节到碱浓度为0.7mol/L，保温槽内温度在15～25℃之间，80～100h后，当残糖在15%左右，即可停止电解。将电解液中和到pH值为4.8～5.1，得中和液约420L。

将中和液用活性炭于80℃进行脱色、滤去活性炭即可蒸发，脱色液真空浓缩，锅内温度由50℃逐渐升到80℃。当脱水量甚少，温度达到80℃（93.3kPa）时，即可停止蒸发。趁热在搅拌下将85%乙醇160kg吸入锅内，在常压下加热到75℃，保温1h抽提，在40.0～53.3kPa下减压过滤，滤去硫酸钠得滤液330L左右。将滤液冷却，搅拌，使温度均匀，晶体松软，24h后冷却到15℃，离心机分离去母液，结晶用10℃以下蒸馏水冲洗。母液可回收乙醇及山梨醇。粗制品用蒸馏水溶解，加活性炭煮沸过滤后进行重结晶，过滤后于70℃烘干24h，包装。

5. 质量标准

项目	中国药典标准	英国药典标准	美国药典标准
含量/%	98～102.0	98～102.0	96～101.5
澄清度	小于1号浊度液	小于1号浊度液	—
氯化物/%	≤0.003	≤0.005	≤0.007
硫酸盐/%	≤0.01	≤0.01	≤0.01
草酸盐/%	≤0.02	—	—
干燥失重/%	≤0.5	≤0.5	≤0.3
炽灼残渣/%	≤0.1	≤0.1（硫酸灰分）	—
重金属（Pb）/%	≤0.001	—	—

续表

项目	中国药典标准	英国药典标准	美国药典标准
砷(As_2O_3)/%	≤0.0002	—	≤0.0001
熔点/℃	166~170	165~170	164~169
山梨醇	—	符合要求	—
细菌内毒素	—	符合要求	—

6. 产品应用

甘露醇主要用于食品和医药工业作甜味剂。在食品方面，本品在糖及糖醇中的吸水性最小，用于麦芽糖、口香糖、年糕等食品的防黏粉，以及用作一般糕点的防黏粉，也用作糖尿病人食品、健美食品等低热值、低糖的甜味剂。

(二) 甜叶菊糖苷

1. 产品性质

甜叶菊糖苷简称甜菊糖，是从菊科草本植物甜叶菊中精提的新型甜味剂，其甜度为蔗糖的200~300倍，热量只有蔗糖的1/300。与蔗糖、葡萄糖等天然甜味剂，甜蜜素、阿斯巴甜等化学合成甜味剂相比，甜菊糖具有热量低、甜度高、味质好、耐高温、稳定性好等特点，对人体安全无毒，而且还兼有降低血压、促进代谢、治疗胃酸过多等作用，对肥胖症、糖尿病、心血管病、高血压、动脉硬化、龋齿等患者也有一定的辅助疗效。由于它具有耐热、稳定、防腐等性能，所以加到食品中，不易变性、变质，对酸碱度要求不严，保存期长，不会结块、褐变。甜菊糖是目前世界已发现并经我国卫生部、轻工业部批准使用的最接近蔗糖口味的天然低热值甜味剂，被国际上誉为“世界第三蔗糖”。甜菊糖是多组分物质，商品名甜菊糖(甙)即以主要成分(甜菊甙)命名。基本化学结构：

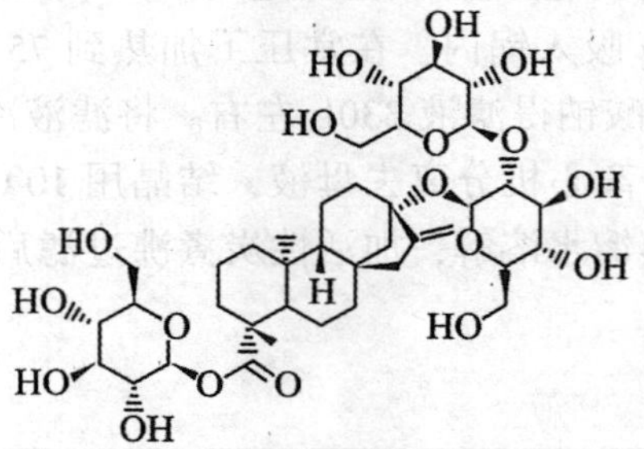

物化性质：分子式为$C_{38}H_{60}O_{18}$。白色或微黄色粉末，易溶于水、乙醇和甲醇，不溶于苯、醚、氯仿等有机溶剂，味极甜，似蔗糖，略带后涩味。在一般食品加工条件下，对热、酸、碱、盐稳定，在pH值大于9或小于3时，长时间加热(100℃)会使之分解，甜味降低，具有非发酵性，仅有少数几种酶能使其水解。

2. 生产方法

浸提是甜叶菊糖苷提取分离的最常用方法，通常以甜叶菊的叶子提取，有乙醇提取法和热水提取法，将甜叶菊叶片中的可溶物由固体团块中转移到液体(乙醇或热水)中，得到含有溶质的浸提液，提取后经精制得产品。

3. 工艺流程

（1）乙醇提取法：

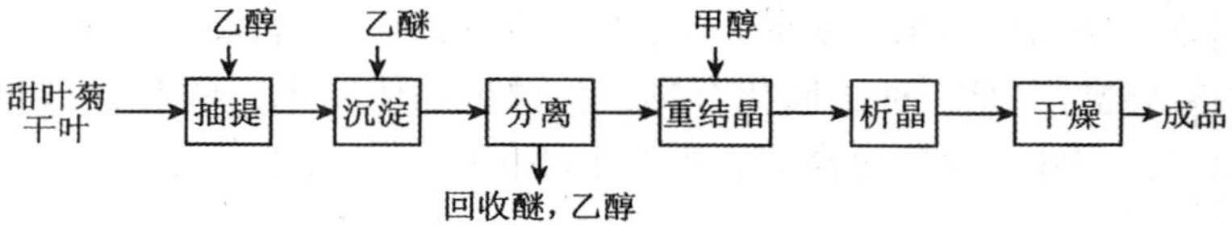

（2）热水提取法：

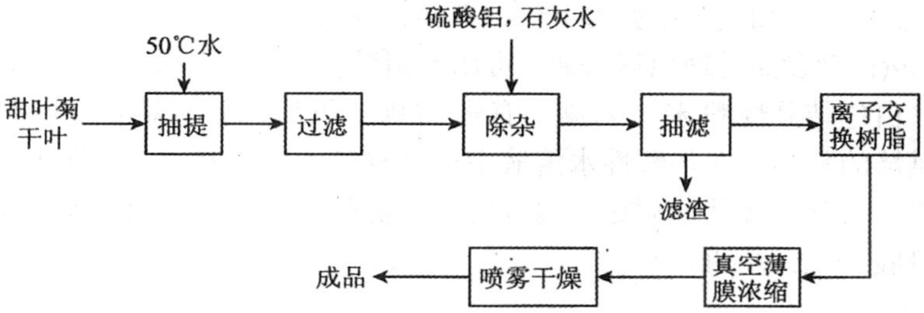

4. 操作工艺

（1）乙醇提取法　将干燥的甜叶菊叶片用乙醇浸泡提取多次，合并提取液，加入乙醚，析出甜菊糖沉淀。过滤，滤液回收乙醚、乙醇。滤饼为粗品，用甲醇重结晶（活性炭脱色），趁热过滤去渣，滤液冷却析晶，离心回收甲醇，干燥后得产品。

（2）热水提取法　将 100kg 干燥的甜叶菊（我国江苏、福建、新疆等地已有大面积栽培）叶片投入提取锅，加 200～300kg 50℃热水浸泡 0.5h，然后过滤，如此反复 3～5 次。合并提取液，在搅拌下向滤液中加硫酸铝和石灰水，以沉淀杂质。静置，沉淀完全后，取出上层清液，下层沉淀用离心机吸滤后，将滤液与上层清液合并，得到预精制液。将预精制液依次通过 201×7 阴离子交换树脂和 001×7 阳离子交换树脂，使其脱色，制得脱色精制液。将脱色精制液经真空薄膜浓缩至适当浓度，再将浓缩后的溶液送入喷雾干燥机，即制得白色粉状成品。

5. 质量标准（GB 8270—2014）

项目	指标
甜菊糖苷含量（以干基计）/%	≥85
灼烧残渣/%	≤1
干燥减量/%	≤6
铅（Pb）/（mg/kg）	≤1
总砷（以 As 计）/（mg/kg）	≤1
外观	白色至浅黄色粉末或结晶

6. 产品应用

甜叶菊糖苷是不产生热量的食品甜味剂，有降低血压、促进代谢、降低胃酸等功效。除常用作蔗糖、甘草苷的增甜剂外，还与柠檬复配改善甜味。主要用于苦味饮料、碳酸饮料和腌制品等。

（三）阿斯巴甜

1. 产品性质

又称天冬甜素、天门冬酰苯丙氨酸甲酯，俗称甜味素，化学名称 *N*-L-α-天冬氨酰-L-苯丙氨酸甲酯(α-APM)，是一种二肽化合物，为白色晶体粉末，微溶于水和乙醇，在水中不稳定易分解而失去甜味。温度过高时，则发生环化而失去甜味，用于食品时其加工温度不能超过 200℃。

甜味素是一种新型低热、稳定性较好、安全性高、味道纯正、营养型的甜味剂，有强烈甜味，且甜味与砂糖相似，甜度为蔗糖的 100~200 倍，是糖尿病、高血压、肥胖症和心血管病患者的低糖、低热量保健食品的理想甜味剂，可用于糖果、面包、水果、罐头和特种饮料。

物化性质：白色结晶性粉末，无臭，有强甜味，甜味纯正。熔点 246~247℃（分解），不适用于高温烘焙的食品。在强酸性水溶液中可水解产生单体氨基酸，在中性碱性条件下可环化成二酮哌嗪。与蔗糖或其他甜味剂混合使用有协同效应。热值低，安全无害，无龋齿作用。小白鼠经口服 LD_{50}>10g/kg。

2. 生产方法

阿斯巴甜的基本生产方法有 3 种：化学合成法、酶合成法和基因工程法。根据对国内外行业的了解，目前广泛采用的工业化生产方法主要是化学合成法。

(1) 化学合成法　目前国内不少厂家采取的合成工艺路线不完全一致，但其合成原理大体相同，即以 L-天门冬氨酸和 L-苯丙氨酸为主要原料进行合成。

① 甲酰基保护氨基法

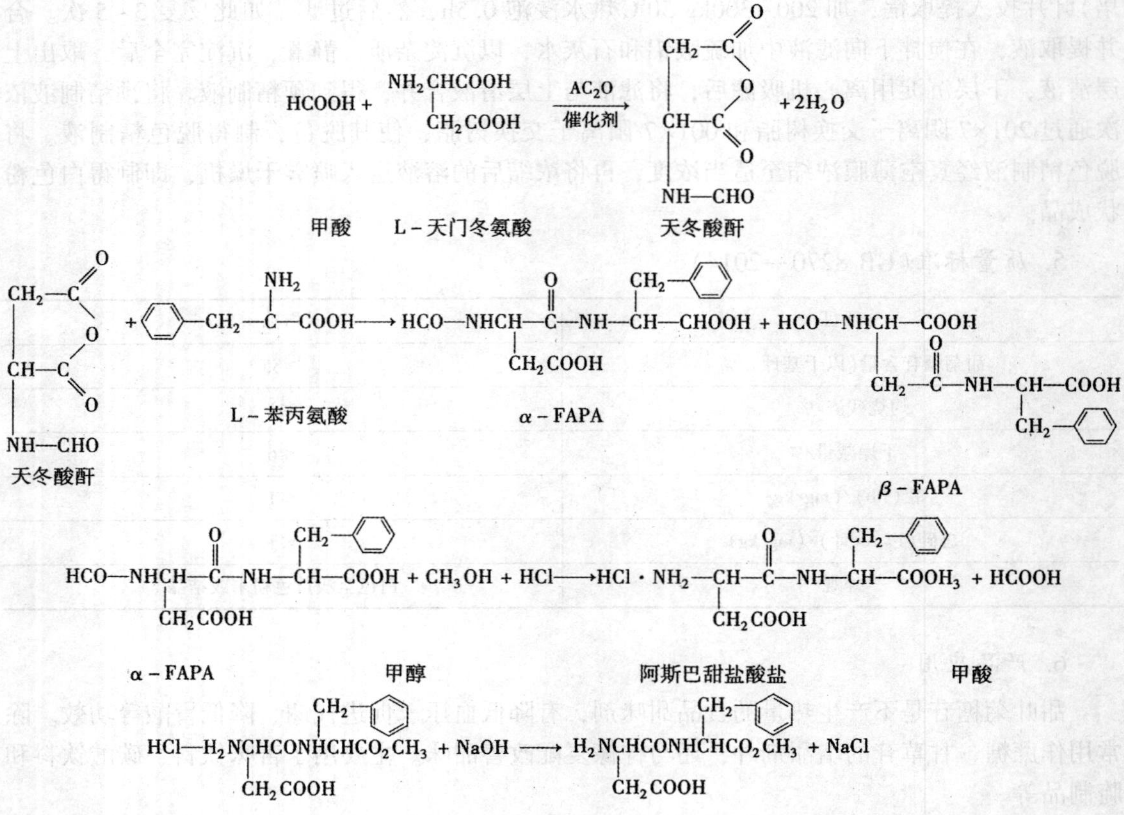

② 苄氧甲酰基保护氨基法　此法优点是选择性好（不生成β-异构体）、收率较高（80%以上），不足之处是原料成本较高，同时在保护基苄氧甲酰氯的制备时需使用剧毒的光气。

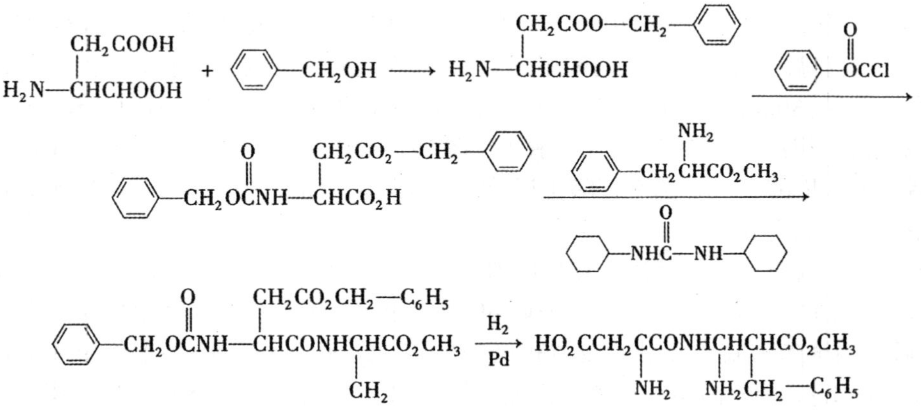

（2）酶法　先用化学法合成*N*-苄氧甲酰-L-天门冬氨酸及L-苯丙氨酸甲酯，然后用嗜热菌蛋白酶作催化剂，合成带保护基的阿斯巴甜前体，再经钯催化还原脱去保护基，得目标产物。

3. 工艺流程

（1）化学合成法：

① 甲酰基保护氨基法：

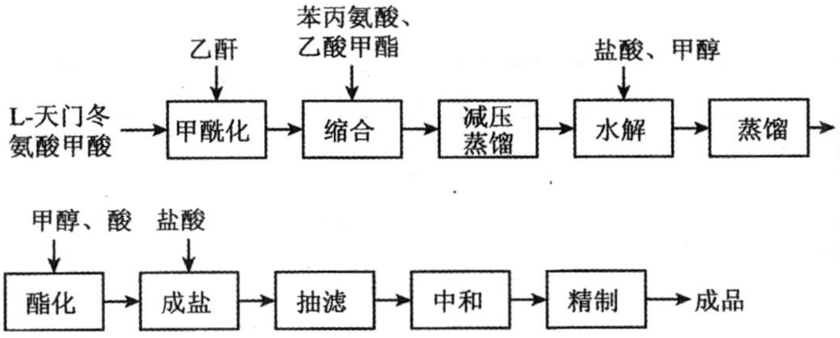

② 苄氧甲酰基保护氨基法：

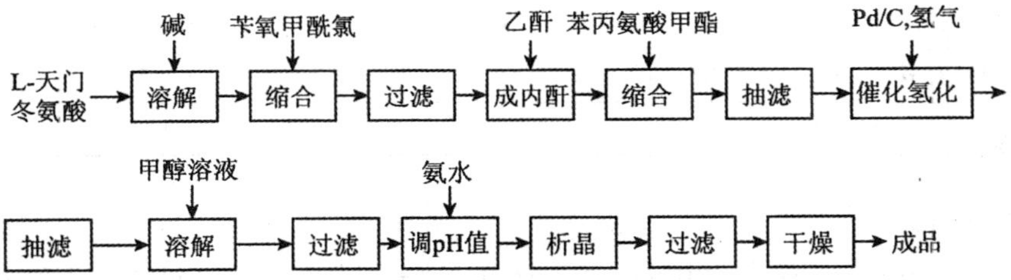

（2）酶法：

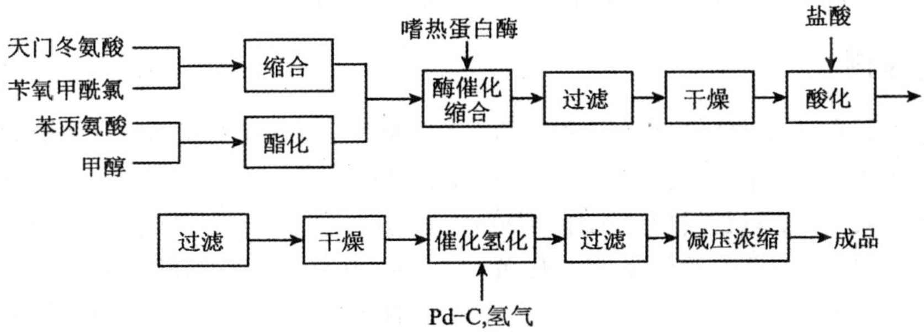

4. 操作工艺(化学合成法)

(1) 甲酰基保护氨基法 在反应釜中，加入适量氧化镁作为催化剂，再加入95%甲酸、乙酐、L-天门冬氨酸，升温至50℃，搅拌反应2.5h后，加入异丙醇，于48~50℃下反应1.5h后冷却至室温。向体系加入乙酸甲酯和L-苯丙氨酸、乙酸，在室温下反应4.5h。反应完后，真空蒸馏(80kPa)至物料温度达65℃，得*N*-甲酰基-L-天冬氨酰-L-苯丙氨酸。然后加入35%盐酸、甲醇于60℃水解1h，脱去甲酰基，常压70~75℃下蒸馏除去甲醇、酯等组分，然后再加入甲醇、酸加热进行酯化反应，反应结束后加入盐酸生成α-APM盐酸盐，经抽滤、中和、精制得成品。

(2) 苄氧甲酰基保护氨基法 在反应器中，加入14%碳酸氢钠溶液，搅拌下加入L-天门冬氨酸，用10%氢氧化钠于2~3℃下调pH值为9.5，缓慢加入苄氧甲酰氯，升温至25℃反应1h后，用甲苯萃取，再用盐酸中和至pH=1，放置，过滤得*N*-苄氧甲酰天门冬氨酸酐。将制得的L-苯丙氨酸甲酯用乙酸乙酯溶解，加入*N*-苄氧甲酰天门冬氨酸酐，搅拌下在18~20℃反应1h，反应完毕，提取α-缩合物，酸化，抽滤得α-苄氧甲酰-L-天门冬氨酰-L-苯丙氨酸甲酯晶体。将此晶体溶于甲醇，加入2mol/L盐酸及Pd-C催化剂，通入氢气在室温下反应4h，浓缩除去甲醇，抽滤得α-APM盐酸盐，将其溶于混合溶剂(甲醇：水=2：1)，升温至55℃过滤，然后用氨水调pH值至4.8~5.2，冷却至5℃，放置3h以上过滤、干燥得成品。该法最大优点是选择性好。

5. 质量标准

项目	指标
含量(以干基计)/%	98~102
干燥失重/%	≤4.5
比旋光度$[\alpha]_D^{20}$	+14.5~+16.5
透光率	≥0.95
pH值	4.5~6.0
铅(Pb)/(mg/kg)	≤1
5—苄基—3，6—二氧-2-哌嗪乙酸/%	≤1.5
其他/%	≤2.0

6. 产品应用

阿斯巴甜是国内外普遍允许使用的人工合成低热量甜味剂，常与蔗糖或其他甜味剂并用。我国GB 2760—2014规定，可用于各类食品，按操作需要适量使用，一般用量为0.5g/kg。

三、鲜味剂

以赋予食品鲜味为主要目的的食品添加剂称为鲜味剂，又称增味剂或风味增强剂，主要为氨基酸类与核苷酸类物质。前者主要是L-谷氨酸及其单钠盐(味精)，后者主要是5′-肌苷酸二钠(5′-IMP·2Na)和5′-鸟苷酸二钠(5′-GMP·2Na)。此外，琥珀酸及其钠盐也具有鲜味。

目前国内外消费量最大的仍是第一代鲜味剂——味精(L-谷氨酸钠)，第二代鲜味剂为5′-肌苷酸二钠及用5′-鸟苷酸二钠、5′-肌苷酸二钠和谷氨酸一钠复配的强力味精等。第三代鲜味剂即风味或营养味精，是以牛肉、鸡肉、蔬菜等的冷冻干燥产物或其提取物为基料与其他呈味物质(鲜、甜味剂等)、香料香精等复配而成的新型鲜味剂，它带有更为接近天然的风味。下面介绍L-谷氨酸钠的生产。

1. *产品性质*

L-谷氨酸钠(MSG)俗称味精，学名为L-氨基戊二酸单钠盐，分子式 $C_5H_8NNaO_4 \cdot H_2O$，常温下带有一分子结晶水。谷氨酸的 α-碳原子为手性碳原子，所以谷氨酸一钠有D型、L型和D，L型三种异构体，只有L型具有鲜味。

物化性质：谷氨酸为无色或白色结晶性粉末，稍带有特殊的滋味和甜酸味，难溶于水、无臭，加热至160℃时熔融并释放出水，在224~225℃分解。

2. *生产方法*

谷氨酸的制法有化学合成法、发酵法和蛋白质水解法三种。后一种方法已基本淘汰，主要介绍化学合成法和发酵法。

(1) 化学合成法　使用丙烯腈、丙烯醛、糠醛等为原料，在一定压强下进行化学合成可制得谷氨酸。如以丙烯腈为原料合成谷氨酸的反应式如下：

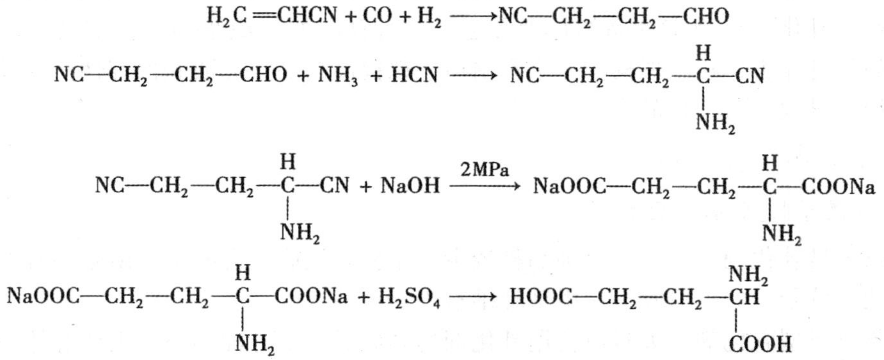

此种方法得到D-型及L-型两种光学异构体的谷氨酸，D-型谷氨酸钠无鲜味。

(2) 发酵法　此法是L-谷氨酸一钠工业生产的主要方法。以薯类、玉米、木薯、淀粉等的淀粉水解糖或糖蜜、乙酸、液态石蜡等为碳源，以铵盐、尿素等提供氮源，在无机盐类、维生素等存在情况下，加入谷氨酸产生菌，在大型发酵罐中通气搅拌，发酵温度为30~34℃。pH值为6.5~8.0，经30~40h发酵后，除去细菌，将发酵液中的谷氨酸提取出来，用氢氧化钠或碳酸钠中和，经脱色除铁、真空浓缩结晶、干燥后即得L-谷氨酸一钠，含量在99%以上。

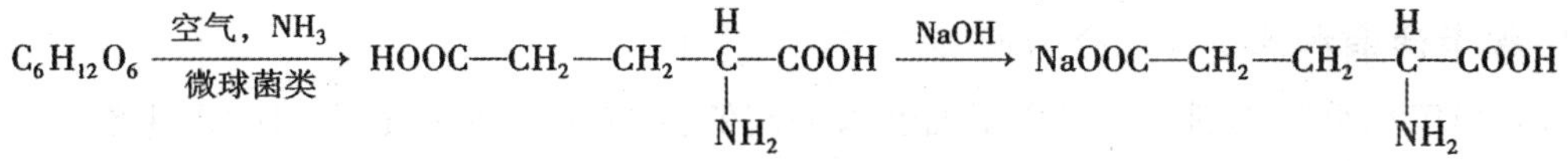

3. *质量标准*

项　目	指标	项　目	指标
含量/%	≥99.0	锌(以Zn计)/(mg/kg)	≤5
外观	白色棱柱状结晶	5%溶液pH值	6.7~7.2
铅含量/(mg/kg)	≤1	比旋光度 $[\alpha]_D^{20}$	+24.8~+25.3
砷含量/(mg/kg)	≤0.3	氯化物/%	≤0.2

4. 产品应用

L-谷氨酸钠可在各类食品中按生产需要适量使用：在青豆罐头、甜玉米罐头、蘑菇罐头、芦笋罐头、青豌豆罐头(含奶油或其他油脂)、干酪中，其最大用量可按正常生产需要使用，蟹肉罐头0.5g/kg；熟腌火腿和熟猪前腿2g/kg(以谷氨酸计)；碎猪肉和午餐肉5g/kg(以谷氨酸计)；即食羹和汤10g/kg(单用或与谷氨酸及其盐合用)。

本品在通常的食品加工和烹调时不分解，但在高温和酸性条件(pH值2.2~4.4)下，会出现部分水解，并转变成5′-吡咯烷酮-2-羧酸(焦谷氨酸)。在更高的温度和强酸或强碱条件下(尤其是后者)，转化成为DL-谷氨酸盐，呈味力均降低。

项目五　乳　化　剂

一、概述

食品乳化剂是食品加工中能改善互不相溶的组分之间的表面张力、形成均匀分散或乳化体的添加剂。乳化剂能稳定食品的物理形态，改善食品的组织结构，改良风味、口感和外观，使食品的色、香、味、形构成一个和谐体，以提高食品的品质和保存性质，并能简化的控制食品加工过程、防止食品变质。

(一) 食品乳化剂的分类

1. 按其离子性可分为两类

(1) 离子型乳化剂　此类乳化剂品种较少，主要有硬脂酰乳酸钠、磷脂和改性磷脂以及一些离子性高分子，如黄原胶、羧甲基纤维素等。

(2) 非离子型乳化剂　大多数食用乳化剂均属此类，如甘油酯类、山梨醇酯类、木糖醇酯类、蔗糖酯类和丙二醇酯类等。

2. 按相对分子质量大小可分为两类

(1) 小分子乳化剂　常见的乳化剂均属此类，如各种脂肪酸酯类乳化剂。

(2) 高分子乳化剂　主要是一些高分子胶类，如纤维素醚、海藻酸丙二醇酯、淀粉丙二醇酯等。有些物质从结构上并不同时存在通常意义上的亲水基和亲油基，但在油水分散体系中，一部分保持亲水结构，另一部分形成亲油结构，形成功能意义上的表面活性剂，如多糖类高分子物质(羧甲基纤维素钠、羟乙基纤维素、海藻酸钠等)。

3. 按亲油亲水性还可以分为两类

(1) 油包水类乳化剂　一般指亲油亲水平衡值(*HLB*值)在3~6之间的乳化剂，如脂肪酸甘油脂类乳化剂、山梨醇酯类乳化剂等。

(2) 水包油类乳化剂　一般指*HLB*值9以上的乳化剂，如低酯化度的蔗糖酯、吐温系列乳化剂、聚甘油酯类乳化剂等。

食用乳化剂还有其他分类方法。如接其来源分，按其亲水基结构来分等。

(二) 乳化剂的作用

食品乳化剂除乳化作用外，还具有分散、发泡、消泡、湿润等作用，用于人造奶油、冰淇淋、面包、饼干和糕点、巧克力等。乳化剂还可用于肉制品中使肉肠等需要添加淀粉的制品保水性增强、弹性增加，并减少淀粉填充物的糊状感。用于面粉增加面筋强度、提高速溶食品如咖啡、奶粉等的速溶性等。目前国内外使用量最大的有：甘油脂肪酸酯、脂肪酸蔗糖酯、失水山梨醇(醚)脂肪酸酯、丙二醇脂肪酸酯、酪蛋白酸钠和磷脂等。

二、乳化剂的生产技术

（一）大豆磷脂

1. 产品性质

又称大豆卵磷脂，简称磷脂，为淡黄色、褐色透明或半透明黏稠物质。主要成分是卵磷脂(24%)、脑磷脂(25%)和肌醇磷脂(33%)，此外尚含有35%~40%的油(现在国内已研制生产出含油极少、无异臭的淡黄色粉状或粒状产品)。

2. 工艺流程

大豆磷脂通常是制造大豆油时的副产品，生产工艺步骤如下：

粗油 → 水化 → 离心分离（脱去胶油） → 粗磷脂 → 脱水 → 脱色 → 干燥 → 精制 → 产品

大豆磷脂的工业化生产工艺流程如图5-11所示。

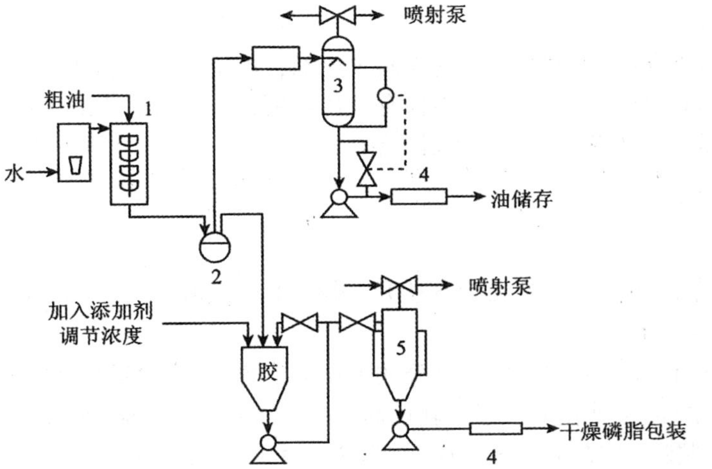

图5-11 大豆磷脂的工业化生产工艺流程图

1—混合器；2—脱胶离心机；3—脱胶油干燥器；4—冷却器；5—薄膜干燥器

3. 操作工艺

(1) 脱胶　脱胶过程可分为间歇和连续两种。间歇法是先将毛油升温至70~82℃，然后加入2%~3%的水及助剂(如乙酐)，在搅拌情况下，油和水于反应釜内充分进行水化反应30~60min。反应后的物料送入脱胶离心机。连续法脱胶是在管道中进行的，即原料毛油经过油脂水化、磷脂分离、成品入库等工序基本实现连续生产。

(2) 脱水　脱水方式也可采用间歇脱水和连续脱水，最终的产品水分含量应小于0.5%。脱水后的胶状物必须迅速冷却至50℃以下，以免颜色变深。为防止细菌的腐败作用，常在湿胶中加入稀释的双氧水以起到抑菌的作用。

(3) 脱色　以不同的过氧化物作用于不同的颜色体系，具有不同的脱色效果。例如双氧水减少棕色色素，对处理黄色十分有效；过氧化苯甲酰可减少红色素，对处理红色更有效。上述两种脱色剂一起使用，可得到颜色相当浅的磷脂。此外，也有用次氯酸钠和活性炭等物质进行脱色的。

(4) 干燥　将磷脂进行分批干燥是最常用的方法，而真空干燥是最合理的方法。由于磷脂在真空干燥时要防止泡沫产生，因此必须小心地控制真空度并采用较长的干燥时间(3~4h)。另外，也可选择薄膜干燥的方法。

(5) 精制　将存在于粗磷脂中的油、脂肪酸等杂质除去，从而获得含量较高的磷脂。

4. 质量标准

项　目	指标	项　目	指标
外观形态	浅黄至棕色透明或半透明的黏稠状液态	己烷不溶物/%	≤0.3
丙酮不溶物/%	≥50	酸值/(mgKOH/g)	≤70
水分及挥发物/%	≤1.5	碘值/(gI_2/100g)	85~95
过氧化值/(mmol/kg)	≤100	重金属(以 Pb 计)/(mg/kg)	≤40
砷(以 As 计)/(mg/kg)	≤3		

5. 产品应用

大豆磷脂是目前唯一工业化生产的天然乳化剂，可用于人造奶油、冰淇淋、糖果、巧克力、饼干、面包和起酥油的乳化。它不仅有乳化作用，还具有重要的生化功能，可增加磷酸胆碱、胆胺、肌醇和有机磷，以补充人体营养的需要。

(二) 山梨糖醇酐单油酸酯

1. 产品性质

山梨糖醇酐单油酸酯又称乳化剂 S-80、司本-80(斯盘-80，Span-80)。分子式 $C_{24}H_{44}O_6$，相对分子质量 428。

物化性质：棕色油状或黏稠体，可分散于水中，溶于苯等多种有机溶剂。属于非离子型表面活性剂，是水/油型乳化剂，可与乳化剂 S-60、T-60、T-80 拼混使用，具有优良的乳化、分散和润湿性能。*HLB* 值 4.3。小鼠口服 LD_{50}≥10g/kg 体重。

2. 生产方法

山梨糖醇脱水后生成山梨糖醇酐(失水山梨醇)，再与油酸酯化，生成山梨糖醇酐单油酸酯。

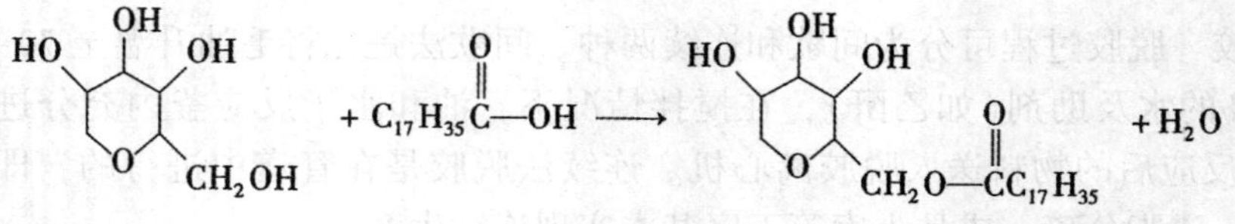

3. 工艺流程

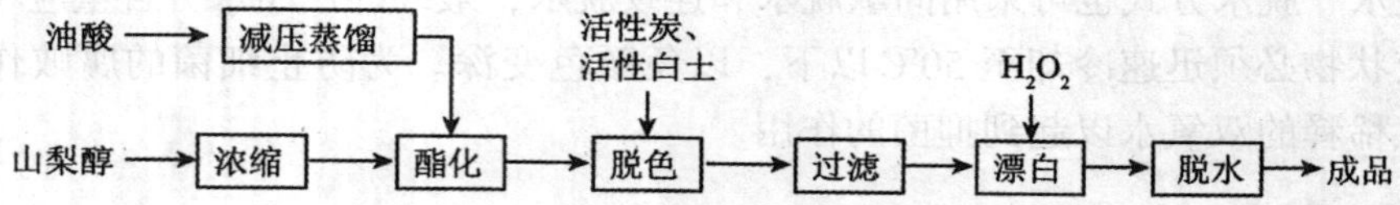

4. 操作工艺

将油酸投入减压蒸馏釜中，进行减压蒸馏精制，收集 190~235℃/100×133.3Pa 的馏分。100kg 工业油酸经精制可得淡黄色的精制油酸 84kg。山梨醇置于浓缩釜内，浓缩脱水，使浓度达到 70%~80%。

将 88kg(100%计)山梨醇投入搪瓷酯化反应釜中，加入精制油酸 130kg、氢氧化钾溶液(含 KOH 约 0.2kg)。搅拌下抽真空，并逐渐加热升温。于 700×133.3Pa/200~210℃下维持反应 7h。反应完毕，冷却并静置 24h。自然分层，分离掉下层黑色胶状物。将上层澄清液移入脱色釜内，加热至 65℃，加入活性白土 5kg、活性炭 5kg，搅拌，于 80℃下脱色 1h，过滤。在滤液中加入过氧化氢 1.3kg，于 60℃下漂白 0.5h，继续升温脱水，减压，于 105~110℃下保温脱水 5h，得到山梨糖醇酐单油酸酯约 200kg。

注意事项：①工业油酸含杂质较多，酯化前必须减压蒸馏进行精制，否则影响产品色泽和质量；②工业山梨醇若浓度低于 70%，必须浓缩脱水，以提高酯化反应产率，降低产品酸值。

5. 质量标准

项　目	GB13482—2010
多元醇/%	28~32
脂肪酸/%	73~77
酸值(以 KOH 计)/(mg/g)	≤8
羟值(以 KOH 计)/(mg/g)	193~210
皂化值(以 KOH 计)/(mg/g)	145~160
砷(以 As 计)/(mg/kg)	≤3
铅(Pb)/(mg/kg)	≤2
水分/%	≤2.0

6. 产品应用

按我国食品添加剂使用卫生标准，山梨糖醇酐单油酸酯用作食品乳化剂，用于植物蛋白饮料、果汁型饮料、牛乳、奶糖、冰激凌、面包、糕点、巧克力，最大使用量为 3.0g/kg；用于奶油、速溶咖啡、干酵母、氧化植物油，最大使用量为 10.0g/kg。

项目六　其他食品添加剂

一、食用色素

食用色素是使食品着色和改善食品色泽的添加剂。很多天然食品本身就带有天然色素，但在加工、保存过程中，有的容易褪色，有的容易变色。美食强调色、香、味、形，色是食品表现质量的重要参数，与食品的风味、品质同等重要。食品的颜色也是消费者选择食品的重要依据。因此，赋予食品鲜明、悦目、逼真、和谐的色彩，对于提高食品的市场价值有重要意义。

人类很早就采用香辛料、莓类和草药来增强食品的香气和颜色。1856 年，William Perkin 首次发明合成色素，进而将其应用于染料工业，到了 20 世纪，则发明了纯食用色素，应用于食品工业中。

现今的食用色素可分为合成色素、仿天然色素和天然色素三大类。合成色素是指自然界不存在、需用化学合成制造的色素，如日落黄、胭脂红、亮蓝。仿天然色素是指天然存在的色素结构，但由化学合成方法或经化学修饰制成，如β-胡萝卜素、核黄素、4,4-二酮-β-胡萝卜素、叶绿素铜钠盐。天然色素是由天然可食用原料，经萃取等加工方法生产的有机色素，如姜黄素、红曲红、栀子蓝、甜菜红等。所谓的天然色素也包含“仿天然色素”和“天然色素”两类，所以，一般将食用色素按来源分为食用合成色素与食用天然色素两大类。

合成色素的优点是色泽鲜艳，着色力强，不易褪色，用量较低而且性能稳定。但合成色素因多以芳香氧化合物等为起始原料，且在合成过程中可能受铅、砷等物质所污染，所以不被消费者欢迎。我国 GB 2760—2014 中允许使用的合成色素有 9 种，苋菜红、胭脂红、诱惑红、新红、柠檬黄、日落黄、靛蓝、亮蓝、赤藓红，前 6 种属于偶氮类化合物。

我国有着丰富的动、植物资源，大力开发研制食用天然色素和食用仿天然色素有着广泛的发展前景和市场潜力，也是我国食用色素的重点发展方向。

（一）β-胡萝卜素

1. 产品性质

β-胡萝卜素又称胡萝卜色烯、前维生素 A。分子式 $C_{40}H_{56}$，相对分子质量 536.89。化学结构：

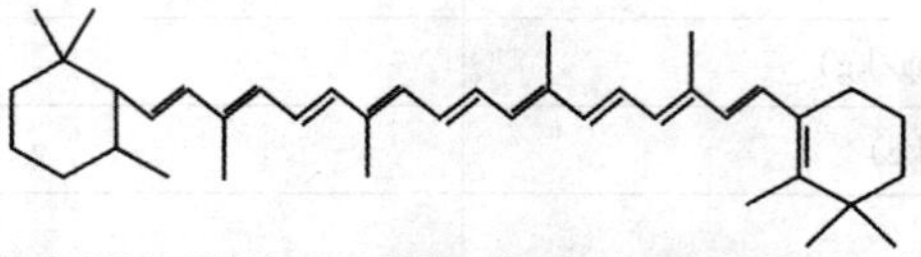

物化性质：β-胡萝卜素为深红紫色至暗红色有光泽的板状或斜六面体微晶体或结晶性粉末。微具异臭和异味。熔点 176~180℃。具有较强的亲脂性。不溶于水、丙二醇和甘油，难溶于甲醇、乙醇，可溶于丙酮、氯仿、石油醚、苯和植物油。在橄榄油和苯中的溶解度均为 0.1g/mL，在氯仿中的溶解度为 4.3g/100mL。高浓度时呈橙红色，低浓度时呈橙色至黄色。在 pH 值 2~7 的范围内较稳定，且不受抗坏血酸等还原性物质的影响，但对光和氧均不稳定，铁离子会促使其褪色。对油脂性食品着色性能良好。

2. 生产方法

（1）提取法　胡萝卜、辣椒、沙棘、苜蓿、盐藻、蚕沙等天然物中都含有大量的胡萝卜素，可用石油醚等有机溶剂从胡萝卜等天然物中提取。

（2）发酵法　微生物发酵法（也叫生物合成法）是指利用微生物培养技术，使微生物在其体内合成β-胡萝卜素，然后自微生物体内分离得到β-胡萝卜素的一种方法。常用的微生物菌株有三孢布拉氏霉菌、红酵母、红假单胞菌、瑞士乳杆菌、球形红杆菌、短杆菌、分枝杆菌、微小杆菌、布拉克须霉菌等。三孢布拉氏霉菌是生产β-胡萝卜素的首选菌株。

（3）合成法

$$\beta\text{-紫罗兰酮} \longrightarrow \beta\text{-}C_{14}\text{醛} \longrightarrow \beta\text{-}C_{15}\text{醛、}\beta\text{-}C_{19}\text{醛} \longrightarrow \beta\text{-}C_{40}\text{二醇} \xrightarrow[\text{反应}]{\text{Grignard}}$$

$$15,15'\text{-脱氢-}\beta\text{-胡萝卜素} \xrightarrow[\text{脱水缩合}]{\text{用盐酸}} \beta\text{-胡萝卜素}$$

3. 工艺流程(提取法)

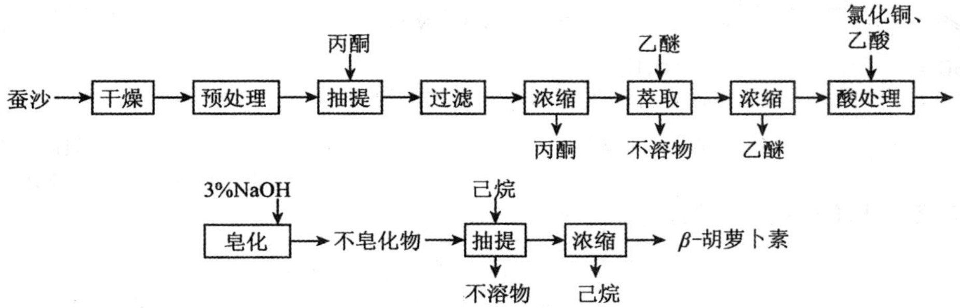

4. 操作工艺

将蚕沙干燥后预处理，然后用丙酮抽提，过滤，得到的抽提液，转入浓缩罐，浓缩回收丙酮。浓缩物用乙醚萃取，弃去不溶物。乙醚萃取液经浓缩回收乙醚。浓缩物用乙酸、氯化铜进行酸处理，然后3%氢氧化钠皂化，分出不皂化物，用己烷抽提。抽提液浓缩回收己烷，浓缩物经干燥得β-胡萝卜素。

5. 质量标准

项　　目	GB 8821—2010(合成品)	GB 31624—2014(天然品)
β-胡萝卜素(以干基计)/%	96.0~101.0	符合声称
澄清度试验	通过试验	—
熔点/℃	176~182	—
砷盐(As)/(mg/kg)	≤2	—
重金属(以Pb计)/(mg/kg)	≤5	≤5
灼烧残渣/%	≤0.2	—
残留溶剂(丙酮、正己烷、甲醇、乙醇和异丙醇)/(mg/kg)	—	≤50(单独或混合)

6. 产品应用

β-胡萝卜素已广泛用作黄色色素。我国GB 2760—2014规定β-胡萝卜素可用于酒类、果汁、酱菜、起酥油、饼干、植脂性粉末。

(二)苋菜红

1. 产品性质

苋菜红又称鸡冠花红、蓝光酸性红和食用色素红色2号，分子式$C_{20}H_{11}N_2Na_3O_{10}S_3$，相对分子质量604.49。

苋菜红为红棕色或紫红色颗粒或粉末，无臭，耐光，耐热，对氧化、还原敏感。它微溶于水，0.01%的水溶液呈品红色；溶于甘油、丙二醇及稀糖浆；稍溶于乙醇和溶纤素；不溶于其他有机溶剂。最大吸收波长520nm±2nm。对柠檬酸、酒石酸等稳定，遇碱则变为暗红色。由于对氧化-还原作用敏感，故不适合于在发酵食品中使用。

2. 生产方法

苋菜红的合成方法一般是以对氨基萘磺酸为原料重氮化生成4-磺基-1-偶氮萘的盐酸盐，然后与R酸钠(2-萘酚-3,6-二磺酸钠)偶合，然后经盐析、精制而得。其合成反应式如下：

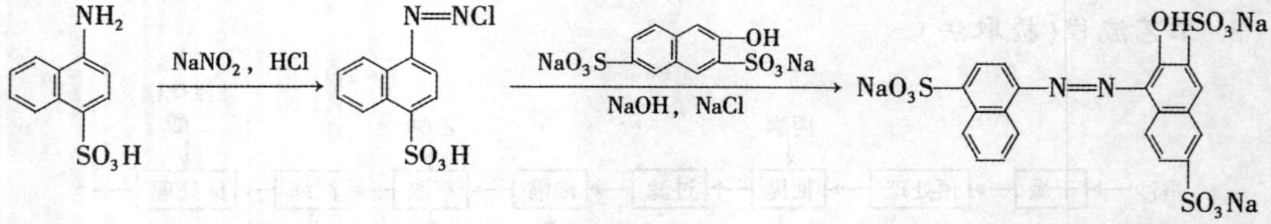

4-磺基-1-偶氮萘　　1-(4-磺基-1-萘偶氮)-2-萘酚-3，6-二磺酸三钠盐

3. 工艺流程(见图 5-12)

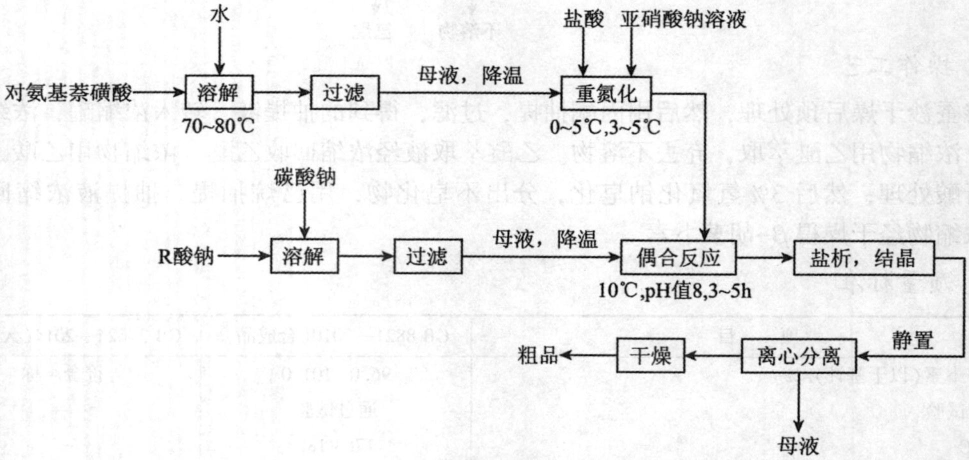

图 5-12　苋菜红的制备工艺流程图

4. 操作工艺

将对氨基萘磺酸用约 10 倍质量的水加热(70~80℃)溶解后，降温至 0~5℃加入盐酸。然后，缓缓地加入亚硝酸钠溶液进行重氮化反应，反应温度控制在 3~5℃，并将反应后的糊状料液维持呈强酸性。将 R 酸钠(2-萘酚-3,6-二磺酸钠)加约 10 倍质量的水，加热，搅拌，再加入碳酸钠至全部溶解，并冷却至 5℃。将对氨基萘磺酸的重氮盐，慢慢加入到以上溶液中，在 10℃左右，pH 值为 8 的条件下进行偶合反应 3~5h。加入食盐搅拌下加热溶解后，停止加热继续搅拌使物料温度降至室温，静置，析出结晶，结晶完毕，离心分离得粗品苋菜红。

将粗品(可直接使用未经干燥的粗品)溶于约 15 倍质量的 70℃蒸馏水中，搅拌，在全部溶解后，加入适量的碳酸钠，至溶液呈微碱性。过滤去除不溶性杂质后，往母液中加入精制的食盐，搅拌至完全溶解，加入盐酸至 pH 值为 6.5~7.0。溶液静置、结晶、离心过滤、干燥得固体产品。

5. 质量标准

项　目	高浓级	特浓级	项　目	高浓级	特浓级
外观	褐色粉末		含量/%	≥60	85
水不溶物	≤0.5	0.5	挥发物(135℃)/%	≤10	10
异丙醚萃取物/%	≤0.5	0.5	副染料/%	≤3	3
砷(As)	≤0.0001	0.0001	铅(Pb)/%	≤0.001	0.001

6. 产品应用

按我国食品添加剂使用卫生标准，苋菜红可用于果味水、果味粉、果子露、汽水、配制酒、糖果、糕点上彩装、红绿丝、罐头、浓缩果汁、青梅等，最大使用量为0.05g/kg。

二、食品增稠剂

能增加食品混合物或食品溶液的黏度，保持体系的相对稳定性的亲水性物质，称为食品增稠剂。食品增稠剂又称糊料，是一类具有胶体性质的物质，也可称为食品胶。

食品增稠剂对保持流态食品、胶冻食品的色、香、味、结构和稳定性起着相当重要的作用。增稠剂在食品中主要是赋予食品所要求的流变特性，改变食品的质构和外观，将液体、浆状食品形成特定形态，并使其稳定、均匀，提高食品质量，使食品具有黏滑适口的感觉。增稠剂还具有以下功效：①起泡作用和稳定泡沫作用；②黏合作用；③成膜作用；④用于保健、低热食品的生产；⑤保水作用；⑥矫味作用。

根据来源，增稠剂可分为天然增稠剂及合成增稠剂两大类。海藻酸钠、明胶、琼脂和果胶是我国常用的食品增稠剂。我国食用的合成增稠剂，是以天然物质为原料的半合成增稠剂，安全性较高，如以纤维素为原料合成的羧甲基纤维素，以淀粉为原料合成的羧甲基淀粉和磷酸淀粉钠等。

根据组成，食品增稠剂可分为多肽和多糖两大类物质。除明胶和酪蛋白酸钠是以氨基酸为结构单元所组成的多肽类蛋白质外，我国允许使用的食品增稠剂一般为多糖类物质。

（一）海藻酸钠

1. 产品性质

海藻酸钠又称藻元钠、藻胶钠、褐藻酸钠。分子式为$(C_6H_7NaO_6)_n$，相对分子质量约240000。结构式为：

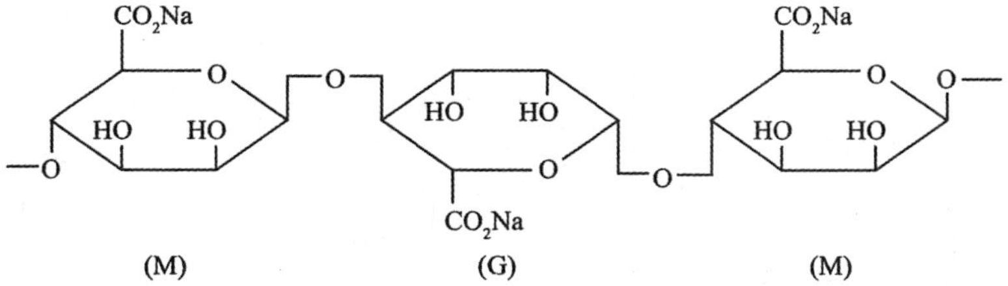

物化性质：白色或淡黄色无定形粉末。缓慢溶于水，成黏稠均匀溶液，不溶于乙醇、乙醚、氯仿等有机溶剂。与除镁外的二价以上的金属离子结合后，生成不溶性盐类。黏性在pH值为6~9时稳定，加热到80℃以上则黏性降低。有吸湿性，是亲水性高分子。大白鼠经口服LD_{50}大于5000mg/kg。

2. 生产方法

海带、巨藻、墨角藻等原藻经粉碎后以稀酸洗涤干净，用碳酸钠在70℃下提取2海藻酸钠，然后用水稀释，过滤除渣。滤液以盐酸酸化，使海藻酸析出，再经压榨脱水后得海藻酸。将海藻酸溶于乙醇中，加次氯酸钠漂白，用氢氧化钠中和，分离，脱除乙醇，经烘干、粉碎后制得海藻酸钠。

3. 工艺流程

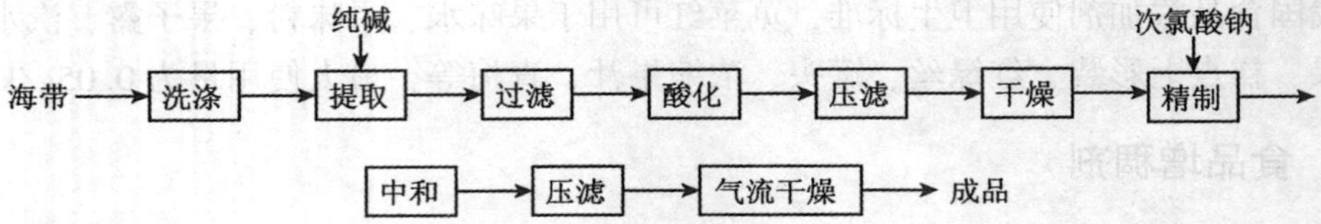

4. 质量标准

项　目	GB 1886.243—2016	项　目	GB 1886.243—2016
黏度(20℃)/mPa·s	符合声称	灰分(以干基计)，ω/%	18.0~27.0
pH	6.0~8.0	砷(以As计)/(mg/kg)	≤2
水分，ω/%	≤15	铅(以Pb计)/(mg/kg)	≤5
水不溶物，ω/%	≤0.6		

5. 产品应用

海藻酸钠是一种很好的增稠剂、稳定剂和胶凝剂，在国外有“长寿食品”和“奇妙的添加剂”之美称，用于改善和稳定焙烤食品(蛋糕、馅饼)馅、色拉调味汁、牛奶巧克力的质地以及防止冰淇淋储存时形成大的冰晶；海藻酸盐还用来加工各种凝胶食品，例如速溶布丁、果冻、果肉果冻、人造鱼子酱以及稳定新鲜果汁和啤酒泡沫。可按生产需要适量使用。

(二) 甲壳素

1. 产品性质

甲壳素又称甲壳质、几丁质、明角质、壳蛋白、壳多糖。是含氮多糖类物质，多糖类之一，含氮约7%，广泛存在于低等植物及虾、蟹等甲壳类动物的外壳中。除具有增稠作用外，还有医学保健作用，如强化免疫力、无毒性抗癌效果、降低胆固醇、改善消化机能等。

化学结构：

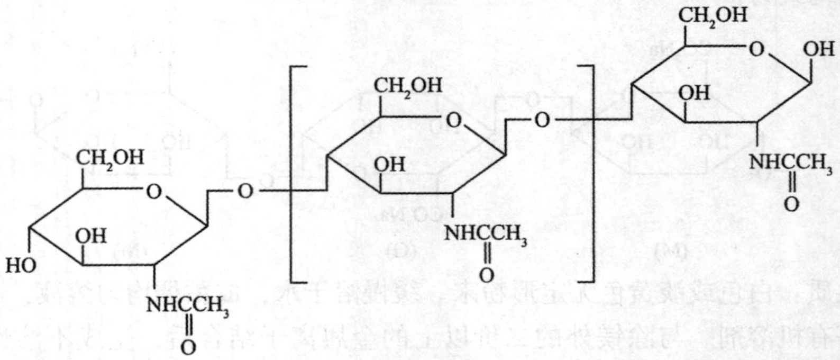

物化性质：白色无定形半透明粉末，不溶于水、有机溶剂和碱，溶于盐酸、硝酸、硫酸等强酸。在酸性条件下可分解成壳聚糖和乙酸。

2. 生产方法

工业中应用的甲壳素取自甲壳动物的甲壳。甲壳动物的甲壳中含有15%~30%的甲壳素。如虾壳中含15%~30%、蟹壳中含15%~20%，这类资源相当丰富。

3. 工艺流程

4. 操作工艺

（1）将水洗风干的虾蟹壳用4%～6%盐酸浸泡，使壳内的碳酸钙、磷酸盐等无机盐(约占壳重45%)溶解变软，离心除去。水洗，用10%氢氧化钠溶液脱除蛋白质。水洗后，用1%高锰酸钾氧化漂白除杂质。再次用水洗后，用1%亚硫酸氢钠洗脱残留的锰酸根，用水充分洗涤后，干燥，得到纯净的甲壳素。

（2）将水洗风干的虾蟹壳用2mol/L盐酸浸渍以溶解除去碳酸钙、磷酸钙等无机盐，离心分离后用水洗涤，置于1mol/L干酪素碱中于100℃下浸渍12h，并用碱液反复清洗后，于五氧化磷干燥器中真空干燥，得到甲壳素。

5. 质量标准(参考指标)

项　目	指　标	项　目	指　标
外观	白色无定形粉末	有效成分/%	≥85

6. 产品应用

甲壳素可广泛用于食品加工。用于啤酒，最大使用量为0.4g/kg；食醋，最大用量为1.0g/kg；蛋黄酱、花生酱、芝麻酱、氢化植物油、冰淇淋、植脂性粉末，2.0g/kg；乳酸菌饮料，2.5g/kg；果酱，5.0g/kg；脱乙酰甲壳素：肉灌肠(方火腿、圆火腿)，6g/kg。

实训项目：食品防腐剂山梨酸钾的生产

【实训项目卡】

实训班级	实训场地	学时数	指导教师	
		6		
实训项目	食品防腐剂山梨酸钾的生产			
所需仪器	四口烧瓶(250mL)、温度计(0～100℃)、球形冷凝管、滴液漏斗(60mL)、抽滤瓶(500mL)、量筒、电动搅拌机、水浴锅、真空泵			
所需试剂	巴豆醛、丙二酸、吡啶、硫酸、乙醇、氢氧化钾、精密pH试纸、滤纸			

实训内容

序号	工序	操作步骤	要点提示	工艺参数或数据记录
1	投料	向四口烧瓶中依次加入35g巴豆醛、50g丙二酸和5g吡啶，室温搅拌20min，至丙二酸溶解	溶解完全	
2	加热反应	缓慢升温至90℃，保温在90～100℃，反应3～4h	加热时注意安全	
3	催化反应	用冰水浴降温至10℃以下，缓慢加入质量分数10%的稀硫酸，控温20℃以下，至反应物pH值约为4～5为止	控制好温度和pH值	
4	抽滤	冷冻过夜后抽滤，得结晶	放置过程中不要沾染污染物	
5	洗涤	用50mL冰水分两次洗涤结晶，得山梨酸粗品	控制温度不可过高	

续表

序号	工序	操作步骤	要点提示	工艺参数或数据记录
6	重结晶	将粗品山梨酸倒入烧杯中，用3~4倍的质量分数60%的乙醇重结晶，抽滤，得山梨酸结晶	使结晶完全	
7	烘干	将山梨酸倒入烧杯中，加入等物质的量的KOH和少量水，搅拌30min，产物浓缩，在95℃下烘干，得白色山梨酸钾结晶产品	控制烘干温度不可过高	
8	产品检测	按国家标准对产品进行检测	按照GB 1905—80标准	

习　　题

一、选择题

1. 对食品添加剂的具体要求描述，下列说法错误的是(　　)。

A. 必须经过严格的毒理学鉴定程序，保证在规定的使用范围内，对人体无毒

B. 应有严格的质量标准，其有害杂质不得超过允许限量

C. 应具有用量少，功效显著，能真正提高食品的内存质量和商品质量

D. 进入人体后可被吸收

2. 下列技术不能用在食品添加剂生产中的是(　　)。

A. 现代发酵工程技术　　B. 生物合成技术

C. 转基因技术　　D. 细胞杂交和细胞培养技术

3. 下列防腐剂中，抗菌作用最强的是(　　)。

A. 对羟基苯甲酸甲酯　　B. 对羟基苯甲酸乙酯

C. 苯甲酸　　D. 山梨酸

4. 下列防腐剂中，安全性最好的是(　　)。

A. 对羟基苯甲酸甲酯　　B. 对羟基苯甲酸乙酯

C. 苯甲酸　　D. 山梨酸

5. 下列物质能作为抗氧化剂增效剂的是(　　)。

A. 乳酸　　B. 酒石酸　　C. 苯甲酸　　D. 山梨酸

6. 下列有关生育酚的说法不正确的是(　　)。

A. 耐光、耐紫外线、耐放射线的性能较BHA弱

B. 能防止维生素A在γ-射线照射下的分解作用

C. 能阻止咸肉中产生致癌物亚硝胺的作用

D. 能防止β-胡萝卜素在紫外光照射下分解的作用

7. 下列抗氧化剂中，抗氧化性能最强的是(　　)。

A. 3-BHA　　B. 茶多酚　　C. 维生素E　　D. 2-BHA

8. 下列哪组能用于茶多酚提取的溶剂(　　)。

A. 乙醇　丙酮　　B. THF DMF

C. 三氯甲烷　乙酸乙酯　　D. 乙腈　乙酸

9. 世界上耗用量最大的食品添加剂是(　　)。

A. 甜味剂　　B. 酸味剂　　C. 咸味剂　　D. 辛辣剂

10. 食品工业中用的最多的天然食品乳化剂为(　　)。

A. 大豆磷脂　　B. 山梨醇酐脂肪酸酯

C. 蔗糖脂肪酸酯　　D. 丙二醇脂肪酸酯

11. 目前比较安全的食品防腐剂是(　　)。

A. 苯甲酸类　　B. 亚硝酸盐类　　C. 甲醛　　D. 山梨酸及其盐

12. 食品酸味剂在食品中没有下列哪个作用(　　)。

A. 可用于调节食品体系的酸碱性　　B. 可用作香味辅助剂

C. 可做螯合剂　　D. 酸味剂具有氧化性

13. 糖尿病病人可以使用的甜味剂是(　　)。

A. 甜蜜素　　B. 木糖醇　　C. 阿斯巴甜　　D. 糖精钠

14. 食品中添加用于阻止或延缓食品氧化、提高稳定性、延长储存期的添加剂是(　　)。

A. 食品防腐剂　　B. 食品抗氧化剂　　C. 防老剂　　D. 着色剂

15. 指出下列食用色素中，哪个不是天然食用色素。(　　)

A. 姜黄色素　　B. 红曲色素　　C. 胭脂红　　D. 胡萝卜素

16. 下列不属于用于保持食品新鲜度的食品添加剂是(　　)。

A. 防腐剂　　B. 抗氧剂　　C. 保鲜剂　　D. 增味剂

17. 下列不属于为方便加工操作而加入食品添加剂的是(　　)。

A. 消泡剂　　B. 凝固剂　　C. 脱模剂　　D. 乳化剂

18. 在食品添加剂中，(　　)是用量最大的食品添加剂。

A. 防腐剂　　B. 甜味剂　　C. 乳化剂　　D. 保鲜剂

19. 下列防腐剂可以在碱性食品中应用的是(　　)。

A. 磷酸　　B. 苯甲酸　　C. 对羟基苯甲酸酯　　D. 山梨酸

20. 下列属于非营养性甜味剂的是(　　)。

A. 葡萄糖　　B. 甜蜜素　　C. 甘草甜素　　D. 罗汉果

二、填空题

1. 食品添加剂最常用的分类方法是________，我国将食品添加剂按其功能分为________大类。

2. 评价食品添加剂的毒性，首要标准是________，判断食品添加剂安全性的第二个常用指标是________。

3. 对羟基苯甲酸酯是国内外广泛应用的防腐剂之一，它的最大特点是________，能在________下使用，因而使其具有一定的实用价值。

4. 山梨酸作为酸性防腐剂，在________中对微生物有良好的抑制作用，随着 pH 值增大其防腐效果________，适用于 pH 值为________以下的食品防腐。

5. 抗氧化剂起作用机理都是依赖自身的________，一种是抗氧化剂________，消耗食品内部和环境中的氧，从而保护食品组织不受氧化；另一种是抗氧化剂通过________从而防止食品组织氧化变质。

6. 天然维生素 E 按原料不同，其提取的工艺方法有________和________。

7. 调味剂包括________、________、________、增味剂和辛辣剂。

8. 发酵生产柠檬酸生产工艺由________、________和________ 3 个主要操作单元组成。

9. 蔗糖酯的生产路线比较复杂，近期开发了诸如溶剂法、无溶剂法、微生物发酵法等，但是至今工业上仍用以溶剂中________为主。

10. 食用色素也称为________，按其来源和性质可分为________和________两类，其中偶氮类色素属于________。

三、判断题

1. 食品添加剂是食品的正常成分。(　　)

2. 对羟基苯甲酸酯是唯一的酯型防腐剂，对霉菌、酵母菌和细菌有广泛的抗菌作用。(　　)

3. 茶多酚是茶叶中多酚类物质的总称，是一种天然抗氧化剂。(　　)

4. 离子沉淀提取茶多酚工艺所得到产品含量较高，可达 95%以上，工艺操作易控制，污染小，是目前使用较广的一条路线。(　　)

5. 目前，应用得较为广泛的增味剂主要是 L-谷氨酸一钠、5-肌(味甘酸二钠和 5-乌苷酸二钠)。(　　)

四、简答题

1. 什么叫食品添加剂？食品添加剂的发展趋势有哪些？
2. 对食品添加剂的一般要求是什么？
3. 什么是食品防腐剂，有哪些应用？pH 适用范围各是多少？
4. 试说明影响防腐剂防腐作用的因素。
5. 什么是抗氧化剂，其有多少类别？
6. 甜味剂的种类有哪些？
7. 什么是增稠剂？增稠剂主要有哪些种类？
8. 大豆磷脂作为食品工业中用得最多的天然食品乳化剂有哪些优良的性能？
9. 作为食品添加剂海藻酸钠具有哪些优良的性能？
10. 简述大豆磷脂的生产技术？

模块六

染料与颜料

知识目标 了解染料与颜料的概念、分类及功能；理解染料和颜料分子结构与颜色之间的关系，掌握染料与颜料的主要品种。掌握典型产品的反应原理、生产工艺及应用。

技能目标 能进行染料与颜料的配制以及样品的检验；能根据用户要求选择合适的染料与颜料。能进行典型产品的生产及控制。

项目一 基本知识

染料和颜料工业是历史比较悠久的行业。自 1856 年 Willian Perkin 发明苯胺紫以来，合成染料和颜料开始兴起，至今经历了 150 多年的时间。它们不仅服务于纺织工业，而且与国民经济的许多部门和领域有联系。如油漆、油墨、橡胶、塑料、纸张、皮革、感光材料、文化用品、食品和化妆品，以及某些高新技术领域等。因此，染料和颜料工业对丰富人们的物质和文化生活起着重要的作用。在我国合成染料和颜料是解放后逐步建立起来的，增长速度很快，尤其是染料工业，目前已能够生产 700 多个品种，在世界染料市场占有重要地位。

一、概念

自然界的有些有色有机化合物用适当的方法能将纤维材料、纸张或皮革等物质染成各种美丽和坚牢的颜色，而有些颜色相当鲜艳的有机化合物反而不能，因此把可溶于水或溶剂，或可转变成溶液，或经处理成为分散状态，且对被染的基质有亲和力，能被吸附或溶解于基质中，最终能使染色物具有均匀颜色的有色物质称为染料。所以染料是能使被染物获得鲜明而坚牢色泽的有机化合物。染料主要应用于各种纤维(如棉、麻、毛、皮革以及合成纤维等)的染色，并广泛应用于橡胶、塑料、墨水、造纸、食品以及照相材料等工业。

颜料是一种有色的细颗粒粉状物质，一般不溶于水、油、溶剂和树脂等介质中，能分散于各种介质中。它具有遮盖力、着色力，对光相对稳定，常用于配制涂料、油墨以及着色塑料和橡胶，因此又可称是着色剂。

颜料不同于染料在于染料一般能溶解于水或溶剂，而颜料一般不溶于水，并且颜料不像染料那样被基质所吸附，它常常是分散悬浮于具有黏合能力的高分子材料中，这种有色混合物就能被基质所吸附。若着色过程严格要求色料必须不溶，就应使用颜料，例如印刷油墨，若是用染料就会在印刷画面的边界上形成渗圈。颜料还具有较大的不透明度、遮盖力和对热的抵抗性，所以可用于涂料和塑料的着色。

二、分类

（一）染料的分类

染料的分类方法有两种，为了使用方便，商品染料的名称大都采用应用分类；而为了研究讨论方便，又常采用化学结构分类。

1. 染料的化学分类

根据染料分子中有类似的基本结构，或共同的化学基团进行分类，染料可分为：

① 偶氮染料　分子结构中含有偶氮基(—N ═N—)的染料，例如直接耐晒蓝 BRRL：

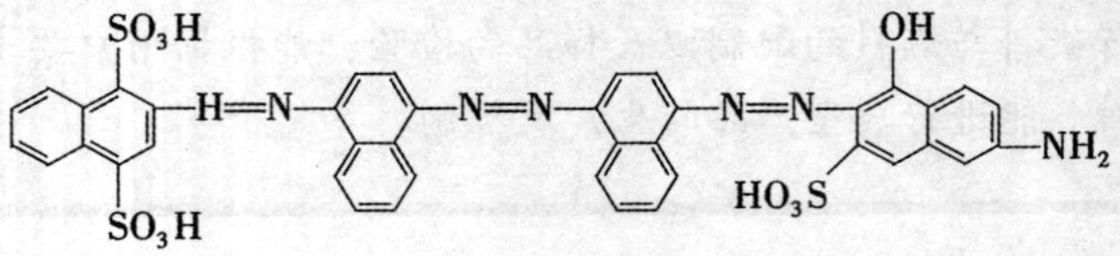

② 硝基和亚硝基染料　含有硝基($—NO_2$)的染料为硝基染料，含有亚硝基(—NO)的染料为亚硝基染料，例如分散黄 GWL：

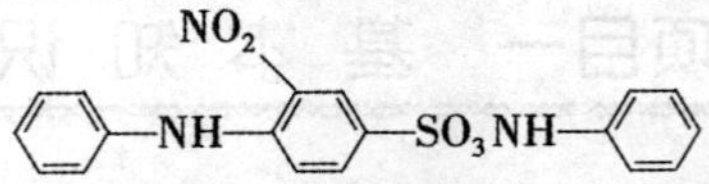

③ 芳甲烷染料　含有三甲基甲烷或三芳基甲烷结构的染料，如碱性嫩黄：

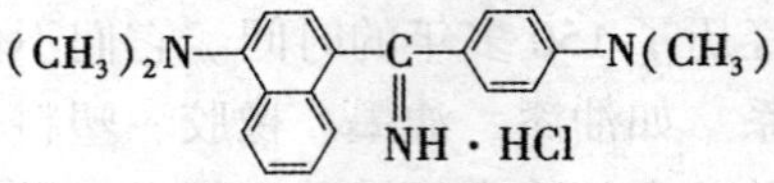

④ 蒽醌染料　含有蒽醌结构的染料，如还原蓝 RSN：

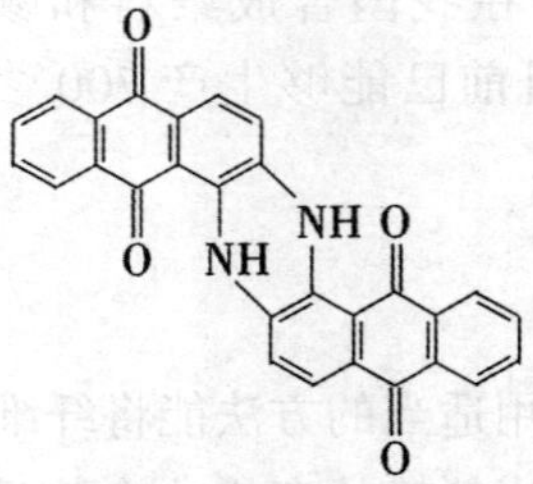

⑤ 靛族染料　含有靛蓝或类似结构的染料，如靛蓝：

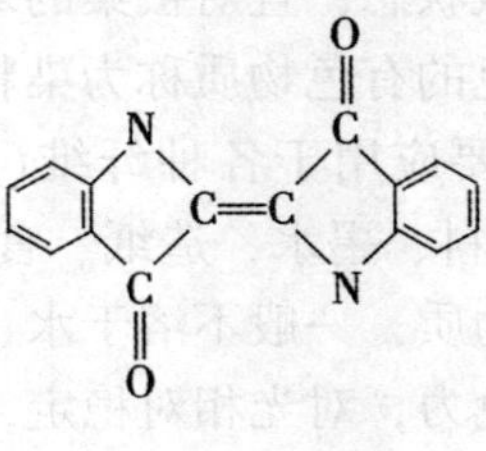

⑥ 硫化染料　借硫或多硫化钠作用制得的染料，如硫化蓝 BRN：

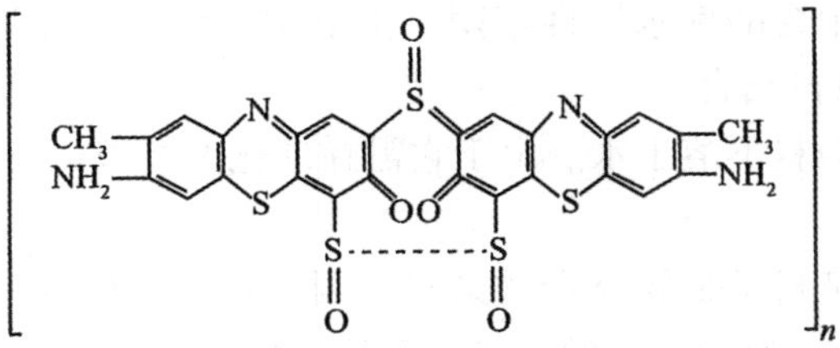

⑦ 酞菁染料　含有酞菁金属络合物的染料，例如直接耐晒翠蓝 GL：

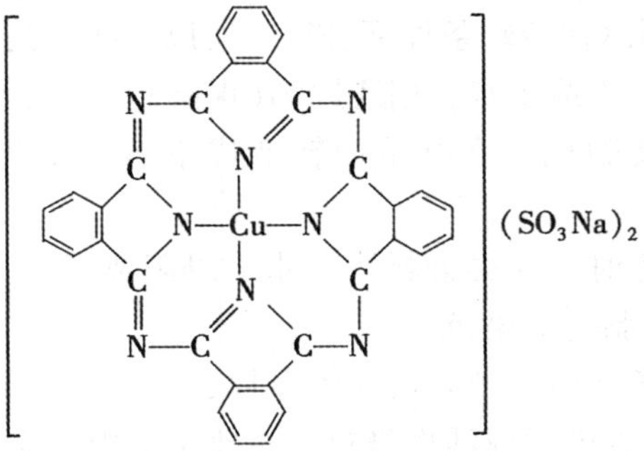

⑧ 醌亚胺染料　分子中含醌亚胺结构的染料。醌亚胺是指苯醌的 1 个或 2 个氧换成亚胺基的结构，如阳离子翠蓝 GB：

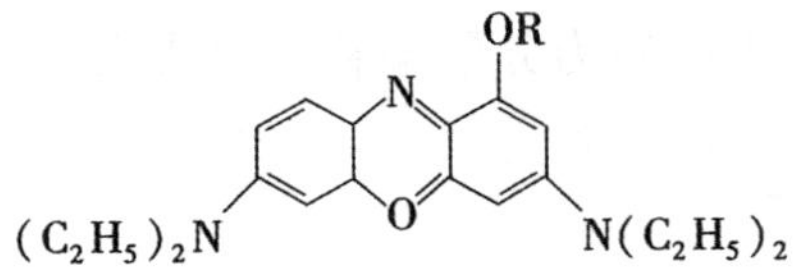

⑨ 反应染料　含有能与纤维发生反应生成共价键的反应性基团的染料。例如活性艳红 X-3B：

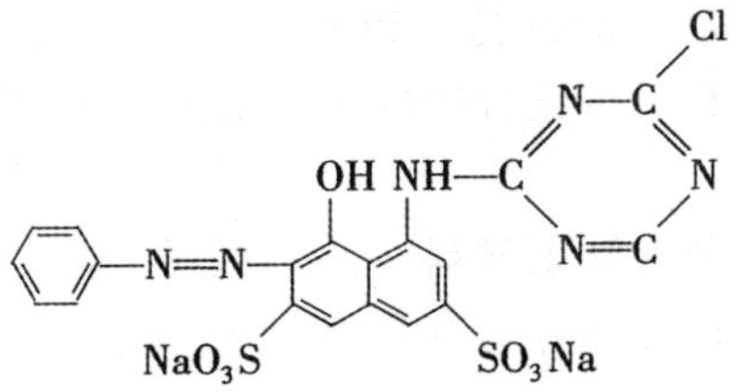

其他还有含氮蒽、氧氮蒽和硫氮蒽等类型结构的染料及含次甲基和多次甲基，二苯乙烯，稠环酮类等结构的染料等。

2. 染料的应用分类

根据染料的应用对象，染料的染色方法，应用性能及与被染物质的结合形式等进行分类。

① 酸性染料及酸性结合染料　酸性染料分子中含磺酸基、羧基等酸性基团，或有机酸的盐。染色过程必须在酸性或中性染浴中才能完成，主要用于蛋白质纤维和聚酰胺纤维的染色。染色时，染料的酸性基团与纤维结构中的氨基或酰胺基相结合而使纤维染色。有些染料用金属媒染剂处理后，能在纤维中形成金属结合物而固着在纤维上。

② 碱性染料　染料分子中含碱性基团，如氨基或取代的氨基，可与蛋白质纤维上的羧

基成盐而直接染色。

③ 直接染料　分子中含酸性水溶性基团，主要用于纤维素纤维染色。染色时染料分子与纤维素分子之间形成氢键结合。

④ 硫化染料　硫化染料不溶于水。由于它需在硫化碱溶液中染色，所以称为硫化染料。主要用于棉纤维的染色。

⑤ 中性染料　中性染料是金属络合物染料，因为在近于中性的染浴中进行染色，所以称为中性染料。用于维纶、丝绸、蚕丝、羊毛等的染色。

⑥ 冰染染料　冰染染料由重氮组分和偶合组分构成，两者在纤维上反应形成不溶性偶氮染料。由于染色时需要用冰在冷却条件下进行，所以称冰染染料，主要用于棉纤维染色。

⑦ 还原染料　这类染料不溶于水，用还原剂(保险粉)在碱性溶液中还原成可溶性的隐色体而染色，经过氧化，使隐色体在纤维内转变成不溶于水的染料。主要用于纤维素的染色。

⑧ 阳离子染料　在染色时，这类染料溶于水，以阳离子形式与被染纤维相结合，所以称为阳离子染料。主要用于腈纶的染色。

⑨ 活性染料　染料分子结构中带有反应性基团，染色时与纤维分子上的羟基或氨基发生化学结合，所以称为反应性染料或活性染料。主要用干棉、麻、丝等纤维的印染，亦用于羊毛和合成纤维的染色。

⑩ 分散染料　染料分子中不含水溶性基团，需在分散剂存在下，经研磨使染料成极细颗粒分散在水中而进行染色，所以称为分散染料。主要用于憎水性合成纤维的染色，如涤纶、锦纶、醋酸纤维等。

（二）颜料的分类

颜料至今还没有统一的分类方法，通常是按照其组成、功能、结构和颜色进行分类的。

颜料根据所含的化合物的类别分为无机颜料及有机颜料。无机颜料可细分为氧化物、铬酸盐、硫酸盐、碳酸盐、硅酸盐、硼酸盐、钼酸盐、磷酸盐、钒酸盐、铁氰酸盐、氢氧化物、硫化物、金属等。有机颜料可按化合物的化学结构分为偶氮颜料、酞菁颜料、蒽醌、靛族、喹吖啶酮等。

从生产制造角度来分类可分为钛系颜料、铁系颜料、铬系颜料、铅系颜料、锌系颜料、金属颜料、有机合成颜料，这种分类方法有实用意义，往往一个系统就能代表一个颜料专业生产行业。

从应用角度来分类又可分成涂料用颜料、油墨用颜料、塑料用颜料、橡胶用颜料、陶瓷及搪瓷用颜料、医药化妆品用颜料、美术颜料等。各种专用颜料均有一些独特的性能，以符合应用的要求。

根据颜色分类是一种方便而实用的方法，颜料可分为白色、黄色、红色、绿色、棕色、紫色、黑色，而不顾及其来源或化学组成。著名的《染料索引》(Color Index)是采用以颜色分类的方法。

中国的颜料国家标准 GB 3182—82 在 1995 年又重新报批为 GB/T 3182—1995，也是采用颜色分类，每一种颜料的颜色有一标志，如白色为 BA，红色为 HO、黄色为 HU，再结合化学结构的代号和序号，组成颜料的型号，如金红石型钛 BA-01-03、中铬黄 HU-02-02、氧化铁红 HO-01-01、锌钡白 BA-11-01，酞菁蓝 BGS LA-61-02 等。

三、命名

有机染料和颜料是分子结构比较复杂的有机化合物，有的结构甚至还未完全确定。因此，一般的化学命名法不适用于它们，另有专用命名法。染料索引中染料命名是着眼于应用的一种系统，以 CI 结构数来表示，我国染料和颜料的名称是由以下三部分组成的。

(1) 冠称　根据应用分类法，反映出它们在应用方面的特征，冠称可分为 31 类。即酸性、弱酸性、酸性络合、酸性媒介、中性、直接、直接耐晒、直接铜盐、直接重氮、阳离子、还原、可溶性还原、硫化、可溶性硫化、氧化、毛皮、油溶、醇溶、食用、分散、活性、混纺、酞菁素、色酚、色基、色盐、快色素、颜料、色淀、耐晒色淀、涂料色浆。

(2) 色称　表示被着色物体所呈现的色泽，我国该类商品用 30 个色称，色泽的形容词用"嫩"、"艳"、"深"三字，如嫩黄、黄、深黄、金黄、橙、大红、红、桃红、玫瑰、品红、红紫、枣红、紫蓝、湖蓝、艳蓝、深蓝、艳绿、深绿、黄棕、红棕、棕、深棕、橄榄、橄榄绿、草绿、灰、黑等。

(3) 字尾　补充说明染料、颜料的性能或色光和用途。字尾常用字母表示。常用字母有：B-蓝光、C-耐氯、棉用，D-稍暗、印花用，E-匀染性好，F-亮、坚牢度高，G-黄光或绿光，J-荧光，L-耐光牢度较好等。有时还用字母代表染料的类型，置于字尾的前部，与其他字母间加破折号。如活性金黄 KN-G，KN 代表乙烯砜型活性染料，G 代表染料色光。

项目二　染　　料

染料工业曾经是芳香族精细化工的重要部门，对有机合成化学技术的进步作出过很大的贡献。它是一类与人们生活密切相关的精细化工产品，品种多、产量小、生产工艺长、技术难度大、垄断性强、附加价值高。主要应用于纤维工业，在非纤维领域的应用开发也比较活跃，有机溶剂染料在逐渐增加，复写纸用、记录纸用、文具墨水用染料增长较快，而且正在向彩色液晶、激光色素等电子工业用方向发展。

一、偶氮染料

偶氮染料是分子中含有偶氮基(—N ═N—)发色团染料的总称。在染料生产中所占的比例最大，约为合成染料的一半以上，它包括了用于各种用途的几乎全部色谱。染料分子中含有一个偶氮基的是单偶氮染料，含有两个偶氮基的是双偶氮染料。一般酸性、冰染、直接、分散、阳离子染料中大部分属偶氮染料。而在偶氮染料的生产中，重氮化与偶合是两个基本的反应。

(一) 基本反应

1. 重氮化反应

由芳香族的伯胺(重氮组分)与亚硝酸作用，生成重氮化合物的反应，称为重氮化反应。由于亚硝酸不稳定，通常用盐酸或硫酸等无机酸与亚硝酸钠反应，使生成的亚硝酸立刻与芳伯胺反应。其反应方程式如下：

$$Ar—NH_2+2HX+NaNO_2 \longrightarrow Ar—N═N—X+NaX+2H_2O$$

该反应为一双分子反应，首先发生 N 原子上的亚硝化反应，然后在酸液中迅速转化为重氮盐，第一步为速度控制步骤。

$$\mathrm{Ar{-}NH_2 \xrightarrow[X{-}NO]{慢} ArNH{-}NO \xrightarrow{快} Ar{-}N{=}N{-}OH \xrightarrow[H_3^+O]{快} Ar{-}\overset{+}{N}{\equiv}N}$$

重氮化合物随 pH 值的变化，而具有多种结构形式，在酸性溶液中以重氮盐的形式存在，而且能够电离，随着 pH 值的升高，重氮盐转变成重氮酸、重氮酸盐。

$$\mathrm{[Ar{-}\overset{+}{N}{\equiv}N]Cl^- \longrightarrow [Ar{-}\underset{-}{N}{=}\overset{-}{\underset{+}{N}}]Cl^- \underset{HCl}{\overset{NaOH}{\rightleftharpoons}} Ar{-}N{=}N{-}OH \underset{HCl}{\overset{NaOH}{\rightleftharpoons}} Ar{-}N{=}N{-}ONa}$$

重氮酸盐有顺反异构现象存在，顺式反式异构体间存在平衡，在较高温度下，有利于生成无偶合能力的反式重氮酸盐。

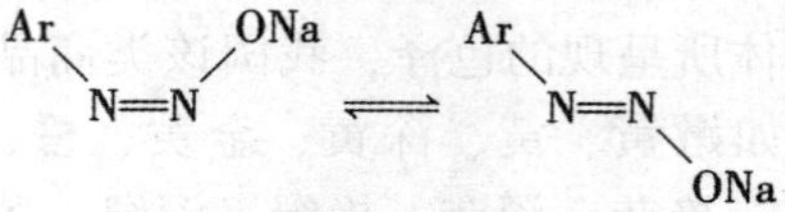

顺式　　　　反式

重氮化合物遇光照射或受热容易分解，在酸性介质中反应如下：

$$\mathrm{[Ar{-}\overset{+}{N}{\equiv}N]Cl^- + H_2O \longrightarrow ArOH + N_2\uparrow + HCl}$$

在碱性介质中重氮化合物分解加速，产物复杂。干燥时受热或震动、摩擦会剧烈分解发生爆炸。

重氮化反应在工业生产中的实施，主要考虑以下几个影响因素：

① 芳胺的分析测试　工业生产中，重氮化反应的各种原料如酸、亚硝酸钠、芳胺必须进行分析，以严格控制配比。

② 酸的品种和用量　工业生产中常用的有盐酸和硫酸。其中盐酸使用较多，原因是芳胺的盐酸盐在水中的溶解度比芳胺硫酸盐大，易于配制成溶液，另外重氮化反应速度用盐酸比硫酸快。如 1-氨基蒽醌、6-氯-2,4-二硝基苯胺等。

酸用量和浓度与芳胺的结构有关。重氮化反应酸的理论摩尔用量为芳胺的 2 倍，在实际生产上芳胺的碱性较强时，成盐容易，酸的摩尔用量为芳胺的 2.25~2.5 倍，随着芳胺碱性的减弱，成盐困难，酸的用量和浓度应相对提高，摩尔用量为芳胺的 5~6 倍或更高。过量的盐酸可加速重氮化反应速度，又能使重氮化合物以盐的形式存在而不易分解。还可防止重氮氨基化合物的生成。当酸量不足时，部分已重氮化的芳胺与尚未重氮化的芳胺发生不可逆的自身偶合反应，生成不溶于水的淡黄色重氮氨基化合物，使重氮盐溶液带入副产物。

$$\mathrm{[Ar{-}\overset{+}{N}{\equiv}N]Cl^- + H_2N{-}Ar \longrightarrow Ar{-}N{=}N{-}NH{-}Ar + HCl}$$

同时还必须注意，重氮化时，盐酸浓度一般不能大于 20%，否则会生成氯气而破坏重氮化合物。

$$\mathrm{2HCl + 2HNO_2 \longrightarrow Cl_2\uparrow + 2H_2O + 2NO\uparrow}$$

③ 温度　升高温度能加快重氮化反应，但重氮化合物的分解也加快。一般碱性强的芳胺，其重氮盐易于分解，反应可在低温下进行（0~10℃），碱性弱的芳胺和芳胺磺酸盐，其重氮盐较稳定，反应温度可略高（10~30℃）。如：对氨基苯磺酸在 10~15℃下进行；1-氨基萘-4-磺酸，可在 30℃下进行重氮化反应。

④ 浓度　浓度越高，重氮化反应速度越快。工业生产中，重氮化浓度范围通常为 0.1~0.4mol/L。由于重氮化反应多数在低温下进行，需用冰浴冷却，气温不同，冰的用量不一

样，因此，为了恒定重氮化反应温度，不受季节变化的影响，配制芳胺盐酸盐溶液(或悬浮液)时，要调整恒定温度，恒定体积，然后加入亚硝酸钠进行重氮反应。

⑤ 亚硝酸钠用量加入速度和反应终点　在重氮化反应中，亚硝酸钠用量要略保持过量，不足会引起自身偶合，通常亚硝酸钠应比芳胺过量 1%～5%。亚硝胺钠一般配成 30%～35% 的水溶液，应于液面下加入到芳胺的盐酸盐溶液中。这是因为亚硝酸钠遇到酸立即生成亚硝酸，亚硝酸易分解为 N_2O_3，液面下加入防止一部分亚硝酸在未参加重氮化反应前分解逸出。此现象在重氮化反应温度稍高的情况下尤为明显。

亚硝酸钠溶液的加入速度与芳胺的结构有关，一般加入速度应保持重氮盐溶液中亚硝酸稍过量，也就是亚硝酸钠加入速度必须大于重氮化反应速度。对于碱性较强的芳胺，其重氮化速度较慢，亚硝酸钠的加入速度不宜过快，否则重氮盐溶液中亚硝醛来不及参与反应，浓度增加，导致分解。对于碱性较弱的芳胺，重氮化速度较快，偶合能力也强，亚硝酸钠的加入速度要快，否则容易产生重氮盐的自身偶合副反应。

为了顺利完成重氮化反应，必须保持足够的酸度和亚硝酸钠用量，在反应过程中始终保持刚果红试纸呈蓝色(pH 值<4)和亚硝酸钠稍过量。亚硝酸可用碘化钾淀粉试纸检测，一般微过量时呈浅蓝色，亚硝酸浓度增加蓝色加深。由于空气中酸性也能使试纸变色，所以检测时间应 1s 左右为准。

$$2HCl + 2HNO_2 + 2KI \longrightarrow I_2 + 2KCl + 2H_2O + 2NO\uparrow$$

⑥ 搅拌速度　易溶于稀酸的芳胺，重氮化反应可在溶液中进行，只需中等搅拌强度。某些芳胺盐酸盐重氮化反应只能在悬浮体状态下进行(如甲萘胺、对硝基苯胺等)，则需要较强的搅拌，才能使反应迅速完成。

⑦ 重氮盐溶液中杂质的清除　重氮化反应中过量的亚硝酸对下一步偶合反应不利，可以加入尿素或氮基磺酸进行破坏。由于尿素价廉易得，使用较多，工业生产中，也可用加入少量的芳胺盐酸盐溶液来除去过量的亚硝酸。

$$CO(NH_2) + 2HNO_2 \longrightarrow 2H_2O + 2NO_2\uparrow + CO_2$$

$$NH_2SO_3H + HNO_2 \longrightarrow H_2SO_4 + H_2O + NO\uparrow$$

有时选用的芳胺纯度不高或部分氧化，重氮化后，重氮盐溶液颜色较深或混浊，此时可加入少量(1%～5%)活性炭，搅拌、过滤除去吸附杂质提高重氮盐的纯度。

2. 偶合反应

芳香族重氮盐和酚类、芳胺作用，生成偶氮化合物的反应叫偶合反应。此时，酚类和芳胺称为偶合组分。

$$Ar—N=N—Cl + Ar'—OH \longrightarrow Ar—N=N—Ar'—OH$$

$$Ar—N=N—Cl + Ar'—NH_2 \longrightarrow Ar—N=N—Ar'—NH_2$$

偶合反应是一个亲电子取代反应，重氮盐正离子向偶合组分上电子云密度较高的碳原子进攻，形成中间产物，然后迅速失去氢质子转化为偶氮化合物。

$$[Ar—N\equiv N^+]Cl^- \quad Ar—N\equiv N^+ + Cl^-$$

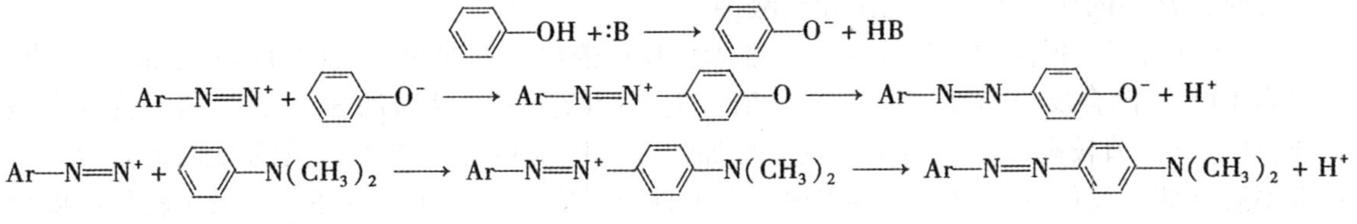

该反应中常用的偶合组分有酚类，如苯酚、萘酚及其衍生物。偶合时，苯酚类化合物中，偶氮基进入羟基的对位，如对位已被其他基团取代，则进入羟基的邻位。萘酚类化合物中，羟基在1位，偶氮基进入4位，4位被其他基团取代，则进入2位，如5位被其他基团取代，由于空间位阻，偶氮基也进入2位，羟基在2位时，偶氮基进入1位。芳胺类如苯胺、萘胺及其衍生物，偶合时偶氮基进入位置与酚类相同。另外还有活泼的亚甲基化合物和各种氨基萘酚磺酸，前者偶合时，偶氮基进入活泼亚甲基的碳原子上，后者偶氮基进入的位置与pH值有关，在酸性中偶氮基进入氨基的邻位。在碱性时，偶氮基进入羟基的邻位。

偶合反应的速度与重氮盐正离子浓度和酚的负离子浓度(或游离芳胺浓度)成正比：

$$v=K[ArN_2^+]\cdot[Ar'O^-] \text{或} K'[ArN_2^+]\cdot[Ar'—NH_2] \quad (K, K'\text{为反应速度常数})$$

另外，偶合反应速度与重氮组分、偶合组分的性质有较大的关系。重氮组分芳核上吸电子取代基的存在。如硝基、磺酸基、羰基、氯等，可增大偶合能力；反之，芳核上有给电子基存在，如甲基、甲氧基等。可使偶合能力减弱。而偶合组分上具有吸电子取代基存在时，反应不易进行。相反如有给电子取代基存在时，可使偶合反应容易进行。

同时，偶合反应速度还与介质的pH值、反应温度及空间障碍等因素有关。

工业生产中偶合反应工艺的实施主要考虑以下的影响因素：

① 偶合组分的分析和测试　用于制造染料或颜料的偶合组分，要求纯度高，无异物或杂质，以保证配比准确。

② 偶合组分溶液或悬浮液的配制　在碱性介质偶合时，常常将偶合组分溶解于碱中配成溶液，碱的品种和用量，需根据偶合组分的性质和反应介质来定。在酸性介质偶合时，一般将偶合组分用碱溶解后，再加酸析出成为均匀的细颗粒，才能使偶合完全。此时酸析的浓度、温度、搅拌速度，pH值必需严格控制。

③ 介质的pH值　偶合反应时，介质的pH值不仅影响偶合反应速度、反应完成程度，也会影响重氮盐的分解、反式重氮盐的形成和其他副产物的产生。

偶合时，介质的pH值对偶合组分的活性有很大关系，当酚类作偶合组分时，升高pH值，偶合速度增大，这是由于pH值升高有利于酚负离子的形成。当芳胺作偶合组分时，pH值升高，偶合速度也会加快，这是由于溶解的游离芳胺浓度增大。但当pH值升高到碱性后，随着碱性的增强，重氮盐分解加快，活泼的重氮盐会转变为不活泼的反式重氮酸盐，所以在偶合反应中，pH值>9时，偶合速度反而下降。

偶合时，介质的pH值与重氮盐的偶合能力有密切关系。碱性较强的芳胺重氮盐，偶合能力较弱，因此需要较高的pH值。而碱性较弱的芳胺重氮盐。其偶合能力较强，在较低的pH值就能使偶合反应完成。如苯胺重氮盐在中性或弱碱性介质中能与乙萘酚偶合，在弱酸介质中偶合很慢且不完全，在强酸中则不能偶合，2,4-二硝基苯胺重氮盐在弱酸、中性、弱碱介质中极易与乙萘酚偶合，甚至在20%硫酸中也能与乙萘酚偶合完全。

工业生产中，偶合时介质的pH值都是变值，通常用加入缓冲剂的方法来稳定pH值，控制其在较小的范围内变化，在酸性介质偶合时，常用的缓冲剂有甲酸钠和醋酸钠。碱性介质偶合时，常用的缓冲剂有氯化铵和碳酸钠。

④ 反应温度　提高偶合反应温度，能加快反应速度，同时重氮盐的分解速度相应加快，每提高10℃，偶合反应速度增加2~2.4倍，重氮盐的分解速度增加3.1~5.3倍。特别在碱性介质中，pH值较高时，不但重氮盐分解加快，有时还可能形成不活泼的反式重氮盐，二者都不利于偶合反应的完成，一般来说，在碱性介质中，偶合能力较强，可采用较低的偶合

温度(5~15℃)。在酸性介质中，偶合能力有所减弱，但重氮盐比较稳定，可采用略高的温度(15~35℃)以加速偶合反应的完成。

⑤ 反应物浓度　偶合反应的速度与反应物浓度成正比，但过高的浓度会使偶合时物料黏稠，搅拌困难，导致偶合不全，工业上常用的偶合组分浓度大约为0. 10~0. 25mol/L。

⑥ 加料速度　偶合反应速度与物料加入速度有关，而偶合反应速度又取决于重氮组分和偶合组分的偶合能力、偶合时的介质pH值和温度。所以偶合反应速度进行较快时，加料速度可相应加快，工业上可采用10~30min。在酸性偶合中，偶合速度减慢，加料速度也相应减慢，通常可长达1~3h。

⑦ 搅拌强度　偶合反应自始自终保持强烈搅拌，强烈的搅拌可增加重氮盐阳离子与酚类负离子(或游离胺)的接触机会，防止局部pH值的偏高或偏低，有利于偶合反应的完成，一般加料结束后应保持搅拌0. 5~1h。

⑧ 偶合反应终点的控制　在偶合反应中，加料的结束并不意味着偶合反应的完成，整个过程应经常抽样检查，检查方法是取样滴于滤纸上，在其润圈边缘一侧，用H酸溶液检查。如有红色或紫色带，表示重氮盐尚未反应完毕。在润圈的另一边缘，用一滴对硝基苯胺重氮液检查，有红色或黄色色带，表示有偶合组分存在(根据偶合组分的结构)，两种组分同时存在说明偶合反应尚未完全，应当持续搅拌一段时间，随着时间的推移，润圈试验的色带逐渐变浅，说明偶合反应逐步趋向完全。工业上一般以重氮组分的消失，偶合组分的微过量作为反应的终点。然而，在酸性介质偶合中，有时遇到两组分同时并存，长期不褪，这说明偶合条件选择不当。反应缓慢，一般可采用加入稀碱液、醋酸钠、氧化镁或其他弱碱溶液，来提高pH值，以促使反应完成。

（二）主要产品

偶氮染料按其本身的性质特点可分为水溶性偶氮染料、不溶性偶氮染料(冰染染料)、偶氮类分散染料和金属络合偶氮染料等。

1. 水溶性偶氮染料

水溶性偶氮染料分子中含有氨基和羟基等能形成氢键的基团以及磺酸基、季铵盐等水溶性基团，一般酸性、直接、活性、阳离子等染料中的偶氮型都属于水溶性偶氮染料，该类染料在水介质中进行染色，广泛用于羊毛、丝绸、棉、麻、聚酰胺纤维、聚丙烯腈纤维及皮革等染色。

(1) 酸性染料　酸性染料是一类在酸性介质中进行染色的染料。染料分子中大多含有磺酸基，色泽鲜艳，色谱齐全，主要用于丝绸、羊毛、尼龙及皮革等的染色，也可用于纸张、墨水等方面。从结构来看，有偶氮型，蒽醌型和三芳甲烷型等，其中以偶氮型最多，从染色条件看，可分为强酸性染料和弱酸性染料。强酸性染料是最早发展起来的酸性染料，它的分子结构简单，相对分子质量低，水溶性好，色泽比较鲜艳，不易出现色斑及价格低廉，但耐洗牢度差。在强酸性染料的基础上增加相对分子质量就成为弱酸性染料，其分子结构较复杂，相对分子质量较大，对羊毛的亲和力较大，色光较深，坚牢度有所提高，且不损伤羊毛。但染料溶解度较低。

对于酸性染料其染色过程可用下式表示：

$$羊毛—NH_2 + HX \longrightarrow 羊毛—NH_3^+X^-$$

$$羊毛—NH_3^+ + 染料—SO_3^- \longrightarrow 羊毛—NH_3^+SO_3^-—染料$$

例如：酸性红 BG200

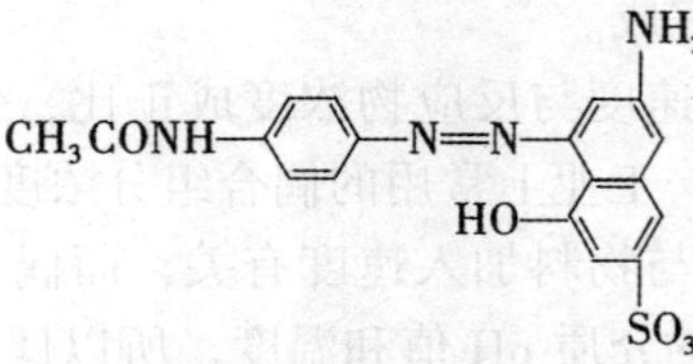

其挑染良好，耐晒牢度 5~6 级。可用于羊毛、真丝和锦纶的染色，也可用于真丝和羊毛的直接印花。

(2) 直接染料　直接染料是能将棉、麻等纤维素纤维在盐类电解质的存在下直接染色的水溶性染料，凭借染料与棉纤维之间的氢键和范德华力结合而成。其结构母体有偶氮型、蒽醌型、酞菁型等，但绝大多数为偶氮型。直接染料可分为普通型、耐晒型、后处理型三类。普通型直接染料主要以联苯胺及其衍生物，或以 4,4′-二氨基二苯乙烯-2,2′二磺酸为重氮组分的双偶氮或多偶氮染料。该类染料对纤维有较大的亲和力。但耐晒、耐洗牢度差。

例如：直接橙 S

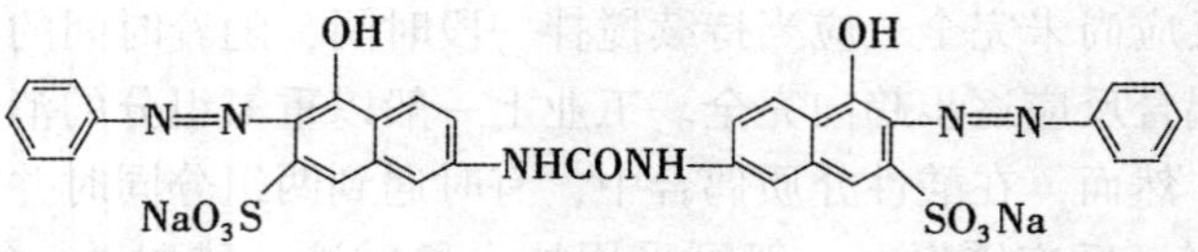

其耐晒牢度 3~4 级，耐洗牢度差。主要用于棉、麻、黏胶纤维的染色，也可用于蚕丝、锦纶及黏胶/棉混纺织物的染色，还可用于纸浆染色。

(3) 活性染料　它是一类能与纤维发生化学反应的染料。染料分子中含有能与纤维素中羟基和蛋白质纤维中氨基发生反应的活性基团，染色时与纤维形成化学键结合，生成“染料-纤维”化合物，活性染料具有色泽鲜艳，匀染性良好，耐洗性好，色谱齐全，应用方便和成本较低等优点，广泛用于棉、黏胶、丝绸、羊毛等纤维及其混纺织物的染色和印花。

活性染料的分子结构由母体染料与活性基两部分组成。母体染料主要是偶氮类和蒽醌类，但也有少数其他类型，如酞菁类、恶嗪类等。活性基大致可分为两大类：一类是通过杂环活性基的亲核取代反应与纤维固着的类型，如三聚氯氰型、氯嘧啶型等；另一类是通过脂肪族活性基的亲核加成反应写纤维固着的类型，如乙烯砜型、羟乙基砜硫酸酯型等。

第一类杂环活性基主要有卤素均三嗪型、卤素嘧啶型、卤素喹啉型等代表性化合物，其中以三氧三嗪型的活性最高，最适宜的染色温度是 30℃；其次是氟嘧啶型、一氟三嗪型、二氯喹啉型等，适宜的染色温度为 40~50℃；一氯三嗪型和三氯嘧啶型的活性低，适宜的染色温度为 80~90℃，它们的染色机理为：纤维素纤维首先和染浴中的碱作用生成纤维素负离子，然后与活性染料中的活性基卤原子发生亲核取代反应而染色。

$$纤维—OH + OH^- \longrightarrow 纤维—O^- + H_2O$$

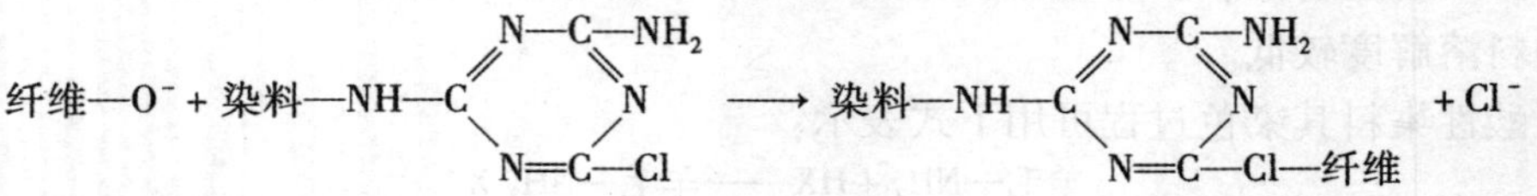

例如，活性艳红 X-3B

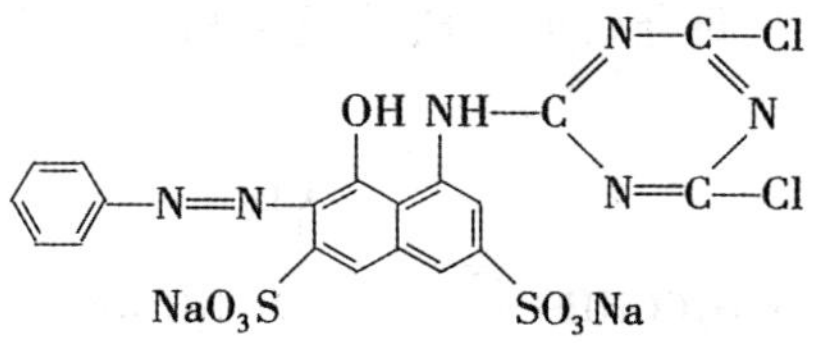

色泽鲜艳，耐洗性能好，耐晒牢度 4~5 级，主要用于棉、麻、黏胶纤维及其混纺织物的染色，也可用于蚕丝、羊毛、锦纶染色和丝绸印花等。

第二类脂肪族活性基主要是含 β-乙烯砜基硫酸酯的乙烯砜型活性染料，这类染料色谱齐全，活泼性中等，固色温度 50~60℃，俗称 KN 型活性染料。它的制造方法是将具有 β-羟乙基砜基的染料母体或中间体在硫酸中酯化，如为中间体，还需进行重氮化，偶合反应而制得。

染色机理是由于砜基有吸电子效应，使 β-碳原子上正电荷密度增加，而使纤维素负离子发生亲核加成反应，生成“染料-纤维”化合物。

$$\text{纤维}—O^- + \text{染料}—\overset{O}{\underset{O}{\overset{\|}{\underset{\|}{S}}}}—CH=CH_2 \rightleftharpoons \text{染料}—SO_2—CH_2—CH_2—O—\text{纤维}$$

例如：活性金黄 KN-G

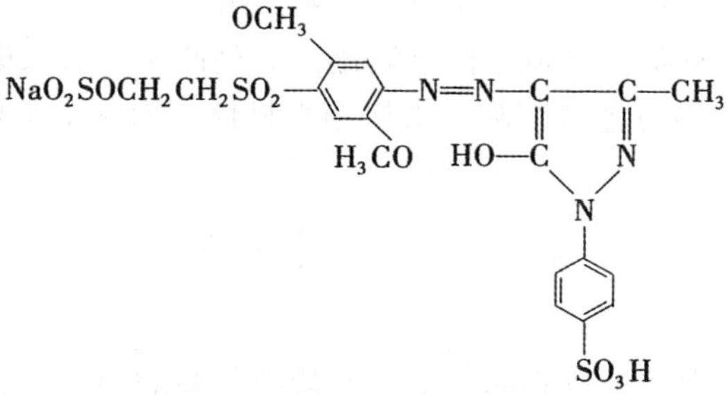

耐洗牢度较好，耐晒牢度 5~6 级，主要用于棉、麻、蚕丝和锦纶等织物的染色和印花。

2. 不溶性偶氮染料

不溶性偶氮染料又称冰染染料，它是由重氮组分与偶合组分在纤维上反应，生成不溶于水的偶氮染料而进行染色。因为重氮化、偶合过程都是在加冰冷却下进行的，所以这一染色法称冰染法，用来生成这些染料的化合物统称为冰染染料。

冰染染料色泽鲜艳，色谱齐全，耐晒和耐洗性良好，价格低廉，但耐摩擦牢度较差。主要用于棉织物的染色和印花。按照其使用形式可分为：色酚和色基，这两类都以独立的形式作为成品；另外还有快色素类，也就是稳定重氮盐化合物与偶合组分的混合物。

(1) 色酚　色酚是冰染染料的偶合组分，由于染色时首先应把纤维浸到偶合组分溶液中，故偶合组分溶液又称打底剂。大多数为不含磺酸基或羧基等水溶性基团，而含有羟基的化合物，色酚大体可分为 β-萘酚类和乙酰苯胺类等。

β-萘酚类又称色酚-AS，俗名为纳夫妥 AS，其产量最大，用途最广。常用的品种有：

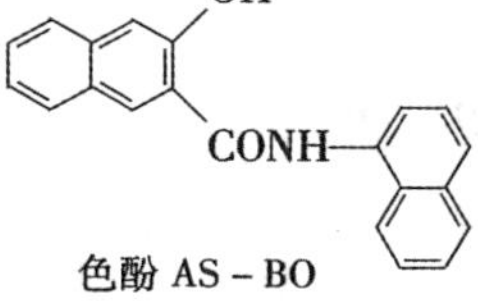

色酚 AS－BO

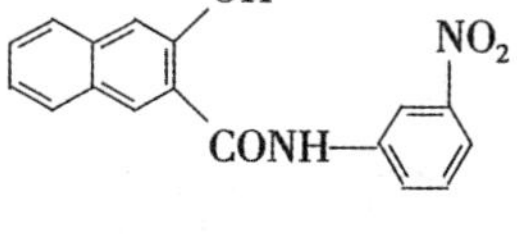

色酚 AS－BS

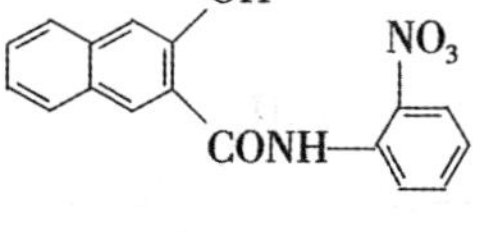

色酚 AS－D

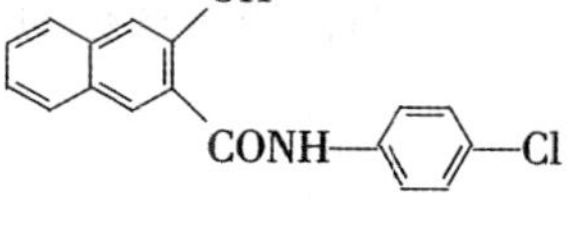

色酚 AS－E

乙酰乙酰芳胺类型的色酚，偶合后可生成黄色染料，弥补了β-萘酚类色酚缺少的黄色染料品种，使得色谱齐全。

例如，色酚 AS-G：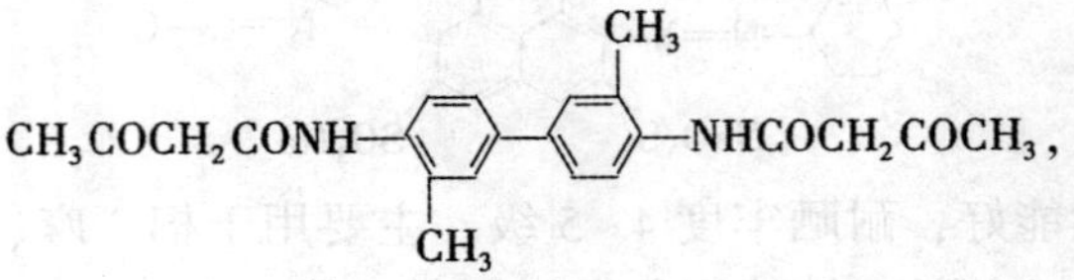，与红色基 B 重氮盐偶合，生成坚牢的黑色。

(2) 色基　色基是冰染染料的重氮组分，又称显色剂，是不含磺酸基或羧基等水溶性基团，而带有卤素、硝基、氰基、芳氨基、砜基等取代基的芳胺类化合物。它们所标记的颜色的名称是与色酚 AS 偶合生成的颜色，并不代表仅能生成该颜色的染料，与不同的色酚偶合可不同的颜色。

例如：

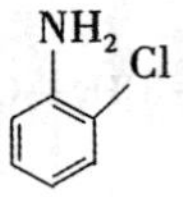

黄色基：(黄色基 GG)

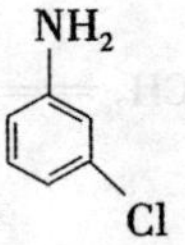

橙色基：(橙色基 G)

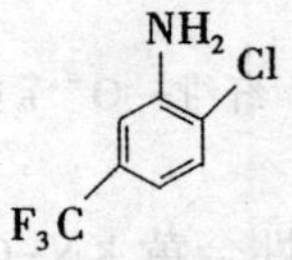

(橙色基 RD)

上述色基应用时较为复杂，必须进行重氮化，立刻使用。后来染料工作者发展了稳定的重氮盐(色盐)，使用时只需将色盐溶解，直接用来显色，简化了染色过程。

例如：红色盐 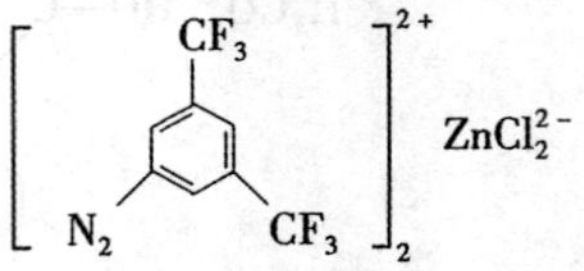

(3) 快色素类　快色素类是特制的稳定重氮盐与色酚的混合物，二者不发生反应，但在印染后经酸化或汽蒸等手段而显色生成染料，直接用于印花，不需经过打底和显色。工业生产的有快色素，快胺素、快磺素三类。

快色素是用碱处理重氮盐而得的反式重氮盐(稳定重氮盐)与色酚的混合物，印花时需要汽蒸后在酸性浴中显色或通过含酸的蒸汽来显色，但其稳定性差，对酸高度敏感，不宜久藏。

例如，快色素大红 3R

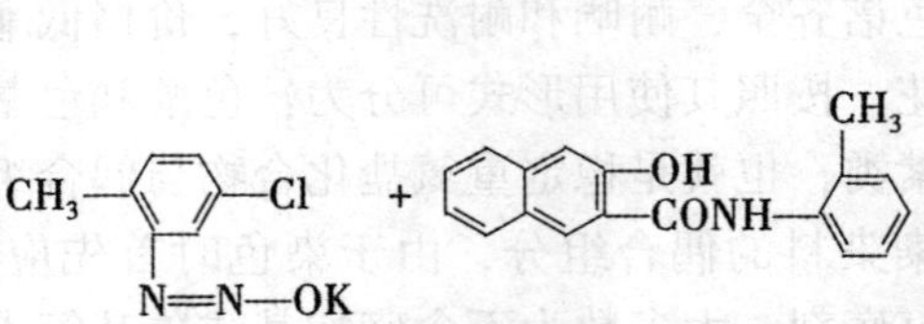

它的耐晒牢度 4~5 级，主要用于棉和黏胶纤维印花，尤其适用于手工印花。

快胺素是用伯胺或仲胺与重氮盐制得的重氮氨基化合物与色酚的混合物，其稳定性好，且发色速度谐调，可以简便地进行由黄色至黑色等多种印染，应用时也需汽蒸后用酸显色。

例如，快胺素棕 IR

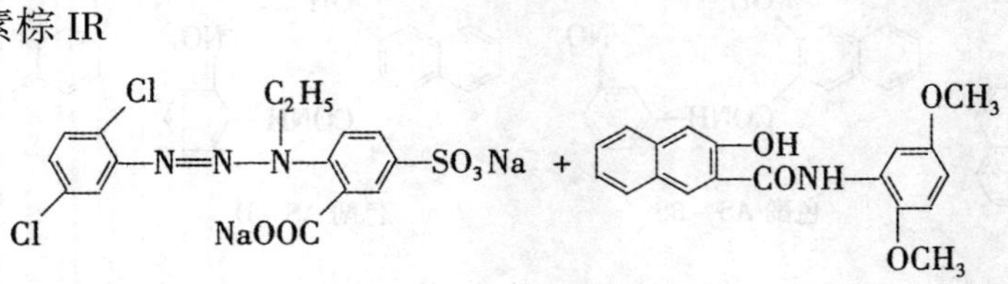

3. 偶氮分散染料

分散染料是染料分子中不含有离子化基团，于水中呈分散微粒状态，凭借分散剂的作用使其成为低水溶性的胶体分散液而染色。主要用于醋酸纤维、聚酯纤维等人造纤维的染色。由于聚酯纤维的发展极为迅速，在合成纤维中产量居首位，因而分散染料也获得了很大的发展，其产量在国外也居首位。

从化学结构上看，分散染料可分为偶氮类、蒽醌类、硝基类、次甲基类等，其中偶氮类分散染料约占分散染料的60%。按应用性能又可分为E、S、SE三个类别，E型分散染料染性能好，但耐热性能差；S型分散染料适用于高温热熔染色，耐升华牢度好；SE型分散染料性能介于二者之间。

偶氮类分散染料是指染料分子含有偶氮基的一类分散染料，但实际上作为分散染料使用的仅有单偶氮染料和双偶氮染料。在工业上都是采用重氮化、偶合的方法来制造；由于生成的染料几乎不溶于水，不需要像水溶性染料那样进行盐析、酸析操作，得到的偶氮染料结晶基本上不含杂质，通常不必精制。但该类染料商品化，必须经过研磨及微粒化操作，并添加阴离子型或非离子型分散剂及胶体保护剂配合使用等加工后处理，以满足染料的颗粒达到1μm左右，在水中迅速分散成为均匀稳定的胶体悬浮液，同时在放置及高湿染色条件下，染料不发生凝聚现象等要求。

偶氮类分散染料中的单偶氮型具有黄、红至蓝的各种色泽，是主要的一种类型，可用通式表示：

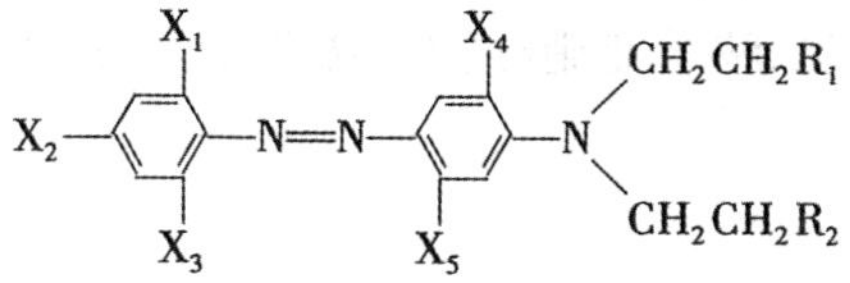

R_1、R_2为氢、羟基、氰基、酯基等；X_1、X_2、X_3为氢、卤素、硝基、烷砜基、氰基等吸电子基团；X_4、X_5为氨基或取代氨基、羟基或烷氧基等给电子基团。

4. 金属络合偶氮染料

二价和三价金属离子(Cr、Co、Cu、Ni、Fe等)与偶氮染料中偶氮基的邻位基团(—OH、—COOH等)形成螯合物的一类染料，统称为金属络合偶氮染料。由于配位数为4的Cu^{2+}和配位数为6的Cr^{3+}、Co^{3+}形成的配合物稳定，所以其应用较为广泛，如Palatine Fast Pink BN为玫瑰红的偶氮金属络合酸性染料，其结构式如下：

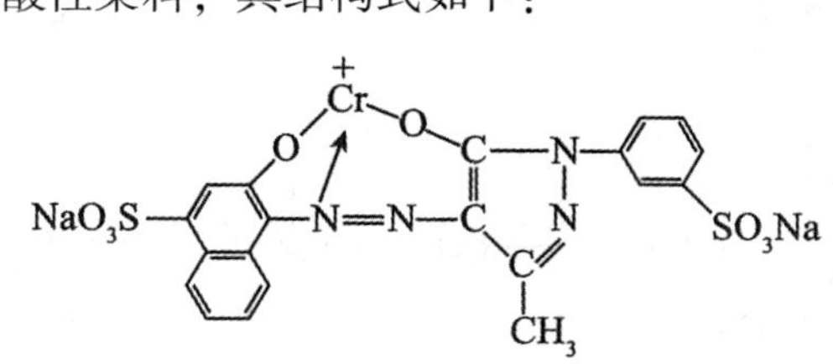

该类染料是通过酸性染料染色后，用某些金属盐(如Cr、Cu等)为媒染剂进行处理，而在织物上形成络合物；或者是直接将金属原子(如Cr、Co等)引入染料母体，形成染料的络合物。由于金属络合物的形成，其染品耐晒、耐光、耐洗、耐摩擦等性能优良。

(三) 直接耐晒黑G生产技术

直接耐晒黑G的结构式：

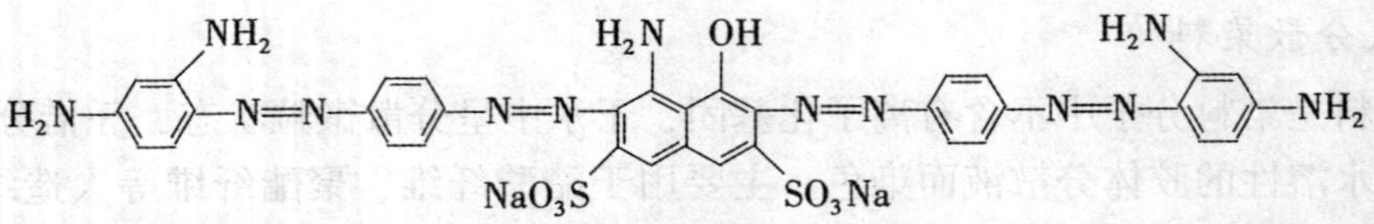

分子式 $C_{34}H_{37}N_{13}Na_2O_7S_2$，相对分子质量 829.27。为黑色均匀粉末，易溶于水，呈绿光黑色，水溶液加 10%硫酸呈微红色，加入碱呈绿光蓝色。直接耐晒黑 G 是直接黑 BN(因中间体联苯胺的致癌性停止生产)的替代品种，它们的应用性能相似，耐晒牢度高于后者，为黑色染料的主要品种。在中性浴、碱性浴中，适用于棉、黏胶、羊毛、蚕丝等织物的染色和印花。

1. 原料准备

原料消耗量见表 6-1。

表 6-1　原料消耗

主要原料名称	规　格	消耗定额/(kg/t)	主要原料名称	规　格	消耗定额/(kg/t)
对硝基苯胺	熔点≥144℃	294	硫化钠	硫化物含量≥60%	229
H 酸	重氮值 40%~50%	273	碳酸钠	工业品	1069
间苯二胺	偶合值≥98%熔点 60~62℃	152	盐酸	工业品	2522
亚硫酸钠	含量≥99%	245			

原料用量的质量分数配比如下：

对硝基苯胺：H 酸：间苯二胺：亚硝酸钠：硫化钠：碳酸钠：盐酸＝1：0.93：0.52：0.83：0.78：3.64：8.58。

2. 生产原理

直接耐晒黑 G 是一个四偶氮染料，生产过程分三次偶合完成，主要反应式：

(1) 对硝基苯胺的重氮化：

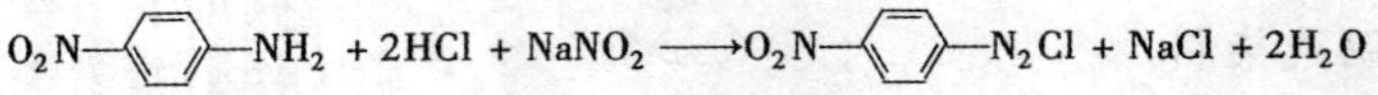

(2) 第一次偶合反应：

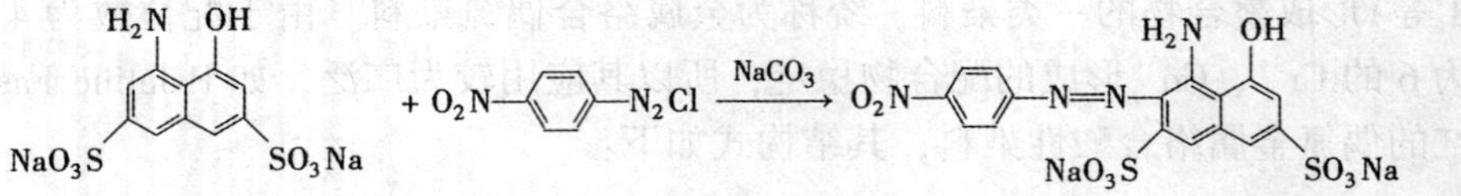

(3) 第二次偶合反应：

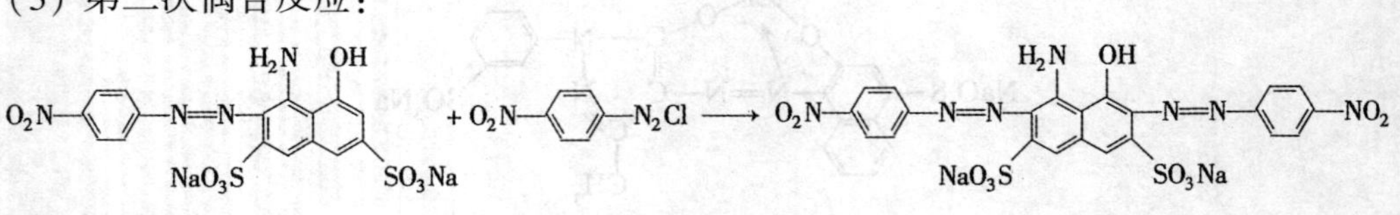

(4) 还原：

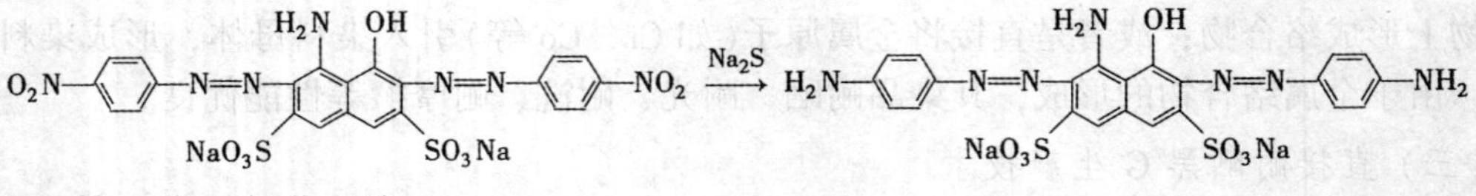

(5) 第二次重氮化反应：

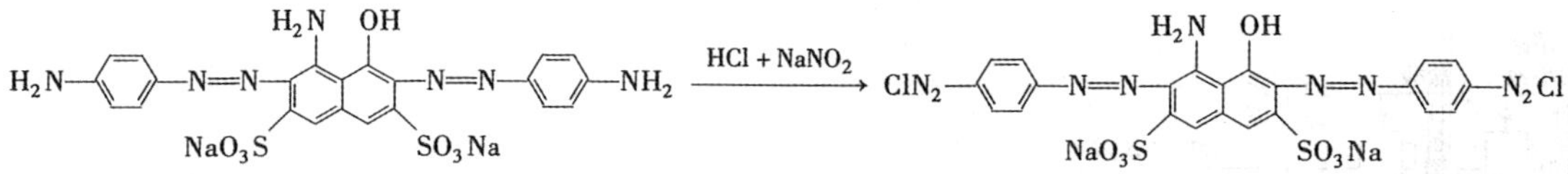

（6）第三次偶合：

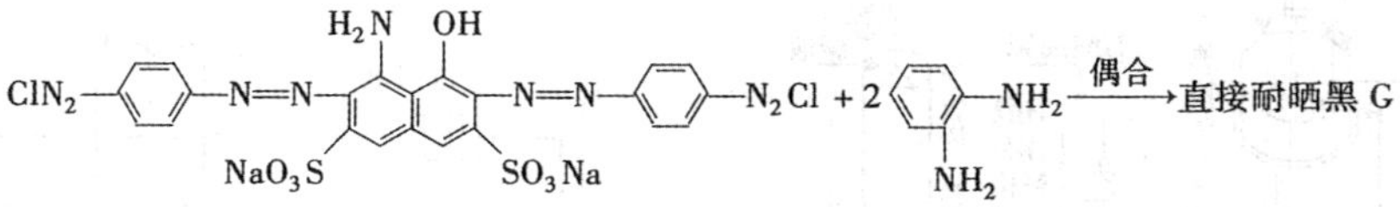

3. 生产工艺

将对硝基苯胺、盐酸和水加到重氮化槽中，升温溶解，加冰冷却，降温至 10℃，迅速加入亚硝酸钠溶液进行重氮化反应，得到对硝基苯胺重氮盐溶液。

在 H 酸溶解槽中，将 H 酸与纯碱溶液配成 H 酸溶液，将重氮化槽中的对硝基苯胺重氮溶液的一半放入偶合槽中，加冰降温下 10℃以下，在强烈搅拌下加入 H 酸溶液，进行第一次偶合反应。第一次偶合反应完成后，加入强碱溶液调整偶合反应的 pH 值为 7.0~7.5，再将重氮化槽中的另一半对硝基苯胺重氮盐溶液缓缓加入，同时加入纯碱溶液维持 pH 值不变，加完重氮盐溶液后，使 pH=8，继续搅拌至反应完全。

将二次偶合反应物料加热升温到 25℃，加入硫化钠溶液进行还原反应，反应到达终点后，加入盐酸使物料的 pH 值为 1~2 进行酸析，并升温到 60℃，使染料析出呈悬浮状，趁热过滤。加酸时产生的二氧化硫和硫化氢气体引入到吸收塔中用稀碱吸收。

将滤饼和水放入第三次偶合槽中，加纯碱使 pH=8，搅拌使滤饼全部溶解，立即进行第二次重氮反应。

待上述滤饼溶解后，加入亚硝酸钠溶液，搅拌均匀以后，慢慢加盐酸，同时加入冰保持温度在 10℃以下进行重氮反应。

将重氮溶液以纯碱中和到 pH=7。立即将已调好的间苯二胺加入，并加入纯碱调节 pH=9，偶合反应完成后，加热升温到 70℃，加入食盐使染料全部析出。

染料悬浮物经活塞泵压入压滤机进行过滤，滤饼在干燥箱中干燥。再经粉碎机粉碎，在混合机内加食盐拼混成商品直接耐晒黑 G。

生产工艺流程见图 6-1。

二、蒽醌染料

蒽醌染料是仅次于偶氮染料的又一大类染料。它有一个或多个羰基和至少包含三个环的共轭体系相联接，其本身是淡黄色物质，不能作为染料使用，但它的羟基和氨基的衍生物具有很深的颜色，是很有价值的商品染料。特别是蓝色和绿色染料，具有非常好的坚牢度，这是其他染料所不及的，它的合成方法是用苯的衍生物和邻苯二甲酸酐缩合或是通过蒽的氧化，但生产工艺复杂，成本较高。

（一）主要产品

蒽醌染料按其本身的结构特点，一般可分为蒽醌类可溶性染料、蒽醌类分散染料、蒽醌类还原染料和羟基蒽醌媒染染料等。

1. 蒽醌类可溶性染料

蒽醌类可溶性染料是除了在蒽醌母体中引入氨基和羟基外，还引入了具有水溶性基团的

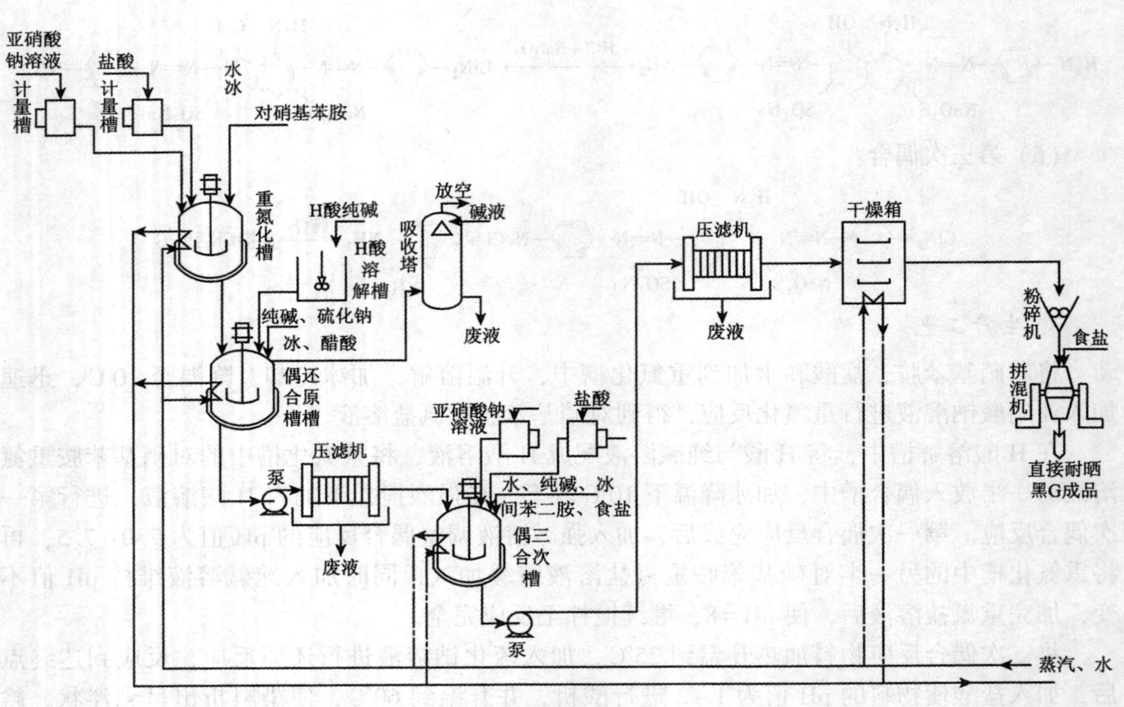

图 6-1　直接耐晒黑 G 生产工艺流程

磺酸基一般酸性、活性、直接染料中的蒽醌型都属于可溶性的蒽醌染料。主要用于羊毛、丝绸和锦纶上的染色和印花，而且色光鲜艳。

例如：卡普伦绿 SG

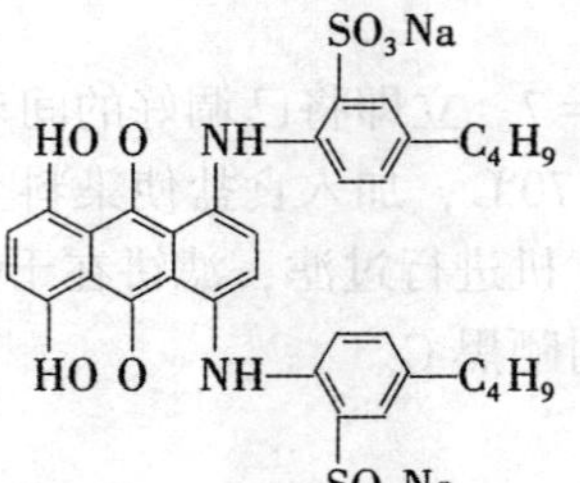

它是一个弱酸性染料，用于羊毛和丝的染色，也可在羊毛、丝和锦纶上直接印花，其染品绿色鲜艳，耐晒性良好。

2. 蒽醌类分散染料

蒽醌类分散染料是具有蒽醌环的分散染料。通常在其环的 α 位多具有氨基、取代氨基或羟基。工业上特别有用的是蒽醌 1,4-及 1,4,5,8-位上具有取代基或其 β 位具有取代基的衍生物。这类染料色泽鲜艳，色谱包括红色、蓝色及黄色等，在深色品种中占重要地位。染色时不易发生水解和还原作用，其耐晒、耐皂洗牢度比一般偶氮类分散染料好，但其着色力比偶氮类分散染料差，且制造方法复杂，价格较贵。

在目前的分散染料中，蒽醌类分散染料占 25%，主要用于合成纤维的染色。近年来，流行拔染印花，由于蒽醌类分散染料化学稳定性较好，用于印花套色也有较高的价值。此外还可用于塑料着色等。

（1）1-氨基-4-羟基蒽醌的β位取代物　通式：

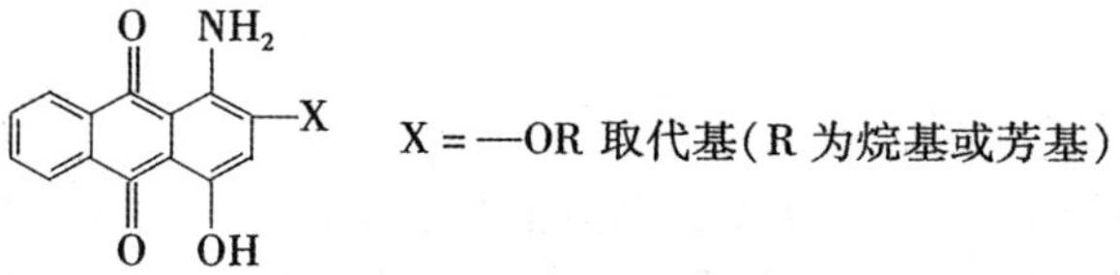

例如，分散红 3B

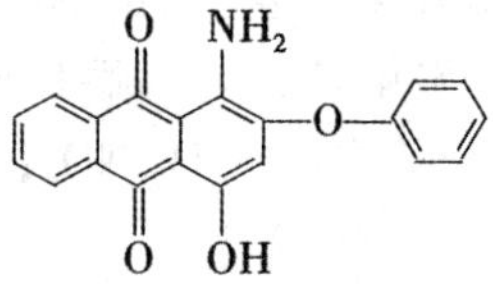

其耐晒牢度 6~7 级，用于涤纶及其混纺织物的染色，也用于醋酸纤维和锦纶的染色，塑料的着色等。

（2）1,5-二氨基-4,8-二羟基蒽醌衍生物　通式：

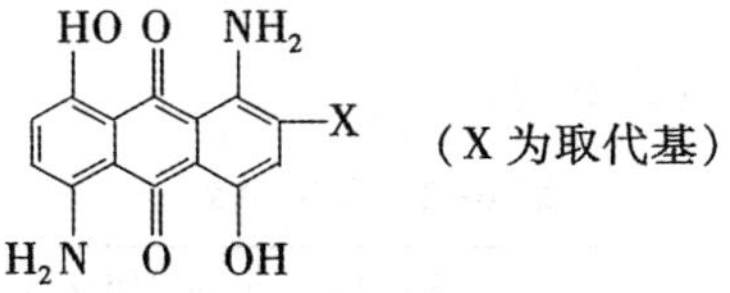

（3）其他类蒽醌衍生物　其他蒽醌类分散染料主要是以 1,4-二氨基-2,3-二羧酰亚胺的衍生物为代表，它们的色光纯正，耐晒牢度好，但升华牢度差，合成工艺复杂，成本较高。

例如，分散翠蓝 S-GL

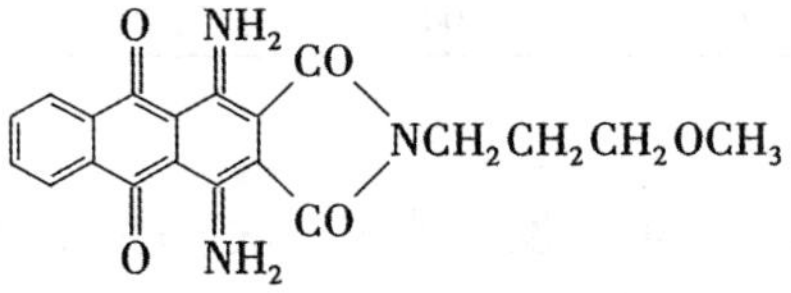

其耐晒牢度 7 级，耐洗牢度 4~5 级，主要用于涤纶及其混纺织物的染色和印花。可染单色，也可拼出艳蓝到黄光绿等一系列色谱。

3. 还原染料

蒽醌还原染料是不溶于水和碱的染料，但在碱性溶液中，用保险粉还原成为可溶性的隐色体，将该隐色体染在纤维素纤维上，经空气氧化又可生成原来的不溶性染料，从而得到耐晒牢度较好的染色织物。

从还原染料的化学结构上来看，可分为蒽醌染料和靛属染料，蒽醌还原染料品种繁多，色泽鲜艳，而且多数耐晒牢度优异，作为棉、人造纤维等纤维素纤维用染料是最高级的染料，还原染料的产量也较大，仅次于直接染料和活性染料。这类染料不仅是蒽醌的衍生物，而且多数是具有各种杂环和稠环的复杂蒽醌结构。

例如：还原蓝 RSN

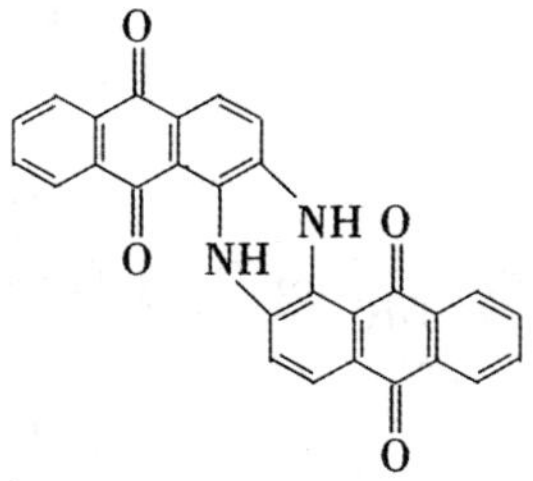

它的耐晒牢度 7 级，耐洗牢度 4~5 级，主要用于棉纤维及维纶的染色，也可用于直接印花，还可加工成有机颜料。

（二）分散红 3B 生产技术

分散红 3B 为紫褐色粉末，不溶于水，以分散状态染色，可溶于二甲苯，在 50%的丙酮中呈红色，在 H_2SO_4 中呈深黄色，染浴中遇金属离子使色光蓝色增大。它主要用于涤纶及其混纺织物的染色，为蓝光艳红色，是分散染料“老三样”品种之一，可与分散蓝 2BLN，分散黄 RGFL 拼染，用高温高压法于 125~130℃染色，匀染性良好，也适用于锦纶或涤纶织物的直接印花，用高压汽蒸或高温汽蒸固色。分子式：$C_{20}H_{13}NO_4$；相对分子质量：331.33；结构式为：

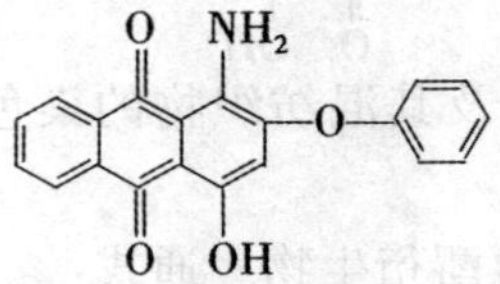

1. 原料准备

分散红 3B 生产原料消耗量见表 6-2。

表 6-2　原料消耗

主要原料名称	规　格	消耗定额/(kg/t)	主要原料名称	规　格	消耗定额/(kg/t)
1-氨基蒽醌	含量≥96%　熔点≥250℃	250	发烟硫酸	工业品	1370
溴素	含量≥95%	200	次氯酸钠	工业品	72
硼酸	含量≥99%	160	碳酸钾	工业品	81
苯酚	含量≥98%　凝固点 40.4℃	200	亚硫酸钠	工业品	50

原料配比(质量)：

1-氨基蒽醌：溴素：硼酸：苯酚：发烟硫酸：次氯酸钠：碳酸钾：亚硫酸钠＝1：0.8：0.64：0.8：5.48：0.29：0.32：0.20。

2. 生产原理

分散红 3B 的生产是由 1-氨基蒽醌溴化，水解，再与苯酚缩合而制得，反应式如下：

（1）溴化：

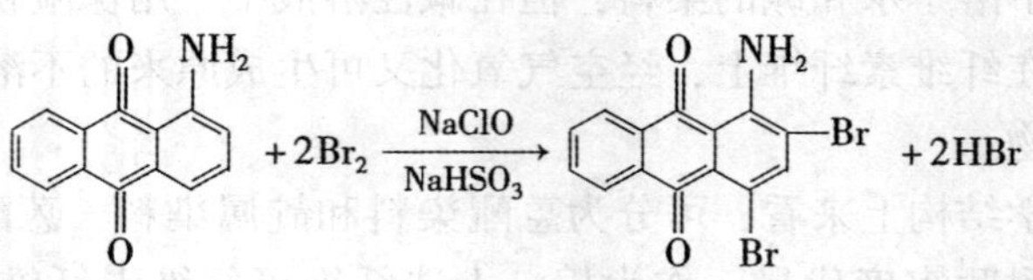

（2）水解：

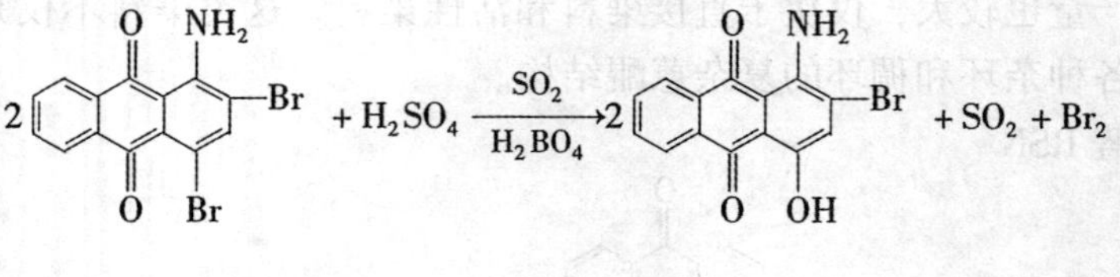

（3）缩合：

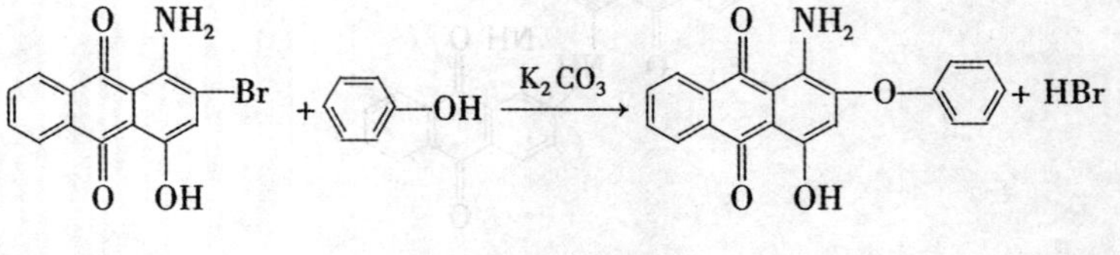

3. 生产工艺

将经砂磨锅研细的1-氨基蒽醌放入溴化锅内，加水和盐酸，搅拌均匀，经夹套冰盐水冷却至20℃以下，加入溴素进行溴化反应。此时一部分溴素生成溴化氢，再加入次氯酸钠溶液使溴化氢转变为溴素，搅拌至反应完全后，加入亚硫酸钠以破坏过量的溴素，使生成溴化钠。过滤，滤饼用清水洗至中性后烘干。

在水解锅中加入发烟硫酸、硼酸，搅拌使其溶解完全，再加入已烘干的溴化物料。升温至120℃，保温搅拌至反应完全，冷却至50℃。放入已放有冰水的稀释槽中，搅拌均匀，放入过滤机过滤，洗至中性、烘干。

在缩合锅中，加入苯酚和碳酸钾，加热至120℃，在搅拌下加入烘干的水解物料，在140~145℃搅拌至反应完全。密闭设备，进行真空蒸馏脱去苯酚，含苯酚废水送回收工段回收苯酚。然后加水打浆，过滤，洗至中性。

在砂磨锅内加入水和扩散剂，搅拌下加入滤饼，在90℃砂磨均匀，经干燥拼混成分散红3B成品。

生产工艺流程见图6-2。

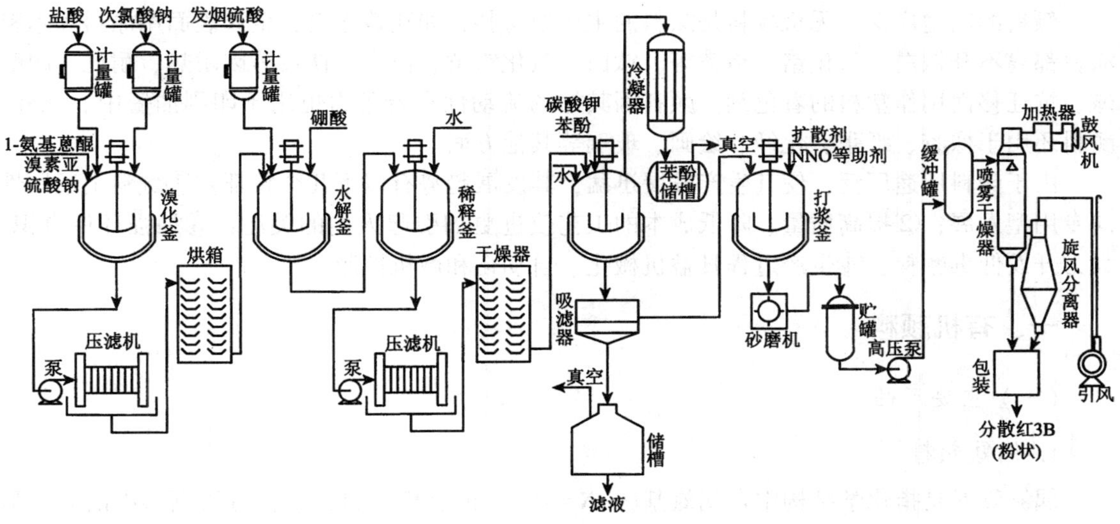

图6-2 分散红3B生产工艺流程图

项目三 颜 料

颜料是不溶于水、油、树脂等介质的有色物质。通常以分散状态存在于涂料、油墨、塑料、橡胶、纺织、造纸、搪瓷和建筑材料等制品中，从而使这些制品呈现不同的颜色。

颜料的生产历史悠久。就无机颜料而言，公元前2000~3000年就发现了铅白的生产方法。公元一世纪开始了红丹的生产。1704年普鲁士人Diesbach发现了铁蓝的制法。1918年铬黄开始生产。经过多年的历史发展和经验的总结，无机颜料生产工艺较成熟，大多数产品具有较好的耐光性、耐热性与耐候性，着色力和遮盖力都较高。而有机颜料的大规模生产相对较晚。世界上第一个有机颜料-红色偶氮颜料制得于1895年。紧跟着就有色淀红C、立索尔红、耐晒黄 G 等出现，而且发展也相当迅速。

颜料品种繁多，按组成分为无机颜料和有机颜料两大类。

无机颜料通常耐光、耐候、耐溶剂、耐化学腐蚀和耐升华等方面的性能优良，主要品种有钛白、铁红、群青、炭黑、硫酸钡等，主要产地在美国，日本、西欧和前苏联。近年来我国的产量也显著增长。

有机颜料的耐光、耐热、耐溶剂虽比不上无机颜料，但它具有着色力强、色谱丰富、色彩鲜艳、耐酸碱性好、密度小等优点(见表 6-3)，尤其是现代高级颜料品种各项性能上大有提高，应用范围日益扩大。

表 6-3　无机颜料与有机颜料性能比较

项目	种类	透明性	着色力	色相	遮盖力	耐候性	耐酸碱性	耐溶剂性	耐热性
有机颜料	多	好	强	鲜艳	小	多数差	较好	稍差	一般差
无机颜料	少	差	弱	稍差	大	好	差	较好	较好

有机颜料以偶氮颜料和酞菁颜料为主，二者占总有机颜料的 90%以上。产地主要有西欧、美国和日本，我国生产的品种诸如苯胺黄 G、甲苯胺红、色淀红、酞菁等。

颜料的用途广泛。无机颜料是涂料的主要原材料，如建筑涂料，金属表面用涂料和木料涂料都离不开钛白、氧化铬、铬黄等。钛白、氧化铬黄、群青、钛黄等因耐热、耐光、耐酸碱、抗迁移而用作塑料的着色剂。颜料因其好的流动性和着色力也用于印刷油墨中。此外，颜料还用于橡胶、纸张、化纤、绘画、玻璃等其他方面。

由于颜料用途广泛，使其生产发展迅猛，其发展趋势有以下几个特征：①颜料由通用性向专用型发展；②提高质量、降低成本的工艺改进更加引起人们的关注；③加强环保意识，大力开发低毒颜料；④生产过程日益机械化、自动化和微机控制。

一、有机颜料

(一) 主要产品

1. 偶氮颜料

偶氮颜料是指化学结构中含偶氮基(—N ═N—)的有机颜料，它在有机颜料中的品种最多，产量最大。偶氮颜料的色谱分布较广，有黄、橙、蓝等颜色。其色泽鲜艳，着色力强，密度小，耐光性好，制造方便，价格便宜，但牢度稍差。

偶氮颜料品种众多，按化学结构可分为不溶性偶氮颜料(①)、偶氮染料色淀(②)、缩合型偶氮颜料(③)三类。其结构不同，性能各异，大体比较如下：

耐热性：③>②>①；耐晒性：③>①(单偶氮)>②>①(双偶氮)；

耐极性溶剂：③>①>②；耐非极性溶剂：③>②>①；耐化学品性：③>①>②。

(1) 不溶性偶氮颜料：

① 单偶氮颜料　指分子结构中只含一个—N ═N—基团的颜料。按化学结构可分为乙酰基乙酰芳胺系、β-萘酚系、芳基吡唑啉酮系、2-羟基-3-萘甲酰芳胺系和苯并咪唑酮系五类。

a. 乙酰基乙酰芳胺系　单偶氮颜料色谱由黄色至橙色，有较好的耐候性和高的着色力，但耐溶剂性欠佳，包括多个品种。其化学结构通式为：

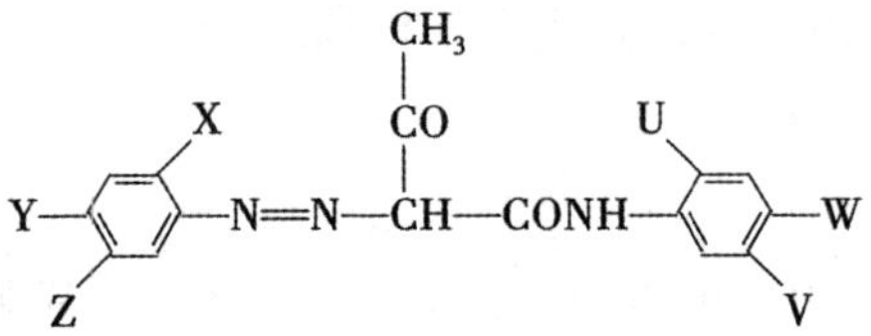

（X、Y、Z、U、V、W 为取代基）

b. β-萘酚系　颜料色谱由红色至紫色，其化学结构通式为：

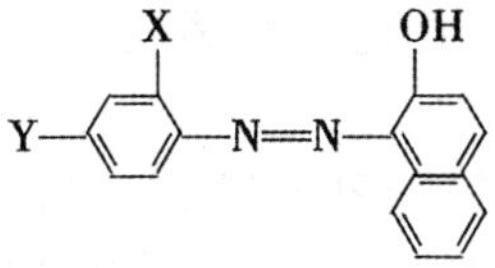

（X、Y 为取代基）

c. 芳基吡唑啉酮系颜料色谱由黄色到橙色，目前品种尚少，其化学结构通式为：

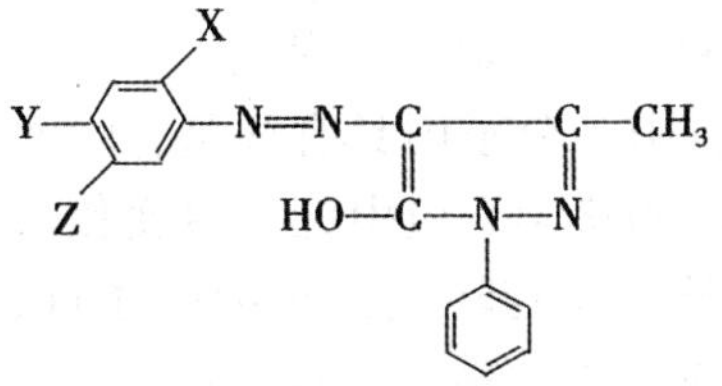

（X、Y、Z 为取代基）

d. 2-羟基-3-萘甲酰芳胺系（色酚 AS）颜料色谱有橙、红、棕、紫、蓝等，但以红为最重要。它们具有较好的牢度，且特别耐碱，其化学结构通式为：

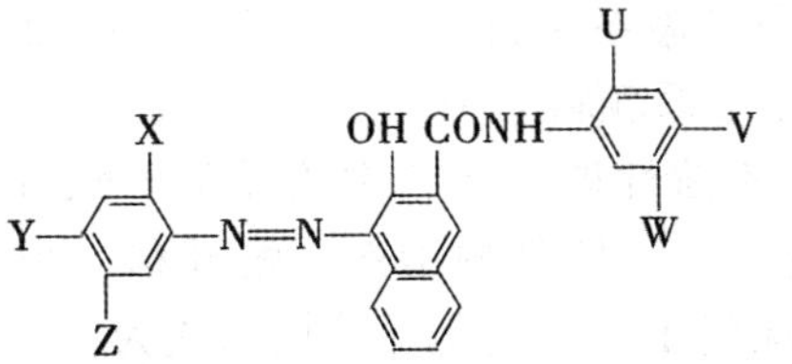

（X、Y、Z、U、V、W 为取代基）

② 双偶氮颜料　指分子结构中含两个—N ═N—基团的颜料。按化学结构可分为乙酰基乙酰芳胺系、芳基吡唑啉酮系、双乙酰基乙酰芳胺系三类。

a. 乙酰基乙酰芳胺系颜料色谱有黄色和橙色，其化学结构通式为：

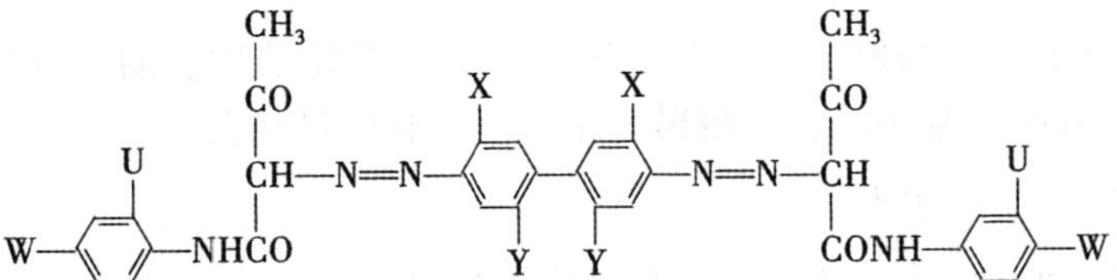

（X、Y、Z、U、W 为取代基）

b. 芳基吡唑啉酮系颜料色谱有橙色和红色。其化学结构为：

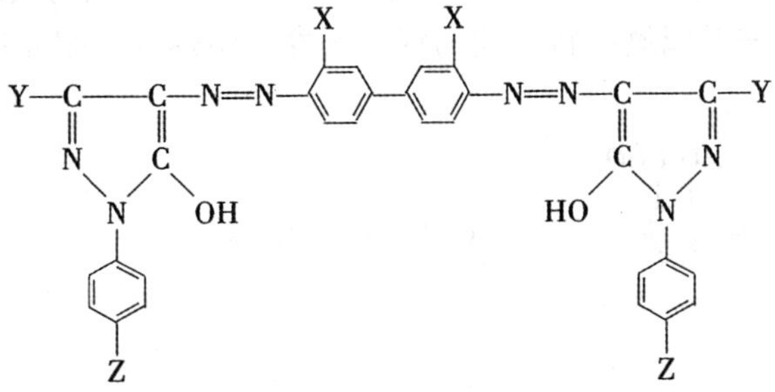

（X、Y、Z 为取代基）

c. 双乙酰基乙酰芳胺系颜料色谱有黄色和橙色，其化学结构通式为：

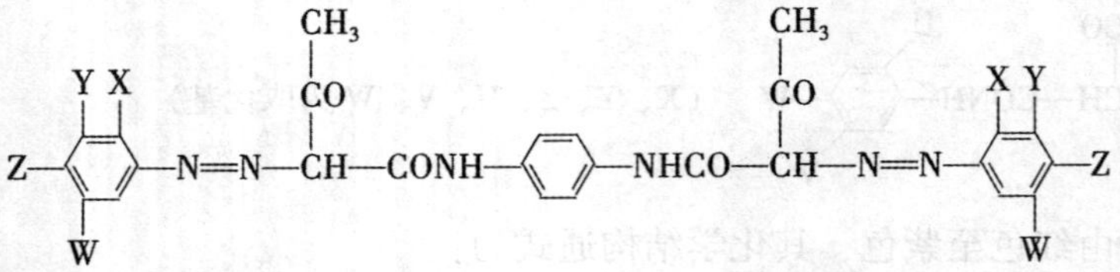

（X、Y、Z、W 为取代基）

此类颜料耐光、耐热、耐迁移性较好，但着色力和透明度不及联苯胺黄，适用于油漆、橡胶和塑料着色。

(2) 偶氮染料色淀　将可溶于水的含磺酸或羧酸基团的偶氮染料转化成不溶于水的钡、钙、锶的盐，就成为偶氮颜料。但不是所有偶氮染料都可转化为颜料，只有少数特定结构的染料转化为不溶于水的盐类后，并具有颜料特性时，才成为有价值的颜料商品。这类染料称为"色淀染料"。由偶氮染料转化生成的颜料称为偶氮染料色淀。

偶氮染料色淀与不溶性偶氮颜料相比，由于分子内具有羧基，耐溶剂性有所提高，但耐化学品性尤其是耐碱性差，加热时会因内部的化学反应引起颜色变化。

偶氮染料色淀性质除与化学结构有关外，还与转化为色淀的条件，如色淀化金属、pH 值、表面处理有关。这些条件不同，颜料的色调、晶型、粒子的大小、形状都会发生变化，各项牢度也会有所不同。改进偶氮颜料适应性的方法，一般是在色淀化过程中加入松香皂进行表面处理。

偶氮染料色淀按化学结构可分为乙酰基乙酰芳胺系颜料、β-萘酚系颜料、2-羟基-3-萘甲酸系颜料、2-羟基-3-萘甲酰芳胺系颜料和萘酚系颜料五类。

① 乙酰基乙酰芳胺系偶氮染料色淀，是由不溶性偶氮颜料中乙酰基乙酞芳系颜料分子结构中引入磺酸基而形成。强极性的磺酸基的引入，使其耐溶剂、耐迁移、耐热性均有提高。该系颜料一般用于聚烯烃等塑料、橡胶基涂料工业。其化学结构通式为：

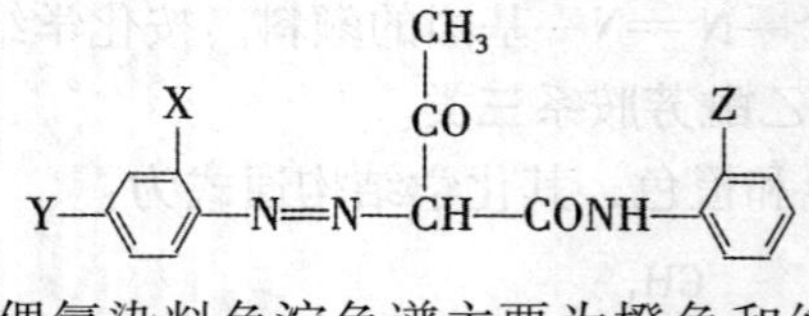

（X、Y、Z 为取代基）

② β-萘酚系偶氮染料色淀色谱主要为橙色和红色，该系染料色淀耐热性、耐溶剂性较好，色彩鲜明，着色力强，牢度和耐光性中等，但耐碱性不好。其化学结构为：

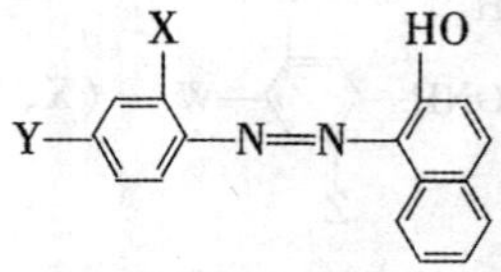

（X、Y、Z 为取代基）

③ 2-羟基-3-萘甲酸系颜料色谱由大红至紫红色，实际上该系颜料的化学结构是在 β-萘酚系的基础上引入了一个羧基。该系偶氮染料色淀的耐溶剂性、耐热性、耐光性均佳，但不耐碱。其化学结构通式为：

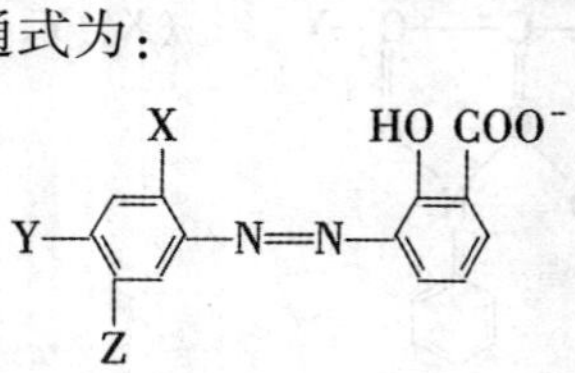

（X、Y、Z 为取代基）

④ 2-羟基-3-萘甲酸芳胺系颜料的耐热性、耐溶剂性、耐迁移性好，但耐碱性差，牢度中等。主要用于塑料、化纤和橡胶等着色。该系偶氮颜料色淀的化学结构通式为：

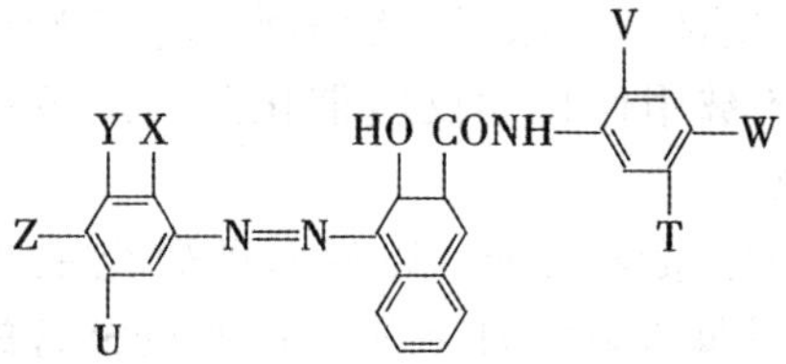

（X、Y、Z、U、V、T、W 为取代基）

⑤ 偶氮染料萘酚磺酸系色淀的化学结构通式为：

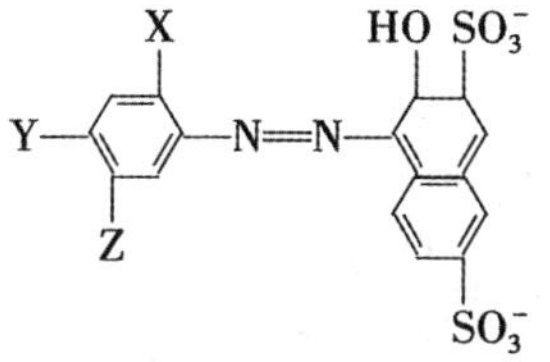

（X、Y、Z 为取代基）

（3）缩合型偶氮颜料　一般偶氮颜料在使用时，有渗色和不耐高温的缺点。为了提高耐晒、耐热和耐有机溶剂等性能，可通过芳香二胺将两个分子缩合成大分子的缩合型偶氮颜料，俗称固美脱颜料。该品系于 1957 年首先由 Ciba 公司（现在瑞士的 Ciba-Geigy 公司）开发上市的。

缩合型偶氮颜料的相对分子质量在 800～1100 之间，由于相对分子质量大且引入酰氨基团，各项牢度均有增加。浅色时也有优良的耐晒牢度、耐热性和耐迁移性，且无毒。适用于塑料、橡胶、氨基醇酸烘漆和丙纶纤维的原液着色。

缩合型偶氮颜料按化学结构可分为 β-羟基萘甲酰胺类和乙酰乙酰芳胺类两大类。

β-羟基萘甲酰胺类的化学结构通式为：

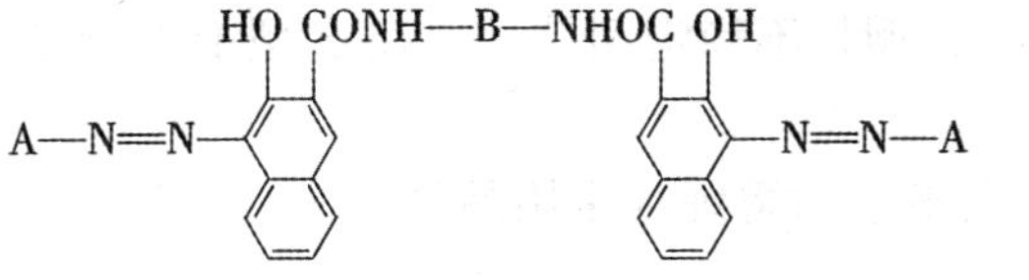

（A、B 为取代基）

乙酰基乙酰芳胺类化学通式为：

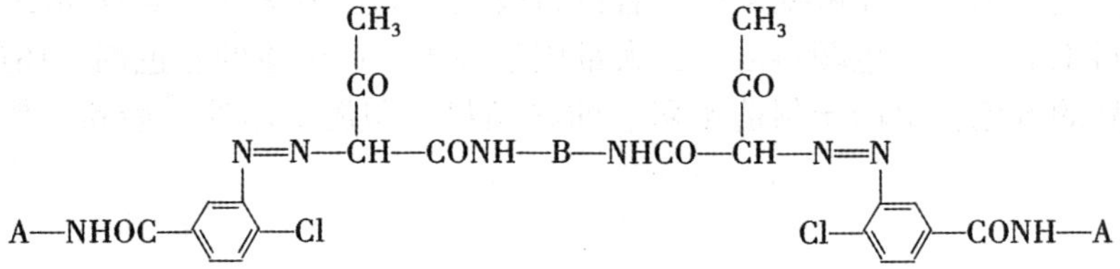

（A、B 为取代基）

2. 酞菁颜料

酞菁是一大类高级有机颜料。1907 年人们就发现了酞菁，1927 年 Diesbach 和 Von derweid 以邻二溴苯、氰化亚铜和吡啶加热反应得到蓝色的铜酞菁。但直到 1933 年才确定其化学结构，并命名酞菁（phthalocyanine）。后来，在工业生产上 M. Wyler 等的研究，作出了较大的贡献，并在 20 世纪 30 年代后半期开始工业生产。经六十多年的研究和发展，至今有 40 多种金属酞菁和数种其他酞菁化合物合成。

酞菁颜料的色谱从蓝色到绿色，是有机颜料中蓝、绿色谱的主要品种。具有极强的着色力和优异的耐候性、耐热性、耐溶剂性、耐酸碱性，且色泽鲜艳，极易扩散和加工研磨，是一种性能优良的高级有机颜料。另外由于大量生产，价格也较便宜。

酞菁颜料几乎可用于所有的色材领域，如印刷油墨、涂料、绘画水彩、涂料印花浆以及橡胶、塑料制品的着色。近年来，酞菁化合物还被用作化学反应催化剂、润滑剂、光敏材料，尤其是酞菁具有半导体性质正予以高度重视。

酞菁的传统工业制法为邻苯二腈法和苯酐-尿素法两种。以后对此研究主要是工艺改进，如采用新的无毒缩合剂。用直接法一步合成酞菁蓝；加入添加剂改进酞菁的性质等。

酞菁是含有四个吡咯，而具有四氮杂卟吩结构的化合物，结构式为：

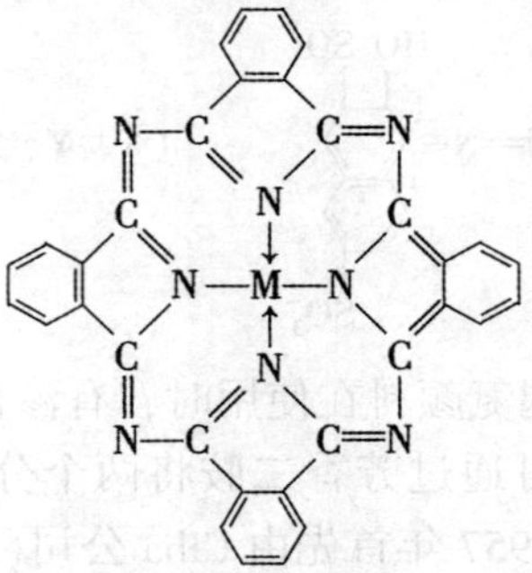

酞菁的主体结构是四氮杂卟吩，其发色团共轭体系为 18 个 π 电子的环状轮烯。它在结构上也可以说由四个吲哚啉结合而成的一个多环平面型分子。金属酞菁中的金属原子位于对称中心。酞菁的耐光性能各不相同。铜酞菁、钴酞菁、镍酞菁的耐光性最好，铜酞菁能磺化、卤化、氯甲基化，但不能硝化。

对铜酞菁经 X 射线分析表明，存在同质多晶现象，被确认的已有 9 种晶型，而作为颜料使用的有 α、β、ε 三种，即绿光蓝色的 β 型、红光蓝色的 α 型、红光最强的 ε 型。β 型是稳定型结晶，ε 型是亚稳定型结晶，α 型是不稳定型结晶。在 α 型中进行过结晶稳定化处理的称为结晶稳定化 α 型。

酞氰中以铜酞菁最为重要，酞菁蓝、酞菁绿为常用品种。

（二）颜料大红粉的生产技术

颜料大红粉为鲜艳红色粉末，色光鲜艳浓厚，着色力极佳，遮盖力优良，而且耐晒、耐酸、耐碱性均好。为涂料工业主要红色颜料之一，大量用于各类红色磁漆的着色剂，还适用于漆布、皮革、乳胶制品的着色，也用于制造水彩、油料颜料、印泥、印油、墙粉、铅笔、蜡笔及化妆品等。

结构式：

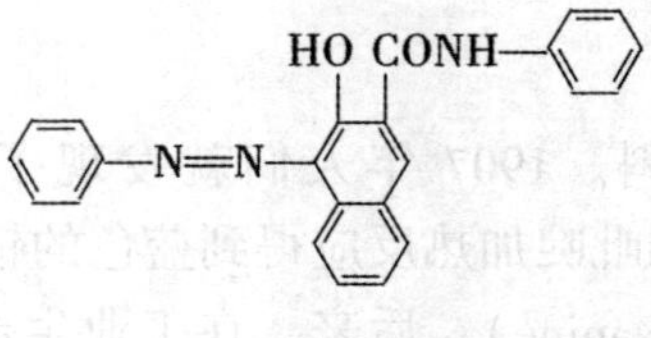

1. 原料准备

颜料大红粉生产所用原料消耗量见表 6-4。

原料配比(质量)：

苯胺：色酚 AS：亚硝酸钠：盐酸：氢氧化钠 = 1：2. 90：0. 81：3. 34：2. 20。

表 6-4 原料消耗

主要原料名称	规　格	消耗定额/(kg/t)	主要原料名称	规　格	消耗定额/(kg/t)
苯胺	含量≥99.5%	246.4	盐酸	30%	823.2
色酚 AS	含量≥98%	714.3	氢氧化钠	30%	541
亚硝酸钠	含量≥99%	199.7			

2. 生产原理

大红粉的生产是由苯胺经重氮化，再与色酚 AS 钠盐偶合而得。生产原理式：

(1) 重氮化

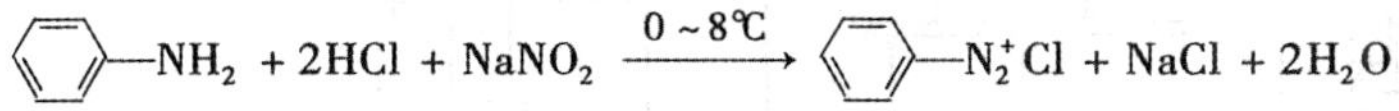

(2) 色酚 AS 钠盐的制备反应

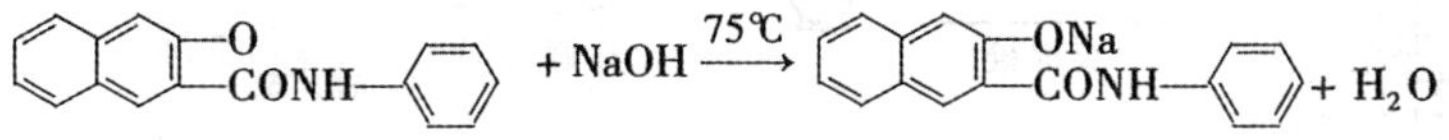

(3) 偶合

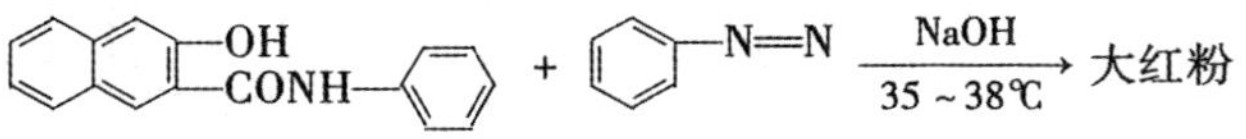

3. 生产工艺

在重氮化锅内放水 2000~2700L，加冰降温至 3~5℃，加入 30% 的盐酸 751.8kg，一边搅拌一边慢慢加入苯胺 246.4kg，搅拌均匀后，以水调整体积为 5400L，温度保持在 3~5℃，于 23~30min 内，在搅拌条件下均匀加入亚硝酸钠溶液 659kg 到重氮化锅内进行反应。确定终点到达后，停止搅拌，静置反应 0.5h，温度控制在 8℃，待用。

在色酚 AS 钠盐桶内，放清水 1675L，加入 30% 的 NaOH 541kg，40% 的磺化蓖麻油 228.5kg，搅拌均匀后，再加入 14.3kg 拉开粉，升温到 80℃左右，在搅拌下徐徐加入色酚 AS714.3kg，搅拌至完全透明为止，待用。

在偶合锅内，预先放清水 4050L，并将溶解好的色酚 AS 溶液过筛放入偶合锅内，搅拌，并调整总体积至 8950~9450L，使得温度为 35~38℃，在搅拌下，将重盐在 30~40min 内均匀地注入偶合桶内，进行偶合反应，重氮盐加完后 pH 值为 8，温度约为 31℃。偶合完毕后，再搅拌 0.5h，加入 30% 盐酸 71.6kg 进行酸化，酸化后再搅拌 1h，徐徐升温到 100℃。保温 2h，然后过滤，用水漂洗至 pH = 6.5~7.0。滤饼在 80℃进行干燥，即为大红粉成品。

生产工艺流程见图 6-3。

二、无机颜料

无机颜料是一类很重要的颜料，它相对有机颜料而言具有较高的耐光、耐候、耐热、耐溶剂性、耐化学腐蚀性和耐升华性，而且价廉。无机颜料广泛地用于涂料、印刷油墨、塑料、橡胶、绘画颜料及色笔、原浆着色剂、造纸、化妆品、陶瓷工业等方面。另外，无机颜料的产量大，是有机颜料产量的几十倍。

无机颜料按其功能分着色颜料和体质颜料。着色颜料是用在涂料、塑料、绘画颜料、色笔等进行着色加工，强调颜料的颜色的遮盖力。而体质颜料具有较低的遮盖力和着色力，一

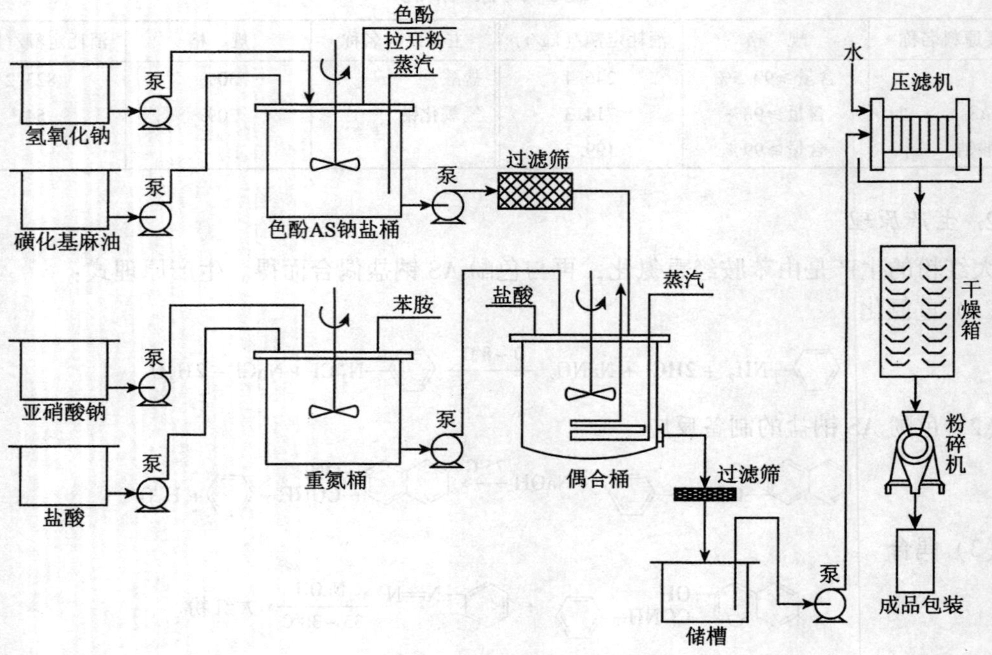

图 6-3　大红粉生产工艺流程

方面由于价格较低，它的加入可以降低制品的成本，更重要的是可以增加制品机械强度、耐久性、耐磨性、耐水性和稳定性等，主要用于改善涂料、印刷油墨、橡胶、塑料等的加工性能和物理性能。

常用的着色颜料品系有白色颜料、黄色颜料、红色颜料、蓝色颜料、黑色颜料。体质颜料主要是碳酸钙和硫酸钡。

1. 白色颜料

包括钛白、立德粉（化学组成为 $BaSO_4 \cdot ZnS$）、氧化锌、铅白（化学组成是碳酸铅和氢氧化铅），锑白（化学组成分为三氧化二锑）。

钛白是最重要的白色颜料。其化学组成为 TiO_2。钛白分为金红石型和锐钛型两大类，按 JISK-5116（1973）的分类有如下 6 种：锐钛型有 1 类、2 类，金红石型有 1 类、2 类、3 类和 4 类。锐钛型在高温下（700℃以上）能转化为金红石型。金红石型的颜料性能较好，但成本也高。

钛白的化学稳定性也好，对酸、碱、硫化氢和二氧化硫稳定，但在高温下能与过量的浓硫酸反应，也不耐熔融碱。总之，钛白的化学稳定性优于其他的白色颜料，钛白因其极性大，故在乙醇或水等极性介质中。润湿热高，呈现稳定的分散性。相反在低极性介质中，因润湿热小而发生凝聚，为使钛白在介质中有较好的分散性，均要经过表面处理。

钛白广泛用于涂料、塑料、造纸、油墨、橡胶、化学纤维，钛质电容器的陶瓷器皿，其中涂料用量占 40%。钛白的生产方法主要有硫酸法和氯化法。

2. 黄色颜料

包括铬黄、镉黄（硫化镉或硫化镉和硫化锌的固熔体）、钛黄（化学组成为 TiO_2-NiO-

Sb_2O_3 三成分体系，故称钛镍黄）、氧化铁黄（化学分子式为 $Fe_2O_3 \cdot H_2O$）。

铬黄的化学成分是 $PbCrO_4$、$PbSO_4$、$PbCrO_4 \cdot PbO$。色相由带绿的黄色到橙色。铬黄作为一种色彩鲜艳的黄色颜料，广泛用于涂料和油墨中，也可作塑料和橡胶的着色剂、绘画的颜料，但因其具有毒性，使用受到限制。铬黄生产主要是以醋酸铅或硝酸铅为原料，用湿法制得。

3. 红色颜料

主要有铁红、镉红（也称硒红，它有硫化镉和硒化镉的固熔体系及硫化镉的硫化汞的固熔体系二类）、钼红（又称钼铬红，其化学组成中含 $PbCrO_4$、$PbMoO_4$、$PbSO_4$）等。

铁红为红色粉末，其主要成分为 Fe_2O_3。一般由红黄到红紫之间变动。JISK-5109 将铁红分为三类：特号（Fe_2O_3 98.5%以上）、1 号（Fe_2O_3 96%以上）、2 号（Fe_2O_3 80%以上）。

4. 蓝色颜料

主要有铁蓝、群青等。

铁蓝的主要成分为亚铁氰化铁 $Fe_4[Fe(CN)_6]_3$。其品种繁多，色相从腈蓝到亮蓝变化。

铁蓝的化学成分及颗粒大小与色调、着色力、分散性和吸油量有关。一般铁蓝相对密度 1.8~2.0，不耐碱，耐热性差，在 140℃就分解。铁蓝因比其性能更优的酞菁蓝的发展慢，使用受到影响，但因其价廉，因此在涂料，油墨绘画色，漆布中仍然使用。

群青的结构很复杂，由硅酸、氧化铝、钠和硫组成。分子式可用 $Na_6Al_4Si_6S_4O_{20}$ 表示，但它有多种异构体，色相也不尽相同，可分为红相和蓝相两大类。群青用于塑料、涂料、橡胶、绘画等行业。

5. 黑色颜料

黑色颜料的主要品种有炭黑和铁黑。

炭黑的主要成分是碳，含有少量氧、氢和硫。炭黑的微观结构类似于石墨，组成为六边形平面结构，炭黑的种类较多，按用途习惯分为色素用炭黑和橡胶用炭黑。炭黑主要用于橡胶工业，其次也作着色剂，用于涂料、油墨中。

铁黑的组成为 FeO_4 和 $Fe_2O_3 \cdot FeO$，学名为四氧化三铁。具有饱和的蓝墨光黑色，相对密度为 4.73，耐候性、遮盖力和着色力都很好，耐碱但不耐酸，耐热性和晶体稳定性欠佳。铁黑主要用于制漆工业和建筑材料着色剂。

6. 体质颜料

体质颜料不是着色之用，因遮盖力很弱，主要在加入涂料中起骨架填光作用。同时也降低成本，且体质颜料的加入不会使涂料质量显著降低，所以体质颜料似乎失去了颜料的着色功能含义。

体质颜料主要有碳酸钙、硫酸钡、二氧化硅、高岭土等。

碳酸钙有轻质碳酸钙和重质碳酸钙之分。轻质碳酸钙指化学方法生产的沉淀碳酸钙，其比表面积为 $5m^2/g$ 左右，白度为 90%左右，相对密度 2.6。重质碳酸钙是将天然的方解石、石灰石研磨加工而成，故重质碳酸钙纯度不好且较粗糙。

碳酸钙价廉无毒，色白性质较稳定。主要在涂料中作填充剂，如作涂料的底漆。在厚漆中，碳酸钙可以使涂料增稠、加厚，起填充和补平作用。碳酸钙在墙壁涂料中目前用量极大。在新型的树脂中要求碳酸钙作活化处理，以改进其亲油性。

三、颜料的颜料化

颜料的物理形态会影响颜料的性能，主要是由于有机颜料是以微细粒子被着色的介质进行充分的机械混合，使颜料粒子均匀地分散到被着色的介质中，以达到被着色的目的，故它是以不同的程度聚集起来的微晶粒子存在于使用介质中。对入射光具有折射或散射作用，其晶性、微粒的大小，晶体形状对晶体的各项性能均有影响。

颜料化是大部分颜料生产必不可少的步骤，经过一般生产工艺制成的颜料半成品，因不具备颜料的特殊性能，而不能作为颜料使用，必须加以改性处理，方能成为具有商品价值的颜料，如苯并咪唑酮系偶氮颜料由水溶液中偶合而得到的产品，晶型为 α 型，颜色暗，体质硬，着色力低，不能作为颜料使用，经过溶剂(如二甲基甲酰胺)加热处理，使晶型转化成 β 型后，颜料转亮，体质变软，着色力升高，成为优良品种。又如粗酞菁蓝必须进行颜料化以改变晶型和减小晶体的颗粒，提高纯度，使之色彩鲜明，有较高的着色力和应用适用性，才能成为有使用价值的酞菁蓝颜料。

1. 颜料的物理状态对其性能影响

着色力(尤其对白色颜料而言)一般随着颜料的粒径减小而加强，当超过一定极限后，其着色力也会随粒径减小而减弱，由于粒子小到一定程度后发生衍射，而使着色力下降，当粒径很大时。由于比表面减小，光的反射面减小，着色力也会变低。B. Honigmann 曾给出如下规则：当颗粒大小在 0. 05~0. 1μm 时，有机颜料表现出最优着色性能。蓝色颜料在靠近上述范围的低限时，表现最优特性，而红色颜料在靠近高限时有最优特性。在上述范围内，遮盖力和耐光牢度随颗粒增大而增大，而最终的着色力却随颗粒的减小而提高。红色和绿色颜料在小颗粒时带蓝光，而大颗粒时带黄光，蓝颜料在大颗粒时带绿光，而在小颗粒时带红光。

粒子较大时，相对来讲具有较好的耐晒性能，因为粒径大比表面积小，可将吸收的光能分散。有人认为，对于粒子较大的颜料，其褪色速度与粒子直径的平方成反比，而粒子较小的则褪色速度与粒子直径成反比，因而具有较大晶核的颜料显示出更高的光照稳定性。

不同的晶型会带来不同的颜料性能，从晶体内部的微观结构到晶体宏观的几何形状，无论在哪一方面有所不同都会带来性能上的差别。如酮酞菁颜料，其 α 型是红光蓝，着色力高，但稳定性差，而 β 型是绿光蓝，稳定性好，但着色力稍差。颜料的晶型与耐热性有关，且加热可使晶型转变。

2. 有机颜料的颜料化

有机颜料的颜料化，实质上是通过适当的工艺方法改变粒子的聚集状态或晶型，使之具有所需要的应用性能，如色光、着色力、透明度等。

有机颜料的颜料化方法常有以下几种：

(1) 酸处理法　常用的酸是硫酸，有时也可用磷酸、焦磷酸等。酸处理法又分为酸溶法、酸胀法，主要用于酞菁颜料。

酸溶法：将粗酞菁蓝溶解于浓硫酸(>98%)中，然后用水稀释，使酞菁蓝析出。

酸胀法：将粗酞菁蓝溶解于较低浓度的硫酸中(≈70%)，粗酞青蓝不溶解，只能生成细结晶的铜酞菁硫酸悬浮液，然后用水稀释，使酞菁蓝析出。

（2）盐磨法　盐磨法又称机械研磨法，是用机械外力，将颜料粗品与无机盐一起研磨，使晶型发生改变，无机盐作为助磨剂。常用盐有食盐、无水硫酸钠、无水氯化钙。研磨时可加有机溶剂或极性物质，例如，将粗酞菁蓝用盐磨法，酞菁与无机盐(无水氯化钙)之比为2∶3，于60~80℃下用立式搅拌球磨机研磨，研磨时加入有机溶剂(甲苯或二甲苯)则得β型酞菁蓝。如不加有机溶剂，而加极性物质(甲酸或醋酸)，则为α型酞蓄蓝。

（3）溶剂吸附法　溶剂吸附法是将粉状或膏状的半成品颜料加入到有机溶剂中，在一定温度下搅拌，使颜料粒子增大，晶型稳定，有利于提高耐热性、耐晒性和耐溶剂性，增大遮盖力。此法常用于偶氮颜料。常用的有机溶剂为喹啉、DMF、吡啶、DMSO、*N*-甲基吡咯烷酮、甲苯、二甲苯等强极性溶剂，溶剂的选择及颜料化的条件决定于颜料的结构。

如分子中含苯并咪唑酮类偶氮颜料，其粗颜料颗粒坚硬，着色力低，不能加工成油墨，如颜料经过DMF颜料化后，性能明显提高。

（4）水-油转相法　粗颜料在干燥过程中总会有聚集固化而使颗粒变得粗大，影响分散性和着色力等，但如将分散在水中的细颗粒颜料在高速搅拌下，加入不溶于水的有机高分子物质(油相)。依有机颜料的疏水亲油性，则颜料粒子会由水相进入油相，再加热去掉水相，即得油相膏状物，再高速搅拌，即达到作油墨或涂料的黏度的要求。这种处理法称挤水换相法。由于防止了干燥中的凝聚现象，有利于着色力、分散性，鲜艳度的提高。

此外，若得到粉状易分散颜料，则可用水-气换相法。它主要依气体对细小颜料的吸附，把细小颗粒吸附在气泡上，而使之与大颗粒颜料分离，再把细小颗粒颜料分离出来烘干，得到松软的颜料，故可称为气相挤水。

（5）颜料的表面处理　颜料的表面处理，就是在颜料一次粒子生成后，就用表面活性剂将粒子包围起来，把易凝集的活性点钝化，这样就可以有效地防止颜料粒子的凝集和表面张力，增加颜料粒子的易润湿性，也改进了耐晒、耐候牢度。

常用方法有：①以松香及松香衍生物的表面处理；②以胺类化合物的表面处理；③表面活性剂处理；④有机颜料的衍生物。

3. *无机颜料的颜料化*

无机颜料的颜料化主要是用表面处理方式进行。如针对钛白的粉化，用氧化铝-二氧化硅的包膜处理可以克服。氧化铁也能用季铵等有机化合物处理而改性，无机颜料表面的改性大都采用表面的吸附、离子交换，形成共价键方式进行。

（1）表面吸附方式改性　此法是采用颜料颗粒表面吸附酸、碱、盐类或有机化合物的方式。吸附方式有化学吸附，建立氢键。如碳酸钙以月桂酸钠盐溶液处理，在表面会吸附月桂酸阴离子及月桂酸钙而形成分子层包膜。

（2）离子交换方式的改性　如膨润土的改性，是通过其表面钠离子同季铵盐类进行离子交换而形成一种易凝聚的物质一有机膨润土。它可用作涂料重要的添加剂。

（3）形成共价键方式的表面处理　此法利用无机颜料的氢氧基常能与表面处理剂形成共价键，这类处理剂有三种：硅烷、金属的烷氧化合物及络合物、有机缩合聚剂-环氧及异氰酸酯化合物。如用C_6~C_{18}脂肪族异氰酸酯处理二氧化硅、钛白，以100~160℃进行热处理，可以形成憎水性的颜料。

总之，颜料化是某些颜料生产工艺中不可缺少的步骤，它可以大大提高颜料的某些特殊性能，扩大其应用范围。颜料化改性方法应大力推广，但由于改进工艺后，颜料价格上升，故有待于把经济性和优良的改进工艺结合起来考虑。

实训项目：染料甲基橙的生产

【实训项目卡】

实训班级	实训场地	学时数	指导教师
		6	

实训项目	染料甲基橙的生产
所需仪器	烧杯(50mL、100mL、150mL)，量筒(20mL、100mL)、温度计(0~50℃)、锥形瓶(150mL)、称量天平、水浴锅、真空抽滤机、电动搅拌机等
所需试剂	NaOH、对氨基苯磺酸、*N*,*N*-二甲基苯胺、亚硝酸钠、浓盐酸、尿素、冰醋酸、乙醇、乙醚、氯化钠、冰块、石蕊试纸、刚果红试纸、碘化钾淀粉试纸等

实训内容

序号	工序	操作步骤	要点提示	工艺参数或数据记录
1	装置安装	装好水浴锅，真空抽滤机，电动搅拌器		
2	溶液配置	配制质量分数分别为1%和5%的氢氧化钠溶液、饱和氯化钠溶液	氢氧化钠有腐蚀性，操作时注意安全	
3	重氮化	在1号烧杯(100mL)中放入1%氢氧化钠20mL和2.1g粉状对氨基苯磺酸晶体，温热使后者完全溶解。对氨基苯磺酸是两性化合物，但其酸性比碱性强，故能与碱作用而生成盐，这时溶液应呈碱性(用石蕊试纸检验)，否则需补加1~2mL氢氧化钠溶液。冷却至室温； 另溶0.8g亚硝酸钠于6mL水中并加入1号烧杯中，在冰盐浴中冷却至5℃以下。在2号烧杯(150mL)中放入3mL浓盐酸和10mL冰水，也放入冰盐浴中冷却至5℃以下。 将1号烧杯中混合液在搅拌下慢慢倒入2号烧杯中，用刚果红试纸检验，始终保持反应液为酸性，并且控制反应温度在5℃以下。 将反应混合物在冰盐浴中放置15min，以保证反应全部完成。对氨基苯磺酸的重氮盐在此时往往析出，这是因为重氮盐在水中可电离，形成内盐，在低温下难溶于水而形成细小的晶体析出。用碘化钾淀粉试纸检验溶液中是否有过量的亚硝酸。若碘化钾淀粉试纸变蓝，则表明亚硝酸过量，可加入少量尿素分解	对氨基苯磺酸、氢氧化钠有腐蚀性，亚硝酸钠有毒性，实训中要特别注意	碘化钾淀粉试纸若变蓝，则说明亚硝酸钠过量。此时加入_____g尿素搅拌后，碘化钾淀粉试纸刚好变成蓝色
4	偶合	将1.3mL *N*,*N*-二甲基苯胺与1mL冰醋酸混合，搅拌下将此溶液缓慢滴加到上述重氮盐溶液(2号烧杯)中。加完后继续搅拌反应10min。 然后再缓慢加入25mL 5%氢氧化钠溶液直至反应液变为橙色。若反应物中尚存*N*,*N*-二甲基苯胺的醋酸盐，在加入氢氧化钠后，就有*N*,*N*-二甲基苯胺析出，影响产物的纯度。 将橙色溶液在沸水浴上加热5min，冷却至室温，再于冰水浴中冷却，使甲基橙晶体析出完全。抽滤，依次用水、乙醇、乙醚洗涤晶体，压干，得甲基橙粗品，称量并记录	应控制加料速度和温度，搅拌要充分，防止结块	粗产物：_____g 外观：_____ 纯度：_____%

续表

序号	工序	操作步骤	要点提示	工艺参数或数据记录
5	盐析与抽滤	将2号烧杯从冰盐水浴中取出，恢复至室温。加入5g氯化钠，搅拌并放入沸水浴中加热使其全部溶解。冷至室温后置于冰水浴中冷却。待甲基橙晶体完全析出后，抽滤。用少量饱和氯化钠水溶液洗涤烧杯和滤饼，压紧抽干。 若想得到较纯的产品，可将滤饼连同滤纸移到装有75mL 1%氢氧化钠沸水的烧杯中，加热并不断搅拌使其溶解。取出滤纸后把溶液冷至室温后在冰水浴中继续冷却。待结晶完全析出后抽滤，再用乙醇、乙醚洗涤，压紧。重结晶操作应迅速，否则由于湿的产物在空气中受光的照射后颜色会很快加深，所以一般会得到紫红色的粗产物。用乙醇、乙醚洗涤的目的是使产品迅速干燥。产品在50℃以下晾干，得鲜艳橙色的鳞片状甲基橙晶体，产量约2.5g。称量产品并记录	盐析时注意控制好温度，温度不宜太高。另外，乙醚挥发能力比较强，且有强麻醉能力，使用时注意	精制产物：____g 外观：________ 纯度：______%
6	检验	把少许甲基橙晶体溶于水，加几滴盐酸，随后用稀氢氧化钠溶液中和碱化，观察溶液颜色变化	盐酸具有腐蚀性，请注意	
7	计算	收率$=\dfrac{m_{实}}{m_{理}}=\dfrac{m_{实}}{\dfrac{2.1\times M_{甲基橙}}{M_{对氨基苯磺酸}}}$		

习　题

一、填空题

1. 染料是指____________________。
2. 冰染染料是由________和________两部分组成，两者在纤维上反应形成________染料。
3. 染料和颜料的名称是由________、________、________三部分组成。
4. 活性染料的分子结构由________与________两部分组成。
5. 色淀是指____________________。
6. 重氮化的化学反应式是______________________________，影响重氮化反应的因素包括________、________、________等。
7. 偶合反应是指________和________的反应。

二、简单题

1. 简要说明染料和颜料的异同之处。
2. 何谓染料以及构成染料的条件是什么？
3. 试述染料和颜料的分类方法；写出各类纺织纤维染色适用的染料(按应用分类)。
4. 简述偶合反应和重氮化反应的影响因素。
5. 简述活性艳红 X-3B 的生产工艺。
6. 写出分散红 3B 合成反应式，并画出生产工艺流程简图。
7. 简述颜料的主要类别。
8. 简述颜料颜料化的目的和方法。

模块七

农　药

知识目标　了解农药的概念、范畴、毒性、使用管理等一般性知识，理解杀虫剂、杀菌剂、除草剂和植物生长调节剂的主要分类及作用方式。掌握典型杀虫剂、杀菌剂、除草剂和植物生长调节剂的合成原理、生产工艺，学会农药的各种施用方法及注意事项。

技能目标　能根据灭杀对象选择适宜的农药品种；学会典型杀虫剂、杀菌剂、除草剂和植物生长调节剂的制备技术，并能够应用相关分析仪器检测农药含量、熔点等指标。

项目一　基本知识

农药是防治农作物病虫害和草害的药剂，是人类防治病虫害、确保丰收的重要手段和资源。人类使用农药的历史已很悠久，早在1800年前，中国农友就已经用含砷矿物毒鼠(《山海经》)，用矿物汞制剂、砷制剂防治园林害虫(《神农本草经》)；1675年前的东晋时期，炼丹术士葛洪就能炼制砒霜，并有“人食毒砂而死，蚕食之而不饥”的药性记载；200年前使用烟草水防治水稻螟虫(《潮阳县志》记载)，这是朴素农药概念的雏形；明朝李时珍编写的《本草纲目(1596年)》中记述了1892种中草药，其中有些既是中草药又可以作为杀虫、驱虫剂来使用。

我国既是世界人口大国，也是农业大国。农业是国民经济基础，农业的增产主要依赖于化肥、农药、机械化生产手段使用及新杂交品种应用等农业技术的革新。近年来虽然利用生物工程技术使农作物具备了抵抗病虫害的基因，然而，利用化学农药防治病虫草害，减少它们对农业生产的危害，挽回它们所造成的损失，仍是植物保护的中心环节，至今仍具有不可替代的作用。

一、农药的概念及应用范畴

农药是指用来防治危害农林牧业生产的有害生物(害虫、害螨、线虫、病原菌、杂草及鼠类)和调节植物生长的化学药品，通常也将改善有效成分物理、化学性状的各种助剂包括在内。农药可来源于人工合成的化合物，也可来源于自然界的天然产物；可以是单一的一种物质，也可以是几种物质的混合物及其制剂。

农药广泛用于农林业生产的产前和产后。就绝大多数品种来说，主要是由化学工业生产而用于农林业的化工产品，是农业生产不可缺少的生产资料之一。在实际生产实践中，农药应用远远超出了农林业的范围，有的农药品种同时也是工业品防蛀、防腐以及卫生防疫上常用的药剂。当农药用于防治农业生产的病虫草等有害生物时则称为"化学保护"或"化学防治"；用于植物的生长发育调节时则称为"化学控制"。古代时期人们只是根据直观经验，使用一些天然矿物性物质或有毒植物，零散地对一些有害生物进行自发防治，而现代农药的范畴已经十分广泛，凡基于以下目的所使用的化学品均属于农药：预防、消灭或者控制危害农林牧业的病、虫、草和鼠、软体动物等有害生物的；预防、消灭或者控制仓储物病、虫、鼠和其他有害生物的；调节植物、昆虫生长发育的；用于农业、林业产品防腐或者保鲜的；预防、消灭或者控制蚊、蝇、蜚蠊(俗称蟑螂)、鼠和其他有害生物的；预防、消灭或者控制危害河流堤坝、铁路、机场、建筑物和其他场所的有害生物的，等等(《中华人民共和国农药管理条例 1997》)。

我国现代合成农药的研究从 1930 年开始，1943 年建立了中国首家农药厂，主要生产含砷无机物——硫化砷和植物性农药。新中国成立后，中国农药工业才得以发展。1950 年中国能够生产六六六，1957 年成立了第一家有机磷杀虫剂生产厂——天津农药厂，开始了有机磷农药的坐产。20 世纪 70 年代，我国农药产量已经能够初步满足国内市场需要，年年成灾的蝗虫、黏虫、螟虫等害虫得以有效控制。最近 10 年，我国农药工业取得长足发展，形成了包括农药原药生产、制剂加工、原料中间体、科研开发在内的工业体系，已成为精细化学工业的一个重要分支。至 2010 年年底，我国拥有农药生产企业 2000 多家，可生产农药品种 500 多个，基本覆盖了农药的所有类型。

二、农药的分类

农药的种类很多，分类方法各有不同。

(一) 按原料的来源及成分分类

1. 无机农药

主要由天然矿物质原料加工、配制而成，故又称为矿物性农药。其有效成分是无机化学物质，如石灰(CaO)、硫黄(S)、砷酸钙[$Ca_3(AsO_4)_2$]、磷化铝(AlP_3)、硫酸铜($CuSO_4$)。

2. 有机农药

(1) 天然有机农药　指存在于自然界中可用作农药的有机物质。植物性农药如烟草、除虫菊、鱼藤、印楝、川楝及沙地柏，往往含有植物次生代谢产物如生物碱(尼古丁)、糖苷类(巴豆糖苷)、有毒蛋白质、有机酸酯类、酮类、萜类及挥发性植物精油等。矿物油农药指由矿物油类加入乳化剂或肥皂加热调制而成的杀虫剂，如石油乳剂、柴油乳剂等，其作用主要是物理性阻塞害虫气门，影响呼吸。

(2) 微生物农药　指用微生物或其代谢产物所制得的农药。如苏云金杆菌、白僵菌、农用抗菌素、阿维菌素等。

(3) 人工合成有机农药　即用化学手段工业化合成生产的可作为农药使用的有机化合物。如对硫磷、乐果、稻瘟净、溴氰菊酯、草甘磷等。

（二）按防治对象分类

按农药主要的防治对象分类，可分为杀虫剂、杀螨剂、杀线虫剂、除草剂、杀鼠剂及植物生长调节剂。这是一种最基本的分类方法。

（三）按作用方式分类

这种分类方法常指对防治对象起作用的方式，可分为胃毒性农药、触杀性农药、内吸性农药、熏蒸性农药、特异性农药(包括驱避、引诱、拒食、生长调节等作用)。例如杀虫剂可按药剂对虫体的作用方式分为：胃毒剂——昆虫摄入带药的作物，通过消化器官将药剂吸收而显示毒杀作用；触杀剂——药剂接触到虫体，通过昆虫体表侵入体内而发生毒效；熏蒸剂——药剂以气体状态分散于空气中，通过昆虫的呼吸道侵入虫体使其死亡；内吸剂——药剂被植物的根、茎、叶或种子吸收，在植物体内传导分布于各部位，当昆虫吸食这种植物的液汁时，将药剂吸入虫体内使其中毒死亡。以上所列是四种常用的杀虫剂及其作用方式。除此以外，还有引诱剂、驱避剂、拒食剂、不育剂等。除草剂按作用方式也可以分为触杀式和内吸式。

（四）按施药对象分类

(1) 土壤处理剂　即以土壤处理法施用的除草剂，将药剂喷撒于土壤表面，或通过混土把药剂拌入土壤中一定深度，建立起一个封闭的药土层，以杀死萌发的杂草。这类药剂是通过杂草的根、芽鞘或胚轴等部位进入植物体内发生毒杀作用，一般是在播种前或播种后出苗前施药，也可在果树、桑树、橡胶树等林下施药。

(2) 茎叶处理剂　即以喷洒方式将药剂施于杂草茎叶的除草剂，利用杂草茎叶吸收和传导来消灭杂草，也称苗(期)后处理剂。

（五）按化合物类型分类

有机农药是现代农药的主体，可分为：有机氯、有机磷、氨基甲酸酯、拟除虫菊酯、酰脲类、有机氟、有机硅、羧酸类、腈类、酚类、酰胺类、杂环类、季铵盐类。

一般农药的分类方法见表 7-1。

表 7-1　农药的分类

按防治对象	分类依据	类别	
杀虫剂	作用方式	胃毒剂触杀剂、熏蒸剂、内吸剂、引诱剂、驱避剂、拒食剂、不育剂	
	来源及化学组成	合成杀虫剂	无机杀虫剂(无机砷、无机氟)
			有机杀虫剂(有机磷、氨基甲酸酯、拟除虫菊酯)
		天然产物杀虫剂(鱼藤酮、除虫菊素、烟碱等)	
		微生物杀虫剂(细菌毒素、真菌毒素、抗菌素等)	
杀菌剂	作用方式	内吸剂、非内吸剂	
	防治原理	保护剂、铲除剂、治疗剂	
	使用方法	土壤消毒剂、种子处理剂、喷洒剂	
	来源及化学组成	合成杀菌剂	无机杀菌剂(硫制剂、铜制剂)
			有机杀菌剂(元素有机物、二硫代氮基甲酸类、多菌灵类等)
		细菌杀菌剂(抗菌素)	
		天然杀菌剂及植物防卫素	

续表

按防治对象	分类依据	类　　别
除草剂	作用方式	触杀剂，内吸传导剂
	作用范围	选择性除草剂、非选择性(灭生性)除草剂
	使用方法	土壤处理剂、叶面喷洒剂
	使用时间	播种除草剂、芽前除草剂、芽后除草剂
	化学组成	无机除草剂
		有机除草剂(有机磷、苯氧羧酸类、芳胺衍生物类、三氮苯类等)
植物生长调节剂	来源及化学组成	合成植物生长调节剂(羧酸衍生物、取代醇类、杂环类等)
		天然植物激素(细胞分裂素、脱落酸等)
杀鼠剂	作用方式	速效杀鼠剂、缓效杀鼠剂(抗凝血剂)、熏蒸剂、驱避剂、不育剂
	化学组成	无机杀鼠剂
		有机杀鼠剂(氟乙酸类、香豆素类、杂环类)

三、农药的毒理

农药对有机体的毒害作用可分为急性毒性和慢性毒性两种。急性毒性是指药剂一次进入体内后短时间引起的中毒现象。毒害作用的大小取决于物质本身的毒性以及作用于有机体的方式和部位。急性毒性的大小可通过急性毒性试验来判别，方法是随机选取一批指定的实验动物，用特定的试验方法，在确定的实验条件下，给动物体一次较大的药物剂量，使药物对动物体产生作用，通过考察动物体摄入该物质后在短时间内历呈现的毒性，以此判定该物质对动物的致死量(LD)或半数致死量(LD_{50})。(LD_{50})指能使一群被试验动物的一半中毒死亡所需要的投药剂量，单位为 mg/kg 体重。给药方式有经口、经皮、经呼吸道三种。常用的实验动物为大白鼠和小白鼠。不同种属、年龄和性别的动物对有毒物质的敏感性不一样。表 7-2 农药急性毒性分级标准。

表 7-2　农药急性毒性分级标准　　mg/kg

给药方式	高毒	中毒	低毒
大鼠经口 LD_{50}	<50	50~500	>500
大鼠经皮 LD_{50}	<200	200~1000	>1000
大鼠吸入 LD_{50}	<2	2~10	>10

农药的慢性毒性指药剂长期、反复作用于有机体后，引起药剂在体内的蓄积，或造成体内机能的损害而引起的中毒现象。有些药剂小剂量短期给药不一定引起中毒，但长期连续摄入后，中毒现象逐渐显现。对农药而言，其对人类的慢性毒性大体都归因于农药的稳定性，施过农药的农产品虽经加工，食品烹调，仍有农药残留其中，经过不断摄入人体内而造成慢性反应毒性。农药慢性毒性的大小，一般用最大无作用量或每日允许摄入量(ADI)表示，这些标准的制定以动物慢性毒性试验结果为依据。最大无作用量也称最大无效量或最大安全量，是指长期摄入仍无任何中毒现象的每日最大摄入量；ADI 指人类终生每日摄入某物质，而不产生可检测到的危害健康的估计量，以每千克体重可摄入的量表示，单位为 mg/kg。ADI 的确定是根据慢性毒性试验中对动物的最大无作用剂量，除以安全系数(100 甚至 1000)

换算而来。

四、农药的剂型与加工

农药的原药是脂溶性物质，不溶或难溶于水，一般不能直接使用，必须加工配制成各种类型的制剂，才能使用。制剂的型态称剂型，商品农药都是以某种剂型的形式销售到用户。我国目前使用最多的剂型是乳油(乳剂)、可湿性粉剂、粉剂、胶体剂、颗粒剂、烟雾剂、泡腾片剂等十余种剂型。

农药剂型加工是一门研究农药剂型或制剂的配制理论、助剂配方、加工工艺、质量控制、生物效果、包装、设备及成本等项内容的综合性应用技术科学。通过农药加工技术，可克服农药品种中存在的种种缺陷，进一步提高药效、降低毒性、减少污染，避免对有益生物的危害从而扩大农药品种的使用范围，延长使用寿命，达到安全、高效、经济、合理地应用农药的目的。

项目二　杀　虫　剂

在我国，农药产量的三分之二是杀虫剂，其品种较多，产量最大，用途最广。杀虫剂是用于防治农业害虫和城市卫生害虫，防治有害昆虫的化学物质。

一、杀虫剂主要分类

杀虫剂的种类很多，可按不同方法分类。例如，按其杀虫作用可分为胃毒杀虫剂(害虫食用后中毒而死亡)、接触杀虫剂(害虫因接触药剂而死亡)、内吸杀虫剂(药剂被植物吸收后，在植物体内传导，害虫取食含有毒剂的植物后死亡)。而根据其化学结构分为如下几类。

(一) 有机氯杀虫剂

有机氯杀虫剂是具有杀虫活性的氯代烃的总称。它们的杀虫活性高，杀虫谱广，对温血动物的毒性较低、特效性较长，这类化合物的生产方法简便、价格低廉，因此此类中的一些品种在世界上许多国家相继大规模生产和使用，曾在防治虫害方面起过重要作用，代表品种为六六六、DDT 及其类似物等。然而其毒性大，化学解构稳定，不易氧化分解，长期使用破坏生态。自 20 世纪 80 年代起全面停止使用。

1. 六六六

六六六是由六氯环己烷形成的混合物，其中只有 γ-体是活性成分(在六六六中占 12%~16%)。采用溶剂提取的方法(常用甲醇)从六六六粗品中得到含量在 90%以上的 γ-体被称之为林丹。化学结构式如下：

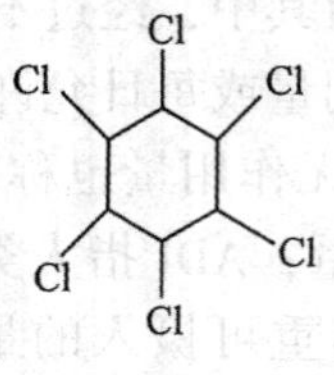

六六六

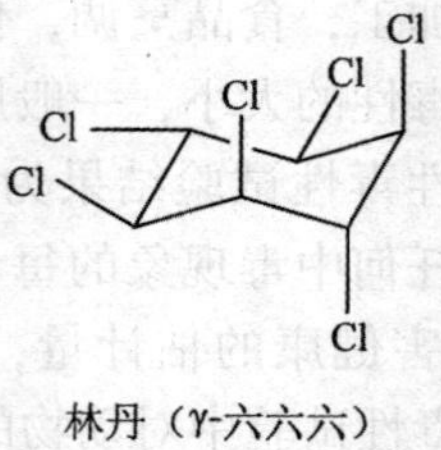

林丹 (γ-六六六)

2. DDT 及其类似物

DDT 又叫滴滴涕，二二三，化学名为双对氯苯基三氯乙烷。20 世纪上半叶为防止农业病虫害，减轻疟疾、伤寒、鼠疫等传染疾病危害起到了不小的作用，但其对环境污染过于严重，很多国家和地区已禁止使用。

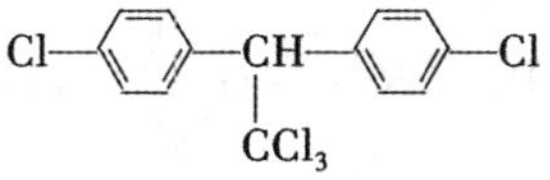

DDT

（二）有机磷杀虫剂

有机磷杀虫剂是一类最常用的农用杀虫剂，多数属高毒或中等毒类，少数为低毒类，对虫、螨防效较高，大多数兼具多种作用方式，包括触杀、胃毒、内吸、熏蒸等，具有药效高、品种较多、无积累等特点。有机磷杀虫剂的分子式通式为：

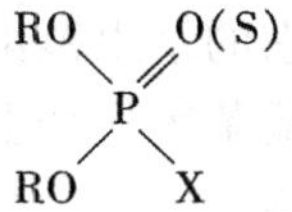

R 代表烷基、烷氧基、苯环等；大多数药剂是甲氧基（MeO）或乙氧基（EtO），并且大部分两个 R 基是对称的。X 代表苯基、杂环、氨基、酰胺基、氯代烃基等。

此类化合物的共同特点是：外观为油状液体，具大蒜臭味，颜色较深，沸点高，大部分常温下蒸气压低，不易挥发；大部分不溶或难溶于水，易溶于有机溶剂，在碱性条件下易分解失效。

有机磷杀虫剂的作用机理是抑制动物体内神经组织中乙酰胆碱酶的活性，破坏正常的神经冲动传导，导致神经传导的阻抑而引起昆虫中毒死亡。以下是典型产品的化学结构式：

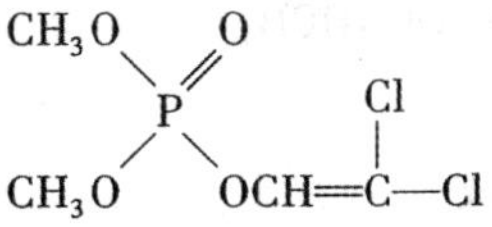

敌敌畏

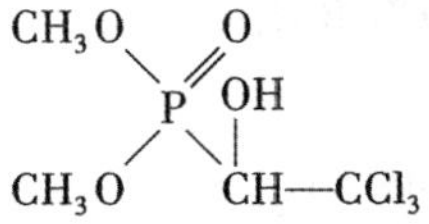

敌百虫

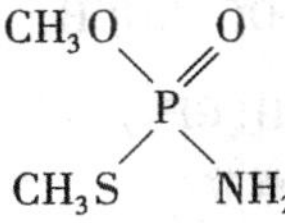

甲胺磷

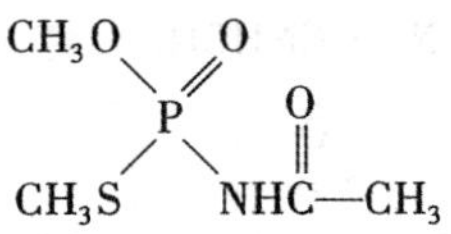

乙酰甲胺磷

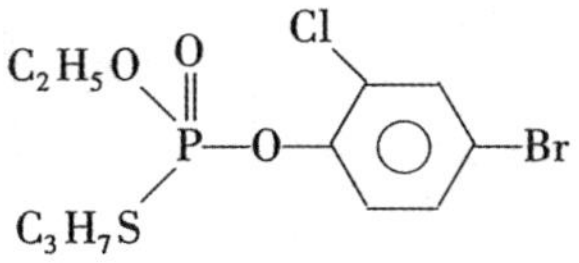

丙溴磷

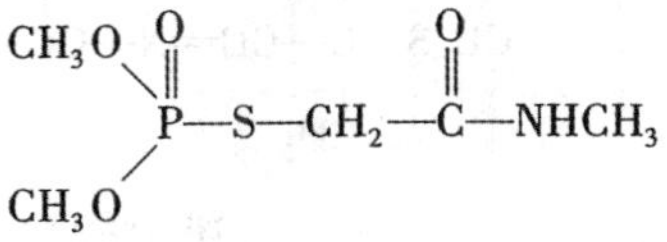

氧化乐果

毒死蜱

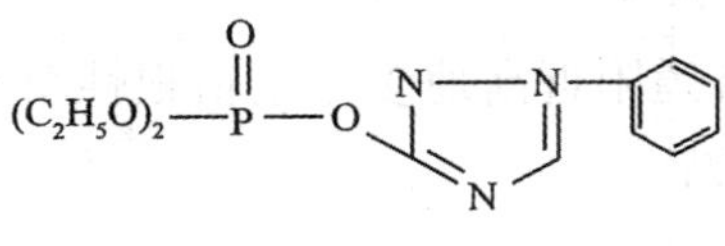

三唑磷

目前中国注册登记并广泛使用的有机磷杀虫剂品种主要有：对硫磷、甲基对硫磷、甲胺磷、乙酰甲胺磷、水胺硫磷、乐果、氧化乐果、敌敌畏、马拉硫磷、辛硫磷、久效磷、甲拌磷、毒死蜱、三唑磷、甲基异柳磷、敌百虫、杀扑磷、丙溴磷等。

（三）氨基甲酸酯类杀虫剂

18 世纪，人们就发现毒扁豆（physostigme reneuosum）中的毒扁豆碱能使瞳孔缩小，并用于眼科，用量过多则使病人呼吸困难而死亡。1925 年，E. Stedman、J. Barger 确定了毒扁豆碱的结构。1952 年，H. Gysin 发现地麦威对昆虫有很强的毒杀作用。1953 年 Union Carbide Co. 合成并于 1956 年开发出甲萘威(西维因)。这类化合物结构中有个共同的官能团 *N*-甲基(或 *N*,*N*-二甲基)的氨基甲酸酯基。

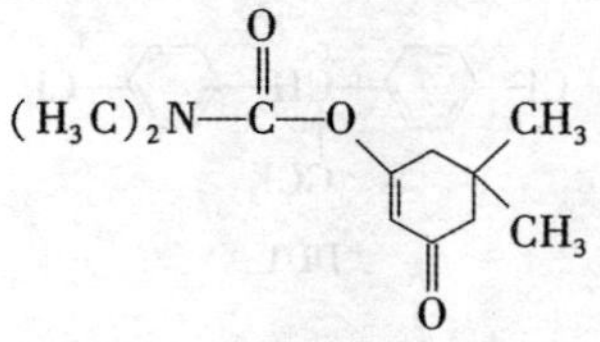

地麦威

这类杀虫剂杀虫效果较好，作用迅速，有较强的选择性，在 15℃以下效力也不变，可用于防治越冬害虫，由于易分解失效，故对人、畜毒性较低，且在体内无积累中毒作用。

近几十年来，由于有机氯农药的残毒问题，以及有机磷农药的抗性问题的出现，氨基甲酸酯类农药的地位显得更为重要。虽然它的杀虫范围不及有机氯和有机磷那么广泛，但在棉花、水稻、玉米、大豆、花生、果树、蔬菜等作物上都有一定的使用价值。代表品种如西维因、克百威(呋喃丹)、涕灭威、速灭威等。

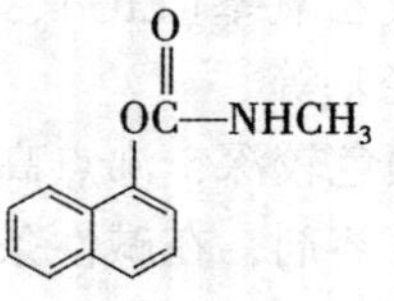

西维因

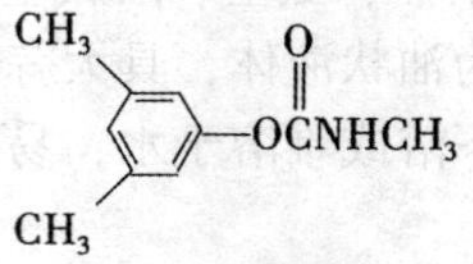

灭除威

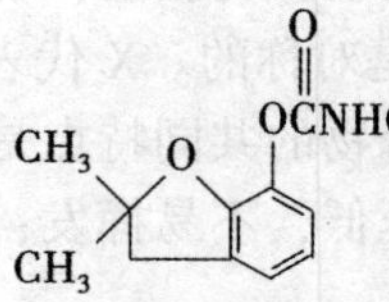

呋喃丹

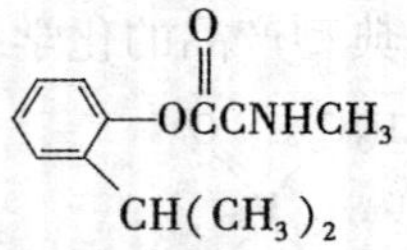

叶蝉散

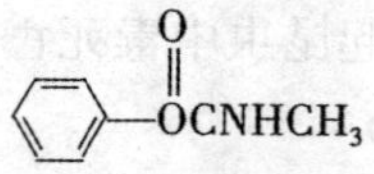

害扑威

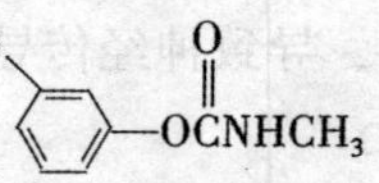

速灭威

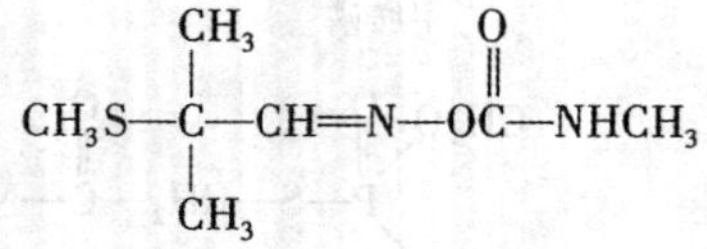

涕灭威

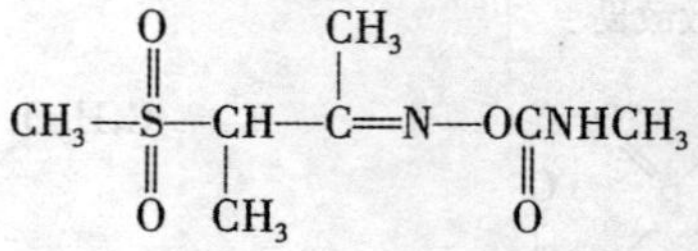

砜杀威

(四) 拟除虫菊酯杀虫剂

除虫菊是赤道附近高地多年生宿根性草本菊科植物，其中含有具有杀虫作用的除虫菊酯。化学结构为：

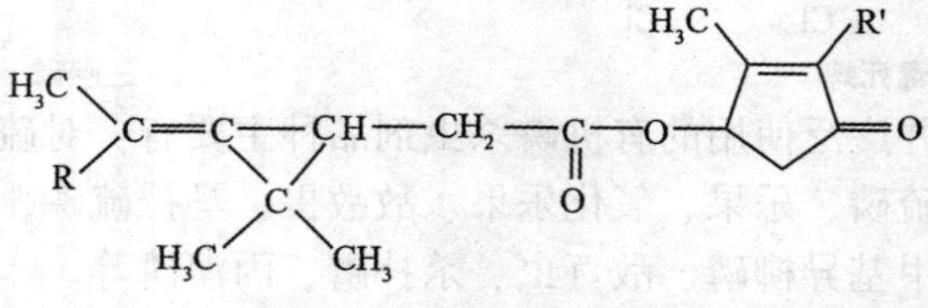

因为杀虫的需要被引种到世界各地，1935 年我国开始少量种植。一般除虫菊花中含杀虫物质仅 1%左右，而且受栽培条件限制，供应量有限。经半个多世纪通过人工模拟合成研究，成功制备出第一个拟除虫菊酯，从此开发出一类高效、安全、新型的杀虫剂–拟除虫菊酯杀虫剂。

拟除虫菊酯是一类能防治多种害虫的广谱杀虫剂，其杀虫毒力比有机氯、有机磷、氨基甲酸酯类高 10~100 倍。拟除虫菊酯对昆虫具有强烈的触杀作用，有些品种兼具胃毒或熏蒸作用，但没有内吸作用。一般认为，拟除虫菊酯对害虫的杀伤作用，是抑制了昆虫神经传导，扰乱昆虫神经的正常生理，使之由兴奋、痉挛到麻痹而死亡。其用量小、使用浓度低，对人畜较安全，对环境的污染很小。其缺点主要是对鱼毒性高，对某些益虫也有伤害，长期重复使用也会导致害虫产生抗药性。

拟除虫菊酯按结构可分为菊酯系列化合物(如胺菊酯等)、二卤菊酯化合物(如溴氰菊酯、二氯苯醚菊酯等、非环丙羧酸系列化合物(如氟氰菊酯、杀灭菊酯等)、非酯类系列化合物(如醚菊酯、肟醚菊酯等)。以下是典型品种的化学结构：

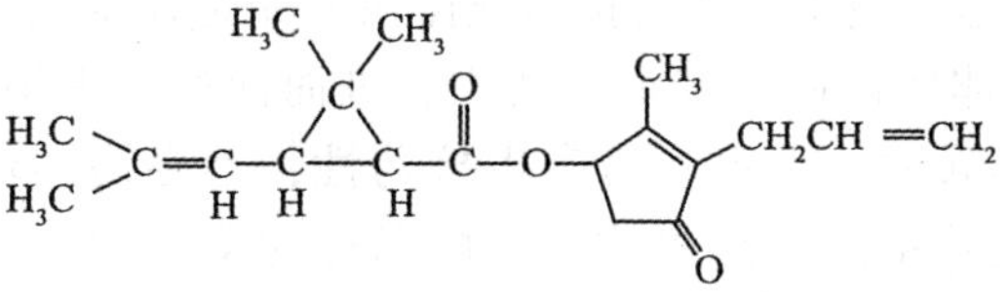

丙烯菊酯

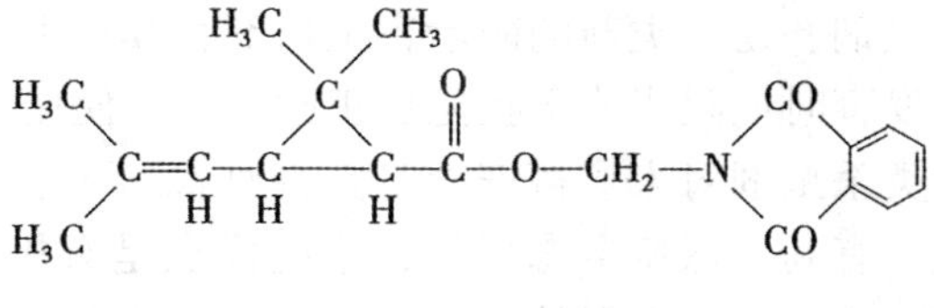

胺菊酯

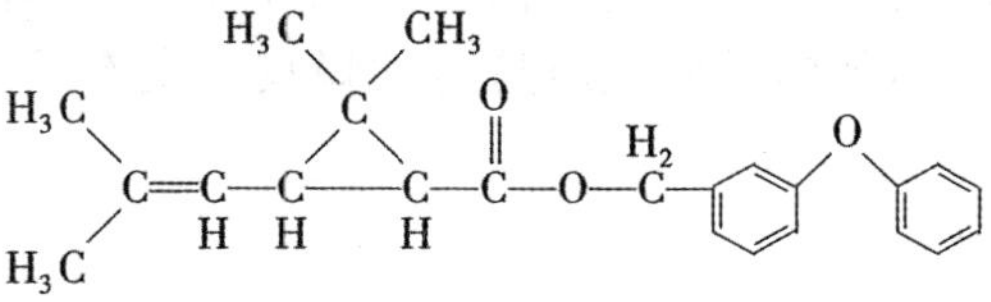

苯醚菊酯

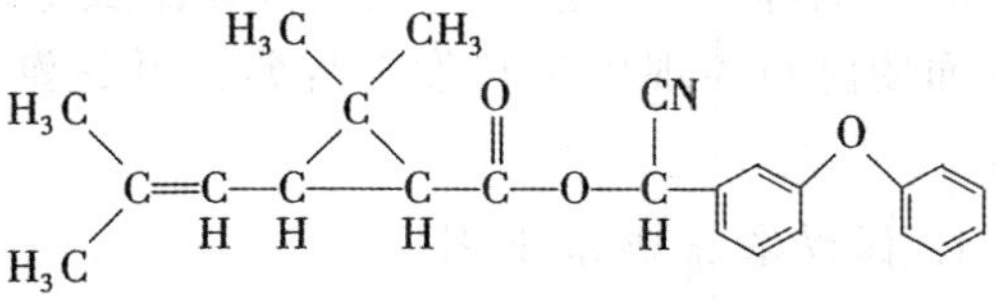

氰苯醚菊酯

(五) 沙蚕毒素类杀虫剂

1922 年，日本学者从生活在浅海泥沙中的沙蚕中分离出一种有毒物质，称为沙蚕毒素。后明确了其化学结构并于 1961 年完成了人工合成，第一个商品化的沙蚕毒素类杀虫剂叫杀螟丹。它在昆虫体内经代谢作用变成沙蚕毒素，使昆虫中毒而亡。其反应过程如下：

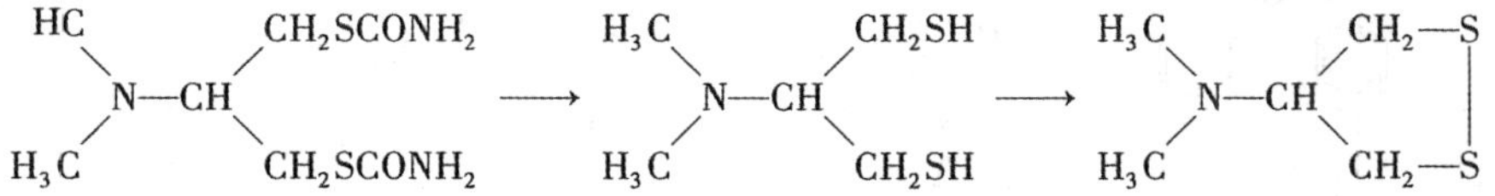

杀螟丹　　　　沙蚕毒素

(六) 植物源杀虫剂

很多含有杀虫成分的植物可以作为杀虫剂。例如，烟叶中含有烟碱，除虫菊花中含有除虫菊素，鱼藤根中含有鱼藤酮等。植物中这些成分含量不多，有的结构复杂，用种植后提取杀虫剂的方法并不经济，还要受气候、土壤等条件的限制。因此，人们在研究清楚这些具有杀虫作用的成分的化学结构及结构变化对活性的影响后，有可能进行结构改造并发现更为优良的杀虫剂。这些杀虫剂可归入植物源杀虫剂。如现在研制出的高效杀虫剂吡虫啉就在结构上与烟碱有很大相似之处(见以下结构式)。植物源杀虫剂有效成分来源于植物体，在农作物害虫防治中具有对环境友好、毒性普遍较低、不易使害虫产生抗药性等优点，是生产无公害农产品应优先选用的农药品种。现有的品种有苦参碱、氧化苦参碱、烟碱、苦皮藤素、闹羊花素、血根碱、桉叶素制剂、蛇床子素等；还有人工合成的如吡虫啉、啶虫脒等。

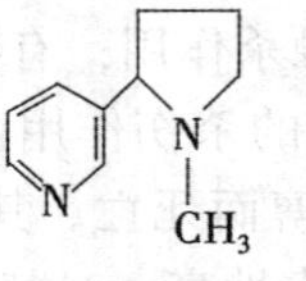

烟碱

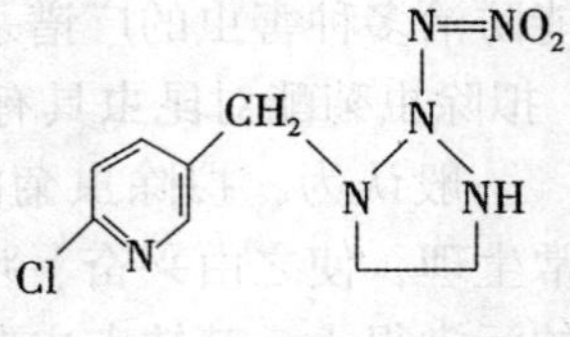

吡虫啉

（七）特异性杀虫剂

传统的有机合成杀虫剂，几乎都是歼灭性的，一般是杀虫剂直接作用于害虫，在短期内使害虫个体死亡。但是，这一类杀虫剂对人、畜毒性高，在杀伤害虫的同时，也杀伤大量的害虫天敌，而且长期使用会使害虫产生抗药性，对环境污染亦大。近年来发展起来的特异性杀虫剂，是一类新的防治害虫药剂，其杀虫特点是在使用时不直接杀死昆虫，而是在昆虫个体发育时期阻碍或干扰昆虫正常发育，使昆虫个体生活能力降低、死亡，进而使种群灭绝。这类杀虫剂对人、畜安全，选择性高，不会杀伤天敌，害虫不易产生抗药性，不会污染环境，有利于保持生态平衡，这些优点是有机合成杀虫剂无法可比的，所以称为第三代杀虫剂。主要类型有保幼激素类杀虫剂、蜕皮激素类杀虫剂、几丁质合成抑制剂、引诱剂、拒食剂、驱避剂等。其中前三种又合称为昆虫生长调节剂，它们通过造成生长发育中生理过程的破坏而使昆虫表现出生长发育异常，并逐渐死亡。其靶标是昆虫所特有的蜕皮、变态发育过程。

1. 保幼激素类杀虫剂

保幼激素类杀虫剂其实就是保幼激素类似物，其代表品种双氧威和灭幼宝。双氧威是第一个商品化的保幼激素类似物，其化学名称为 2-(4-苯氧基苯氧基)乙基氨基甲酸乙酯，可用来防治鞘翅目、鳞翅目的仓储害虫及蚤、蟑螂和蚊幼虫等卫生害虫；灭幼宝可用于蚊类、家蝇、介壳虫、粉虱、桃蚜等卫生和同翅目害虫，其化学名称为 4-苯氧基苯基-[2-(2-吡啶基氧)丙基]醚。两种典型保幼激素类杀虫剂的化学结构式如下所示：

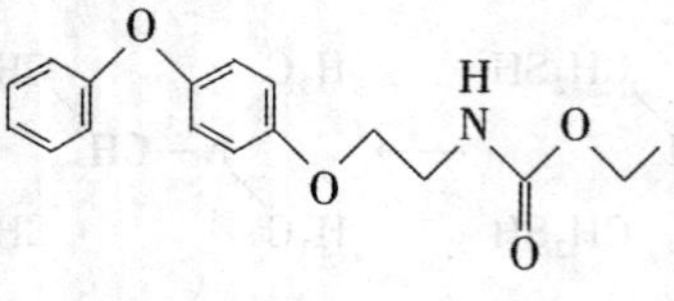

双氧威

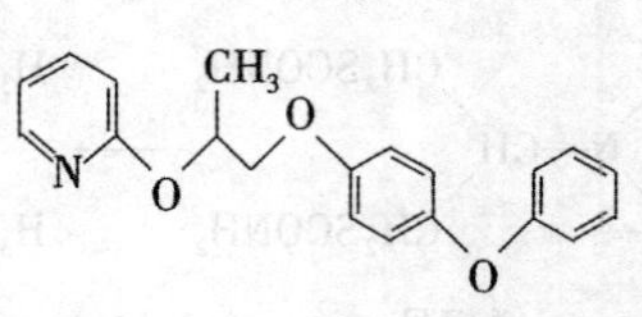

灭幼宝

此类杀虫剂并不是去直接抑制昆虫幼虫的危害，它只是防治成虫的危害，这是它的一个重要缺陷。它是一类对害虫毒力高，对温血动物毒性低的杀虫剂，在环境中易分解成无毒的物质，残留量低，对环境无污染，不同种的昆虫对它们的反应差异很大，因此施用后对天敌的影响甚小，除个别品种外，对水生生物的毒性亦较低。

2. 具蜕皮激素活性的杀虫药剂

蜕皮激素类杀虫剂干扰昆虫的正常发育，施药后产生不正常蜕皮反应，停止取食，提早蜕皮，但由于不正常蜕皮而无法完成蜕皮，导致幼虫脱水和饥饿而死亡。

现有品种有抑食肼、虫酰肼、氯虫酰肼、甲氧虫酰肼等，呋喃虫酰肼是我国具有自主知识产权的杀虫剂。代表品种的化学结构如下：

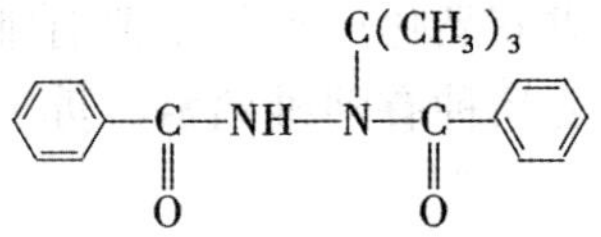

抑食肼

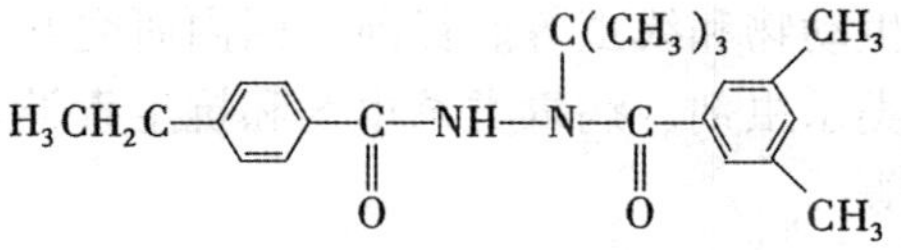

虫酰肼

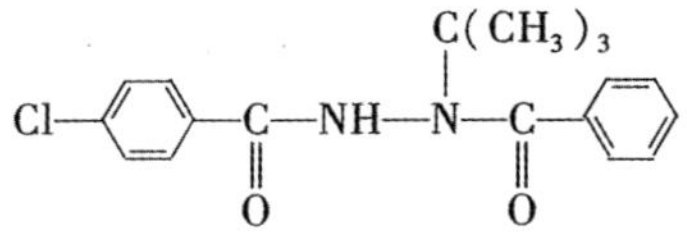

氯虫酰肼

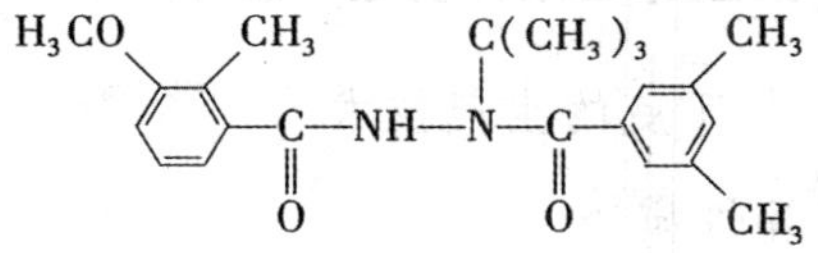

甲氧虫酰肼

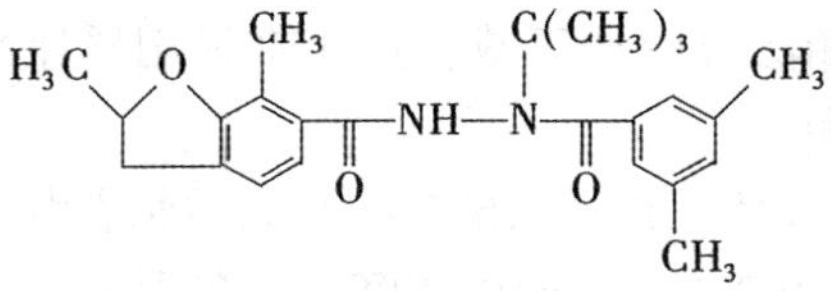

环虫酰肼

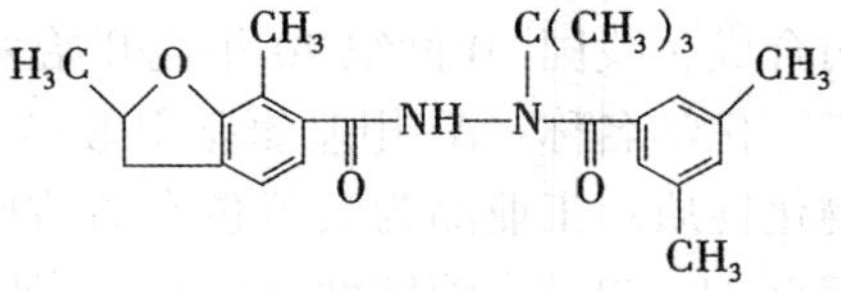

呋喃虫酰肼

3. 几丁质合成抑制剂

几丁质是由 *N*-乙酰葡萄糖胺通过 α-1,4 键连结起来的线性多糖，是许多生物的结构性组分，如在真菌、线虫、软体动物的表皮、昆虫的外骨骼和围食膜、甲壳动物的外壳和一些藻类的细胞壁中均含有几丁质。

作用于几丁质的形成，造成昆虫表皮形成受阻的药剂就为几丁质合成抑制剂。此类药能抑制几丁质在昆虫体内的合成，使昆虫因为不能正常脱皮或化蛹而死亡；还能干扰有些昆虫 DNA 的合成，导致绝育。此类杀虫剂有苯甲酰基脲类、噻嗪酮及一些植物源物质，中毒幼虫的症状主要为活动减少，取食也减少，发育迟缓，蜕皮及变态受阻。

苯甲酰基脲类杀虫剂有除虫脲、定虫隆、伏虫隆、氟铃脲和氟虫脲等。主要用于防治鞘翅目、鳞翅目、双翅目和膜翅目的一些害虫。

以下是代表产品的化学结构式：

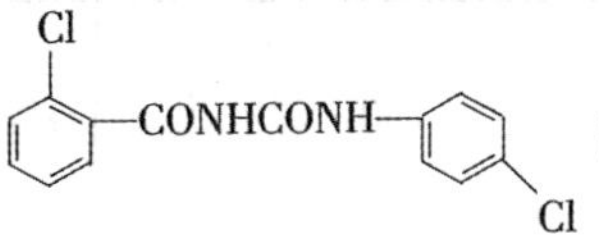

灭幼脲

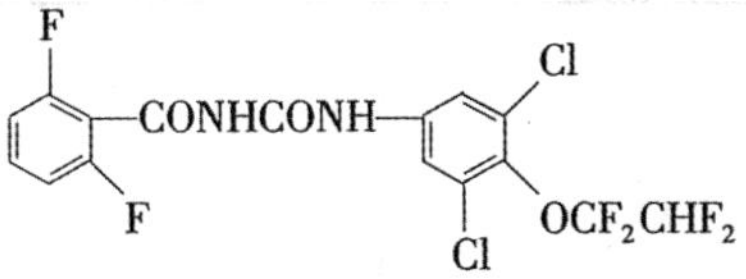

氟铃脲

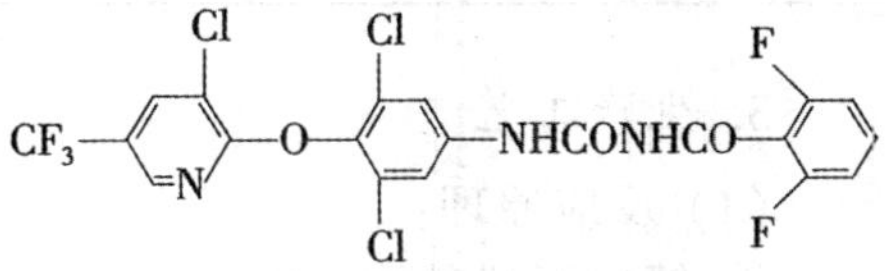

定虫隆

噻嗪酮是第一个防治刺吸式口器害虫如白粉虱和介壳虫的杂环类几丁质合成抑制剂。具触杀、胃毒作用强，具渗透性。不杀成虫，但可减少产卵并阻碍卵孵化。症状出现在蜕皮和羽化期，使昆虫不得蜕皮而死。其化学结构为：

噻嗪酮

（八）生物杀虫剂

微生物杀虫剂种类很多，已发现的有 2000 多种，按照微生物的分类可分为细菌、真菌、病毒、原生动物和线虫等。目前，国内研究开发应用并形成商品化产品的主要有细菌类杀虫剂、真菌类杀虫剂、病毒类杀虫剂和抗生素类杀虫剂。主要品种有阿维菌素、苏云杆菌、病毒杀虫剂等。

二、典型杀虫剂的生产技术

(一) 仲丁威的生产技术

1. 产品性质

仲丁威又称巴沙，属高效、低毒、低残留氨基甲酸酯类杀虫剂。1959 年首先由德国拜耳公司合成，我国 20 世纪 70 年代开始采用氯甲酸酯法合成仲丁威，近年来采用异氰酸甲酯法生产。化学名称：*N*-甲基氨基甲酸-2-仲丁基苯酯。

物化性质：工业品为淡黄色有芳香味油状黏稠液体，熔点 26.5~31℃；纯品为白色结晶，熔点 31~32℃，溶解度(mg/L)分别为：水中 420(20℃)、610(30℃)，在丙酮、苯、三氯甲烷、二甲苯、甲苯(室温)，在弱酸性介质中稳定，对光稳定，但对浓酸和强碱不稳定，受热易分解。

仲丁威对害虫具有强烈触杀作用，并有一定的胃毒、熏蒸和杀卵作用。可防治水稻、茶叶、甘蔗、小麦、南瓜、紫茄和辣椒上有叶蝉、飞虱、蚜虫及象鼻虫害虫等，还可防治棉花上的棉铃虫和棉蚜以及蚊、蝇等卫生害虫。对叶蝉、飞虱有特效，杀虫迅速但残效较短，对蜘蛛等捕食性天敌的杀伤力较小。主要剂型有 20%、50% 和 80% 仲丁威乳油。

2. 主要原料及规格

合成仲丁威的主要原料及规格如下：

名称	规格/%	名称	规格/%	名称	规格/%
苯酚	工业品≥99	2-丁烯	工业品 94	铝粒	工业品≥98
异氰酸甲酯	≥99	三乙胺	≥98		

3. 生产工艺

(1) 反应原理：

① 邻仲丁基酚的合成：

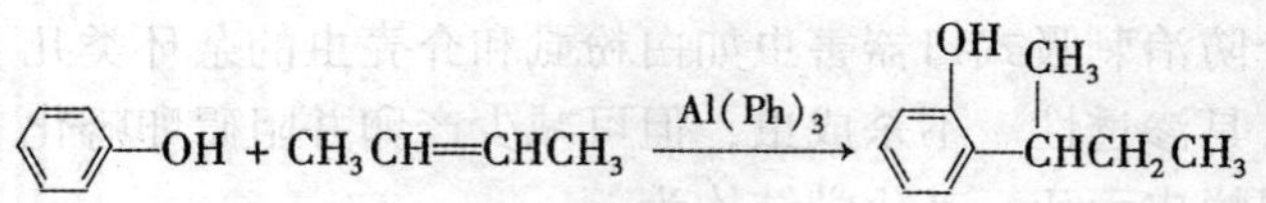

主要副反应有：

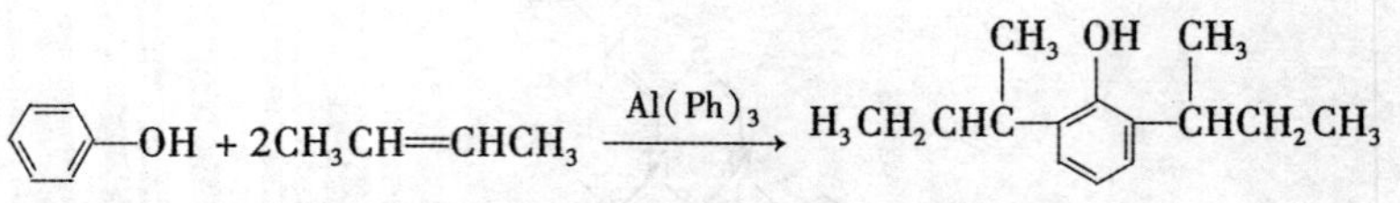

2,6-二仲丁基酚与苯酚可发生歧化反应，生成邻仲丁基酚：

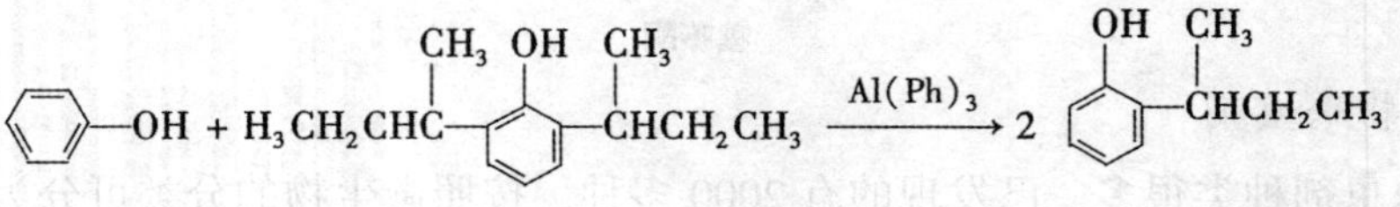

邻仲丁基酚也可由苯酚气化后与 2-丁烯混合，在三氧化二铝催化下气相连续烃化制得。

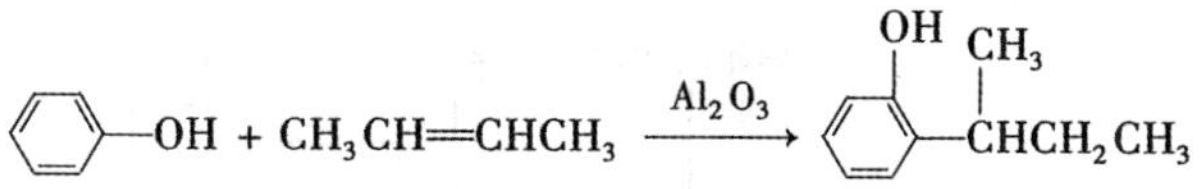

② 仲丁威的合成：

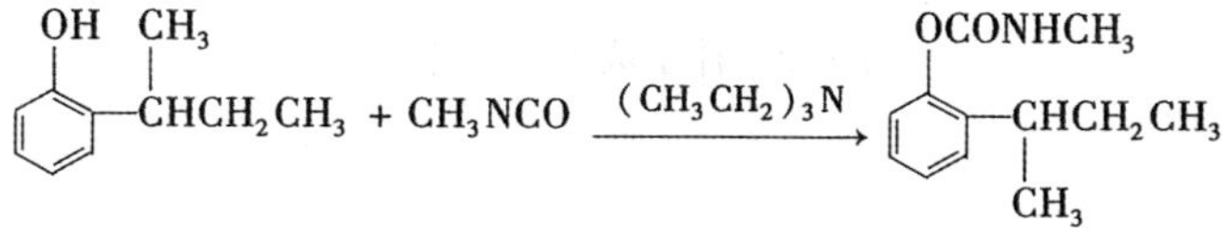

（2）工艺流程：

① 邻仲丁基酚生产工段工艺流程如图 7-1 所示。

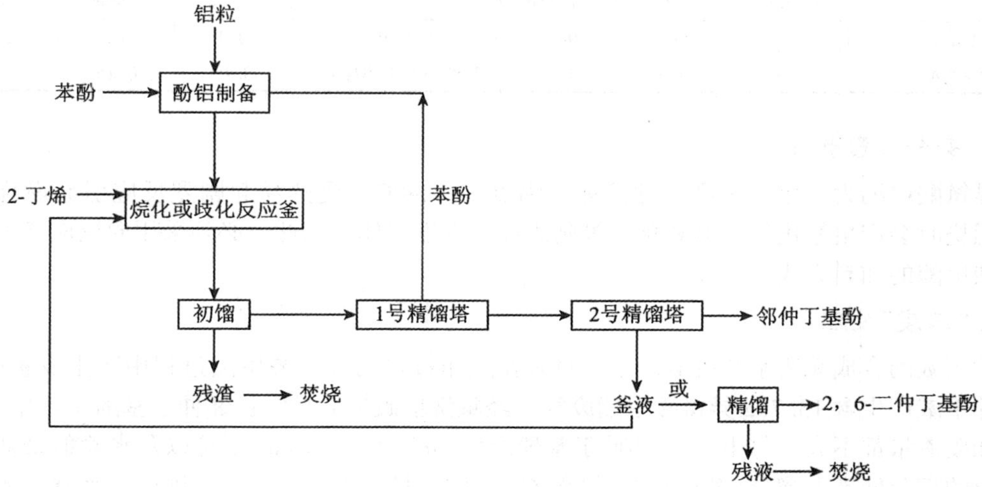

图 7-1　邻仲丁基酚生产工段工艺流程

a. 三苯基铝(酚铝)的制备。将熔化的苯酚吸入计量罐，计量后投入酚铝反应釜，搅拌加热升温。当温度升到 150℃时，投入计量的铝粒，开始反应并放出氢气，反应液自行升温、升压，温度可达 165～170℃，压力升到 $3.9\times10^5 \sim 5.9\times10^5$Pa，维持在 165～170℃反应 0.5h，取样分析酚铝含量≥3%即为合格酚铝苯酚溶液。

b. 邻仲丁基酚的合成。将上述合格的酚铝溶液压入烷化反应釜，搅拌下升温到 210℃时开始通入已计量的 2-丁烯，控制反应温度 230～240℃、压力 1.3～1.5MPa。通完 2-丁烯后在 210℃下反应 0.5h。烷化反应液经真空初馏分去残渣后再精馏得未反应的苯酚、邻仲丁基酚(含量≥98%)和含 2,6-二仲丁基酚的釜液。

釜液经歧化，可部分转化为邻仲丁基酚。按上述酚铝制备方法制得合格的酚铝苯酚液和釜液计量投入歧化反应釜，搅拌下升温到 140℃时通入少量 2-丁烯，再升温到 290℃，反应 3h 后降温到 200℃左右，经上述初馏、精馏得未反应苯酚、邻仲丁基酚(含量≥98%)和残液。釜液也可直接经真空精馏制得 2,6-二仲丁基酚。

② 仲丁威工段见图 7-2。在缩合反应釜中先投入计量的邻仲丁基酚和三乙胺，搅拌下在 1h 左右滴加完计量的异氰酸甲酯，控制反应温度在 70℃以下，然后在 60～70℃继续反应 1h，再通入氮气除去多余的异氰酸甲酯的含量≥97%的仲丁威。

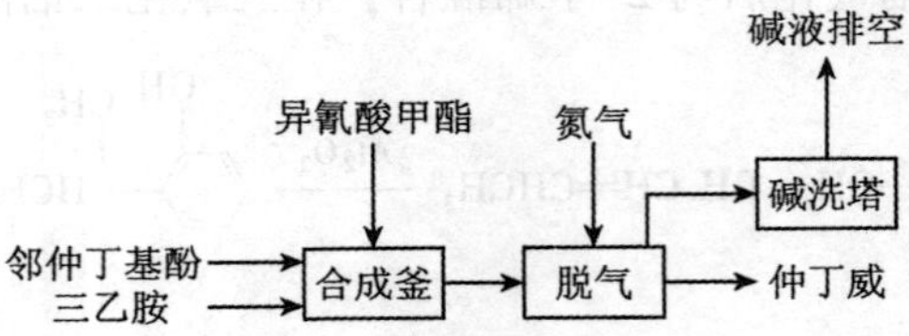

图 7-2　仲丁威工段工艺流程

4. 质量标准

仲丁威技术指标如下：

项目	指标/%			项目	指标/%		
	优级品	一级品	合格品		优级品	一级品	合格品
仲丁威含量	98.0	96.0	94.0	水分	0.3	0.5	0.5
游离酚	0.3	0.5	0.5	酸度(以 H_2SO_4 计)	0.10	0.15	0.15

5. 安全注意事项

异氰酸甲酯为易燃性之剧毒性液体。沸点 37~39℃。受热易起剧烈反应引起燃烧、爆炸。燃烧时会产生氰化氢与氮氧化物等刺激性与毒性气体。因此，必须采用向反应釜中滴加异氰酸甲酯的加料方式。

6. "三废"处理

仲丁威的合成无废水与废渣产生，只有在除净过量的异氰酸甲酯过程中产生少量废气，每吨仲丁威产生含 13.7kg 异氰酸甲酯废气，经碱洗塔破坏后排空；邻仲丁基酚生产中废气、废水和废渣量都不大，每生产 1t 邻仲丁基酚产生 $8m^3$ 氢气、$10m^3$ 丁烷以及水喷射泵抽真空时带出的部分低沸点馏分(苯酚与醚类)约 6kg，因为量不大，采取高空排放。废渣主要是酚铝及高沸物。每吨邻仲丁基酚约有 104kg 废渣，焚烧后不产生二次污染。废水主要来自水喷射真空泵系统带出的含酚废气被水吸收后所产生的含酚废水。需定期排放补充，此废水排至工厂总污水处理场集中进行生化处理。

(二) 氯氰菊酯的生产技术

1. 产品性质

氯氰菊酯是一种高效、广谱、中毒、低残留、对光和热稳定的拟除虫菊酯类杀虫剂。1974 年由英国 M. Elliott 开发成功。1975 年起先后在英国 ICI、美国 FMC、瑞士 Ciba-Geigy、日本住友和英荷 Shell 等公司进行生产。我国自 20 世纪 80 年代以来开始生产和使用这个产品。

化学名称：(*RS*)-(α-氰基-3-苯氧基苄基)(*RS*)-3-(2,2-二氯乙烯基)-2,2-二甲基环丙烷羧酸酯。

物化性质：工业品为黄色至淡棕色黏稠液体或半固体，相对密度($d_4^{23.5}$)1.233，闪点>200℃，黏度(25℃)15Pa·s，难溶于水(0.004mg/L，pH 值为 7)，在氯仿、丙酮、环己烷、苯、二甲苯中的(20℃)溶解度>450g/L，甲醇 1337g/L，己烷 103g/L；弱酸和中性条件下稳定，碱性条件下水解；有较高的热稳定性，温度超过 220℃时发生缓慢重量损失；可常温稳定储存两年以上。

氯氰菊酯具有触杀和胃毒作用，无内吸和熏蒸作用。杀虫谱广，作用迅速，对防治鳞翅目、鞘翅目和双翅目害虫非常有效。主要用于防治棉花、烟草、大豆、蔬菜、玉米、果树、林木、葡萄等农作物害虫。也可用于防治牲畜体外寄生虫、居室卫生和工业害虫。

2. 主要原料及规格

原料名称	规格/%	原料名称	规格/%	原料名称	规格/%
二氯菊酸甲酯	98.5	液碱	30.0	环己烷	工业品
间苯氧基苯甲醛	97.0	催化剂	98.0	甲苯	工业品
氰化钠	98.0	乙醇	95.0	次氯酸钠	工业品
光气	65~75	盐酸	30.0		

3. 生产工艺

(1) 反应原理：

① 二氯菊酸的合成。本工艺采用二氯菊酸甲酯在氢氧化钠乙醇水溶液加热进行皂化、酸化得到二氯菊酸。

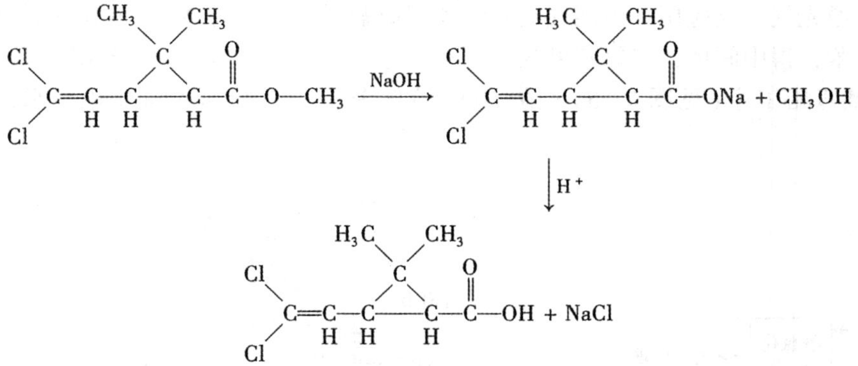

② 二氯菊酰胺的合成。以二氯菊酸与酰氯化剂如氯化亚砜、三氯化磷、三氯氧磷、光气等进行反应得到二氯菊酰氯。

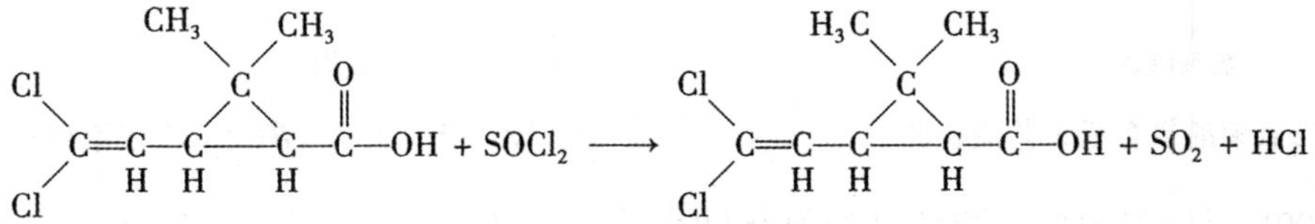

③ 氯氰菊酯的合成。氯氰菊酯的合成文献报道有：酰氯-醚醛法、氰醇法、二氯菊酸钠(钾)等方法，此处采用酰氯-醚醛法，即二氯菊酰氯与醚醛在氰化钢和相转移催化剂作用下进行缩合反应，得到产品。

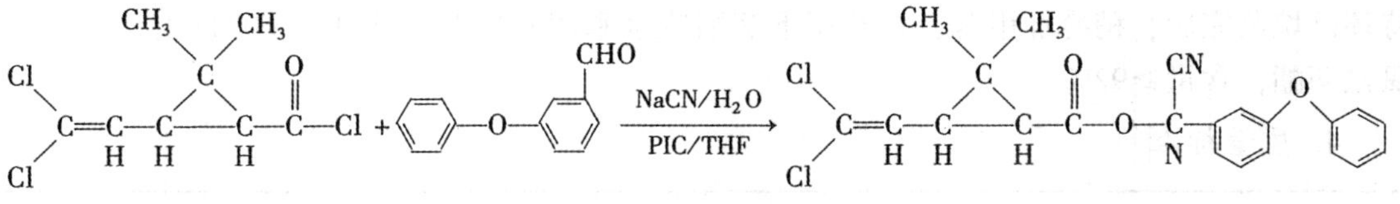

(2) 工艺流程：

① 二氯菊酸合成工序(见图 7-3)。在 1500L 反应釜中，分别抽入二氯菊酸甲酯、液碱和乙醇，在搅拌下加热回流 2h。常压蒸馏回收乙醇和甲醇。稍冷后加水溶解二氯菊酸钠盐，

在常温下加甲苯和盐酸进行酸化，酸化层 pH 为 1~2 搅拌 0.5h，静置分出水层。有机层放入酸化油层储槽，水层再抽入反应釜中，用甲苯抽提两次，水层放入废水槽去“三废”处理。油层合并抽入 1500L 脱水釜中，进行共沸得无水二氯菊酸甲苯溶液。计量、取样分析，备用。

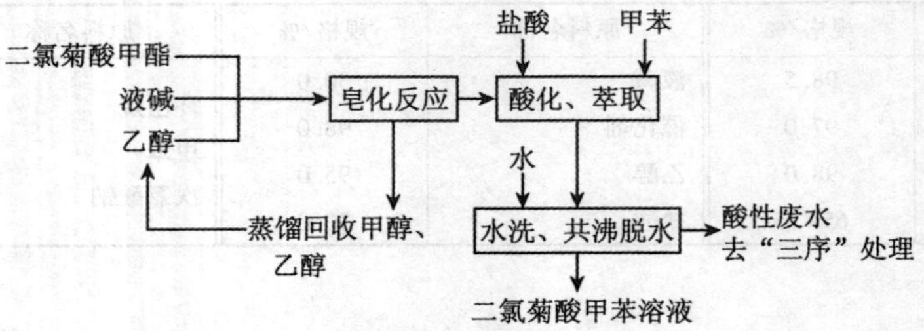

图 7-3　二氯菊酸合成工序工艺流程图

② 二氯菊酰氯合成工序(见图 7-4)。在 1500L 反应釜中抽入二氯菊酸甲苯溶液，加催化剂，在搅拌下加热升温到 80℃，开始通光气，温度保持在 80~90℃，反应约 1.5h 后达到终点，停止通光气。反应尾气由尾气吸收装置回收盐酸。冷后通 N_2 气吹出过量光气，减压蒸馏回收甲苯，得中间体，二氯菊酰氯，密封储存，计量，取样分析，备用。

③ 氯氰菊酯工序(见图 7-5)。在 500L 溶解釜中，小心加入氰化钠、水，搅拌溶解备用。

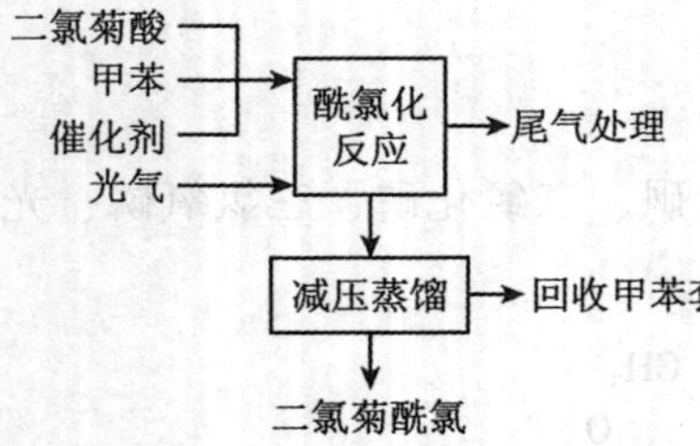

图 7-4　二氯菊酰氯合成工艺流程图

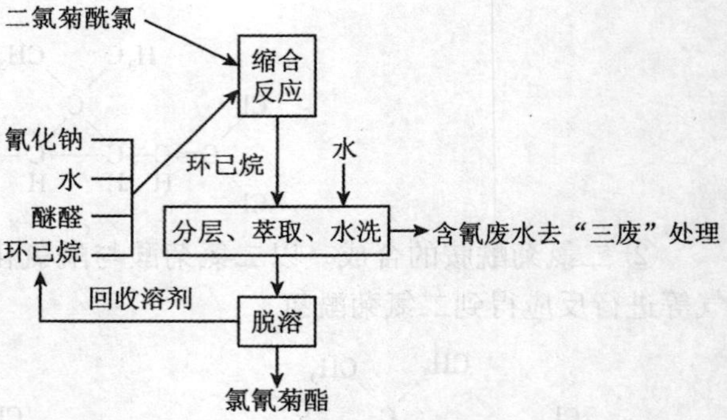

图 7-5　氯氰菊酯合成工艺流程图

在 2000L 反应釜中抽入溶解好的氰化钠水溶液，抽入醚醛和环已烷，在搅拌下冷却至 0℃时，滴加二氯菊酰氯，约 2h 滴完。滴完后在 0~10℃反应 6h。反应结束后，静置，分出水层，水层每次用环已烷抽提两次。合并油层，用适量水洗油层，洗至油层不含氰根为止。合并水层(含氰废水)去“三废”处理。油层抽入 2000L 脱溶釜，在常压下蒸馏回收环已烷，待环已烷蒸完后，稍冷加甲苯，在减压下蒸馏脱水和回收甲苯。冷却到 60℃放料，得产品氯氰菊酯，含量≥92%。

4. 质量标准

指标名称	规格/%	指标名称	规格/%
产品总收率(以二氯菊酸甲酯计)　≥	84	水分　≤	0.1
氯氰菊酯含量　≥	92	酸度　≤	0.1

5. 安全注意事项

光气化学反应活性较高，遇水后有强烈腐蚀性。人体吸入后引起肺水肿等。当泄漏微量光气时，可用水蒸气冲散；较大量光气泄漏时，则用液氨喷淋解毒。

氰化钠为巨毒，具刺激性。遇酸或在潮湿空气中吸收水分和二氧化碳，产生有毒气体氢氰酸。吸入、口服或经皮吸收均可引起急性中毒。操作时须佩戴头罩型电动送风过滤式防尘呼吸器。

6."三废"处理

氯氰菊酯生产过程中的"三废"有废水和废气。每生产 1t 产品产生废水约 7.5t，其中皂化、酸化工序的酸化废水约 3t，缩合工序含氰废水约 4.5t；废气为酰氯化工序产生的副产物氯化氢和过量光气尾气约 0.7t，采用水吸收回收盐酸和碱破坏把关后放空的尾气处理装置。

皂化、酸化废水含有氯化钠和少量盐酸，用碱中和后蒸馏浓缩，蒸出水去生化处理，母液冷却结晶回收氯化钠。缩合废水主要含有过量的氰化钠，用次氯酸钠处理至无氰根后，经生化处理达标后排放。

项目三　杀菌剂

杀菌剂是一类具有抑制菌类的生长、繁殖或直接毒杀菌类的精细化学品，用于保护作物尔受菌类的侵害或治疗已被病菌侵害的作物。随着杀菌剂的发展，现在其内涵有了新的补充，其一是"菌"指一类微生物，包括真菌、细菌、病毒；其二是除"杀灭"作用外，凡是具有抑菌作用和增抗作用的物质也属杀菌剂范畴；其三是作用对象主要是植物。

一、杀菌剂的主要分类

直接杀死病菌或抑制病菌的生长和繁殖，用药后菌被毒死，不再生长和繁殖的为杀菌剂。用药后菌不再生长、繁殖，当从菌体上去掉药物后，菌继续生长、繁殖或不再繁殖而继续生长的为抑菌剂。能渗透到作物体内，改变作物的新陈代谢使其对菌产坐抗性，能预防或减轻病害的为增抗剂。

(一) 按化学组成和分子结构分类

有无机杀菌剂和有机杀菌剂两大类，其中根据分子中组成元素的种类不同，可分为元素硫、铜、汞及有机硫、有机汞、有机氯、有机磷等杀菌剂。有机杀菌剂又可分为丁烯酰胺类、苯并咪唑类、二硫代氨基甲酸类等。

(二) 按杀菌剂的使用方式分类

这种分类方法是根据药剂的使用方式进行划分的。如有叶面喷洒剂、种子处理剂、土壤处理剂(插种前处理或作物生长期使用)、根部浇灌剂、果实保护剂和烟雾熏蒸剂等。

(三) 按杀菌剂的作用方式划分

依据药剂对防治对象(如植物)的作用方式进行的分类：

(1) 保护性杀菌剂　指仅在病原菌侵入寄主并在其组织内部形成侵染之前施药，从而防止致病菌的侵染，能发挥这种作用的杀菌剂称为保护性杀菌剂。这类杀菌剂一般不能渗透到植物体内，而在植物表面形成毒性屏障来保护植物不受病原菌的侵害。其特点是保护施药处免受病菌侵染。

(2) 治疗性杀菌剂　指在病原菌感染后施药，从而消灭或抑制在寄主组织内部形成侵染的病原菌的杀菌剂。

(3) 铲除性杀菌剂　指病原菌已侵染到寄主，然后在感染处施药，从而根除患病处(及感染的病菌繁殖点周围的寄主区域)的病原菌的杀菌剂。这种杀菌剂能够治疗在施药处已形成的侵染。

(4) 内吸性杀菌剂　指能够进入到植物体内，从而产生杀菌或抑菌作用的杀菌剂。它与保护性杀菌剂和局部化学治疗剂(或铲除剂)的不同点在于，它能防止病害在植株上远离施点的部位发展。

(5) 非内吸性杀菌剂　与内吸性杀菌剂相反，这类杀菌剂不能渗透植物的角质层，故不能被植物吸收和传导。其防病的主要功能是在植物表面形成毒性屏障。

二、杀菌剂的化学结构与生物活性的关系

杀菌剂通过破坏菌的蛋白质或细胞壁的合成，破坏菌的能量代谢或是核酸代谢，改变植物的新陈代谢，进而破坏或干扰菌体的生长和繁殖，达到杀菌抑菌目的。杀菌剂的化学结构与生物活性有着密切关系。一般而言，杀菌剂分子结构中必须含有活性基团和成型基团才有杀菌作用。活性基团是对生物有活性的基团(即毒性基团)，可与生物体内某些基团发生反应，如与生物体中的巯基、氨基等发生加成反应；或与生物体中的金属元素形成螯合物；或使生物体中的基团钝化；抑制或破坏核酸的合成等。通常具有以下结构的化合物具有杀菌活性：

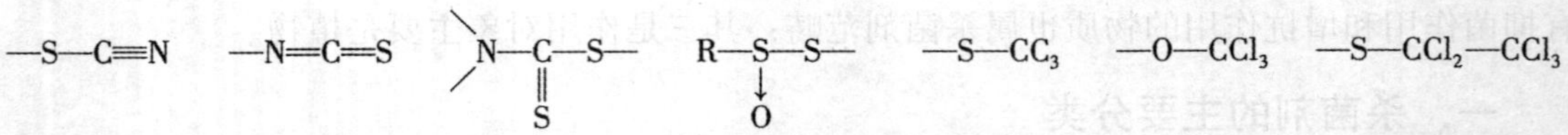

此外，具有与核酸中的碱基腺嘌呤、鸟嘌呤、胞嘧啶等相似结构的基团也有杀菌活性。

杀菌剂分子进入菌体内，必须通过菌体细胞壁和细胞膜。杀菌剂进入细胞的能力与其分子中成型基团的性质有关。成型基团是一种能够促进穿透细胞防御屏障的基团，通常是亲油性或具有油溶性的。在脂肪基中直链烃基比带侧链的烃基穿透能力强，低碳烃基的穿透能力较强；卤素的穿透能力由大到小排列顺序为 F>Cl>Br>I。

三、典型的杀菌剂的生产技术

(一) 美福双的生产技术

美福双是二硫代氨基甲酸类衍生物。二硫代氨基甲酸类是杀菌剂中很重要的一类杀菌剂，它是杀菌剂发展史上最早并大量广泛用于防治植物病害的一类有机化合物。它的出现是杀菌剂从无机到有机发展的一个重要标志。这类杀菌剂具有高效、低毒、对人畜植物安全以及防治植物病害广谱等特点，且价格低廉，因而发展非常迅速，销售量很大。从化学结构上看有一共同点，即它们都是出母体化合物二硫代氨基甲酸衍生而来，具体还可分为美福类、代森类和烷酯类。

以下介绍代表品种美福双的生产工艺。

1. 产品性质

福美双是一种广谱、低毒的白色结晶状保护性有机硫杀菌剂。我国自 20 世纪 60 年代初

开始生产并推广使用，是我国杀菌剂主要品种之一，单剂及其复配制剂被大量使用。

化学名称：N,N-四甲基二硫双硫羰胺

物化性质：纯晶为无色结晶，熔点146℃，难溶于水，可溶于丙酮、氯仿、乙醇等有机溶剂中，不耐热及潮湿，LD_{50}为17000mg/kg(小鼠)。主要用于处理种子和土壤，防治禾谷类白粉病、黑穗病及蔬菜病害。加工制剂有50%福美双可湿性粉剂。与其他农药混配有多福合剂、托福合剂、锌双合剂、退菌特等。

2. 主要原料及规格

原料名称	规格	原料名称	规格	原料名称	规格	原料名称	规格
二甲胺	工业级40%	二硫化碳	工业级	氯气	工业级	液碱	工业级30%

3. 生产工艺

(1) 反应原理:

① 福美钠的合成:

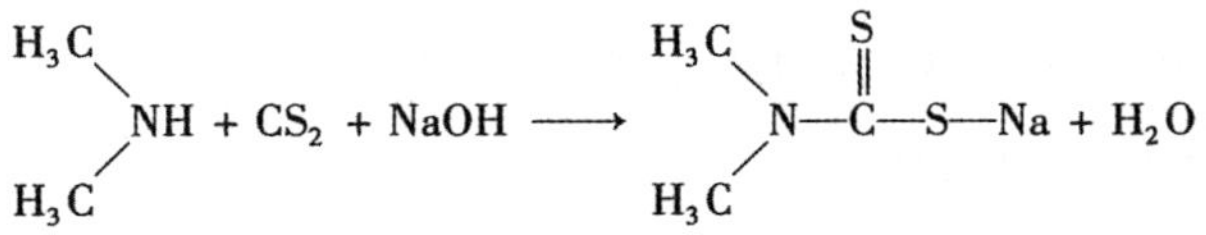

② 福美双的合成:

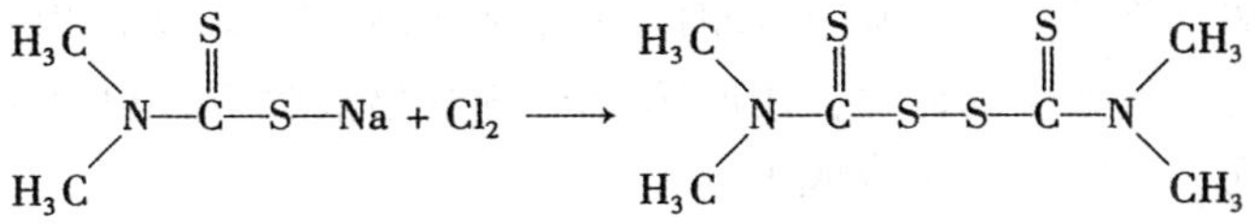

氧化剂除氯气外，还有使用$NaNO_2$-H_2SO_4和稀硫酸，也有以氨代碱先合成中间体福美铵，再经氧化制成福美双的工艺。如采用氨水替代氢氧化钠，双氧水替代氯气和空气或亚硝酸钠来制备福美双。该法节省大量的液碱和盐酸，减轻了设备的腐蚀和有害废水的排放，可提高产品收率5%左右。产品质量好，副产肥料硫酸铵，对环境不产生污染。

(2) 工艺过程:

① 福美钠工段(见图7-6)。在3000L反应釜中加水1800kg，在搅拌下投入30%液碱430kg，40%二甲胺364kg，釜夹套通冷却水冷却到10℃以下滴加二硫化碳250kg，控制滴加的速度使反应温度不超过30℃。二硫化碳滴加完，继续搅拌反应1.5~2.0h，然后静置、分出不溶的残渣，反应液分析含量后打入储罐，供福美双工段用。

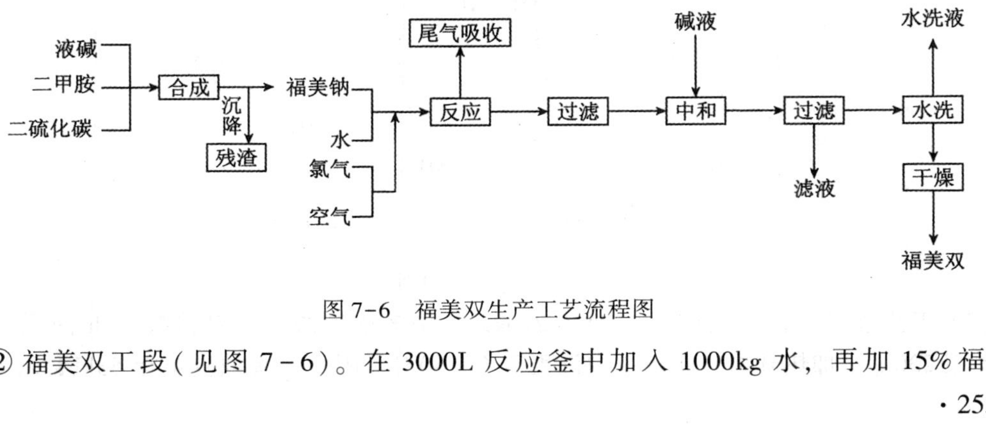

图7-6 福美双生产工艺流程图

② 福美双工段(见图7-6)。在3000L反应釜中加入1000kg水，再加15%福美钠

1000kg，搅拌并通入空气-氯气混合气，当氯气消耗量达 37kg 后检测反应液 pH 值，当 pH 值达到 3 时停止通氯，继续鼓空气 10min，反应物料用稀碱水调整 pH 值为 6~7，离心过滤、水洗得福美双湿料，经干燥得福美双原粉，所得产品福美双的总收率(以二甲胺计)≥92%。

4. 注意事项

福美钠工段中，由于二硫化碳极易挥发，且其蒸气能和空气形成爆炸混合物，故在滴加二硫化碳的过程中一定要控制在 10℃以下进行，滴加完二硫化碳后使系统缓慢自然升温，并控制在 30℃以下反应至终点。福美双工段中，延长反应时间对产品的质量不利。因为福美双长时间和水共热会分解。

5. 安全及环保

福美双生产中有废水、废气及少量废渣。每生产 1t 福美双产生工艺废水及洗料水约 15t，含有机硫化物 0.05%~0.1%，经锌盐处理回收沉淀物后排放。废气主要是反应尾气的体积分数，含氯气为 0.12%，经碱洗后放空，残渣焚烧处理。

6. 产品分析

熔点≥146℃，其中福美双含量≥97%，水分≤1%。

(二) 对氨基苯磺酸钠的生产

1. 产品性质

对氨基苯磺酸钠又称敌诱钠、磺胺酸钠。分子式 $C_6H_{10}NNaO_5S$，相对分子质量 231.2，可用于防治小麦锈病及其他作物锈病，用原药 250~300 倍液喷雾。也是染料的重要中间体，还用于制造印染助剂、香料及有机合成中。

物化性质：纯品为有光泽的白色结晶，含 2 个结晶水。原药为红褐色或浅玫瑰色结晶。易溶于水，水溶液呈中性，不溶于一般有机溶剂，遇钙产生沉淀。

2. 主要原料及规格

原料名称	规格	原料名称	规格
苯胺	工业级 99%	碳酸钠	工业级 98%
硫酸钠	工业级 98%	活性炭	工业一级品

3. 生产工艺

(1) 反应原理　苯胺与浓硫酸发生磺化后，用纯碱中和即得。

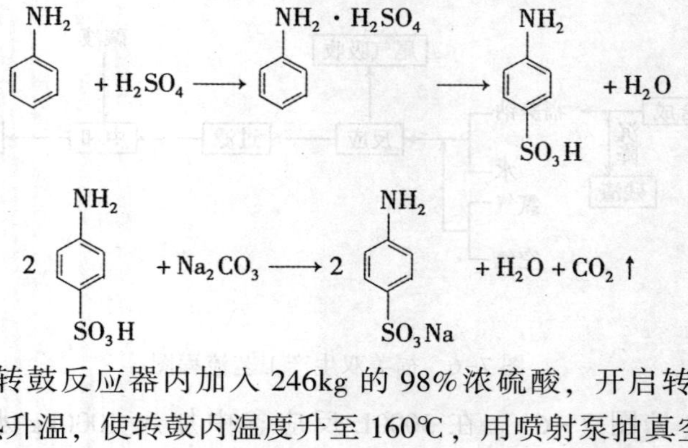

(2) 工艺过程　转鼓反应器内加入 246kg 的 98%浓硫酸，开启转鼓，1h 内缓慢加入 99%苯胺 230kg。加热升温，使转鼓内温度升至 160℃，用喷射泵抽真空至 53kPa 以上，再

将转鼓内温度升至200℃，保温0.5h，再继续升温至260℃，保温，直至视镜出现黑粉即达终点。真空回转10min后，排风冷却至80℃。加水开动转鼓混合，放入储槽。将槽内物料升温至70~80℃，加入碳酸钠132kg中和至pH为7~7.5，然后送至已有母液的脱色釜中，调整密度至约1.12g/cm^3，加热至沸腾，加入活性炭脱色并搅拌0.5h。趁热过滤，滤渣用热水洗涤。滤液浓缩至密度为1.18g/cm^3，送入结晶槽，经8h冷却至30℃。离心过滤，滤液作下批母液，滤饼即为产品，流程图详见图7-7。

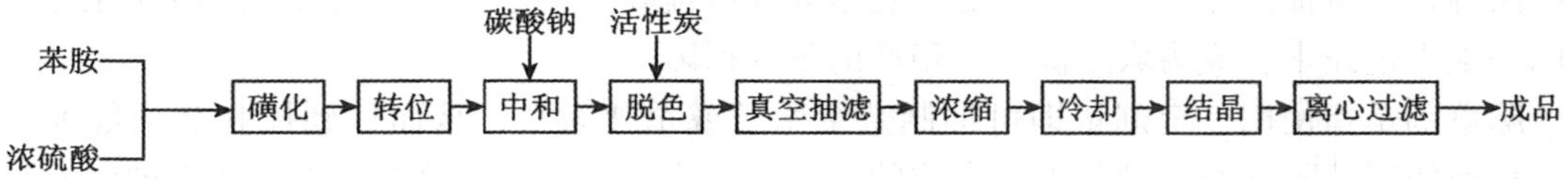

图7-7　对氨基苯磺酸钠的生产工艺流程图

4. 安全事项

(1) 生产中使用苯胺、浓硫酸等有毒或腐蚀性物品，设备应密闭，车间保持良好通风状态。操作人员应穿戴劳动保护用品。

(2) 内衬塑料铁桶包装，并储于阴凉、通风、干燥的库房，防止受潮变质。

5. 产品分析

指标名称	标准	指标名称	标准
外观	粉红色或浅玫瑰色结晶	水不溶物	≤0.2%
产品含量	≥97%	游离苯胺	≤0.2%

6. 对氨基苯磺酸钠产品含量测定

准确称取25g试样(准确至0.0002g)，置于500mL烧杯中，加蒸馏水200mL，加热溶解后冷却至室温，移入500mL容量瓶中。定容后用移液管取50mL试液于600mL烧杯中，加蒸馏水300mL，盐酸120mL，10% KBr溶液10mL，冷却至10~15℃，以0.5mol/L $NaNO_2$标准溶液滴定。近终点用玻璃棒取1滴被滴试液滴在淀粉-KI试纸上，出现浅蓝色即为滴定终点。3min后，再取一滴试液做同样试验仍出现浅蓝色即为终点。同时做一空白试验。

$$含量(\%)=\frac{c(V-V_1)\times 0.2312}{G}\times\frac{500}{50}\times 100\%$$

式中　c——亚硝酸钠标准溶液的摩尔浓度，mol/L；

V——滴定试样耗用亚硝酸钠标准溶液体积，mL；

V_1——空白试样耗用亚硝酸钠标准溶液体积，mL；

G——试样质量，g。

项目四　除草剂与植物生长调节剂

一、除草剂

(一) 除草剂的定义与分类

杂草是目的作物以外的、妨碍和干扰人类生产和生活环境的各种植物类群。杂草是栽培作物的大敌。它大量消耗地力，与作物争夺养料、水分、阳光和空间，妨碍田间通风透光，增加局部气候温度，有些则是病虫中间寄主，促进病虫害发生；寄生性杂草直接从作物体内吸收养分，从而降低作物的产量和品质。此外，有的杂草的种子或花粉含有毒素，能使人畜中毒。

防除杂草的方法很多，化学除草是其中之一。化学除草可杀死杂草而不伤害作物，并能在土壤中保持一段较长时间，继续发挥药效。由于化学除草具有高效、快速、经济的优点，有些品种还兼有促进作物生长的优点，它是大幅度提高劳动生产率，实现农业机械化必不可少的一项先进技术，成为农业高产、稳产的重要保障。

除草剂是指使用一定剂量即可抑制杂草生长或杀死杂草，从而达到控制杂草危害的制剂。目前使用的除草剂大都是人工合成的有机化合物，即化学除草剂，多达300种以上，特别是近年来有多种超低用量、新作用点、高选择性的除草剂相继出现，这些超高效除草剂对提高农业生产率、保护生态环境具有极为重要的意义。

除草剂的分类方式很多，主要根据药剂的作用方式，在作物体内的传导性、使用方法和化学结构等进行分类。

1. 按作用性质分类

（1）非选择性除草剂（灭生性除草剂）　这类除草剂对植物缺乏选择性或选择性小，不能将它们直接喷到生育期的作物田里，否则杂草和目的作物均受害或死亡。例如，百草枯、草甘磷、五氯酚钠与氯酸钠等。

（2）选择性除草剂　此类除草只杀死杂草而不伤害作物，甚至只杀死一种或某类杂草，不损害任何作物和其他杂草，凡具有这种选择作用的药剂称为选择性除草剂。大多数有机除草剂均属于此类，如2,4-D、西玛津、苯达松、杂草焚、敌稗等。

2. 按作用方式分类

（1）内吸性除草剂　一些除草剂能被杂草根茎、叶分别或同时吸收，通过输导组织运输到植物体的各部位，破坏它的内部结构和生理平衡，从而造成植株残死亡。具有这种特性的除草剂叫内吸性除草剂。

（2）触杀性除草剂　除草剂喷到植物上只能杀死直接接触到药剂的那部分植物组织，但不能内吸传导，具有这种特性的除草剂叫触杀性除草剂。这类除草剂只能杀死杂草的地上部分，对杂草地下部分或有地下繁殖器官的多年生杂草效果较差，如除草醚、五氯酚钠等。

3. 按化学结构分类

现有的除草剂大致分为酚及二苯醚类、苯氧羧酸类、苯甲酸类、联吡啶类、氨基甲酸酯类、硫代氨基甲酸酯类、酰胺类、取代脲类、均三氮苯类、二硝基苯胺类、苯氧基及杂环氧基苯氧基丙酸酯类、磺酰脲类、咪唑啉酮类以及其他杂环类等。代表性产品如图7-8～图7-14所示：

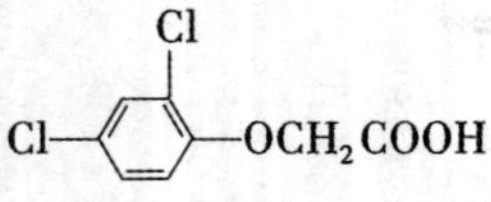

2，4－D

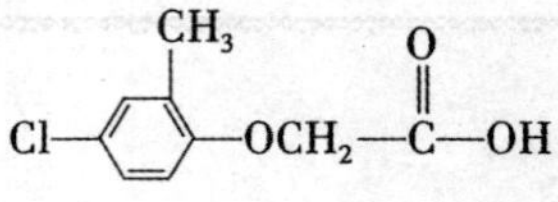

2-甲基-4-氯苯氧羧酸

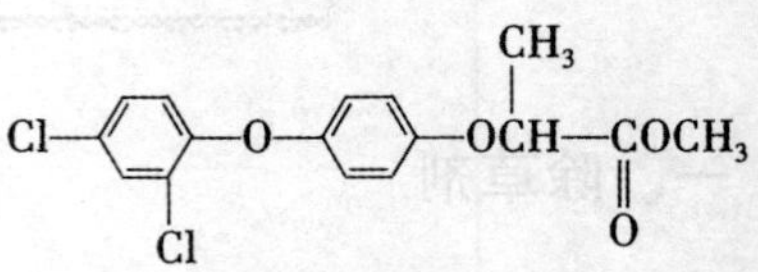

香草灵（Diclofop-methyl）

图7-8　苯氧羧酸类除草剂代表品种

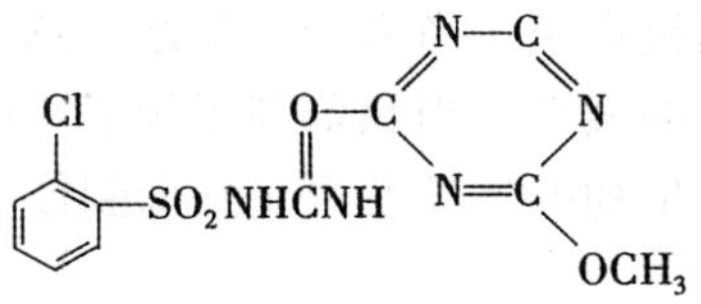

氯磺隆

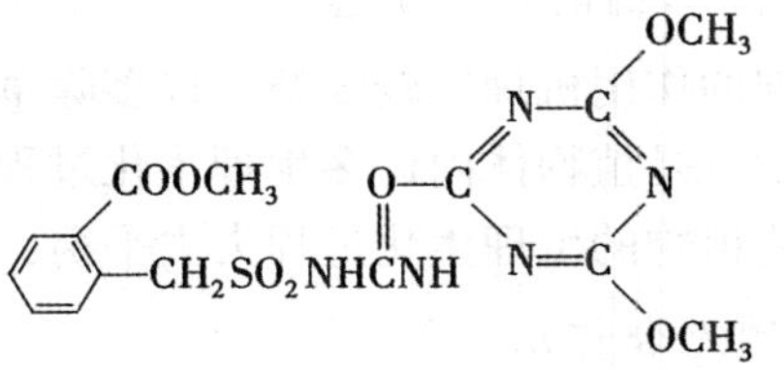

苄磺隆

图 7-9　磺酰脲类除草剂代表品种

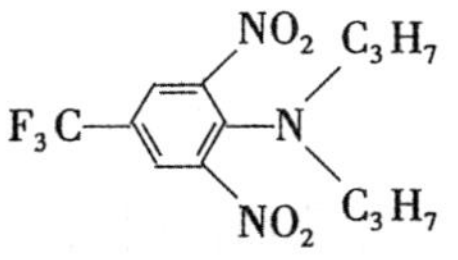

氟乐灵

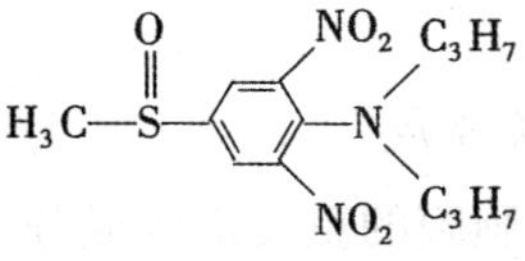

磺乐灵

图 7-10　二硝基苯胺类除草剂代表品种

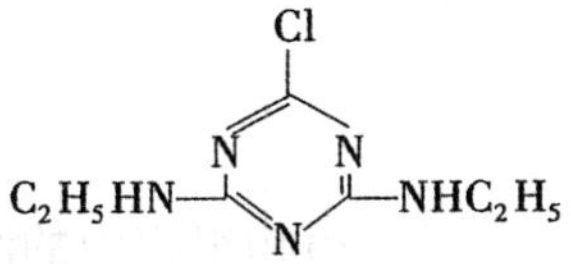

西玛津

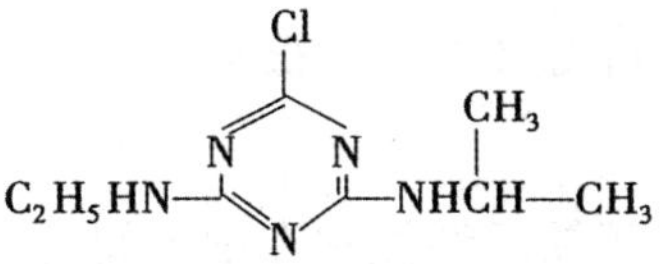

莠去津

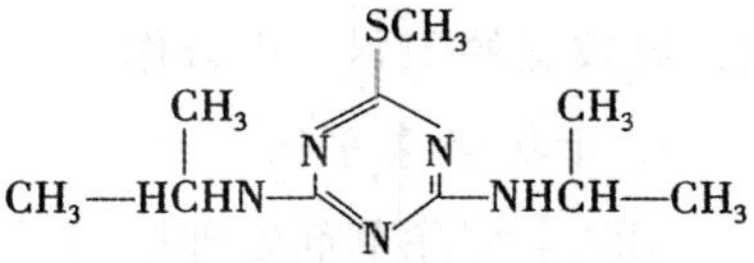

扑草净

图 7-11　均三氮苯类除草剂代表品种

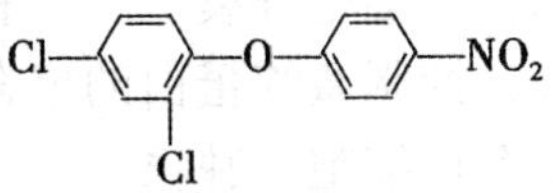

除草醚

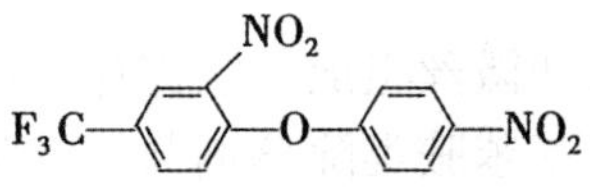

氟甲消草醚(Fluorodifen)

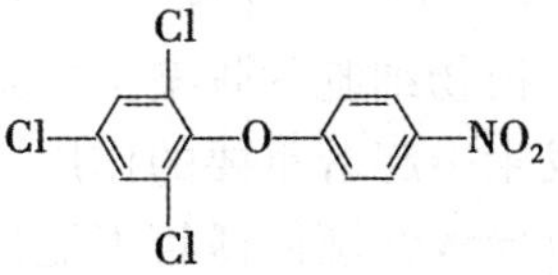

草枯醚(Chloriinitrofen)

图 7-12　酚及二苯醚类除草剂代表品种

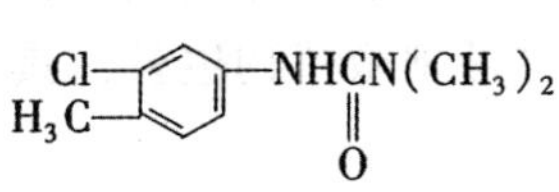

绿麦隆(Chlortoluron)

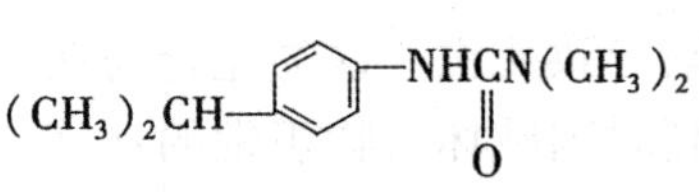

异丙隆(lsoproturon、Arelon)

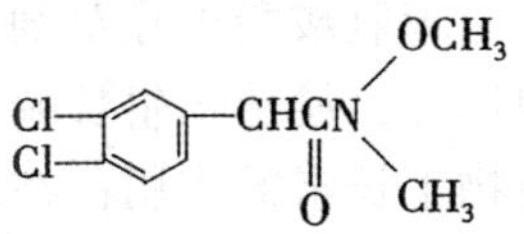

利谷隆(Linuron)

图 7-13　取代脲类除草剂代表品种

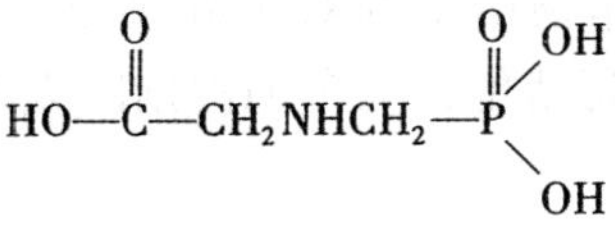

草甘膦

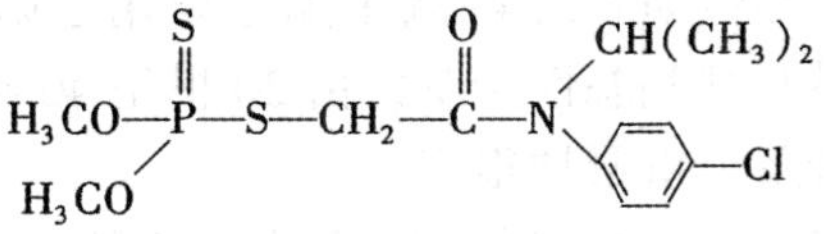

双硫磷

图 7-14　有机磷类除草剂代表品种

（二）除草剂的作用机理

除草剂的作用机理比较复杂，许多除草剂的作用机理至今尚未十分清楚。总体而言，植物的生长发育是植物体内许多生理生化过程协调统一的表现，当除草剂干扰了其中某一环节时，就会使植物的生理生化过程失去平衡，从而导致植物的生长发育受到抑制或死亡。

1. 抑制光合作用

除草剂进入植物体内后，到达叶片对光合作用有强烈的抑制作用，使植物把储存的养分消耗枯竭而又得不到补给，进而导致饿死。如绿麦隆、敌草隆、西玛津等除草剂进入杂草叶内后，使光合作用中仿电子传递受到抑制，氧气的释放被中断，并产生过氧化氢，使杂草受到毒害而被杀死。

2. 抑制脂肪酸合成

脂类是植物细胞膜的重要组成成分。现已发现有多种除草剂抑制脂肪酸的合成和链的伸长，如芳氧苯氧丙酸类、环己烯酮类、硫代氨基甲酸酯类、哒嗪酮类。

3. 抑制氨基酸合成

某些除草剂如草丁膦的作用靶标是谷氨酰胺合成酶，阻止氨的同化，干扰氮的正常代谢，导致氨的积累、光合作用停止，叶绿体结构被破坏。

4. 干扰激素平衡

用激素型除草剂处理植物后，由于缺乏调控它在细胞间的浓度，所以，植物组织中的激素(激素型除草剂)浓度极高，干扰植物体内激素平衡，影响植物形态发生，最终导致植物死亡。

5. 抑制微管与组织发育

植物细胞的骨架主要是由微管和微丝组成。它们保持细胞形态，在细胞分裂、生长和形态发生中起着重要的作用。如二硝基苯胺类除草剂与微管蛋白结合，抑制微管蛋白的聚合作用，导致纺锤体微管不能形成，而影响正常的细胞分裂，导致形成多核细胞，肿根。

（三）典型除草剂的生产

1. 苯氧羧酸类除草剂2,4-滴丁酯生产技术

苯氧羧酸类除草剂属内吸传导型除草剂，可被植物的根、茎、叶所吸收，并通过植物体内传导，使植物生长畸形并逐渐导致死亡。这类化合物在浓度较低时可刺激植物生长，具有植物生长素的作用；在浓度较高时则破坏植物正常的新陈代谢过程。

苯氧羧酸类除草剂常被加工成酯、酸、盐等不同剂型。不同剂型的除草活性大小为：酯>酸>盐。代表品种如2,4-二氯苯氧乙酸(2,4-D)、2-甲基-4-氯苯氧乙酸(2甲4氯)、禾草灵等。以下介绍苯氧羧酸类除草剂2,4-滴丁酯的生产技术。

(1) 产品性质　2,4-滴丁酯主要用于防除禾本科作物田中的双子叶杂草、阔叶杂草、异性莎草科和某些恶性杂草，由20世纪40年代开发并商品化，至今仍占据巨大市场。我国每年使用量及出口量均很高。

化学名称：2,4-二氯苯氧乙酸正丁酯。

物化性质：纯品为无色油状液体，沸点169℃/266.6Pa，相对密度1.2428，凝固点9℃。难溶于水，易溶于多种有机溶剂。挥发性强，遇碱分解。

（2）主要原料及规格：

原料名称	规格	原料名称	规格	原料名称	规格
苯酚	工业级 98%	盐酸	工业级 30%	液碱	30%
液氯	工业级	丁醇	工业 99%	氯乙酸	工业级 99%

（3）生产工艺：

① 反应原理。苯酚氯化后在碱性条件下与氯乙酸钠缩合，缩合产物经酸化后，与正丁醇酯化，即制得 2,4-滴丁酯。

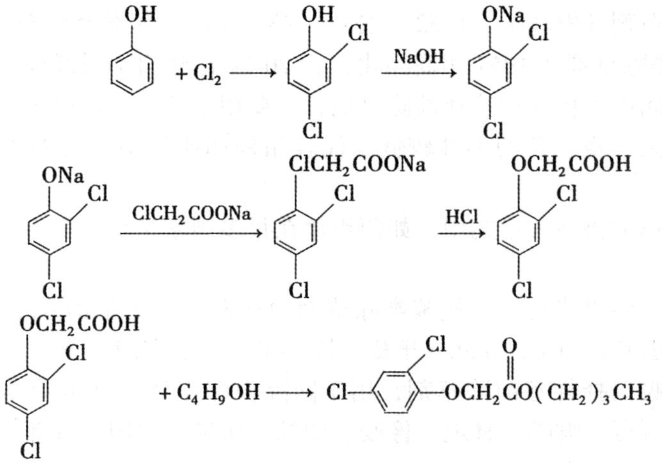

② 工艺过程。将苯酚熔融后放入氯化反应器中，夹套通冷却水降温至 45～65℃。通氯，控制通入量并保持氯化温度 45～65℃。8～9h 后取样测定密度。当相对密度（d_4^{40}）1.406 时，物料容积增加 30%～33%，为氯化终点。将氯化产物 2,4-二氯酚于 50～70℃加入 30%氢氧化钠溶液，使物料 pH 值为 10。升温至 105℃，开始滴加氯乙酸钠溶液，回流 4～5h，至缩合反应完成，得 2,4-滴钠悬浮液。将物料降温至 70%左右，加入 30%盐酸，调 pH 值至 1～2，然后加入苯，使 2,4-二氯苯氧乙酸全部溶解，趁热分也有机层，然后冷却，析出白色结晶，抽滤，干燥，得 2,4-二氯苯氧乙酸。

将丁醇加入溶解锅，搅拌下加入 2,4-二氯苯氧乙酸，加热至 100～110℃，保温 2h，脱除部分水，丁醇回流，然后补加丁醇，氮气压料至酯化釜。升温至 120～140℃，维持 4h，充分酯化。由醇水分离器脱出水，丁醇回流，当不再出水时停止回流。升温至 160～170℃，减压蒸出丁醇，即制得 2,4-滴丁酯。生产流程图见图 7-15。

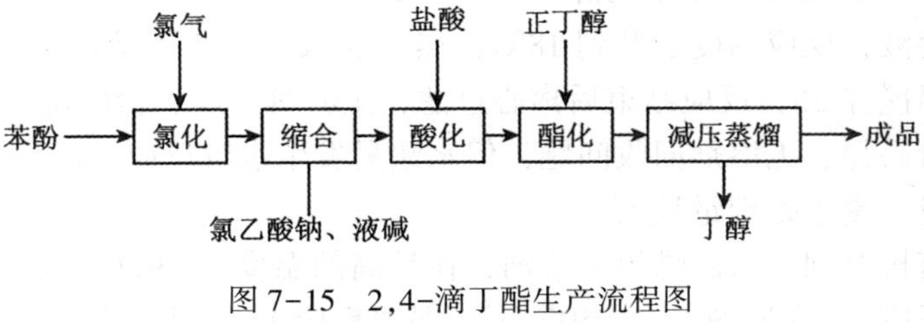

图 7-15　2,4-滴丁酯生产流程图

③ 安全事项：

a. 生产中使用的原料及产品均有一定毒性，生产设备应密闭，特别是氯化反应器应严防泄漏，生产场地通风良好，操作人员必须穿戴劳保用品。

b. 产品应以玻璃瓶或铁桶包装。防水、防潮，储存于阴凉、干燥处。严禁与酸、碱类物质接触。

④ 产品标准：

a. 原药：外观为褐色油状液体；含量：≥90%；

b. 72%乳油：外观为褐色油状液体；含量≥72.5%±0.5%；游离碱≤2%；pH 值为 5~7；游离 2,4-滴含量≤2.5%；乳液稳定性合格；残留量：≤3.5%。

2. 均三氮苯类除草剂西玛津的生产

均三氮苯类除草剂开发较早，1952 年合成了第一个均三氮苯类除草剂——阿特拉津（莠去津）。均三氮苯类除草剂在 1957 年商品化，在 20 世纪 50 年代末和 60 年代商品化了多个品种。此类除草剂属内吸传导型选择性除草剂，主要用于玉米、高粱等作物的除草，可有效杀灭阔叶杂草，对人、畜、鱼的毒性较低。代表品种如西玛津、莠去津、扑草净、苯胺磺隆、阔叶散等。

目前，这类除草剂仍在大量施用，如西玛津在很多国家是除草剂主要品种。以下介绍西玛津的生产技术。

（1）产品性质　西玛津是均三氮苯类除草剂中开发最早的旱田除草剂。1956 年由瑞士汽巴-嘉基有限公司（Ciba-Geigy Ltd.）开发。其后在世界很多国家推广应用。我国生产、使用已多年。它属内吸选择性芽前除草剂，用于防除根深作物，可防除洋蓟、芦笋、浆果作物、蚕豆、柑橘、可可、咖啡、林地、橡胶、油棕、橄榄、果园、甘藤、茶园和葡萄田中一年禾本科杂草相许多阔叶杂草。

化学名称：2-氯-4,6-二（乙氨基）-均三氮苯。

物化性质：无色粉末，熔点 225~227℃（分解），易溶于乙醇、丙酮。在 20~22℃的溶解度为：水中 5mg/L、甲醇 400mg/L、石油醚 2mg/L，微溶于氯仿和乙基纤维素中。在微酸性或微碱性介质中稳定，但在较高温度下，易被较强的酸或碱水解，生成无除草活性的羟基衍生物。该药无腐蚀性。LD_{50}为 5000mg/kg（大鼠经口）。

（2）主要原料及规格：

原料名称	规格	原料名称	规格	原料名称	规格	原料名称	规格
三聚氯氰	工业级 99%	乙胺	工业级 50%	液碱	工业级 40%	水	自来水

（3）生产工艺　西玛津的合成有溶剂法和水法两种。

水法：将水、三聚氯氰及乳化剂加入到反应罐中，用冷冻机使反应温度维持在 0℃左右，加入乙胺水溶液，反应温度上升到 18℃，然后加入氢氧化钠溶液，反应物升温至 70℃并在此温度下保温搅拌 2h，反应结束后离心过滤，湿滤饼干燥、粉碎得西玛津原药。

水法中水廉价易得、无溶剂回收问题，但水法易发生水解反应、产品收率不高，温度较低，消耗低温能量，废水处理量较大。

溶剂法：以有机溶剂三氯乙烯等为溶剂，在较高的温度下（30℃以下）进行一取代反应，然后进行二取代反应（加入液碱）。在 50℃下，保温反应 1h，用水蒸气蒸馏，回收溶剂，过滤、干燥、粉碎加工，得西玛津原药。

溶剂法属于均相反应过程，克服了水法的缺点，收率较高，但有溶剂回收问题。工业上多采用氯苯作溶剂，三聚氯氰和乙胺发生取代反应，乙胺兼做缚酸剂，加入量的 1/2 在反应中生成乙胺盐酸盐，需加碱中和，中和游离出的乙胺与一取代物继续反应，生成西玛津。

这里介绍水法合成西玛津。

① 反应原理如下：

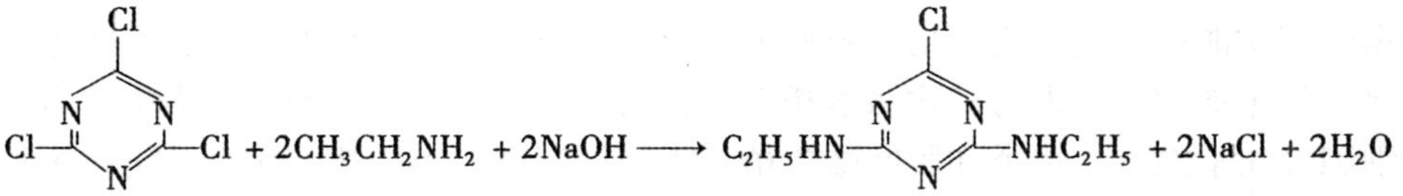

② 工艺过程。向 3000L 搪瓷釜中加入定量的水，开动搅拌，通冷冻盐水降温。当釜内温度降到 0℃，经手孔投入三聚氯氰，搅拌分散均匀(约 20～30min)，并在此温度下滴加乙胺，反应液温度控制在－8～－3℃。加完乙胺后，停止通冷却盐水，维持该温度继续反应 30min，然后往合成釜夹套通水，使反应液温度上升至 3～4℃后放掉冷水，开始滴加液碱。反应液自然升温可达 18℃左右，然后再往合成釜夹套通蒸汽，使反应液温度在 1h 内匀速上升至 70℃，并在此温度下继续搅拌反应 2h，反应完毕。停止通蒸汽，用冷水降温至 30～40℃，放料离心过滤。滤饼经水洗，离心分离，即得湿西玛津，经干燥得干原药。生产工艺流程图见图 7-16。

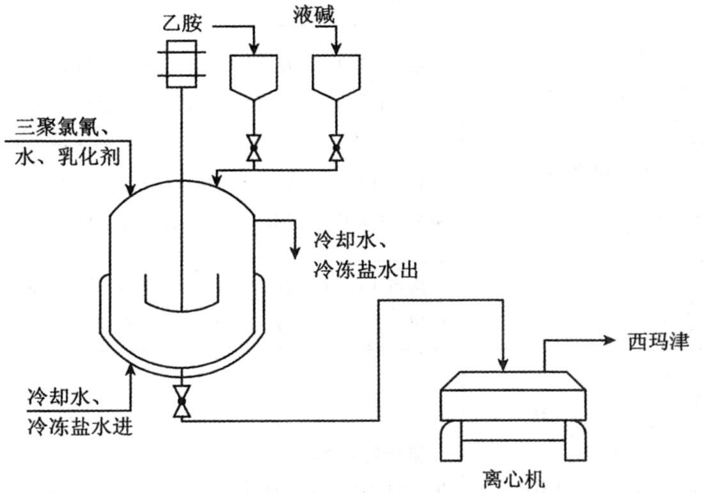

图 7-16　西玛津生产工艺流程图

50%西玛津可湿性粉剂加工所用原料配比：

西玛津原药：OP 乳化剂：拉开粉：亚硫酸低浆废液(>10%)：硅藻土=50：1：1：8：40

配制时将 5 种原料一次加入到捏合机中，捏合均匀后的物料进入滚筒干燥器进行干燥。烘干的物料经雷蒙粉磨机磨细，经重力分离器分离，袋式过滤器过滤，再经滚筒混合机混合后包装。

③ 西玛津可湿性粉剂产品标准：

a. 原药：含量≥95%；水分≤3%；无机盐含量为微量。

b. 50%西玛津可湿性粉剂：外观为灰白色粉末；pH 值范围 6～9；有效成分含量≥50. 0%；润湿时间(铜圈法)≤300s；悬浮率≥34%；细度(通过 200 目)≥95%；水分≤3%。

c. 40%西玛津胶悬剂：外观为白色黏稠状、流动性悬浮液，长期储存允许轻微分层，摇动后恢复原状；分散性为能与水任意比例混容，分散均匀；化学稳定性为对光热稳定，在中性、弱酸性、微碱性截止中稳定；pH 值范围 6~9；有效成分含量≥40%；悬浮率≥90%。

二、植物生长调节剂

（一）植物生长调节剂的分类

根据生理功能的不同，将植物生长调节剂分为三类：植物生长促进剂、植物生长抑制剂以及植物生长延缓剂。根据与植物激素相似的性质，植物生长调节剂可分为生长素类、赤霉素类、细胞分裂素类、乙烯类和脱叶酸类植物生长抑制剂五类。按其化学结构，植物生长调节剂可分为芳基脂肪酸类，如 3–吲哚乙酸、1–萘乙酸等；脂肪酸及环烷酸类，如赤霉素等；卤代苯氧脂肪酸类，如 2,4–D、增产灵等；季铵盐类，如矮壮素等；其他类的如乙烯利、青鲜素等。

一些重要的植物生长调节剂如表 7–3 所述：

表 7–3　重要的植物生长调节剂

名称	化学结构	性能与作用
吲哚丁酸	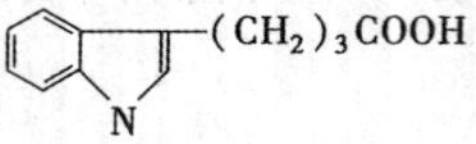	熔点 123~125℃，不溶于水，溶于醇、醚等有机溶剂；LD_{50} 为 100mg/kg（小白鼠），对人、畜低毒，主要用于促进插条生根
α–苯乙酸	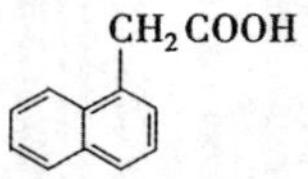	熔点 130℃；LD_{50} 为 1000~5900mg/kg（小白鼠），670mg/kg（大白鼠）；主要用于促进菠萝开花，防止落果，使插条生根
萘乙酰胺	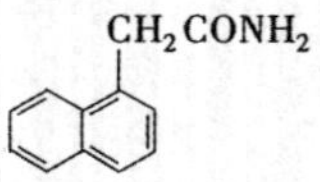	熔点 182~184℃，溶于热水、乙醚、苯中；LD_{50} 为 1000mg/kg（大白鼠）。主要用于花木、烟草插枝时促进根的生长
增产灵	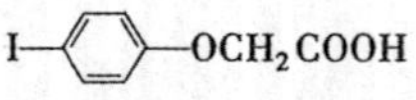	熔点 154~156℃，难溶于水，易溶于醇、醚；LD_{50} 为 1872mg/kg（小白鼠），主要用于大豆、水稻等增产
比久	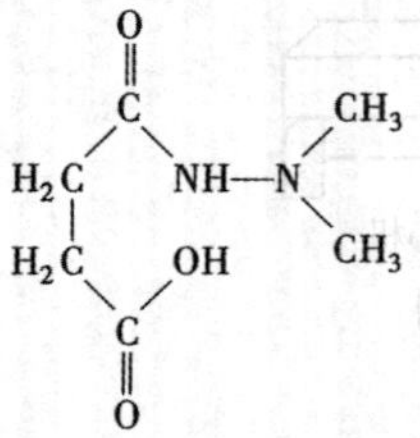	能抑制植物向上生长，促其矮壮而不影响开花结果，可增加作物耐旱、耐寒的能力，防止落花落果
乙烯利	$C_2H_6ClO_3P$	熔点 75℃，无色结晶，易溶于水和醇，使植物加速成熟、脱落及促进开花，应用于橡胶、漆树、棉花、小麦等作物

（二）典型植物生长调节剂的生产技术–乙烯利生产技术

1. 产品性质

乙烯利是一种植物生长调节剂。它具有使植物加速成熟、脱落及促进开花和控制生长等多种生理作用，应用于橡胶、漆树、烟草、棉花、高梁、水果、蔬菜、小麦等作物。1968 年前后由美国 Amchem Products Inc. 开发成功。我国自 20 世纪 70 年代就已生产使用。

物化性质：纯品为无色针状结晶，熔点 75℃，易溶于水和醇，难溶于苯和二氯甲烷。

暴露在空气中极易潮解，水溶液呈强碱性。遇碱(pH 值>4)逐渐分解，释放出乙烯。不能与碱、金属盐、金属(铝、铜或铁)共存，在酸溶液中较稳定。

乙烯利为低毒农药。大白鼠急性经口 LD_{50}3030mg/kg，在两年饲喂试验中，大鼠接受≤3000mg/kg 饲料无致癌作用。一般使用 40%醇剂，或 40%、50%的水剂。

2. 主要原料及规格

原料名称	规格	原料名称	规格	原料名称	规格	原料名称	规格
三氯化磷	工业级 98%	环氧乙烷	工业级 99%	氯化氢	工业级	邻二氯苯(溶剂)	工业级 98%

3. 生产工艺

(1) 反应原理　三氯化磷与环氧乙烷酯化得到的亚膦酸三酯在加热条件下重排为磷酸二酯，再通 HCl 酸解得到乙烯利。

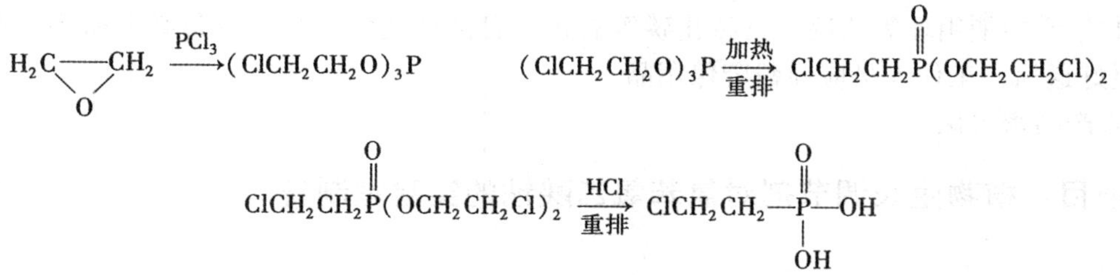

(2) 工艺过程　乙烯利生产工艺示意图如图 7-17 所示。

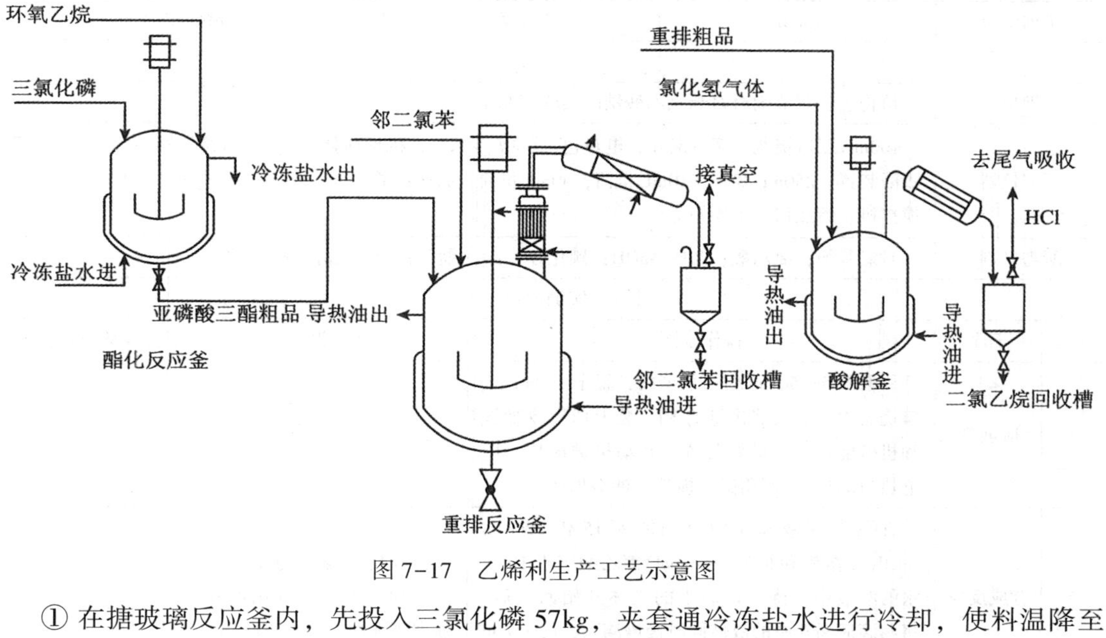

图 7-17　乙烯利生产工艺示意图

① 在搪玻璃反应釜内，先投入三氯化磷 57kg，夹套通冷冻盐水进行冷却，使料温降至 0℃左右，随即通入气化的环氧乙烷。通入速度随反应温度变化而加以调节，控制在 30℃左右通完与三氯化磷等重量的环氧乙烷。继续搅拌 4~6h 即完成酯化反应。游离氯控制在 0.1~0.2mg/kg。

② 将上述酯化产物粗品加入到带有回流冷凝器和搅拌器的反应釜内，同时加入等重量的邻二氯苯，搅拌，快速升温至 180℃，于此温度下回流反应 3~4h。真空蒸馏，回收溶剂，

留在反应釜内的物质为2-氯乙基膦酸酯粗品。

③ 将2-氯乙基膦酸酯粗品加入反应釜内，加热升温至170℃，搅拌，通入氯化氢气体进行反应。未反应的多余氯化氢气体和生成的氯乙烷一道由反应釜蒸出并经冷凝分出二氯乙烷，未被冷凝的氯化氢进入尾气吸收装置吸收。于175℃反应温度下，不断反应，不断蒸出二氯乙烷，当二氯乙烷的收集量达到2-氯乙基膦酸酯粗品投料量的2/3左右时，即可停止反应，得到棕色酸性液体即为成品，其有效成分为2-氯乙基膦酸。所得成品可直接销售，也可配成30%~40%的水剂销售。

4. 产品标准

乙烯利含量：≥40%。

5. 安全措施

① 本品能刺激皮肤和眼睛，属二级有机腐蚀品。

② 生产中使用环氧乙烷、三氯化磷等有毒、腐蚀性化学物品，设备必须密闭，车间内保持良好通风。工作人员应穿戴劳保用品。

③ 产品密封保存。

实训项目：植物生长调节剂对氯苯氧乙酸钠的实验室制备

【实训项目卡】

实训班级	实训场地		学时数	指导教师
			6	
实训项目	植物生长调节剂对氯苯氧乙酸钠的实验室制备			
所需仪器	100mL三口烧瓶；滴液漏斗；电热包(或油浴装置)；机械搅拌器(或磁力搅拌器)；球形冷凝管；吸滤装置；250mL烧杯；10mL量筒；50mL量筒；胶头滴管、布氏漏斗、抽滤瓶、电加热套、电动搅拌机、熔点仪、干燥箱等			
所需试剂	对氯苯酚；氯乙酸；20% NaOH；碘化钾；1∶1盐酸；95%乙醇；pH试纸			

实训内容

序号	工序	操作步骤	要点提示	工艺参数或数据记录
1	反应前准备	称取6.5g(50mmol)对氯苯酚，置于100mL三口烧瓶中；加入催化量的KI。装上球形冷凝管和机械搅拌器，搭好装置，开动机械搅拌，用电热包加热(也可用磁力搅拌，油浴加热)	加热时注意烫伤	
2	合成反应	在两个滴液漏斗中分别加入15mL 20%的NaOH水溶液和5.3g(56mmol)氯乙酸溶于10mL水的溶液中，待三口瓶中的液体开始回流后，将两滴液漏斗中的液体同时慢慢滴入，约15min后滴加完，继续保持回流40min	控制反应温度与反应物的滴加速度。氢氧化钠有强烈腐蚀性，应小心操作	
3	酸化	停止加热和搅拌，趁热将反应混合液倒入250mL烧杯中；趁热边搅拌边滴加1∶1盐酸，至pH值为1左右；继续搅拌10~15min，使其酸化完全	注意酸化终点的确定	

续表

序号	工序	操作步骤	要点提示	工艺参数或数据记录
4	结晶抽滤	用冰水快速冷却反应体系使产物结晶完全；用吸滤装置抽滤，滤饼用水冲洗；得到粗产物，称重	粗产品收率计算公式：$\dfrac{m_{粗产品}}{\dfrac{m_{对氯苯酚}}{M_{对氯苯酚}}M_{对氯苯氧乙酸}}\times100\%$	
5	提纯	将粗产物转入100mL圆底烧瓶，先逐量加入乙醇，使固体在乙醇回流状态下完全溶解，再过量50%；稍冷，加入活性炭脱色，煮沸5min后进行保温过滤，再在乙醇溶液回流的状态下逐量加入水，直到有少量固体析出又很快溶解(若烧瓶体积不够，可将混合物转入250mL烧杯)；静置，使之自然冷却；抽滤，用冰水充分洗去固体中的乙醇，用空心塞压干。转移到滤纸上，称量；在真空干燥箱中充分干燥，再次称量	精制产品收率计算公式：$\dfrac{m_{产物}}{\dfrac{m_{对氯苯酚}}{M_{对氯苯酚}}M_{对氯苯氧乙酸}}\times100\%$	

习　题

一、选择题

1. 下列物质不能作为制备粉剂填料的是(　　)。

A. 滑石粉　　B. 陶土　　C. NaCMC　　D. 高岭土

2. 21世纪世界范围的主导型农药是(　　)。

A. 昆虫生长调节剂　　B. 生物农药

C. 磺酰脲类除草剂　　D. 氨基甲酸酯类杀虫剂

3. 六六六杀虫剂属于(　　)。

A. 有机氯杀虫剂　　B. 有机磷杀虫剂　　C. 有机氮杀虫剂　　D. 拟除虫菊酯

4. 下列不属于内吸传导型除草剂的是(　　)。

A. 草甘膦　　B. 噁草酮　　C. 氧氟草醚　　D. 2,4-D

5. 下列不是有机氯农药特点的是(　　)。

A. 高效　　B. 高分解　　C. 高残留　　D. 高毒

6. 下列不属于有机氮类农药的是(　　)。

A. 西维因　　B. 杀虫脒　　C. 胺菊酯　　D. 速灭威

7. 下列不属于敌百虫原料的是(　　)。

A. 三氯化磷　　B. 甲醇　　C. 三氯乙醛　　D. 光气

8. 仲丁威的合成过程中有一个阶段叫做酯化缩合，该过程的控制温度是(　　)。

A. 70℃　　B. 80℃　　C. 90℃　　D. 100℃

9. 下列不属于植物生长调节剂的是(　　)。

A. 矮壮素　　B. 1-萘乙酸　　C. 耐溴苯腈　　D. 多效唑

10. 下列不属于昆虫生长调节剂的是(　　)。

A. 拟除虫菊酯　　B. 除虫脲　　C. 双氧威　　D. 定虫隆

二、填空题

1. 农药按来源分为________、________和________，其中农用抗生素属于________。

2. 农药的基本剂型有________、________、________、________、________和________。

3. 粉剂的制备是将原药与填料按比例混合、研磨、过筛，使其细度达到________目，填料的作用是________和________。

4. 有机磷杀虫剂的生物活性是能抑制昆虫体内________。

5. 除虫菊是赤道附近高地多年生宿根性草本菊科植物，其杀虫的有效成分是________________。

6. ________具有毒性小、污染小、对天敌和有益生物影响小等特点，被誉为第三代农药、________和21世纪的农药。

7. 杀菌剂通过破坏菌的蛋白质或细胞壁的合成，破坏菌的________或是核酸代谢，改变植物的新陈代谢，进而破坏或干扰菌体的________和________，达到抑菌的目的。

8. 微生物杀菌剂是具有杀菌作用的________，农用抗生素是利用细菌、真菌和放线菌等微生物，在发酵过程中产生的________加工而成。

9. 多抗霉素是一种广谱杀菌抗生素，主要用于防治________、________、腐烂病、白粉病、斑点落叶病等。

10. 含氟农药具有________、________、________以及________等特点，是农药研究的热点之一。

三、判断题

1. LD_{50}数值越小，表示药剂的毒性越小。(　　)

2. 农药的剂型，是根据农作物的品种、虫害的种类、农作物的生长阶段和施药地点、病虫害发生期及各地的自然条件而确定的。(　　)

3. 仲丁威的合成包括三苯基磷制备、烷基化反应、酯化缩合反应等反应。(　　)

4. 杀菌剂分子进入菌体内，必须通过菌体细胞壁和细胞膜。(　　)

5. 福美双的工业合成的铵盐法省去了盐酸精致工序，节省大量的液碱和盐酸，减轻了设备的腐蚀和有害废水的排放，可提高产品收率5%左右。(　　)

6. 多抗霉素是目前用量最大的农用抗生素。(　　)

7. LD_{50}数值是指LD_{100}数值的一半。(　　)

8. 乳剂的药效比粉剂和可湿性粉剂效果好得多。(　　)

9. 2,4-滴丁酯合成的生产流程包括氯化、缩合、酸化、酯化、重结晶。(　　)

10. 春雷霉素是弱碱性水溶性抗菌剂，不溶于有机溶剂。(　　)

四、简答题

1. 农药的定义是什么？农药按用途分为哪几类？目前农药的发展趋势如何？

2. 杀菌剂的化学结构与生物活性有什么关系？

3. 请通过文献查阅了解合成敌百虫的过程中酸度是如何影响反应的？

4. 简述灭菌丹的生产工艺过程。

5. 光气是合成农药的一种重要原料，但是光气有剧毒，简要说明光气有何危害，以及防治措施有哪些？

6. 实训项目中为什么要在搅拌下滴加氯乙酸？为什么将对氯苯酚先溶于NaOH溶液中，作用何在？

模块八

油田化学品

知识目标 了解油田化学品的概念、分类及功能；掌握油田化学品的主要品种的生产工艺。

技能目标 能独立制备常用油田化学品；能正确使用常用分析检测仪器对油田化学品进行测试；能进行相关产品配方的研究及开发。

项目一 基本知识

石油是重要的战略资源。如何发现新的储量，经济、有效地开采现有油田是石油工业面临的重大课题，其中油田化学品的应用具有不可替代的作用。

随着石油天然气工业的持续发展，对油田化学品的需求量也越来越大。自20世纪70年代以来，我国油田化学品的研制、开发和应用都取得了很大成绩，在石油勘探和开发中发挥了重要作用，在品种、数量和质量上均已达到相当的水平。据统计，全国油化产品年用量1200kt，其中精细化学品约350kt，预计我国油田化学品的消耗量将以年均10%的速率递增，品种数现已达300多个。2010年全球油田化学品市场规模达到近160亿美元，其中美国和加拿大占据了全球52%的市场份额，据估计2010~2015年全球油田化学品市场需求将以年均3.5%的速度增长，2015年将达到近190亿美元。

一、油田化学品的定义与分类

（一）油田化学品的定义

油田化学品亦称油田化学剂，系指在石油勘探、开发、集输等过程中使用的化工产品及天然化学物质，即用于解决油田钻井、固井、采油、注水，提高采收率及集输等过程中化学问题时所使用的药剂。

（二）油田化学品的分类

（1）按油田施工工艺　可分为：钻井用化学品；油气开采用化学品（包括酸化用化学剂、压裂用化学剂等，涉及破乳剂、降滤失剂、杀菌剂、降凝剂、堵水调剖剂等）；提高采收率用化学品(包括聚合物和表面活性剂驱油剂等);油气集输用化学品(包括降凝降黏剂等);水处理用化学品等五大类。

(2) 按油田化学品结构特点　可分为:简单化合物;功能性高分子聚合物;表面活性剂等三大类。

油田化学品的研究与开发,不仅要求研究人员具备较强的精细化工基础,还要对其应用对象,诸如地质条件的复杂性、油藏构造的特殊性、油层的物性有比较深入的了解;近年来新型的油田化学品生产及应用涉及越来越多的学科知识和技术,需要研究人员和现场施工人员协同攻关。本模块着重介绍钻井、采油、集输等过程用化学剂的种类性能及其作用机理,水处理化学品已有专门模块进行讲解,这里不再赘述。

二、油田化学品的作用

油田化学品的种类很多,其作用各异。主要包括以下几个方面:

(一) 钻井方面

在一般油田钻井的过程中钻井液的使用是最重要的,它是指在油田钻井过程中的以其能够满足钻井工作的需求的一切循环流体的总称。钻井液有携带和悬浮岩屑、冲洗井底、稳定井壁、平衡地层压力、冷却和润滑钻头、钻具、传递水动力等作用。在整个应用过程中,对钻井液也有很多相关的要求,首先应与所钻油气层相配伍,满足保护油气层要求,有利于获取良好的岩样、岩芯和电测资料;其次钻井液应具有较好的抗温、抗盐、抗钙镁能力;接着钻井液应环保,减少对钻井人员及环境污染伤害;最后钻井液应具有良好的缓蚀防腐作用,减少对井下工具及地面装备的腐蚀。

(二) 采油方面

在采油过程中,最常使用的是表面活性剂、高分子化合物、酸化及酸液添加剂,其中常用的几种表面活性剂烷基磺酸钠(AS)、烷基苯磺酸钠(ABS)、Span 和 Tween 型活性剂、聚醚型活性剂、多乙烯多胺型活性剂、高分子表面活性剂等,这些活性剂的作用主要是在油田形成吸附界面膜,降低表面张力的物质,更好更方便地采集石油。油田采集中的酸化是决定油好坏的最重要的一步,酸化是用酸或潜在酸处理油田层,以恢复或增加油田层渗透率,实现油田井增产和注水井增注的一种新技术。

(三) 原油的集输方面

原油在集输过程中井壁结蜡会影响原油的产量,甚至会堵塞油井,迫使油井停产。管线结蜡会使泵压升高,甚至使原油失去流动性,在管内冻结。另外,油气集输中输油管道投资巨大,运行费用高。高昂的运行费用中能源费用占有很大的比重。随着输油规模的不断扩大,输油管道的能耗费用越来越大。因此,为了改善长距离管道输送原油的流动状况,减少能源消耗,降低输油成本,原油凝点的降低(降凝)和原油管输阻力的减小(减阻)是原油集输中两个重要问题。

(四) 油田水处理方面

油田污水主要是指从原油脱出的含油污水。世界各国广泛采用注水开发石油,我国90%的石油是靠注水开发的,采用的油水乳化液经脱水后,净油输往炼厂,污水要经过化学、物理和生物处理法除去其中的微量油、机械杂质等有害物质并达到一定标准后再回注地层,以驱动石油采出。

我国每年处理、回注水达 10^7m^3，各种水处理剂年用量为 63. 3kt，是油田开发中很重要的一类油田化学品。

项目二　钻井用化学剂和水泥外加剂

一、钻井用化学剂

随着我国石油勘探领域不断扩大，原油产量逐渐增加，钻井的数量、速度都在提高，定向井、丛式片、水平井、调整井逐渐增多。钻井条件更趋恶劣，钻遇地层日趋复杂，对钻井液(泥浆)和固井及其处理剂也提出更高的要求。

(一) 钻井液(泥浆)及其处理剂

泥浆在钻井过程中起着重要作用：净化井眼，将钻屑带出地面；冷却和润滑钻头；泥浆中的黏土颗粒附着井壁，形成薄而韧的泥饼，稳定井眼，防止井喷、漏、塌、卡等事故发生。

由于油层地质条件和钻井深度的不同，要求使用不同性能的泥浆。目前使用的泥浆有水基泥浆、油基泥浆和聚合物泥浆。

水基泥浆(或油基泥浆)是以水(或柴油原油)为分散介质添加黏土，化学处理剂配制而成。这几类泥浆使用最广泛。20 世纪 60 年代以来低固相泥浆得到迅速发展和应用。它是一种固体含量很低的聚合物泥浆，具有能提高钻速和进尺，降低成本及保护油层的优点，是由高分子絮凝剂如聚丙烯酰胺、聚丙烯腈、淀粉等除去泥浆中的固体，并具有防塌和改善泥浆流动的作用。

在钻井液(泥浆)配制和处理过程中所用的化学剂，称为钻井液处理剂。

我国目前已有十八类 260 种的钻井液处理剂(见表 8-1)，有的品种已赶上或接近世界水平，并开始出口国外。

表 8-1　我国已有的十八类 260 种的钻井液处理剂

序号	类别	处理剂
1	土粉	膨润土、钙膨润土、钠膨润土、有机土
2	加重剂	重晶石、赤铁矿、石灰石、氯化钠、氯化钾、溴化钙、溴化锌
3	降滤失剂	腐殖酸、羧甲基纤维素、磺化酚醛树脂、聚丙烯酸盐、改性淀粉
4	增黏剂	羧甲基纤维素、香叶粉、田菁粉、瓜尔胶
5	降黏剂	木质素磺酸盐、单宁、拷胶、有机膦酸盐、有机硅和聚合物
6	页岩抑制剂	磷酸钾、磺化沥青、腐殖酸钾、硝基磺化腐殖酸钾、聚丙烯酸钙
7	润滑剂	热聚油、磺化植物油、乳化渣油、极压润滑剂
8	堵漏剂	四壳(棉子壳、花生壳等)锯木屑、麦杆、改性纤维素
9	絮凝剂	聚丙烯酰胺、阳离子聚丙烯酰胺
10	解卡剂	磺化酚醛树脂、无荧光润滑剂、表面活性剂和聚合物
11	消泡剂	甘油聚醚、硬脂酸类、有机硅类
12	起泡剂	烷基磺酸钠、烷基苯磺酸钠，脂肪醇醚硫酸钠
13	乳化剂	OP 系列、司盘 80、平平加、环烷酸、环烷基苯磺酸、三乙醇胺

续表

序号	类别	处理剂
14	缓蚀剂	咪唑啉类、碱式碳酸锌(除硫剂)、亚硫酸钠(除氧剂)
15	杀菌剂	甲醛、多聚甲醛
16	pH 值控制剂	氢氧化钠、氢氧化钾，碳酸钠、石灰
17	除钙剂	碳酸钠、碳酸钾、碳酸氢钠
18	温度稳定剂	重铬酸钾、重铬酸钠

（二）降滤失剂

钻井液进入地层后，随着泥浆水分渗入地层，泥浆中的颗粒就附着在井壁上成为泥饼。形成的泥饼要薄、致密、韧性好，这样才能经受泥浆液流的冲刷。泥浆失水量越大，形成的泥饼越厚，性能也越差，因此，在泥浆中添加一些降滤失剂(降失水剂)，减少泥浆进入地层的失水量，利于形成致密的渗透性小的泥饼。

1. 降滤失剂的作用机理

降滤失剂的分子都是含有多个官能团的大分子(或高分子)，在泥浆中电离成长链的多价负离子，能吸附于黏土颗粒表面并形成吸附水化膜、同时又提高了土粒的电动电位，增大黏土颗粒聚结的机械阻力。微细土粒还能与长链的大分子部分黏结，避免土粒的直接接触，这样就大大提高了土粒聚结稳定性(见图 8-1)，致使泥浆中细小黏土颗粒的含量增多，有利于形成致密的泥饼，特别是具有高黏度和弹性的吸附水化膜带来的堵孔作用，使泥饼更致密，从而使泥浆的失水量降低。

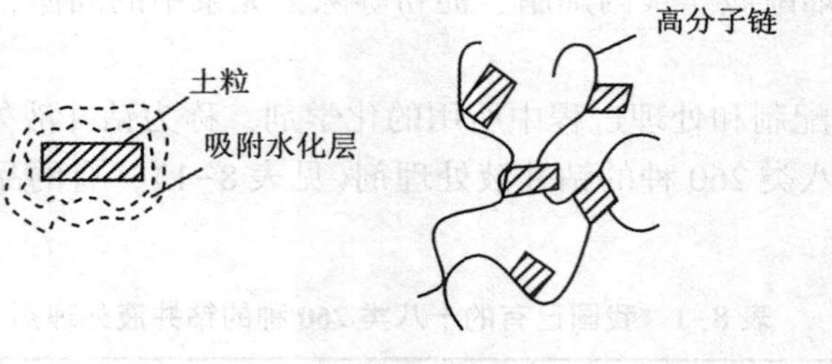

图 8-1　降滤失剂与土粒的吸附

2. 常见降滤失剂

（1）煤碱剂　煤碱剂是由褐煤粉(含有 20%~80%腐殖酸)加适量烧碱和水配制成的，其主要成分是腐殖酸钠。现场常用的配方为：褐煤：烧碱：水=15：(1~3)：(50~200)。

腐殖酸不是单一的化合物，而是由几个分子大小不同，组成不一的羟基芳香羧酸族组成的混合物，它含有多种官能团，主要有羧基、酚羟基和醌基，其他还有醇羟基，羟基醌、磺酸基和氨基等。

若将褐煤与重铬酸钾混合，按腐殖酸：重铬酸钾=3：1~4：1(质量比)在 80℃左右，生成铬腐殖酸，在水中有较大的溶解度，所配制的铬腐殖酸活性剂泥浆曾用于 6250m 的高温深井作业，具有很高的热稳定性，形成的井壁稳定，有较好的防塌效果。

（2）羧甲基纤维素(CMC)　1963 年我国开始用钠羧甲基纤维素(Na-CMC)作为泥浆的降滤失剂，其分子结构为：

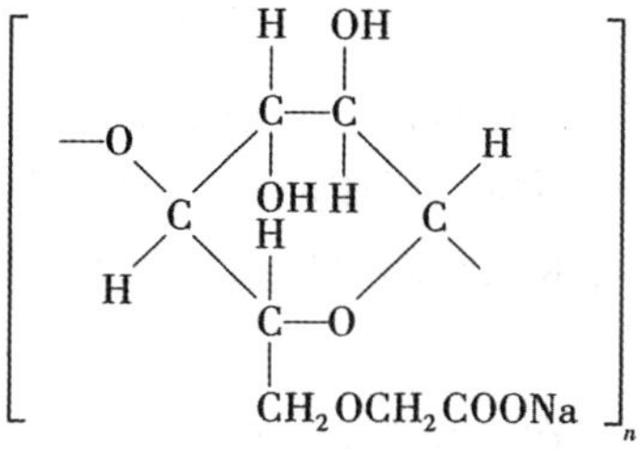

Na-CMC 是一种抗盐、抗温能力较强的降滤失剂，同时还有一定的增黏作用。对 CMC 的改性、降黏工作一直在进行，特别是与淀粉接枝改性的研究取得较好成果，并有一些产品用于现场。

（3）聚丙烯酸盐　1964 年研究成功水解聚丙烯腈用作深井、中深井的泥浆降滤失剂，具有热稳定性高的优点。

水解聚丙烯腈是聚丙烯腈（$n=2350\sim3760$，相对分子质量为 125000～200000）的水解产物，反应为（$n=x+y+z$）：

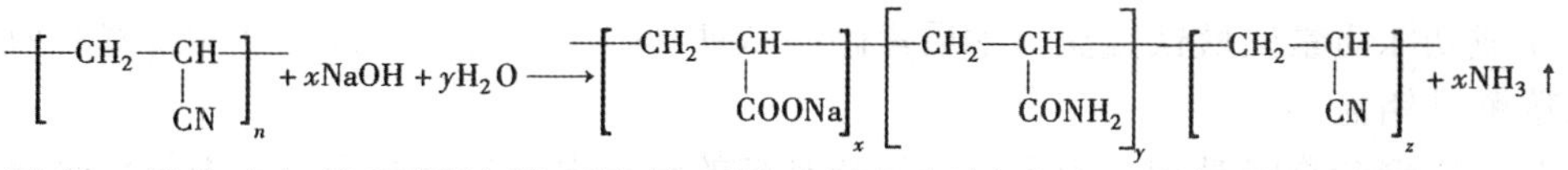

实际上，部分水解聚丙烯腈得到的是丙烯酸钠、丙烯酰胺和丙烯腈的共聚物。

3. 典型钻井液降滤失剂的生产

（1）羧甲基淀粉钠盐（CMS）　已大量用于泥浆降滤失剂，但价格昂贵，采用价廉而易得的玉米淀粉作原料，进行改性，制得羧甲基淀粉钠盐（CMS-Na）。

合成方法：按淀粉：氢氧化钠：氯乙酸＝1：0.21687～0.289：0.4285～0.857（物质的量之比）比例，将玉米淀粉、氢氧化钠溶液分别加入反应器中，在适量的水-乙醇存在下。于 40～50℃温度下进行碱醚化反应。反应完毕后，用酸中和反应产物至 pH＝7～8，经乙醇洗涤、过滤、真空干燥，即得 CMS，产率为 85%～90%。

主反应：$R_{36}OH+ClCH_2—COOH \xrightarrow{NaOH} R_{36}OCH_2COONa+NaCl+H_2O$

副反应：$ClCH_2COOH+2NaOH \longrightarrow HOCH_2COONa+NaCl+H_2O$

制得 CMS 在水中溶解性随黏度提高而降低，但比 CMC 易溶，是一种性能较好的泥浆降滤失剂（API 失水<7mL），成本远低于 CMC。

（2）AM-SAS 共聚物　是以丙烯酰胺（AM）烯丙基磺酸钠（SAS）为共聚单体，过硫酸钾（KPS）为引发剂而制得的，属阴离子型高分子，链中的—SO_3（Na）有益于提高泥浆的降失水性能。

合成方法：将一定摩尔比的 AM、SAS 单体溶于定量水中，在搅拌和 60℃±1℃温度条件下，添加过硫酸钾，反应之后，冷却、沉淀分离、洗涤、减压干燥至恒重，粉碎后得白色粉末状 AM-SAS 共聚物。

（3）SPNH 降滤失剂　是一种复配型药剂，该产品的主要成分由磺化腐殖酸铬盐（SMC）、磺化酚醛树脂（SMP）及水解聚丙烯酰胺（NPAN）按一定比例配制而成。

SPNH 是一种深井（或超深井）泥浆用的降滤失剂，具有抗高温，抗盐、抗钙污染和一定降黏能力。SPNH 处理后的泥浆性能稳定，流变好。与其他处理剂的配伍性好。同时，SPNH 促进井壁稳定，起下钻畅通，提高固井质量。该产品 1988 年获国家发明专利。

（三）降黏剂

钻井液降黏剂主要用来降低钻井液的黏度，控制钻井液的流动性，通常泥浆中黏土颗粒用量是相当大的，钻井过程中黏土颗粒均形成网状结构而使黏度增大，需添加一些高分子处理剂，改变土粒的表面性质和吸附水化膜的厚度，使泥浆黏度达到工艺要求。

1. 钻井液降黏剂分类

（1）单宁、栲胶　单宁广泛存在于植物的根、茎、皮、叶或果实中，是多元酚的衍生物。单宁溶于水，用作钻井液处理剂时，一般配成碱液，使所形成的单宁酸钠水溶性提高。栲胶是由红柳皮或落叶松树皮等含单宁植物加工制成的，含单宁 48%~70%，配成栲胶碱液起降黏作用的成分是单宁酸钠，仅用于浅井和中深井。

磺甲基单宁：用单宁酸、甲醛和亚硫酸氢钠在 pH=9~10 进行磺甲基化反应，制得的磺甲基单宁降黏性能有所提高，但抗盐性能较差。

（2）铁铬木质素磺酸盐　铁铬木质素磺酸盐由木质素磺酸钙与重铬酸钾、硫酸亚铁在一定条件下反应制得，是一种抗盐、抗钙和抗温能力强的降黏剂，能用于多种钻井液体系。近年来研制成功木质素磺酸铁锰盐、木质素磺酸钛铁盐等，但抗温、抗钙性能及降黏效果不如木质素磺酸铁铬盐。

（3）合成聚合物降黏剂　用于钻井液降黏剂的合成聚合物有两类，一类是以磺化苯乙烯为主的共聚物，如磺化苯乙烯与马来酸酐、衣康酸的共聚物；另一类是乙烯基或烯丙基单体的均聚或共聚物。近年来已相继研制成功 XA_{40}、SK-Ⅲ、XW-74、SD-16、XY-27、CN-1 和 PAC-145 等聚合物降黏剂产品，有较好的降黏作用。

（4）有机硅类降黏剂　1985 年有机硅开始作为钻井液降黏剂用，该剂处理的钻井液黏土容量很高，高温下性能稳定。近年来研究性能较好的有 Gx、HJN301 以及有机硅与腐殖酸钾接枝产品。

2. 钻井液降黏剂的作用机理

一般泥浆的黏土颗粒浓度都相当大，而且黏土颗粒为片状结构，其平面与端面的性质很不均匀，颗粒之间容易彼此黏结，形成连续空间的网状结构，致使泥浆黏度变大。天然或合成高分子降黏剂是带多官能团的长链分子，通过配价键吸附于黏土颗粒断键边缘的端面上，见图 8-2。

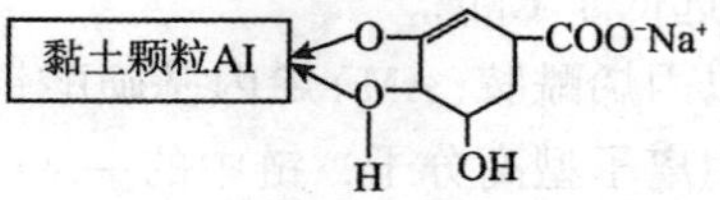

图 8-2　丹宁酸钠对黏土的吸附

3. 典型降黏剂的生产

（1）DSAA 降黏剂　DSAA 为二乙基二烯丙基氯化铵（DEDAAC）、烯丙基磺酸钠（AS）、丙烯酸（AA）和丙烯酰胺（AM）共聚的阳离子聚合物。将计量的 AA、AM、AS、DEDAAC 完全溶于水，加入氧化还原型引发剂-叔丁基过氧化氢和亚硫酸钠，在室温（约 15℃）进行共聚反应。反应完成后，烘干并粉碎，得到阳离子的共聚物 DSAA，产率为 95%。

（2）PT-1 降黏剂　将计量的顺丁烯二酸酐加入盛有水的反应器中，在一定温度下不断搅拌使它溶解，加入乙烯基单体和过氧化物引发剂，在 60~90℃下，反应 4~9h，即得到产物。

（四）钻井液缓蚀剂

在腐蚀介质中添加少量就能有效地减缓或抑制金属腐蚀速率的物质称为缓蚀剂。根据使用介质不同，可将缓蚀剂分为钻井液缓蚀剂，酸化缓蚀剂、注水缓蚀剂等。

据国际钻井承包商协会的调查，大约有75%~85%的钻具损失是由于腐蚀引起的，引起钻具腐蚀的主要因素是溶解氧、硫化氢和二氧化碳。氧是钻井液在地面循环时带入的，硫化氢和二氧化碳是油气层或地层水本身含有的，一些有机物的分解或细菌（硫酸盐还原菌）的繁殖过程中也会产生硫化氢或二氧化碳。

控制钻井液氧腐蚀的方法有两种：一是除氧，采用机械或化学处理法将钻井液中的溶解氧除去，达到控制氧腐蚀的目的；二是添加缓蚀剂，在钻井液中应用的除氧剂主要有亚硫酸盐；缓蚀剂有磷酸多元醇酯、有机胺和季铵盐等。

控制钻井液硫化氢腐蚀的方法是投加除硫剂或缓蚀剂。常用的除硫剂有碱式碳酸锌、碳酸铜、碳酸亚铜和海绵铁。常用的缓蚀剂主要是有机胺、季铵盐和吡啶咪唑啉等含氮的化合物，其中咪唑啉缓蚀剂已在现场应用成功。

控制钻井液二氧化碳腐蚀的方法是加 pH 值控制剂或缓蚀剂。当钻井液中加入 pH 值控制剂，使 pH>6，溶解的二氧化碳转为碳酸盐，腐蚀减缓。应用的缓蚀剂主要有咪唑啉及其衍生物缓蚀剂如 Nm-1 缓蚀剂等。

（五）消泡剂

消泡剂主要用于消除钻井液中的泡沫，保证液柱具有一定的压力以防止井喷和井塌事故。我国常用的消泡剂有醇类（如消泡剂 7501、杂醇）、硬脂酸类（如硬脂酸、硬脂酸铝、硬脂酸铅）、硅基类（如消泡剂 DSMA-6 消泡剂 QAD8211）、聚醚类（如甘油聚醚、丙二醇聚醚、丙三醇聚氧丙烯聚氧乙烯醚）等。国外除采用上述种类外，还有磷酸酯及盐类和长链羟基化合物。

例如消泡剂甘油聚醚的化学名称为聚氧丙基甘油醚，分子式为 $C_3H_5O_3(C_9H_{18}O_3)_nH_3$，由甘油与环氧丙烷聚合生成：

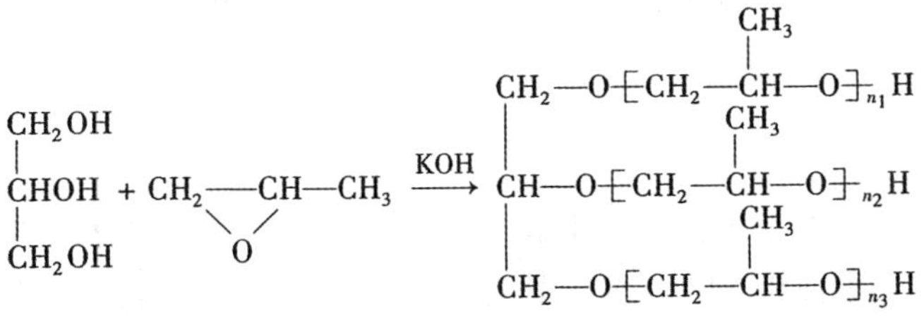

$(n_1+n_2+n_3>45)$

二、水泥外加剂

钻井后，需要大量水泥浆封堵套管和地层之间的环形空隙。这个过程称固井。常用的水泥有油井水泥、缓凝水泥、抗硫酸水泥等，随着深井、超深井越来越多，井底温度高，地层环境复杂，使固井的难度也越来越大。因此，对水泥添加的化学剂也提出更高的要求。在固井作业中，为保证施工顺利进行和固井质量，在水泥中所添加的化学剂称为水泥外加剂。

根据选用的水泥外加剂的不同，可使水泥浆具有新的性能。例如，水泥的抗压强度可在 1.38~137.9MPa 之间；通过促凝剂或缓凝剂，可以配出在数秒钟内即凝固或在 36h 仍具有流动性的水泥浆；通过加入粒状、纤维状或片状防漏剂，可防止水泥浆漏入地层等。

（一）水泥外加剂的分类

水泥外加剂按其作用特性可分为10类。

水泥促凝剂：能加速水泥水化反应，缩短稠化时间，提高水泥石早期强度，如氯化钠、氯化钙等。

水泥缓凝剂：能延长水泥水化反应，延长水泥浆凝结时间，可用于深井作业，如木质素磺酸钙、葡萄糖酸盐等。

水泥降滤失剂：能降低水泥浆滤失量，保证水泥的强度，如烷基芳基磺酸盐、纤维素衍生物等。

水泥防气窜剂：能在注水泥过程中及注水泥后防止气体运移，主要是含铝粉的发气剂如KQ-B、D29等。

其他：还有消泡剂、减阻剂(分散剂)、减轻外掺剂(减轻剂)、加重外掺剂(加重剂)、防漏外掺剂(防漏剂)、增强剂等。

（二）水泥添加剂PL-1降滤失剂的生产

PL-1是丙烯酰胺-丙烯酸-马来酸酐三元共聚物。合成方法为：在反应釜中，以蒸馏水为溶剂，过硫酸盐和适量的亚硫酸氢钠为引发剂，在氮气保护和搅拌下，使丙烯酰胺、丙烯酸、马来酸酐共聚。其中，物料为60%～70%丙烯酰胺和30%～40%(丙烯酸+马来酸酐)，反应温度为40℃±2℃，聚合反应时间>7h。

项目三　油气开采用化学剂

油气开采过程中，为了稳产、高产，常常在进行酸化、压裂和其他作业时，需要添加一些化学剂，可以去除黏土颗粒，沉积物对地层的堵塞，达到扩大原油渗透率的目的，或者改变原油的物性如黏度、凝点等，使油气增产。

按油田作业可把油气开采用化学剂分为：酸化用化学剂、压裂用化学剂和采油用其他化学剂。

一、酸化用化学剂

在酸化作业过程中，为满足工艺要求，提高酸化效果所用的化学剂称为酸化用化学剂。酸化用化学剂分为以下11类：缓蚀剂、助排剂、乳化剂、防乳化剂、起泡剂、降滤失剂、铁稳定剂、缓速剂、暂堵剂、稠化剂、防淤渣剂。

下面着重介绍酸化缓蚀剂及其作用机理。

（一）酸化

油井酸化是指采用机械的方法将大量酸液挤入地层，通过酸液对井下油页层、缝隙及堵塞物(氧化铁，硫化亚铁，黏土)溶蚀，恢复并提高地层渗透率，达到油井稳产高产的目的。

油田酸化时常用的酸：

盐酸：6%～37% HCl；　土酸：3% HF+12% HF；　乙酸：19%～23% CH_3COOH；

氢氟酸：3%～15% HF；　甲酸：10%～11% HCOOH；　氨基磺酸：NH_2SO_3H。

此外还有添加各种助剂配成的缓速酸、稠化酸、乳化酸，微乳微、泡沫酸、潜在酸等。

随着钻井深度增加，井深超过四五千米时，井底温度高达180℃左右，有的高于200℃，此时若采用浓酸酸化作业，必须解决高温浓酸对油井设备腐蚀的保护问题。因此，投加有效的缓蚀剂是酸化作业的关键步骤之一。

（二）酸化缓蚀剂

表8-2列出了部分国产酸化缓蚀剂的产品及应用配方。

表8-2　国内油气田酸化腐蚀剂研制及应用

缓蚀剂名称	主要原料	使用温度和酸浓度范围	油田应用的主要配方/%	N80钢片腐蚀速度/[g/(m²·h)]
7161-102	煤焦油的吡啶釜液、酒精与102	80～180℃ 15%～28% HCl	7161-102　(1.2) 甲苯　(3.0) AS　(3) HCl　(28)	46.6(120℃)
7623	制药厂吡啶釜液和盐酸	80～150℃ 15%～28% HCl	7623　(2.5) 乌洛托品　(1) AS　(3) HCl　(28)	167.9(120℃)
411	制药厂吡啶釜渣、盐酸、烷基磺酸盐	90℃ 15%～28% HCl	411　(1.5) 甲醛　(1.5) Cu^{2+}　(60×10^{-6}) HCl　(28)	53.3(120℃)
7701	4-甲基吡啶釜液、氯化苯、酒精与102	90～190℃ 15%～28% HCl	7701　(1) 乌洛托品　(0.5) HCl　(28)	7.5(90℃)

（三）酸化缓蚀剂的作用机理

根据腐蚀电化学理论，任何电化学腐蚀过程都是由金属溶解的阳极过程及去极化剂接受电子的阴极过程组成的：

阳极过程：$Fe-2e^{-}\rightarrow Fe^{2-}$

阴极过程：$2H^{+}+2e^{-}\rightarrow H_2\uparrow$

在同一块金属上，这两个过程是同时发生的，构成一个腐蚀电池。当铁失去电子受腐蚀的同时，酸液中的H^+得到电子成为不带电荷的氢原子，两个氢原子结合成为氢气从铁表面逸出。

由此可见，腐蚀电池的阴极过程和阳极过程是一个相互联系，互相配合的共扼过程，如果其中任何一个过程受到抑制（或者阻碍）时，另外一个过程也即受到抑制，金属的腐蚀速度就会减慢。

如果缓蚀剂主要是抑制了阳极过程而起缓蚀作用的，这种缓蚀剂称为阳极控制型缓蚀剂，简称为阳极型缓蚀剂。阴极型缓蚀剂主要是抑制阴极过程。有的缓蚀剂可能同时对阳极过程和阴极过程有抑制作用，称为混合控制型缓蚀剂。

缓蚀剂吸附理论认为，酸化缓蚀剂主要是有机缓蚀剂，它是由电负性较大的O、N、S和P等原子为中心的极性基和C、H原子组成的非极性基（如烷基R—）所构成，这些缓蚀剂通过物理吸附或化学吸附形成吸附膜对金属起到保护作用。

（四）常见油田用酸化缓蚀剂

1. 甲醛（HCHO）

甲醛是最早使用的油并酸化缓蚀剂，由于当时油井较浅，井温不高，且使用的盐酸浓度低于15%，因此，酸化施工时使用甲醛作为缓蚀剂，对设备管线有一定的保护作用。

2. 7701缓蚀剂

7701缓蚀剂主要用于盐酸和土酸的酸化缓蚀剂，已在胜利、中原、四川等九大油田广泛使用，7701缓蚀剂的合成工艺如下：

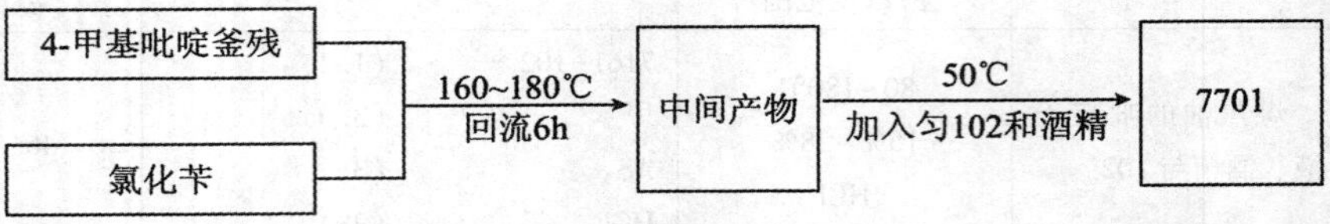

7701缓蚀剂的主要成分是苄基-吡啶（喹啉）类的季铵盐。匀102和酒精只是起着改善酸溶解性能的溶剂作用。

3. 7801缓蚀剂

7801是以酮胺醛缩合物为主的多组分复合缓蚀剂，在150℃的28%盐酸中具有优良的缓蚀性能，可用于5000m深的油气井酸化用。

7801的合成反应：六亚甲基四胺受热分解出的甲醛与苯胺、苯乙酮反应生成酮胺醛缩合物。

$$(CH_2)_6N_4 + 6H_2O \rightleftharpoons 6HCHO + 4NH_3$$

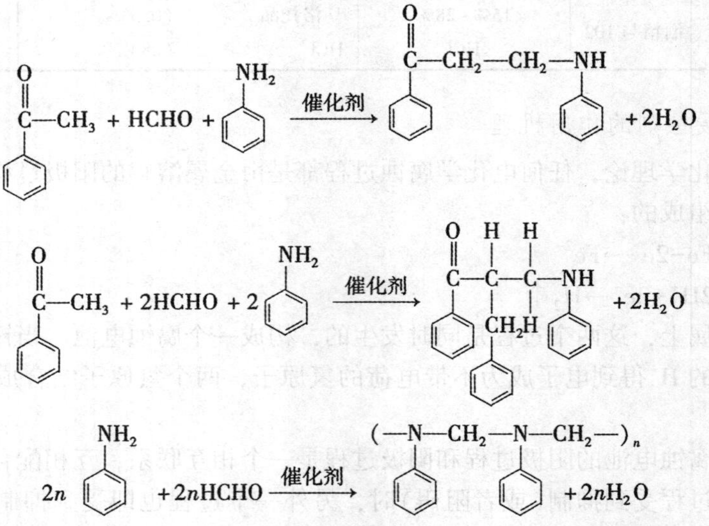

7801缓蚀剂含有酮胺醛缩合物和丙炔醇等组分，可通过多个极性基团，强烈地吸附在金属表面而发生络合反应，形成致密的多分子络合体吸附膜，主要是抑制阴极过程，对阳极过程也有抑制作用。

（五）其他酸化用化学剂

1. 缓速剂

缓速剂是用来降低酸化反应速度的化学剂，这样能使酸液渗入离井眼较远的地层，提高酸化效果。通常采用下面二种方式。

向酸液添加少量能提高酸黏度的高分子化合物，如黄原胶、聚乙二醇、聚氧乙烯、聚丙烯、丙二醇醚、丙烯酰胺与2-丙烯酰氨基-2-甲基-丙基磺酸钠共聚物等。由于酸黏度增大，就会降低酸中氢离子扩散到地层裂缝表面的速度和反应产物扩散到酸液的速度，使酸化距离延长。

在酸中添加一些易于吸附地层表面的化学剂，即可降低酸与地层的反应速度。如烷基磺酸钠(R：C_{12}~C_{18})；烷基苯磺酸钠(R：C_{10}~C_{14})；聚氧乙烯烷基醇醚(R：C_{10}~C_{18})；聚氧乙烯烷基酚醚(R：C_8~C_{12})；烷基氯化吡啶(R：C_{12}~C_{18})等，这些添加剂的加入，在酸液与地层接触初期，地层吸附量大，降低酸化反应速度的能力大，随着酸液渗入地层深处，添加剂浓度已降低，地层对它的吸附量也小，它对酸化反应速度降低能力减少，达到缓速酸化的目的。

2. 铁稳定剂

在酸化作业时，钢铁会受到腐蚀，以及地层中的氧化铁、硫化亚铁等溶于酸中，生成铁盐。随着酸化距离的延长，酸浓度越来越低，当酸液的pH值达到某一值时，铁盐水解，可能重新生成沉淀(称为二次沉淀)易堵塞地层。

$$FeCl_2 + 2H_2O = Fe(OH)_2 \downarrow + 2HCl$$

$$FeCl_3 + 3H_2O = Fe(OH)_3 \downarrow + 3HCl$$

酸化作业时，需要加入铁稳定剂。该药剂通过络合、还原或pH值控制等作用，防止铁离子沉淀。油田用铁稳定剂有：醋酸、草酸、乳酸、柠檬酸、乙二胺四乙酸二钠。

二、压裂用化学剂

压裂就是利用压力将工作液压入井下，将地层压开，形成裂缝，并由支撑剂将裂缝支撑起来，以减少流体流动的阻力，达到增产增注的目的。采用压裂措施，不仅能解除近井地层或油气井(水井)井壁堵塞，而且能将裂缝延伸至数十、数百米以上，扩大了泄油面积，提高了导流能力。一次大型压裂，总用液量达3000m^3，砂子500m^3以上，这样大量流体压入裂缝，就要求工作液应具有良好的造缝性、悬砂性、摩擦阻力小、滤失量低，且不伤害地层，即不乳化不沉淀，对地层不堵塞等性能。

压裂过程中所用的工作液称为压裂液，目前国内外使用的压裂液有水基压裂液、油基压裂液、乳化型压裂液和特种压裂液，共计有三十多个品种。

在压裂作业过程中，为满足工艺要求，提高压裂效果，保证压裂液的良好性能所添加的化学剂称为压裂用化学剂。压裂用化学剂分为14类：破胶剂、缓蚀剂、助排剂、交联剂、黏土稳定剂、减阻剂、防乳化剂、起泡剂、降滤失剂、pH值控制剂、暂堵剂、增黏剂、杀菌剂、支撑剂。

(一) 稠化水压裂液

水(油)基压裂液是以水(油)为溶剂或分散介质的压裂液。通常将稠化剂(天然或合成高分子聚合物)溶于水(或油)配成稠化水(油)压裂液，此时，压裂液具有两个特点：黏度比水大，高速流动时，摩擦阻力比水低。这是由子稠化剂系线型高分子结构，并带有亲水基团的缘故。稠化水(油)压裂液黏度大，有利于携砂和减少滤失，线性高分子的稠化剂更易于沿流动方面取向、伸长，能有效地抑制水分子的横向运动，因而有较好的降阻作用。

1. 压裂液用稠化剂分类

(1) 天然高分子及其改性产物　羧甲基纤维素、羟乙基纤维基、羧甲基羟乙基纤维素、羧甲基田菁胶、羟乙基田菁胶、黄原胶等。

(2) 合成高分子产物　聚丙烯酰胺、部分水解聚丙烯酰胺，丙烯酰胺与 N,N-亚甲基二丙烯酰胺共聚物。

稠化剂在水中浓度为 0.5%~5%。

2. 典型稠化剂(羟乙基纤维素 HEC)的生产

合成原理：在异丙醇碱溶液中加入经过粉碎的棉短绒，使纤维素碱化活化，然后加入适量的环氧乙烷，反应后的悬浮液经过中和、脱盐、离心分离和干燥后可得成品。合成反应为：

$$[C_6H_7O_2(OH)_3]_n + xn(C_2H_4O) \longrightarrow [C_6H_7O_2(OC_2H_4OH)_x(OH)_{3-x}]_n$$

合成工艺：纤维素经过粉碎，加入有异丙醇碱溶液的反应釜中，在真空及搅拌状态下于 5~30℃ 下反应 2~3h，继而加入环氧乙烷并在 40~90℃ 下反应 3~5h。固液分离后，用异丙醇-水进行纯化处理并用乙二醛进行表面改性后，在 60~85℃ 进行干燥，即得产品。

(二) 压裂用交联剂

在压裂过程中，能将聚合物的线型结构交联成体型结构的化学剂称为压裂用交联剂。天然高分子(香豆胶、田菁胶、魔芋胶和纤维素衍生物)和合成高分子化合物，通过交联剂的作用形成三维网状结构的冻胶，具有很好的悬砂能力，滤失量低，摩擦阻力低，使压裂性能提高。

硼、钛和锆是最常用的交联剂。例如，硼砂或硼酸交联的田菁胶压裂液，只能应用到 80℃ 的井温，但硼交联剂具有交联速度快的特点。若对田菁进行改性，硼交联后的压裂液的使用温度还能提高。

20 世纪 70 年代以来，国外在高温地层普遍采用有机钛交联剂，常用的品种有乙酰丙酮钛、三乙醇胺钛和乳酸钛。国内也开展 $TiCl_4$ 和有机钛交联剂的研究和开发工作，使压裂液的作业温度进一步提高。例如，羟乙基田菁钛冻胶，羟丙基羧甲基田菁钛冻胶耐温可达 120~140℃，香豆钛冻胶可耐 150℃，聚丙烯酰胺钛冻胶压裂液也可用于 130~150℃ 的作业。

(三) 压裂液用破胶剂

1. 过硫酸盐破胶剂

这是油田常用的破胶剂，如过硫酸钾、过硫酸钠、过硫酸铵。它们在热引发下会产生原子态氧：

$$(NH_4)_2S_2O_8 + H_2O \longrightarrow 2NH_4HSO_4 + [O]$$

新生态氧通过氧化降解反应，使冻胶破胶：

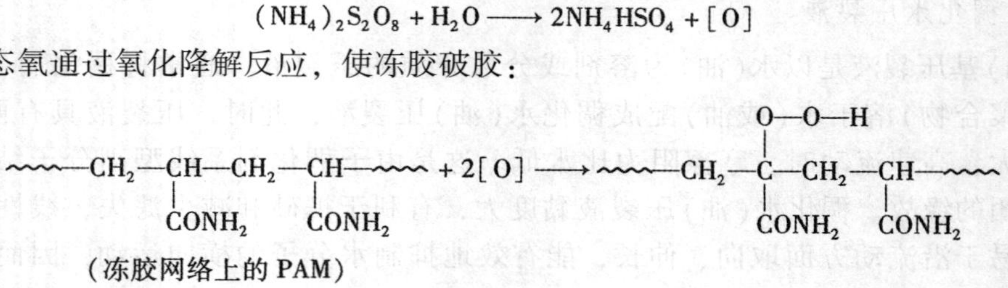

(冻胶网络上的PAM)

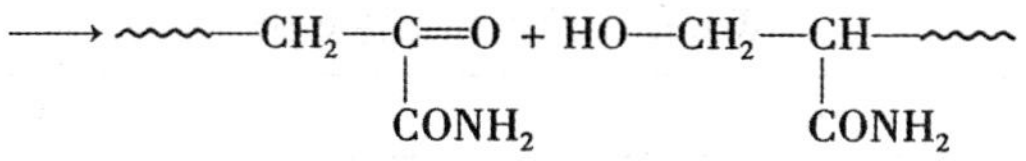

新生态的氧也会使植物胶中半乳甘露聚糖(田菁胶的主要成分)氧化降解，引起破胶。

过硫酸盐在常温下几乎没有活性。如香豆硼冻胶压裂液中，加入 0.05%过硫酸盐，在常温下需 8d 才能破胶。而在 45℃时，加入 0.01%过硫酸盐只需 40h 就破胶，若温度高于 50℃，在 24h 便使香豆硼冻胶破胶，因此，过硫酸盐的适用温度为 50℃以上。

2. 自生酸型破胶体系

酸虽是破胶剂，但不宜直接用作破胶，因为反应太快，严重影响压裂期间压裂液的性能。自生酸型破胶剂，是通过化学反应使溶液缓慢显酸的化学剂，可作为半乳甘露聚糖水解反应的催化剂。这类破胶剂有：甲酸甲酯 $HCOOCH_3$；氯化苄 $C_6H_5—CH_2Cl$；乙酸乙酯 $CH_3COOC_2H_5$；磷酸三乙酯 $PO—(OC_2H_5)_3$。

三、黏土稳定剂

产油、气地层里都含有黏土矿物，在酸化、压裂和注水作业时，这些黏土颗粒与外来引入水接触，就会发生膨胀、剥落和运移，使地层受到伤害，直接影响采油量和注水量。受损害的地层要恢复是十分困难的，因此，投入化学剂预先稳定黏土，对油田开发具有重要意义。

(一) 黏土的组成与结构

地层中的黏土矿物(简称黏土)主要有高岭石、蒙脱石、伊利石和绿泥石等。其中，蒙脱石的水敏性最强，遇水易膨胀、分散和运移，伊利石、绿泥石次之，高岭石最弱，这与它们的晶体结构有关。

蒙脱石的分子式为 $Al_2O_3 \cdot SiO_2 \cdot H_2O$，它的晶体结构是由两层硅氧四面体夹着一层铝氧八面体组成的片状结构(见图 8-3)。在蒙脱石晶体中，常常由于晶格取代(如硅氧四面体中的硅为铝取代，铝氧八面体中的铝为镁取代)而使其电价不平衡，晶体表面带负电荷，致使晶体表面能结合一定数量的阳离子(如 K^+、Na^+、Ca^{2+}等)以平衡电价。

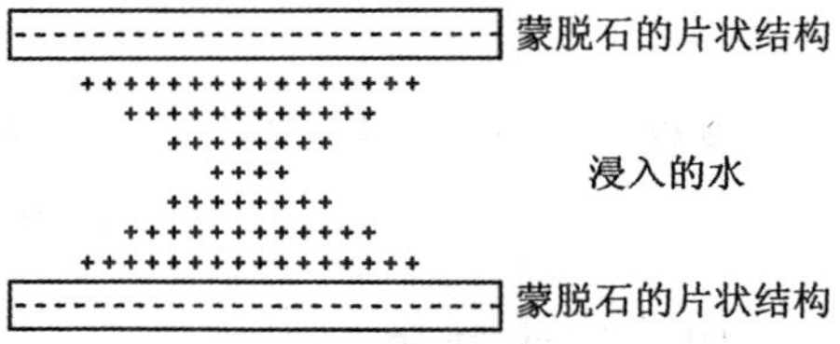

图 8-3　蒙脱石遇水产生的扩散双电层

当蒙脱石与水接触时，水进入蒙脱石的片状结构之间，表面所结合的阳离子在水中解离，由于片状结构表面所带负电荷的静电斥力，致使片状结构自行分开，产生我们通常看到的黏土膨胀。

(二) 黏土稳定机理

黏土稳定主要是利用黏土表面易产生离子交换及黏土晶体表面带负电荷的特点，通过加入黏土稳定剂，改变黏土表面的结合离子或表面电荷，达到抑制黏土水化膨胀、分散和运移的目的。

(三) 黏土稳定剂类型

1. 无机黏土稳定剂

油田常用的无机黏土稳定剂见表 8-3。

表 8-3　无机黏土稳定剂

名　称	化学成分	用　量	使用条件
氯化钠	$NaCl$	8%～10%	低浓度促使黏土水化膨胀，高浓度有稳定黏土作用
氯化钙 氯化镁	$CaCl_2$ $MgCl_2$	1%～2%	不需要特殊使用条件
氯化钾 氯化铵	KCl NH_4Cl	1%～2%	pH 3～7 效果好，与 30%甲醇混用更有效
聚合铝	$[Al_2(OH)_nCl_{6-n}]_m$	0.1%	
氧氯化锆	$ZrOCl_2$	1%	与低 pH 的处理液或酸液配伍，当地层中灰质含量高时对处理不利

2. 有机黏土稳定剂

由于黏土颗粒表面带负电荷，因此，阳离子表面活性剂或聚合物都能吸附在黏土表面中和其电荷，改变表面状态和交换性能，从而减少水分子的渗入。达到稳定黏土的作用。

常用的阳离子表面活性剂有：季铵盐型、吡啶盐型、胺盐型、咪唑啉型；聚合物有 PA-F 黏土稳定剂，PA-F 的成分为 *N*-胺甲基聚丙烯酰胺，是一种阳离子型聚合物，PA-F 黏土稳定剂是在聚丙烯酰胺的主链酰氨基上引入了二级氨基团，使得 PA-F 对黏土颗粒进行阳离子交换及中和电荷作用得到加强，稳定性能好。其合成如下：

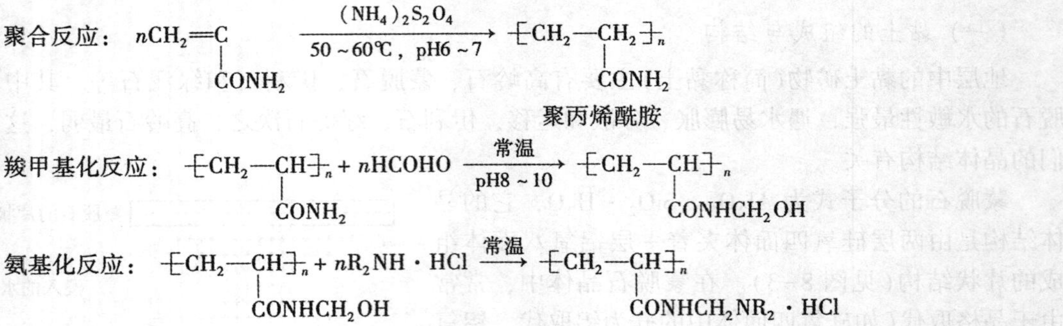

四、堵水剂和调剖剂

我国油田化学堵水技术从 20 世纪 50 年代起在现场应用，至今已有 50 多年历史。最初是用水沉浆堵水，后发展了油基水泥、石灰乳、树脂、活性稠油等。60 年代以树脂为主，70 年代水溶性聚合物及其凝胶开始在油田应用。从此，油田堵水技术进入一个新的发展阶段，堵剂品种迅速增加，处理井次增多，经济效益也明显提高。我国油田普遍采用注水开发方式，地层非均质性严重，油藏地质复杂，在开发中后期含水上升速度加快。目前油井生产平均含水已达 60%以上，东部地区的一些老油田含水已达 90%以上。因此，堵水调剖的工作量逐年增大，工作难度增加，而增油潜力降低。

堵水就是控制水油比或控制产水，其实质是改变水在地层中的流动特性，即改变水在地层中的渗透规律。堵水作业根据施工对象的不同，分为油井(生产井)堵水和水井(注入井)调剖二类。其目的是补救油井的固井技术和降低水淹层的渗透率(调整流动剖面)，提高油层的采收率。

堵水剂一般是指用于生产井堵水的处理剂，调剖剂则是用于注水井调整吸水剖面的处理剂。这两种剂各有特性，但以共性为主；多数情况下两剂可以互相通用，为方便起见，有时把这两种剂统称为堵水调剖剂，简称堵剂。油田中采用的堵水方法分为机械堵水和化学堵水两类，化学法堵水是用化学堵水剂的化学作用对出水层造成堵塞，机械法堵水是用分隔器将出水层位在井筒内卡开，以阻止水流入井内。就目前应用和发展情况看，主要是化学堵水。根据堵水剂对油层和水层的堵塞作用，化学堵水可分为非选择性堵水和选择性堵水；根据施工要求还有永久堵和暂堵。非选择性堵水是指堵剂在油井层中能同时封堵油层和水层的化学剂；选择性堵水是指堵剂只与水作用，而不与油起作用，故只在水层造成堵塞而对油层影响甚微。

堵水调剖剂技术要在油田应用中获得成功，产生效益，除有好的堵剂外，还必须深入研究油藏及处理工艺，三者互相配合，不可偏废。

下面介绍化学堵水调剖剂的类型与品种。

（一）非选择性堵剂

1. 水泥类堵水剂

这是最早使用的堵水剂，利用它凝固后的不透水性进行封堵，通常用于打水泥塞封下层水，挤入窜槽井段封堵窜槽水，或挤入水层挤水。由于价格便宜，强度大，可以用于各种温度，至今仍在研究和使用。主要产品有水基水泥、油基水泥、活化水泥及微粒水泥。由于水泥颗粒大，不易进入中低渗透性地层，因而用挤入水层的方法堵水时，封堵强度不高，成功率低，有效期短。长时间以来这类堵剂的应用范围受到限制。最近研制成功的微粒水泥和新型水泥添加剂给水泥类堵剂带来了新的活力。

2. 树脂型堵剂

树脂型堵剂是指由低分子物质通过缩聚反应产生的高分子物质。非选择性堵剂常采用热固性树脂。如酚醛树脂、环氧树脂、脲醛树脂、糠醇树脂、三聚氰胺-甲醛树脂等。

常用的环氧树脂有环氧树脂，环氧苯酚树脂和二烯烃环氧树脂。施工时，在泵注前可向液态环氧树脂中添加几种硬化剂，硬化剂和环氧树脂反应后使其聚合成坚硬惰性的固体。

糠醇树脂是指糠醇在酸存在时本身进行聚合反应，生成坚固的热固性树脂。糠醇树脂堵水是先将酸液(80%的磷酸)打入欲封堵的水层，后泵入糠醇溶液，中间加隔离液(柴油)以防止酸与糠醇在井筒内接触。当酸在地层与糠醇接触混合后，便产生剧烈的放热反应，生成坚硬的热固性树脂，堵塞岩石孔隙口。

树脂类堵剂具有如下优点：可以注入地层孔隙并且具有足够高的强度，可以封堵孔隙、裂缝、孔洞、窜槽和炮眼；树脂固化后呈中性，与井下液体不反应，因而有效期长。据报道，每消耗 1t 商品树脂堵剂，可增产原油 186t，经济效益显著。其缺点是：成本较高，无选择性，使用时通常仅限于井底周围径向 30cm 以内，使用前必须检测处理层位并加以隔离，树脂固化前对水、表面活性剂、碱和酸的污染敏感，使用时必须注意。

3. 无机盐沉淀型调剖堵水剂

该堵剂主要是硅酸钙堵剂。利用相对密度 1.50~1.61 的水玻璃和相对密度 1.3~1.5 的氯化钙溶液，中间以柴油隔离，依次挤入地层，使水玻璃与氯化钙在地层内相遇，则生成白色硅酸钙沉淀，堵塞地层孔隙。水玻璃与氯化钙的比例约为 1∶1，总用量可根据水层厚度、孔隙度及挤入半径确定。这种封堵剂来源广，成本低，施工安全简便，封堵效果好，解堵容易(高压酸化、碱液压裂)，但在施工时必须采取有效保护措施，否则会堵塞油层，污染地层。

4. 凝胶型堵剂

凝胶是固态或半固态的胶体体系，由胶体颗粒、高分子或表面活性剂分子互相连接形成的空间网状结构。结构空隙中充满了液体，液体被包在其中固定不动，使体系失去流动性，其性质介于固体和液体之间。凝胶分为刚性凝胶和弹性凝胶两类。

(1) 硅酸凝胶　硅酸凝胶是常用的凝胶之一。在稀的硅酸溶液中加电解质或适当含量的硅酸盐溶液加酸，则生成硅酸凝胶，该凝胶软而透明，有弹性，其强度足以阻止通过地层的水流。其堵水机理如下：$NaSiO_3$ 溶液遇酸后，先形成单硅胶，后缩合成多硅胶。它是由长链结构形成的一种空间网状结构。在其网状结构的空隙中充满了液体，故成凝胶状，主要靠这种凝胶物封堵油层出水部位或出水层。硅酸凝胶的优点在于价廉且能处理井径周围半径1.5~3.0m 的地层，能进入地层小空隙，在高温下稳定。其缺点是 $NaSiO_3$ 完全反应后微溶于流动的水中，强度较低，需要加固体增强或用水泥封口。此外，$NaSiO_3$ 能和很多普通离子反应。处理层必须验证清楚，并在其上下隔开。

(2) 丙凝堵剂　丙凝堵剂是丙烯酰胺和 *N*,*N*-亚甲基双丙烯酰胺的混合物，在过硫酸铵的引发和铁氰化钾的缓凝作用下，聚合生成不溶于水的凝胶而堵塞地层孔隙，该剂可用于油、水井的堵水。

5. 冻胶型凝胶

冻胶型凝胶是由高分子溶液在交联剂作用下形成的具有网状结构的物质，因其含液量很高(通常大于98%)，胶凝后类似于冻胶而得名。该类堵剂很多，如铝冻胶、锆冻胶、钛冻胶、醛冻胶、铬木质素冻胶、硅木冻胶、酚醛树脂冻胶等都属此类。

综上所述，在油气井非选择性堵剂中，树脂堵剂强度最好，冻胶、沉淀型堵剂次之，凝胶最差；而成本则是凝胶、沉淀型堵剂最低，冻胶次之，树脂型最高。由此可见，沉淀型堵剂是一种强度较好而价廉的堵剂，加之它耐温、耐盐、耐剪切，是较理想的一类非选择性堵剂。在油气井非选择性堵剂中，凝胶、冻胶和沉淀型堵剂都是水基堵剂，都有优先进入出水层的特点，因此在施工条件较好的油气选择性堵水中同样也可使用。

(二) 选择性堵剂

选择性堵水适用于不易用封隔器将油层与待封堵水分开的施工作业。尽管选择性堵剂的作用机理有很大不同，但它们都是利用油和水、出油层和出水层之间的性质差异进行选择性堵水的。这类堵剂按分散介质的不同可分为3类：水基堵剂、油基堵剂和醇基堵剂，它们分别以水、油和脂，醇作溶剂配制而成。

1. 水基堵剂

水基堵剂是选择性堵剂中应用最广、品种最多、成本较低的一种堵剂，它包括各类水溶性聚合物、泡沫、水包油型乳状液及某些皂类等，其中最常用的是水溶性聚合物。

(1) 聚丙烯酰胺(PAM)　聚内烯酰胺为代表的水溶性聚合物是目前国外使用最广泛和最有效的堵水材料。这种堵剂溶于水而不溶于油。注入地层后可以限制井内出水而不影响油气的产量。处理时不需要测定水源或封隔层段，处理费用低。聚丙烯酰胺是一种高分子聚合物，分子结构属线型高分子化合物，交联后其结构属体型高分子，形成网状的三维空间结构。其堵水机理是部分水解的聚丙烯酰胺分子上的酰氨基和羧基影响着分子链的展开程度和吸附能力，其选堵能力表现在流体阻力上，用来解释残余阻力的机理是吸附、捕集和物理堵塞。

(2) 部分水解聚丙烯腈(HPAN)　水解聚丙烯腈作为一种选择性堵水剂主要用于地层水中多价金属离子含量高的地层。其特点是与地层水中的电解质作用形成不溶的聚丙烯酸盐，但沉淀物的化学强度低，形成的聚丙烯酸钙是溶解可逆的。水解聚丙烯酸盐沉淀物存在淡化问题，即在淡水中由于析出离子开始变软，最后溶解。

2. 油基堵剂

(1) 有机硅类堵剂　有机硅类化合物包括四氯化硅、氯甲硅烷和低分子氯硅氧烷等。它们对地层温度适应性好，可用于一般地层温度，也可用于高温(200℃)地层。羟基卤代甲硅烷是有机硅化合物中使用最广泛且易水解、低黏度的液体，其通式是 R_nSiX_{4-n}，其中 R 为羟基，X 为卤素，n 为 1~3 的整数。

(2) 聚氨酯　这类堵剂是由多羟基化合物和多异氰酸酯聚合而成，聚合时保持异氰酸基的数量超过羟基的数量，即可制得有选择性堵水作用的聚氨酯。

(3) 稠油类堵剂　稠油类堵剂包括活性稠油、偶合稠油和稠油固体粉末等。

项目四　油气集输用化学剂

我国原油含蜡量高、黏度大、凝固点也高，在生产中往往于井口或井底添加一些具有特殊性能的化学剂，以利于原油的开采和输送。在油气集输过程中，为保证油气质量，保证生产过程安全和降低能耗所用的化学剂称为油气集输用化学剂。这类化学剂包括如下 14 个类型：缓蚀剂、破乳剂、减阻剂、乳化剂、流动性改进剂、天然气净化剂、水合物抑制剂、海面浮油清净剂、防蜡剂、清蜡剂、管道清洗剂、降凝剂、降黏剂、抑泡剂。

通常采出的原油是乳状液的，含水量也高，在集输过程中，原油下部溶有 H_2S、CO_2 的水对管线底部造成严重的腐蚀(呈沟槽状、条状)，应加入缓蚀剂进行保护。同时，原油在采油场需投加破乳剂(并结合其他脱水装置)，使原油含水<0.5%，再输送炼油厂，大量的采出水流至污水处理站，经处理后回注地层。

采油过程中，若将一些具有防蜡或清蜡作用的化学剂注入井底，就能防止井壁、集输管线上结蜡，使原油流动性提高，利于输送并降低能耗。

一、防蜡剂与清蜡剂

石蜡是 C_{18}~C_{60}以上的碳氢化合物。在地下油层条件下，蜡是溶解在原油中的，当原油从井底上升到井口以及在集输过程中，由于压力、温度降低，就会出现结蜡。

结蜡过程分三个阶段：析蜡、蜡晶长大和蜡沉积。蜡晶呈薄片状或针状，长大能形成固态的三维网络，因而蜡晶结构在一定温度下，有一定的牢固性。若在油井壁或输油管线上产生结蜡，就会堵塞管道，直接影响原油开采和集输。

通常采用加热输送的办法，这种方法存在燃料消耗大，设备投资和管理费用高的缺点，为此，国内外重视各种防蜡剂和清蜡剂的研制和应用。

能清除蜡沉积的化学剂称为清蜡剂。能抑制原油中蜡晶析出、长大、聚集或在固体表面沉积的化学剂称为防蜡剂。

防蜡剂的作用机理：晶格歪曲理论认为，防蜡剂分子先从原油中析出，形成蜡的结晶中心，使蜡晶以分散状态被油流带走，降低蜡在管壁的沉积。防蜡剂分子与蜡同时从原油中析出，组成晶核，形成共晶，或者防蜡剂分子吸附于沉积井(管)壁的蜡表面，破坏蜡晶的方向，致使石蜡晶格歪曲，不利于蜡晶体长大。

水膜理论认为，防蜡剂是一种表面活性剂，它的非极性基团易吸附于蜡面上，而极性基团伸向水。使蜡表面成为水膜、阻止蜡结晶与沉积。

(一) 防蜡剂的类型

1. 稠环芳烃型防蜡剂

主要是萘、菲、蒽、芘、苯并芘等，都是稠环芳烃，它们主要来自煤焦油，其分子结构如下：

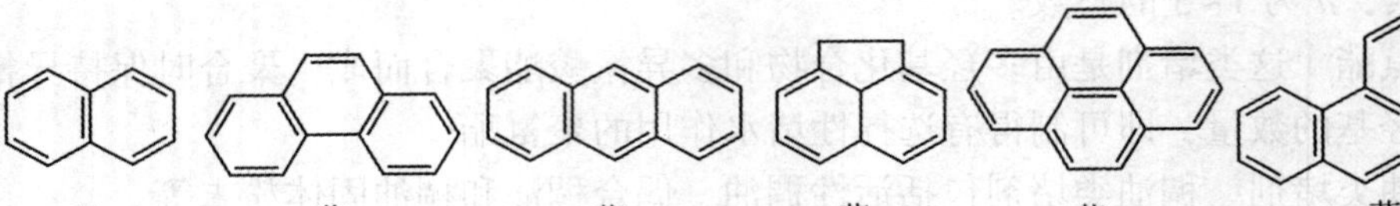

萘　菲　蒽　苊　芘　䓛

稠环芳烃及其衍生物可用作防蜡剂。通常将稠环芳烃溶于溶剂中，再加到原油中使用。这些物质很容易吸附在蜡晶表面上，阻止蜡晶体长大。

2. 高分子型防蜡剂

这种类型防蜡剂都是油溶性的，具有石蜡链节结构的支链型高分子。这些高分子在很低浓度下，就能遍布原油中的网络结构。若原油温度下降，石蜡就在网络上析出，其结构疏松且彼此分离，不能聚结长大，因此石蜡不易在钢铁表面沉积而被油流带走。这类防蜡剂有：

聚乙烯：相对分子质量为20000~27000的高压聚乙烯，或相对分子质量为6000~20000并含有10%~50%支链结构的聚乙烯。

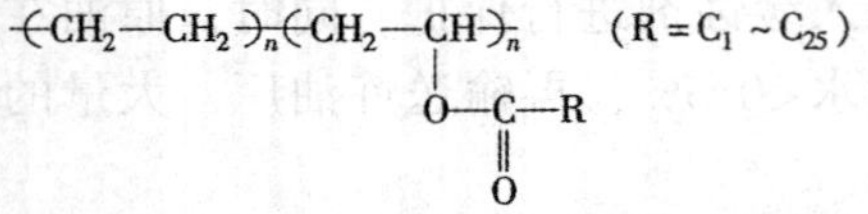

乙烯与醋酸乙酯共聚物

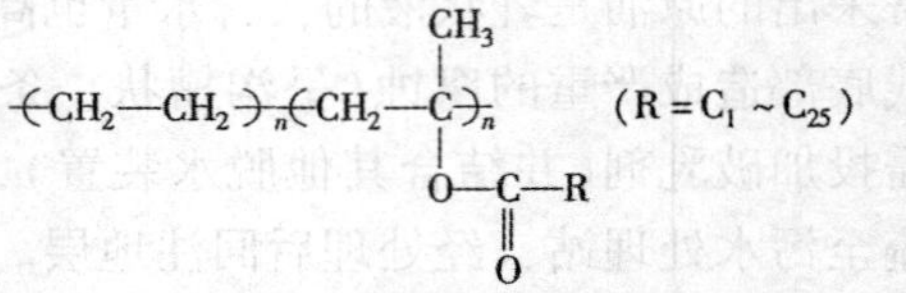

乙烯与醋酸丙烯酯共聚物

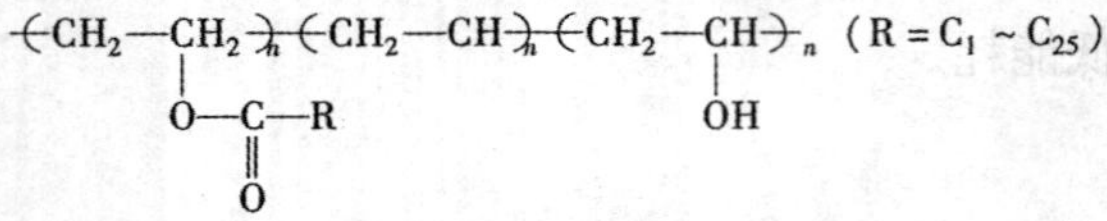

乙烯、醋酸乙烯酯与乙烯醇共聚物

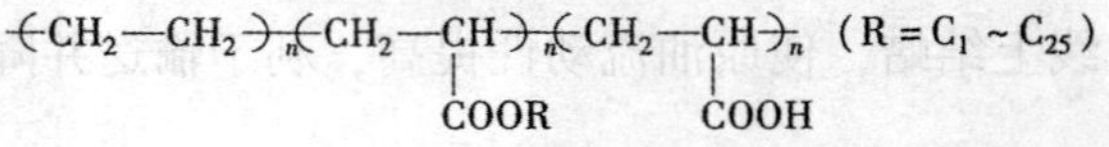

乙烯、丙烯酸酯与丙烯酸共聚物

3. 表面活性剂型防蜡剂

这类防蜡剂有油溶性表面活性剂如石油磺酸盐、胺型表面性剂和水溶性表面活性剂。有季铵盐型、平平加型、OP型、吐温型、聚醚型等。

油溶性表面活性是通过改变蜡晶表面性质，使蜡不易进一步沉积，而水溶性表面活性剂吸附在结蜡表面，使蜡表面或管壁表面形成一层水膜，阻止蜡在其上沉积。

SZ-3防蜡剂是由蜡晶改性剂和表面活性剂为主成分复配而成的，其中蜡晶改性剂为乙烯-醋酸乙烯酯共聚物，乳化剂为有机酸醇酰胺(由有机酸与乙醇胺合成的羟乙基有机酸醇酰胺)，表面活性剂为聚氧乙烯烷基苯酚醚，溶剂为甲苯、低分子醇。

SZ-3配方(质量比)为：

水：有机酸醇酰胺：聚氧乙烯烷基苯酚醚：低分子醇：20% EVA甲苯液=10：1：2~3：

3~5：16~19。

（二）清蜡剂

1. 油基清蜡剂

这类清蜡剂主要是溶解石蜡能力较强的溶剂，如二硫化碳、四氯化碳、三氯甲烷、苯、甲苯、二甲苯、汽油、煤油、柴油等。

油基清蜡剂的主要缺点是毒性问题，特别是含硫、氯的芳烃化合物，不仅对人体有毒，而且含硫化合物进入原油对炼油的催化剂也有毒性。

2. 水基清蜡剂

水基清蜡剂是以水为分散介质，加有水溶性表面活性剂、溶剂或碱性物。这类清蜡剂既有清蜡作用。又有防蜡作用，但清蜡温度较高，一般为70~80℃。

例如，表面活性剂与碱配制的清蜡剂

$$R—O\!\!+\!\!CH_2—CH\!\!+\!\!_nH \quad 10\%;\quad Na_2O\cdot mSiO_3 \quad 2\%;\quad H_2O \quad 88\%。$$

表面活性剂、互溶剂与碱配制的清蜡剂(用碱将水溶液调至碱性)

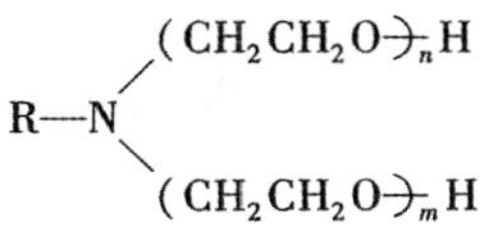 15% ~65%；　$R—O\!\!+\!\!CH_2CH_2O\!\!+\!\!_nSO_3M$　15% ~50%；

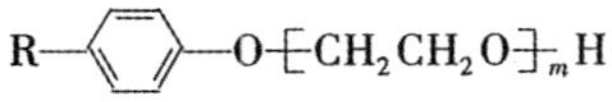 15% ~50%；　$C_4H_9—O—CH_2CH_2OH$　5% ~30%。

二、降凝剂

用以降低原油凝固点的化学剂称为降凝剂(又称原油流动性改进剂)。原油添加了降凝剂后，它的凝固点和表观黏度降低，改善低温流动性，便于原油的开采和集输，特别是对于含蜡量在2%~30%、黏度较大的原油的开采、输送有重要作用。

原油降凝剂一般为中等极性的聚合物，如不饱和长链脂肪酸的聚合物及其相关的共聚物。目前国外主要有乙烯-醋酸乙烯酯类(EVA类)、聚丙烯酸甲酯类、聚丙烯酸高碳醇酯等品种。国内主要产品为BEM系列、GY系列、CE系列，均是以EVA类为主剂的产品。

原油降凝剂，降黏剂和防蜡剂等有时是相通的，一种化学剂可能同时兼有这些性能，它们的作用机理也类似。

含蜡原油在温度降低时，原油中的蜡会不断析出。析出的蜡定向生长成蜡晶，形成网状结构，包裹原油中的低凝点组分，使其失去流动性，造成原油输送和开采困难。降凝剂利用具有极性官能团的聚合物和表面活性剂的协同作用阻止蜡晶生长和网状结构的形成，从而改善原油的低温流动性。根据降凝剂对含蜡原油共晶、吸附、晶核、分散等作用原理，降凝基团的烷链长度应与原油中的蜡相似且凝点相近，并带有一定极性。在原油蜡晶随温度降低而逐渐析出时，它也能随之析出，并与蜡晶发生作用，分散蜡晶，改变蜡晶结构，从而改善原油低温流动性能。降凝剂对含蜡原油的改性效果与蜡的碳数分布关系密切，由于不同油区原油的蜡碳数分布有较大差异。因此，必须有针对性地选择降凝剂。

（一）AA-MA-VA共聚物降凝剂

这是丙烯酸高碳醇酯-马来酸酐-醋酸乙烯酯的三元共聚物，其合成主要包括以下过程：

1. 丙烯酸混合酯(AA)的制备

在反应器中先加入一定量的高碳醇(C_{16}~C_{18}醇)、甲苯和少量对苯二酚。加热至60℃，使物料溶解，再依次加入丙烯酸(AA)和对甲苯磺酸，加热回流。待脱去较多水分后，升温到140℃，当脱水量与理论量相当时，反应基本结束，再经过碱洗、中和、水洗。酯层经减压蒸馏除去溶剂，即得蜡状固体产物。

2. 聚合反应

将丙烯酸高碳醇酯、马来酸酐(MA)、醋酸乙烯酯(VA)和甲苯按规定量投料。再用氮气置换反应器内的空气，升温后加入一定量的偶氮二异丁腈，反应6h后，进行分离，真空干燥，得乳黄色AA-MA-VA共聚物。

(二) CE降凝剂

CE原油降凝剂是选择聚不饱和羧酸高级酯作为对象研制成功的。这类聚合物的主链是饱和的碳链，侧链是直链亲油性基团，酯基是极性基闭，是我国自行开发研制的国产降凝剂。CE的合成方法如下：

1. 单体的制备

在500mL三颈瓶中加入(甲基)丙烯酸或(甲基)丙烯酸甲酯、高级醇、催化剂和阻聚剂，加热反应到无水或无甲醇馏出，即得单体(甲基)丙烯酸高级酯。

其反应式为：

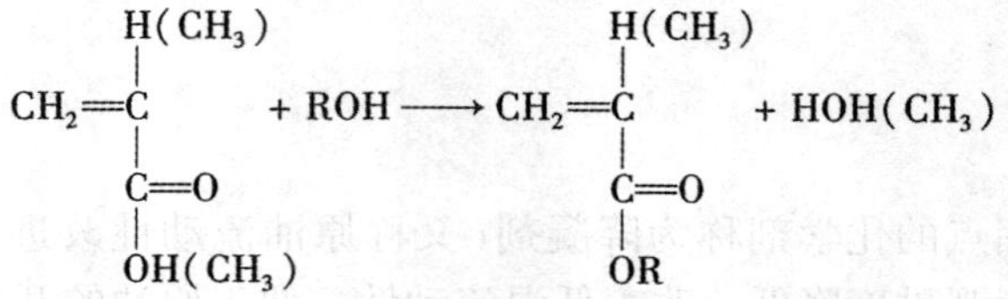

2. 聚合物的制备

采用溶液聚合，反应前先通氮气置换出三颈瓶中的空气，加入自制单体溶剂或共聚单体及引发剂，在恒定的搅拌速度和恒温下反应4h，得到均聚物或共聚物。

3. 降凝剂的制备

将均聚或共聚(甲基)丙烯酸高级酯与降凝改性剂按一定比例混合溶解于煤油中，即得到CE降凝剂。

CE系列原油降凝剂对中原、胜利、青海、任丘等油田的原油作降凝效果评定，结果列于表8-4。

表8-4 CE原油降凝剂效果评定

评定项目	CE降凝剂评定效果				要求的技术指标
	中原原油	胜利原油	青海原油	任丘原油	
加药量/(mg/kg)	100 50	100 50	100	300	300
降凝幅度/℃	23.5 18.5	20.5 18	19	21	15
黏度降低率/%	97.5 96.8	93.5 95	93	95	>75
屈服值降低率/%	100 100	100 100	100		>75

CE原油降凝剂是一个复配体系，组成它的各个成分的结构和结构参数有所不同，在蜡

品析出的整个过程，降凝剂分子连续不断地从原油中析出，与原油中不同相对分子质量的石蜡产生共晶或吸附，增加了降凝剂的适应性，因而对我国原油的适应面比较广。

三、原油破乳剂

油田在原油生产过程中为了减轻泵、输油管线和储罐的负荷，防止金属表面的腐蚀和结垢，针对高含水原油破乳脱水、稠油破乳、脱油污水含油率高等难题，先后研究应用了各种类型的破乳剂产品。在石油开采和集输用化学品中，破乳剂用量最大。原油破乳剂主要有O/W和W/O型两类。

（一）原油的乳化

在开采之前，原油在地下并不与水发生乳化作用，但是，在钻采时，石油从地层裂缝流入油井，并经泵抽至集输管线，就形成乳化油了。

原油乳化的原因：原油含水量逐渐增高，同时原油本身含有天然乳化剂如胶质、沥青质、环烷酸、皂类等。以及微细分散的固体粒子如黏土、细砂、晶态石蜡，这些物质在油水界面形成较牢固的保护膜，使乳状液处于稳定状态。

原油乳化主要是油包水（W/O）型，同时存在水包油（O/W）和圈套（O/W/O）型。

（二）破乳剂的破乳机理

破乳剂通常是一种表面活性剂，它以破坏原油中W/O或O/W界面膜的稳定性，使之凝结成大水粒而分离。

几种破乳机理如下：

1. 膜的反向排替破乳机理

向乳化油投加亲水性强的阴离子型表面活性剂，它很快地吸附在油水界面膜上，取代天然乳化剂分子，形成新的亲水性能强的界面膜，外相的水相互聚结，当达到一定体积后，因油水密度差异而从油相中沉降出来。

2. 絮凝-聚结破乳机理

相对分子质量大的非离子型破乳剂投加在乳状液中，可同时吸附多个乳状液滴界面，引起细小液珠絮凝，使分散相的液珠集合成大液滴，当液滴长大到一定直径后，因油水密度差异而分离。

3. 碰撞击破界面膜机理

这种理论是在高相对分子质量，超高相对分子质量破乳剂问世后提出的，认为这类高相对分子质量的破乳剂，有更多机会吸附碰撞液珠界面膜，或取代很少一部分天然乳化剂，致使界面膜击破，因而发生絮凝，聚结。

由此可见，实质上破乳过程是破乳剂分子渗入并吸附在乳化液滴的界面上，取代天然乳化剂并破坏界面膜，将膜的包覆的水释放出来，水滴相互聚结形成大水滴并沉降到底部，油水两相发生分离。

（三）破乳剂的种类

20世纪60年代中期后，我国原油破乳剂研究应用发展较快，至今已有高分子非离子表面活性剂、聚氨基酯类、两性离子聚合物等原油破乳剂相继得到开发和应用。

（1）酚醛树脂或烷基酚醛树脂聚氧乙烯聚氧丙烯醚　如AF-3111、AF-831、AF-2036

等，另外还有新疆化学所研制的用于克拉玛依原油脱水的 AP-17，大庆油田科学研究设计院研制的用于大庆原油脱水的 AP-113，石油勘探开发研究院研制的用于华北油田任二联原油脱水的 PR-7525 等。

（2）多乙烯多胺聚氧乙烯聚氧丙烯醚　如 AE-121、AE-169、AP-257 等，用于大庆原油脱水的 AP-221。新强化学研究所研制的用于克拉玛依原油脱水的 CO-1，山东化学所研制的用于胜利油田孤岛采油厂原油脱水的 PAP157，胜利油田设计院研制的 9901 和适用于石蜡基、中间基原油破乳的 RA-101，胜利油田设计院研制的具有破乳、净水两种功能、含有聚硅氧烷的 SAP-2 等。

（3）酚醛树脂聚氧乙烯聚氧丙烯醚　如 ST-12、ST-13、ST-14 等，石油勘探开发研究院研制的用于华北油田原油脱水的 AT-1031，这些产品适用于低温脱水，具有降黏、防蜡的作用。

（4）聚醚与甲苯异氰酸酯交联生成的高分子聚氨酯类原油破乳剂　如超高相对分子质量的 POI-2006、POI-1420，POI-2420 等，山东化学所研制的用于胜利油田原油脱水的 SPX-8603、API-70 等，这些产品适用于稠油破乳脱水。

（5）聚氧乙烯聚氧丙烯磷酸酯型原油破乳剂　如 PX-8601、SPX-9011 等，浙江大学研制的用于大港原油脱水的 ZP，胜利油田设计院研制的用于单家寺稠油矿破乳脱水的 PA-320 等。这些产品对油、水界面的润湿性好。在油水两相均有良好的分散性，破乳速度快，脱出污水清，是优良的混合型破乳剂。

项目五　油田水处理用化学剂

目前，我国东部油田已进入高含水期，大量的含油污水排放将对环境造成污染。在采油过程中，为了油田的稳产、增产，还需通过注水井向地层注水。因此，将采出的油田污水经净化处理后，再回注地层是充分利用废水，改善环境和节约水源的有效措施。有些地区因污水处理量不够，还需注清水，所以对油田污水进行水质处理并注入地层是油田化学研究的一个重要课题。

在油田注水（水源水、回注污水）水处理过程中，为保证注水质量，提高注水开发效果所用的化学剂称为水处理用化学剂。

水处理用化学剂有十类：絮凝剂、助滤剂、浮选剂、杀菌剂、缓蚀剂、除氧剂、黏土稳定剂、除油剂、防垢剂、除垢剂。

一、油田污水的特点

不同油田的含油污水差异很大，就是同一油田的不同矿区排放的污水也不尽相同，但是油田污水有共同的特性，污水的腐蚀性、结垢性并利于细菌繁殖生长。

油田污水含有硫化氧、二氧化碳和溶解氧等腐蚀性气体，是污水腐蚀严重的主要原因，油田污水的矿化度高，一般含有大量的钙镁离子，这些离子的盐类在地层中或地面管线输送中，因环境条件（温度、压力）改变，常以不同形成的垢析出。如碳酸盐垢、硫酸盐垢等。垢的存在使垢下为腐蚀的阳极区，往往会形成大阴极小阳极的电偶腐蚀，加快管线局部腐蚀的穿孔。

油田污水的垢下或沉积物下的缺氧还往往是硫酸盐还原菌（SRB）极为有利的生长场所，

污水中含有油分和 SO_4^{2-}，水温适宜，40℃左右，最宜于厌氧菌 SRB 繁殖增生。SRB 的存在，使阴极氢的去极化过程加快，促进钢铁腐蚀。油田集输管线、注水管线、产生局部腐蚀(点蚀穿孔)，往往与 SRB 腐蚀有关。

在污水处理站，采用物理或化学方法进行污水净化处理，使其达到污水标准。达标的污水存于储罐中准备回注用。净化的污水经添加缓蚀剂、防垢剂、杀菌剂等三种药剂后注入水井，抑制污水对钢铁管线的腐蚀、结垢与细菌繁殖的危害。

二、注入水净化剂

油田污水经隔油池借重力沉降作用，可将大部分原油与水分开，但仍存在细小呈乳化状态的油粒和其他悬浮粒子，当投入一定量絮凝剂，破坏胶体的稳定性，水中悬浮物形成较大絮状物经过滤而除去，使水质达到净化。

包括无机物净化剂(混凝剂)，如硫酸铝、氯化铝、硫酸铁盐等；有机高分子絮凝剂。

油田常用的絮凝净化剂有硫酸铝(AS)、聚合氯化铝(PAC)、聚丙烯酰胺(PAM)、多聚糖衍生物(CGA)等。

CGA 絮凝剂是一种高分子絮凝剂，系多聚糖类衍生物，是由天然植物、刨花木粉、香胶粉和淀粉为原料，合成带有支链的线型高分予，由于分子中含有多个—COOH、—OH 和—$CONH_2$ 基团，对油田污水中超微油颗粒和乳化油珠有很好的吸附作用，净化效果良好。

CGA 合成路线如图 8-4 所示。

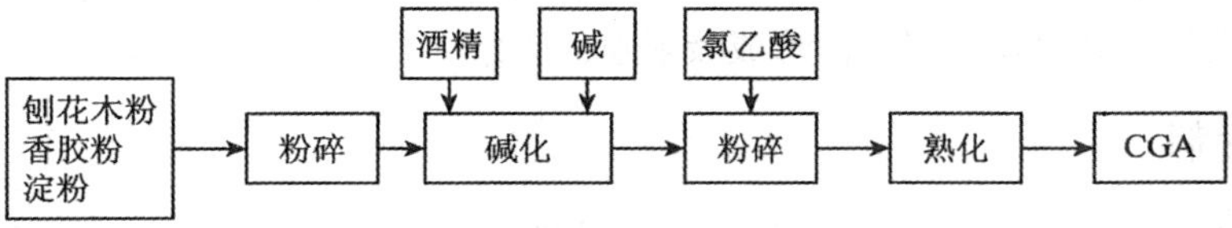

图 8-4　CGA 合成工艺示意图

三、注入水除氧剂

油田采出水通常是不含氧的。但是，在原油集输过程中，经采油厂到污水处理站的过程中，微量氧的溶入都会引起严重的腐蚀。

我国目前新建的污水处理站都采用密闭注水系统，严格控制氧的漏入，腐蚀明显减缓。而对旧的污水站，应抓紧改造。将敞式注水系统改为密闭系统。但是，对注清水(水源水)以及不慎暴氧的回注污水，仍需投加除氧剂除去水中的溶解氧。几种除氧剂与氧的反应见表 8-5。

表 8-5　几种除氧剂的除氧反应

除氧剂	除氧剂与氧的反应式	理论除氧比	适用环境
水合肼	$N_2H_4 \cdot H_2O+O_2 \rightarrow N_2+3H_2O$	1.56	高温
硫酸腈	$N_2H_4 \cdot H_2SO_4+O_2 \rightarrow N_2+2H_2O+H_2SO_4$	4.06	高温
二氧化硫	$SO_2+1/2O_2+H_2O \rightarrow H_2SO_4$	1	常温
亚硫酸钠	$Na_2SO_3+1/2O_2 \rightarrow Na_2SO_4$	7.86	常温
亚硫酸氢铵	$NH_4HSO_3+1/2O_2 \rightarrow NH_4HSO_4$	6.19	常温
连二亚硫酸钠	$Na_2S_2O_4+O_2+H_2O=NaHSO_3+NaHSO_4$	5.44	常温

续表

除氧剂	除氧剂与氧的反应式	理论除氧比	适用环境
焦亚硫酸钠	$Na_2S_2O_5+H_2O \rightarrow 2NaHSO_3$ $2NaHSO_3+O_2 \rightarrow 2NaHSO_4$	5.94	常温
硫代硫酸钠	$2Na_2S_2O_3+O_2 \rightarrow 2Na_2SO_4+2S$	9.88	常温

四、注入水缓蚀剂

用于油田污水系统的缓蚀剂，主要是有机胺(伯仲叔胺及其衍生物、多胺)、酰胺、咪唑啉。按照缓蚀剂抑制腐蚀电池来看，注水缓蚀剂同样可区分为阳极型缓蚀剂、阴极型缓蚀剂和混合型缓蚀剂。按缓蚀剂在金属表面形成保护膜的特征。可将缓蚀剂分为氧化膜型缓蚀剂、沉淀膜型缓蚀剂和吸附膜型缓蚀剂。

氧化膜型缓蚀剂，这类缓蚀剂有铬酸盐、亚硝酸盐、钼酸盐和钨酸盐等，它们能在金属表面形成致密的氧化膜，这层薄膜致密、附着力强，对金属有很好的保护作用。如铬酸盐使铁表面氧化成 $\gamma\text{-}Fe_2O_3$ 保护膜，从而抑制铁腐蚀。

沉淀模型缓蚀剂，这类缓蚀剂如硫酸锌、六偏磷酸钠、聚磷酸钠等，它们能与介质中的有关离子反应，并在金属表面形成抑制腐蚀的沉淀膜。沉淀膜一般要比氧化膜厚，其致密性和附着力比氧化膜型要差些。

吸附膜型缓蚀剂，这类缓蚀剂一般都是有机化合物，如有机胺、季铵盐等，它们通过缓蚀剂的物理吸附或化学吸附在金属表面形成吸附膜，使介质不易与金属接触而抑制了金属的腐蚀。

五、防垢剂

结垢是油田污水所遇到的棘手问题，在水处理系统的任何部位如滤罐、管线、泵等都可能出现结垢，由于油田污水的矿化度高，溶解盐量多，当温度或压力发生变化时，或者水的组成改变(如清水污水混注)时，一些溶解度很小的化合物就以沉淀析出引起结垢。

水垢的种类较多。油田水处理系统所出现的垢如表 8-6 中所示。

表 8-6　油田水常见的垢

名　称	结垢的主要因素	名　称	结垢的主要因素
碳酸钙(碳酸盐)	二氧化碳的分压力、温度、总溶盐量 pH 值	硫酸钙石膏(最常见)	温度、总溶盐量
		硫酸钡	温度
无水石膏	压力	铁化合物(碳酸亚铁、硫化亚铁、氢氧化亚铁、氢氧化铁、氧化铁)	腐蚀、溶解气体、pH 值
硫酸锶	总溶盐量		

在清水污水混注或混输时，特别容易形成垢，通常油田污水中钙镁离子含量较高，而清水却相反，钙镁离子较少，而碳酸氢根含量高，并含有一定量的硫酸根。因此，在清水污水混合时，就容易生成碳酸钙垢、硫酸钙垢以及硫酸钡垢等。

为了防止注水系统结垢，对净化达标的油田污水需添加防垢剂，可防止回注时有垢析出。

(一) 防垢剂的分类

油田用的防垢剂有：磷酸酯、有机膦酸盐和聚羧酸高分子化合物。

1. 有机磷酸酯类

这类防垢剂有：磷酸一酯、磷酸二酯、焦磷酸酯、羟乙基化磷酸酯和羟乙基化焦磷酸酯等。

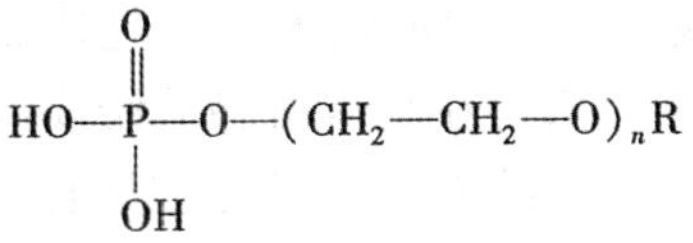

羟乙基化磷酸酯

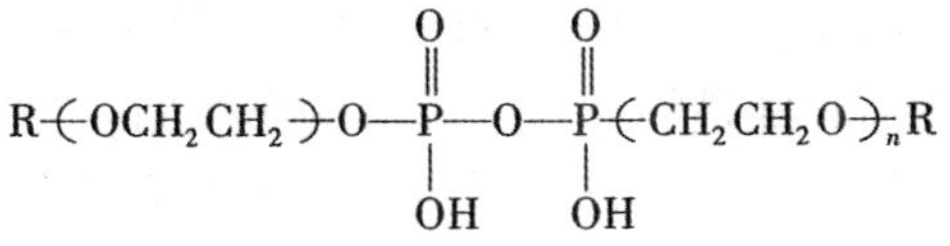

羟乙基化焦磷酸酸酯

以上这两种防垢剂除了在密闭循环冷却水中应用外，由于它们对含油和污泥的水质也有很好的防垢作用，近几年来已应用炼油厂冷却水系统，也引起油田污水防垢的注意。

由于有机磷酸酯分子结构中，磷原子通过氧原子与碳原子相连，容易水解，温度比较高和介质的碱性较强时，更易水解，水解产物为正磷酸和相应的醇。这是有机磷酸酯的缺点。由于磷酸酯用量比聚磷酸盐一般要小，水解程度也远比聚磷酸盐小，因此，这种水解造成的影响不大。

2. 有机多元膦酸

有机多元膦酸是20世纪60年代后期开发出来的，70年代前后被确认的一类水处理药剂。它们的出现使水处理技术向前迈进了一大步，使得水处理工艺有了较大的发展。

在水处理方面，和无机聚膦酸盐相比，有机多元膦酸具有良好的化学稳定性，不易水解和降解，能耐较高温度，药剂用量小，并兼有防腐和防垢作用。

油田常用的有机多元膦酸防垢剂是HEDP（羟基亚乙基二膦酸）、ATMP（氨基三亚甲基膦酸）、EDTMP（乙二胺四甲亚甲基膦酸）等。

（二）油田常用的防垢剂

1. ATMP（氨基三亚甲基膦酸）

ATMP的制法：采用亚磷酸（或三氯化磷）与氨（或铵盐）、甲醛在酸性介质中一步合成。

$$PCl_3 + 3H_2O \longrightarrow H_3PO_4 + 3HCl$$

$$3H_3PO_4 + NH_4Cl + HCHO \longrightarrow N[CH_2PO(HO)_2]_3 + HCl + 3H_2O$$

2. 顺丁烯二酸酐及其共聚物防垢剂

聚顺丁烯二酸酐的防垢能力强，热稳定性好，在350℃以上才会分解，广泛用于石油、天然气井、工业设备的冷却水防垢。其合成是在苯、甲苯、二甲笨等溶剂中，以过氧化物为引发剂，在60~120℃的温度下发生聚合反应，产率达70%~90%。

对油田水$CaCO_3$、$CaSO_4$有显著阻垢作用的顺丁烯二酸酐共聚物还有：顺丁烯二酸酐-乙酸乙烯酯-丙烯酸甲酯共聚物、苯乙烯共聚物、二乙烯苯共聚物、丙烯酸共聚物、甲基丙烯酸甲酯共聚物。

六、杀菌剂

在油田二次采油中，需要大量回注水，由于回注水中一般都含有硫酸盐还原菌（SRB）、腐生菌（TGB）和铁细菌等易引起金属腐蚀、地层堵塞、化学剂变质等一系列不利于注水采油的细菌微生物。同时回注水含有较高的钙镁离子，易产生注水管线和地层严重结垢，从而引起注水管线和地层堵塞。这些都给油田生产运行造成巨大的经济损失。因此，一般都需要在污水回注前投加杀菌剂和缓蚀阻垢剂进行预处理。

(一) 油田水中主要的细菌及其危害

在油田水系统中，由于微生物的存在，特别是硫酸盐还原茵(SRB)的存在，对金属腐蚀产生很大影响，这是因为 SRB 腐蚀产物 H_2S 会引起金属腐蚀，生成物 FeS 又是造成管道堵塞的物质。其次是能够产生黏液的腐生菌，铁细菌等。铁细菌是在与水接触的结瘤腐蚀中最常见的一种菌。它一方面因为其中许多菌具有附着在金属表面的能力，另外它具有氧化水中亚铁离子或由金属表面微电池溶解出来的亚铁成为氢氧化铁的能力，使高铁化合物在铁细菌胶质鞘中沉积下来。反应如下：

$$2Fe^{2+} + (x+2)H_2O + \frac{1}{2}O_2 \longrightarrow Fe_2O_3 \cdot xH_2O + 4H^+ + 能量$$

这样形成了包含菌体和氢氧化铁等组成的结瘤，使水流中溶解氧很难扩散到瘤的底部的金属表面。另外菌呼吸也消耗了氧，使这个区域为贫氧区，而结瘤周围氧浓度相对高，形成氧浓差电池，使腐蚀加剧。

这些菌的数量超过一定值后也能产生氧浓差腐蚀电池，致使注水井堵塞，注水量降低等。

(二) 杀菌剂的作用机理

各种杀菌剂的杀菌机理可归纳以下几点：

(1) 阻碍菌体的呼吸作用　细菌在呼吸时要消耗糖类、碳水化合物，以维持体内各种成分的合成。这个过程主要靠一种酶，如果杀菌剂进入菌体影响酶的活性，使能量代谢中断或减少，呼吸就会停止而死亡。

(2) 抑制蛋白质合成　组成蛋白质的氨基酸分子通过肽健依次缩合成多肽链，构成蛋白质的多肽键。当杀菌剂进入菌体后，如果阻止了某一步肽键的形成，即能破坏蛋白质的合成，或者破坏了蛋白质的水膜或中和了蛋白质的电荷，使蛋白质沉淀而失去活性，达到抑制细菌繁殖或致死的作用。

(3) 破坏细胞壁　细胞壁是细菌同外界进行新陈代谢，同时保持内外平衡的一种起屏障作用的物质，细胞壁主要由肽聚糖组成，如果杀菌剂能溶化细胞壁，或者阻止蛋白酶的作用，这样就破坏了细胞壁内外环境的平衡，达到杀死细菌的目的。

(4) 阻碍核酸的合成　核酸是生物体遗传的物质基础。如果杀菌剂加入，破坏了核酸分子的某一环节，使核酸的特异结构发生任何改变时，都可引起出现突变或使其原有活性的丧失或改变、从而破坏了菌体本身的生长和繁殖。

由于杀菌剂种类很多，其杀菌机理当然也不相同，但凡具备以上条件之一的，均能使细菌被抑制或致死。

(三) 常用的杀菌剂

1. 醛类化合物

前苏联早在 20 世纪 50 年代就将甲醛用于油田作杀菌剂，但甲醛使用浓度高，且具有强烈的刺激气味而被其他杀菌剂取代，丙烯醛、戊二醛对 SRB 有很好的杀菌性能，在较低浓度就能将 SRB 杀死。

2. 季铵盐杀菌剂

季铵盐杀菌剂是一类有机铵盐，属于阳离子型化合物，季铵盐化合物的杀菌性能与链长有一定关系，碳链 C_{14} 的季铵盐杀菌能力最强。由于 C_{12} 的原料来源较多，所以一般应用的是

C_{12}碳链结构的季铵盐。例如，油田使用最广泛的杀菌剂是洁尔灭(1227)，化学名称为：十二烷基二甲基苄基氯化铵，其结构式为：

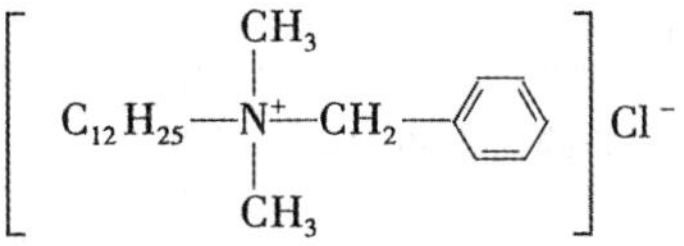

若将其中的 Cl 换为 Br，即为新洁尔灭，也是 SRB 的高效杀菌剂。季铵盐类的杀菌机制主要是损害了控制细胞渗透性的原生质膜，从而使细菌致死。

3. 氰基类杀菌剂

二硫氰基甲烷是近年来被推荐使用的一种广谱性杀菌剂，其分子结构为：

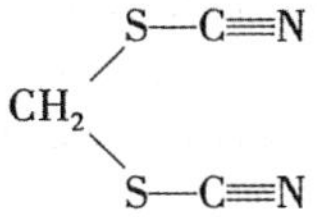

它对好氧菌或厌氧菌都有良好的杀灭作用。二硫氰基甲烷在水溶液中水解成甲醛和硫氰酸，水解反应如下：

$$CH_2(SCN)_2 + 2H_2O \xrightarrow{OH^-} 2HSCN + CH_2(OH)_2$$

$$CH_2(OH)_2 \longrightarrow HCHO + H_2O$$

二硫氰基甲烷在水中的溶解性能较差，当引入一些有效的分散剂(如表面活性剂)，可提高它的杀菌效果。由二硫氰基甲烷和 1227 复配合成的 SQ8 杀菌剂已在油田推广使用。

4. 杂环类杀菌剂

用于杀灭微生物的杂环化合物较多。医疗用的许多药物都属杂环类化合物，有的对厌氧菌也有一定的杀灭作用，这类化合物有：咪唑类衍生物、噻唑、及三嗪的衍生物。

例如，医药商品灭滴灵，化学名为 1-(2-羟乙基)-2-甲基-5-硝基咪唑(简称甲硝唑)，其结构式为：

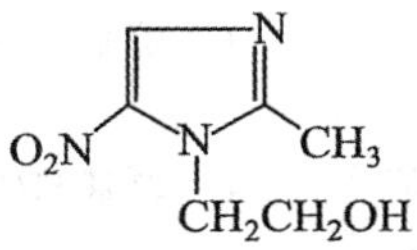

甲硝唑是一种抗微生物商品药剂，治疗人体滴虫，也可用来治疗阿米巴痢疾，有专利报道甲硝唑对 SRB 也有很强的杀菌力。

实训项目：石油钻井液助剂腐植酸钾(KH_m)的制备

【实训项目卡】

实训班级	实训场地	学时数	指导教师
		6	
实训项目	石油钻井液助剂腐植酸钾(KH_m)的制备		
所需仪器	托盘天平、水浴锅、三口烧瓶(250mL)、电动搅拌器、球形冷凝管、温度计(0～100℃)、量筒(200mL)、吸滤瓶(500mL)、布氏漏斗、玻璃水泵、电热干燥箱		
所需试剂	风化煤样品(≤40 目)，氢氧化钾(化学纯)		

续表

实训内容				
序号	工序	操作步骤	要点提示	工艺参数或数据记录
1	原料处理	将风化煤样品用粉碎机粉碎，过40目筛，筛下物不少于100g，备用	用含Ca^{2+}、Mg^{2+}高的风化煤抽提腐殖酸时，需要先进行脱除处理	
2	称取原料	用量筒量取100mL蒸馏水，倒入三口烧瓶中，用烧杯称3.5g氢氧化钾，并用46mL蒸馏水溶解，再用25mL蒸馏水冲洗烧杯后一并倒入三口烧瓶中加热	应注意氢氧化钾完全溶解后再倒入三口烧瓶	
3	加热反应	当三口烧瓶中水温达到40℃时，开动搅拌器，边搅拌边缓缓加入50g风化煤。当水温升到85℃时开始计时，水浴加热40～60min后停止加热	搅拌设备一定要安装合适，应在试验前进行测试	
4	产物分离	冷却后将反应物倒入200mL量筒中放置自然沉降8h以上。将溶液和沉淀分离，溶液即为KH_m溶液，沉淀用200mL水洗涤两次，并合并滤液和洗液	水洗可减少产物损失	
5	产品浓缩	将KH_m溶液加热浓缩至有固形物时，放入恒温在90℃的干燥箱中烘干2h，称重，并计算产率	产率计算公式： $Y=m/50$ 式中，m——干燥后产品质量，g	

习　题

一、选择题

1. 下列不属于油田化学品的是(　　)。

A. 硝基腐殖酸　　B. 聚丙烯酰胺　　C. 烷基水杨酸铬　　D. 水解聚丙烯腈

2. 下列可简写为CMC的有机物是(　　)。

A. 磺甲基褐煤　　B. 水解聚丙烯腈　　C. 烷基苯磺酸钠　　D. 羧甲基纤维素钠

3. 下列不属于油田用铁稳定的是(　　)。

A. 黄原胶　　B. 草酸　　C. 乳酸　　D. 柠檬酸

4. 下列不属于三次采油方法的是(　　)。

A. 热驱法　　B. 冷驱法　　C. 气驱法　　D. 化学驱法

5. 下列不属于中国原油特点的是(　　)。

A. 蜡含量高　　B. 黏度大　　C. 凝固点高　　D. 硫含量高

6. 烷基苯磺酸钠是一种破乳剂，它的简写是(　　)。

A. AS　　B. ABS　　C. ASB　　D. BBS

二、填空题

1. 油田化学品按其施工工艺分为________、________和________。

2. 泥浆处理剂分成________、________和________三大类。

3. 三次采油方法可分为________、________和________。

4. 结蜡过程分三个阶段，这三个阶段分别为________、________和________。

5. 降凝剂是指________，一般是________类型化合物。

6. 原油乳化主要有________、________和________三种类型。

7. 杀菌剂的作用机理包括________、________、________、________。

三、简答题

1. 什么是油田化学品？有何作用？

2. 石油工业中采用的降失水剂的种类有哪些？

3. 水泥外加剂的类型有哪些？简述 PL-1 降滤失剂的生产？

4. 酸化用化学剂有哪些？压裂用化学剂有哪些类型？

5. 油田开采添加剂的定义是什么？其类别又有哪些？

6. 缓速剂的定义是什么？它是如何起到缓速作用的？

模块九

水处理化学品

知识目标 了解水处理化学品的定义和分类；熟悉凝聚剂和絮凝剂、阻垢分散剂、缓蚀剂、杀菌灭藻剂的常用品种及特点；掌握典型凝聚剂和絮凝剂、阻垢分散剂、缓蚀剂、杀菌灭藻剂的生产技术。

技能目标 能够进行聚丙烯酰胺的合成及水解度的测定；能够辨别聚合反应中的常见现象，并能够对生产中异常情况作出及时的判断和处理；能对生产数据进行合理的处理和分析。

项目一 基本知识

水处理行业伴随着经济的快速发展和城市工业化的进程而形成和发展，水资源的短缺和人类环保意识的增强为水处理行业的发展壮大提供了原动力和巨大的市场。

我国水处理化学品的发展是随着现代水处理技术的引进而发展起来的，开发时间比发达国家晚 30 年左右，但发展很快，到目前为止，我国已有水处理产品百种以上。各种水处理化学品从产量到质量已基本满足国内需要，且部分产品出口。从技术上讲，有些产品的生产技术和性能已处于国际领先水平。

水处理行业包括城市污水和工业污水处理、冷却水处理、原水和饮用水处理、锅炉水处理、工艺水处理、海水处理、高纯水处理等。水处理化学品，也可以叫水处理剂，是指在各种水处理中必须使用的化学品，国内外都习惯把普通的化学品如酸、碱、盐等不包括在水处理剂或水处理化学品之内。

目前的水处理剂实际上可以分为两类，一类是有明确的分子式、结构式、可以用明确化学物命名的化学品，他是精细化学品的一部分。另一类则是复配产品，没有明确的分子式和化合物名称，而以其用途、性能特点(常冠以牌号)命名的产品。这类产品常常针对某一特定的市场开发生产，须伴随强有力的技术服务出售。具体分类见图 9-1。人们常将第一类产品称为特种水处理化学品，而将第二种称为专用水处理化学品，本模块主要对特种水处理化学品进行介绍。

水处理剂在水处理中占有举足轻重的作用。尽管水处理技术有生化法、物理法、物理化学法，不断有新的工艺和技术投入市场，但是都很难完全替代化学品的作用。

- 水处理化学品
  - 精细化学品
    - 缓蚀剂：有机磷及磷酸酯（羟基乙叉二膦酸HEDP、氨基三甲叉膦酸ATMP、乙二胺甲酸EDTMP等）
    - 阻垢剂：聚丙烯酸、丙烯酸共聚物，聚马来酸，聚天冬氨酸等
    - 杀生剂：异噻唑啉酮、洁尔灭、溴代氮川丙酰胺等
    - 絮凝剂：聚丙烯酰胺、聚二烯丙基二甲基氯化铵、聚丙烯酸等
    - 凝聚剂：聚合氯化铝、聚合硫酸铁等
    - 吸附剂：活性炭、沸石等
    - 离子交换树脂：阴离子型、阳离子型、大孔树脂等
  - 专用化学品
    - 复配型絮凝剂、凝聚剂
    - 复配阻垢缓蚀剂、杀生剂
    - 复配抗氧剂、脱色剂
    - 复配预膜剂、清洗剂
    - 复配膜阻垢剂、除臭剂
    - 复配重金属螯合剂

图 9-1　水处理化学品的分类

因此，人们仍将水处理化学品和水处理设备称为水处理工业的两个翅膀，盼望依靠这两个翅膀实现水处理工业的腾飞。

项目二　絮凝剂和凝聚剂

一、混凝过程和机理

混凝过程和混凝剂在水处理工艺流程中往往居于举足轻重的地位，虽然它常是作为前处理环节，为后续分离工序建立前提条件，但它的功能和效果确实影响到全部处理流程和最终水质，而且它的经济费用在运行成本中也占有相当比重。混凝包括凝聚和絮凝两个过程，其去除对象是粒径在胶体范围内的胶体和部分细小悬浮物，可以用来降低原水的浊度、色度等感观指标，去除多种高分子有机物，某些重金属和放射性物质。凝聚过程所用的凝聚剂多为无机物，絮凝过程的絮凝剂则多为高分子有机物，以下内容将分为凝聚剂和絮凝剂两部分对混凝过程用的化学品进行介绍。

混凝过程机理非常复杂，目前公认的有：压缩双电层、吸附–电中和、吸附–架桥、网捕–卷扫作用四种。

1. 压缩双电层作用机理

胶团双电层的构造决定了在胶粒表面处反离子的浓度最大，随着胶粒表面向外的距离越大则反离子浓度越低，最终与溶液中离子浓度相等，见图 9–2(a)。当向溶液中投加电解质，使溶液中离子浓度增高，则扩散层的厚度将从图上的 oa 减小至 ob。

当两个胶粒互相接近时，由于扩散层厚度减小，ζ 电位降低，因此它们互相排斥的力就减小了，也就是溶液中离子浓度高的胶粒间斥力比离子浓度低的要小。胶粒间的吸力不受水相组成的影响，但由于扩散层减薄，它们相撞时的距离就减小了，这样相互间的吸力就大了。由图 9–2(b)、(c)可见其排斥与吸引的合力由斥力为主变成以吸力为主(排斥势能消失

了)，胶粒得以迅速凝聚。

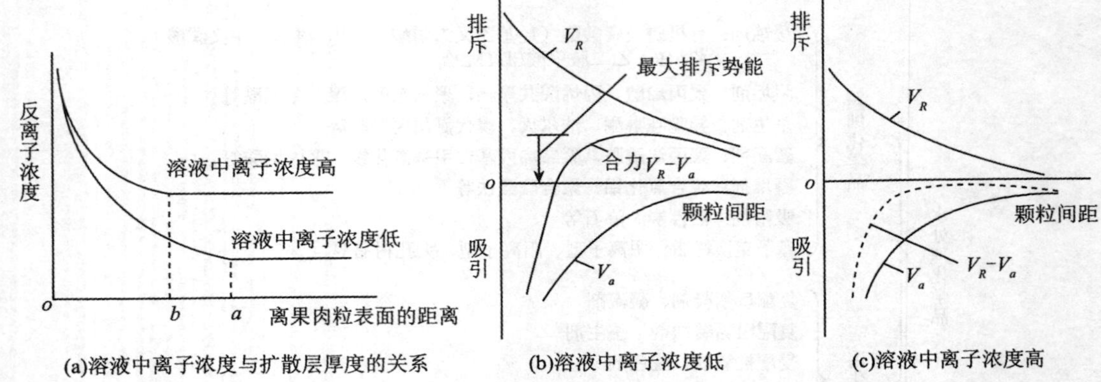

图 9-2　压缩双电层机理示意图

根据这个机理，当溶液中外加电解质超过发生凝聚的临界凝聚浓度很多时，也不会有更多超额的反离子进入扩散层，不可能出现胶粒改变符号而使胶粒重新稳定的情况。这样的机理是籍单纯静电现象来说明电解质对胶粒脱稳的作用，但它没有考虑脱稳过程中其他性质的作用(如吸附)，因此不能解释一些复杂的脱稳观象，例如三价铝盐与铁盐作混凝剂投量过多。凝聚效果反而下降，甚至重新稳定；又如与胶粒带同电荷的聚合物或高分子有机物可能有好的凝聚效果；等电状态应有最好的凝聚效果。但往往在生产实践中 ζ 电位大于零时混凝效果却最好。

2. 吸附电中和作用机理

吸附电中和作用指胶粒表面对异号离子、异号胶粒或链状高分子带异号电荷的部位有强烈的吸附作用，由于这种吸附作用中和了它的部分电荷，减少了静电斥力，因而容易与其他颗粒接近而互相吸附。此时静电引力常是这些作用的主要方面，但在不少的情况下，其他的作用可超过静电引力。例如，用 Na^+ 与十二烷基铵离子($C_{12}H_{25}NH_3^+$)去除带负电荷的碘化银溶液造成的浊度，发现同是一价的有机胺离子脱稳的能力比 Na^+ 大得多，Na^+ 过量投加不会造成胶体脱稳，而有机胺离子则不然，超过一定投量时能使胶粒发生再稳现象，说明胶粒吸附了过多的反离子，使原来带的负电荷转变成带正电荷。铝盐、铵盐投加量高时也发生再稳现象以及带来电荷变号。上面的现象用吸附电中和的机理解释是很合适的。

3. 吸附架桥作用机理

吸附架桥作用主要是指离分子物质与胶粒的吸附与桥连。还可理解成两个大的同号胶粒中间由于有一个异号胶粒而连结在一起。高分子絮凝剂具有线型结构，它们具有能与胶粒表面某些部位起作用的化学基团，当高聚合物与胶粒接触时，基团能与胶粒表面产生特殊的反应而互相吸附，而高聚合物分子的其余部分则伸展在溶液中(见图 9-3 反应 1)可以与另一个表面有空位的胶粒吸附(图 9-3 反应 2)，这样聚合物就起了架桥连接的作用。若胶粒少，上述聚合物伸展部分黏结不着第二个胶粒，则这个伸展部分迟早还会被原先的胶粒吸附在其他部位上，这个聚合物就不能起架桥作用了，而胶粒又处于稳定状态(图 9-3 反应 3)。高分子絮凝剂投加量过大时，会使胶粒表面饱和产生再稳现象(图 9-3 反应 4)。已经架桥絮凝的胶拉，如受到剧烈的长时间的搅拌，架桥聚合物可能从另一胶粒表面脱开，重又卷回原所在胶粒表面，造成再稳定状态(图 9-3 反应 5、6)。

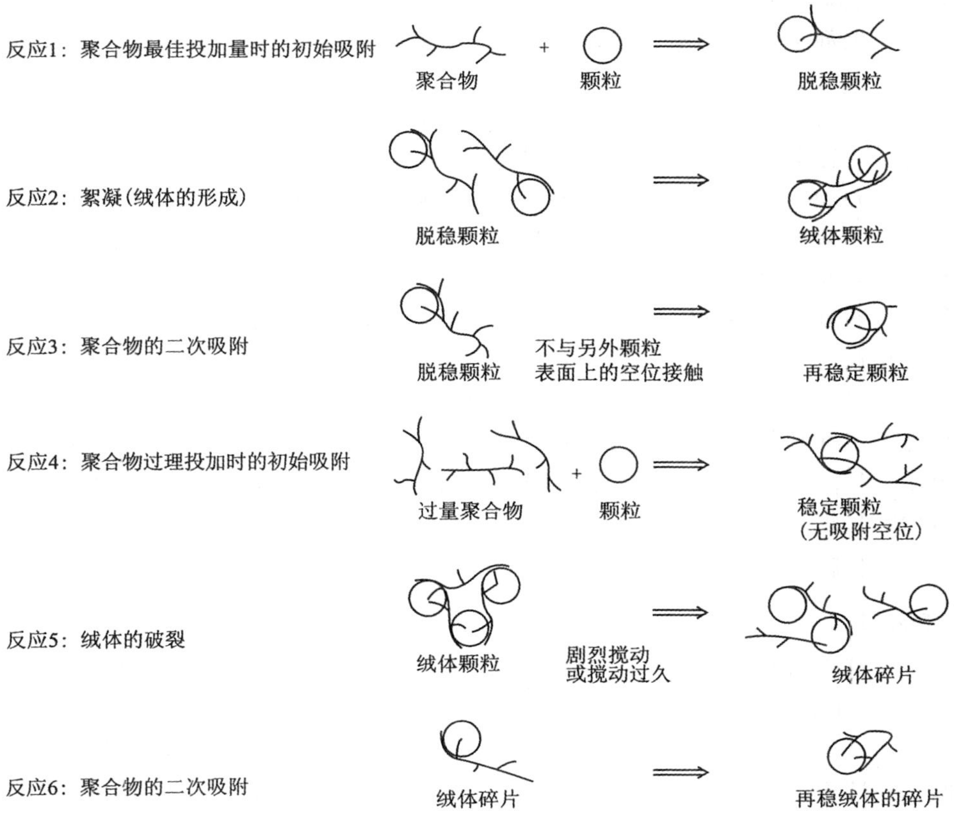

图 9-3　聚合物对胶体脱稳的吸附架桥作用

聚合物在胶粒表面的吸附来源于各种物理化学作用，如范德华引力、静电引力、氢键、配位键等，取决于聚合物同胶粒表面二者化学结构的特点。

该机理可解释非离子型或带同电荷的离子型高分子絮凝剂能得到好的絮凝效果的现象。

4. 网捕-卷扫作用机理

当金属盐（如硫酸铝或氯化铁）或金属氧化物和氢氧化物（如石灰）作凝聚剂时，当投加量大得足以迅速沉淀金属氢氧化物[如 $Al(OH)_3$，$Fe(OH)_3$，$Mg(OH)_2$]或金属碳酸盐（如 $CaCO_3$）时，水中的胶粒可被这些沉淀物在形成时所网捕。当沉淀物是带正电荷[$Al(OH)_3$ 及 $Fe(OH)_3$ 在中性和酸性 pH 值范围内]时，沉淀速度可因溶液中存在的阴离子而加快，例如硫酸根离子。此外水中胶粒本身可作为这些金属氢氧化物沉淀物形成的核心，所以凝聚剂最佳投加量与被除去物质的浓度成反比，即胶粒越多，金属凝聚剂投加量越少。

以上介绍的四种混凝机理，在水处理中不是单独孤立的现象，而往往可能是同时存在的，只是在一定情况下以某种现象为主而已，目前看来它们可以用来解释水的混凝现象。但混凝的机理尚在发展，有待通过进一步的实验以取得更完整的解释。

二、凝聚剂

凝聚剂是指加入水中后通过电中和或压缩双电层使胶体粒子产生脱稳作用的一类化学品。凝聚剂主要以无机物为主，按金属盐种类可分为铝盐系和铁盐系；按阴离子成分又可分为盐酸系和硫酸系，按相对分子质量不同可分为低分子系和高分子系两大类。

低分子凝聚剂主要为铝盐和铁盐。铝盐中主要有硫酸铝[$Al_2(SO_4)_3 \cdot 18H_2O$]、明矾[$Al_2(SO_4)_3 \cdot K_2SO_4 \cdot 24H_2O$]、铝酸钠($NaAlO_3$)。铁盐主要有三氯化铁($FeCl_3 \cdot 6H_2O$)、硫酸亚铁($FeSO_4 \cdot 6H_2O$)和硫酸铁[$Fe_2(SO_4)_3 \cdot 2H_2O$]。硫酸铝凝聚剂在我国使用最为广泛，三氯化铁是另一种常用的低分子凝聚剂，具有易溶于水，形成大体积的絮体、沉降性能好、对温度、水质和 pH 值的适应范围广等优点，但其腐蚀性较强，且有刺激性气味，操作条件差。无机低分子絮凝剂的优点是经济、用法简单，但用量大、残渣多。

高分子凝聚剂是 20 世纪 60 年代以来在传统的铁盐和铝盐基础上发展起来的一类新型水处理药剂。其絮凝效果好，价格相对较低，已逐步有成为主流凝聚剂的趋势。其代表产品有：聚合氯化铝(PAC)、聚合硫酸铝(PAS)、聚合硫酸铁(PFS)等。

复合型高分子凝聚剂是 20 世纪 80 年代研制开发的一种新型凝聚剂，是指含有铝盐、铁盐和硅酸盐等多种具有凝聚或助凝作用的物质，经过一定的工艺形成羟基化的更高聚合度的无机高分子产品。目前，国内外研究的比较多的有：聚合硅酸铝、聚合硅酸铁、聚合硅酸铁铝和聚合硫酸氯化铝等。

(一) 主要品种

1. 硫酸铝

硫酸铝含有不同数量的结晶水，$Al_2(SO_4)_3 \cdot nH_2O$，其中 $n=6$、10、14、16、18 和 27，常用的是 $Al_2(SO_4)_3 \cdot 18H_2O$，其相对分子质量为 666.41，相对密度 1.61，外观为白色，光泽结晶。

硫酸铝易溶于水，水溶液有酸性，室温时溶解度大致是 50%，pH 值在 2.5 以下。沸水中溶解度提高至 90%以上。

硫酸铝适用范围较广泛，可用于饮用水的净化，工业循环冷却水的处理及工业污水的处理。此外，还是造纸工业中的添加剂，木材工业中用作防腐剂，印染工业中作为媒染剂和印花防止渗色剂，石油工业用作除臭剂，医药工业用作收敛剂等。

作为凝聚剂，硫酸铝使用方便，凝聚效果好，不会给处理后的水质带来不良影响，使用时对水的有效 pH 值范围要求较窄，约在 5.5~8 之间。其有效 pH 值随原水的硬度含量而异，对于软水，pH 值在 5.7~6.6；中等硬度的水约为 6.6~7.2；硬度较高的水则为 7.2~7.8。在控制硫酸铝计量时应考虑上述特性。有时加入过量硫酸铝，会使水的 pH 值降至铝盐凝聚有效 pH 值以下，既浪费了药剂，又使处理后的水发浑。

硫酸铝在溶液中将按下式发生离解：$Al_2(SO_4)_3 \rightleftharpoons 2Al^{3+} + 3SO_4^{2-}$

然后，Al^{3+} 水解生成多种产物：$Al^{3+} + nH_2O \rightleftharpoons [Al(OH)_n]^{3-n} + nH^+$

产物为单、多核羟基络合物，其具有凝聚作用，能捕集水中的胶态杂质而形成絮状沉淀，从而使水澄清。

2. 聚合氯化铝

聚合氯化铝，又名聚合铝、碱式氯化铝。化学通式：$[Al_2(OH)_nCl_{6-n} \cdot xH_2O]_m$ ($m \leq 10$, $n=1 \sim 5$)。是介于氯化铝和氢氧化铝之间的产物，通过羟基而架桥聚合，分子中带有数量不等的羟基。无色或黄色树脂状固体。其溶液为无色或黄褐色透明液体，有时因含杂质而呈灰黑色黏液。聚合氯化铝是目前技术最成熟，市场销售量最大的无机高分子水处理剂，主要用于净化饮用水和给水的特殊水质处理，如除铁、除氟、除镉、除放射性污染物、除漂浮油等。也用于工业废水处理，如印染废水等。

聚合氯化铝对水中胶体颗粒和胶体污染物的去除，主要是通过Al(Ⅲ)水解-聚合产物对其进行电性中和、脱稳和吸附架桥作用生产粗颗粒絮凝体而完成的。其作用可概括为3个方面：

(1) 对水中胶体颗粒污染物进行电性中和脱稳的凝聚作用；

(2) 对以凝聚的次生粗大颗粒进行吸附架桥的絮凝作用；

(3) 除去水中有害离子的吸附和络合作用。

盐基度(Basicity，缩写为B)，又名碱化度，是样品中OH^-和Al^{3+}的物质的量比的三分之一，即B=[OH]/3[Al]。例如：$Al_2(OH)_5Cl$的盐基度为B=5/(3×2)=83.3%。它是衡量聚合氯化铝中OH的重要指标，与聚合氯化铝的水解形态分布及混凝效果有密切关系，其值越高，说明化合物物中羟基比例越大，其粘接架桥作用越强，但易生成$Al(OH)_3$沉淀而稳定性差。控制适当的盐基度可获得所需的优质氯化铝。目前生产的聚合氯化铝的碱化度一般控制在50%~80%之间。

与其他水处理剂相比，聚合氯化铝在性能和使用方面具有以下特点：

(1) 净化效率高，耗药量少，出水浑浊度低，色度小，过滤性能好，原水浑浊度高时效果尤为显著。

(2) 温度适应性高，适用的pH值范围宽，pH值在5~9的范围内都可使用。

(3) 使用操作方便，对设备和管道腐蚀性小，劳动条件好。

(4) 设备简单，操作方便，投加量小，制水成本较低。

聚合氯化铝的生产方法按工艺不同可分为：碱熔法、酸溶法和中和法等。根据所用原料不同可分为：金属铝(例如铝灰、铝渣、铝屑等)法、氢氧化铝法、三氧化二铝(例如铝矾土、煤矸石等)法等。固体PAC是特液体PAC用喷雾干燥或滚筒干燥得到的，喷雾干燥是比较理想的干燥方式，适于大规模生产，而生产规模较小的生产企业采用滚筒干燥也是可行的。

3. 三氯化铁

三氯化铁是一种常用的凝聚剂，也是一种极强的氧化剂。主要用作饮水的净水剂和废水的处理净化沉淀剂。水处理剂三氯化铁产品有固体和液体两种形式。固体产品为黑棕色六方系结晶，相对密度2.898，熔点306℃，分解温度315℃。液体产品为红棕色液体，相对密度1.42。水溶液呈酸性，对金属有氧化腐蚀作用。水解形成的絮凝体沉淀性能好。氯化铁对高浊度水及低温浊度水的净化效果优于硫酸铝等铝盐和硫酸亚铁，适宜的pH值范围也较宽，但其溶液的强腐蚀性限制了三氯化铁的更广泛使用。

固体产品氯化铁的制备是以铁屑为原料，在高温下与氯气发生氯化反应生产三氯化铁蒸气，再经冷凝成固体结晶。制备液体氯化铁方法有两种：一，盐酸法，盐酸和铁屑在反应器中反应生产氯化亚铁溶液，再通入氯气进行氯化生产三氯化铁溶液；二，一步氯化法，将氯气直接通入浸泡铁屑的水中进行氯化反应，生产三氯化铁溶液，经澄清过滤，得液体成品。产品质量标准及检测方法详见GB 4482—93。

4. 聚合硫酸铁(PFS)

聚合硫酸铁，分子式可表示为$[Fe_2(OH)_n(SO_4)_{3-n/2}]_m$，式中$n<2$，$m>10$。其产品有液体和固体两种。液体产品是红褐色的黏稠液体。固体产品是一种淡黄色的颗粒，相对密度

1.45。水解后可产生多种高价和多核络离子，对水中悬浮胶体颗粒进行电性中和，降低电位，促使粒子相互凝聚，同时产生吸附，架桥交联等作用，从而达到净水目的。该产品具有优良的脱水性能。当与凝聚剂聚合氯化铝联用时，能表现出极强的协同效应。

聚合硫酸铁(简称聚铁)具有投药量低、对水的 pH 值适用范围较宽，同时具有脱色、去除重金属离子、降低水中的 COD(化学需氧量)、BOD(生化需氧量)和提高杀灭细菌效果等优点，广泛用于生活饮用水、各种工业用水、工业废水的净化。

铁盐与聚合氯化铝在水中的水解-缩聚的过程相似，聚合硫酸铁在水中，即提供了多核络离子，它还会继续水解和缩聚(羟基架桥)直至最终生产氢氧化物。聚合硫酸铁及其水解-缩聚过程中产生的聚合物，具有强烈的吸附架桥连接、降低动电位(ζ 电位)等作用，凝聚力强，凝聚速度快，絮凝体密度大，沉降快速。

聚合硫酸铁的生产方法多种多样，既可以采用强氧化剂(如 H_2O_2、NaClO、$KClO_3$ 和 MnO_2 等)将亚铁离子直接氧化为铁离子，再经水解和聚合而得到聚合硫酸铁；也可以在催化剂的作用下，利用空气或氧气将亚铁离子氧化为铁离子，同样经水解和聚合而得到聚合硫酸铁；目前，国内外工业化生产聚合硫酸铁普遍采用催化氧化法，并且主要是选用亚硝酸钠、硝酸等作为催化剂。在催化剂的作用下，硫酸亚铁在酸性环境下经氧化、水解和聚合等过程即制得了一种棕红色、黏稠状液体聚合硫酸铁。

因 $NaNO_2$ 有致癌作用，易残存于产品中，因此该催化剂生产的产品不适合于饮用水处理。此外，反应过程中催化剂有副产物 NO，NO_2 产生，污染环境，后期尾气处理工序比较复杂。

固体聚铁(SPFS)储存方便，便于运输，因此，对 SPSF 的需求越来越大。SPSF 的制备通常是将制得的液体产品进行干燥(如喷雾干燥，减压蒸发等)，制得固体颗粒。

聚合硫酸铁的质量好坏主要决定于两个指标，即总铁含量及盐基度，其中盐基度显得尤为重要。盐基度越高，产品聚合度也越高，其形成的矾花越大，絮凝效果越好，絮体的沉降速度越快。总铁含量可以通过投料配比来调节，容易掌握；而盐基度却受到投料配比及一系列操作参数的严重影响。聚合氯化铝产品质量指标详见 GB 14591—2006(净水剂聚合硫酸铁)。

(二) 聚合氯化铝生产技术

我国聚合氯化铝的工业生产基本上都采用酸溶法，而原料的选取大多都是因地制宜，不同企业根据原料来源的难易及产品要求选用了不同的原料。下面以金属铝酸溶法为例来介绍聚合氯化铝的生产技术。

1. 原料准备

国内多以铝灰(熔炼合金的副产品，主要成分为三氧化二铝和金属铝)为原料，生产聚合氯化铝。原料酸采用的是工业盐酸。

铝灰是一种工业废渣，容易和其他废渣混杂，因而购入厂内的铝灰也应按铝和铝合金的牌号和质量的等级分类保管，以便生产使用和净化处理。

铝灰中含有的氮化铝遇水或吸潮后，发生水解反应产生氨：$AlN+3H_2O \rightarrow Al(OH)_3+NH_3\uparrow$。一方面污染环境，另一方面造成碱性条件，促使铝灰中铝和氧化铝的水解，生成氢氧化铝，并随时间的增长而粉化。这种铝灰与盐酸反应时将失去或降低反应活性。因此，铝灰最好在干燥室内储藏，及时使用。

铝灰在使用前应进行筛分，去除杂物，将块状铝渣和铝灰分别使用；使用前进行水洗，一方面可以除去水溶性的氯化钠、氯化钾、氯化镁等盐类，另一方面还能降低盐酸耗量和产品的氨氮含量。但是，水洗后的铝灰不能再储存，应随洗随用。

2. 生产原理

铝灰的主要成分是铝，新鲜铝灰中中铝主要有两种形态，一种为分散度较大的金属铝细粒，另一种为非晶型 Al_2O_3 和 $\gamma\text{-}Al_2O_3$ 的混合物。两种形态的铝均能与盐酸进行激烈的放热反应，反应可分为溶出、水解、聚合三个过程。反应式表示如下。

溶出反应：

$$2Al+6HCl+12H_2O \longrightarrow 2[Al(OH_2)_6]Cl_3+3H_2\uparrow$$
$$Al_2O_3+6HCl+9H_2O \longrightarrow 2[Al(OH_2)_6]Cl_3$$

水解反应：

$$2[Al(OH_2)_6]Cl_3 \rightleftharpoons [Al(OH_2)_5(OH)]Cl_2+HCl$$
$$[Al(OH_2)_5(OH)]Cl_2 \rightleftharpoons [Al(OH_2)_4(OH)_2]Cl+HCl$$

聚合反应：

$$2[Al(OH_2)_5(OH)]Cl_2 \rightleftharpoons [Al_2(OH_2)_8(OH)_2]Cl_4+2H_2O$$
$$[Al(OH_2)_4(OH)_2]Cl \rightleftharpoons [Al_2(OH_2)_6(OH)_4]Cl_2+2H_2O$$

铝灰中铝的溶出使 pH 值升高，促使配位水发生水解，而水解生成的 HCl 又促使溶反应继续进行，随着 pH 值继续升高，在相邻两个羟基间发生架桥聚合作用，聚合反应降低了水解产物的浓度，从而促使水解反应继续进行。溶出、水解、聚合反应互相交替促成。使反应向高铝浓度、高盐基度、高聚合度方向发展。

3. 工艺流程图(见图 9-4)

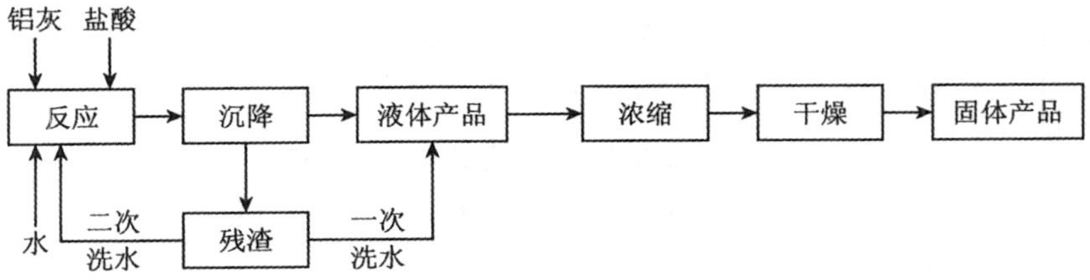

图 9-4　铝灰酸溶法生产聚合氯化铝工艺流程示意图

4. 生产方法

反应开始前，按反应釜总体积计算盐酸和铝灰总投量，投料的总体积一般不得超出反应器总体积的 50%(包括稀释水量)，或者按反应器的总体积(m^3)1/2 来确定每釜可生产的成品碱式氯化铝溶液量(t)，例如：反应器体积为 $10m^3$，则每次每釜的碱式氯化铝产量约为 5t，再按产量计算投量，以免投料过多反应物料溢出。反应投料量的计算可按照下式进行估算：

$$Q=0.69A\eta K(100-B)$$

式中　Q——每 1000kg 铝灰需用 31%工业盐酸的质量，kg；

A——铝灰中的氧化铝质量分数，%；

η——铝灰的氧化铝溶出率，与操作条件和铝灰的质量有关，其值一般为 0.5~0.85；

K——盐酸挥发损失系数，取值范围 1.1~1.2；

B——成品预期的盐基度，根据水源水质而异，一般选用 40%~80%。

将计算好的盐酸量一次用洗水稀释至适当浓度，加入反应釜中，再将洗净的铝灰加入釜中，搅拌均匀后盖上反应釜盖(釜盖上应设有排气口、加料口、观察孔等)。数分钟后，反应激烈，氢气和氯化氢气体向外排出，这时开启喷淋洗水阀门，用洗水吸收氯化氢气体，一定时间以后，铝化氢气体停止溢出，即可关闭喷淋洗水阀门。

反应过程中应补充水分(洗水)，并不断搅拌，以免铝灰在釜底结块，同时控制反应温度在95℃。整个反应过程约6~14h后变缓慢，这时可加入洗水，使反应物料稀释到比重约为1.25~1.30g/cm^3，pH 4~4.5，保温自然反应、聚合熟化。为了置换出产品中由于采用合金铝灰而带入的重金属杂质和砷，可在这时加入少量铝块和铝屑。

反应物料约经16~18h的自然反应、置换和聚合熟化之后，溶液pH值略有上升。重金属被置换于铝块或铝屑上，将其取出，用水冲去吸附杂质，留待下次继续使用。将反应溶液进行粗滤，再送入沉淀池。为了进一步去除重金属杂质可以加入硫化钠溶液搅拌均匀，沉淀。反应残渣用水洗涤两次，第一次洗水合并入原液。第二次洗水供作稀释和补充水用。最后的反应残渣视铝含量大小，或供第二次继续反应、或取出供综合利用。沉淀1~3天后的碱式氯化铝溶液经检验合格后，用泵抽入高位槽，作为液体产品出售或生产固体碱式氯化铝用。

固体PAC的制备是将液体PAC用喷雾干燥或滚筒干燥得到的，喷雾干燥是比较理想的干燥方式，适于大规模生产，而生产规模较小的生产企业采用滚筒干燥也是可行的。

注意事项：如果产品的盐基度达不到要求，目前工业上主要采用加入铝酸钙(主要成分为CaO、Al_2O_3、Fe_2O_3，也可表示为：$CaAl_2(OH)_8$粉的方法来提高产品盐基度，反应式：$5Al_2(OH)_2Cl_4+CaAl_2(OH)_8 \longrightarrow 6Al_2(OH)_3Cl_3+CaCl_2$，产品的碱化度可以提高到65%~70%以上。

5. 产品质量标准

液体产品是无色、淡灰色、淡黄色或棕褐色透明或半透明液体，无沉淀。固体产品是白色、淡灰色、淡黄色或棕褐色晶粒或粉末。技术指标详见表9-1。

表9-1 我国聚合氯化铝现行技术指标

[GB/T 22627—2014(非饮用水)及GB 15892—2009(饮用水)]

指标名称		指标(水处理剂)			
		饮用水处理用		非饮用水处理用	
		液体	固体	液体	固体
相对密度(20℃)	≥	1.21	—	1.19	—
氧化铝(Al_2O_3)/%	≥	10.0	29.0	6.0	28.0
盐基度/%		40~90	40~90	30~95	30~95
水不溶物/%	≤	0.2	0.6	0.4	5.4
pH值(1%水溶液)		3.5~5.0			
砷(As)/%	≤	0.0002		0.0005	
六价铬(Cr^{6+})/%	≤	0.0005		0.005	
汞(Hg)/%	≤	0.00001		0.00005	
铅(Pb)/%	≤	0.001		0.002	
镉(Cd)/%	≤	0.0002		0.001	

6. 产品包装

液体产品用清洁、耐酸碱的专用储罐或聚乙烯塑料桶包装，每桶净重25kg或50kg；或用槽车运输。固体产品用内衬聚乙烯塑料袋的塑料编织袋包装，每袋净重25kg或50kg。产品应储存在阴凉、通风、干燥、清洁的库房中。运输过程中要防雨淋和烈日暴晒，应防止潮解。失火时，可用沙土、二氧化碳灭火器扑救。

7. 产品使用

(1) 根据原水不同情况，使用前可先做小试求得最佳药量。为便于计算，小试溶液配置按质量比，一般以2%~5%配为好。如配3%溶液：称聚氯化铝固体3g，盛入洗净的200mL量筒中，加清水约50mL，待溶解后再加水稀释至100mL刻度，摇匀即可。

(2) 生产用按聚氯化铝固体：清水=1：9到1：15质量比(液体产品采用1：2到1：5)混合溶解即可。氧化铝含量低于1%的溶液易水解，会降低使用效果，浓度太高不易投加均匀。

(3) 加药按小试求得的最佳投加量投加，并在运行中注意观察调整。如见沉淀池矾花少、余浊大，则投加量过少；如见沉淀池矾大且上翻、余浊高，则加药量过大，应适当调整。

三、絮凝剂

絮凝剂是指加入水中后使脱稳后的胶体粒子通过粒间搭桥和卷扫等作用形成大的絮体而出现沉降的一类化学品。絮凝剂同无机高分子凝聚剂相比，具有用量少、絮凝速度快、受共存盐类和pH值及温度影响小、生成污泥量少、节约用水、容易处理等优点，因而有着广阔的应用前景。目前使用的絮凝剂主要有天然高分子化合物和人工合成高分子化合物两大类。

天然高分子絮凝剂，可以是纯天然提取，但更多是对天然提取物进行改性而得到的高分子化合物。按其来源不同可分为淀粉类衍生物、纤维素衍生物、多糖及其改性絮凝剂、蛋白质类衍生物絮凝剂、改性植物胶以及微生物絮凝剂。天然高分子絮凝剂具有易生物降解，本身或中间降解产物对人体无毒，具有选择性大、价廉、产泥量少等优点。这类絮凝剂的研究开发为天然资源的利用和生产无毒絮凝剂开辟了新的途径。在众多天然改性高分子絮凝剂中，淀粉、甲壳素的改性絮凝剂的研究、应用尤为引人注目。

人工合成高分子絮凝剂都是水溶性聚合物，也被称为聚电解质。按照其官能团带电性能可分为：阳离子型、阴离子型、两性离子型和非离子型四大类。高分子絮凝剂的单体含有可离解的官能团时，整个聚合物链上就具有大量可离解的基团，常见的基团有—NH_3OH、—COOH、—SO_3H、—NH_2OH等。官能团电离即形成聚合物离子，当单体上的官能团在水中电离后，在单体上保留带负电荷的部分(如—COO^-、—SO^{3-}等)，则整个聚合物分子形成了带负电荷的大离子，这种聚合物称为阴离子型絮凝剂，如：部分水解聚丙烯酰胺、聚丙烯酸钠，水解聚丙烯腈等；当在单体上保留带正电荷的部分(如—NH_3^+、—NH_2^+)而使整个聚合物分子成为一个带正电荷的大离子时，这种聚合物称为阳离子型絮凝剂，如：阳离子聚丙烯酰胺、聚乙烯亚胺、聚(*N*-甲基-4-乙烯氯化吡啶)、聚(2-甲基丙烯酰氧乙基三甲基氯化铵)；既带有阳离子官能团又带有阴离子官能团的有机高分子絮凝剂，称为两性离子型絮凝剂，如：聚甲基丙烯酸烷基酯的季铵盐或盐酸盐；如果高分子絮凝剂属于不能电离的非电解质，则称为非离子型，如：聚乙烯醇、聚氧化烯、聚丙烯酰胺等。其中以聚丙烯酰胺

(PAM)用量最多。

近年来，随着水质污染状况加剧，用水质量标准提高，要求絮凝剂不仅有高效除垢功能，同时还应具有去除COD、磷、氮以及杀菌灭藻、氧化还原多种功能。因此，无毒、高电荷、高相对分子质量阳离子絮凝剂、天然高分子絮凝剂是今后产业发展的趋势。

（一）主要品种

1. 壳聚糖(chitosan)

甲壳素(chitin)，也叫甲壳质、几丁、几丁质、蟹壳素、明角壳蛋白及壳多糖。是由*N*-乙酰-2-氨基-2-脱氧-D-葡萄糖以β-1,4糖苷键形式连接而成的多糖，其结构式为：

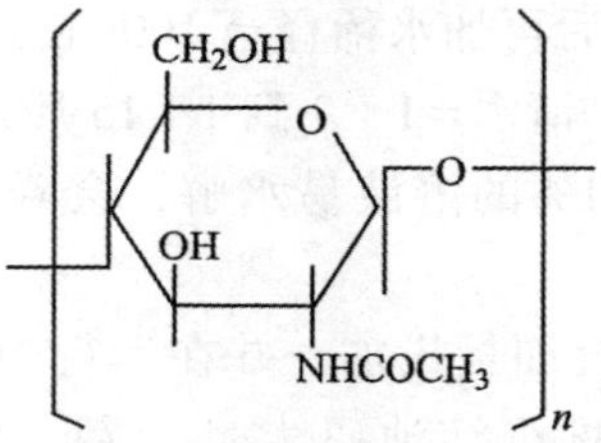

甲壳素在自然界分布非常广泛，而常用作制备甲壳素的原料的是甲壳素含量较高的蟹壳和虾壳，并且这两种东西是水产加工中产生的废弃物，任意排放会造成环境污染。

甲壳素糖基上的乙酰基可用强碱水解或酶解脱去一部分或90%以上，这种多糖叫壳聚糖或壳多糖。甲壳素也是制备壳聚糖的主要原料。壳聚糖学名为聚葡萄糖胺(1-4)-2-脱氧-β-D-葡萄糖，分子式：$(C_6H_{11}NO_4)_n$。工业壳聚糖为白色或灰白色的半透明片状固体，略带珍珠光泽。壳聚糖分子链上分布着大量的游离氨基，在稀酸溶液中质子化，使壳聚糖分子链上带上大量的正电荷，成为一种聚电解质，一种天然阳离子有机高分子絮凝剂。

2. 丙烯酰胺与淀粉接枝共聚物

自然界中存在大量的淀粉，但用于工业的品种主要为玉米、马铃薯、小麦和木薯等。淀粉是由许多葡萄糖分子脱水聚合而成的一种高分子碳水化合物，分子式为$(C_6H_{10}O_5)_n$，直链淀粉的结构式为：

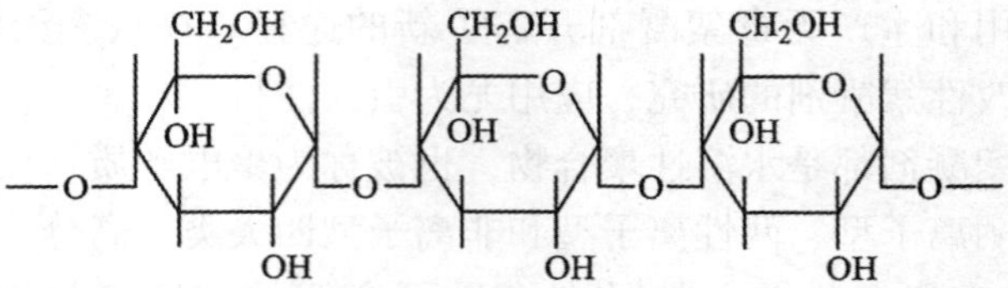

改性淀粉絮凝剂以其原料易得、价格低廉、无毒性、无二次污染等特点，成为一种极具发展前景的天然高分子絮凝剂。其制备通常采用接枝共聚、醚化和交联三种方法。

丙烯酰胺与淀粉接枝共聚物，其液体产品为黄色半透明胶状黏稠液，固含量5%~10%，pH 7.5~8.5，黏度0.1~0.3Pa·s，较易溶于水。固体产品为白色纤维状粉末，糊化温度50~55℃。

淀粉-AM接枝共聚物的性能与聚丙烯酰胺相近，在某些方面甚至优于聚丙烯酰胺，而且价格低廉，可作为絮凝剂、吸水剂直接使用。淀粉-AM共聚物用作絮凝剂时，支链淀粉接枝共聚物由于分支多，相对分子质量高而具有较好的絮凝性能，而且在一定范围内接枝AM相对分子质量越大，絮凝性能越好。

3. 聚丙烯酰胺

丙烯酰胺聚合物(acrylamide polymers)是丙烯酰胺的均聚物及其共聚物的统称。工业上凡是含有50%以上丙烯酰胺(AM)单体结构单元的聚合物，都泛称聚丙烯酰胺。其他单体结构单元含量不足5%的通常都视为聚丙烯酰胺的均聚物。

聚丙烯酰胺，polyacrylamide(PAM)，工业上也称3#矾，其结构式为：

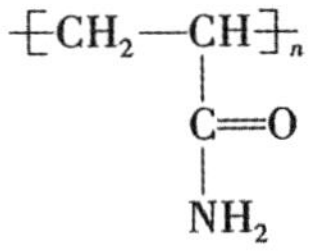

相对分子质量是PAM的最重要的结构参数。按其值的大小有低相对分子质量($<10^6$)、中等相对分子质量($10^6\sim10^7$)、高相对分子质量($1\times10^7\sim1.5\times10^7$)和超高相对分子质量($>1.7\times10^7$)四种。

PAM在水处理中是作为污水处理的絮凝剂和污泥的脱水剂，是大型污水处理厂必不可少的化学材料。它的使用不但保证了污水的处理工艺的实现，而且可以使污水回用成为可能。在工业水和饮用水的原水处理中，起絮凝澄清作用，以保证获得高质量的水质。低相对分子质量的PAM还可以用作工业循环水的水质稳定剂，使工业冷却水得以循环使用。此外，PAM在其他行业中也有广泛应用：在石油工业中用作驱替剂、钻井泥浆和压裂液添加剂、堵水剂及油田污水处理剂。在造纸工业中用作助滤剂、纸张增强剂和废水处理剂等。

聚丙烯酰胺在水中对胶粒有较强的吸附能力，同时它是线型高分子，在溶液中能充分伸展，因此能很好地发挥吸附架桥作用。将聚丙烯酰胺通过加碱水解，水解产物上的—COONa基团在水中离解为—COO^-，从而使非离子型的聚丙烯酰胺转变成带有羧酸基团的阴离子聚丙烯酰胺。这些带阴离子的基团由于同电相斥，使线型高分子能充分伸展，更有利于吸附架桥，增强絮凝效果。聚丙烯酰胺与铝盐或铁盐配合使用，絮凝效果会更显著提高。

作为水处理剂，聚丙烯酰胺在性能和使用方面具有以下特点：

(1) 在处理高浑浊度水时效果明显，既可保证水质，又可减少絮凝剂用量，是目前被认为处理高浑浊度水最有效的高分子絮凝剂之一。

(2) 使用前要先进行水解，需要进行有关试验以掌握水解比和水解时间。

(3) 与其他凝聚剂或絮凝剂配合使用时，要进行试验以确定投加次序与投加量以发挥两种药剂的最大效果。

(4) 聚丙烯酰胺固体不易溶解，要在机械搅拌的情况下缓慢配制溶液。

(5) 单体有毒性，用于生活饮用水时应注意投加量。

PAM的工业产品剂型有水溶胶、粉剂、乳液及水分散型等四类。水溶胶是丙烯酰胺(或者和其他单体)的水溶液经聚合直接得到的一种产品形式，是PAM最早期的产品剂型；干粉型产品是由丙烯酰胺的单体水溶液经聚合，再经造粒、干燥、粉碎和过筛等工序制得，是现在应用最广的剂型。约占60%~75%，其中以含羧基的阴离子聚丙烯酰胺为主。干粉型产品除了由水溶液聚合法外，还可由反相悬浮法和反相乳液法制得；乳液型产品，俗称“油包水乳液”或称“油乳液”。是借助油包水乳化剂将单体水溶液分散在油(饱和烃)介质中经聚合而制得、具有速溶、高固含量和高相对分子质量的特点；水分散型产品，俗称“水包水乳液”或称“水乳液”。是借助少量与产品有效组分同类的分散剂和介质调节剂，将较高浓度的单体水溶液分散在水中经聚合而制得。与油包水乳液产品比较，最大的区别是不含有机溶剂类助剂，对环境无二次污染。但其生产成本较高。

4. 丙烯酰胺衍生物

聚丙烯酰胺的化学性质主要表现为聚合物链的断裂降解和活泼酰氨基的化学反应。通过酰氨基的反应可以对 PAM 进行化学改性。在其上引入阴离、阳离子及其他官能团。制备一系列的功能衍生物，从而进一步扩展 PAM 的性质和应用范围。在某些情况下，通过 PAM 的反应制备其功能性衍生物比共聚法更方便或更廉价，因此，PAM 已成为一个重要的高分子母体。

(1) 由丙烯酰胺水溶液制备的衍生物：

① 水解聚丙烯酰胺。PAM 在碱的作用下，链上的部分酰氨基水解成羧基，转化为水解聚丙烯酰胺(hydrolyzed polyacrylamide，简称 HPAM)。反应原理式：

$$\underset{\textstyle CONH_2}{\left[CH_2-\underset{|}{CH}\right]_n} + H_2O + NaOH \longrightarrow \underset{\textstyle CONH_2}{\left[CH_2-\underset{|}{HC}\right]_x}\underset{\textstyle COONa}{\left[CH_2-\underset{|}{CH}\right]_y} + NH_3$$

HPAM 是一种常用的阴离子有机高分子絮凝剂，相对分子质量大约在 $10^6 \sim 10^7$。其结构与 AM 和丙烯酸钠(AA—Na)共聚物的相似。工业生产上常用两种水解工艺：在 AM 聚合前的溶液中加进碱，聚合和水解同时进行，称前水解工艺；在 AM 聚合后的 PAM 胶体中加碱进行水解，称后水解工艺。用这两种水解工艺可以很容易得到水解度为 30%(摩尔)的 HPAM 产品。要制备高水解度(PAM 中所含阴离子丙烯单元的摩尔或质量比称为水解度)，特别是 70%以上水解度的 HPAM 产品要用 AM 和 AA—Na 的共聚法。

某厂的前水解工艺过程：在配料釜中加入精制过的 AM 溶液，于搅拌下加入(相当于 30%水解度的需要量)和其他聚合添加剂(如尿素、硫酸钠等)。溶解并调节温度力 25~28℃后，将配好的料装进内壁经过防黏处理的锥底聚合釜，通氮气除氧后加入引发剂引发聚合。2h 后向聚合釜内压入 0.3MPa 的压缩空气，将聚合物胶体压入造粒机进行造粒，得粒径 3~5mm 的胶粒。胶粒在干燥器中热风干燥后。经过粉碎和筛分得 40~60 目粉粒状 HPAM 产品。

我国 PAM 生产厂常采用的后水解工艺过程是：在捏合机或配料釜中加入经过离子交换树脂精制处理过的浓度为 30%左右的 AM 水溶液 300kg，以及尿素等添加剂，再加入 10%的 $(NH_4)_2S_2O_8$ 和 10%的 $NaHSO_3$ 溶液作氧化还原引发剂引发聚合，约 2h 后将 PAM 胶体与碱($NaOH$ 或 Na_2CO_3)在捏合机中捏合水解，再经烘干、破碎、粉碎和筛分，得 40~60 目粉粒状 HPAM。产品的相对分子质量一般在 $9\times10^6 \sim 1.2\times10^7$。

采用前水解工艺易制得溶解性能优异的 HPAM，并且工艺简单，设备投资低，产品水解度均匀，其缺点是水解剂中的杂质影响聚合反应，产品相对分子质量比后水解工艺低。后水解工艺的难点在于如何处理好超高相对分子质量和产品溶解度的矛盾。

② 磺甲基聚丙烯酰胺。磺甲基聚丙烯酰胺(SPAM)是非离子型 PAM 的阴离子改性产品，其结构式为：

$$\underset{\textstyle CONHCH_2SO_3Na}{\left[CH_2-\underset{|}{CH}\right]_n}$$

工业化典型生产方法为：在 2% PAM 水溶液中，按 AM：HCHO：$NaHSO_3$=1：1：1(物质的量)加入甲醛和 $NaHSO_3$ 溶液，发生磺基化反应生成磺甲基聚丙烯酰胺，生产然后用 10% NaOH 调节反应物的 pH 值为 12.5~13.0。于 65~70℃下反应 2h，得到最大磺甲基化度为 50%的 SPAM 溶液产品。

③ 氨甲基聚丙烯酰胺：

a. 曼尼希(Mannich)反应产物。PAM 和二甲胺、甲醛进行曼尼希反应(胺、醛和活泼氢化合物三组分的不对称缩合反应)可生成叔胺型的二甲氨基 *N*-甲基丙烯酰胺聚合物。产物再与硫酸二甲酯反应可生成季铵盐，它是一种含有阳离子侧基的丙烯酰胺共聚物，常用于工业废水及市政废水的絮凝剂。其反应原理式为：

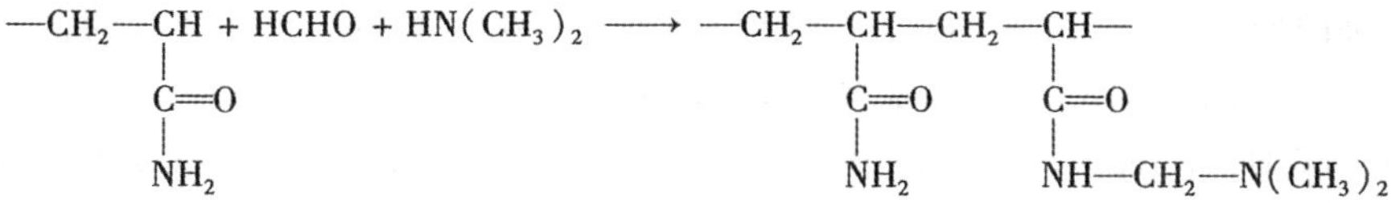

b. 霍夫曼降解反应产物。PAM 和次氯酸钠或次溴酸钠在碱性条件下发生霍夫曼反应可制得阳离子聚氨基乙烯，反应原理式：

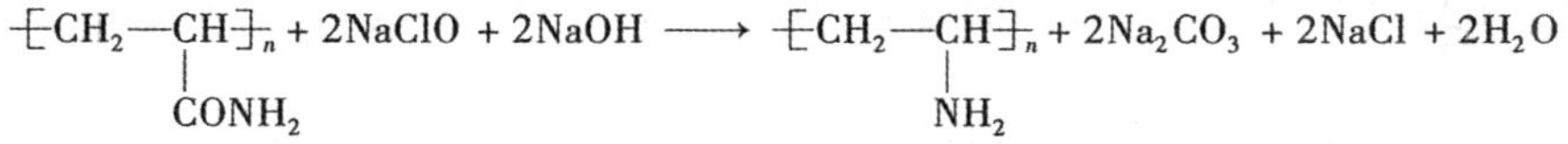

(2) 丙烯酰胺共聚衍生物：

① 丙烯酰胺与阴离子共聚衍生物。丙烯酰胺与阴离子单体共聚生成的衍生物统称阴离子聚丙烯酰胺(APAM)。

丙烯酰胺与丙烯酸钠(阴离子单体)的共聚：向水中加进 NaOH 和丙烯酸(AA)以配制丙烯酸钠(AA-Na)溶液；再加进 AM 让其溶解得单体总含量为 31.5%的单体溶液，混合单体中 AA-Na 含量占 41.5%；最后加进用量为单体总质量的 0.721‰的偶氮二异丁腈及用作助溶剂的甲醇，调节溶液 pH 值为 7.5，所用氧化还原引发剂由硫酸亚铁铵水溶液和过硫酸铵水溶液组成。以上配制的单体溶液在带速 0.35cm/s 的传送带上于 10℃时开始聚合，物料在聚合区内停留 65min。在聚合区中央附近所成聚合物溶胶温度达 96℃。新形成的溶胶含聚合物 33.9%。溶胶经破碎和二次烘干后粉碎成细粉。最终所得粉状聚合物产物含水分 14.7%，含不溶颗粒 1.3%。残余单体含量为 0.03%。配制出 0.1%的聚合物溶液，25℃时的黏度为 5.0mPa·s，相对分子质量超过 10^7。

② 丙烯酰胺与阳离子共聚衍生物。丙烯酰胺与阳离子单体共聚生成的衍生物统称阳离子聚丙烯酰胺(CPAM)。

丙烯酰胺与二烯丙基二甲基氯化铵(DADMAC)的共聚：水溶液聚合方式，在 40℃下用占单体总质量 1%的复合引发剂引发 AM 和 DADMAC 聚合，反应 8h 后得到了阳离子度为 10%的阳离子型高分子絮凝剂。

这种共聚物是阳离子高分子絮凝剂中最重要的一种。它无毒，性能优良，且共聚单体 DADMAC 是一种最为价廉易得的阳离子单体，分子式：$(CH_2=CHCH_2)_2N(CH_3)_2Cl$。该产品应用于污水处理、活污水处理等方面。在美国和加拿大用作给水处理，尤其是中小型水厂的直接过滤，在国内也已被广泛应用。

③ 两性聚丙烯酰胺。两性聚丙烯酰胺是以相对分子质量为 $1.5\times10^6\sim8\times10^6$、部分水解的聚丙烯酰胺为原料并经过 Mannich 反应得到的含有—COO^- 和—CH_2—$N^+(CH_3)_3$ 基团的两性高分子絮凝剂，其结构式为：

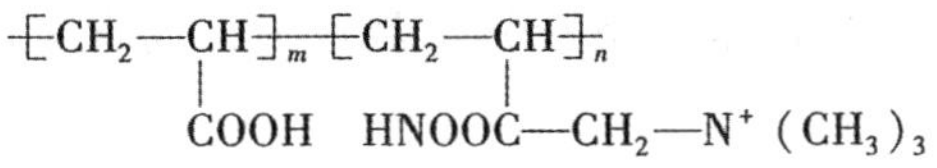

其合成方法通常是将部分水解的聚丙烯酰胺溶解于蒸馏水中，在一定浓度的甲醛、二甲胺和合适的 pH 值下反应 2~4h，得到胺化产物，再向体系中加入 $HCl-NH_4Cl$ 溶液，可得到分子中同时含有—COO^-和—CH_2—$N^+(CH_3)_3$ 基团的两性聚丙烯酰胺。

(二) 聚丙烯酰胺生产技术

1. 原料准备

(1) 丙烯酰胺　acrylamide(AM)，分子式：CH_2 ═CHCONH$_2$，是丙烯酰胺类聚合物的主要原料，也是最简单和最重要的酰胺类化合物。固体 AM 为无色、无味、无臭的片状晶体，相对分子质量 71. 08，密度(30/4℃)1. 122kg/L，水中(30℃)溶解度为 215. 5g/100mL，熔点 84. 5℃，沸点(3. 3kPa)125℃，有毒。丙烯酰胺在苯和甲苯中的溶解度随温度增高显著增大，据此可用重结晶法对其提纯；此外，50%丙烯酰胺水溶液也是市售产品的常见品种之一，相对密度(25/4℃)1. 038，结晶温度 8~13℃，沸点 99~104℃，通常加入二价铜离子等作为稳定剂。

虽然丙烯酰胺的制法有很多，但是在当前大规模生产还是通过丙烯腈水合的方法得到。丙烯腈的水合主要有三种方法：即丙烯腈硫酸水合法、丙烯腈铜催化水合法和丙烯腈生物酶催化水合法。目前国内外生产丙烯酰胺仍以铜催化水合法为主。我国于 20 世纪 60 年代初采用丙烯腈硫酸水合法生产丙烯酰胺，70 年代中期开始用骨架铜催化剂的催化水合法。90 年代后期生物酶催化水合法实现了工业化生产。目前，丙烯酰胺产量的 90%用于生产丙烯酰胺聚合物。

丙烯酰胺聚合反应放热量较大，约 82. 8kJ/mol，而聚丙烯酰胺水溶液的黏度很大，所以散热较困难。工业生产中根据产品性能和剂型要求，可采用低浓度(8%~12%)和中浓度(20%~30%)或高浓度(>45%)的丙烯酰胺溶液聚合。低浓度聚合主要用于制备水溶液产品，中浓度或高浓度聚合适用于生产粉末状产品。

(2) 引发剂　工业上常采用的 AM 聚合引发剂是氧化还原引发体系。该体系大致有两类。一类是无机过氧化物[如 $K_2S_2O_8$、$(NH_4)S_2O_8$ 和 H_2O_2 等]与还原剂(如 $NaHSO_3$、$FeSO_4$ 和 $FeCl_2$ 等)组成；另一类是有机物组成的氧化还原引发体系，如过氧化二苯甲酰、偶氮二异丁腈、偶氮双氰基戊酸钠、偶氮二(2-脒基丙烷)盐酸盐和过氧化二碳酸酯类等，与叔胺如三乙胺、DMAEMA 等构成。有时也使用无机物和有机物复合的引发体系，如 DMAEMA-$K_2S_2O_8$ 或 $K_2S_2O_8$DMAEMA—$NaHSO_3$。采用这类引发体系能够制得相对分子质量高、水溶性好的聚合物产品。

(3) 络合剂　溶液中铜、铁离子会对自由基聚合起到阻聚作用，比如当铜离子的含量达到 0. 1mg/L 时就会明显地影响到聚合物的相对分子质量。为了消除或减轻铜离子的影响，通常在聚合过程中加入一定量可与金属离子形成络合物的添加剂。常用的如 EDTA-2Na，它可与铜离子形成稳定的络合物，添加后可以产生很好的聚合效果。

(4) 链转移剂　在丙烯酰胺聚合过程中，如果配方不当，很容易形成肉眼可见的凝胶。对于凝胶的成因，主要是由于聚合后期的聚合物分子之间发生碳-碳交联所致，而添加少量链转移剂可以防止交联。用于丙烯酰胺聚合的链转移剂有甲酸钠、乙酸钠、硫醇、异丙醇和氮川丙烯酰胺等。由于硫醇和异丙醇的链转移常数较大，通常采用甲酸钠、氮川丙烯酰胺作为链转移剂。

2. 生产原理

（1）水溶液聚合　聚丙烯酰胺的制造方法主要是由丙烯酰胺类单体经自由基聚合反应而成。AM 的自由基聚合反应符合自由基连锁聚合反应的一般规律，由链引发、链增长和链终止等基元反应组成。此外，还常伴有链转移反应的发生。AM 自由基聚合反应式可表示如下：

$$nH_2C{=}CH{-}CONH_2 \xrightarrow{\text{引发剂}} {-}\!\!\left[H_2C{-}\underset{\displaystyle H_2NOC}{\underset{|}{CH}}\right]\!\!{-}_n$$

聚合产物相对分子质量随着单体浓度的升高而增大，但是过高的单体浓度又会造成释放的聚合热不易散发，反应速度过快，聚合体系温度很快升高到最高值。而在固定单体含量的前提下，一些使聚合速率增加的因素，如增加引发剂用量、提高聚合温度等，都会使相对分子质量降低。另外，温度升高后，链转移速率常数和链增长常数都随着温度的升高而增加，但一般链转移常数数值较小，活化能较大，温度的影响较为显著。也就是说，二者的比值随着温度的升高而增加，这就使平均聚合度下降。

相对分子质量和溶解度是衡量聚丙烯酰胺产品性能的两个重要指标。聚合过程中如果发生大量的支化或交联，则易造成产物难溶或不溶。因此对聚丙烯酰胺的研究不仅要提高相对分子质量和溶解性，而且要在提高其相对分子质量的同时，不降低或少降低其溶解速率。

（2）反相乳液聚合　反相乳液聚合是将单体的水溶液借助油包水型乳化剂分散在油介质中，引发聚合后，所得产物是被水溶胀的聚合物微粒（100～1000nm）在油中的胶体分散体，即 W/O 型胶乳。

聚丙烯酰胺反相乳液的优点是固含量在 20%～40%，比水溶液聚合产品的固含量高，乳液黏度低，聚合中改善了反应的传热和搅拌混合的效果。而聚合物胶乳型产品的速溶特性，较之水溶液和干粉型产品，应用起来更为方便。缺点是生产技术复杂，销售价格较高。

乳化剂的稳定作用原理，对于离子型乳化剂主要是通过静电排斥作用；对于非离子型乳化剂则是通过空间位障作用。但乳液是亚稳态的，它仅是动态稳定体系。由于乳液内相液滴的粒径比可见光的波长更大，所以乳液外观常呈浑浊状态。

对于一般的反相乳液聚合，其聚合机理可分为 4 个阶段：分散阶段、阶段Ⅰ（乳胶粒生成阶段）、阶段Ⅱ（乳胶粒长大阶段）和阶段Ⅲ（聚合反应完成阶段）。

3. 生产方法

（1）水溶液聚合制备聚丙烯酰胺水溶胶　工艺过程为：用离子交换法精制（8%～12%）AM 单体水溶液，计量单体水溶液并添加聚合添加剂，调节溶液温度于 20～50℃，吹入氮气 20min 以去除溶解氧；加入引发剂过硫酸铵-亚硫酸氢钠溶液，聚合 4～8h，经冷却、出料，得到产品 PAM 水溶胶。工艺流程如图 9-5 所示的前半部（到后反应釜 7，无共聚单体储罐 2）。

（2）水溶液聚合制备聚丙烯酰胺干粉　由于使用、储存和运输等原因，目前国内外使用最多的 PAM 产品是粉状产品。采用水溶液聚合制造 PAM 干粉的生产工艺按单体浓度可分为低浓度和中、高浓度聚合。

① 低浓度水溶液聚合工艺。工艺流程图如图 9-5 所示。工艺过程：将约 10% AM 水溶液引发聚合得到呈流动状的胶体 PAM；将胶体 PAM 流延到蒸汽加热的转鼓上形成薄片，随着转鼓慢慢转动，PAM 被加热干燥；从滚筒上刮下干的 PAM 再经粉碎得到粉状 PAM 产品。

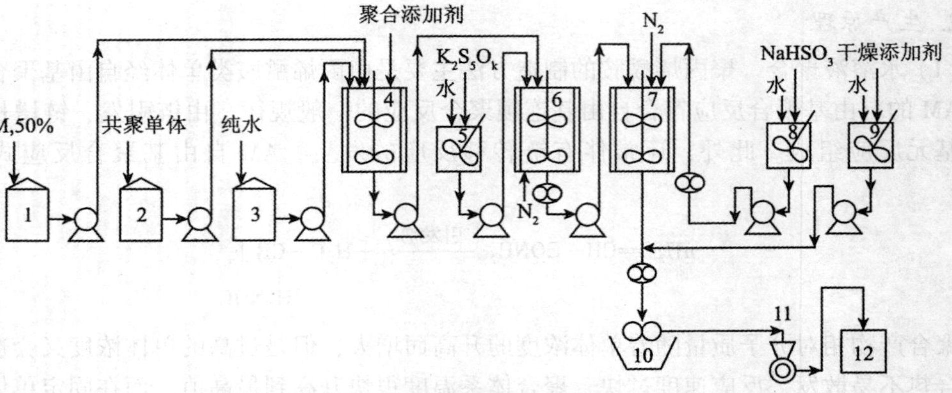

图 9-5　低浓度聚合滚筒干燥粉状聚丙烯酰胺生产工艺流程

1—AM 溶液储罐；2—共聚单体储罐；3—纯水储罐；4—配料罐；5—引发剂溶解槽；6—聚合反应釜；7—后反应釜；8—$NaHSO_3$ 溶液配制罐；9—干燥添加剂溶解罐；10—滚筒干燥器；11—粉碎机；12—储存与包装

② 中浓度水溶液聚合工艺。浓度 20%～30%的 AM 在绝热聚合时放出的热量可使体系温度升高 60～90℃。由于 PAM 溶胶的黏度很大，即使在聚合反应初期也难进行有效的机械搅拌。且因 PAM 胶块为不良热导体，胶块内部的热量不易传出。为解决聚合热问题，可将 AM 水溶液流延在槽形的钢板或传输钢带上进行薄层(厚度可达 20mm)聚合。用过硫酸盐-亚硫酸盐和水溶性偶氮化合物引发剂，或者用光(紫外线)或 γ 射线来引发聚合反应，聚合反应所产生的聚合热，除散失于周围环境外还被钢带载体所吸收。聚合物的最高温度大约为 95℃。控制带速，使得聚合物到达终点时聚合完全。在原反应溶液中加入表面活性剂、异丙醇或甘油，或是在钢带上被覆含氟聚合物膜，能保证聚合物不沾载体。这就使聚合反应有可能在高单体浓度(20%～45%)和较低温度范围内完成。丙烯酰胺聚合物从钢带上取下后，进行破碎、干燥、粉碎和包装。工艺流程如图 9-6 所示。

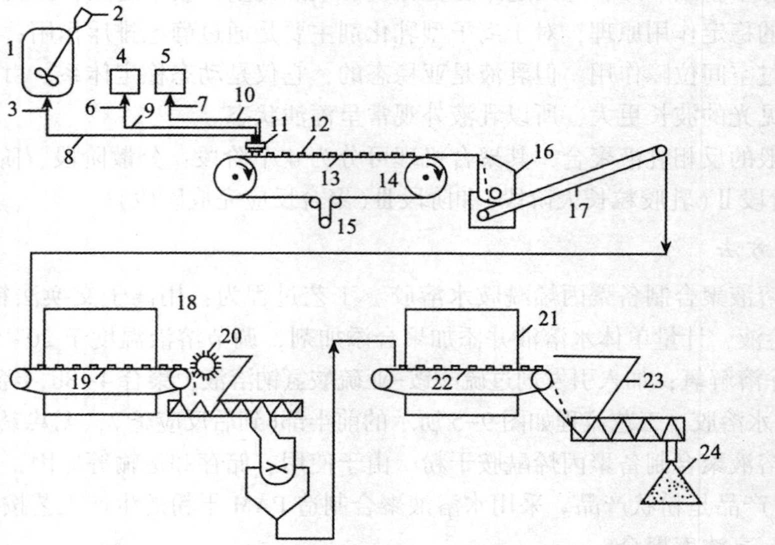

图 9-6　连续带式薄片聚合制备粉状聚丙烯酰胺工艺流程

1—反应器；2—搅拌器；4，5—配料罐；3，6，7—阀门；8，9，10—输液管；11—喷头；12—混合料液层；13—传送带；14—齿轮；15—紧带装置；16—造粒机；17—皮带提升机；18—一次干燥箱；19，22—干燥箱内部输送带；20—冰块破碎机；21—二次干燥箱；23—粉碎机；24—出料口

(3) 反相乳液聚合制备聚丙烯酰胺胶乳：

① AM 反向乳液聚合配方：

水相		油相	
AM(40%)的水溶液/g	200	白油(15#)(d=0.835)/mL	240
$(NH_4)S_2O_8$/mg	24	复合乳化剂(6%对油重)/g	12
$(NH_2)_2CO$/mg	240	Span-80：Op-4(质量比)	3：1
$NH_3\cdot H_2O$/mL	0.5		

② 生产方法。将除氧的单体水溶液及其辅料在快速搅拌下缓慢加入到溶解有乳化剂的油相中，通入高纯氮气除氧，乳化30min。加入0.10%叔丁基过氧化氢(对乳液重)，再加入亚硫酸氢钠。在40℃下经过诱导期后开始聚合反应，并伴有温升现象，搅拌(300r/min)保温2h后，加入添加剂亚硫酸氢钠，以减少残余单体含量。降温出料。获得高PAM含量的反相胶乳。产品保存在密封的硬质聚丙烯瓶中或储存在涂有聚乙烯膜的金属容器中。

4. 产品质量标准

我国执行标准(GB 17514—2008)的规定。

(1) 适用范围　适用于非离子型和阴离子型的固体及胶体聚丙烯酰胺。

(2) 外观　固体聚丙烯酰胺为白色或微黄色颗粒或粉状；胶体聚丙烯酰胺为无色或微黄色透明胶体。

(3) 相对分子质量　根据用户要求。但与标称值的相对偏差不大于10%。

(4) 水解度　与标称值的绝对差值不大于2%或根据用户要求提供。非离子型产品，水解度不大于5%。

(5) 其他技术指标，见表9-2。

表9-2　聚丙烯酰胺技术指标

项　目		指　标		项　目		指　标	
		Ⅰ类	Ⅱ类			Ⅰ类	Ⅱ类
固含量(固体)/%	≥	90.0	88.0	筛余物(1.00mm筛网)/%	≤	5	10
丙烯酰胺单体含量(干基)/%	≤	0.025	0.05	筛余物(180μm筛网)/%	≥	85	80
溶解时间(阴离子型)/min	≤	50	90	不溶物(阴离子型)/%	≤	0.3	2.0
溶解时间(非离子型)/min	≤	90	120	不溶物(非离子型)/%	≤	0.3	2.5

5. 产品包装

固体粉末颗粒产品包装采用内衬塑料袋的复合编织袋包装，每袋净重20~25kg。胶体及乳液产品采用塑料桶包装，每桶净重25~180kg。固体粉末颗粒产品吸湿性很强，必须包扎严密，禁止储存在高湿环境中，产品在阴凉、干燥、通风常温的环境下保存期两年，长期存放后经检验无质量变化仍可使用。

6. 产品应用举例

例1：利用亚铁盐和PAM复合絮凝剂对某厂电镀车间废铬液中Cr^{6+}进行处理，原水中的浓度为307.35g/L。将原水样用去离子水稀释2000倍。实验确定，pH值为11和PAM用量为5mg/L时絮凝效果最好。出水清澈，Cr^{6+}含量远低于排放标准。

例 2：某机械厂的废水处理应用，该废水中 Cr^{6+} 含量约为 100mg/L。在 pH 值为 9，投加亚铁盐与 Cr^{6+} 的物质的量比为 3.5∶1、PAM 投加量为 1mg/L，快速搅拌 1min 后，去除率为 96%；再静沉 5min 后，去除率达 99.90%；到静沉 30min 时，去除率已接近 100%。

项目三　阻垢分散剂及缓蚀剂

循环冷却水(以下简称循环水)在运行中会沉析出大量的溶解盐类附着于设备和管道的内壁上，这种沉析物称为水垢。循环水中常常溶有各种杂质，如重碳酸盐、碳酸盐、硫酸盐、氯化物、硅酸盐、磷酸盐等。它们都可能会形成水垢。水垢从水中析出，是盐类结晶沉淀的结果，结晶的过程，首先产生晶核，再形成少量微晶粒；微晶粒再通过相互碰撞接触，严格按一定方式排列形成水垢。此外，空气中的尘土及补充水中的悬浮物也会形成泥垢。除了水垢和泥垢的危害，由于循环水系统中大多数换热器是由碳钢制成的。碳钢组织和表面并不是绝对均匀的，它与冷却水接触时，在其表面会形成许多微小面积的腐蚀原电池，从而引起系统内设备的腐蚀。

无论是产生水垢还是发生腐蚀，对于循环水系统来说都是十分有害的。水垢的大量沉析，会使热交换器的传热效率大大降低，水垢还会堵塞管路，淋水装置上若有大量水垢沉结，则会影响冷却塔中的水流与气流的分布，降低冷却效果，增加填料负荷。腐蚀将会造成设备使用寿命缩短，维修费用增加，甚至造成事故，耽误生产。因此，循环水的处理愈来愈引起人们的重视。

循环水的处理目的是使循环水不产生水垢，也不发生腐蚀。目前循环水中防止致垢盐类结垢和控制腐蚀的主要方法是向其中投加阻垢分散剂和缓蚀剂。

一、阻垢分散剂

阻垢剂是投加到循环水中能破坏或控制结晶过程的某一进程，使水垢难以生成的化学品。其阻垢分散机理表现为螯合作用，吸附作用和分散作用等。

常用的阻垢分散剂有聚磷酸盐、膦酸盐、磷酸酯、聚丙烯酰胺、木质素、单宁、淀粉及纤维素的衍生物等。近年来，新型阻垢剂的研制和应用取得很大进展，有机膦酸盐、低相对分子质量聚羧酸类阻垢剂，以及聚天冬氨酸钠盐(PASP)等都得到了广泛的应用。

水处理中常用的聚磷酸盐类阻垢分散剂是三聚磷酸钠(NaP_3O_{10})和六偏磷酸钠(NaP_6O_{18})。其阻垢机理主要是通过在水中形成的阴离子具—O—P—O—P—长链形结构，这种阴离子有良好的表面活性，有吸附粒子的良好几何形态，易于置换 CO_3^{2-} 离子，并能使晶粒的表面电位下降，因而有良好的阻垢性能。但是聚磷酸盐阻垢剂磷浓度高，易水解为正磷酸盐，产生磷酸钙沉淀。另外，聚磷酸盐是微生物的营养源，能促进菌藻的滋生。因此，单纯用聚磷酸盐作阻垢剂在冷却水处理中已经逐渐被淘汰，在此不做详细介绍。

（一）主要品种

1. 有机膦酸

有机膦酸既可防止碱土金属盐沉淀，又可阻止腐蚀产物沉积，是广泛应用的阻垢分散剂。

有机膦酸的种类很多，它们的分子结构中都有极稳健的碳—磷(C—P)键，这种键比聚磷酸盐中的磷—氧—磷(P—O—P)键要牢固很多。因此，有机膦酸具有良好的化学稳定性，不易被水解和降解，在较高温度下不易失活性。它与稀硫酸共沸时也不产生磷酸根离子。

有机膦酸对水中的多价金属离子，如 Ca^{2+}、Mg^{2+}、Fe^{2+}、Zn^{2+} 等有强的螯合作用，螯合后的金属离子不能与结垢物质的阴离子接触生成沉淀，而起到阻垢作用。阻垢剂的实际使用浓度很低，所以通过螯合金属离子而起的阻垢作用是有限的。

有机膦酸一般都有良好的控制碳酸钙、硫酸钙、铁甚至磷酸盐从水中析出的能力，具有阻止结垢物质的结晶按正常晶格长大并黏附在金属换热面上的能力。并且，有机膦酸还具有溶限效应(临界值效应)，只需用少量的有机膦酸，可以抑制几百倍的钙成垢。

有机膦酸在高浓度使用(如 30mg/kg 以上)时，对铁有良好的缓蚀作用。有机膦酸与聚羧酸或与聚磷酸盐复配使用时，还表现出理想的协同效应，即其效果比单一用任何一种都好。

但是有机膦酸也可与铜形成极为稳定的络合物，会腐蚀铜及铜合金，在使用时，为了抑制铜的溶解，需与锌配合使用。

有机膦酸基本无毒或极低毒性，因此不会对环境造成污染。

有机膦酸的阻垢分散机理主要体现在两个方面：

① 晶格畸变作用。在微晶核的表面化学吸附了少量有机膦酸，抑制了晶格向一定方向成长，是晶格歪曲，长不大。因此，防止了晶体生长成为较大粒子，即所形成的晶粒要细小的多，颗粒分散度增大。另外，吸附在晶体上的有机膦酸还可使硬垢变软。

② 络合增溶。有机膦酸在水中离解出的有机膦酸根阴离子与钙、镁等金属离子形成稳定的络合物，从而提高了碳酸钙等晶体析出时的过饱和度，抑制了垢的生成。

有机磷酸品种很多，但在循环冷却水中常用的药剂主要有氨基三亚甲基膦酸(ATMP)、乙二胺四亚甲基膦酸(EDTMP)、羟基亚乙基二膦酸(HEDP)、二亚乙基三胺五亚甲基膦酸(DTPMP)等。

(1) 氨基三亚甲基膦酸　amino trimethylene phosphonic acid，简称 ATMP，是有机膦酸中常用的品种之一。它对碳酸钙阻垢效果最好，可作为硬度大、矿化度高、水质条件恶劣的阻垢剂。在高浓度使用(40mg/kg)时，有良好的缓蚀性能，是一种阴极型缓蚀剂。其结构式为：

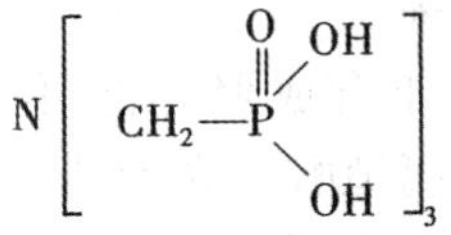

氨基三亚甲基膦酸市售商品有固体和液体两种。含量为 50% 的 ATMP 呈淡黄色液状，密度为 1.3~1.4g/cm^3；含量在 95% 以上时为无色晶体，熔点 212℃，分解温度 200~212℃，溶于水、乙醇、丙酮、乙醛等极性溶剂，具有较好的化学稳定性，不易被酸碱破坏，也不易水解。

氨基三亚甲基膦酸主要用作工业循环冷却水、锅炉用水、油田水处理中的阻垢剂、缓蚀剂。氨基三亚甲基膦酸本身基本无毒。

(2) 羟基亚乙基二膦酸　hydroxy ethylidene diphsphoric acid，简称 HEDP，又称羟基乙叉二膦酸，分子式 $C_2H_8O_7P_2$，相对分子质量 206.02，结构式如下：

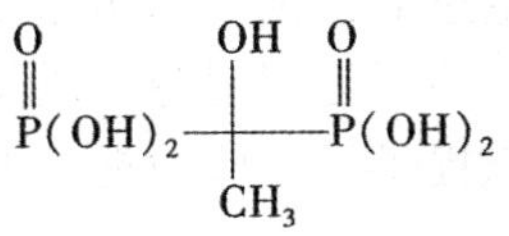

羟基亚乙基二膦酸为无色至淡黄色黏稠液。纯品为白色晶体，熔点 198~199℃，相对密度(20℃)1.5~1.6g/cm^3，250℃以上分解。易溶于水、甲醇、乙醇。在水中有较大的离解常数。化学稳定性好，耐酸碱和氧化剂，它能与铁、铜、铝、锌等多种金属离子形成稳定的螯合物和络合物。能与含活泼氢的化合物形成稳定的加成物，使活泼氧保持稳定。

2. 膦羧酸

膦羧酸分子中同时含有磷酸基—PO(OH)$_2$ 和羧基—COOH 两种功能基团。膦羧酸阻垢分散剂目前应用较多的是 PBTCA，化学名称为 2-膦酸基丁烷-1,2,4-三羧酸，其分子式为 $C_7H_{11}O_9P$，相对分子质量 270.13，结构式：

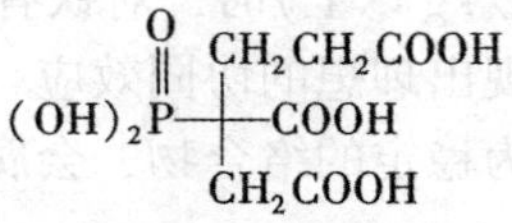

PBTCA 为无色或淡黄色透明液体，相对密度(20℃)1.275g/cm^3，凝点-15℃。PBTCA 含磷量低，由于它具有膦酸和羧酸的结构特性，使其具有良好的阻垢和缓蚀性能，优于常用的有机膦酸，特别在高温下阻垢性能远优于常用的有机膦酸。耐酸、耐碱、耐氧化剂性能好，能提高锌的溶解度。广泛应用于循环冷却水系统和油田注水系统的缓蚀阻垢，特别适合与锌盐、共聚物复配使用。适宜于 pH 值为 7.0~9.5 范围内及高温、高硬、高碱及需要高浓缩倍数下运行的场合，可使循环冷却水的浓缩倍数提高到 7 以上。此外，PBTCA 在洗涤行业中可作螯合剂及金属清洗剂。

3. 聚合物阻垢分散剂

20 世纪 70 年代人们把低相对分子质量的聚羧酸(盐)用作冷却水系统的防垢剂。所谓低相对分子质量是相对而言的，低相对分子质量的聚羧酸通常是指相对分子质量小于等于 10^4，使用时也有高于 10^4 的。这类防垢剂也具有溶限效应，在现场使用时通常只要几毫克每升就能使结垢情况得到较好的控制。当它们与有机多元膦酸复配使用时，防垢效果会因协同效应而得到提高。它们能使热交换器壁上的垢层由硬垢或极硬垢转变为软垢或极软垢，从而使垢层易于在水流的冲刷下脱落下来。

聚合物阻垢分散剂包括天然和人工合成聚合物两类。天然聚合物阻垢剂的使用方式包括，淀粉、单宁、纤维素、木质素、腐植酸、壳聚糖等天然高分子化合物直接添加使用，或者将以上天然聚合物阻垢剂通过复配以达到适用于某种具体介质环境体系的目的。

人工合成的聚合物阻垢分散剂是低相对分子质量的聚电解质。可作为阻垢分散剂的聚合物种类较多，而目前使用最多的是聚羧酸类物质。

羧酸类共聚物阻垢剂的发展经历了均聚物阻垢剂和共聚物阻垢剂两个阶段，常见的羧酸类单体包括丙烯酸、甲基丙烯酸、马来酸、马来酸酐以及新型的具有多羧基结构的单体，多采用自由基水溶液聚合的方式合成。聚羧酸类阻垢分散剂在实践中应用较多的是丙烯酸的均聚物和共聚物，以及以马来酸为主的均聚物和共聚物。

由于低相对分子质量的聚合物防垢剂在水系统中表现出很好的溶限效应，因此投加剂的多少是很重要的工艺条件。投加剂量过低，则不起防垢作用，投加剂量过多，则造成不必要的浪费。但究竟多大浓度为合适，这除了与相对分子质量大小有关外，还和所处理的水介质组成及工艺条件有关。虽然许多文献提供了一些数据，但具体使用时应针对水介质和工艺条件，通过试验确定。

下面对工业上使用较多的几种聚羧酸阻垢分散剂进行介绍：

（1）聚丙烯酸　polyacrylic acid，简称 PAA，分子式：$(C_3H_4O_2)_n$，结构式：$\left[CH_2-\underset{\displaystyle COOH}{CH}\right]_n$。它是目前应用得最广泛的聚羧酸型水处理药剂之一，可以单独使用，一般使用浓度在 2～8mg/L，不超过 10mg/kg 为宜。也可以与聚磷酸盐、有机膦酸盐、钼酸盐、钨酸盐和硅酸盐等水处理药剂复配使用，有较好的协同效应，可在碱性(pH=9)和高浓缩倍数下运行而不结垢，聚丙烯酸排放时不会污染环境。

用作阻垢分散剂的聚丙烯酸聚合物是低相对分子质量聚合物，产品为无色至淡黄色液体可与水无限混溶；有腐蚀性，低毒。

PAA 作为阻垢分散剂能将碳酸钙、硫酸钙等盐类的微晶或泥沙分散于水中不沉淀，从而达到阻垢目的，可用作循环冷却水、锅炉水、油田注水的阻垢分散剂。聚丙烯酸及其钠盐，对铜有腐蚀性，为此，在使用时常加入缓蚀剂。

目前工业上生产聚丙烯酸的主要方法是以过硫酸盐为引发剂，在水溶液中将丙烯酸单体聚合而成。

聚丙烯酸聚合反应式：

$$nH_2C{=}\underset{\displaystyle COOH}{CH} \xrightarrow[60\sim105℃]{(NH_4)_2S_2O_8} \left[CH_2-\underset{\displaystyle COOH}{CH}\right]_n$$

按配比为：丙烯酸：过硫酸铵：水：NaOH=10：2：18：15 准备原料。原料丙烯酸在冬天易冻结，要注意防冻，在夏天要注意不要长时间处于 30℃高温以上，否则会聚合生产二聚体，这些都会最终影响产品质量。所用原料水不能含有大量重金属离子，否则不利于聚合。

（2）水解聚马来酸酐　hydrolyzed polymaleic anhydride，简称 HPMA，又名聚马来酸，聚顺丁烯二酸。HPMA 产品为棕黄色透明液体，相对密度(25℃)1.18～1.22g/cm³。结构式为：

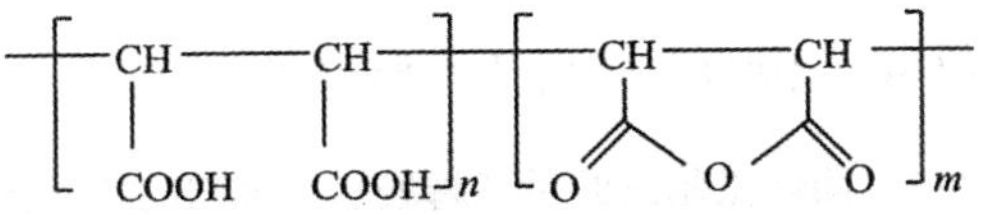

水解聚马来酸酐是一种良好的水处理药剂，也是最早在水处理领域中应用的聚合物阻垢分散剂。它与有机膦复合使用具有良好的抑制水垢结生和剥落老垢的作用。通常以 2～5mg/kg 与有机膦酸盐复合用于循环水、锅炉水等的防垢。另外，HPMA 有一定的缓蚀作用，与锌盐复配缓蚀效果更好。

作为阻垢分散剂用的水解聚马来酸酐的相对分子质量一般为 400～800，产品为酸性，易溶于水，化学稳定性及热稳定性较好，分解温度在 330℃以上，具有较强的处理水中钙、镁等金属离子的能力，可抑制碳酸盐类的生成。由于其结构中羧基数比聚丙烯酸多，因此，其阻垢性能优于后者。

（二）氨基三亚甲基膦酸生产技术

氨基三亚甲基磷酸(ATMP)的合成方法较多，目前工业生产中大多数采用的合成方法是以亚磷酸、氨、甲醛为原料在酸性条件下的一步合成法。

1. 原料准备

该法所用的氨可以是氨气、氨水或铵盐，一般用氯化铵。甲醛为甲醛水溶液、三聚甲醛或多聚甲醛；亚磷酸由三氯化磷水解制得。

2. 生产原理

ATMP 的合成原理式：

$$PCl_3 + 3H_2O \longrightarrow H_3PO_3 + 3HCl$$

$$3H_3PO_3 + NH_4Cl + HCHO \longrightarrow N[CH_2PO(OH)_2]_3 + HCl + 3H_2O$$

3. 工艺流程

ATMP 的生产工艺流程如下所示：

原料→反应→浓缩→冷却→结晶→分离→成品

4. 生产方法

在装有密封搅拌器、回流冷凝器和滴液漏斗的反应器中，先加入适量的去离子水和甲醛，按氯化铵、甲醛和三氯化磷的摩尔比为1：(3~4.5)：(3~3.1)进行配料，将氯化铵缓缓溶入反应器中，然后控制反应液温度为30~40℃，开动搅拌器，再缓慢地将三氯化磷滴入，控制滴加三氯化磷的速度并进行外部冷却，使反应温度保持在30~40℃，反应过程中有HCl气体逸出，用水吸收的方式回收。待三氯化磷滴加完毕后。通过向夹套通蒸汽将物料升温至105~115℃，借助于冷凝器进行保温回流。回流约0.5h，反应完毕，反应液为黄色澄清液体。

反应物的精制采用蒸汽精制。从反应器底部向物料通过热蒸汽，保持物料温度在120~130℃为宜，使过热蒸汽带走残存于其中的氯化氢和甲醛等杂质；当冷凝下来的含氯化氢和甲醛的水溶液的pH值升到2时，即可结束汽蒸精制，再向反应器中通入去离子水降温得无色或微黄色液体并调整产品质量分数至50%~52%出料。

固体产品的制备是在精制结束后，将产品冷却至室温进行结晶，然后经分离、干燥，即得外观为白色颗粒状的固体氨基三亚甲基膦酸。ATMP 的质量分数为55%~75%。

5. 产品质量标准

固体产品标准见 GB 10536—1989，产品技术要求见表9-3。

表9-3 固体氨基三亚甲基膦酸水处理剂的技术要求

指标名称		指标		
		优等品	一等品	合格品
外观		白色颗粒状固体		
氨基三亚甲基膦酸/%	≥	75	65	55
有机膦酸/%	≥	80	75	70
亚磷酸(以 PO_3^{3-} 计)/%	≤	2.0	4.0	8.0
磷酸(以 PO_4^{3-} 计)/%	≤	1.0	1.0	2.0
氯(以 Cl^- 计)/%	≤	2.5	4.0	6.0
水分/%	≤	12	15	17
水不溶物/%	≤	0.05	0.05	0.05
1%水溶液的 pH 值		1.4±0.21	1.4±0.20	1.4±0.20

注：液体产品标准见 HG/T 2841—2005。

二、缓蚀剂

缓蚀剂是指添加到腐蚀介质中能有效地抑制或延缓金属腐蚀速率的化学品。

（一）分类

缓蚀剂品种繁多，来源复杂，效果也有较大差异。它们的种类按其成分，可分为无机缓蚀剂和有机缓蚀剂两大类；按其缓蚀机理，可分为阳极型缓蚀剂、阴极型缓蚀剂和混合型缓蚀剂；若按其来源，则可分为天然产物和人工合成产物两类；但目前应用得比较多的分类方法是按缓蚀剂在金属表面形成保护膜的类型来分类的，如表 9-4 所示。

表 9-4　按保护膜的性质分类的缓蚀剂

缓蚀剂的分类	典型缓蚀剂名称	保护膜种类	保护膜特点
氧化膜型 （钝化膜型）	铬酸盐 亚硝酸盐 钼酸盐	氧化膜	致密，膜薄(3.0~20mm) 与基础金属的结合紧密 缓蚀性能好
沉淀膜型 水中离子型 （与水中钙离子等生成不溶性盐） 金属离子型 （与缓蚀对象的金属离子生成不溶性盐）	聚磷酸盐 正磷酸盐 磷酸盐 锌盐 巯基苯并噻唑 苯并三氮唑 甲苯基三氮唑	沉淀膜	多孔，膜厚 与基础金属结合不太紧密 缓蚀结果不佳 较致密，膜较薄 缓蚀性能较好
吸附膜型	胺类表面活性剂	吸附膜	对酸液、非水溶液等，在金属表面清洁的状态下，形成较好吸附层。在淡水中，对碳钢的非清洁表面难以形成吸附层

1. 钝化膜型

这类缓蚀剂实际上是一种氧化剂，故也称氧化膜型缓蚀剂。例如，铬酸盐、亚硝酸盐、钼酸盐、钨酸盐等，它们的作用是使二价铁氧化成三价铁，即在金属表面上形成一层氧化物膜。这种膜非常致密，可牢固地吸附在金属表面上，使金属表面钝化，阻止了进一步的腐蚀发生。如铬酸盐可在金属表面发生下列反应：

$$CrO_4^{2-}+3Fe(OH)_2+4H_2O \longrightarrow Cr(OH)_3+3Fe(OH)_3+2OH^-$$

$$2Fe(OH)_3 \longrightarrow Fe_2O_3+3H_2O$$

这种膜可与金属表面直接结合，因此十分牢固。但是，如果这种缓蚀剂加入量不够，则不足以使金属表面全部钝化，腐蚀会集中发生在未钝化的部位，造成严重的局部腐蚀。

钝化膜型的缓蚀剂尽管有较好的缓蚀作用，但铬酸盐和亚硝酸盐毒性大，钼酸盐虽无毒，但价格较贵。

2. 沉淀膜型

这类缓蚀剂能与水中某种离子或腐蚀下来的金属离子形成难溶的沉淀物，并在金属表面沉积成膜。这种膜将金属与腐蚀介质隔开，从而阻止了金属的进一步腐蚀。例如，磷酸盐和硅酸盐等都属于沉淀膜型缓蚀剂。但是这类缓蚀剂形成的膜没有与金属表面直接结合，因此附着程度不如钝化膜，而且不够致密，往往是多孔疏松的膜，故缓蚀效果不如钝化膜型缓蚀剂。

例如，硅酸钠可在阳极表面上与腐蚀产物 Fe^{2+} 反应，形成硅酸铁沉淀膜而起缓蚀作用：

$$Fe^{2+} + 2NaO \cdot mSiO_2 \longrightarrow FeO \cdot mSiO_2 + 2Na^+$$

3. 吸附膜型

这类缓蚀剂都是分子中含有氧、氯和(或)硫、磷等原子的有机化合物，这些原子最外层均有未共用电子对，它们可与金属原子的空轨道形成配位吸附。而缓蚀剂分子中的非极性基团起到对金属表面的屏蔽作用，从而在金属表面形成一层疏水膜，使腐蚀介质与金属表面隔开，达到抑制腐蚀的目的。

缓蚀剂的效果受 pH 值、硬度、盐类等水质因素及水温、流速等热交换器的运行工况影响较大。

(1) pH 值影响　常用的聚磷酸盐类缓蚀剂，为了获得最佳缓蚀效果，需要保持 pH 值在 6 以上。但 pH 值在 8 以上又容易引起碳酸钙和磷酸钙的析出，需要与阻垢剂合用。

(2) 硬度影响　磷酸盐类缓蚀剂与钙硬度共存时，钙硬度低时(约 50mg/L $CaCO_3$)，缓蚀效果差，而钙硬度大于 150mg/L 且磷酸盐浓度不大时，缓蚀效果比较好。这是由于钙硬度增加时，容易形成金属表面的缓蚀薄膜，抑制了阴极反应的缘故。

(3) 盐类浓度影响　盐浓度影响主要指硫酸根和氯离子浓度之和，根据缓蚀剂不同，盐类影响程度也不同。例如相同盐浓度情况下对聚磷酸盐类缓蚀剂的影响远大于重铬酸盐、二价金属盐缓蚀剂。

(4) 其他　在冷却水处理过程中，为了抑制黏泥，常采用氯气、次氯酸钠杀菌剂，而当管理不当对，mg/L 级以上余氯都会增加腐蚀。水温也是影响缓蚀剂效果的一个因素，当水温在 60℃以上时，会出现缓蚀薄膜垢化问题，这时就得采取阻垢措施。

对于流速来讲，一般流速大，缓蚀剂扩散好，缓蚀效果也比较好，但流速过大，钢材腐蚀速度加大。因此良好缓蚀作用需保持一定的水流速。

国内常用的冷却水缓蚀剂有铬盐、锌盐磷酸盐，但随着环保要求的提高，现在大量使用有机磷酸盐、有机磷酸酯等。钼、钨酸盐也开始使用。

(二) 主要品种

1. 锌盐

可溶性的锌盐投入冷却水中，会在紧靠金属表面处形成氢氧化锌沉淀并覆盖在阴极表面，形成性能良好的阴极缓蚀膜。此外，氢氧化锌使紧靠金属的环境呈碱性，进一步减少金属的腐蚀。

锌盐形成保护膜的速度很快，但不持久。因此，锌盐很少单独使用而多与其他缓蚀剂配合使用。锌盐和其他缓蚀剂，特别是与其他阴极型缓蚀剂配合使用有增效作用。一般先由锌盐迅速建立保护膜，抑制发展速度很快的初期腐蚀。然后由其他缓蚀剂或者与锌盐，或者与其他金属离子，或者缓蚀剂本身再在锌盐建立的膜上建立另一层保护膜，从而填补锌盐建立的膜的缺陷，稳固锌盐膜，既克服锌盐的保护作用不持久的缺点，又进一步改善缓蚀性能。在冷却水处理中，锌盐广泛与铬酸盐、聚磷酸盐、硅酸盐和许多有机缓蚀剂配成复合缓蚀剂使用。

锌盐在碱性水中会生成絮状氢氧化锌沉淀而失效，甚至黏覆在传热面上成为垢。因此，在碱性冷却水系统使用锌盐，应与性能能良好的阻垢剂配合。

锌盐对鱼类有毒。锌的排放标准是 2mg/L(GB 25466—2010)。适当控制锌的浓度，锌盐仍可用于循环冷却水，而排污水也可直接排放。此外，锌盐加碱易成沉淀析出，锌也易被污泥吸附，如果冷却水中用高于 2mg/L(GB 25466—2010)浓度的锌，处理起来也比较容易。

2. 钨酸盐

钨系水处理剂因其无毒无公害，加之我国有着丰富的钨矿资源，因此开发应用前景广阔。钨酸钠是常用的钨系缓蚀剂，其分子式为 $Na_2WO_4 \cdot 2H_2O$。它是无色或白色斜方晶体，可由黑钨矿用烧碱分解后经蒸发、浓缩、结晶等步骤制备，发生的化学反应如下：

$$MnWO_4 \cdot FeWO_4 + 4NaOH \longrightarrow 2Na_2WO_4 + Fe(OH)_2 \cdot Mn(OH)_2$$

$$Na_2WO_4 + CaCl_2 \longrightarrow CaWO_4 + 2NaCl$$

$$CaWO_4 + 2HCl \longrightarrow CaCl_2 + H_2WO_4$$

$$H_2WO_4 + 2NaOH \longrightarrow Na_2WO_4 \cdot 2H_2O$$

有机膦酸盐、有机膦酸酯是大量使用的缓蚀剂，并且前已述及它们又是良好阻垢剂，这种兼具缓蚀和阻垢性能的药剂称之为阻垢缓蚀剂。

项目四　杀菌灭藻剂

在冷却水中含有大量的微生物，这些微生物在冷却水设备的管壁上生成和繁殖，这不仅大大增加了水流的摩擦阻力，引起管道的堵塞，还严重地降低了热交换器的传热效率，同时还会造成危险的孔蚀以致使管道穿孔。为了控制微生物的生长及其所造成的危害，就必须投加杀菌灭藻剂(又称杀生剂)、污泥剥离剂等药剂，以杀灭和抑制微生物的生长和繁殖。

杀菌灭藻剂通常分为氧化型和非氧化型两类。氧化型一般是较强的氧化剂，利用它们所产生的次氯酸、原子态氧[O]等，使微生物体内一些与代谢有密切关系的酶发生氧化作用而使微生物被杀灭。该类杀生剂一般是无机化合物，如氯、次氯酸盐、二氧化氯、臭氧、过氧化氢等，用得较广泛的是氯气、漂粉精和二氧化氯。

非氧化型杀生剂主要是有机化合物类，如醛类化合物、硝基化合物、含硫化合物、咪唑啉等杂环化合物、长链胺类化合物、季铵盐以及含卤素的有机化合物。其中应用较广泛的有五氯酚钠、2,2′-二羟基-5,5′-二氧苯甲烷(DDM)、西维因、2,2-二溴-3-氮川丙烯胺、三硫氰基甲烷、季铵盐类。

一种好的杀菌剂，应具备高效、广谱、低毒、稳定、无臭、无刺激性、能与其他药剂配伍、来源广、成本低和使用方便等优点。

一、主要品种

(一) 氧化型杀菌剂

目前循环水中采用的氧化杀菌剂有：主要是液氯及次氯酸钙、次氯酸钠。

O_3	ClO_2	$NaClO$	$Ca(ClO)_2$	$KMnO_4$	K_2FeO_4
臭氧	二氧化氯	次氯酸钠	次氯酸钙	高锰酸钾	高铁酸钾

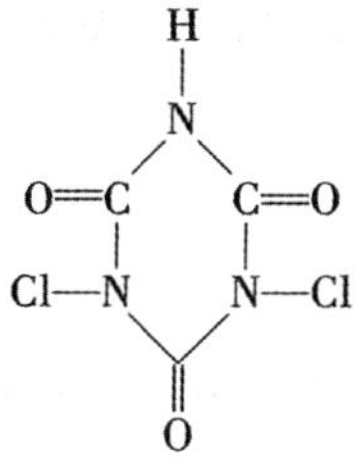

三氯异三聚氰酸

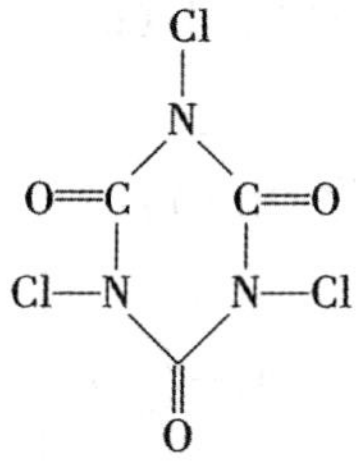

三氯异三聚氰酸

在氧化型杀菌剂中，氯气是我国各油田早期注水常用的杀菌剂。这种杀菌剂通常具有来源丰富、价格便宜、使用方便、作用快、杀菌致死时间短、可清除管壁附着的菌落、防止垢下腐蚀、污染较小等优点；但氯在循环系统中易于散失，不能起持续杀菌作用，常与非氧化型的药剂联合使用，在碱性和高 pH 值时，用量大，且易与水中的氨生成毒性很大的氯氨，造成严重的环境污染。目前已很少采用。

另一种无机化合物二氧化氯，它是比氯气的氧化能力强 2.5 倍的强氧化剂，它在冷却水中作为杀菌剂，与氯相比，具有低剂量、作用快、效果好、不与氨反应和不受 pH 影响等优点。因此近年来国外一些合成氨厂、石油化工厂、炼油厂等都以二氧化氯取代了氯气控制工业冷却水系统的微生物生长。二氧化氯的杀生周期比较长。0.5mg/L 的二氧化氯在 12h 内对厌氧菌的杀菌能力达 99.9%。

高铁酸钾是一种强氧化型杀菌剂，杀菌速率快、效果好，且没有任何公害和污染问题。但制备过程复杂，成本较高，难以大量推广使用。

次氯酸钙，又称漂粉精。为白色或微灰色的粉状/粒状固体。是由石灰乳氯化、离心、干燥、粉碎而制得。它在水中能生成次氯酸，其杀菌作用与氯相似。

三氯异三聚氰酸，又称三氯异氰尿酸。相对分子质量 232.41，为白色结晶粉末，散发出次氯酸的刺激性气味。是由氰尿酸、氢氧化钠、氯气为原料制得。它在水中能水解，生产次氯酸和异氰尿酸，其杀菌作用与氯相似。

目前工业冷却水系统趋向于在碱性条件下运行，此时通过高效阻垢分散剂控制阻垢，通过高 pH 值环境以及缓蚀剂控制腐蚀。所用阻垢缓蚀剂多为含磷的有机物，是生物的营养成分，而且在高 pH 值时氯气杀生效果差。在这种情况下，二氧化氯更具有优势、更有效、更经济。因为二氧化氯的作用不受 pH 值、氨或有机物的影响。它不会形成氯化有机物。

（二）非氧化型杀菌剂

非氧化型杀菌剂又可分为吸附型杀菌剂和渗透型杀菌剂。

1. 吸附型杀菌剂

这类杀菌剂通过吸附在细菌的细胞表面上，在细胞表面形成一高浓度的离子团，直接影响细胞膜的正常功能。细胞膜是可透性的，它调节着细胞内外离子的出入，又是呼吸、能量转换、营养物运送、膜和细胞壁成分合成的场所。膜被杀菌剂吸附后就改变了电导性、表面张力、溶解性，并可形成配合物，使蛋白质变性，抑制或刺激酶的活性，损害了控制细胞渗透性的原生质膜，从而使细菌致死。

这类杀菌剂多为季铵盐类，季铵盐是一种阳离子型的表面活性剂，常用的季铵盐有：

烷基三甲基氯化铵（又称 ATM）：

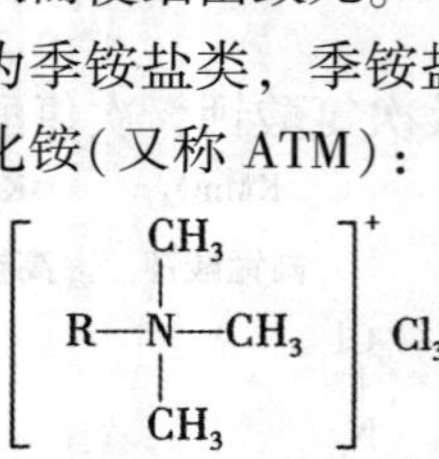

（R 代表 $C_{16} \sim C_{18}$ 的烷基混合物）

二甲基烷基氯化铵（又称 DBA）：

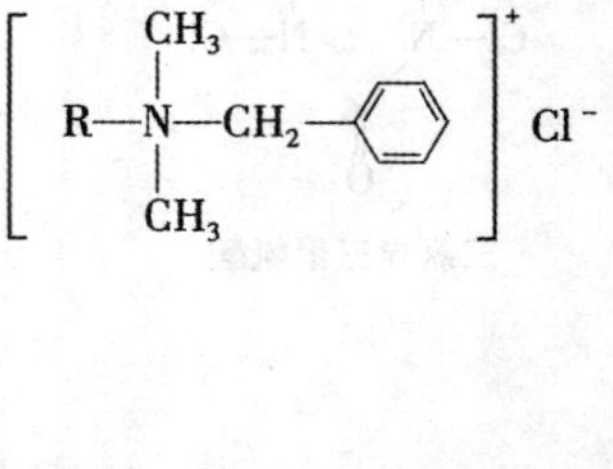

（R 代表 $C_8 \sim C_{16}$ 的烷基混合物）

十二烷基二甲基苄基氯化铵(又称 DBL)：

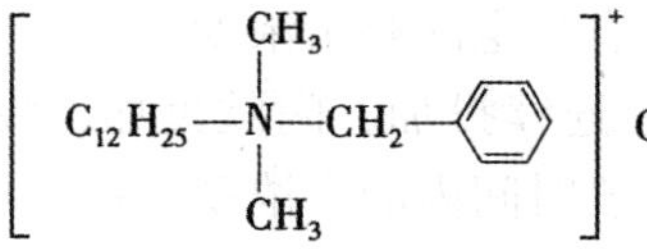

季铵盐的突出优点是它能穿透黏泥和污垢，因此特别适宜于对付产生黏泥和在污垢下滋生的厌氧菌。据报道，5~20mg/L 浓度的 DBA 就指能有效地控制硫酸盐还原菌的危害。

季铵盐具有分散能力，在使用过程中发泡，能将杀菌时剥离下来的黏泥分散带出，在旁滤池中过滤除去或随排污水流走。此外，季铵盐还有缓蚀或促进缓蚀的作用。

季铵盐对鱼类的毒性较小，一般认为季铵盐的浓度不高于 4ppm 可以排放到天然水体中。

季铵盐类杀菌剂的生产技术在阳离子表面活性剂部分已做介绍，在此不再赘述。

2. 渗透型杀菌剂

这类杀菌剂有较强的渗透作用，能透过细菌的细胞壁进入细胞质中，破坏菌体内的生物合成，引起细菌代谢系统紊乱，从而起杀菌作用。主要包括氯酚类、有机醛类和有机氰类。

氯酚类杀菌剂是应用较早的一类杀菌剂，虽然它们杀菌能力很强，但是生物降解性差，残余毒性高对人的皮肤和黏膜有刺激性，排放入水域后易造成环境污染，使用受到限制。主要产品有：邻氯苯酚、对氯苯酚、2,4 二氯苯酚、2,2′-二羟基-5,5′-二氯二苯甲烷等。

有机醛类杀菌剂包括甲醛、异丁醛、丙烯醛、肉桂醛、苯甲醛、乙二醛、戊二醛等。这类杀菌剂的杀菌效果与其结构有关。效果较好、使用较多的是戊二醛、甲醛和丙烯醛。其中丙烯醛虽有较好的效果，但其毒性及刺激性都极大，而甲醛的杀菌浓度高达几百毫克每升，且刺激性大，很难为现场接受，目前只有戊二醛尚有与其他药剂复配的实例，但价格昂贵。

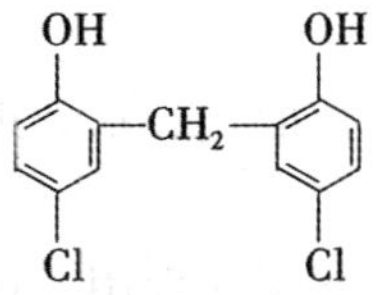

2，2′-二羟基-5，5′-二氯二苯甲烷

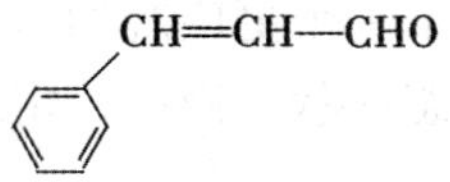

肉桂醛

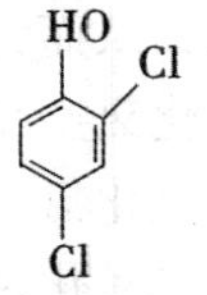

2，4 二氯苯酚

有机氰类杀菌剂杀菌效率高，价格便宜，但在碱性条件下易于分解，且毒性较大。由于本身溶解性较差，通常需要加入一些表面活性剂，以增加溶解性能，提高杀菌效率。这类杀菌剂中最引人注目的是二硫氰基甲烷，是近年来被推荐使用的一种广谱性杀菌剂。它杀菌效果好，用量低，尤其对 SRB(硫酸盐还原菌)的杀菌效果最好，与氯化十二烷基二甲基苄基铵复配使用效果更好。但它的生物降解性不好，排放受到限制。

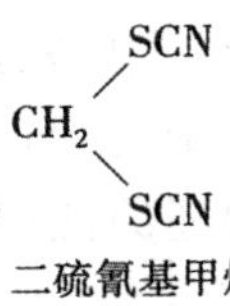

二硫氰基甲烷

N，*N*-二甲基二硫代甲酸钠

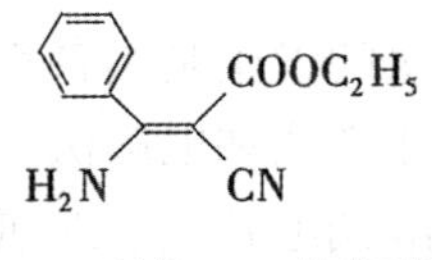

2-氰基-3-氨基-3-苯基丙烯酸乙酯

使用杀菌剂还应注意下列几点：

① 各种杀菌剂都不能对全部细菌有满意的杀菌效果，因此应当选择几种药剂配合使用。

② 杀菌要保持足够的剂量，剂量低了反而刺激菌类新陈代谢，促使其生长。并且要在保证细菌与药剂接触一定时间后还有一定的剩余浓度。

③ 投药方式可以有三种方式：连续投加、间歇投加、瞬时投加。在投药量相同的情况下，采用瞬时投加。可以造成其一段时间内的高浓度，往往可得到良好的杀菌效果。连续投加药剂消耗量大，只有瞬时投加与间歇投加都不起作用时采用。

④ 为防止细菌的抗药性，可以选择几种药剂，安排日程轮换使用。

（二）二氧化氯生产技术

二氧化氯(ClO_2)是汉弗莱·戴维于1811年发现的。根据浓度的不同，二氧化氯是一种黄绿色到橙黄色的气体，相对分子质量67.45，具有与氯气相似的刺激气味，在101.325kPa下沸点11℃，熔点-59℃，密度为3.09g/cm^3。它在空气中的体积分数超过10%便有爆炸性，但其溶液浓度在10g/L以下时没有爆炸危险，而水处理中ClO_2的浓度远低于10g/L。二氧化氯在水中的溶解度是氯的5倍，20℃、10kPa分压时达8.3g/L，在水中溶解成黄色的溶液。与氯气不同，它在水中不水解，也不聚合，在pH值2~9范围内以一种溶解的气体存在，具有一定的挥发性。

二氧化氯的毒性比氯气小，其气体分解稳定性高于臭氧。二氧化氯在水中是纯粹的溶解状态，不与水发生化学反应，故它的消毒作用受水的pH值影响极小，这是与氯消毒的区别之一。即使在较高的pH值下，ClO_2也有很强的消毒能力。并且二氧化氯是一种氧化剂而不氯化剂，因此二氧化氯氧化水中有机物时，几乎不生成具有致癌可能性的有机氯化物。

水处理中常用二氧化氯具有广谱抗微生物作用，而且对高等动物细胞无致癌、致畸、致突变作用，具有高度的安全性，被世界卫生组织(WHO)列为A1级广谱、安全、高效杀菌消毒剂。但ClO_2性质不稳定、易分解，具有较强的腐蚀性，使用安全性较差，必须在使用地点制造而使其难以作为一种商品包装和储运，其应用受到了一定限制。加有稳定剂(硼酸钠、过硼酸钠、过碳酸钠、砖酸钠等)的稳定态ClO_2克服了上述缺点，又具有高效、广谱的杀菌效果，从而为其应用打开了一个更广阔的市场。

二氧化氯产品有喷雾、固态粉状、液态稳定二氧化氯等多种形式。水处理中应用较多的为液态二氧化氯。

由于二氧化氯的稳定性差，受光或热极易分解，一般情况下现配现用，这就限制了二氧化氯的应用。20世纪70年代初期，美国成功地开发了稳定化二氧化氯。稳定化二氧化氯为无色、无味、无腐蚀性的透明水溶液，在-5~95℃下稳定存在，不易分解。

稳定化二氧化氯主要是将二氧化氯气体稳定于惰性溶液中，形成含二氧化氯有效成分浓度在2%以上的产品。稳定化二氧化氯的生产关键是稳定剂的选择，稳定剂主要有碳酸盐、过碳酸盐、硼酸盐、过硼酸盐等，其中由于碳酸盐价格便宜，来源方便，是最常用的稳定剂。

气态二氧化氯的发生是制备稳定性二氧化氯的关键工序。气态二氧化氯制备方法很多，可归纳为两类：化学法和电解法。所有这些方法中，能够发生高纯气态二氧化氯的并不多，比较成熟的有氯酸钠电解法、亚氯酸钠氧化法、亚氯酸钠酸分解法、甲醇还原法(R8)和80年代新开发的过氧化氢还原法(SVP-HP)等。

国内工业化制备二氧化氯主要采用氯酸盐还原法，采用的还原剂有：二氧化硫、甲醇、草酸、双氧水、柠檬酸、盐酸、甲酸及其对应的盐以及醇类等。

下面主要对氯化钠甲醇还原法(R8 法)进行介绍。

1. 生产原理

主反应：$30NaClO_3+7CH_3OH+20H_2SO_4 \longrightarrow 30ClO_2+23H_2O+10Na_3H(SO_4)_2+6HCOOH+CO_2$

副反应：$12NaClO_3+6CH_3OH+8H_2SO_4 \longrightarrow 6ClO_2+18H_2O+4Na_3H(SO_4)_2+6CO_2+3Cl_2$

2. 生产技术

反应在高浓度的硫酸介质中进行，硫酸的质量浓度为 4mol/L，氯酸钠与甲醇的物质量比为 4：1，压力 13.3～16kPa，温度约 70℃，在负压和反应液沸点的温度(约 70℃)下进行操作。反应液进入反应器时沿反应器切线方向流动，使生成的二氧化氯及时逸出，并与受热蒸发的水蒸气一起进入冷凝器。冷凝后的二氧化氯进入吸收塔用水吸收，由于水蒸气的稀释，反应很安全。反应开始后副产物倍半硫酸钠的浓度上升，到饱和时从反应器沉淀下来，并从其中排出，经转筒式真空过滤器分离。制备工艺流程图如图 9-7 所示。

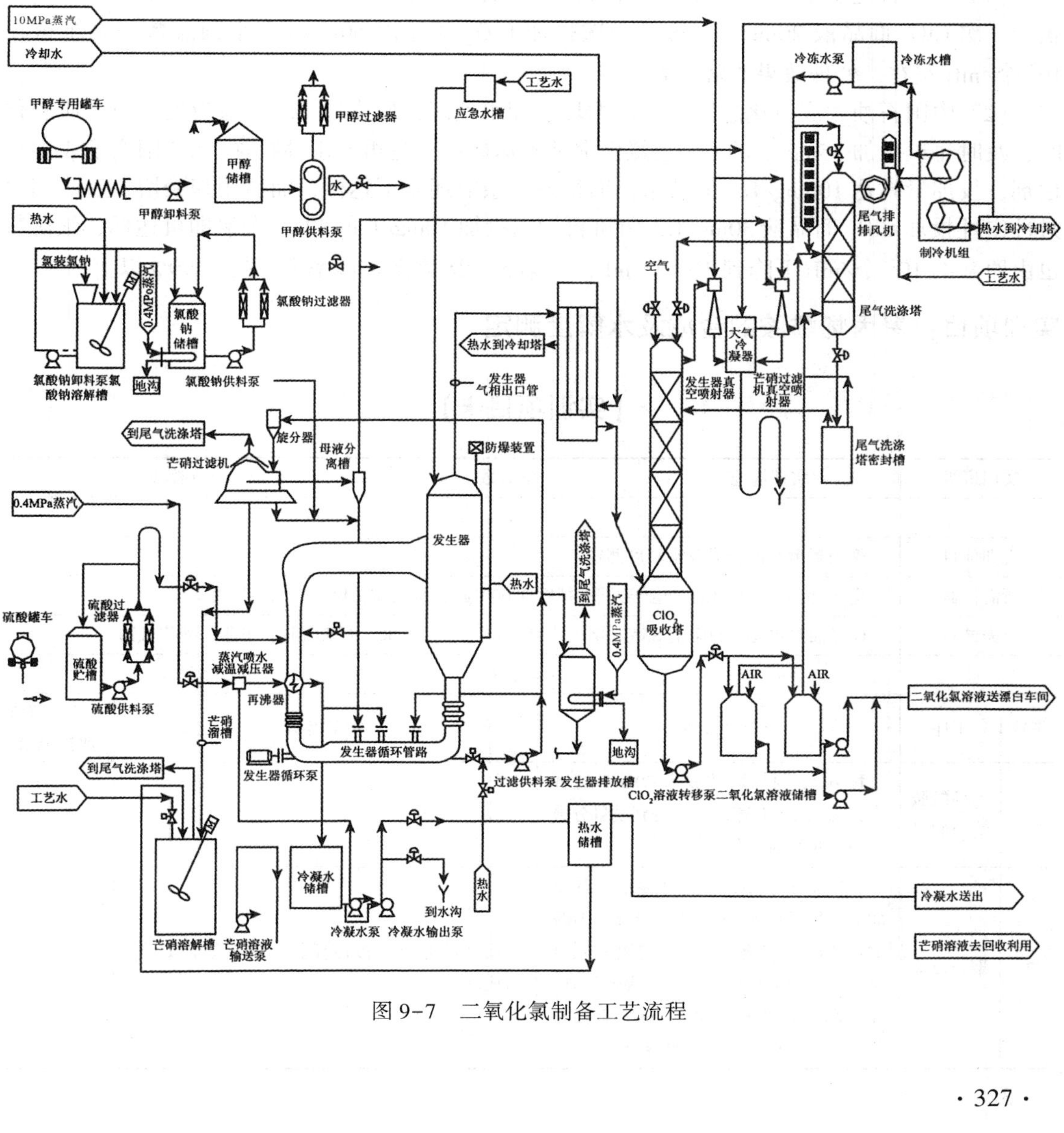

图 9-7　二氧化氯制备工艺流程

3. 产品质量标准

我国化工行业（HG/T 2777—1996）规定：稳定性二氧化氯溶液外观为无色或微黄色透明液体，无悬浮物。技术指标应符合表9-5要求。

表9-5　稳定二氧化氯溶液技术指标

项　目	指　标	项　目	指　标
二氧化氯含量/%　≥	2.0	砷（As）含量/%　≤	0.0003
密度（20℃）/（g/cm^3）	1.020~1.060	重金属（以Pb计）含量/%　≤	0.002
pH值	8.2~9.2		

产品包装有500g瓶装及2.5kg和25kg桶装。

4. 实际应用效果举例

（1）中国石化扬子石化公司和齐鲁石化公司的几个循环冷却水处理厂，在夏季采用3天投加一次ClO_2商品液20mg/L，每月一次投加ClO_2商品液60mg/L，细菌总数一直维持在10^3个/mL左右，处理效果非常显著。

（2）中国石油大庆石化总厂化工厂循环冷却水处理，原来以Cl_2杀菌为主，当水质恶化时，及时每班投加75mg/L的Cl_2余氯仍常常不达标；于是再冲击性投加1227阳离子表面活性剂，投加量高达100mg/L，但效果仍旧很差，余氯还是不达标，而费用却聚增。后改用每月冲击性投加ClO_2商品液30mg/L，每班再辅以投加10mg/L的Cl_2，余氯即可达标，细菌数也由原来的10^5个/mL下降到10^3个/mL，到第5天厌氧菌杀菌率还维持在99%以上。

实训项目：聚丙烯酰胺的合成及水解度测定

【实训项目卡】

实训班级	实训场地	学时数	指导教师
		6	
实训项目	聚丙烯酰胺的合成及水解度测定		
所需仪器	电子秤（精度0.01g），电子天平（精度0.0001g），常压稠化仪，高温高压失水仪		
所需试剂	G级油井水泥，减阻剂SXY，降失水剂（合成），自来水，丙烯酰胺，甲醛，碳酸氢钠		

实训内容

序号	工序	操作步骤	要点提示	工艺参数或数据记录
1	丙烯酰胺溶液制备	称取5g丙烯酰胺放入200mL烧杯中，加入45mL蒸馏水，得到质量分数为10%的丙烯酰胺溶液		
2	聚合反应	在恒温水浴中，将上述溶液加热至60℃，然后加入15滴质量分数为10%的过硫酸铵溶液，引发丙烯酰胺聚合反应。在聚合反应过程中，慢慢搅拌，注意观察黏度的变化。30min后停止加热，得到聚丙烯酰胺水溶液	聚合反应时要慢慢搅拌，以免聚合太快，造成爆聚	

续表

序号	工序	操作步骤	要点提示	工艺参数或数据记录
3	水解反应	称取2g聚丙烯酰胺粉末，放入带有搅拌器、回流冷却器、温度计的250mL圆底烧瓶中，加入150mL蒸馏水，再加入4mL质量分数为10%的NaOH溶液，连续搅拌均匀后，称量记录。将水浴温度调至90℃，使其进行水解反应	水解时黏度变大，可使用锚式搅拌器，搅拌速度要慢	
4	水解度测定	在水解过程中，慢慢搅拌，观察黏度变化，并检查氨气的放出情况，每隔30min取4g样品（准确称量至0.01g），测定水解度，要求至少水解2~3h	水解度计算公式： $DH=\frac{(n-2cV)\times 71}{Wm\times 1000}\times 100\%$ 式中 DH——部分水解聚丙烯酰胺的水解度,%； n——加入NaOH的物质的量，mol； c——硫酸标准溶液浓度，mol/L； V——硫酸标准溶液的用量，mL； W——溶液中相当于聚丙烯酰胺的质量分数,%； m——取出被滴定试液的质量，g	

习　　题

一、选择题

1. 硫酸铝作为凝聚剂使用时，要求所处理水的pH值在(　　)。

A. <3　　B. >9　　C. 5.5~8　　D. 3~9

2. 下列不属于阻垢剂作用的是(　　)。

A. 抑制晶粒的形成　　B. 阻碍晶粒的正常生长

C. 扰乱晶粒间正常聚集生长的状态　　D. 改变晶粒表面活性

3. 磷酸盐缓蚀剂属于(　　)。

A. 氧化膜型　　B. 沉淀膜型　　C. 吸附模型

4. 络合物$K[PtCl_3(NH_3)]$的配位数是(　　)。

A. 3　　B. 4　　C. 5　　D. 6

5. 下列杀菌灭藻剂中属于非氧化型杀菌剂的是(　　)。

A. ClO_2　　B. 液氯　　C. O_3　　D. ATM

二、填空题

1. 目前公认的混凝过程机理有________，________，________和________四种。

2. 聚丙烯酰胺进行水解时，水解速度随所加碱的碱性强度和温度的增大而________。

3. 城市给水是以除去水中的悬浮物为主，主要用____________；工业冷却水处理主要解决________和微生物滋生，主要用阻垢剂、________、缓蚀剂、杀菌杀藻剂、软化剂等。

4. 壳聚糖的生产包括________和________两大环节。

5. 有机膦酸的分子结构中有极稳健的________键，这种键比聚磷酸盐中的________键要牢固很多。因此，有机膦酸具有良好的化学稳定性。

6. 如果聚合氯化铝的盐基度达不到要求，目前工业上主要采用加入________粉的方法来提高。

7. 膦羧酸类阻垢分散剂分子中同时含有________和________两种功能基团。

8. 聚丙烯酰胺，polyacrylamide(PAM)，工业上也称________矾，其结构式为______________。

9. 用于丙烯酰胺聚合的链转移剂有________、________、________、________和氮川丙烯酰胺等。

10. 稳定化二氧化氯主要是将二氧化氯气体稳定于________溶液中，形成含二氧化氯有效成分浓度在________以上的产品。

三、思考题

1. 简述聚合氯化铝的凝聚机理。

2. 简述聚合氯化铝的生产原理。

3. 画出聚合氯化铝生产流程示意图。

4. 简述中浓度水溶液聚合制备聚丙烯酰胺的工艺过程。

5. 简述水解聚丙烯酰胺的制备原理。

6. 简述有机膦酸的阻垢分散机理。

7. 关于聚羧酸阻垢分散剂的作用机理，目前常见的三种说法是？

8. 作为循环水中使用的缓蚀剂应具备哪些条件？

9. 什么是稳定二氧化氯？

10. 如何通过实验测定聚丙烯酰胺的水解度。

11. 聚丙烯酰胺为什么在碱性条件下能发生水解？

模块十

日用化学品

知识目标 了解日用化学品的分类及其在人们日常生活中的重要性。熟悉洗涤化学品、化妆品、口腔化学品常用的原料及基础常用配方。掌握各类典型产品的生产技术。

技能目标 能够在给定配方的前提下读懂配方并完成W/O型乳体化妆品的制备；能够对生产中的常见事故作出正确判断并及时处理；能对产品的优劣进行准确的分析和评价。

日用化学品是人们日常生活中经常使用的精细化学品。随着我国经济的快速发展，人们生活水平的日益提高，日用化学品工业也有了很大的发展。日用化学品种类繁多，主要有：洗涤化学品、化妆品、口腔日用化学品、专用清洁剂等，其发展趋势是效用区分更加细致、功能性更强。

项目一　洗涤化学品

根据国际表面活性剂和洗涤会议(ISCD)用语，所谓洗涤剂，是指以去污为目的而设计配合的制品，由必须的活性成分(活性组分)和辅助成分(辅助组分)构成。作为活性组分的是表面活性剂，作为辅助组分的有助剂、抗沉淀剂、酶、填充剂等，其作用是增强和提高洗涤剂的各种效能。

一、洗涤化学品原料

(一) 表面活性剂

表面活性剂的种类繁多，其中在洗涤剂中使用的表面活性剂有：

(1) 烷基苯磺酸钠(LAS，ABS)　烷基苯磺酸钠是当今世界各地生产洗涤利用量最多的表面活性剂。市场上各种品牌的洗衣粉几乎都是用它作主要成分而配制的。20 世纪 60 年代以前用于洗涤剂的烷基苯磺酸钠是带支链的硬性烷基苯磺酸钠(ABS)，其生物降解性差。当前世界普遍采用的是直链的烷基苯磺酸钠(LAS)。

(2) 烷基硫酸盐(AS) $ROSO_3Na$　又称脂肪醇硫酸钠，是商品洗涤剂的主要成分之一。它的分散力、乳化力和去污力都很好，可用作重垢织物洗涤剂、轻垢液体洗涤剂，用于洗涤毛、丝织物，也可配制餐具洗涤剂、香波、地毯清洗剂、牙膏等。

(3) 脂肪醇聚氧乙烯醚硫酸盐(AES) $RO(C_2H_4O)_nSO_3Na$　易溶于水，在较高浓度下也显示低浊点。而且去污力及发泡性好。被广泛用作香波、浴液、餐具洗涤剂等液洗配方，当它与 LAS 复配时，有去污增效效果。

(4) 仲烷基磺酸钠(SAS) RSO_3Na　是重要的阴离子表面活性剂，具有良好的润湿性，去污力强，泡沫适中，溶解性好，皮肤刺激小，生物降解性优良。同时与其他表而活性剂的配伍性好，可广泛用作配制各种液体洗涤剂，也可用于配制洗粉等洗涤用品。

(5) α-烯基磺酸盐(AOS)　去污性能好，可完全生物降解，耐硬水性好，皮肤刺激性小，原料供应充足，广泛用于各类液体、粉状洗涤剂配方，尤其适宜于重垢洗涤剂的配制。

(6) 脂肪酸甲酯磺酸盐(MES)　具有良好的钙皂分散能力和较好的去污力，生物降解性好，毒性低。可以用作肥皂粉、块状皂、液体洗涤剂等的配制。在配方中加入 MES 持别适宜于低温及在高硬度水中的洗涤。

(7) 脂肪醇聚氧乙烯醚(AEO) $RO(CH_2CH_2O)_nH$　非离子表面活性剂中最典型的代表。与 LAS 一样，是当今合成洗涤剂的最主要活性物之一。

(8) 烷基酚聚氧乙烯醚(APE) R——$O(CH_2CH_2O)_nH$　非离子表面活性剂。主要用于各类液状、粉状洗涤剂配方，但由于生物降解性的原因，有些国家和地区已开始限制用量。

(9) 脂肪酸烷醇酰胺(Ninol) $RCON(CH_2CH_2OH)_2$　一类特殊的非离子表面活性剂。洗涤剂常用活性组分之一，与其他表面活性剂复配，可以提高产品的去污力，增加泡沫稳定性和黏度。因此可用于配制香波、餐具洗涤剂等液体洗涤剂。

(10) 烷基糖苷(APG)　具有高表面活性、泡沫丰富、去污和配伍性好，而且无毒，无刺激，生物降解迅速、彻底。广泛用于配制洗衣粉、餐具洗涤剂、香波及浴液、硬表面清洗剂、液体洗涤剂等。

(二) 助剂

合成洗涤剂中除表面活性剂外还要有各种助剂，才能发挥良好的洗涤能力。助剂本身少数有去污能力，很多没有去污能力，但加入洗涤剂后，可使洗涤剂的性能得到明显的改善，或可使表面活性剂的配合量降低，团此，可以称为洗涤强化剂或去污增强剂，是洗涤剂中必不可少的重要组分。

1. 助剂的功能

助剂一般应具有如下几种功能：

(1) 对金属离子有整合作用或有离子交换作用以使硬水软化；

(2) 起碱性缓冲作用，使洗涤液维持一定的碱性，保证去污效果；

(3) 具有润湿、乳化、悬浮、分散等作用，在洗涤过程中，使污垢能在溶液中悬浮而分散，能防止污垢向衣物再附着的抗再沉积作用，使衣物显得更加洁白。

2. 助剂的分类

洗涤助剂分为无机和有机两类。常用助剂有：

（1）三聚磷酸钠（STPP） 与 LAS 复配可发挥协同效应，大大提高 LAS 洗涤性能，两者是“黄金搭档”。在洗涤剂中的作用：对金属离子有螯合作用，软化硬水；与肥皂或表面活性剂的协同效应；对油脂有乳化去污性能；对无机固体粒子有胶溶作用；对洗涤液提供碱性缓冲作用；使粉状洗涤剂产品具有良好的流动件，不吸潮，不结块等。

（2）碳酸盐 包括碳酸钠、碳酸氢钠、倍半碳酸钠和碳酸钾等，是浓缩洗衣粉中最重要的助剂之一。

（3）硅酸盐 应用最多的是偏硅酸盐和水玻璃。作用：缓冲作用；保护织物作用；软化硬水；抗腐蚀作用；具有良好的悬浮力、乳化力、润湿力和泡沫稳定作用；使粉状洗涤剂松散，易流动，防结块等。

（4）4A 分子筛 可与钙离子、镁离子交换软化硬水。与羧酸盐等复配，是重要的无磷洗涤剂助剂。

（5）过硼酸钠或过碳酸盐 为含氯漂白剂，使洗涤剂具有漂白作用。同时具有消毒、去污作用。低温时需加入活化剂才有漂白作用。

（6）荧光增白剂 洗涤剂中所用的荧光增白剂的结构大致有：二苯乙烯类、香豆素类、萘酰亚胺类、芳唑类、吡啶类荧光增白剂等。

（7）络合剂 洗涤剂中常用的络合剂除磷酸盐外，还有：乙二胺四乙酸（EDTA）、乙二胺四乙酸二钠（EDTA—2Na）、次氮基三乙酸（NTA）、柠檬酸钠等。

（8）水溶助长剂 在轻垢和重垢洗涤剂配方中起到增溶、黏度改性、降低浊点和作为耦合剂等作用。也具有喷雾干燥前降低料浆的黏度，防止成品粉结块，增加粉体流动性等作用。

（9）抗污垢再沉积剂 抗污垢再沉积剂的作用主要出于它们对污垢的亲和力较强，把污垢粒子包围起来，使之分散于水中，防止污垢与纤维吸附。常用的是羧甲基纤维素钠，此外还有聚乙烯醇、聚乙烯吡啶烷酮等。

（10）酶 洗涤剂中使用的酶制剂共有 4 大类：蛋白酶、脂肪酶、淀粉酶、纤维素酶。蛋白酶的作用是把像血、奶、蛋等蛋白类污垢分解成可溶性氨基酸，而被表面活性剂去除；脂肪酶使洗涤剂在低温时也能达到对脂肪的优良去除能力；淀粉酶的作用是将如巧克力、土豆泥等淀粉类污垢分解成可溶性糊精而去除；纤维素酶的作用对象是织物表面因多次洗涤出现的微毛和小绒球，将其除去后纤维变的柔软、光滑。

（11）防腐剂 洗涤剂中常用防腐剂：尼泊金酯类、甲醛、苯甲酸钠、凯松、布罗波尔、三溴水杨酰苯胺、二溴水杨酰苯胺等。

（三）溶剂

在洗涤剂中，甚至在粉状洗涤剂中，现在还使用许多溶剂。如果污垢是脂肪性或油溶性的，溶剂则有助于将污垢从被洗物上清除。洗涤剂中常用的溶剂有：乙醇、异内醇、乙二醇、乙二醇单甲醚、乙二醇单丁醚、乙二醇单乙醚、松油、四氯化碳、三氯乙烯、二氯乙烷、煤油等。

（四）制皂用油脂

制皂工业所用的油脂有固体油脂、软性油脂及其他油脂。固体油脂包括：牛脂、羊脂、木油（整粒乌桕籽一起压榨而得的油脂）、氢化油、骨油（制备骨胶的副产品）、柏油、棕榈油等；软性油脂有：大豆油、玉米油、米糠油、向日葵油、花生油、鱼油、茶籽油、蝉蛹油脂、猪脂、菜籽油、棉籽油、蓖麻油、橄榄油等。除以上两大类外，用到的还有椰子油、棕榈仁油、木工浮油、松香、油酸等。

（五）去污原理

1. 污垢的种类

被洗涤对象表面上需除去的表面黏附物(不管是外来的还是本身的，不管与被洗涤物本身有无明显界限)以及不需要的杂质全称污垢。污垢的种类可以按被洗涤对象来划分，可以按污垢的化学性质划分，也可以按相应的洗涤方法划分。

按被洗涤对象划分，污垢可分为：人体污垢，被服污垢，住宅污垢，餐具和炊具污垢，工业污垢等。

按污垢的化学成分划分，有：水溶性污垢，色素类，脂肪，蛋白质，碳氢化合物，以及来自于水果、蔬菜、啤酒、咖啡和茶的可漂白物。

按污垢相应的洗涤方法划分，可分为：能溶于某酸、能溶于某碱的污垢，水溶性污垢，水分散污垢和不溶于水的污垢等。

2. 污垢的去除

要除去污垢，首先要了解污垢的附着状态。污垢在被洗涤对象表面上的黏附方式一般有四种：①机械黏附，主要指的是固体尘土的黏附；②分子间力黏附，被洗涤物和污垢以分子间范德华(包括氢键)力结合；③静电力黏度；④化学结合力，污垢和被洗涤对象发生化学结合，形成离子键或共价键，如铁锈。这类污垢需要采用特殊的化学处理方法使之溶解除去。

被洗物、污垢和洗涤剂构成去污体系。洗涤过程可简化成下式：

$$F \cdot S + D \longrightarrow F + S \cdot D$$

其中，F 代表被洗物；S 代表污垢；D 代表洗涤剂，一般是水或水加洗涤剂的溶液以及溶剂等，它的作用是将洗涤剂传送到被洗涤物和污垢的界面，再将脱落下来的污垢分散和悬浮起来。污垢的去除过程可分为三步：

(1) 润湿被洗物表面　洗涤剂润湿被洗物表面时，应注意不同质地的被洗物的润湿性能有所差异。

(2) 污垢从物体表面去除　油污一般呈薄膜状附着在被洗物的表面。在洗涤过程中，油污呈液滴状从被洗物表面脱离，这也是去除的“卷缩”机理。表面活性剂在油污的“卷缩”过程中起着重要的作用。

(3) 洗脱的油污进入洗液介质　洗涤过程的第三步是被洗脱的油污进入洗液介质中，呈 O/W 型乳液而分散。当洗涤液排放时，油垢同时被排放掉。

二、衣物用洗涤剂

（一）洗衣粉

粉状洗涤剂的成型方法随着市场上对产品质量、品种、外观的发展要求而不断地变化。从最初的盘式烘干法，到 20 世纪 40 年代末喷雾干燥技术开始用于洗衣粉制造，开始用的是厢式喷粉，以后改为高塔喷粉法。50 年代中期高塔喷雾空心颗粒成型法开发成功，该法所得产品呈空心颗粒状态，易溶解但不易吸潮、不飞扬，因而细粉产品随之被逐渐淘汰。近几年来由于消费者对加酶、加漂白剂、加柔软剂洗衣粉的需要日益增长，以及对浓缩、超浓缩无磷、低磷等多品种的要求，新兴起的无塔附聚成型方法倍受欢迎。其他如干混法、附聚成型-喷雾干燥组合工业、气胀法也在不断发展中。

1. 组成

洗衣粉是粉末状或粒状的合成洗涤剂，其品种繁多，牌号成百上千，但它们的主要成分则所差无几。各种洗衣粉性能上的差异，主要是配方中表面活性剂的搭配及助剂选择不同而产生的。

在洗衣粉中起主导作用的成分是表面活性剂，如烷基苯磺酸钠、烷基磺酸盐、烯基磺酸盐、脂肪醇聚氧乙烯醚、脂肪醇聚氧乙烯醚硫酸盐、烷基硫酸等。这类物质大都是以石油化学产品或油脂化学产品为原料合成的，它们在水中能迅速溶解，并能显示出良好的气泡、增溶、乳化、润湿、分散、去污等性能。

同时，为了降低洗衣粉的成本，进一步改善洗衣粉的综合洗涤去污效果，在洗衣粉中还要加入一些助洗剂及填充剂。洗衣粉中常用的助洗剂有三聚磷酸钠、硅酸钠(水玻璃)、碳酸钠、硫酸钠(芒硝)，并常配入1%~2%的CMC作抗再沉积剂、0.1%的荧光增白剂。为改善料浆的流动性，增加成品粉的含水量，加入1%~3%的甲苯磺酸钠等助剂。也有的洗衣粉中加了色料及香精以改善产品的色泽及气味。

2. 生产工艺

(1) 高塔喷雾干燥成型技术　在全球洗涤剂市场，喷雾干燥法是当前生产空心颗粒合成洗衣粉最普遍使用的方法。喷雾干燥粉仍占主导地位。

① 工艺流程。喷雾干燥法主要过程有料浆的制备、干燥介质的调控、喷雾干燥、成品包装等工序，其工艺流程示意图和生产工艺图如图10-1和图10-2所示。

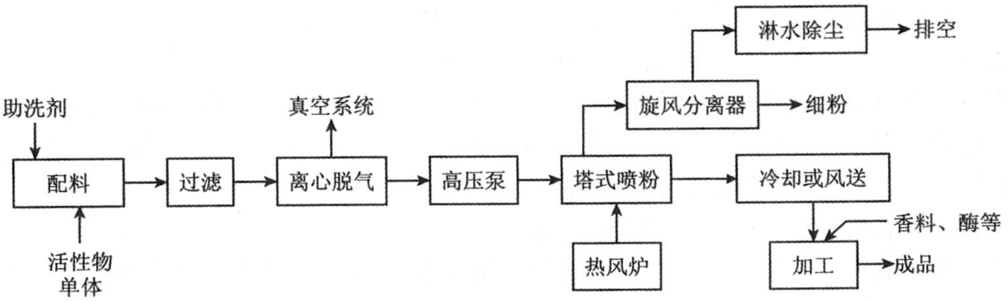

图10-1　气流式喷雾干燥法生产过程示意图

② 操作过程：

a. 料浆配制。严格按照配方中规定的比例和一定次序进行配料，不可颠倒。正常情况下应先在配料罐中加入定量的烷基苯磺酸钠和水并加热到40~50℃，再依次投入CMC、荧光增白剂，升温至50~55℃后投入三聚磷酸钠，由于三聚磷酸钠的水合作用，温度会进一步升高，控制温度在60~65℃，再投入碳酸钠和甲苯磺酸钠，待以上物料溶解后，最后加入硅酸钠和芒硝。全部组分投入后，料浆中的固体成分总含量一般应为60%~65%，黏度保持在0.5Pa·s(70℃)左右。料浆配好后，不但要经过过滤、脱气，还应在老化罐中老化30~40min。

b. 喷雾干燥。料浆经高压泵以5.9~11.8MPa的压力通过喷嘴，呈雾状喷入塔内，与高温热空气相遇，进行热交换。料浆与空气的接触分为逆流和顺流两种，目前工业上主要采用逆流接触来换热。

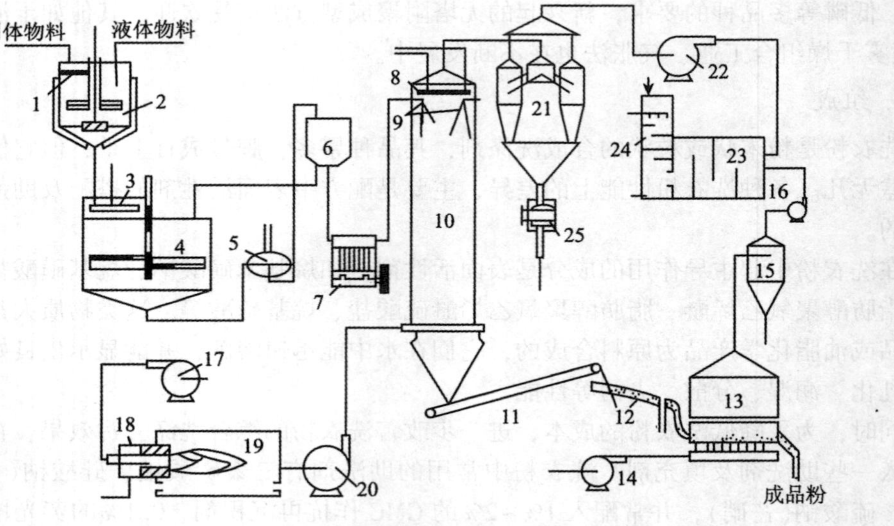

图 10-2　塔式喷雾干燥制合成洗衣粉工艺流程

1—筛子；2—配料罐；3—粗滤器；4—中间罐；5—离心脱气机；6—脱气后中间罐；7—三柱式高压泵；8—扫塔器；9—喷粉枪头；10—喷粉塔；11—输送带；12—振动筛；13—沸腾冷却；14—鼓风机；15—旋风分离器；16，22—引风机；17—煤气炉一次风机；18—煤气喷头；19—煤气炉；20—热风鼓风机；21—圆锥式旋风分离器；23—粉仓；24—淋洗塔；25—锁气器

c. 产品分离、包装。干燥后的产品颗粒降落到塔的锥形底部。为保持产品空心颗粒形态不受损坏，产品的传输多采用风力输送装置。从喷雾塔排出的产品温度仍然较高，约 70~80℃，通过风送不仅使产品被空气逐渐冷却，同时也起到使产品进行老化的作用，以使成品颗粒更加坚实牢固并保持一定水分，滑爽易流动。从喷雾塔刚出来的产品还含有颗粒不整的产品及细粉，应在风送过程中再把它们分离、筛析出去。

喷粉塔塔顶尾气含有粉尘，经旋风分离器和湿式洗涤器两道工序处理达标后排放到大气。经筛析的洗衣粉再与那些不适宜经高温喷粉干燥的组分，如漂白剂、酶、香精、非离子表面活性剂等进行后配料混合，混合后便可送去包装。

(2) 附聚成型工艺　相对于喷雾于燥成型工艺，附聚成型工艺又称作无塔成型工艺，这种方法是生产浓缩洗衣粉的主要方法，可以得到附聚-增密-造粒的综合效果。所谓附聚是指固体物料和液体物料在特定条件下相互聚集，成为一定的颗粒状产品的一种工艺。导致附聚的主要机理可以是机械连结、表面张力、塑性熔合、水分作用或静电作用中的一种或几种组合作用。

① 工艺流程。工艺流程主要为预混合、附聚、老化、调理、筛分、后配料、包装工序，见图 10-3。

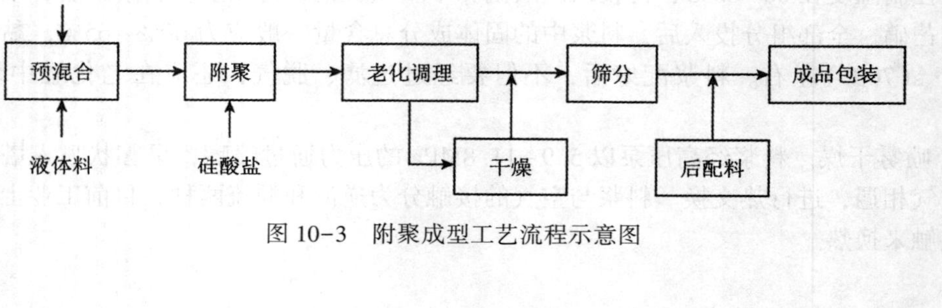

图 10-3　附聚成型工艺流程示意图

② 操作过程。附聚成型过程可以在流化器中与干燥过程一并完成。调节流态化气体速度、黏结液体加入速度和浓度等因素便可获得不同规格的浓缩洗衣粉，其堆密度可在500～650g/L范围内，活性物含量达10%～12%，水分含量1%～5%。但一般不单独采用流化床附聚-干燥技术生产浓缩洗衣粉，因为其堆密度不会很高，且容易因加液量不当发生栓塞或反流态化，活性物含量也较低。

目前洗衣粉中使用最多的是采用混合机附聚或混合机附聚与流化床干燥相结合的工艺。

（3）干混工艺　干混法是制造洗衣粉最简单的一种方法，其工艺流程如下：将粉状活性物或易于干燥的活性物送入干燥设备中，脱水变成无水物，然后粉碎、筛分及计量；与此同时，将粉状助剂或易于干燥的助剂送入干燥设备中，脱水变成无水物，然后粉碎、筛分及计量，最后将上述计量的活性物扣助剂投入混合器中，搅拌混匀后即可包装，得到成品。

此法得到的粉状洗涤剂不具备附聚成型的完整实心颗粒和喷雾干燥成型的空心颗粒，它们只是粉料间、或与液体的简单混合，因此颗粒特性与原料基本相同。由干混法生产的产品，其中表面活性剂含量只能在1%～5%，最大不会超过10%，堆密度400～700g/L，水分含量低于5%。干混法是生产对产品质量要求不高的粉状产品的最经济适用的方法，同时也可供喷雾干燥洗衣粉或附聚成型浓缩洗衣粉作后配料混合。

3. 洗衣粉质量标准

我国洗衣料国家标准(GB/T 13171—2009)规定的洗衣粉属于弱碱性产品，适合于洗涤棉、麻和化纤织物，按品种、性能的规格分为含磷(HL类)和无磷(WL类)两类，每类又分为普通型(A型)和浓缩型(B型)，详见表10-1。

（1）HL类　含磷酸盐洗衣粉，分为HL-A型和HL-B型。

（2）WL类　无磷酸盐洗衣粉，总磷酸盐(以P2O5计)不大于1.1%，分为WL-A型和WL-B型。

表10-1　各类型洗衣粉的物理化学指标(GB/T 13171—2009)

项　目		含磷洗衣粉		无磷洗衣粉	
		HL-A型	HL-B型	WL-A型	WL-B型
外　观		不结团①的粉状或粒状			
表观密度/(g/cm^3)	≥	0.30	0.60	0.30	0.60
总活性物含量/%	≥	10		13	
总五氧化二磷(P_2O_5)/%		≥8.0		≤1.1	
游离碱(以NaOH计)/%	≤	8.0	10.5		
pH值(0.1%溶液，25℃)	≤	10.5	11.0		

① 如有结团，但用手轻压结团即松散，视为合格。

4. 洗衣粉生产实例

（1）含酶漂白型洗衣粉的配方

原　料	质量分数/%	原　料	质量分数/%
牛油醇聚氧乙烯醚(5)	1.9	4A沸石	103.1
C_{16}～C_{18}脂肪酸聚氧乙烯醚	1.7	硫酸钠	48.6

续表

原料	质量分数/%	原料	质量分数/%
十二醇：十四醇：牛油醇聚氧乙烯醚(14：6：8)	17.1	纯碱	12.7
		乙二胺四亚甲基膦酸钠	0.85
十二烷基苯磺酸钠	30.0	四乙酰基乙二胺	2.1
蛋白酶(颗粒)	0.5	消泡剂	3.0
过硼酸钠	25.0	香料	0.2
丙烯酸/马来酸共聚物钠盐	16.6	水	40.2

(2) 制作工艺　先将56.9份沸石、1.9份牛油醇聚氧乙烯醚、6份丙烯酸/马来酸共聚物钠盐、2份硫酸钠和16.1份水混合，喷雾干燥。在该干燥颗粒上喷雾17.1份十二醇/十四醇/牛油醇聚氧乙烯醚。另将$C_{16}\sim C_{18}$脂肪酸聚氧乙烯醚1.7份、皂粉6.4份、十二烷基苯磺酸钠30份、沸石46.2份、丙烯酸/马来酸共聚物钠盐10.6份、苏打12.7份、乙二胺四亚甲基膦酸钠0.85份、硫酸钠46.6份和24.1份水混合制浆，喷雾干燥。将该粉粒与先前制的颗粒混合，再加入酶、过硼酸钠、香料、消泡剂、四乙酰基乙二胺等，混合均匀，制得不结块、去污力强的漂白型洗衣粉。

(二) 液体洗涤剂

液体洗涤剂与粉状洗涤剂相比，使用方便，溶解性好，不产生粉尘，易于计量，因而它在家用净洗制备中发展较快，但除织物柔软剂和香波外，固体净洗制品，如家用洗衣粉、自动餐具洗涤剂等，仍多于液体制品。从液洗剂发展史来看，它很大程度上都是仿效粉状制品的性能特征。

液体洗涤剂的优点是在冷水中易溶，易分散，在洗衣机的分配器中不易结块，分为均质型、结构型和无水型。最初开发重垢液洗剂(HDL)主要是对衣物进行预处理，后来发展成为与洗衣料并列的剂型。

1. 组成

液体重垢洗涤剂是近年来发展较快的液体洗涤剂品种，它除了含有20%以上的各类表面活性剂之外，还含有相当比例的各种新型助剂。且外观呈均匀稳定流动状态，因此需要较高的配制技巧。为了添加足量的助剂，必须选用特殊的助溶剂、络合剂和稳定剂，如二甲苯磺酸钠(钾)、低级二元醇、乙醇胺、聚乙烯吡咯烷酮、尿素、高分子聚合物等等。还常常利用表面活性剂的相互增溶原理，选用不同类型的表面活性剂形成混合胶束，增强体系溶解稳定性。配方中需加入适量的抗再沉积剂，并辅以一定浓度的无机盐($NaCl$或Na_2SO_4)以防止其离析；还需加入微量荧光增白剂及防腐剂等。

2. 生产工艺

液体洗涤剂的生产设备，一般只需复配混合或均质乳化，相对来讲，比较简单一些。对一般的产品，仅需一个搅拌设备即可生产。但对原料组分多，生产工艺要求苛刻，产品用途有较高要求的中高档产品，应采用化工单元设备、管道化密闭生产，以保证工艺要求和产品质量。

液体洗涤剂生产工艺流程如图10-4所示。

(1) 原料准备　液体洗涤剂的原料种类多，形态不一，使用时，有的原料需预先熔化，有的需溶解，有的需顶混。用量较多的易流动液体原料多采用高位计量槽，或用计量泵输送计量。有些原料需滤去机械杂质，水需进行去离子处理。

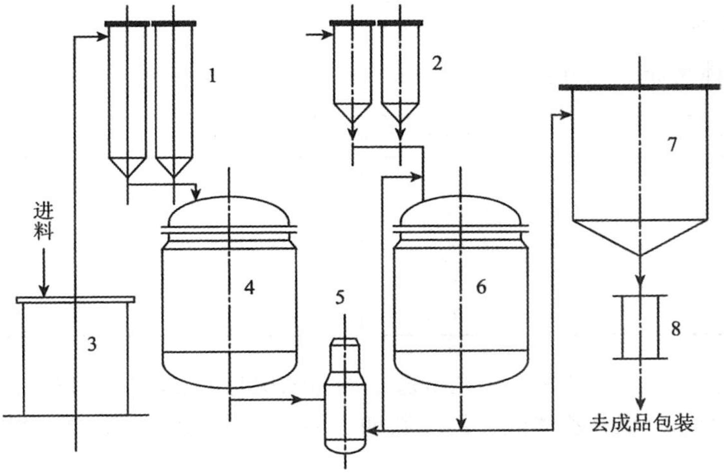

图 10-4　液体洗涤剂生产流程示意图

1—主料加料计量罐；2—辅料加料计量罐；3—储料罐；4—乳化罐；
5—均质机；6—冷却罐；7—成品储罐；8—过滤器

（2）混合和乳化　对一般透明或乳状液体洗涤剂，可采用带搅拌的反应釜进行混合，一般选用带夹套的反应釜。可调节转速，可加热或冷却。

（3）混合物料的后处理：

① 过滤：从配制设备中制得的洗涤剂在包装前需滤去机械杂质。

② 均质老化：经过乳化的液体，其稳定性往往较差，如果再经过均质工艺，使乳液中分散相中的颗粒更细小，更均匀，则产品更稳定。均质或搅拌混合的制品，放在储罐中静置老化几小时，待其性能稳定后再进行包装。

③ 脱气：由于搅拌作用和产品中表面活性剂的作用，有大量气泡混于成品中，造成产品不均匀，性能及储存稳定性变差，包装计量不准确。可采用真空脱气工艺，快速将产品中的气泡排出。

④ 灌装：小批量生产可采用高位槽手工灌装。规模化生产则采用灌装机流水线作业。

3. 液体洗涤剂质量标准

衣用液体洗涤剂产品规格应符合标准 QB/T 1224—2012，详见表 10-2。

表 10-2　衣用液体洗涤剂的物理化学指标

项　目			洗衣液		丝毛洗涤液		衣领袖口预洗剂
			普通型	浓缩型	普通型	浓缩型	
感官指标	外观		不分层，无明显悬浮物（加入均匀悬浮颗粒组分的产品除外）或沉淀，无机械杂质的均匀液体				
	气味		符合规定香型，无异味				
理化指标	稳定性	耐热	40℃±2℃下保持 24h，恢复至室温后预实验前无明显变化				
		耐寒	-5℃±2℃下保持 24h，恢复至室温后预实验前无明显变化				
	总活性物/%	≥	15	25	12	25	6
	pH 值（25℃，1%溶液）		≤10.5		4.0~8.5		≤10.5
	总五氧化二磷/%	≤	1.1（对无磷产品的要求）				

注：结构型洗衣液 pH 测验浓度为 0.1%的水溶液。

4. 液体洗涤剂生产实例

(1) 无磷液体洗涤剂配方：

原　料	质量分数/%	原　料	质量分数/%
直链烷基苯磺酸	7~14	丙二醇	2~4
脂肪酸	5~14	三乙醇胺	2~4
十二醇聚氧乙烯醚	5~18	乙二胺四乙酸二钠	1~2
氢氧化钠	2~3	染料、荧光增白剂、香料	适量
乙醇	5~8	水	加至 100

(2) 制作工艺　将氢氧化钠与三乙醇胺水溶液依次与丙二醇、脂肪酸、荧光增白剂及直链烷基苯磺酸、十二醇聚氧乙烯醚、乙二胺四乙酸二钠在 70℃ 下混合，然后与染料、香料混匀即得。

(三) 皂类洗涤剂

从广义上讲，皂是油脂、松香或脂肪酸与碱(有机碱或无机碱)进行皂化或者中和反应所得到的产物。皂是脂肪酸的盐，其脂肪酸的碳原子数一般在 8~22 个。其化学通式可用 RCOOMe 表示。式中 R 代表烷基，Me 代表某种金属离子，一般为钠离子或钾离子。

肥(香)皂是传统的洗涤用品，按照其组成、外观与用途的不同，一般分为洗衣皂、香皂、透明皂、功能性香皂和特殊类香皂。洗衣皂要求有较强的去污性，专用来洗涤衣物；香皂主要用来清洁人的皮肤，要求对皮肤温和、无刺激，并有持久的留香；透明皂外观诱人，既可洗衣，亦可沐浴；功能性香皂因添加有不同的助剂而具有某种特殊的功效，如减肥皂、抗菌皂等；除此以外的皂归属于特殊类香皂，如钾皂、浮水皂等。

1. 组成

(1) 洗衣皂的组成　洗衣皂是指洗涤衣物用的肥皂。洗衣皂是人类最早也是最普遍使用的洗涤用品，它在洗涤剂舞台上已称雄至少有 2500 年，没有其他洗涤用品可与它媲美，直到 20 世纪 40 年代以后，人们开发了合成洗涤剂，肥皂才开始衰落，然而就目前我国而论，肥皂仍然是每个家庭个必不可少的洗涤用品。

洗衣皂是块状硬皂，主要活性成分是脂肪酸钠盐，根据脂肪酸含量可以分为许多规格，如 47 型、53 型、42 型等。此外洗涤皂中还含有助洗剂、填充料等，如水玻璃、碳酸钠、沸石、着色剂、透明剂、钙皂分散剂、香料、荧光增白剂等。

洗涤皂是碱性洗涤剂，其水溶液呈碱性，去污力好、泡沫适中，使用方便。缺点是不耐硬水，在硬水中洗涤时会产生皂垢，因此用洗衣皂洗涤衣物时，洗涤液会呈混浊状。而且在硬度大的水(如河水、泉水等)中肥皂的去污力会下降。

(2) 香皂的组成　同洗衣皂一样，香皂也是块状硬皂，带有芳香气味。香皂一般以牛、羊油、椰子油、猪油、柏油等动植物油脂为原料，经皂化制得脂肪酸钠皂。除钠皂外，香皂中还添加各种添加物，如香精、钛白粉、泡花碱、抗氧化剂、螯合剂、杀菌剂、除臭剂、富脂剂、着色剂、透明剂、荧光增白剂等。

由于香皂质地细腻，气味芬芳，可用来洗手、洗脸、洗发、洗澡。近年来香皂产量稳中有增，其颜色品种不断增多。这是香皂发展的主流。

香皂与洗衣皂的区别如下。

从用途上分，洗衣皂主要是用来洗涤衣物等，而香皂主要是用于人体清洁，如用于洗手、沐浴等。

从制作原料上说，虽然香皂洗衣皂都是用动、植物油脂和碱经过皂化反应而制成的，但两种产品对油脂原料要求有所不同，制作香皂所使用的油脂主要是牛油、羊油、椰子油、松香等。制皂以前先经过碱炼、脱色、脱臭等精炼处理，使之成为无色、无味的纯净油脂。而制造洗衣皂所用的油脂是各种动、植物油、硬化油等，一般不需经过复杂的精炼处理。香皂在加工时工序比较多，如要经过皂基干燥，配料，混合与均化，压缩出条，切块打印等工序，而洗衣皂加工过程则简单的多。因此香皂的制造成本比洗衣皂高。

香皂总脂肪含量达 80%以上，而洗衣皂一般只有 60%以上。

香皂的气味芬芳，这是因为香皂在加工过程中加进了一定数量的香精。洗衣皂虽也有部分产品加香，但其香精品质差，加入香精量也比香皂加香量少，各类香精价格相差悬殊，尤其是天然香精，价格更高，这就是为什么同样都是肥皂，而价格却相差很多的主要原因。

2. 生产工艺

（1）油脂的精制　油脂是制造肥皂的主要原料，用一般的油脂制造肥皂须进行预处理之后才能使用。这是由于在天然动植物油脂中除含制皂所需要的甘油三酸酯外，还含有杂质，如泥沙、料胚粉末、纤维素及其他杂质，还含有游离脂肪酸、磷脂、色素、胶质、蛋白质以及具有特殊气味的不皂化物等。因此皂化之前，油脂需经过脱胶、脱酸、脱色、脱臭、硬化等处理。

① 脱胶　脱胶的目的是除去油脂中的磷脂、蛋白质以及其他结构不明的胶质和黏液质。肥皂厂脱胶处理一般用于以下几个方面：高质量香皂油脂的预处理，以提高后处理的效果；骨油、低质猪油、低质牛羊油处理，以提高皂化废液的质量，有利于甘油回收工序的处理。脱胶常用水化法和酸炼法。

② 脱酸　是去除油中的游离脂肪酸的处理工序。油中的游离脂肪酸可以用碱炼法除去，也可以用蒸馏法除去。由于游离脂肪酸蒸馏与油脂脱臭属同一原理，因此可在同一脱臭装置中完成。

③ 脱色　碱炼对油脂有一定的脱色作用，但达不到香皂的质量要求，因此脱色处理是非常必要的。脱色分化学法和物理吸附法两种。化学法可分为氧化法和还原法，以氧化剂破坏棕榈油中的类胡萝卜素使红色消失为氧化法，采用硫酸-锌粉反应产生新生态氢使米糠油叶绿素还原成黄色则属还原法。化学脱色法仅限于处理低质油脂，使其能适于肥皂生产。对于香皂用油脂的处理，一般采用物理吸附法，常用的脱色剂为活性白土，一般用量为油脂的 3%～5%，最高可达 10%。

④ 脱臭　不同的油脂具有不同的特殊气味，如牛羊油的膻气、椰子油的香气等。这些气味对香皂的质量不利，会干扰外加香味的纯正，为此，对香皂的油脂原料必须进行脱臭处理。油脂中的气味物质挥发性较油脂大，因此脱除这些气味普遍采用高温、高真空下用过热蒸汽汽提的方法，也就是蒸汽蒸馏的方法。

⑤ 氢化　无论是香皂还是洗衣皂，均对制皂用油的凝固点有一定要求。液体油只能与凝固点高的固体油脂配合才能使用。最典型的香皂油脂配方是牛羊油 80%、椰子油 20%，其混合脂肪酸凝固点在 39℃左右。但我国牛羊油产量很少，很难实现这一配方，因此需要用氢化油来代替。目前国内用量最大的是氢化猪油（凝固点 56℃左右）和氢化棉子油等。氢化油脂通称硬化油，在制皂厂中硬化油加工是一个很重要的辅助工序。

(2) 皂基制备　皂基的制备方法很多，有老式的冷制皂法和半沸制皂法，间歇式沸煮制皂法及现代的连续皂化法和连续的脂肪酸中和法。其工序可表示如下：

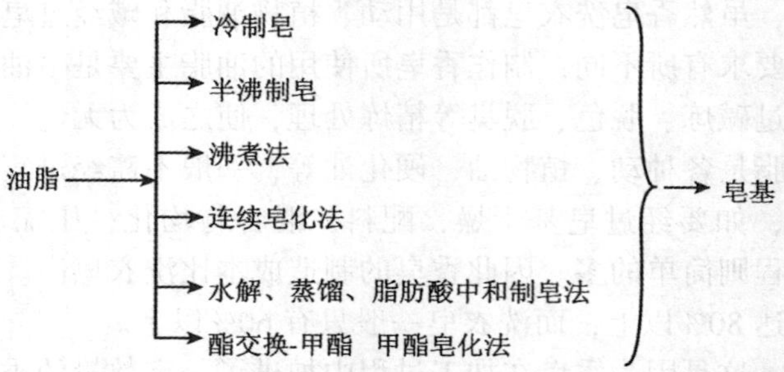

① 油脂皂化法。油脂在烧碱作用下进行皂化反应是制皂工业最基本的反应。油脂皂化可分为间歇式和连续式两种；但不管是间歇式大锅煮皂，或连续式抽脂皂化工艺，均包括皂化、盐析、碱析、整理 4 个过程。见图 10-5。

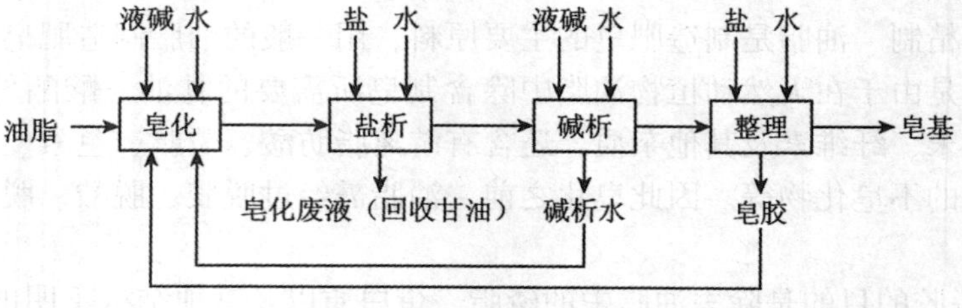

图 10-5　油脂皂化工艺

在皂化反应釜中，首先加入原料油脂，然后慢慢放入计量过量 2%~3% 的 NaOH 溶液，或加入碱析操作中的碱析水。为缩短皂化诱导期，使皂化反应顺利进行，适当加入一定量的皂脚。

物料加热，同时通入直接蒸汽搅拌，使油脂与碱液充分接触，以达到均相皂化的目的。由于皂化反应是放热反应，必须控制皂化反应温度，勿使温度上升过高造成溢锅。在皂化操作中开始时，蒸汽可以开大一些，然后关小，保持皂化料上下缓缓循环翻动。皂化反应结束，得到均匀、透明的饴糖状反应物。皂化工序要求皂化过程中始终保持一定量的游离碱(0.3%~0.5%)，皂化反应在均相状态进行，皂化率控制在 95%左右。

皂化后的皂胶中加入食盐溶液进行盐析，使皂粒与含甘油的盐水进行分离，下层为含甘油水，送甘油车间回收制皂副产品甘油。

盐析后的皂化物料中，先加入部分清水，加热使皂粒转入"闭合"状态，然后分批加入 NaOH 溶液，在蒸汽翻动下对未皂化油脂进行补充皂化，当皂化完全后。加入过量碱使皂胶逐步呈析开状。当 NaOH 超过一定量时，水分、甘油可溶在碱溶液中，而皂粒从碱溶液中析出，此过程称为碱析。碱析的作用，一是提高皂化率使皂化完全，二是降低皂基含甘油量，提高甘油回收率；三是排除皂胶中盐类、蛋白质、纤维和色素等杂质。

整理是煮皂工艺的最后工序，目的是调整碱析后皂胶内水分，皂基脂肪酸含量，电解质含量，并最后排除遗留在皂胶中的杂质，以获得纯净的适于肥皂后加工的皂基。整理是将碱析皂粒用水闭合，用 NaOH 和 NaCl 溶液精心调整它们的含量和比例，制成光亮、透明的脂肪物含量为 55%左右的皂胶。

该工艺优点是设备简单，投资少，缺点是蒸汽耗量大，设备占地面积大，生产周期长，操作工人要求有丰富的经验。目前国内大部分制造厂仍采用该工艺。

② 中和制造法。该法是将油脂预先水解得到脂肪酸，将其精制、配合后用碱中和制成肥皂。用于中和法的碱，不仅可以用苛性钠而且可以用碳酸钠。

$$RCOOH+NaOH \longrightarrow RCOONa+H_2O$$

中和法的优点是：a. 可以采用质量较差的油脂为原料，而且无需特殊处理，因为在脂肪酸精馏过程中可以得到精制；b. 中和法制皂，工艺比较简单，省去了油脂脱酸、脱色、脱臭及煮皂过程中的洗涤与整理；c. 容易调整配方，如通过脂肪酸组成分析，合理配合，提高肥皂质量；d. 中和制皂法可减少因碱炼而损失的游离脂肪酸，以及脱色时废白土带油的损失，使脂肪酸利用率提高。

中和皂化法也有间歇式及连续式两种皂化工艺。间歇式制皂法是先把近饱和的碳酸钠溶液加入皂化釜，加热煮沸，然后把脂肪酸原料慢慢加入，这时，有大量的二氧化碳生成，为使混入原料中的少量油肥皂化，有时要加少量苛性钠溶液煮沸。再经过盐析，得到皂基。

除上述方法外，还有甲酯皂化法、冷法制皂工艺、水合皂法等。

(3) 洗衣皂的生产　洗衣皂的生产，国内主要采用冷板皂及真空冷却皂两种工艺。生产中主要包括调和、成型、切块、干燥、打印包装等过程。

冷板皂是指将调和好的皂料，在冷板中冷却加工成型的肥皂。先在调和罐中放入皂基，加入填充剂、助洗剂、着色剂等，于 65~85℃ 加热调和均匀，搅拌结束前 5min 加入香精。搅匀后的皂料，流入不锈钢或木制的皂框，放冷或在皂框的周围注入冷却水，使之急速固化，然后从皂框中取出，切成适当大小的皂块，干燥打印、因此冷板皂也称框皂。

冷板法成型制皂的优点是设备简单，生产容易控制。但其最大的缺点是劳动强度大，生产效率低。20 世纪 60 年代开发成功的真空冷却成型工艺使洗衣皂的生产实现了连续化流水作业。采用真空冷却成型工艺，不仅降低了劳动强度，而且洗衣皂产品组织细腻均一，质地坚硬，外观光洁，泡沫丰富。目前中国大多数制皂厂已推广采用。

真空冷却成型制皂的工艺流程见图 10-6。

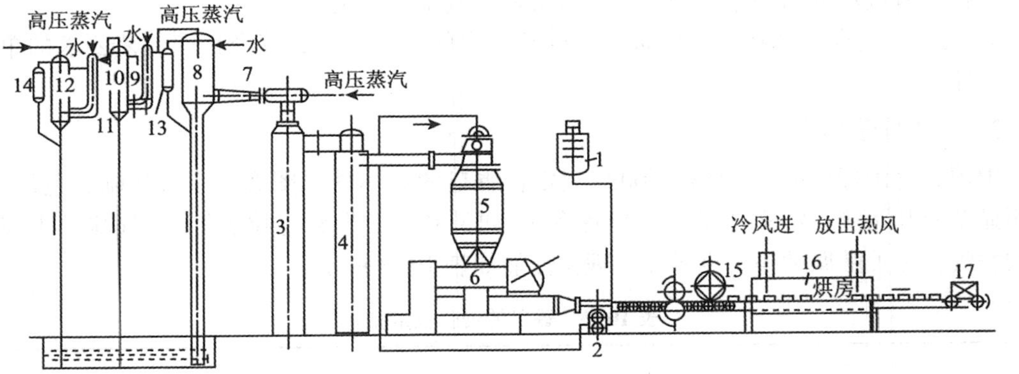

图 10-6　真空冷却制皂生产工艺流程图

1—中间储存调缸；2—输皂齿轮泵；3—第二旋风分离器；4—第一旋风分离器；5—真空冷凝器；6—双螺杆压条机；7—主喷射扩压器；8—混合式大气冷凝器；9~12—第二辅助冷凝器；13，14—汽液分离器；15—滚印切块机；16—烘房；17—装箱

将调和好的皂料，由输送泵送至真空冷却器，在真空下使部分水分蒸发、水分蒸发量一般在 3%~5%左右。在真空室内壁上冷却凝固的皂料，由旋转刮刀刮下，落入室下的压条机中，在双螺杆的推动下由炮口挤出、切块打印或滚印切块，晾干后包装。

(4) 香皂的生产　香皂生产工艺流程见图 10-7。香皂生产主要由五个工序组成。

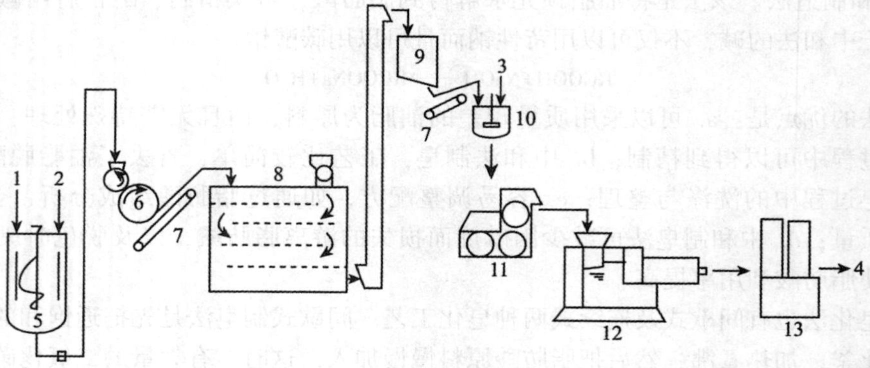

图 10-7　香皂生产工艺流程图

1—肥皂；2—辅助原料；3—香料，颜料；4—香皂；5—混合槽；6—冷却辊筒；7—输送机；8—链式干燥机；9—料仓；10—混合机；11—辊式研磨机；12—压条机；13—打印机

① 干燥。从皂化工段送来的皂基中含有 30%～32% 的水分，经干燥工序使水分降到 10%～15%。一般采用链式干燥机或真空干燥塔。

② 拌料。在干燥后的皂屑或皂粒中配入香料、颜料及其他辅助原料。用捏合机的特殊搅拌器进行混合。这种搅拌机是内部安装朽刮板的卧式圆筒，由于强力搅拌作用，使原料拌合均匀。

③ 混合、均化。拌料结束后的肥皂由传送带送入混合机。混合机是采用 3～5 个研磨辊筒的研磨机或卧式螺旋压条机(俗称精制机)。通道该工序的机械作用，使肥皂硬粒团块挤碎，使添加成分更加均匀，皂体组织更加细腻、紧密。在均化过程中肥皂的品相得到转变，A 相结晶增多，同时起到提高肥皂产品发泡力、去污力的作用。

④ 压缩、出条。经均化后的肥皂送入压条机，将肥皂进一步搅拌后，进行压条成型。为了制得没有气泡的组织紧密的肥皂，常常使用真空压条机。

⑤ 切块、打印。切块是将压条机连续挤压出的皂条，切成符合打印工艺要求的单块皂胚的工序。

3. 肥皂质量标准

中国香皂国标(QB/T 2485—2008)规定：香皂的皂体外观图案、字迹清晰，色泽均匀，无明显杂质和污迹；特殊外观要求产品除外(如带彩纹、带彩色粒子等)。气味要求应有稳定的香气，无油酸腐败等不良异味。理化性能如表 10-3 所示。

表 10-3　香皂的理化性能指标

项　目		指　标	
		Ⅰ型	Ⅱ型
干钠皂/%	≥	83	—
总有效物含量/%	≥	—	53
水分和挥发物/%	≤	15	30
总游离碱(以 NaOH 计)/%	≤	0.10	0.30
游离苛性碱(以 NaOH 计)/%	≤	0.10	

续表

项　目		指　标	
		Ⅰ型	Ⅱ型
氯化物(以 NaCl 计)/%	≤	1.0	
总五氧化二磷①/%	≤	1.1	
透明率②6.50mm±0.15mm 切片/%		25	

① 仅对标准无磷产品要求；
② 仅对本标准规定的透明型产品。

4. 生产实例

(1) 婴儿护肤香皂生产配方：

原　料	质量份	原　料	质量份
精制羊毛脂	3.0	钛白粉	0.4
香皂皂料	195.0	着色剂	0.03
硼酸	2.0	香精	1.6
中性泡花碱	1.0		

(2) 制法　先将干燥后的香皂皂料装入搅拌缸中，按比例加入刚熔化的羊毛脂、中性泡花碱，搅拌 2~3min，再依次加入硼酸、钛白粉、香精和着色剂，继续搅拌 3~4min，然后按普通香皂制法进行研磨、压条、打印和包装。

(四) 其他洗涤品

1. 餐具洗涤剂配方及生产

(1) 配方：

原　料	质量份	原　料	质量份
氢氧化钠(50%)	14.4	次氯酸钠(2.5%有效氯)	60
硬脂酸	6.0	十二烷基二苯基醚二磺酸钠	4.8
氯化铝分散液	120	硬脂酸铝	3
硅酸钠	82.4	水	140
三聚磷酸钠	96.3	碳酸钠	42

(2) 制法　将水与 50%氢氧化钠溶液混合加热至 50~60℃依次加入硬脂酸、碳酸钠、由氧化铝 18mol/L、水 89.2mol/L 和 0.1mol/L 盐酸 12.8 制得的氧化铝分散液、50%硅酸钠和三聚磷酸钠，冷却至 25~30℃，加入其余物料，制得液体餐具洗涤剂。

2. 洁厕精配方及生产

(1) 配方：

原　料	质量分数/%	原　料	质量分数/%
胶态铝硅酸镁	1.5	羧基化聚电解质钠盐	2.0
松油	5.0	水	71.5
壬基酚聚乙烯醚($n=10$)	5	直链烷基苯磺酸钠	5.0
温和磨蚀剂	10.0		

（2）制法　将胶态铝硅酸镁慢加入水中，不断搅拌直至均匀。另将羧基化聚电解质纳盐、壬基酚聚乙烯醚、直链烷基苯磷酸钠、松油混合均匀后加入水溶液中。继续搅拌下缓慢地加入磨蚀剂，混合至均匀即为成品。

（3）特性　该品具有极好的去污渍和油垢性能，能使瓷砖、陶瓷洁净。用于厕所、浴缸及瓷砖、陶瓷设施的清洗，也可用于玻璃、搪瓷制品的清洗去污。

项目二　化　妆　品

化妆品与人们的日常生活密切相关，人们为了保护、清洁、美化身体而使用它。化妆品不仅具有生理功能，而且能令人心情舒畅．具有心理意义，其消费量随着社会经济的快速发展和人们对美越来越高的要求而迅速增长。

一、化妆品及其分类

各国对于化妆品的定义不尽相同。例如，日本药品管理法中对化妆品的定义是“为了清洁、美化身体，增加魅力，改变容貌，或者为保护皮肤和头发，而涂抹、散布在身体上的对人体作用缓和的制品”；我国《化妆品卫生监督条例》中的定义则为“以涂擦、喷洒或者其他类似的方法，散布于人体表面任何部位（皮肤、毛发、指甲、口唇等），以达到清洁、消除不良气味、护肤、美容和修饰目的的日用化学工业产品”。

一般来说，化妆品是对人体面部、皮肤、毛发和口腔起保护、美化和清洁作用的日常生活用品，通常是以涂覆、揉擦或喷洒等方式施于人体不同部位，有令人愉快的香气，有益于身体健康，使容貌整洁，增加魅力。使用化妆品的目的是保护、清洁和美化人体，延缓皮肤衰老，用于治疗或抑制部分影响外表的病理现象（如粉刺、脱发、雀斑、痱子等），而不具备药品的预防和治疗功效，其生理作用是缓和的。

化妆品种类繁多，性、态交错，有各种各样的分类方法，目前国际上对化妆品尚没有统一的分类方法，世界各国的分类方法也不尽相同。

最常用一种分类方法，即按功能和用途分类，可分为：

（1）洁肤化妆品　能去除污垢，洗净皮肤而又不伤害皮肤的化妆品，如清洁霜、清洁蜜、磨面膏、香波、浴液、面膜等。

（2）护肤化妆品　给皮肤补充水分、油分或养分，具有特殊营养功效的膏霜。如雪花膏、香脂、营养霜、保湿霜、按摩霜等。

（3）美容化妆品　用于眼、唇、颊及指甲等部位，以达到改善容颜为目的而使用的化妆品。如唇膏、胭脂、指甲油、眉笔、眼线笔等。

（4）特殊用途化妆品　对人体美化、健美、保健、染发等化妆品。

二、化妆品原料

化妆品的原料按其在化妆品中的性能和用途可分为主体原料和辅助原料及添加剂两大类。主体原料是能够根据各种化妆品类别和形态的要求，赋予产品基础骨架结构的主要成分，它是化妆品的主体，体现了化妆品的性质和功用；而辅助原料则是对化妆品的成型、色、香和某些特性起作用，一般辅助原料用量较少，但不可缺少。

主体原料包括油性原料、粉质原料、胶质原料、溶剂原料和表面活性剂。辅助原料包括香精、色素、防腐剂、抗氧剂、保湿剂和各种添加剂。

（一）主体原料

1. 油性原料

油性原料在化妆品中所起的作用主要为：屏障作用、滋润作用、清洁作用、溶剂作用、乳化作用和固化作用。

从油的来源分类，油性原料可分为四类，见表 10-4。

表 10-4　按来源不同的油性原料分类

油的分类	举例	在化妆品中的性质和作用
植物油原料	橄榄油、椰子油、棕榈油、杏仁油、霍霍巴油、月见草油等	植物油除具有油性原料的共性外，还保留了天然植物的性质，含有丰富的维生素，有的植物油还是天然芳香油，对皮肤有营养、滋润的作用。用于来自天然，易被皮肤吸收
动物油原料	牛羊油、鲨鱼肝油、水貂油、蜂蜡、鲸蜡等	动物油来源于动物的脂肪，从分子结构和成分结构上更加易于人体皮肤的吸收，滋润作用好
矿物油系原料	石蜡油、凡士林	矿物油来源丰富，结构稳定，不易腐败酸败，在皮肤的表面形成油状膜，防止皮肤水分丧失，但不被皮肤吸收
合成（半合成）油原料	羊毛脂及羊毛脂衍生物、硅酮油及衍生物、高级脂肪酸、脂肪醇、角鲨烷	保持了原有油性原料的性质，并赋予新的特性，组成稳定，功能突出，应用极为广泛

2. 粉质原料

粉体主要用于美容化妆品中，化妆品中使用的粉体有三类：有色粉体、白色粉体和充添粉体。

有色粉体和白色粉体的作用是遮盖脸上色斑、粗糙的肌肤和不良的脸色，防止脸上因油脂的分泌物而呈现油光，可使皮肤有光滑的手感，并可散射紫外线、过滤阳光，同时可赋予皮肤宜人的色彩。此外粉体要有吸收皮脂和汗的性能，广泛用于彩妆类如香粉、胭脂、眼影粉等。

充添粉体是一种遮盖力小的白色粉体，是有色粉体的稀释剂，用于调节色调，同时赋于制品扩展性。它对皮肤有附着性，对汗和皮脂有吸收性。充添粉体在皮肤上要有良好的扩展性，为提高扩展性，以前使用滑石粉和云母粉，近年来国外使用球状粉体，多为球状树脂粉末，如尼龙、聚苯乙烯、聚甲基丙烯酸甲酯等有机扮体和球状二氧化硅、球状二氧化钛等无机粉体。

粉体原料的性质主要体现在以下几个方面：

① 遮盖力　粉体可遮盖肌肤的色斑和不良的肤色。具有良好遮盖力的粉体有钻白粉、锌白粉，碳酸钙也可用于遮盖，同时碳酸钙还可阻挡紫外线。

② 伸展力　指粉体涂敷于肌肤时，可形成薄膜，平滑伸展，有圆润触感的性能。滑石粉的伸展力最好。还可使用淀粉、金属皂、云母、高岭土等。

③ 附着力　指粉体容易附着于皮肤上，不易散妆的性能，金属皂的附着力最好。

④ 吸收力　指粉体吸收汗腺和皮肤分泌的多余的分泌物，消除油光的性能，轻质碳酸钙、碳酸镁、淀粉、高岭土等的吸收性均较好。

3. 表面活性剂

(1) 去污剂 可在化妆品中充当去污剂的表面活性剂主要是阴离子表面活性剂、还有非离子表面活性剂和两性表面活性剂。表面活性剂的去污作用是其渗透、乳化、增溶、起泡作用的综合表现，这一作用充分体现在洁肤、洗浴产品中。常用的去污剂有：十二烷基硫酸三乙醇胺、脂肪醇聚氧乙烯醚硫酸盐、醇醚磺基琥珀酸单酯二钠盐、直链烷基苯磺酸、烷基磺酸盐、*N*-酰基谷氨酸盐、油酰胺基酸钠、茶皂素、十二烷基二甲基甜菜碱、椰油酰胺丙基甜菜碱等。

(2) 乳化剂 常用的乳化剂有脂肪酸皂、磷酸酯类、脂肪醇聚氧乙烯酯、二元(三元)醇酯、脂肪酸单甘油酯、失水山梨醇脂肪酸酯、聚氧乙烯失水山梨醇脂防酸酯、葡萄糖甙衍生物等。

(3) 调理剂 用作调理剂的表面活性剂主要是阳离子型表面活性剂，它可以改善毛发外观和梳理性，使头发柔软光亮。常用调理剂有：十八烷基三甲基氯化铵、十二烷基三甲基氯化铵、十八烷基二甲基苄基氯化铵、双十二烷基二甲基氯化铵、聚季铵盐等。

(4) 稳泡剂 稳泡剂是指具有延长和稳定泡沫保持长久性能的表面活性剂。常用脂肪醇酰胺作为稳泡剂，其中最著名的产品是尼纳尔，又称 6501 或 704。

尼纳尔为淡黄色或琥珀色黏稠液体，具有优良的洗涤性能，产生稳定的泡沫，少量的尼纳尔和其他洗涤剂配合使用可产生良好的增效性。尼纳尔还可用作清洁制品中的增调剂，对金属具有缓蚀和防锈作用。

使用尼纳尔的配方其 pH 值应在 8~12，以保持产品外观澄清。尼纳尔具有较强的脱脂性，故应注意其用量。

(二) 辅助原料

1. 保湿剂

保湿剂是一种吸湿性物质、它可从周围取得水分而达到一定的平衡。保湿剂添加到化妆品中，不仅可增加皮肤的柔润性，还可延缓化妆品(特别是膏霜类产品)水分的蒸发而引起的干裂现象，延长产品的寿命。通常保湿剂可分为三大类，即有机金属化合物、多元醇和水溶性高分子。

2. 防腐剂

常用防腐剂为：对羟基苯甲酸酯类(商品名称为尼泊金)，咪唑烷基脲(商品名称 Germall-115)，凯松，1-(3-氯丙烯基)-3,5,7-三氮杂-1-偶氮金刚烷氯(商品名称 Dowicil)等。

3. 抗氧剂

抗氧剂的种类很多，从化学结构上可分为五类：酚类、醌类、胺类、有机酸和醇类、无机酸及其盐类。常见的抗氧剂有：二叔丁基对甲酚(简称 BHT)，叔丁基羟基苯甲醚(简称 BHA)，生育酚(维生素 E)等。

4. 香精

配制香精的各种香料，若按其在调香时的作用和用途可分为：主香剂、调和剂、修饰剂、定香剂，各种香型的香精都是由这四种香料调配而成的。

三、乳化体类化妆品

乳化体是化妆品中最主要的剂型，主要由油、脂、蜡和水、乳化剂所组成，主要有 W/O 型和 O/W 型两种。从乳化体的外观来看，化妆品有稠厚的半固体和流动的液体两种。呈半固体状态的乳化体化妆品有雪花膏、营养润肤霜、祛斑霜、粉刺霜、柠檬霜、冷霜、清洁霜等；呈流动液体状态的乳化体化妆品有奶液、清洁奶液、润肤乳、防晒奶液等。

(一) 润肤乳(液)及其生产工艺

润肤乳属于最常用的基础化妆品之一，应具有保持和恢复皮肤常稳态的功能。其中，保持皮肤的湿度平衡是基本要求之一。因此其配方中保湿剂是一个重要成分，一般占 5%~15%，其设计应根据表皮层(特别是角质层)和真皮层的保湿结构进行，补给水分、保湿剂和油分，维持皮肤天然的湿度平衡。此外，润肤乳还应具有柔软功能。

润肤乳的乳化类型多数为 O/W 型，所用表面活性剂以高安全性的非离子型和阴离子型为主，也有使用蛋白质基表面活性剂作为生命体关联成分。此外，乳液配方中还有油性成分、水性成分，其他防腐剂、金属螯合剂等添加剂。

表 10-5 列举了具有保湿、柔软功能的润肤乳的典型配方。

表 10-5 润肤乳的典型配方

原料	O/W 型配方 A/%	O/W 型配方 B/%	O/W 型配方 C/%	原料	O/W 型配方 A/%	O/W 型配方 B/%	O/W 型配方 C/%
油分				表面活性剂			
硬脂酸(反应后一部分皂化)	2.0			失水山梨醇单油酸酯	2.0		
鲸蜡醇	1.5	1.0		POE(10)单油酸酯		1.0	
凡士林	4.0	2.0		甘油单硬脂酸酯		1.0	
角鲨烷	5.0	6.0	10.0	失水山梨醇倍半油酸酯			4.0
甘油三-2-乙基己酸酯				POE(20)失水山梨醇单油酸酯			1.0
二甲基聚硅氧烷		2.0		醇			
微晶蜡			1.0	乙醇		5.0	
蜂蜡		0.5	2.0	黏液质			
羊毛脂			2.0	螟栌子抽出液(5%溶液)		20.0	
液体石蜡			20.0	碱			
保湿剂				三乙醇胺	1.0		
二丙二醇	5.0			其他添加剂			
PEG1500	3.0			防腐剂	适量	适量	适量
甘油		4.0		香料	适量	适量	适量
1,3-丁二醇		4.0		色料		适量	
丙二醇			7.0	水			
				精制水	74.5	53.5	53.0

在润肤乳的生产工艺中，为控制产品的黏度等物性，选择适宜的乳化条件(添加方法、乳化温度和添加顺序)、搅拌条件、乳化设备、冷却处理条件等都十分重要。一般将分散相加入分散介质中进行预乳化后，再用强力乳化机(如均质机)进行均质乳化；脱气过滤后用热交换器冷却，完成制品。生产工艺流程如图 10-8 所示。

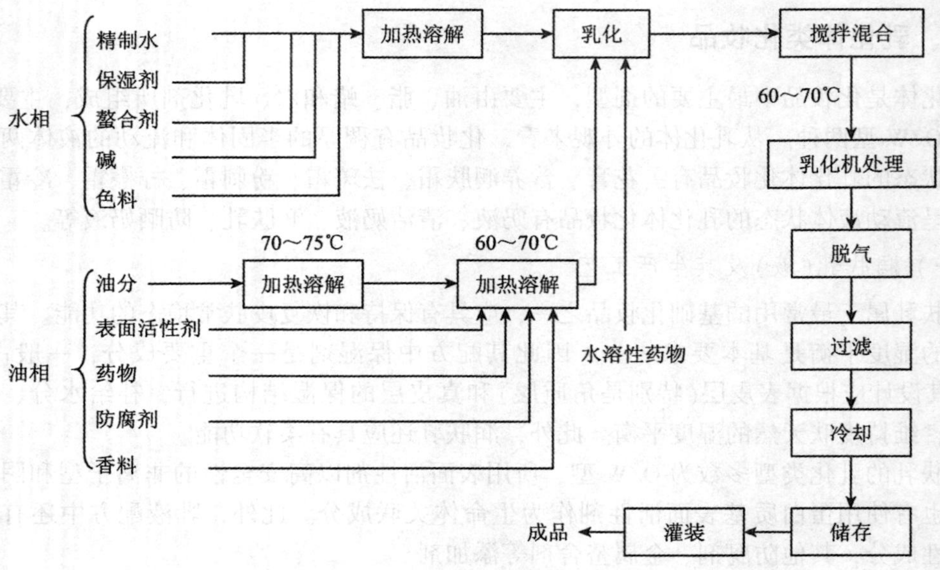

图 10-8　润肤乳生产工艺流程

【生产实例】(表 10-5 配方 A)：将保温剂、碱加入到精制水中在 70℃加热调整；将油分溶解后，加入表面活性剂、防腐剂和香料，在 70℃加热调整；将油相加入到水相中进行预乳化。在均质搅拌机中将乳化粒子均一后，脱气，过滤，用热交换器冷却，完成制品。

（二）膏霜类化妆品及其生产工艺

护肤用膏霜类化妆品的作用是为了保持皮肤的湿度平衡，补充水分、保湿剂和油分，使皮肤保湿、柔软。也有其他功能的如洗面霜、按摩霜(膏)、防晒霜、粉底霜等。根据其乳化类型和油分量，习惯上将其大致分为雪花膏、冷霜等类别，详见表 10-6。

表 10-6　膏霜的配方分类

乳化类型	油相量	乳化剂类型	代表性制品类别
O/W 型	10~30	高级脂肪酸皂	雪花膏(油分量 10%~20%)
		非离子表面活性剂	粉底霜
		蛋白质表面活性剂	中性霜(包括润肤霜、营养霜、日霜、晚霜、保湿霜等)
	30~50	脂肪酸皂+非离子表面活性剂	中性霜，清洁霜
	50~85	蜂蜡+硼酸+非离子表面活性剂	冷霜，按摩霜(膏)
W/O 型	20~50	非离子表面活性剂	按摩霜
	50~85	氨基酸+非离子表面活性剂(氨基酸凝胶乳化) 脂肪酸皂+非离子表面活性剂	冷霜，润肤霜

雪花膏搽在皮肤上会像雪融化一样立即消失，故而得名。它是水和硬脂酸在碱的作用下进行乳化的产物。生产雪花膏的主要原料为硬脂酸、碱、水、香精以及保湿剂。现在还常在配方中加入非离子表面活性剂，以降低碱性并改善其综合性能。

冷霜又称香脂，由于使用时水分挥发带走热量使肌肤有凉爽感，故得名。使用后在皮肤上留下一层油性薄膜，一般在秋冬季使用。典型的冷霜以蜂蜡-硼砂为基础的 W/O 型乳剂，配方中油、脂、蜡的变化幅度很大。冷霜分瓶装和盒装两种包装，其配方和操作有很大差别。瓶装冷霜有向 O/W 型乳化体发展的趋势。

各种乳化类型的润肤霜都有，但以 O/W 型为主；固态油、脂、蜡的含量较高；pH 值在 4~6.5，和皮肤的 pH 值相近。

表 10-7 列举了以上几种膏霜的一些典型配方。O/W 型膏霜的一般生产工艺流程如图 10-9 所示。W/O 型膏霜的工艺中除将水相缓促加入油相中进行预乳化外，其他工序相同。在生产中，乳化和冷却是影响最终制品硬度的主要工序。

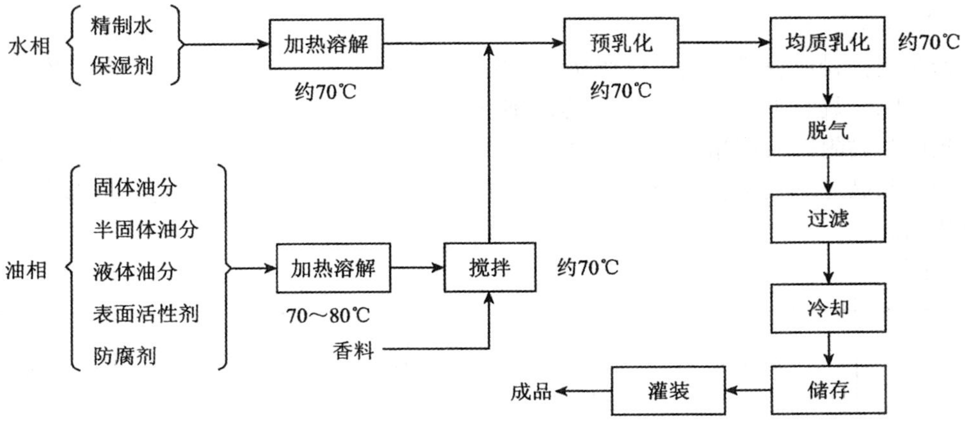

图 10-9　O/W 型膏霜的生产工艺流程

表 10-7　护肤用膏霜的典型配方

成分	雪花膏配方 A		冷霜(O/W 型)配方 B		冷霜(W/O 型)配方 C		润肤霜(O/W)配方 D	
	原料	配比/%	原料	配比/%	原料	配比/%	原料	配比/%
油分	硬脂酸	15.0	硬脂酸	2.0	蜂蜡	10.0	杏仁油	8.0
	十六醇	1.0	硬脂醇	6.0	鲸蜡	4.0	白油	6.0
			加氢羊毛脂	4.0	白油 18#	35.0	鲸蜡	5.0
			角鲨烷	9.0	杏仁油	适量	鲸蜡醇	2.0
			2-辛基十二烷醇	10.0	—	—	羊毛脂	2.0
保湿剂	丙二醇	10.0	1,3-丁二醇	6.0	—	—	甘油	5.0
			PEG1500	4.0				
表面活性剂	单硬脂酸甘油脂	1.0	单硬脂酸甘油酯	2.0	棕榈酸异丙酯	5.0	肉豆蔻酸异丙醇酯	2.9
			POE(25)鲸蜡醇醚	3.0	硼砂	适量	Arlacel 165	5.0
碱	KOH	0.6	—	—	—	—	—	—
	NaOH	0.05						
保湿剂	香料、防腐剂	适量	香料、防腐剂	适量	香料、防腐剂	适量	香料、防腐剂	适量
	抗氧剂	适量	抗氧剂	适量	抗氧剂	适量	抗氧剂	适量
	精制水	72.35	精制水	54.0	精制水	37.3	精制水	65.0

【生产实例】(表 10-7 配方 C)：将油相加热到略高于油相原料的熔点，约 70℃；将非离子表面活性剂硼砂溶于水中加热至 90℃ 维持 20min 灭菌；冷却到比油相稍高的温度，约 72℃。将水相缓慢加入到油相中。油-水开始乳化时应保持较低温度，一般在 70℃；开始搅拌可剧烈

一些，当水溶液加完后应改为缓慢搅拌(较高的乳化温度或过分剧烈的搅拌都有可能制成 O/W 型冷霜)。冷却至45℃时加香，40℃时停止搅拌。静置过夜再经三辊机或胶体磨后灌装。

四、粉类化妆品

粉类化妆品是打底用的一种化妆品，它的主要作用是能遮盖或修饰皮肤本色，遮盖或弥补面部皮肤的缺陷，从而使皮肤呈现红润，滑嫩并具有细腻的天鹅绒般的质感，为彩妆打下基础。此外，它还具有抵御风沙扑面，减弱冷热刺激及抗紫外线伤害等护肤作用。

（一）散粉

散粉又叫扑粉或香粉，是粉底产品中历史最悠久的一种，它的外观为白色、肉色或粉红色的粉末，除了具有不同香气和色泽的区别外，还可以根据使用的效果不同分为不同遮盖力、吸收性和黏附性的产品。配方中含较多粉质颜料，适宜油性皮肤的女性使用，多在使用霜、脂型护肤品之后敷用，能消除光泽并使皮肤有细腻感，也可在美容化妆全部完成后，敷粉作定妆用。

（1）配方：

成　分	配方 1	配方 2	配方 3	配方 4	配方 5
滑石粉	40.0	48.0	45.0	63.0	42.0
高岭土	16.0	18.0	10.0	12.0	13.0
碳酸钙	8.0	5.0	5.0		15.0
碳酸镁	15.0	10.0	15.0	5.0	5.0
氧化锌	15.0	10.0	10.0	15.0	15.0
钛白粉	5.0	—	5.0	5.0	10.0
硬脂酸镁	—	4.0	—	—	—
香精，色素	适量	适量	适量	适量	适量

配方 2 中不含钛白粉，碳酸镁含量较大，硬脂酸锌和滑石粉含量中等，所以遮盖力较轻，吸收性良好，黏附性和滑爽性适当。同样道理，配方 2 具有中等遮盖力，配方 3 具有重遮盖力，配方 4 吸附性较差，配方 5 黏附性较好。

不同类型的香粉分别使用于不同类型的皮肤和不同的气候条件，多油性的皮肤适宜于使用吸收性较好的产品，而干燥性皮肤使用的香粉则要减少碳酸镁和碳酸钙的用量，还可以在香粉中加入脂肪原料，称为加脂香粉。

（2）制法　香粉的生产过程包括混合、研磨、过筛、灭菌和包装。先将香精加入部分碳酸镁(活碳酸钙)中搅拌均匀，再将色素与滑石粉在球磨机中研磨，加入其他粉料混合，研磨后再通过卧式筛粉机，最后灭菌、包装。

（二）粉底乳

粉底乳又称粉底蜜，可直接用手涂抹在脸上，具有容易涂抹、不油腻、清爽等优点，适合于社交场合的快速定妆。

粉底乳是将粉料添加在乳液中，由粉料、油脂、水三相经乳化而成，与单纯的乳液相比，稳定性较差，对配方和工艺的要求也较高，在颜料的选用、油相的组成、乳化剂的选用、乳化方法和胶体的利用上，有许多问题需研究。

与普通乳液相比，粉底乳中由于无机颜料的种类不同，颜料表面的亲水性不同会发生对油-水分散的不均衡，而颜料表面溶出的离子则可能同表面活性剂作用，例如，用脂肪酸皂作表面活性剂时，从颜料表面溶出的高价金属离子，会和表面活性剂作用生成不溶性的脂肪酸盐，使体系变得不稳定，这些都是需要考虑的。另外为了防止颜料沉降和油-水两相分离，可利用保护胶体，如膨润土、高碳醇等。

（1）配方：

组　分	质量分数/%	组　分	质量分数/%	组　分	质量分数/%
二氧化钛	6.0	白油	3.0	膨润土	0.5
滑石粉	6.0	羊毛脂	2.0	丙二醇	4.0
硬脂酸	2.0	肉豆蔻酸异丙酯	8.7	三乙醇胺	1.0
丙二醇硬脂酸酯	2.0	去离子水	64.3	颜料、香精、防腐剂	适量
鲸蜡醇	0.3	羧甲基纤维素	0.2		

（2）制法　将二氧化钛，滑石粉和颜科混合研磨(粉末相)。去离子水中加丙二醇、三乙醇胺溶解(水相)。将粉末相加入水相，用乳化器使粉末分散均匀，保持70℃(混合相)。其他成分混合，加热溶解，保持在70℃(油相)。将混合相加入油相中进行乳化，乳化后边搅拌边冷却，至室温停止。

五、香水类化妆品

香水类制品主要是以酒精溶液为基质的透明液体，这类产品必须保持清澈透明，香气纯净无杂味。即使在5℃左右的低温，也不能产生混浊和沉淀。因此，对这类产品所用原料、包装容器和设备的要求是极严格的。特别是香水用酒精，不允许含有微量不纯物(如杂醇油等)，否则会严重损害香水的香味。包装容器必须是优质的中性玻璃，与内容物不会发生作用。所用色素必须耐光、稳定性好、不会变色，或采用有色玻璃瓶。设备最好用不锈钢或耐酸搪瓷材料。

（一）香水类型

香水类化妆品的香型很多，不同国家和地区有不同的分类方法，法国香水专家根据香味特征，把香水分为五大类型：花香型、素心兰香型、醛香型、东方香型与辛香型。

（1）花香型　是模拟天然植物花香，风味清新优雅，极具女性化特征。这种香水多数以花来命名，如玫瑰香水，茉莉香水，玉兰香水，水仙花香水等。

（2）素心兰香型　除了花香成分外，还使用了许多木香、苔藓、动物、柑橘等成分，风味丰满持久，具有古典和神秘感。代表产品有伊丽莎白泰勒公司的WHITE DIAMONDS(白钻)。

（3）醛香型　风味强烈而有魅力，品位高贵。如香奈儿公司的CHANEL N°5(香奈儿5号)。

（4）东方香型　其风味深厚暖和，习惯上是由木香-花香-膏香-动物香组成，香气浓郁持久，具有神秘的异国情调和诱惑力，麝香型、烟草型都可归入此香型。如娇兰公司的SAMSARA(圣沙拉)。

（5）辛香型　风味辛辣强烈，具有独特的吸引力。如香奈儿公司的COCO，圣罗兰公司的OPIUM(鸦片)。

（二）香水原料

（1）香精　香水通常含有10%~30%的香料，多数为25%，是含香料的水剂中香料含量最高的一类，也是留香最持久的一类，因而主要作用是散香。

香料配合的适当与否对香水的质量有重大影响，适当搭配的香料，本身散发的芳香分子可给人以愉快的体验；但如果香气过强，则可能会刺激嗅神经，引起嗅觉麻痹，甚至头晕，而导致不快感，有些香料，必须通过适当的稀释，才可发出优雅的芳香。

（2）酒精　酒精是香精的溶剂，对各种香精都具有良好的溶解性，还可以帮助香精挥发，增强芳香性。酒精对香水的质量影响很大，高级香水应采用葡萄发酵制造的酒精，普通香水可使用粮食发酵制品。为了保证香水的质量，对酒精的外观、色泽、气味及微量杂质等都有一定的控制要求，尤其是对甲醇含量有明确规定。

（3）水　香水中还存在一定含量的水，既可以降低成本，又能使香精的挥发性下降，留香持久。水质的优劣也会影响到香水的质量，香精的成分中，有很多是醇、醛、酮、肟、胺等化合物，如果水中含有金属离子，会加速香精的氧化，引起香水变味，如果水中的微生物没有被除尽，微生物被酒精杀死会生成沉淀，所以一定要用新鲜的蒸馏水，水中不能含有微生物。在香水中加入1%左右的肉豆蔻酸异丙酯、异构脂肪醇苯甲酸酯，可在香水搽用部位或喷洒的衣物上形成一层薄膜，使香气持久。

微量金属离子可使某些香料成分加速氧化，香水配方中还需添加适量的金属离子螯合剂和抗氧剂，以抑制金属离子对香精的催化氧化作用。

（三）生产举例

1. 配方

配方1

组　分	玫瑰香水/%	古龙香水/%
玫瑰香精	14.0	—
柑橘香精	—	5.0
玫瑰油	0.2	—
玫瑰净油	0.5	—
茉莉净油	0.2	—
灵猫香膏	0.1	—
柠檬酸钠	—	0.01
EDTA 二钠盐	0.1	—
二叔丁基对甲酚	0.3	0.01
95%乙醇	79.3	80.0
豆蔻酸异丙酯	5.0	—
蒸馏水	0.3	14.98

配方2　茉莉香水配方

组　分	质量分数/%
95%乙醇	79.3
苯乙醇	0.9
茉莉净油	2.0
香叶醇	0.4
羟基香草醛	1.1
戊基桂醛	8.0
乙酸苄酯	7.2
松油醇	0.4
肉豆蔻酸异丙酯	0.7
EDTA 二钠	适量

2. 生产工艺

在制备釜中加入酒精、抗氧剂、螯合剂，混合搅拌均匀，加入香精搅匀后，如配方中有去离子水则加入其中进行稀释、没有则不加。

将混合物用泵打到陈化罐中进行陈化，香水陈化时间较长，一般短则1个月，长则1年，一般为3~6个月。古龙水、花露水陈化时间一般为1~3个月。

陈化结束后，经过滤器过滤再经夹套式换热器冷却后，进入冷冻釜中冷却，保持温度在-5~5℃之间。经压滤机过滤到半成品储罐中，恢复至室温。

加入色素调整颜色并调整酒精含量，最后进行包装。

六、美容类化妆品

美容化妆品又称彩妆化妆品。它是指用来修饰面部、美化容颜、增添魅力的化妆用品。美容化妆品包括唇膏、口红、胭脂、指甲油、眼影膏、睫毛膏、眉笔等。合理地使用一些美容化妆品，可以使人在自然美的基础上达到修饰之目的，显示出独特的韵味来，由此给人以美的享受。

(一) 唇膏(口红)

唇膏的作用是点敷于嘴唇，赋予嘴唇以色调，使其具有诱人的色彩和美丽的外貌，同时其油相成分可赋予嘴唇湿润的外观，防止嘴唇干裂，部分唇膏还可保护嘴唇免受紫外线的伤害。

1. 唇膏配方组成

(1) 油相原料　包括油脂和蜡，是唇膏的基本原料，又是唇膏的赋形成分，含量一般占90%左右。油相成分对唇膏的质量有重要的影响，它直接关系列唇膏的各种性能。如成膜性、触变性、黏着性、硬度及熔点等。常用的油脂有蓖麻油、可可油、羊毛脂、霍霍巴油、凡士林和白油等，同时也使用各种脂肪酸酯类，如单硬脂酸甘油酯、肉豆寇酸异丙酯等。常用的蜡有鲸蜡、蜂蜡、小烛树蜡和巴西棕榈蜡。

为提高色素在唇膏中的分散度，有时在油相成分中添加少量的非离子表面活性剂。

(2) 色素　色素赋予唇膏颜色，是唇膏中最重要的成分，通常唇膏的色素由多种颜料调配而成。色素可分为三类，即可溶性染料、不溶性颜料和珠光颜料。

可溶性颜料可渗入嘴唇外表面对皮肤着色，使用最多的是溴酸红染料，它是溴化荧光红类染料的总称，有二溴荧光红、四溴荧光红和四溴四氯荧光红等。

不溶性颜料具有较好的遮盖力，使唇膏涂在嘴上能留下一层鲜艳的颜色。不溶性颜料是一些极细的固体粉粒，包括有机颜料、有机色淀颜料和无机颜料。其缺点是附着力不好，要与溴酸红染料并用。

珠光颜料多采用合成珠光颜料氧氯化铋、云母-二氧化钛膜，随着表面二氧化钛膜层的厚薄不等，使珠光色泽由银白色至金黄色不等。

2. 配方实例

配方 1

组　分	质量分数/%
蓖麻油	50.0
蜂蜡	6.5
羊毛脂	10.5
地蜡	2.0
棕榈酸异丙酯	6.0
聚乙二醇 1000	7.0
小烛树蜡	6.0
溴酸红	1.0
颜料	10.0
二氧化钛	2.0
香精	适量
防腐剂	适量

配方 2

组分	质量分数/%
蓖麻油	40.0
羊毛脂	15.0
巴西蜡	7.0
蜂蜡	8.0
地蜡	12.0
单甘酯	8.0
溴酸红	2.0
颜料	8.0
抗氧剂	适量
香精	适量

配方 3(防水性)

组分	质量分数/%
蓖麻油	28.0
羊毛脂	2.5
巴西棕榈蜡	2.5
地蜡	4.0
苯基二甲基硅氧烷	15.0
小烛树蜡	7.0
辛基十二烷醇	10.0
超细二氧化硅	1.0
抗氧剂	适量
防腐剂	适量
颜料基质	30.0

3. 生产工艺

以配方 2 为例说明唇膏生产工艺：将溴酸红溶于 70℃的单甘酯中，必要时加蓖麻油充分溶解，制得染料部分。

(1) 将烘干磨细的不溶性颜料与液体油脂原料(蓖麻油)混合均匀，保温。

(2) 将上述两部分原料混合，抽到真空乳化罐，均质搅拌，抽真空，将油脂和色淀混合物中的空气除去。

(3) 将羊毛脂和蜡类在另一容器中加热熔解，经过滤后，加入乳化罐，慢速搅拌，不使色淀颜料下沉，并加入香精，然后注入模型，急剧冷却、脱模，最后过火烘面抛光，获得产品。

(二) 指甲油

指甲油能牢固的附在指甲上，具有保护指甲并赋予指甲美观的一种化妆品。

1. 指甲油组成

指甲油的主要成分为成膜物、树脂、增塑剂、溶剂和色素等。

(1) 成膜物　硝酸纤维素是最好的成膜物。在硬度、附着力、耐摩擦等方面的性能均极优良。采用硝酸纤维素缺点是易收缩变脆，光泽较差，附着力不强，因此需加入树脂以改善光泽和附着力，加入增塑剂以增加韧性和减少收缩。

(2) 树脂　过去采用虫胶、达马树脂(又名但马胶、但马树脂、达玛树脂，是产于东南亚一带的一种龙脑香料植物分泌物，外观呈透明淡黄至琥珀粒状体)等天然树脂。近年来采用合成树脂，有干性和不干性的醇酸树脂、聚乙酸乙烯酯和对甲苯磺酰胺甲醛树脂等。其中以对甲苯磺酰胺甲醛树脂对膜厚度、光亮度、流动性、附着力和抗水性等均有较好效果。

(3) 增塑剂　最初使用蓖麻油和樟脑等，现在多用邻苯二甲酸酯类。选用时应注意色泽、气味对黏度和干燥的影响，以期达到涂料薄膜柔软、耐久。

(4) 溶剂　指甲油的挥发成分。必须能溶解硝酸纤维素、树脂、增塑剂等，调节黏度，获得合适的使用感觉，并具有适宜的挥发速度。一般是将溶剂、助溶剂和稀释剂三类混合使用。

溶剂是真正溶解硝酸纤维素的溶剂，包括酯类、酮类和二醇醚类等。

助溶剂对硝酸纤维素不能溶解，但与溶剂一起能大大改进溶剂性能，如黏度、流动性等。这类溶剂一般是醇类，例如，向乙酸丁酯中加入丁醇，溶解硝酸纤维素，可使其黏度降低。

稀释剂对硝酸纤维素完全没有溶解能力。它的作用是稳定黏度和增加树脂的溶解性，调整使用感觉。有甲苯、二甲苯和轻质石脑油等。

(5) 色素　为赋予指甲油以不透明感和美的化妆色调。一般采用不溶性颜料和色淀，如立索红、有机颜料色淀红和二氧化钛等。

(6) 沉淀防止剂　对于用二氧化钛等无机颜料或大粒珠光颜料的指甲油，为提高其分散稳定性，采用沉淀防止剂。常用有机变性黏土，可赋予指甲油底以触变性而防止沉淀。

2. 配方实例

配方 1

组　分	质量分数/%
硝化纤维素	10.0
醇酸树脂	10.0
邻苯二甲酸丁酯	13.0
乙酸乙酯	30.0
乙酸丁酯	32.0
乙醇	5.0
颜料	适量

配方 2

组　分	质量分数/%
硝化纤维素	15.0
丙烯酸树脂	9.0
柠檬酸乙酰三丁酯	5.0
乙酸乙酯	20.0
乙酸丁酯	14.0
丁醇	6.0
甲苯	31.0
颜料	适量

3. 生产工艺

以配方 2 为例说明指甲油的生产工艺：在一不锈钢混合罐中加入硝化纤维素，用丁醇、甲苯润湿，待用。另一不锈钢混合罐中加入丙烯酸树脂、柠檬酸乙酰三丁酯、乙酸乙酯、己酸丁酯，混合溶解后，将其加入前述混合罐中，搅拌使其完全溶解，加入色素继续搅拌使溶解、混合均匀。

在预混罐中的混合物抽入板框式压滤机中，进行过滤，去除杂物后，在静置釜中静置储存。

(三) 毛发用化妆品

1. 毛发的生理学和性质

毛发由角化的表皮细胞构成，其主要成分为角质蛋白，但其胱氨酸含量比表皮角质蛋白的更高，因此更硬。

毛发露出皮肤外的部分为毛干，其横截面的中心为髓质，周围覆盖皮质，最外层为毛表皮。毛表皮很薄，又称护膜，起保护作用，保持毛发乌黑、光泽和柔韧的性能；皮质占毛发总质量的 90%以上，含有黑色素颗粒和较多二硫键(交联)的角蛋白纤维，对化学试剂有较强耐受力，还具有吸湿性；髓质含色素颗粒，赋予毛发刚性结构和强度。

毛发埋在皮肤下部分为毛根，处于毛囊内；毛根下端膨大成毛球，内凹处有毛乳头。毛乳头内有两种细胞：毛母色素细胞，负责合成色素颗粒；毛母角化细胞，负责不断分裂增殖，使毛发生长。整个毛发的生长过程就是毛母细胞不断转变为角质细胞的过程。

构成毛发的角质蛋白是一种两性化合物，在沸水、酸、碱、氧化剂和还原剂作用下可相应发生化学反应，从而发生性质的改变。这正是美发、护发的化学基础。例如，毛发具有吸湿性，不溶于冷水，但热水可使二硫键断裂，使毛发水解；高温使角蛋白纤维失水，毛发变得干、脆，若持续高温或温度过高，则引起键的断裂，纤维结构被破坏；持续强烈日照会造成同样结果，使毛发性质劣化；弱酸或低浓度酸对毛发纤维无显著破坏，但强酸或高浓度酸则相反；碱的作用剧烈而复杂，会使毛发受到损伤，变得粗糙、无光泽、强度下降；还原剂会破坏胱氨酸的二硫键，氧化剂可重新形成二硫键，甚至使其进一步发生不可逆的氧化，致使毛发性质劣化。

2. 洗发香波

香波常用的原料大致分为具有去污起泡作用的表面活性剂，以及具有赋形或修饰作用的各种添加剂类。用这两类原料进行配方设计，可以配制成形态各异和功能不同的香波。

表面活性剂为香波提供了良好的去污力和丰富的泡沫，使香波具有较佳的清洗作用。各种添加剂可增加表面活性剂的去污力和泡沫的稳定性，能进一步改善香波的洗涤功能，增强调理作用，并与硬水中的钙、镁离子相结合，在洗发后不会产生“皂垢”黏附在头发上的现象。

透明香波是比较常见的一种洗发用品，外观清澈透明，常带有各种悦目的色泽，受到人们的喜爱。透明香波必须使用浊点较低的原料，以确保产品在低温下透明澄清。配方中常用的洗涤剂是脂肪醇聚醚硫酸钠、脂肪醇硫酸钠、烷基醇酰胺，在脂肪醇聚醚硫酸钠体系中，可用无机盐来调节黏度。

（1）配方：

组　分	质量分数/%	组　分	质量分数/%
脂肪醇聚醚硫酸钠(70%)	20.0	烷基醇酰胺	4.0
氯化钠	2.0	去离子水	74.0
香精、色素、防腐剂	适量	柠檬酸	调 pH 值至 6 左右

（2）制法　透明液体香波的配制有两种方法，冷混法和热混法。当配方中原料在低温下即可溶解在水中，可采用冷混法(节约能源)，先将洗涤剂溶解于水中，再加入其他助洗剂，等完全溶解成为均匀溶液后，再加入其他原料。

如配方中含有蜡状固体或难溶物质时，必须采用热混法，先将主要洗涤剂溶解于水中，在不断搅拌下加热到 70℃，然后加入要溶解的固体原料，继续搅拌直到溶液透明为止，等温度降到 35℃左右时，加入香精、色素和防腐剂，最后调节黏度和 pH 值。

上述配方可用热混法来制备，需要注意的是 70%的脂肪醇聚醚硫酸钠应缓慢加入水中，而不是把水加入到洗涤剂中，否则会形成黏性很大的团状物，使溶解困难，可以适当加热促进溶解，但加热温度不要超过 70℃，以免配方中的某些成分遭到破坏。如前所述，采用无机盐调节黏度受环境温度的影响很大，调节黏度(加入无机盐)应在低温下进行。

3. 发乳

发乳是油和水的乳化体系，为轻油性护发产品，不仅能滋润头发、赋予头发光泽，还能促进头发的生长和减少头发的断裂，使用后不会感觉太油腻，携带和使用都很方便，目前已取代了大部分的发油和发蜡市场。

与其他乳化产品相似，发乳的原料有油相、水相、乳化剂和其他添加剂。油相主要有蜂蜡、凡士林、白油、橄榄油、蓖麻油、羊毛脂及其衍生物、硅油、肉豆蔻酸异丙酯、角鲨烷和棕榈酸异丙酯等。水相中除了去离子水之外，还有保湿剂，采用的乳化剂主要是阴离子、非离子乳化剂，配方中还添加赋型剂、防腐剂、螯合剂、香精等。

（1）配方：

组　分	配　方/%	组　分	配　方/%
油相		水相	
聚氧乙烯硬脂酸山梨醇酯	2.0	香精、防腐剂、色素	适量
单硬脂酸山梨醇酯	2.0	甘油	1.0
液体石蜡	40.0	去离子水	53.0
肉豆蔻酸异丙酯	2.0		

（2）制法　将水相加热到90℃，油相混合加热到90℃，在搅拌下将油相慢慢加入到水相中乳化，冷却到45℃时加入香精，搅拌均匀，冷却到室温。

项目三　口腔化学品

口腔卫生用品有牙膏、含漱水等，用于清洁牙齿及其周围部分，除掉牙齿表面的食物碎屑、牙垢等，以清洁口腔和牙齿、防龋、祛除口臭并且使口腔留有洁爽舒适的感觉。常用的口腔化学品主要指牙膏，以下重点进行介绍。

牙膏是最常用的清洁牙齿用品，具有良好的清洁作用，适当的摩擦作用不损牙齿，对口腔无刺激作用，能达到防龋、消除口臭的效果。

一、牙齿与口腔清洁

（一）牙齿的结构

牙齿的结构见图10-10。

牙齿是人赖以生存的重要器官之一。在人的躯体内，牙齿是钙化程度最高的，也是硬度最大的。

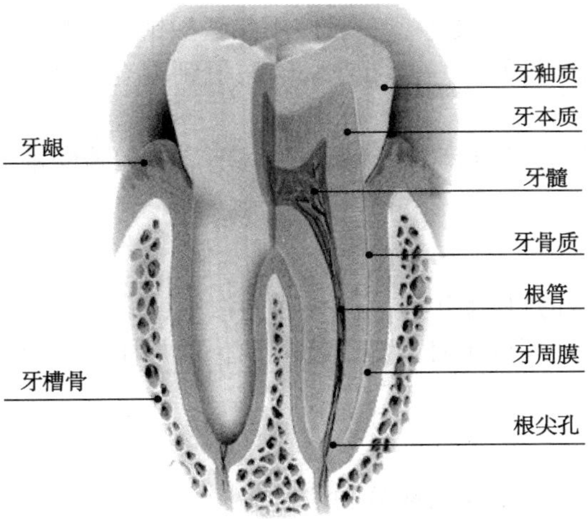

图10-10　牙齿的结构

从外部形态观察，牙齿可分齿冠、齿颈、齿根三部分。齿冠是暴露在齿槽外面的一部分，它一部分被齿龈覆盖。主要机能是切割和咀嚼食物齿根是生长在齿槽中的一部分，借齿槽骨膜与颌骨牢牢地固定起来，连成一体。齿根愈多，牙齿在颌骨中的着生就愈牢固。齿颈是齿冠与齿根相接的中间缩窄部分，又称颈线或颈缘。

从牙齿纵向剖开看其剖面，从外向内有结构不同的三层：釉质层、齿质层、白垩质层。最里面是一空腔，为髓腔，里面储存有牙髓。其中釉质层是人体中最坚硬的部分呈乳白色半透明状态，有釉质光泽，所以称为釉质层。齿质层是构成牙齿的主体，色泽较黄，硬度比釉质层低，所含无机盐成分约占70%，其余则为有机质和水分。白垩质层覆于齿根表面，色淡黄，硬度和骨质相当。

（二）口腔清洁

常见的口腔疾病有口臭、牙痛、口腔溃疡、牙周炎、牙龈炎等，其中有些是原发于口腔内部的疾病，有些则是由于其他疾病表现出来的体征。口腔疾病产生的主要原因有全身因素和局部因素，其中全身因素包括内分泌和代谢障碍、营养缺乏等，局部因素是由于附着在口腔，特别是牙面上的沉积物对牙齿、牙龈和牙周组织的作用。

人体的口腔有一定的自净功能，可以自然地清洁口腔的作用，例如唾液的作用及进食时的咀嚼动作都有清洁效果，口腔内的有益细菌群落也有去除有害物质的功能，但这些自净功能有时却难以防止牙病的发生，这就需要利用口腔卫生用品人为地清洁口腔和牙齿从而达到防龋、消除口臭的效果。

二、牙膏原料

（一）摩擦剂

牙膏配方中的主体，主要用途为除去牙齿表面的污垢，赋予光泽，不磨损牙齿。摩擦剂大多为无机粉末，选用时考虑毒性、刺激性、气味、供应能力等。

碳酸钙有轻质和重质两种，均为无色无味的白色粉末，粒度在15μm，用作牙膏摩擦剂。重质比轻质摩擦力强，天然碳酸钙的摩擦力也很好，但是色泽较差，杂质含量也较高。

磷酸氢钙有二水合物和酐两种。二水合物有中等的磨蚀性和光泽性，广为应用。需加入“稳定剂”，以防止牙膏结块、发硬等。一般使用焦磷酸钠和磷酸镁等稳定剂。

无水磷酸氢钙的摩擦力较好，一般与含水磷酸氢钙混合使用，可以改进清洁牙齿作用。无水磷酸氢钙用量为3%~6%。

此外碳酸镁、磷酸三钙、焦磷酸钙、磷酸钙、不溶性偏磷酸钠、氢氧化铝和二氧化硅等也可用作摩擦剂。

（二）表面活性剂

主要用月桂醇硫酸钠和月桂酰甲胺乙酸钠作泡沫剂，有快速去污效果，泡沫持久，应无毒、无刺激、无味道。此外还可用月桂醇磺乙酸钠、单月桂酸甘油酯磺酸钠、二辛基磺化琥珀酸钠等。

（三）黏合剂

也称胶黏剂，可防止牙膏中粉末成分和液体成分分离，赋予牙膏适宜黏弹性的形状，易于从牙膏中挤出成型，一般用量为1%~2%。常用羧甲基纤维素钠（CMC），可显著增加牙膏黏度，对人体无毒。还可用海藻酸钠、黄蓍树胶粉、聚乙二醇等。

（四）保湿剂

保湿剂的作用在于防止膏体水分蒸发，甚至能吸收空气中的水分，以防止膏体干燥变硬，不易挤出，并能降低牙膏的冻点，使牙膏在寒冷地区也能使用，此外还可赋予膏体以光泽。因此，保湿剂也称赋形剂，普通牙膏中保湿剂的用量为20%~30%，透明牙膏中高达75%。常用的保湿剂有甘油、山梨糖醇、丙二醇、木糖醇等。山梨糖醇具有适当的甜度，并能赋予牙膏清凉感，与甘油配合使用效果很好；丙二醇的吸湿性很大，但略带苦味，在美国主要用做防腐剂；木糖醇既有蔗糖甜味，又有保湿和防龋效果。

（五）香精和色素

牙膏中的香料具有多种功能，一方面可以遮盖发泡剂等原料带来的异味，赋予膏体以清新、爽口的感觉，另一方面可以利用香料的抗菌活性来强化牙膏的生理活性功能，其用量约为 1%~2%。

牙膏的香精香气以水果香型、留兰香型为主，其他有薄荷、茴香、豆蔻等香型。药物牙膏加入适量的香精和颜料，能遮盖一部分气味和颜色，含肥皂牙膏，香精用量可以多加一些。含合成洗涤剂牙膏，香精用量可少加一些。

半透明或透明牙膏呈微黄色，不像一般牙膏颜色洁白，为了美观可以加入一些水溶性食用色素。

（六）特殊添加剂

可加入甜味剂、抗菌剂和矫味剂等。糖精钠是牙膏中的主要甜味剂，它很稳定，无发酵弊病。抗菌剂主要有苯甲酸钠、对羟基苯甲酸酯类，山梨酸等。为预防蛀牙，减轻牙周疾病，还可添加一些药剂，如氟化物、日扁柏素、尿囊素、甘草酸及其盐、月桂酰肌氨酸钠和铜叶绿酸钠等。

三、配方举例

（一）普通牙膏配方设计

普通牙膏是指不加任何药物成分的不透明牙膏，其主要作用是清洁牙齿和口腔，预防牙结石的沉积和龋齿的发生，保持牙齿的清洁和健康，并赋予口腔清爽之感。

普通牙膏的基础配方为(质量分数)：摩擦剂 40%~50%，保湿剂 20%~30%，增稠剂 1%~2%，发泡剂 1.5%~2.5%，甜味剂 0.1%~0.5%，防腐剂 0.1%~0.5%，香精 1%~1.5%，其余为水。基础配方确定后，通过小试对配方进行调整，使其各项指标符合牙膏的标准 GB 8372—2017(见表 10-8)。

表 10-8　牙膏标准 GB/T 8372—2017 指标要求

技术要求	项目		指标	
感官指标	膏体		洁净、均匀、细腻、色泽正常	
	香味(推荐性)		符合规定香型	
理化指标	稠度/mm		9~33	
	挤膏压力(推荐性)/kPa		40	
	泡沫量/mm		60	
	pH 值(推荐性)		5.5~10.5	
	稳定性		膏体不溢出管口，不分离出水，香味色泽正常	
	过硬颗粒		玻片无划痕	
	总氟量/%	≤	0.15	适用于含氟牙膏
		≥	0.05	
	可溶氟或游离氟量/%	≥	0.04(适用于含氟牙膏)	
卫生指标	细菌个数/(CFU/g)		500	
	粪大肠菌群/(个/g)		不得检出	
	绿脓杆菌/(个/g)		不得检出	
	金黄色葡萄球菌/(个/g)		不得检出	
	重金属含量(Pb)/(mg/kg)		应符合《化妆品安全技术规范》要求	
	砷含量/(mg/kg)		应符合《化妆品安全技术规范》要求	

（二）典型普通牙膏的配方及制法

配方 1

组分	质量分数/%
碳酸钙	39.0
山梨糖醇	22.0
CMC	1.1
K12	1.3
糖精	0.1
香料	1.0
尼泊金乙酯	适量
去离子水	余量

配方 2

组分	质量分数/%
焦磷酸钙	42.0
甘油	18.0
角叉胶	0.9
K12	0.2
糖精	0.09
香料	1.1
尼泊金丙酯	适量
去离子水	余量

制备方法：将水、甘油加入真空混合机中，再加入 CMC 或角叉胶，充分混合。然后加入焦磷酸钙或碳酸钙摩擦剂和十二烷基硫酸钠。最后加入溶解于一部分精制水的糖精钠、香料、尼泊金酯，均匀混合后，减压脱气。

制作时要注意，如果在混合或脱气不充分时，经过一段时间会产生固液分离现象。

实训项目：洗衣粉的生产

【实训项目卡】

实训班级	实训场地	学时数	指导教师
		6	
实训项目	洗衣粉的生产		
所需仪器	烧杯（50mL、200mL）、水浴锅、温度计（0~100℃）、托盘天平、电动搅拌器		
所需试剂	烷基苯磺酸钠（LAS）、脂肪醇聚氧乙烯醚（AEO_9）、脂肪醇硫酸钠（K12）、氢氧化钠、羧甲基纤维素钠（CMC）、水玻璃、碳酸氢钠、碳酸钠、三聚磷酸钠、硫酸钠		

实训内容

序号	工序	操作步骤	要点提示	工艺参数或数据记录
1	CMC 溶解	将 2g CMC、15g 水加入 200mL 烧杯中，浸泡 30min，搅拌均匀，待用	CMC 要浸泡透	
2	K12 溶解	取 50mL 烧杯，加入 2g K12 和 17g 去离子水，放入水浴锅中加热溶解	K12 是轻质粉末，取用时要避免粉尘飞扬	
3	料浆配制	按配方量称取物料，将 LAS、AEO_9 加入配制好的 K12 溶液中，在水浴锅上加热并搅拌溶解，控温在 60℃±5℃，加入配好的 CMC 溶解、水玻璃、三聚磷酸钠、硫酸钠等，搅拌均匀	配料过程中要保持料浆温度在 60℃±5℃，以助于物料溶解，利于搅拌和防止结块，使料浆均匀；总固体物含量控制在 55%~65%之间	
4	干燥成型	采用喷粉设备或附聚成型设备将料浆干燥成粉	若无干燥设备，也可采用自然干燥或 85℃以下烘干后粉碎	

续表

序号	工序	操作步骤	要点提示	工艺参数或数据记录
5	产品外观检测	根据指标要求度产品进行物理指标检测(颜色、气味、颗粒度)	白色或着色颗粒或粉体,无异味,颗粒流动性好	
6	物理化学指标检测	根据指标要求对产品进行物理化学指标检测(pH 值、去污力、起泡性)	质量分数为 1%的产品水溶液 pH 值≤10.5;泡沫丰富,去污力大于指标洗衣粉	

习　题

一、选择题

1. 下列各项不属于洗涤剂原料中的表面活性剂的是(　　)。

A. 烷基硫酸盐(AS)　B. LAS　C. 脂肪醇聚氧乙烯醚　D. 尼泊金酯

2. 下列不是国标中对洗衣粉物理化学指标的考察项的是(　　)。

A. 总活性物含量　B. 总五氧化二磷　C. pH 值　D. 流动性

3. 下面关于肥皂生产工艺中油脂的精制过程表述错误的是(　　)。

A. 脱胶的目的是除去油脂中的磷脂、蛋白质以及其他结构不明的胶质和黏液质。

B. 脱酸是去除油中的游离脂肪酸的处理工序。

C. 碱炼对油脂有很好的脱色作用,因此不需要对油脂进行脱色处理。

D. 油脂中的气味物质挥发性较油脂大,因此脱臭普遍采用蒸汽蒸馏的方法。

4. 化妆品的油性原料按来源不同分为 4 类,下面属于矿物油原料的是(　　)。

A. 橄榄油　B. 蜂蜡　C. 凡士林　D. 高级脂肪酸

5. 下面对于牙膏的主要原料摩擦剂描述正确的是(　　)。

A. 主要用途为除去牙齿表面的污垢,赋予光泽,不磨损牙齿

B. 摩擦剂大多为有机聚合物

C. 主要作用是防止牙膏中粉末成分和液体成分分离

D. 摩擦剂主要有苯甲酸钠、对羟基苯甲酸酯类、山梨酸等

二、思考题

1. 洗涤化学品原料中常用的表面活性剂有哪些?
2. 简述洗衣粉的组成。
3. 画出气流式喷雾干燥法生产洗衣粉的过程示意图。
4. 液体洗涤剂的组成包括哪些组分?
5. 简述液体洗涤剂的生产工艺。
6. 化妆品按功能和用途分类可分为哪些?
7. 化妆品中粉质原料的性质主要体现在哪几个方面?
8. 通过查阅资料写出 1~2 个膏霜类化妆品的配方例子。
9. 简述唇膏的组成。
10. 指甲油由哪些成分构成?
11. 简述胭脂的生产步骤。
12. 牙膏的主要原料有哪些?
13. 透明牙膏的基础配方包括哪些成分?

模块十一

香料与香精

知识目标 了解香料和香精的概念、分类及功能；掌握香精与香料的主要品种的生产工艺。

技能目标 能进行相关溶液的配制以及检验样品的制备；能根据香料与香精的种类和检验项目选择合适的分析方法；能掌握一定的香料与香精的区分技巧。

项目一 基本知识

人类使用香料的历史非常久远，最早使用的是天然香料。中国、印度、埃及、希腊等文明古国是最早使用香料的国家。

早期使用的香料都是未加工过的动植物发香部分。大约 8~10 世纪，人们已经知道用蒸馏法分离香料；在 13 世纪，第一次从精油中分离出萜烯类化合物；到 19 世纪，随着有机化学的发展，出现了合成香料。

随着天然香料和合成香料品种的日益增加及调香技艺的提高，香精得到了快速发展。时至今日，人们在加香产品中使用的大都是香精，直接使用香料的已经非常少了。世界各国(尤其是发达国家)的经济发展和人们消费水平的提高，加速了世界香料工业的发展。目前香料品种约有 6000 种，2007 年世界香料总销售额已达 198 亿美元。表 11-1 列出了世界著名的 10 大香料香精公司。

表 11-1 世界著名的 10 大香料香精公司

序号	公司名称	国家	销售额/亿美元	市场份额/%
1	奇华顿(Givaudan)	瑞士	36.47	18.4
2	芬美意(Firmenich)	瑞士	25.13	12.7
3	国际香精香料(IFF)	美国	22.77	11.5
4	德之馨(Symrise)	德国	18.61	9.3
5	高砂(Takasago)	日本	11.12	5.6
6	森馨公司(Sensient Flavors)	美国	5.72	2.9

续表

序号	公 司 名 称	国 家	销售额/亿美元	市场份额/%
7	曼氏(Mane SA)	法国	4.49	2.3
8	长谷川(T·Hasegawa)	日本	4.48	2.3
9	花臣(Frutarom)	以色列	3.68	1.9
10	罗伯特(Robertet SA)	法国	3.52	1.8

中国是世界上最大的天然香精香料生产国，也是香精香料的消费大国，有得天独厚的天然香料资源，具有原料成本低的优势。因此，中国的香料、香精制造行业一直保持着较快的发展速度，现有香料约1000种，年销售额100多亿元人民币。

一般来讲，凡是能被嗅觉和味觉感觉出芳香气息或滋味的物质都属于香料，但在香料工业中，香料通常特指用以配制香精的各种中间产品。所谓香精亦称调和香料，是指能被嗅觉闻出气味或被味觉尝出香味的、用来配制香精或直接给产品加香的物质。单一的香料大多气味比较单调，不能单独地直接使用。香精由多种香料(有时含有一定量的溶剂和其他添加剂)调配而成，具有一定香型，直接用于产品加香。在加香产品中直接使用的是各种香精。

香精的用途非常广泛，而且与人民生活息息相关。在食品、烟酒制品、医药制品、化妆品、洗涤剂、香皂、牙膏等各种行业中，香精都有广泛的应用；香水的生产更是直接依赖于香精香料。此外，在塑料、橡胶、皮革、纸张、油墨乃至饲料的生产中，都要使用香精。至于薰香、除臭剂更是广为人知的应用实例。近年来还出现了香疗保健用品，通过直接吸入飘逸的香气或香料与皮肤接触，使人产生有益的生理反应，从而达到防病、保健、振奋精神的作用。已有的香疗保健用品包括各种香疗袋、香塑料、香涂料、空气清新剂和洗涤剂等，具有兴奋或催眠、调节食欲、忌烟等多种疗效。

一、香与分子结构的关系

(一) 有香物质必须具备的条件

香与化学结构之间的关系非常密切。有香物质相对分子质量最低的为17(氨)，与分子中的官能团和嗅阈值有关，所谓嗅阈值是指一种物质引起嗅感觉的必要刺激的最小量，常用mg/L和μg/L等单位表示。经典的香化学理论认为有香物质的分子中必须含有—OH、—CO—、—NH—、—COO—、—SH、—CN、$—NH_2$等基团。

1959年，日本学者小幡弥太郎提出有香物质必须具备的条件，现已获得大家公认：

① 具有挥发性；

② 在脂类、水等物质中有一定的溶解度；

③ 相对分子质量为26~300的有机物；

④ 分子中具有某些原子(称为发香原子)或原子团(称为发香团)，发香原子在元素周期表中处于ⅣA-ⅦA族中，其中，P、As、Sb、S、Te属于恶臭原子；

⑤ 折射率大多在1.5左右；

⑥ Raman光谱测定吸收波数，大多数在1400~3500cm^{-1}范围内。

(二) 香与化学结构

很久以来，人们一直对有香物质的分子构造很感兴趣。合成香料的出现，特别是某些在自然界尚未发现其天然存在的合成香料的问世，极大丰富了调香师们进行艺术创造的素材，出现了许多充满幻想和抽象色彩的人造香型。但是，目前还只能从碳链中碳原子的个数、不饱和性、官能团、取代基、同分异构等因素对香气的影响作一些经验性的解释，这对于香料化合物的合成仍有一些指导作用。

在有机化合物中，如果碳原子个数太少，则沸点太低，挥发过快；反之，碳原子个数太多，难以挥发，都不宜作香料使用。所以在脂肪族香料化合物中，C_8 和 C_9 的香强度最大，C_{16}以上的脂肪族烃类属于无香物质。醇类化合物中，C_4 和 C_5 醇类化合物有杂醇油香气，C_8 醇香气最浓，而 C_{14}醇几乎无香。醛类化合物中，C_4 和 C_5 醛具有黄油型香气，C_{10}醛香气最强，C_{16}醛无味，而低级脂肪族醛具有强烈的刺鼻气味。酮类化合物中，C_{11}脂肪族酮香气较强，C_{16}酮是无臭的。对于环酮，碳原子个数的改变不但影响香气的强度，而且还影响香气的性质。$C_5 \sim C_8$ 的环酮具有类似薄荷的香气，$C_9 \sim C_{12}$的酮具有樟脑香气，$C_{13} \sim C_{14}$的环酮具有柏木香气，碳数更大的大环酮则具有细腻而温和的麝香香气。

此外，脂肪族羧酸化合物中，C_4 和 C_5 酸有腐败的黄油香气，C_8 和 C_{10}酸有不快的汗臭气息，C_{14}核酸无臭。酯类化合物的香强度介于醇和酸之间，但香气更佳，一般具有花、果、草香。

链状烃比环状烃的香气要强，随着不饱和性的增加，其香气相应变强。例如，乙烷是无臭的，乙烯具有醚的气味，乙炔则具有清香。醇类化合物中引入不饱和键，会令香气增强，而且不饱和键愈接近羟基，一般香气显著增加。

二、香料的分类

香料按照其来源及加工方法分为天然香料和人造香料，进一步可细分为动物性天然香料、植物性天然香料、单离香料、合成香料及半合成香料。

（1）动物性天然香料　动物性天然香料是动物的分泌物或排泄物，实际经常应用的只有麝香、麝香鼠香、灵猫香、海狸香和龙涎香 5 种。

（2）植物性天然香料　植物性天然香料是以芳香植物的采香部位(花、枝、叶、草、根、皮、茎、籽、果等)为原料，用水蒸气蒸馏、浸提、吸收、压榨等方法生产出来的浸膏、配剂、香脂、玫瑰油、茉莉净油、桂花浸膏、香荚兰酊等。

（3）单离香料　单离香料是使用物理或化学方法从天然香料中分离提纯的单体香料化合物，例如用重结晶方法从薄荷油中分离出来的薄荷醇(俗称薄荷脑)。

（4）合成香料　合成香料是指通过化学反应制取的香料化合物，特指以石油化工基本原料及煤化工基本原料为起点经过多步合成反应而制取的香料产品。

（5）半合成香料　半合成香料是指以单离香料或植物性天然香料为反应原料制成其衍生物而得到的香料化合物。近年来松节油已成为最重要的生产半合成香料的原料，其产品在合成香料产品中占有相当大的比重。

上述合成香料和半合成香料一般也统称为合成香料。某些产品的分子结构与天然香料中发现的香料成分完全相同，因此某些香料产品既可能是单离香料，又可能是合成香料。

三、香精的分类

（一）按用途分类

香精按用途可分为日用香精、食用香精和其他用途香精三大类。

- 香精
  - 食用香精：食品、烟用、酒用、药用香精
  - 日用香精：化妆品、洗涤用品、香皂、洁齿用品、熏香、空气清新剂
  - 其他香精：塑料、橡胶、人造革、纸张、油墨、工艺品、涂料、饲料、引诱剂

（二）按照形态分类

1. 水溶性香精

这类香精常用40%~60%的乙醇水溶液为溶剂，其中所含各种组分必须能溶于这类溶剂中。水溶性香精广泛用于汽水、冰淇淋、果汁、果冻等食品及烟酒制品中，在香水等化妆品中也有应用。

2. 油溶性香精

这类香精有两类常用溶剂，其一是天然油脂，如花生油、菜籽油、芝麻油、橄榄油和茶油等；其二是有机溶剂，如苯甲醇、甘油三乙酸酯等。以天然植物油脂配制的油溶性香精主要用于食品工业中，如糕点、糖果的加工；而以有机溶剂配制的油溶性香精，一般用于化妆品中，如霜膏、发脂、发油等，许多香料本身就是醇、酯类化合物，所以也有一些用于上述化妆品中的油溶性香精不需要再添加有机溶剂。

3. 乳化香精

乳化香精一般是在大量蒸馏水中添加少量香料，加入表面活性剂和稳定剂制成乳液。乳化抑制了香料的挥发，也有利于改善加香产品的性状。香精中由于乳化剂的作用，改善了香料的溶解性，所以可以制成香味剂浓度高的乳液，使用时按需要稀释。乳化香精主要应用于糕点、巧克力、奶糖、奶制品、雪糕、冰淇淋等食品中，在发乳、发膏、粉蜜等化妆品中也经常使用。

4. 粉末香精

分为由固体香料磨碎混合制成的粉末香精，粉末状液体吸收调和香料制成的粉末香精和由赋形剂包覆香料而形成的微胶囊状粉末香精。这类香精广泛应用于香粉、香袋、固体饮料、固体汤料、工艺品、毛纺品中。

5. 果香基香精

果香基香精是一种不含溶剂或稀释剂。只含香基的香精，使用前加入不同的辅助剂，即可配成油溶水溶或乳化香精。果香基香精是食品香精的半成品，不能直接应用于食品，否则，易产生食品中香味浓淡不均的问题。所以，对于小型食品厂一般不适用，而对于有条件的大型食品厂，使用这种香精可以节约容器和运费，而且对它灵活地进行再调配，所以使用效果好。

6. 肉味香精

食品类型香精中最主要的是肉香型和菜肴型香精，它用于各种方便食品的调味包，熟肉制品，复合调味品(如鸡精等)，速冻调理食品，膨化休闲小食品、人造肉及各种汤料方便食品。

在现代香精的研究中，已成功生产了许多与天然肉类风味及某些菜肴风味相似的肉类味精，并大量用于制作各种各样的油肉类风味的食品与佐料，食用效果很好。虽然从肉味的香

气中能分出数百种化合物，但又肉香特征不多，配制肉味香精的主要原料是一般脂质碳水化合物和氨基酸蛋白质杂环化合物及一些香料。

7. 烟熏香味剂

烟熏制品是一种传统的食品，烟熏赋予食品独特的风味。它是一类液态香味剂，开发时间短，品种不多。烟熏香味剂有一定的发色抑菌作用，是改造传统工艺的手段之一，已经成功应用于香肠、火腿、午餐肉、鱼类等产品中烟熏香味剂，使用方便，兼有防腐、抗氧化的效果，是一种很有前途的产品。

（三）按香型分类

（1）花香型香精　以模仿天然花香为特点，如玫瑰、茉莉、郁金香、紫罗兰、薰衣草等。

（2）非花香型香精　以模仿非花的天然物质为特点，如檀香、松香、麝香、皮革香等。

（3）果香型香精　以模仿各种果实的气味为特点，如桔子、柠檬、香蕉、苹果、草莓等。

（4）酒用香型香精　有柑桔酒香、杜松酒香、朗姆酒香、白兰地酒香、威士忌酒香等。

（5）烟用香型香精　如蜜香、薄荷香、可可香、马尼拉香型、哈瓦那香型、山茶花香型。

（6）食用香型香精　如咖啡香、可可香、巧克力、奶油香、奶酪香、杏仁香、胡桃香等。

（7）幻想型香精　是在各种模仿型香精的基础上，由调香师根据丰富的经验和美妙的幻想，巧妙地调和各种香料尤其是使用人工合成香料而创造的新香型。幻想型香精大多用于化妆品，往往冠以优雅抒情的称号，如素心兰、水仙、古龙、巴黎之夜、圣诞之夜等。

四、香气的强度

香包括香气和香味。香气是是指人们通过嗅觉器官感到的令人愉快的气息总称。香味是指事物在口腔中通过嗅觉和味觉同时感受到香和味的综合性感觉。各种香料香精的香气，在强弱程度上差别很大，香气强度不仅与气相中有香物质的蒸汽压有关，且与分子的固有性质（即分子对嗅觉上皮组织的刺激能力相关联）。对于人们比较关注的香气强度来说，可以从定性和定量两个方面进行描述。

（一）香气强度的定性分析

为了便于调香、闻香、评香上的比较，可以把香气强度分为特强、强、平、弱、微等5个级别。对于这5个级别要想完全分开，一般需要依靠丰富的经验，因为香气是香料成分在物理、化学上的质与量在空间和时间上的表现，所以在某一固定的质与量、某一固定的空间或时间所观察到的香气现象，并不是香气的全貌。

（二）香气强度的定量分析

在香气强度进行定量分析时，经常用到阈值和嗅阈值两个物理量。阈值指能辨别出香的种类的界限浓度。而嗅阈值指通过嗅觉能感觉到的有香物质的界限浓度。阈值与有香物质的浓度、对嗅觉的刺激能力、和嗅觉的灵敏度有关，虽然可以用一个数值表示，但由于嗅辨者的主观因素，很难达到可观的定量表示，对同一香料可能出现多个阈值。阈值越小，表示香气越强；反之阈值越大香气越弱。

阈值的测定方法有两种。一种是空气稀释法，指阈值的单位用空气中含有香物质的浓度，g/m^3 或 mol/m^3；另一种是水稀释法，指阈值的单位用水中含有香物质的浓度，mg/kg 或 μg/kg。

五、香料与香精的作用

香料、香精与人们的日常生活息息相关，是食品工业、烟酒工业、日常化学工业、医疗卫生工业、饲料工业及其他工业不可缺少的重要原料。近年来，随着保健事业的发展，出现了香疗法。香疗法的本质是通过香料飘逸出来的香气，经嗅觉器官吸入体内，或与皮肤表面直接接触而产生的心理反应。某些香气可以直接影响脏腑功能，改变气血运行状态，从而达到防病、保健、振奋精神的目的。在公害严重、空气污浊的城市，香疗法将更加盛行。现将具有香疗作用的香型列举如下，见表 11-2。

表 11-2　香精的香型对人体健康元素参照表

香　型	作　用
茉莉	令呼吸舒畅、镇静、壮胆、提神、使精神焕发，消除舟车晕浪不适
玫瑰	增强自信、提升情绪，消除不安及忧虑，美容及令人心情开朗、头脑清晰
柠檬	降低血压、杀虫、振奋精神、缓解疲劳
苹果	增进食欲、改善肠胃功能、缓和情绪、集中注意力，对头痛、作呕等有疗效
白花	清心宁神、消暑去湿、促进脾胃调和、调整精神
桂花	增强消化能力、减缓肠胃不适、解除抑郁、提升记忆力
康乃馨	具有浪漫催情作用，消除紧张、平息怒气、平衡荷尔蒙
夜来香	有助神经放松、激发情趣
檀香	松弛神经、温和情绪，具有令人思维清晰、减缓肌肉疼痛、强力杀菌及消炎作用
国际	杀菌、消除异味、舒缓身心
皇宫	快速消除空气中异味、细菌，消除忧郁、焦虑、烦闷、愤怒等情绪和疲劳感
古龙	祛风燥温、强筋骨

项目二　香　　料

香料可分为天然香料和合成香料。天然香料通常是含有多种芳香成分的混合香料。它的主要成分有醇类、醚类、醛类、酮类、酯类、芳香烃类、酚类和萜烯类等。合成香料还可分为单离香料和合成香料。

一、天然香料

天然香料有动物性天然香料和植物性天然香料。动物性天然香料指从某些动物的生殖腺分泌物和病态分泌物中提取出来的含香物质。而植物性天然香料是指从天然植物的花、果、叶、茎、根、皮或者动物的分泌物中提取的含香物质。

（一）动物性天然香料

动物性天然香料主要有四种：麝香、海狸香、灵猫香和龙涎香，它们均用作定香剂，广泛应用于香水或高级化妆品，但价格十分昂贵。这些香料的香成分均能化学合成，可以人工配制。然而，作为贵重香料它们还保留着从前的声誉。

1. 麝香

麝香系生长在我国西藏、四川、云南等省(区)和北印度、尼泊尔等地的雄麝鹿的生殖腺分泌物。传统的采集方法是杀麝取香，即将麝鹿下腹部的香囊切取下来经干燥而成。现在采用活体刮香，有益于保护野生资源。割开香囊取出的麝香呈暗褐色颗粒状，品质优良者有时也析出白色结晶。固态时，麝香具有强烈的恶臭，当用水或酒精高度稀释后就可嗅到一种极佳的动物香气。黑色的麝香粉末的大部分成分是动物性树脂和动物性色素，其中芳香成分的质量分数只有2%左右，为饱和大环酮——麝香酮，化学名称为3-甲基环十五烷酮，另外还含有环十四酮、5-环十五烯酮等十几类大环化合物。

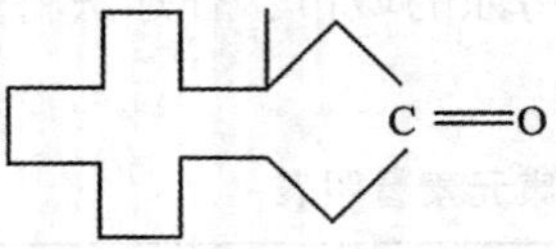

3-甲基环十五烷酮

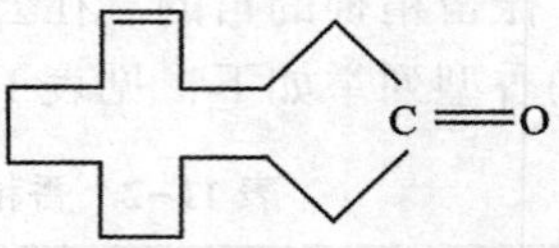

5-环十五烯酮

2. 海狸香

海狸香来源于栖息在小河岸或湖沼中的海狸，主要产于俄罗斯的西伯利亚和加拿大等地。采集方法是切取海狸香囊，经干燥后即可取出海狸香。新鲜的海狸香为乳白色枯稠物，久置后为褐色树脂状。其主要成分为动物性树脂，除含有微量的水杨苷、苯甲酸、苯甲醇、对乙基苯酚外，其主要成分为含量4%~5%的结构尚不明的结晶性海狸香素。1977年瑞士化学家在海狸香中分析鉴定出海狸香胺、喹啉衍生物、三甲基吡嗪和四甲基吡嗪等含氢成分。

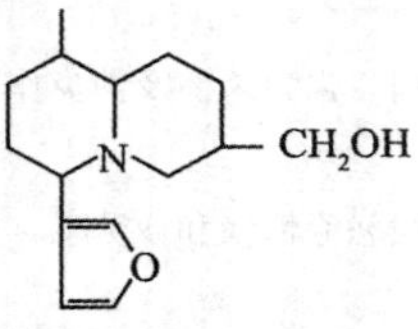

海狸香胺

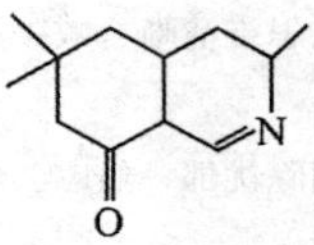

喹啉衍生物

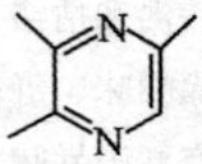

三甲吡嗪

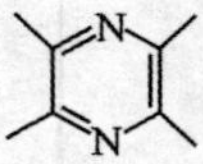

四甲基吡嗪

3. 灵猫香

灵猫有大灵猫和小灵猫两种。生长于我国长江中下游和非洲、埃塞俄比亚、南美及东南亚等地。灵猫不论雌雄，在肛门及生殖器之间均有两个袋状分泌腺，将袋中的黏稠状物质刮出来，即为灵猫香。灵猫香的大部分成分为动物性黏液质、动物性树脂及色素。其主要成分仅占3%左右的不饱和大环酮——灵猫酮，化学名称为9-环十七烯酮，另有二氢灵猫酮、6-环十七烯酮、环十六酮等八类大环酮化合物。

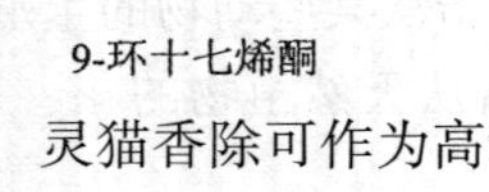

9-环十七烯酮

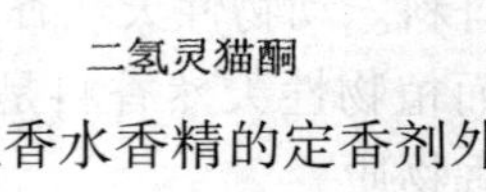

二氢灵猫酮

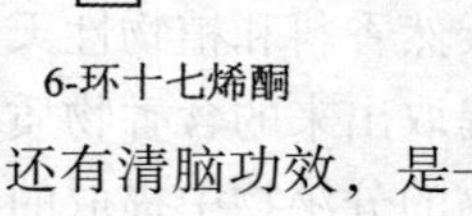

6-环十七烯酮

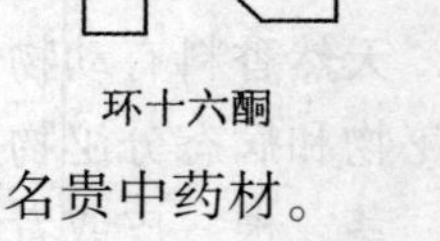

环十六酮

灵猫香除可作为高级香水香精的定香剂外，还有清脑功效，是一种名贵中药材。

4. 龙涎香

龙涎香产自抹香鲸的肠内。龙涎香的成因一般认为是由于抹香鲸经常吞吃乌贼，使其体内积蓄着乌贼嘴喙角质，这种角质在其体内转变成一种结石，最后排出体外，此即龙涎香。

龙涎香残存于捕获鲸鱼的体腔内，也漂浮在海面上，可打捞获得。在海洋上拾得的龙涎香块，经熟化后即为龙涎香料。龙涎香本身几乎没有香气或仅具有微弱的温和乳香动物香气，但可作为优良的定香剂使用。其香之品质最为高尚，是配制高级香水香精的极品。

龙涎香的成分中除已查明含有少量的苯甲酸、琥珀酸、磷酸钙、碳酸钙外，尚含有有机氧化物、酮、羟醛和胆固醇等有机化合物。

5. 麝鼠香

麝鼠香系从生长在北美沼泽地带的寮鼠腺袋中得到的脂肪性液体，它的香成分是和麝香、灵猫香类似的化合物，具体成分为麝香酮、降麝香酮、环十七酮等。主要用于高档日用香精定型剂。

（二）植物性天然香料

大多数植物性天然香料呈油状或膏状，少数呈树脂或半固态。根据他们的形态和制法，通常称为精油、浸膏、酊剂、净油、香脂、香树脂、油树脂等。

用水蒸气蒸馏法和压榨法制取的天然香料，通常是芳香性挥发油状物，所以其商品通称为精油。精油的常见类型与作用见表 11-3。用挥发性溶剂浸提植物原料制取的产品，因含有植物蜡、色素、叶绿素、糖类等杂质，通常是半固态膏状物，所以其商品统称为浸膏。用非挥发性溶剂吸收法生产的植物性天然香料称为香脂。浸膏或香脂用高纯度的乙醇溶解，滤去植物蜡等杂质，将乙醇蒸除后所得到的浓缩物称为净油。

表 11-3　天然植物香料——精油的类型与作用

类　型	作　用
绿茶精油	振奋精神，稳定细胞组织功能，减少疲劳
人参精油	养气，活血，滋补养身，增强体力，延年益寿
青竹精油	补充钙质，强健体骼，帮助发育成长
荷香精油	静心宁神，散发灵气，保持精力
桧香精油	帮助人体呼吸机能，振奋精神，解烦除忧
薰衣草精油	安抚烦躁，帮助入眠，舒缓精神压力
尤加利精油	帮助呼吸道机能，呼吸顺畅
驱虫精油	驱除蚊虫、尘螨，净化空气
玫瑰精油	热情散发，增加环境浪漫气氛
檀香精油	放松精神，安抚心灵，平复躁动，减轻压力
香茅精油	帮助呼吸道机能，放松精神，帮助入睡
佛手柑精油	提高学习情绪，提神醒脑，精神舒畅
丝柏精油	帮助呼吸道机能，净化心灵，呼吸顺畅
百里香精油	帮助消化道机能，促进新陈代谢，安抚烦躁
果香精油	帮助呼吸道机能，净化心灵，呼吸顺畅
金钟花精油	帮助入睡，舒缓精神压力，稳定心神

花香有时也会对人带来副作用。如百合、兰花的浓香，会使人偏激，甚至引起眩晕和瞬时的迟钝。夜来香的香味较浓郁，若长时间置于室内，会引起气喘、心烦意乱。

迄今为止，从天然香料中分离出来的有机化合物已有 5000 多种。分子结构种类极其复杂，大体上可以分为如下盛大类：萜类化合物、芳香族化合物、脂肪族化合物和含氮、含硫化合物。

1. 萜类化合物

广泛存在于天然植物中，往往构成各种精油的主要香成分。例如，松节油中的蒎烯(质量分数约为80%)、柏木油中的柏木烯(质量分数约为80%)、薄荷油中的薄荷醇(质量分数约为80%)、山苍子油中的柠檬醛(质量分数约为80%)等均为萜类化合物。根据碳原子骨架中的碳的个数来分类，有单萜(C_{10})、倍半萜(C_{15})、二萜(C_{20})、三萜(C_{30})、四萜(C_{40})之分。从化学结构的角度来分类有开链萜、单环萜、双环萜、三环萜、四环萜。除此之外，还有不含氧萜和含氧萜等。

2. 芳香族化合物

在植物性天然香料中，芳香族化合物仅次于萜类，它们的存在也相当广泛。例如玫瑰油中含有苯乙醇(质量分数约为2.8%)、香荚兰油中含有香兰素(质量分数约为2%)、苦杏仁油中含苯甲醛(质量分数约为80%)、肉桂油中含有桂醛(质量分数约为80%)、茴香油中含茴香油(质量分数约为80%)、黄樟油中含黄樟油素(质量分数约为90%)、在茉莉油中含有质量分数为65%左右的乙酸苄酯等。

3. 脂肪族化合物

脂肪族化合物在植物性天然香料中也广泛存在，但其含量和作用一般不如萜类化合物和芳香族化合物。在茶叶及其他绿叶植物中含有少量的顺-3-己烯醇，由于它具有青草的青香，所以也称为叶醇，在香精中起青香香韵变调剂作用。2-己烯醛亦称叶醛，是构成黄瓜青香的天然醛类。2,6-壬二烯醛存在于紫罗兰叶中，故有紫罗兰叶醛的美名，它在紫罗兰、水仙、玉兰、金合欢香精配方中起重要的作用。在芸香油中含有70%左右的甲基壬基甲酮，因是芸香油中的主要成分而得名芸香酮。

4. 含氮、含硫化合物

含氮、含硫化合物在天然芳香植物中存在很少，但在肉类、葱蒜、谷物、豆类、花生、咖啡、可可等食品中都有发现。虽然它们属于微量化学成分，但由于香势往往极强，所以对食品的香味影响很大。根据天然食物中含氮、含硫化合物的结构，目前已合成了大量硫醚类、呋喃类、噻唑类、吡咯类、吡嗪类香料化合物，它们在食品香精中起着重要作用。

二、合成香料

天然动植物香料往往受自然条件的限制及加工因素等条件的影响，造成产量和质量不稳定，无法满足众多加香制品的需求。利用单离香料或化工原料通过有机合成的方法制备的香料，具有化学结构明确，产量大、品种多、价格低廉等特点，可以弥补天然香料的不足，增大了有香物质的来源，因而得以长足发展。

目前文献记载的合成香料约有4000~5000种，常用的有700种左右。国内能生产的合成香料约有400余种，其中香兰素、香豆素、洋茉莉醛等合成香料在国际上享有盛名。在香精配方中，合成香料占85%左右，有时甚至超过95%。

合成香料可根据化学结构、合成方式、香气特征、原料来源等进行分类。其中最常用的分类方法是根据化学结构的不同来分类，以便于掌握其化学性质及合成方法。下面按化学结构分类法简单介绍各类香料的基本特征。

1. 烃类化合物

脂肪烃类化合物大部分是没有香味的，或具有不愉快的气味，很少在香料工业中应用，仅少数的烃类如己烷和高级烷烃在香料工业中可作辅料使用。芳香烃类化合物也只有极少数可用于香料工业，如二苯甲烷因具有橘似香味，可用于配制橘油及香叶油等，在香料工业中苯通常作为香料加工的辅料，如作萃取剂和溶剂等。

应用比较广泛的烃类是萜烯类化合物，用于仿制天然精油及配置香精，它也是合成含氧萜烯化合物的重要原料，如松节油成分中的 α−蒎烯和 β−蒎烯可合成许多类重要的单体香料。再如月桂烯、柠檬烯除能用于调配花香型和果香型香精外，也是合成萜类香料的重要原料。α−蒎烯和 β−蒎烯的结构式如下：

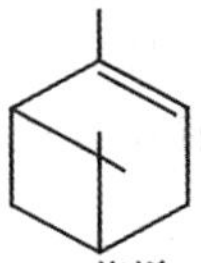

α-蒎烯

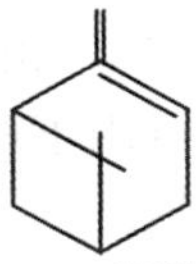

β-蒎烯

2. 醇类化合物

目前，调香中使用的醇类化合物大多由化学方法合成，也可作为合成其他香料单体的中间体。醇类化合物的香味与其分子结构有密切关系，一般来说，低碳饱和脂肪醇的香强度随碳原子数的增加而增强，但当增至 10 个碳原子后，香味就随着碳原子数的增加而逐渐减弱。通常由饱和醇变成不饱和醇时，香气会增强，而由一元醇变成二元醇或多元醇时，香气则会减弱甚至消失、高级脂肪醇一般无臭味。

3. 酚类和醚类化合物

酚类化合物是重要的合成香料的原料，如苯酚、邻甲苯酚被大量地用来合成香豆素和水杨醛等香料。另外，酚的衍生物如百里香酚、香芹酚、丁香酚等既是常用的调香原料，又可用来合成其他香料，近几年来百里香酚就被广泛地用来合成薄荷脑。

醚类化合物也是重要的合成香料，如多环醚（内醚）、大环醚以及龙涎醚等都是非常珍贵的合成香料。许多对称脂肪醚，当烃基为 6~7 个碳原子时，香气随相对分子质量的增加而增强，但到一定程度后就随之减弱。此类化合物很少用来调香。一般而言，由苯酚或萘酚合成的醚类化合物，大多数具有强烈地令人愉快的香气，较广泛地用来调配多种香精。

4. 醛类化合物

在香料工业中醛类占有十分重要的地位，很多醛类既可直接用于调配多种香精，又可作为合成其他香料的原料。例如，香茅醛、柠檬醛等被广泛用来调配皂用、食用和香水用香精，同时，它们也是合成紫罗兰酮、甲基紫罗兰酮、羟基香茅醛、L−薄荷脑等重要香料的原料。

5. 酮类化合物

酮类化合物中的低级脂肪酮一般不宜直接用做香料，但可作为香料合成工业的原料。如丙酮就被广泛用于合成萜类香料和紫罗兰酮等。在碳原子数为 7~12 的不对称脂肪酮中。有一部分具有强烈令人不愉快的气味，只有甲基壬基酮可用作香料。但芳香族酮类中的许多化合物却具有令人喜爱的香气，一般可直接用于调香。

另外，萜类酮在酮类香料中也占有很重要的地位，它们中的大多数是天然植物精油的主要香成分，可直接从精油中单离出来。但是，近年来由于某些资源濒于枯竭，产量远不能满足市场的需要，因此许多国家开始了人工合成萜类酮香料的工作。

6. 缩醛类化合物

醛类化合物的化学性质较活泼，在空气、光、热的影响下极易被氧化成酸，在碱性介质中则易发生羟醛缩合，因此，在碱性加香产品如香皂中添加此类香料时，会使产品变色并逐渐失去应有的香气。有些醛类香料还具有令人不快的刺鼻气味，而缩醛类则无此缺点，它们在碱性介质中稳定且不变色，其香味也比醛类化合物淡雅，因而缩醛类合成香料相继出现在香料工业中。

缩醛类合成香料的香气与对应的醛不同，香味优异持久、别具风格，因此在调香中应用日益扩大。例如苯乙醛缩二甲醇和苯乙醛相比不仅具有稳定不易变色的优点，而且其香味也优于苯乙醛。苯乙醛缩二甲醇除可用于调配皂用香精外，还被广泛用于调配铃兰、玫瑰、紫丁香等各种香型的日用和食用香精。

7. 羧酸类化合物

近几年来，人们发现某些发酵和加热食品的香成分中含有大量的羧酸类化合物，例如威士忌酒不仅含有醋酸，还含有异戊酸、辛酸、癸酸和月桂酸。食品香成分分析数据最新结果表明，在常吃的食品中含羧酸类化合物 80 种以上。此外，羧酸类化合物在植物精油中亦含有不少，例如香叶油中就含有 29 种游离酸。

8. 酯类化合物

羧酸酯类香料化合物以游离态广泛存在于自然界中，如各种食品如面包、咖啡、牛乳和各种酒类也含有很多羧酸酯类香料化合物。大多数酯类香料化合物具有新鲜悦人的清香、果香的香气。尽管此类化合物在调配任何一种香型的香精时不能给予决定性的香气，但它在香精中可起到加强与润和其香气的作用，还有一些酯类化合物具有定香剂的作用，所以，在调配各种香型的香精中都加了酯类化合物。

9. 内酯类化合物

内酯类香料化合物在自然界中存在较少，但其香气一般较为高雅，适合调配各种香精。内酯类化合物还具有酯类化合物的特征，香气上都具有特殊的果香。现已发现在一些植物精油中含有内酯类香料化合物，例如意大利产的茉莉精油中就含有茉莉内酯。内酯类香料化合物因受原料来源的制约，加上工艺复杂，在应用上受到了一定的限制。

10. 含氮类化合物

此类香料尽管数量不太多，但作用却很大。硝基麝香在调香中不仅可赋予优雅的麝香香气，而且具有良好的定香作用，通常和天然麝香一道被用来调配各种香精。在各种合成麝香中硝基麝香的产量仍占第一位。

11. 含硫、含卤及杂环类化合物

含硫类香料化合物主要有硫醇、硫醚两大类。在许多天然食品和植物精油中(尤其是加热食品中)都有含硫化合物。例如熟肉中含硫化合物就达 32 种，此外，在韭菜、大蒜、洋葱等蔬菜中也存在含硫化合物。

能作为香料使用的含卤类化合物品种很少，在调香中的用量也不大，常见的有 ω-嗅代苏合香烯、合成橡苔及结晶玫瑰等。

杂环类香料化合物在天然植物精油和各种加热食品中广泛存在着，例如动物的血色素和植物的绿色素分子中均含有杂环化合物。在许多天然食品中也含有多种杂环类香料，如生西红柿中就含有 2-异丁基噻唑，且具有特异的西红柿气息。

三、天然香料的生产技术

植物性天然香料的生产方法主要有水蒸气蒸馏、压榨法、浸提法和吸附法四种，现将这四种方法介绍如下：

（一）水蒸气蒸馏

水蒸气蒸馏法的特点是设备简单、容易操作、成本低、产量大。除在沸水中主香成分容易溶解、水解或分解的植物原料外（如茉莉、紫罗兰、金合欢、风信子等一些鲜花），绝大多数芳香植物均可用水蒸气蒸馏方法生产精油。

1. 水蒸气蒸馏方法生产精油的三种形式

传统的水蒸气蒸馏方法生产精油有 3 种主要形式：水中蒸馏、水上蒸馏、水汽蒸馏。

（1）水中蒸馏　将蒸馏的原料放入水中，使其与沸水直接接触。适用于玫瑰、橙花等用直接水蒸气蒸馏易黏着结块、阻碍水蒸气透入的品种。而对于薰衣草等含有酯类的品种，则易发生水解作用，故不宜采用。

（2）水上蒸馏　于蒸馏锅内下部增装一块多孔隔板，原料装于板上，板下面盛水，水面距板有一定距离，水受热而成饱和蒸汽，穿过原料而上升。在蒸馏过程中，使原料与沸水隔离，从而可减少水解作用。

（3）水汽蒸馏　与水上蒸馏方法基本相同，只是水蒸气来源和压力不同。此方法于锅内不加水，而将锅炉发生的水蒸气通入蒸馏锅内下部，穿过多孔板及其上面的原料而上升，因此，其水解作用小，蒸馏效率高，故用于薰衣草花穗的蒸馏是很适宜的。该法设备条件要求较高，需要附设锅炉，适用于大规模生产。

以上蒸馏方式各有所长，将其特点归纳见表 11-4。

表 11-4　蒸馏方式的比较

比较项目	水中蒸馏	水上蒸馏	水汽蒸馏
原料要求	不适于水解及热分解原料	不适于易结块及细粉状原料	不适于易结块及细粉状原料
加热方式	直接加热、间接蒸汽、直接蒸汽	直接加热、间接蒸汽、直接蒸汽	水蒸气直接通入加热
温度	95℃左右	95℃左右	可调节
压力	常压	常压	可调节
精油质量	高沸点成分不易熬出，直接加热易糊焦	较好	最好

2. 工艺流程

水蒸气蒸馏法生产工艺流程大体可以归纳如下，见图 11-1。利用精油的挥发性，虽其沸点大都在 150~300℃，但通入水蒸气即可在低于 100℃时被蒸馏出。在蒸馏前应先将原料适当干燥、粉碎，均匀装入带筛板的蒸锅中，从筛板下面通入水蒸气，上升的水蒸气均匀通过料层，精油通过水渗作用从植物组织中逸出，随水蒸气上升，经蒸馏锅上方导气的鹅颈管、冷凝管进入油水分离器，最后分离出精油。

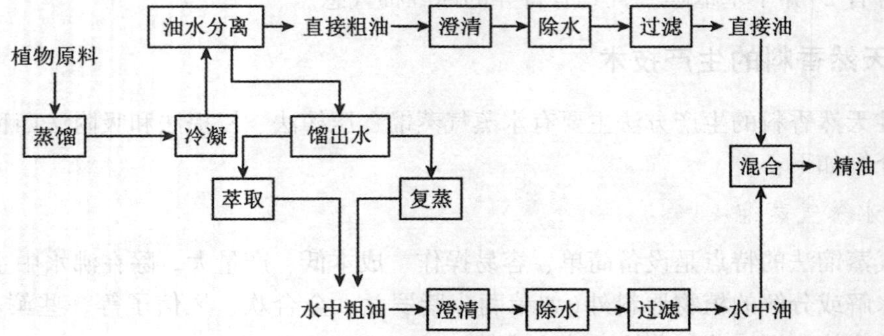

图 11-1　水蒸气蒸馏法的生产工艺流程简图

3. 生产实例——玫瑰油的生产

（1）植物原料　玫瑰的品种非常多，但能用于生产精油的只有少数几种。其中包括中国甘肃产的苦水玫瑰；北京、山东、河南产的重瓣玫瑰，属蔷薇科，落叶灌木。

（2）生产方法　常压回水式水中蒸馏，得油率 0.04%左右。

（3）工艺条件：

① 装料要求：鲜花采摘后应在 2h 内处理。每 $1m^3$ 蒸馏器需要加入 30kg 的玫瑰鲜花，以及 120kg 的清水。

② 蒸馏速度：每 1h 蒸出蒸馏器容积 10%的蒸馏液。

③ 蒸馏时间：2h。

④ 间歇放油：每 30min 放油 1 次。

（4）工艺流程　见图 11-2。

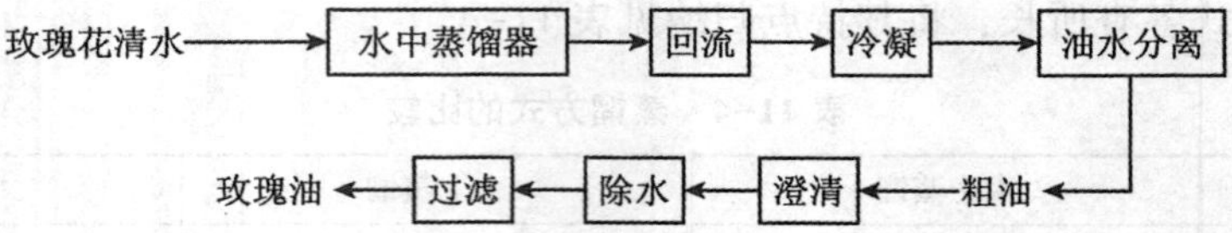

图 11-2　水中蒸馏法生产玫瑰精油工艺简图

（5）理化性质　淡黄色至黄色液体，具有甜韵玫瑰花香。相对密度为 0.849~0.875，折射率为 1.452~1.466，旋光度为-2°~-5°，酸值为 3，酯值为 27。

（6）主要成分　香茅醇、香叶醇、橙花醇、苯乙醇、芳樟醇、金合欢醇、丁香酚、丁香酚甲醚、玫瑰醚、橙花醚、玫瑰呋喃等 300 多种。

（7）安全管理　我国 GB 2760—2014 批准为允许使用的食品香料。

（8）主要用途　在多种花香型香水、香皂、化妆品香精中起主香剂和协调剂作用。亦可用于糖果、烟草等食用香精。

（二）压榨法

在柑橘类的精油中，例如红橘油、甜橙油、柠檬油、香柠檬油、园抽油、佛手油等，萜烯和萜烯衍生物含量高达 90%以上，这些化合物在高温下或经长期放置，会发生氧化、聚合等反应而导致精油变质，不能用水蒸气蒸馏方法生产。压榨法的最大特点是生产过程可以在室温下进行，柑橘油中的萜烯类化合物不发生化学反应，从而确保精油质量。

压榨法生产柑橘类精油，一般生产方法可以分为两类：一种是传统的生产方法，主要包括整果锉榨法和果皮海绵吸收法，这些方法是最早起源于意大利和法国，属于手工业小规模生产方法；另一种是近代生产方法，主要包括整果冷磨法和果皮压榨法。这些方法目前广泛被中国天然香料厂使用，在此不作介绍。

（三）浸提法

浸提法亦称萃取法，是用挥发性有机溶剂将原料中某些成分浸提出来。当溶剂与被浸提物料接触时，溶剂则由物料表面向内部组织中渗透，同时对组织内部某些成分进行溶解。当组织内部溶液浓度高于周围溶剂浓度时，由于浓度差则自然产生扩散推动力，高浓度向低浓度方向扩散，这样就不断的将溶解下来的物质传递到溶剂中去。

按照浸提时采用的溶剂的不同，可以将浸提法分为挥发性溶剂浸提、非挥发性溶剂浸提和超临界浸取三种方法。最常用的是挥发性溶剂萃取法。目前常用的溶剂有石油醚、乙醇、苯、二氯乙烷等。如一般挥发性溶剂的萃取温度对热敏性香成分有影响，则使用液化的丙烷、丁烷或二氧化碳作溶剂，在特殊的耐压设备中萃取。用液化二氧化碳作溶剂时，还可采用超临界萃取法，在较低温度下无需加热除去溶剂，对食品香料的加工萃取极为适合，制品香气更加接近天然原料，且无溶剂残留。但因设备投资大，技术要求较高，工业上的应用尚不广泛。

随着科学技术的发展，近临界和超临界的液体二氧化碳、液体丙烷等已用于浸膏、油树脂的提取，所得到产品质量甚佳。

用浸提法从芳香植物中提取芳香成分，所得的浸提液中，尚含有植物蜡、色素、脂肪、纤维、淀粉、糖类等难溶物质或高熔点杂质。蒸发浓缩将溶剂回收后，往往得到的是膏状物质，称为浸膏。用乙醇溶解浸膏后滤去固体杂质，再通过减压蒸馏回收乙醇后，可以得到净油。直接使用乙醇浸提芳香物质，则所得产品称为酊剂。

1. 浸膏生产工艺制备过程

常见的净油制备工艺过程，见图 11-3。比较典型的浸膏和净油产品如大花茉莉浸膏、墨红浸膏、桂花浸膏、树苔浸膏、茉莉浸油、白兰浸油等在我国均有大量生产。

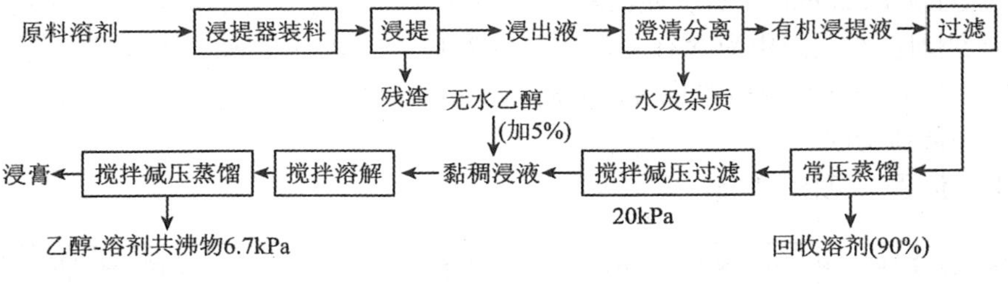

图 11-3 浸膏法生产净油工艺流程简图

茉莉浸膏、桂花浸膏生产过程中使用的溶剂是石油醚，采用两步蒸馏法(常压蒸馏+减压蒸馏)回收溶剂。浸提法可在低温下进行，能更好地保留芳香成分的原有香韵。

由于在残渣中含有大量的有机溶剂，在回收溶剂的同时，尚可得到精油副产品。所以，最好能对残渣进行处理。

2. 净油制备工艺过程

在浸膏中含有大量的植物蜡等杂质，使其应用受到限制。可利用乙醇对芳香成分溶解受温度变化影响小，而乙醇对植物蜡等杂质溶解随温度降低而下降的特点，先用乙醇溶解浸膏，经降温除去不溶杂质，然后再除去乙醇的方法制取净油。具体生产流程见图 11-4。

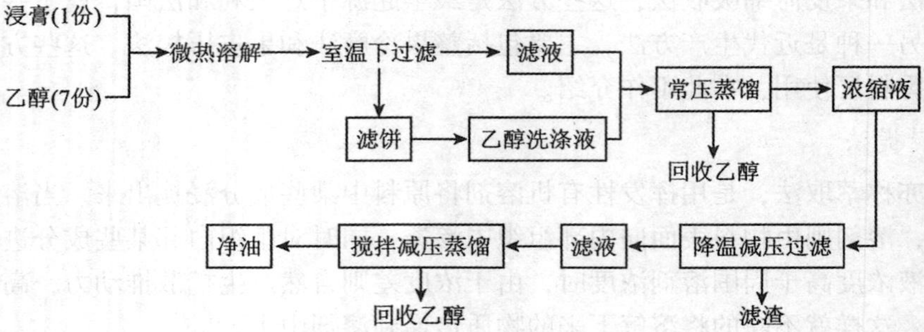

图 11-4　净油制备工艺流程图

3. 生产实例——茉莉浸膏的生产

（1）植物原料　茉莉花，木犀科茉莉属，常绿小灌木。原产印度，早在 1000 多年前即传入中国，广州、福州、苏州等地均有茉莉浸膏生产口。

（2）生产方法　平转式逆流连续浸提，浸膏得率为 0.24%～0.26%。

（3）工艺条件：

① 装料要求：平转式浸提连续加花量 800kg/h。

② 物料配比：茉莉花：石油醚＝1kg：4L。

③ 浸提温度：室温。

④ 浸提转速：平转式为 128r/min。

⑤ 浸提时间：平转式浸提为 96min/次。

⑥ 浸提浓缩：浸提浓缩先常压蒸馏回收溶剂，浓缩液浓度控制在 20～30g/L，降至室温后过滤，再在 40℃，80kPa 条件下进行真空浓缩，即可得到粗茉莉浸膏。

⑦ 脱醚制膏：在所得到的粗茉莉浸膏中，尚残存 17%左右的石油醚，为进一步除去石油醚，向粗膏中加入浸膏量 5%的无水乙醇，在搅拌下逐步加温至 55℃，压力控制在 92.2kPa 下减压蒸馏 20min 左右，使乙醇-石油醚混合液尽量蒸除，即可得到茉莉浸膏。

⑧ 花渣处理：在花渣中尚含有一定数量的溶剂，向装有花渣的蒸馏器或蒸馏器中直接通入水蒸气，然后经油水分离器将溶剂分离出来口所剩残渣再用直接蒸汽蒸馏法蒸馏 4～5h，尚可回收少许茉莉精油。

（4）工艺流程　见图 11-5。

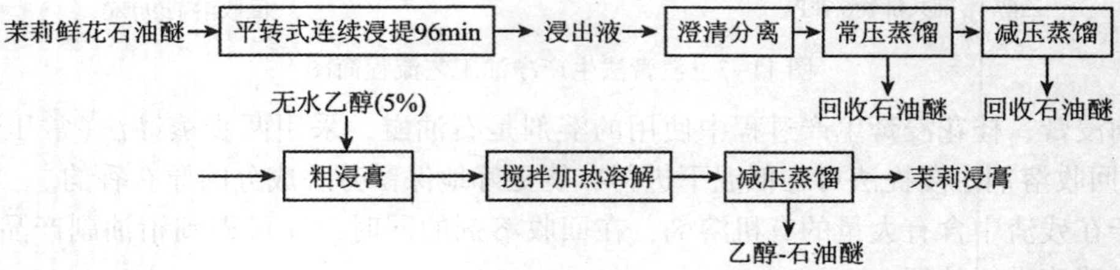

图 11-5　茉莉浸膏的生产工艺流程简图

（5）理化性质　黄绿色或浅棕色膏状物。具有茉莉鲜花香气。熔点为 46～52℃，酸值大于 80，净油含量 60%左右。

（6）主要成分　苄醇、乙酸乙酯、苯甲酸苄酯、茉莉内酯、茉莉酮酸甲酯、茉莉酮、吲哚等。

(7) 安全管理　中国 GB 2760—1996 批准为允许使用的食品香料。

(8) 主要用途　广泛用于各种花香型香水、香皂和化妆品香精中。是茉莉香精的主香剂，在素心兰、紫罗兰、含羞花等许多花香型香精中起修饰作用。

(四) 吸附法

在天然香料生产方法中，吸收法加工过程温度低，芳香成分不易破坏，产品香气质量最佳，但由于吸收法手工操作较多，生产周期长，生产效率低，一般不常用。此法所加工的原料，大多是芳香化学成分容易释放、香势强的茉莉花、兰花、橙花、晚香玉等名贵花朵。

最早应用的吸附法为冷吸附法。将采摘下来仍有生命力的鲜花，如茉莉和晚香玉等花朵放在涂有精制油脂的花框上，然后将花框叠起置放在低温室中。经过一段时间要更换花朵，多次更换后使油脂吸附鲜花的香成分达到饱和。然后用乙醇进行萃取，制成的产品称为香脂净油。也可利用活性炭吸附的原理，制成精油。近来开发了多种新的多孔聚合物吸附剂，吸附技术有进一步的发展，并发展了使用液化二氧化碳为脱附溶剂，使精油质量和得率有显著的提高。

固体吸附剂吸收法是前苏联从 20 世纪 60 年代开始采用的生产天然植物精油的方法，所采用的固体吸附剂为活性炭、硅胶等。鲜花释放出的芳香成分被固体吸附剂吸收后，再用石油醚洗涤活性炭，然后将石油醚蒸除，即可得到精油。

四、合成香料的生产技术

(一) 生产原料

合成香料生产用原料非常丰富，很多农林加工产品、煤化工产品和石油化工产品均可作为生产合成香料的原料。

(1) 林加工产品　大约在 100 多年前人们就研究天然精油及萜类化合物，并从精油中分离出单离香料。20 世纪 80 年代前开始用有机合成的方法，将单离香料加工成价值更高的衍生物。例如，将从丁香油中分离出的丁香酚加工成香兰素。目前，已能用从很多农林产品中得到的精油和油脂为原料，生产大量的合成香料。

(2) 煤化工产品　中国煤资源非常丰富，其储量和产量均列世界前茅。煤化工产品的开发和利用具有广阔前景。

煤在炼焦炉炭化室中受高温作用发生热分解反应，除生产炼铁用的焦炭外，尚可得到煤焦油和煤气等副产品。这些焦化副产品经过进一步分馏和纯化，可得到酚、萘、苯、甲苯、二甲苯等基本有机化工原料。用基本有机化工原料，可以合成出大量芳香族香料和硝基麝香等极有价值的香料化合物。如苯与乙酰氯在无水氯化铝存在下，合成出具有山檀香气的苯乙酮。苯转化为邻苯二酚以后，在氧化铝存在下，300℃时与甲醇进行甲基化反应生成愈创木酚。愈创木酚与三氯甲烷反应最终可生成香兰素。再如，利用甲苯可制得苯甲醇、苯甲醛、桂醛等常用香料。还可以以间二甲苯和异丁烯为原料，在三氯化铝存在下进行叔丁基化反应，由此合成出酮麝香、二甲苯麝香和西藏麝香，等等。

(3) 石油化工产品　大约在 40 年前，国外已经开始利用乙炔、丙酮、异戊二烯等石油化工产品为原料，进行萜类化合物的全合成实验研究。以廉价的石油化工产品为基本原料的香料化合物全合成，已成为国内外香料工业界开发的重要领域。

从石油和天然气加工过程中，可以直接或间接得到大量的基本有机化工原料，利用这些石油化工原料，除可以合成大量众所周知的脂肪族醇、醛、酮、酯等一般香料化合物外，还可合成芳香族香料、萜类香料、合成麝香以及其他宝贵的合成香料。如乙醇与羧酸发生酯化反应，可以合成一系列乙醇酯类香料化合物。在 250℃下，以银为催化剂，乙烯可以氧化成环氧乙烷。环氧乙烷与苯发生弗里德尔-克拉夫茨反应，可制得β-苯乙醇。β-苯乙醇不但是玫瑰香精的主香剂，由它又可以合成苯乙醇酯类香料、苯乙醛、苯乙缩醛等香料化合物。

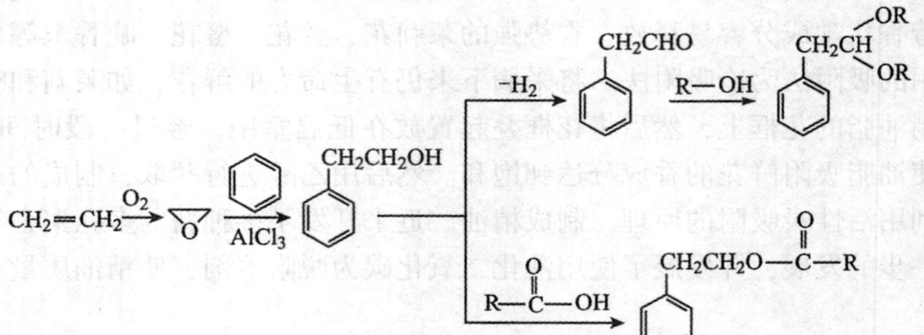

（二）工艺特点

合成香料生产工艺过程的实施方式和生产设备与有机合成工业大体相似。但合成香料工业也有其本身的特点。

（1）合成香料具有品种多、消费量少的特点。因此，在生产上大多采用生产规模小的间歇式生产方式。

（2）有些合成香料对温度、光或空气是不稳定的。因此，在工艺选择、生产设备、包装方法和储存运输等方面，应给予足够的重视。

（3）生产合成香料所用的化工原料种类多，其性质各不相同，而且合成香料本身又大多具有挥发性，应特别注意安全生产和环境保护等问题。

（4）合成香料与人们的日常生活和身体健康息息相关。其产品质量必须严格检验，要有安全卫生管理制度和必要的检测设备，必要时还应作毒理检验。

（三）单离香料的生产技术

天然香料是多种化合物的混合物，将某种化合物从天然香料中分离出来，称为单离。单离取得的香料化合物称为单离香料。单离香料生产方法分为物理和化学方法两大类。物理方法包括分馏、冻析、重结晶三种，而化学方法包括硼酸酯法、酚钠盐法、亚硫酸氢钠加成法。在此介绍化学方法。

1. 硼酸酯法

硼酸酯法是从天然香料中单离醇的主要方法之一，其生产工艺流程如图 11-6 所示。硼酸与精油中的醇可以生成高沸点的硼酸酯，经减压分馏，先将精油中低沸点成分回收，所剩高沸点的硼酸酯，经皂化反应使醇游离出来，分离出来的醇再经减压蒸馏即可得到精醇。玫瑰木油中的芳樟醇（约 80%）。檀香木油中的檀香醇（约 80%）均可采用此法单离，其反应原理和生产过程可以简单归纳如下。

（1）生产原理

$$3R—OH + B(OH_3) \longrightarrow B(O—H)_3 + 3H_2O$$
$$B(O—H)_3 + 3NaOH \longrightarrow 3R—OH + Na_3BO_3$$

（2）工艺流程

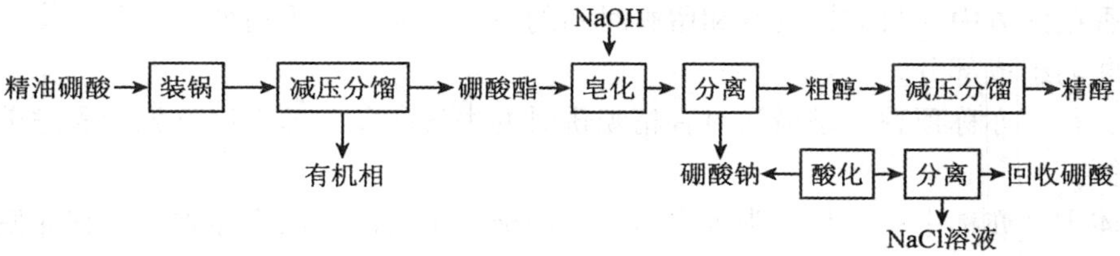

图 11-6　硼酸酯法从精油中单离醇的生产工艺流程简图

2. 酚钠盐法

在丁子香油和丁香罗勒油中，均含有约 80%丁香酚，要想将丁香酚从精油中单离出来，可采用酚钠盐法。如图 11-7 所示，酚类化合物与碱作用生成溶于水而不溶于有机溶液的酚钠盐，将酚钠盐分离出来以后，再用无机酸酸化，酚类化合物便可重新析出。其反应原理和生产过程可以简单归纳如下。

（1）生产原理：

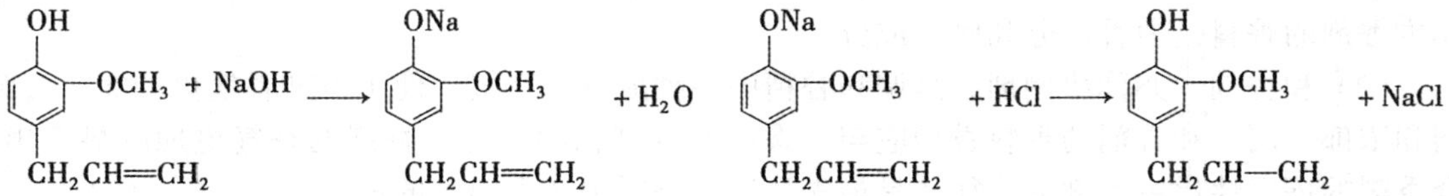

（2）工艺流程　流程如图 11-7 所示。

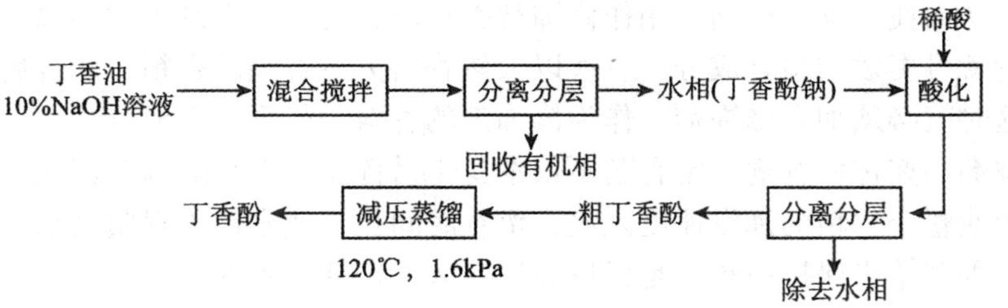

图 11-7　酚钠盐法丁香酚从精油中单离出来的生产工艺流程

项目三　香　　精

香精又叫调合香料，由几种乃至几十种香料调配而成；它们均具有一定的香型，调合比例常用质量分数表示。一般市售的香料，无论是天然的还是合成的，除少数品种外都是成分单一的香料单体，香气韵味往往不够理想，通常不能单独使用，只有将香料配制成香精以后，才能用于加香产品中。

一、香精的组成

好的香精留香时间长，且自始至终香气圆润纯正，绵软悠长，香韵丰润，给人以愉快的享受。因此，为了了解在香精配制过程中，各香料对香精性能、气味及生产条件等方面的影响，首先需要仔细分析它们的作用和特点。

（一）从香气感觉的观点出发

根据香精配方中香料的挥发度和留香时间的不同，大体将香精分为头香、体香与基香三个相互关联的组成部分。

(1) 头香　亦称顶香。是最初对香精嗅辨时的香气印象，即人们首先能通过鼻腔嗅感到的香气特征。

(2) 体香　亦称中香。是在头香之后，立即被嗅感到的中段主体香气，它能使香气在相当长的时间中保持稳定和一致。

(3) 基香　亦称尾香。是在香精的头香和体香挥发之后，留下来的最后香气。

（二）从香料在香精中的作用出发

各种香料在香精中的作用是不尽相同的，根据香料在香精中的作用分类，一个比较完整的香精配方基本由主香剂、合香剂、修饰剂、定香剂和稀释剂五部分构成。具体如下：

(1) 主香剂　亦称主香香料。是决定香气特征的重要组分，是形成香精主体香韵和基本香气的基础原料，在配方中用量较大。主香剂香料的香型必须与所要配制的香精香型一致。在香精配方中，有时只用一种香料作主香剂，但多数情况下部是用多种香料作主香剂。一般作主香剂的香料是中香成分和底香成分。

(2) 和香剂　亦称协调剂。是调和香精中各种成分的香气，使主香剂香气更加突出、圆润和浓郁。用作和香剂的香料香型应与主香剂的香型相同，使主香剂的香气更加明显突出。合香剂的挥发性比主香剂大，往往是最先从调合香料中挥发出来的成分。

(3) 修饰剂　亦称变调剂。它能以某种香料的香气去修饰另一种香料的香气，使香精格调发生变化，从而使之别具风韵。用作修饰剂香料的香型与主香剂香型不属于同一类型，是一种使用少量就可奏效的暗香成分。有些以天然香料为主香剂的香精，调合后有时会有不愉快的气味，这时就必须加入修饰剂。作为修饰剂的香料一般系中香成分。

(4) 定香剂　亦称保香剂。定香剂不仅本身不易挥发，而且能抑制其他易挥发香料的挥发速度，从而使整个香精的挥发速度减慢，留香时间长，使全体香料紧密结合在一起，香精的香气特征或香型始终保持一致，是保持香气持久稳定性的香料。

相对分子质量较大、沸点较高的物质，如大环化合物、固体物质、有香味的树脂胶等都能作为定香剂。

(5) 稀释剂　当香料的香味很浓时，会强烈地刺激嗅觉，即使是玫瑰或茉莉之类的高档花精油也会使人感觉不到芬芳的香味，遇到这种情况时，必须用合适的稀释剂将香味调淡。作为稀释剂本身应该完全无味，且易于溶解所有香料，安全性和稳定性良好，价格低廉。水溶性香精一般使用乙醇作稀释剂，也有使用苄醇、甘油、二辛基己二酸酯等溶剂的。油溶性香精一般选用核桃油、茶子油、橄榄油等精炼过的植物油和矿物油作为稀释剂。色素则主要用于食用香精，是一种纯粹的酸性染料，如柠檬黄、桃红、玫瑰红、淡果绿、深橘黄等。目前，人们正在深入研究用水加适当的乳化剂来作稀释剂的问题。

（三）香精的挥发度

按照各单体香料或香基的挥发性，将香精的挥发性从低到高分为底香、中韵和顶香。

1. 头香

头香又叫顶香。它是决定香精“形象”和“新鲜感”的重要因素。它的留香时间短，在评香纸上的留香时间在 2h 以下。这是香气给人留下的第一印象，相当于食物的“口味”。对香精来说，它是非常重要的。头香的香料一般应选择清新，能和谐地与其他香气融为一体，使全体香气上升并有些独创性的香气成分。常见的头香香料有柑橘型香料、玫瑰油、果味香料。

2. 体香

体香又叫中香。是在头香之后，作为中段主体香气，它能使香气在相当长的时间内保持稳定和一致，赋予香精特殊香气。用作体香的香料是由具有中等挥发度的香料，在评香纸上的留香时间约2~6h。体香香料一般由茉莉、玫瑰、丁香、康乃馨等花香。

3. 基香

基香又叫尾香。是在头香和中香挥发之后，留下来的最后香气，挥发度小。用作基香的香料一般是由高沸点的香料所组成的，在评香纸上的留香时间超过6h。基香香料主要由檀香、香根、柏木、广藿香等木香成分及起定香剂的天然动物香和香脂、香豆素等香料组成。

在调香工作中，要注意头香、体香和基香之间合理搭配，各类香料百分比的选择，要保证各类原料的香气前后相呼应。

二、调香技术

调配香精的过程称为调香。调香与绘画的调配颜色相似，画家用色彩描绘美丽的大自然，而调香师则是通过香精的香气来表现美丽的大自然。因此，调香师不但应具有香料方面的科学知识，还应具备艺术鉴赏力。一位好的调香师既要有嗅觉灵敏的鼻子，又要有好的嗅觉记忆。而这种嗅觉记忆力是在调香实践中不断地训练和培养出来的。调香师的鼻子不仅要能分辨不同的单体香料的香气和复合香料的香韵，还应对原料的真伪、香气的浓淡和不同来源的产品具有一定的鉴别能力。

（一）调香中的常用术语

调香工艺中经常用到一些术语，具体见表11-5。

表11-5　调香工艺中常用的术语

术　语	含　义
香型	描述某一种香精或加香制品的整体香气类型或格调
香韵	描述某一种香料、香精或加香产品中带有某种香气韵调
香势	香气本身的强弱程度
头香	对香精或加香产品嗅辨中，最初片刻时香气的印象
体香	头香后，在相当长的时间内保持稳定一致的香气
基香	头香和体香挥发过后留下的最后香气
调和	将几种香料混合在一起而发出的一种协调一致的香气
修饰	用某种香气去修饰另一种香气，使之在香精中发生特定效果，从而使香气变得别具风格
香基	香基精，由多种香料调和而成的具有一定香型的混合物

（二）调香的一般要求

（1）必须使各种单离香料、单体香料经过调配成为一种全新的香料，使原有香料的香气不被嗅出。

（2）调合香料应具有主香，能突出其特色香型，并且还应具有香味稳定性好的特点。

(3) 香后其香气应纯正并具有均匀性，不能因为时间的延缓而使香型发生改变或某些特征消失。

(4) 应具有各种不同的用途，能广泛满足不同场合、各种层次的需要。

(三) 调香工作基本内容

(1) 调香操作　首先应按照香料的挥发度，选好基香香料(即打底的原料)，然后配入特定香型的主香剂(许多的基香香料同时又是主香剂)，再加入辅助剂(即协调剂和变调剂)、头香剂，最后加入定香剂。按照配方比例和所配制的香精总量计算好每一种组分的质量，每种香料的品种、规格和含量应该认真核对，称量应准确，操作要细致。

(2) 香精熟化　新调配的香精香味是粗糙的，有时甚至还有刺鼻味，因此，要有一个熟化过程。所谓香精熟化就是把新调配出来的香精密封起来，置阴凉处，使其发生各种化学反应。放置一定时间(不同香精熟化时间也不一样)后，香精就会具有圆润、柔和、甘美、醇郁的香味，至此即完成了熟化。熟化过程中会发生一系列复杂而又相互影响的化学反应，其中包括酯的生成、酯的醇解、酯基转移、乙缩醛的生成、缩醛基的转移、希夫碱(Schiff)的生成、聚合和自动氧化等。

(3) 调香环境　香精的调配要有一个清净的环境，既没有杂物和灰尘，也没有发出气味的物件。对于食用香精的调配，还必须符号有关食品卫生的标准。对此，调香师应作周密的设计，尽可能排除一切不利的主观和客观因素。

(4) 调香师的训练　香料的调配没有一定的方程式，香料品质的鉴定和对各组分用量的探索只能依靠嗅觉，对香料进行调配时，要摹仿天然花香和果香等人们喜爱的香味也只能依靠嗅觉。因此，调香师应不断训练嗅觉，提高辨香能力。只有在嗅觉灵敏度提高、经验不断丰富的情况下，才能辨别每种香精的香型和其中主要香成分及其大致的配比。此外，还要熟悉和牢记各种香料的理化性质、使用范围、浓淡程度等、并了解其在调香中和调香后可能发生的变化。要有一定的分析、预测能力，防止调配出来的香精产生不必要的颜色和气味等；调香师在具有了一定的辨香和仿香能力之后，还应不断提高文化艺术修养，在实践中丰富想象力，设计出新颖的幻想型香精，使人们生活更加丰富多彩。最后，调香师还应养成良好的工作习惯，掌握每个操作过程的内容和可能出现的问题，以便能系统地找出每次调香中的缺点，及时进行调整和补充。

(5) 调香配方的探索　完成一种香精的配制，必须经过拟方—调配—修饰—加香等多次反复实践才能确定，名牌香精难于模仿的原因就在于此。要获得人们喜爱的香精配方，或者创新一种具有独特风味的香精，往往有一个探索的过程。首先，调香师凭自己的经验、感觉和灵感以想象的形象设想出一种香味；其次，调香师通过使用花香香料，再配以各种各样的香成分，使香气接近所设想的香精风韵，并作好记录，写下处方；最后，在此基础上经过长时间的组合、修正和发展，其间可能要作上千次甚至更多的配方试验，依靠调香师灵敏的嗅觉和有秩序的工作方法，也依靠人们的鉴评来对香精配方作不断的改进和补充，直至符合要求为止。

三、调香的生产工艺

(一) 香精配方的拟定

香精配方的拟定，一般有如下几个步骤：

① 确定欲调配香精的香型与香韵，即确定调香的目标。

② 根据香精的用途，选定相应的基香、体香和头香香料。

③ 选定作为主香剂的香料，用它来调配香精的主体部分——香基。

④ 若香基香气基本符合要求，便可加入有魅力的顶香剂、使香气浓郁的协调剂、使香气持久的定香剂。

⑤ 通过多次实践和反复拟配后，试配 5~10g 香精小样作香气质量评价。

⑥ 若小样评估时被认可，这时，可配制 500~1000g 香精大样在加香产品中进行应用考查，只有考查通过了，所拟定的香精配方才能算完成了。

（二）生产工艺过程

1. 不加溶剂的液体香精生产工艺

香精制造工艺中重要的环节之一是“熟化”。目前，香精熟化最普通的方法是把调配出来的香精密封起来，置阴凉处，让其自然熟化，经过一定时间后，香精的香气就会变得和谐、圆润、柔和。熟化过程中会发生一系列的复杂的化学变化，科学理论暂时还不能对此作出令人满意的解释。其工艺简图见图 11-8。

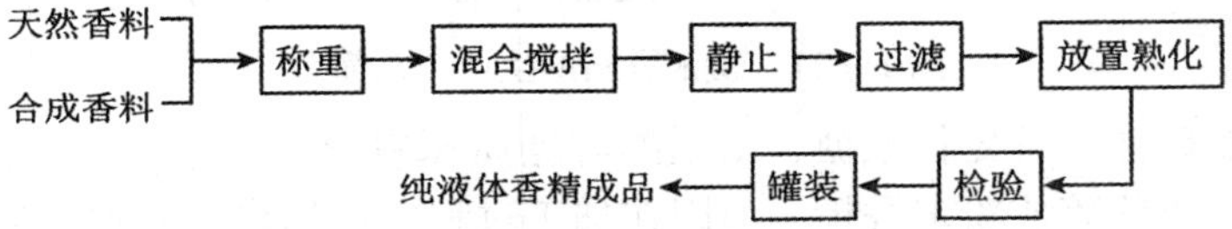

图 11-8　不加溶剂的液体香精生产工艺简图

2. 水溶性和油溶性香精的生产工艺

水溶性香精常用质量分数为 40%~60%的乙醇作溶剂用量占香精总量的 80%~90%，也可用丙二醇、丙三醇代替乙醇作溶剂使用。

油溶性香精常用精制天然油脂作溶剂，用量约为香精总量的 80%，也可用苄醇、丙二醇、丙三醇三乙酸酯等代替天然油脂作溶剂使用。其工艺简图见图 11-9。

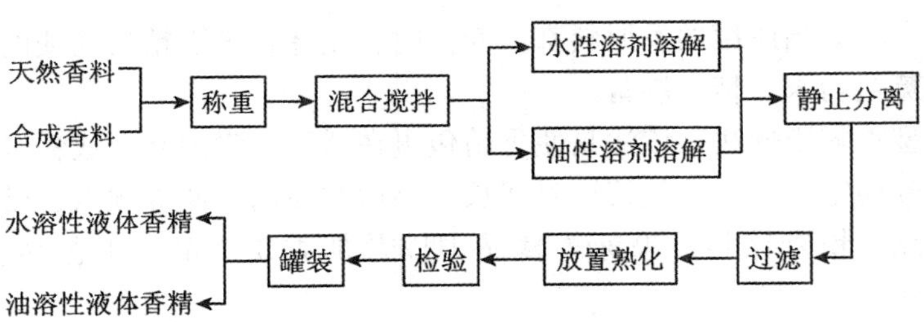

图 11-9　水溶性和油溶性香精的生产工艺简图

3. 乳化香精的生产工艺

乳化香精的生产工艺见图 11-10。

常用的稳定剂：阿拉伯胶、果胶、明胶、淀粉、羧甲基纤维素钠等。

常用的乳化剂：大豆磷脂、单硬脂酸甘油酯、二乙酰蔗糖六异丁酸酯等。

乳化常用设备：胶体磨、高压均浆器。

胶体粒度：分散粒子的最佳直径为 1~2μm。

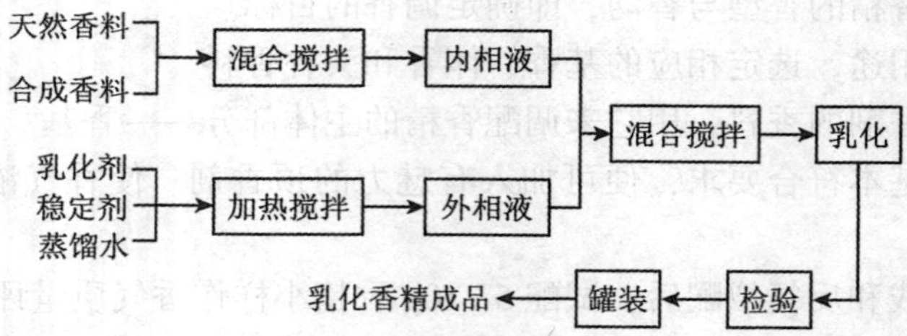

图 11-10　乳化香精的生产工艺简图

4. 粉末香精的生产工艺

粉末香精的生产工艺见图 11-11。

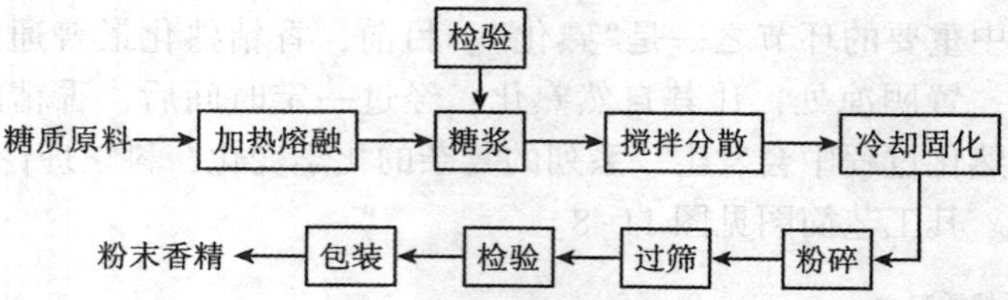

图 11-11　粉末香精的生产工艺简图

(1) 熔融体粉碎法　首先将蔗糖、山梨醇等糖质原料熬成糖浆，然后混入香精，冷却，待凝固成硬糖后，再粉碎成粉末香精。但因在加工过程中需加热，使香料易挥发和变质，吸湿性亦较强，因此，应用上受到了限制。

(2) 微粒型快速干燥法　先将液体香精加入到糊精、糖类的溶液或其他乳化液中，充分搅拌使之分散均匀，再用薄膜干燥机快速减压干燥法或喷雾干燥法，能制备粉末香精。此类粉末香精被广泛地用在冰淇淋、口香糖、果冻和粉末汤料等中。

(3) 载体吸收法　该法可用于制备粉类化妆品所必需的粉末香精。将制得的粉末香精与其他成分混合即可制成粉类化妆品。精制碳酸镁、碳酸钙粉末常被用作这类粉末香精的载体。

(4) 粉碎混合法　当所用的香原料都为固体时，制造粉末香精最简便的方法就是采用粉碎混合法，如香荚兰粉末香精的制备。

(5) 微胶囊型喷雾干燥法　该法是使香精包裹在微型胶囊内并形成粉末状。这样制得的香精具有香料成分稳定性好、香气持续时间长、储运和使用方便等优点，已被广泛应用于粉末汤料、混合糕点、粉末饮料、果冻等食品中以及加香纺织品、工艺品、医药和塑料工业中。

四、香料与香精的稳定性及产品质量检验

(一) 香料与香精的稳定性

香料与香精的稳定性主要表现在两个方面：一是它们在香气或香型上的稳定性；二是自身或在制品中的物理、化学性能的稳定性。香料与香精的稳定性影响因素主要可以概括为几个因素：

(1) 香精中某些香料分子之间发生化学反应，如酯交换、酯化、酚醛缩合、醇醛缩合等反应；

（2）香精中某些分子，如醇、醛、不饱和键等分子和空气之间发生氧化反应；

（3）香精中某些分子，如某些醛、酮、含氮化合物等遇光照后发生物理化学反应；

（4）香精某些成分与加香制品中某些组分之间难以配伍或发生物理、化学反应，如受酸碱度的影响而发生水解反应等；

（5）香精中某些成分与加香制品或包装容器材料之间的反应等。

只有在香料与香精的生产中充分考虑上述因素，才能最大程度的提高香料与香精的保质期以及产品的质量。

（二）香料与香精的检验

香料与香精和人们的生活紧密相连，香料的质量与人们的身体健康关系极大。因此，无论是天然香料，还是合成香料，甚至是调和而成的香精，都要进行严格的质量检验。检验的项目包括如下几个方面。

（1）感官检验　香气、香味和外观的鉴定。

（2）物理常数测定　相对密度、折射率、旋光角、熔点、凝点、闪点、沸点、乙醇中溶混度、蒸发后残留物的定量测定等。

（3）化学常数测定　酸值、酯值、醇量、羰值、酚量等。

（4）毒理检验　急性毒性、亚急性毒性、慢性毒性的检验。

为确定香料的质量，有时还要做食用卫生指标检验，如重金属的含量测定。为确定香料的纯度，还要做气相色谱分析等。

五、实用香精配方

（一）食品香精

食品香精是为了提高食品嗜好性而添加的香味物质，由可安全食用的挥发性芳香物质、溶剂、载体及某些食品添加剂所组成的具有一定香型的混合体。

食品香精在食品生产中具有辅助作用、稳定作用、补充作用、赋香作用、矫味作用等。它是食品的组成之一，虽没有营养价值，但它能赋予食品美好的嗅觉和味觉。起到加香助味的作用，从而改善提高了食品的品质，对增加食品的花色品种也起重要的作用。如果没有食品香精，许多食品将会出现香味不足或全无香味，而没有美好香味的食品足不会被人们所喜爱的。所以食品香精是食品必不可少的一个组成部分，也是食品工业化生产的需要。

1. 食品香精的分类

（1）水溶性香精　将香基溶于一定浓度的乙醇、丙二醇、去离子水或蒸馏水中，必要时加酊剂、浸提液或浓缩果汁。通常使用量为1‰～5‰。溶解或分散于水中成为透明，有轻微的头香，但缺乏耐热性。主要用于清凉饮料、冷食、冰淇淋、果冻等。

（2）油质香精　将香基溶于丙三醇、三乙酸甘油酯、植物油等脂溶性溶剂中，香精浓度高，不易分散于水中，但耐热性、保留性优良。用于糖果、饼干、糕点、口香糖等。

（3）调味香精　用辛香料和肉类提取物来调配，用于方便食品、调味料、汤料、膨化食品、小吃食品等。

（4）酒用香精　配制啤酒、果酒、洋酒、白酒、米酒等酒类。

(5) 牙膏用香精　牙膏、牙粉、爽口剂等洁齿类产品。

(6) 其他用途香精　儿童用品、塑料制品、保安、文具、印刷等。

2. 葡萄香精配方举例

葡萄的香气是以邻氨基苯甲酸甲酯和N−甲基邻氨基苯甲酸甲酯为特征香气，辅以酒香、果青香、玫瑰样花香、糖甜香，再配合以酯类果香组成，葡萄香精的配方如下：

组　分	用　量/g	组　分	用　量/g	组　分	用　量/g
庚酸乙酯	1.05	桂酸乙酯	0.004	肉豆蔻油	0.06
邻氨基苯甲酸甲酯	0.11	香叶油	0.003	香紫苏油	0.04
水杨酸甲酯	0.02	紫罗兰酮	0.003	甜橙油萜	1.05
杨梅醛	0.10	乙酸乙酯	15.17	95%乙醇	58.35
香柠檬油	0.63	老姆醚	2.56	蒸馏水	20.85

(二) 日用品类香精

日用品类香精主要包括化妆品类香精和洗涤用品类香精。

1. 留兰果香型牙膏用香精配方

组　分	质量分数/%	组　分	质量分数/%	组　分	质量分数/%
水杨酸甲酯	3	甜橙油	5	留兰香油	66
葛缕子油	1.5	香叶油	1	薄荷脑	20
百里香油	2	香兰素	1.5		

2. 薰衣草类洗涤剂香精配方

组　分	质量分数/%	组　分	质量分数/%	组　分	质量分数/%
乙酸芳樟酯	36	纯种芳樟叶油	15	香兰素	1.5
柠檬油	2	香柠檬油	10	秘鲁浸膏	2
玳玳叶油	4	香叶油	2	广藿香油	1.5
乙酸松油酯	4	苯乙醇	2	安息香浸膏	4
玫瑰醇	2	二甲苯麝香	5	3%灵猫酊剂	4
香豆素	5				

六、香精使用应注意的问题

(1) 用量　量多量少都不好，通过反复的实验调节，最终决定于当地消费者的口感。

(2) 均匀性　分散均匀，才能使香味一致。

(3) 其他原料的用量　其他原料的质量影响香味效果。水处理不好，劣质糖等本身具有较强的气味，使香精香味受影响而降低了质量。

(4) 碳酸比的配合　糖酸比配合恰当，香味效果较好。如柠檬饮料中酸低，再多的香精也起不到应有的效果。适宜的糖酸比取决于人的口味，糖酸比的配合以接近天然最好。

(5) 温度　温度越高，香精挥发速度越快，越易变质。

实训项目：食品调香实验

【实训项目卡】

实训班级	实训场地	学时数	指导教师
		6	
实训项目	食品调香实验		
所需仪器	滤纸条(0.5~1cm宽，10~18cm长，12条/组)、纸片(8cm长，10cm宽，3张/组)、一次性杯(5个/组)、5mL移液管(5支/组)、100mL量筒(1只/组)、洗耳球		
所需试剂	草莓香精、香蕉香精、桔子香精、桂花香精、红烧肉香精(已知香精8人/份；未知香精8人/份，编号为1#~5#)；肉香粉、乙基麦牙酚、五香粉(8人/份)；柠檬水、蔗糖、95%乙醇		

实训内容

序号	工序	操作步骤	要点提示	工艺参数或数据记录
1	记忆香精、香米的香型、香韵	草莓香精、香蕉香精、桔子香精、桂花香精、红烧肉香精 ① 要在辨香纸上写明被辨评对象的顺序(先评判未知还是闻过已知香精在评判)名称、日期和时间。 ② 采用纸条，将其一头浸入拟辨香料或香精中，蘸上约1~2cm，对比时要蘸得相等。 ③ 嗅辨时，样品不要触及鼻子，要有一定的距离(刚可嗅到)。 ④ 随时记录嗅辨香气的结果，包括香韵、香型、强度，并根据自己的体会，用贴切的词汇描述香气	嗅香的环境应该没有异味，不干扰嗅香过程	
2	未知香精辨别	在未标明名称的1#~5#香精样品中，进行观察、嗅辨后，写出香精名称和香型	具体步骤同上	
3	记忆添加剂的香型、香味特点	肉香粉、乙基麦芽酚、五香粉 采用纸片，将固态样品少量置于纸片中心，再进行嗅辨	所用纸片应保证干净无异味	
4	配制柠檬汁	模拟天然果汁饮料的调香、加香实验，试配制柠檬汁饮料，记录用量和呈香效果	要求添加若干香精混合，体会一下混合后香精的呈香效果	

习　　题

一、选择题

1. 下列物质可用于食品乳化香精增重剂的是(　　)。

A. 麦芽酚　　B. 海藻酸钠和羧甲基纤维素钠

C. 山梨糖醇酐脂肪酸酯　　D. 蔗糖酯

2. 清、浊、柔、刚表示(　　)。

A. 香精由4种成分组成　B. 香气有4种香调　C. 香气有4种香韵　D. 香精分为4类

3. 丁家宜美白化妆品是以人参细胞培养合成的熊果苷为增白剂，它在市场上取得了很大成功。熊果苷之所以具有增白作用是由它(　　)。

A. 是一种白色的固体化合物　　　　　　　　　　　　B. 能抑制酪氨酸酶的活性
C. 具有吸收紫外线的功能　　　　　　　　　　　　　D. 能反射紫外光

4. 香料化合物的分子骨架对其香味有很大影响。具有肉香味的香料分子一般具有(　　)的结构特征。

A 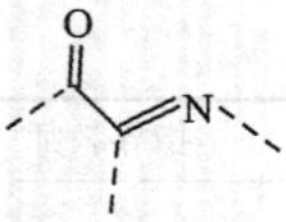　B 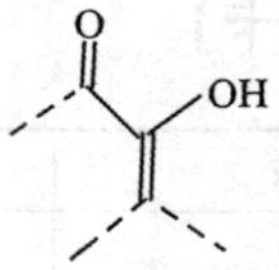　C 
(X为S或O)　D 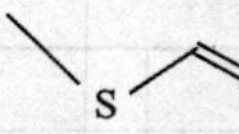

5. 在咸味食品香精生产工艺中，HVP 代表(　　)。
A. 单体氨基酸　　B. 还原糖　　C. 辛香料　　D. 水解植物蛋白

6. 防晒化妆品通常按 SPF 值进行分级。对 SPF 值表述错误的是(　　)。
A. SPF 值又称防晒指数　　　　　　　　　B. SPF 值表示化妆品对 UVB 防护能力的大小
C. SPF 值越大防晒效果越好　　　　　　　D. SPF 值表示化妆品对 UVA 防护能力的大小

7. 用(　　)来定量表示香气的强度。
A. 香气韵调　　B. 香气品质　　C. 香气阈值　　D. 香气类型

8. 超氧化物歧化酶能阻止自由基产生，从而起到保护皮肤的作用，它的缩写是(　　)。
A. UVA　　B. SPF　　C. NMF　　D. SOD

9. 香水与古龙水的主要区别在于(　　)。
A. 香水中香精和酒精的含量高，而古龙水中香精和酒精含量低
B. 香水中香精含量少，酒精含量高，而古龙水中香精含量多，酒精含量低
C. 香水中香精含量高，酒精含量低，而古龙水中香精含量低，酒精含量高
D. 香水中香精和酒精含量低，而古龙水中香精和酒精含量高

10. 高档香料麝香常用作定香剂，它属于(　　)。
A. 人工合成香料　　B. 植物性天然香料　　C. 动物性天然香料　　D. 生物工程香料

二、名词解释

1. 单离香料：
2. 香精：
3. 咸味食品香精：
4. 微胶囊粉末香精：
5. 功能化妆品：

三、简答题

1. 化妆品主要有哪些作用?
2. 影响乳化香精稳定性的主要因素有哪些?
3. 人体中的黑色素是如何形成的?

模块十二

绿色精细化工

知识目标　了解绿色精细化工的概念、分类及发展前景，明确绿色可持续发展的重要性；理解特殊产品绿色精细化工的生产技术；掌握典型产品的绿色化学工艺。

技能目标　能掌握常见绿色化工产品的制备工艺，并能独立完成部分产品的制备。

项目一　基本知识

一、我国精细化工产业发展现状

精细化工产生于19世纪末，进入20世纪80年代，以电子工业为代表的新兴产业蓬勃发展，科学技术的发展和各种新技术的引入，为精细化工开辟了很多的崭新领域，其中功能高分子材料和生物工程是其中的亮点。随着中国经济发展水平的提高，精细化工取得长足进步，部分产品居世界领先地位。中国精细化工的快速发展，不仅基本满足了国民经济发展的需要，而且部分精细化工产品，还具有一定的国际竞争能力，成为世界上重要的精细化工原料及中间体的加工地与出口地，精细化工产品已被广泛应用到国民经济的各个领域和人民日常生活中。中国精细化工工业在发展的同时，一些问题也日益显露出来。

1. 精细化工存在的问题

(1) 生产技术水平普遍低下　一些较为先进的技术，如加氢还原连续硝化、绝热硝化等还未被普遍使用。不少小企业的生产还是作坊式的，自动化水平不高，仅有少数企业的生产实现了DCS控制，相当部分的企业还依靠手工操作。

(2) 企业规模小，集中度低　目前，我国有上万家企业生产精细化学品，与国外企业相比，生产规模偏小，产品单一。从整体上看，我国符合规模经济的精细化工企业屈指可数，大公司、大集团、大基地的精细化工公司更少。

(3) 开发能力弱　中国的科技力量大部分集中在科研院所和大专院校。由于与生产相脱节，科技成果的转化率一般只有10%左右。而企业自我开发能力又较弱，大部分精细化工企业还尚未建立科技开发、应用研究、市场开拓和技术服务机构。受计划经济的影响，科研单位和生产厂家对应用研究不够重视，对产品应用和市场营销关注很少，这是中国精细化工发展中的制约因素之一。

2. 精细化工发展制约因素

诸如臭氧层空洞、白色污染、酸雨和水体富营养化等环境污染已经是制约精细化工发展的主要因素。国内的生产厂多数重经济效益，不重视环境的保护，资源、能源的利用率低，“三废”处理的费用成为企业的沉重负担。精细化工产品的生产过程中，产生大量的“三废”，粗略估计：全世界每年产生的有害废物约3亿~4亿吨，给人类带来了灾难。解决环境污染问题、维持人类社会的可持续发展，已经成为新世纪人类面临的重大挑战。

二、绿色精细化工是应对挑战的必然选择

化学工业经过上百年的发展历程，目前已经成为四大基础工程之一，化学工业也成为世界经济的基础工业部门之一。但是，随着化学工业的发展，化工行业对环境的污染问题也日益受到重视。在可持续发展已经成为全人类共识的今天，人们已经意识到：传统的化学工业必须变革，以迎合可持续发展的要求。正因为如此，国外有人提出了“绿色精细化工”的概念，认为精细化学品工业必须朝着低污染甚至无污染的“绿色”方向发展。美国《未来学家》杂志载录的未来绿色化工技术具有以下特点：①能持续利用；②以安全的用之不竭的能源供应为基础；③高效率地利用能源及其他资源；④高效率地利用废旧物质和副产品；⑤越来越智能化；⑥越来越充满活力。

1. 绿色精细化工的定义

绿色精细化工，就是运用绿色化学的原理和技术，选用无毒无害的原料、开发绿色合成工艺和环境友好的化工工艺、生产对人类健康和环境无害的精细化学产品。绿色化学的理想在于不再使用有毒、有害的物质，不再产生废物，不再处理废物。从科学观点看，绿色化学是化学科学基础内容的更新；从环境观点看，它是从源头上消除污染；从经济观点看，它是合理利用资源和能源，降低生产成本，是一门从源头上阻止污染的化学，符合经济可持续发展的要求。

绿色化学是化学家对传统化学反思的结果，传统的化学虽然可以得到人类需要的新物质，但是在许多场合中却既未有效地利用资源，又产生大量排放物造成严重的环境污染，从根本上治理环境污染的必由之路是大力发展绿色化学。

2. 绿色精细化工的特点

绿色精细化工技术应具备以下几个特点：

(1) 采用无毒、无害的原料　为了人类健康和环境安全，需要用无毒无害的原料代替有毒有害的原料生产所需的化工产品。例如，Monsanto 公司以无毒无害的二乙醇胺为原料，经过催化脱氢，开发了安全生产氨基二乙酸钠的工艺，改变了过去的以氨、甲醛和氢氰酸为原料的二步合成路线，并因此获得了1996年美国总统绿色化学挑战奖中的新合成路线奖。

(2) 反应及工艺条件是无毒无害的　绿色精细化工所采用的生产工艺先进，能耗低，原料转化率高，过程选择性好，使用的生产原料来源广泛并且无毒无害，物料的回收利用率和

循环利用率高，或者采用闭路循环生产技术，使所有的原料、副产物乃至“三废”都全部得以综合利用，不因排放到环境中而造成污染，满足可持续发展的要求。

(3) 反应具有高选择性，减少副产物，争取“零排放”　只有以“零排放”作为工业生产的追求目标，才能最终减轻化学品生产对人类和环境所造成的危害，在绿色化学生产中，更时刻注重安全这一词，不仅包括人类的生命健康安全，还包括在化学品生产过程中对整个生态圈所造成的影响。

(4) 采用用之不竭的能源作为能量供应基础　新能源又称非常规能源，是指传统能源之外的各种能源形式，也可指刚开始开发利用或正在积极研究、有待推广的能源，如太阳能、地热能、生物质能和核聚变能等。这些新能源普遍具有污染少、储量大的特点，对于解决当今世界严重的环境污染问题和资源(特别是化石能源)枯竭问题具有重要意义。同时，由于很多新能源分布均匀，对解决由能源引发的战争也有着重要意义。

(5) 产品对环境是友好的　绿色精细化工产品及其包装不对环境造成污染，产品在消费中和消费后不对人类健康和生态环境造成威胁。

3. 绿色化学、工艺的原则与范围

R. T. Anastas 和 J. C. Waner 曾提出绿色化学、工艺的原则：

(1) 防止　防止产生废弃物要比产生后再去处理和净化好得多。

(2) 讲原子经济　应该设计这样的合成程序，使反应过程中所用的物料能最大限度地进到终极产物中。

(3) 较少有危害性的合成反应出现　无论如何要使用可以行得通的方法，使得设计合成程序只采用或者生产出对人体及环境毒性很小，甚至无毒的物质。

(4) 设计要使所生成的化学产品是安全的　设计化学反应的生成物不仅具有所需的性能，还应具有最小的毒性。

(5) 溶剂和辅料是较安全的　尽量不使用辅料(如溶剂或析出剂)，当不得已使用时，尽可能采用无毒、无公害的溶剂或者辅料。

(6) 设计中能量的使用要讲效率　尽可能降低化学过程所需能量，还应考虑对环境和经济的效益。合成程序尽可能在大气环境的温度和压强下进行。

(7) 用可以回收的原料　只要技术上、经济上是可行的，原料应能回收而不是使之变坏。

(8) 尽量减少衍生物　应尽可能避免或减少多余的衍生反应(用于保护基团或取消保护和短暂改变物理、化学过程)，因为进行这些步骤需添加一些反应物同时也会产生废弃物。

(9) 催化作用　催化剂(尽可能是具选择性的)比符合化学计量数的反应物更占优势。

(10) 要设计降解　按设计生产的生成物，当其有效作用完成后，可以分解为无害的降解产物，在环境中不继续存在。

(11) 防止污染进程能进行实时分析　需要不断发展分析方法，在实时分析进程中监测，特别是对形成危害物质的控制上。

(12) 防止事故发生　在化学过程中，反应物的选择应着眼于使包括释放、爆炸、着火等化学事故的可能性降至最低。

这 12 条原则目前为国际化学界所公认，反映了近年来在绿色化学领域中所开展的多方面研究工作的内容，同时也指明未来发展绿色化学的方向。

项目二　绿色精细化工生产技术

一、催化技术

（一）新型酸碱催化剂

主要包括超强酸固体催化剂、超强碱固体催化剂、杂多酸催化剂等。

1. 超强酸固体催化剂

超强酸是比100%的硫酸还要强的酸，其Hammett函数H0<-11.93（100%硫酸的H0为-11.93），可分为固态和液态。固体超强酸是近年来研究与开发的一种新型固体酸催化剂，随着人们对固体超强酸不断深入研究，催化剂的种类也从液体含卤素超强酸发展为无卤素固体超强酸、单组分固体超强酸、多组分复合固体超强酸。固体超强酸和液体超强酸相比，有容易与反应物分离，可重复使用，不腐蚀反应器，减少催化剂公害，有良好选择性等优点。在催化反应中，固体超强酸对烯烃双键异构化、醇脱水、烯烃烷基化、酸化、酯化等都显示出较高的活性。这种催化剂不腐蚀设备，不污染环境，催化反应温度低，制备简便，有广泛的应用前景。

2. 超强碱固体催化剂

固体碱为一新型催化材料，可替代传统NaOH、KOH、NaOR（醇钠）、NaH、$NaNH_2$等碱类材料，解决传统碱类催化剂在应用过程中存在催化效率低，催化剂难于分离，碱易流失，后处理步骤繁琐，易造成环境污染等问题。

3. 杂多酸催化剂

杂多酸（盐）是高效催化剂，既兼有配合物和金属氧化物结构特征，又兼有强酸性和氧化还原性，所以不仅可用作氧化还原催化剂和酸催化剂，还可作为两者兼有的双功能催化剂。杂多酸催化剂的主要反应类型有：酯化、醚化、烷基化、酰基化、去烷基化、异构化、聚合反应、裂解与分解、缩合反应等。

（二）夹层催化剂

以层状化合物为基材，在层与层之间插入金属、金属离子、有机金属络合物离子或无机物，形成的一种新型的夹层化合物，常用于选择性催化。常用的基材有天然的和人工合成的两种，天然基材主要包括膨润土、高岭土和蒙脱土等；人工基材主要包括氟四硅酸。夹层催化剂活性中心在夹层内，金属离子引入，形成特殊电场。反应物的大小、形状以及所带电荷的情况必须和夹层催化剂相匹配，才能进入催化剂，因此，夹层催化剂也被称为选择性催化剂。夹层催化剂已经在石油化工中得到广泛应用，但在其他化工生产中还处于研究开发阶段，主要用于脱氢、脱水、酯化等反应。

（三）相转移催化剂

相转移催化剂是可以帮助反应物从一相转移到能够发生反应的另一相中，从而加快异相系统反应速率的一类催化剂。在有机合成中常遇到非均相有机反应，这类反应通常具有速度慢，收率低，反应不完全的缺点。但如果用水溶性无机盐，用极性小的有机溶剂溶解有机物，并加入少量的季铵盐或季磷盐，反应则很容易进行，这类能促使提高反应速度并在两相间转移负离子的鎓盐，称为相转移催化剂。一般存在相转移催化的反应，都存在水溶液和有机溶剂两相，离子型反应物往往可溶于水相，不溶于有机相，而有机底物则可溶于有机溶剂之中。不存在相转移催化剂时，两相相互隔离，几个反应物无法接触，反应进行得很慢。相转移催化剂的存在，可以与水相中的离子结合(通常情况)，并利用自身对有机溶剂的亲和性，将水相中的反应物转移到有机相中，促使反应发生。

（四）仿酶催化剂

仿酶催化剂是指用人工或者半人工合成的方法模拟自然存在的酶的结构或者功能达到一些有酶样生物活性的化学物质。目前，仿酶催化剂还没有达到工业应用的水平。国内外对仿酶催化剂的研究十分活跃，主要有下面几种：①环糊精仿酶研究：模拟水解酶和醛缩酶；②多咪唑基双核酮类络合物仿酶研究：模拟络氨酸酶催化酚类的高选择性邻位氧化；③咪唑环番仿酶新体系：手性识别作用与模拟硫胺素辅酶；④手性恶唑酮类化合物仿酶研究：模拟异构化酶；⑤卟啉类化合物仿酶研究：模拟单加氢酶。

（五）沸石分子筛催化剂

沸石分子筛在自然界中可稳定存在，成分是结晶铝硅酸金属盐的水合物，其化学通式为：$M_x/m[(AlO_2)_x \cdot (SiO_2)_y] \cdot zH_2O$。M 代表阳离子，$m$ 表示其价态数，z 表示水合数，x 和 y 是整数。沸石分子筛活化后，水分子被除去，余下的原子形成笼形结构。分子筛晶体中有许多大小一定的空穴，空穴之间有许多同直径的孔相连。由于分子筛能将比其孔径小的分子吸附到空穴内部，而把比孔径大的分子排斥在其空穴外，起到筛分分子的作用，故得名分子筛。

沸石分子筛作为催化剂，广泛用于石油工业，如催化裂化、芳烃烷基化、异构化、加氢、脱氢、聚合等。目前，分子筛正在被大量用于精细化工有机合成中，主要提供催化活性中心、吸附载体和择形定向反应。如醇类化合物、醛类化合物、酯类化合物等的精细有机合成。

二、生物技术

生物技术，是应用生物学、化学和工程学的基本原理，依靠生物催化剂的作用将物料进行加工，以生产有用物质或为社会服务的一门多学科综合性的科学技术。

生物技术的最大特点在于能充分利用各种自然资源，节省能源，减少污染，易于实现清洁生产，而且可以实现一般化工技术难以制备的产品。

常见的生物技术主要包括以下几种：

1. 基因工程

基因工程是生物工程的一个重要分支，它和细胞工程、酶工程、蛋白质工程和微生物工程共同组成了生物工程。所谓基因工程是在分子水平上对基因进行操作的复杂技术，是将外源基因通过体外重组后导入受体细胞内，并能在受体细胞内复制、转录、翻译表达的操作。它是用人为的方法将所需要的某一供体生物的遗传物质——DNA 大分子提取出来，在离体条件下用适当的工具酶进行切割后，把它与作为载体的 DNA 分子连接起来，然后与载体一起导入某一更易生长、繁殖的受体细胞中，使外源物质在其中“安家落户”，进行正常的复制和表达，从而获得新物种的一种崭新技术。它克服了远缘杂交的不亲和障碍。

2. 细胞工程

细胞工程是生物工程的一个重要方面。总的来说，它是应用细胞生物学和分子生物学的理论和方法，按照人们的设计蓝图，在细胞水平上进行的遗传操作及大规模的细胞和组织培养。当前细胞工程所涉及的主要技术领域有细胞培养、细胞融合、细胞拆合、染色体操作及基因转移等。通过细胞工程可以生产有用的生物产品或培养有价值的植株，并可以产生新的物种或品系。

3. 酶工程

酶工程又可以说是蛋白质工程学，利用传统突变技术或分子生物学技术，将蛋白质上的氨基酸进行突变，以改变蛋白质的化学性质和功能。例如：在酵素的应用上，可以让原本不耐热的酵素，经过酵素工程改变后，可以耐热。

酶工程主要包括酶制剂的制备、酶的固定化、酶的修饰与改造及酶反应器等方面内容。酶工程的应用主要集中于食品工业、轻工业以及医药工业中。

4. 微生物发酵工程

微生物发酵工程包括菌种的选育、菌种的生产、代谢产物的发酵及微生物的利用等；也包括生物化学工程，即生化反应器的设计与放大、生产过程参数的检测与控制，以及产物的分离和精制等。

因此，现代微生物发酵工程是利用微生物的特定性状和现代化的工程技术进行工业生产的新技术体系。很显然，只有通过微生物发酵工程和生化工程，才能使基因工程、细胞工程和酶工程等技术转化为生产力。

三、微波技术

微波是指频率在300MHz~300GHz(即波长1m~1mm)范围的电磁波，位于电磁波谱的红外辐射和无线电波之间。微波直接作用于化学反应体系进而促进各类化学反应的进行，这就是通常意义上的微波化学；微波与气态物质的作用，使气体先转变成等离子体，进而在各种化学反应中加以利用，即微波等离子体化学。

微波应用于有机合成中，能大大加快化学反应的速度，缩短反应的时间，特别是以无机固体物为载体的无溶剂的微波有机合成反应，操作简便，溶剂用量少，产物易于分离纯化，产率高。例如2-甲基-1,3-戊二烯和乙醛酸酯在苯溶剂中的反应，可以借助微波，把产率从16%提高到96%。

微波技术也可广泛应用于无机合成工业中，例如采用陶瓷烧结技术合成制备新型陶瓷、二氧化钛的水热合成、微波等离子体化学气相沉积金刚石薄膜制备等。

四、超声波技术

频率高于人的听觉上限(约为20000Hz)的声波，称为超声波。超声波在媒质中的反射、折射、衍射、散射等传播规律，与可听声波的规律并没有本质上的区别。但是超声波的波长很短，只有几厘米，甚至千分之几毫米。与可听声波比较，超声波具有许多奇异特性：

(1) 传播特性　超声波的波长很短，通常障碍物的尺寸要比超声波的波长大好多倍，因此超声波的衍射本领很差，它在均匀介质中能够定向直线传播，超声波的波长越短，这一特性就越显著。

（2）功率特性　当声音在空气中传播时，推动空气中的微粒往复振动而对微粒做功，声波功率就是表示声波作功快慢的物理量。在相同强度下，声波的频率越高，它所具有的功率就越大。由于超声波频很高，所以超声波与一般声波相比，它的功率是非常大的。

（3）空化作用　当超声波在液体中传播时，由于液体微粒的剧烈振动，会在液体内部产生小空洞。这些小空洞迅速胀大和闭合，会使液体微粒之间发生猛烈的撞击作用，从而产生几千到上万个大气压的压强。微粒间这种剧烈的相互作用，会使液体的温度骤然升高，起到了很好的搅拌作用，从而使两种不相溶的液体（如水和油）发生乳化，并且加速溶质的溶解，加速化学反应。这种由超声波作用在液体中所引起的各种效应称为超声波的空化作用。

五、膜技术

在某种推动力的作用下，利用某种隔膜特定的透过性能，使溶质或溶剂分离的方法称为膜分离。分离溶质时一般叫渗析；分离溶剂时一般叫渗透。

根据材料的不同可分为无机膜和有机膜，无机膜大多为微滤级别的膜，主要是陶瓷膜和金属膜；有机膜是由高分子材料做成的，如醋酸纤维素、芳香族聚酰胺、聚醚砜、聚氟聚合物等。按结构可分为对称膜（单层膜）和不对称膜（多层复合膜）；按用途可分为分离膜和膜反应器。膜技术通常包括膜分离技术和膜催化技术。

膜技术特点：

（1）在常温下进行　有效成分损失极少，特别适用于热敏性物质，如抗生素等医药、果汁、酶、蛋白的分离与浓缩；

（2）无相态变化　保持原有的风味，能耗极低，其费用约为蒸发浓缩或冷冻浓缩的1/3～1/8；

（3）无化学变化　典型的物理分离过程，不用化学试剂和添加剂，产品不受污染；

（4）选择性好　可在分子级内进行物质分离，具有普遍滤材无法取代的卓越性能；

（5）适应性强　处理规模可大可小，可以连续也可以间隙进行，工艺简单，操作方便，易于自动化。

膜技术在日常生活中也日益显示出它的重要作用和光明前景。例如富氧膜，以其分离气体的特殊功能，产生富氧空气，目前广泛应用于医院、养鱼场、工业发酵与氧化等场所，尤其在高山缺氧地区特别需要。

六、分子蒸馏技术

1. 分子蒸馏的基本原理

根据分子运动理论，液体混合物受热后分子运动会加剧，当接受到足够能量时，就会从液面逸出成为气相分子。随着液面上方气相分子的增加，有一部分气相分子就会返回液相。在外界条件保持恒定的情况下。最终会达到分子运动的动态平衡，从宏观上看即达到了平衡。根据分子运动平均自由程公式，不同种类的分子，由于其分子有效直径不同，故其平均自由程也不同，即从统计学观点看，不同种类分子逸出液面后不与其他分子碰撞的飞行距离是不同的。分子蒸馏的分离作用就是依据液体分子受热会从液面逸出，而不同种类分子逸出后，在气相中其运动平均自由程不同这一性质来实现的。

具体过程可以分为以下阶段：

① 物料分子从液相主体向蒸发表面扩散。

② 物料分子在液层上自由蒸发速度随温度升高而增大，但是，分离因素却随温度升高而降低。

③ 分子从蒸发面向冷凝面飞射。在飞射过程中可能与残存的空气分子碰撞，也可能相互碰撞，但只要真空度合适，使蒸发分子的平均自由程大于或等于蒸发面与冷凝面之间的距离即可。

④ 轻分子在冷凝面上冷凝。如果冷凝面的形状合理且光滑并迅速转移，则可以认为冷凝是瞬间完成的。

2. 分子蒸馏技术的特点

(1) 操作温度低　常规蒸馏是靠不同物质的沸点差进行分离的，而分子蒸馏是靠不同物质的分子运动平均自由程的差别进行分离的，也就是说后者在分离过程中，蒸气分子一旦由液相中逸出(挥发)就可实现分离，而并非达到沸腾状态。因此，分子蒸馏是在远离沸点下进行操作的。

(2) 蒸气压强低　由分子运动平均自由程公式可知，要想获得足够大的平均自由程，必须通过降低蒸馏压强来获得。

(3) 受热时间短　鉴于分子蒸馏是基于不同物质分子运动平均自由程的差别而实现分离，因而装置中加热面与冷凝面的间距要小于轻分子的运动平均自由程(即间距很小)，这样，由液面逸出的轻分子几乎未发生碰撞即达到冷凝面，所以受热时间很短。

(4) 不可逆性　普通蒸馏是蒸发与冷凝的可逆过程，液相和气相间可以形成互相平衡状态。而分子蒸馏过程中，从蒸发表面逸出的分子直接飞射到冷凝面上，中间不与其他分子发生碰撞，理论上没有返回蒸发面的可能性，所以，分子蒸馏是不可逆的。

(5) 没有沸腾鼓泡现象　普通蒸馏有鼓泡、沸腾现象，分子蒸馏是液层表面上的自由蒸发，在低压力下进行，液体中无溶解的空气，因此在蒸馏过程中不能使整个液体沸腾，没有鼓泡现象。

(6) 分离程度及产品收率高　分子蒸馏常常用来分离常规蒸馏难以分离的物质，而且就两种方法均能分离的物质而言，分子蒸馏的分离程度更高，从两种方法相同条件下的挥发度不同可以看出这一点。

(7) 无毒、无害、无污染、无残留　可得到纯净安全的产物，且操作工艺简单，使用设备少。

3. 分子蒸馏技术的应用范围

通过大量工业化实践已经证明，分子蒸馏技术具有独特的、多方面的应用特点，包括脱除热敏性物质中的轻组分，可以应用于物质的脱臭、脱溶、脱单体；脱除原料或产品中的杂质及颜色；在生产过程中可降低热敏性物质的热损伤；消除或降低生产过程中的环境污染，进行清洁生产；脱除产品中残留的重金属离子及催化剂。在实际生产中可采用多级分子蒸馏来提取天然维生素 E，利用分子蒸馏精制废润滑油和鱼油甘三酯等。

项目三　典型绿色生产工艺

一、制药工业的绿色化

制药工业属于典型的精细化工，关乎国计民生，与人们的身体健康、生活质量息息相关。制药工业的特点是品种多、更新换代快、合成步骤多、原料使用复杂、总产率比较低、“三废”排放量大、容易造成环境污染。绿色制药工业就是将绿色化学的原理和技术运用到制药工业，以达到绿色工艺的要求，其特征主要有：把治理污染作为设计，筛选药品生产工艺的首要条件，实施清洁生产工艺；把低消耗、无污染、资源再生、废弃物循环利用、可分离降解作为绿色化的指标。

绿色化学制药就是运用绿色化学的原理与技术，提高原料的原子利用率，减少或消除有害副产物的产生，使溶剂和试剂再循环回收利用，采用环境友好的工艺，实现无害化的工艺生产。

催化技术是推动“绿色制药”不断发展的核心力量。催化过程包括多种形式的化学催化和生物催化，它是实现高原子经济反应的重要途径。催化剂除必须具备较好的选择性和优良的活性，还要具备耐热、抗毒稳定性。目前，研究较热门的绿色催化剂主要有纳米分子筛、纳米晶格氧复合氧化物、杂多酸、共轭固体超强酸、负载型过渡金属氮化物、碳化物、水溶性均相有机金属络合物等。例如萘普生的合成工艺。

萘普生为芳基丙酸类非甾体消炎镇痛药，具有明显抑制前列腺素合成的作用，具有较强的抗炎、抗风湿、解热镇痛作用。

现以6-甲氧基-2-乙酰萘为原料，采用Darens反应合成法合成萘普生的生产路线简述如下：

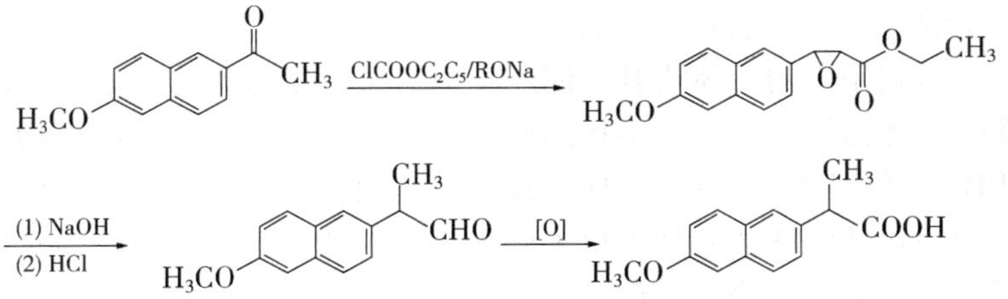

副反应：

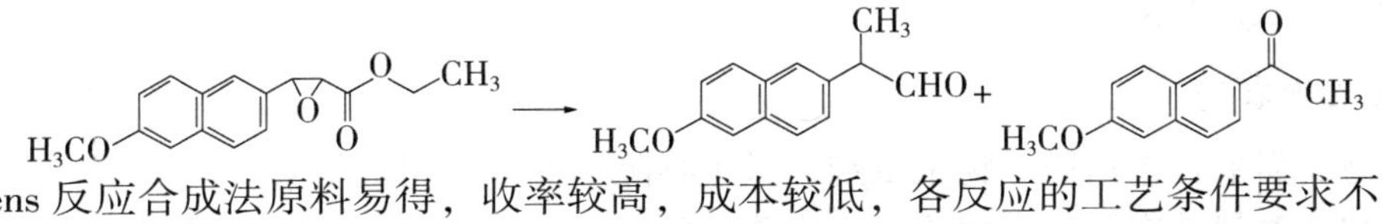

Darens反应合成法原料易得，收率较高，成本较低，各反应的工艺条件要求不高，易于工业化。但是，在制备反应过程中使用的原料会采用毒性大的硝基苯为溶剂，对环境污染比较严重。

现在比较绿色的合成工艺原理如下：

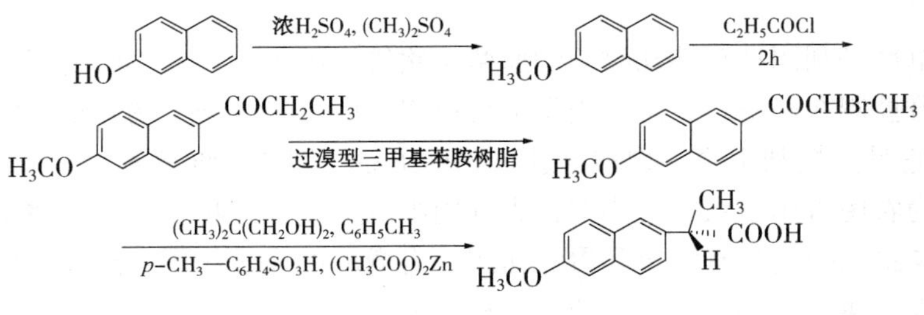

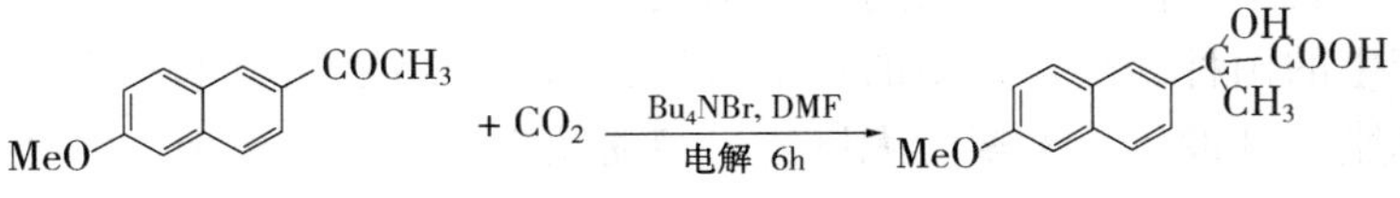

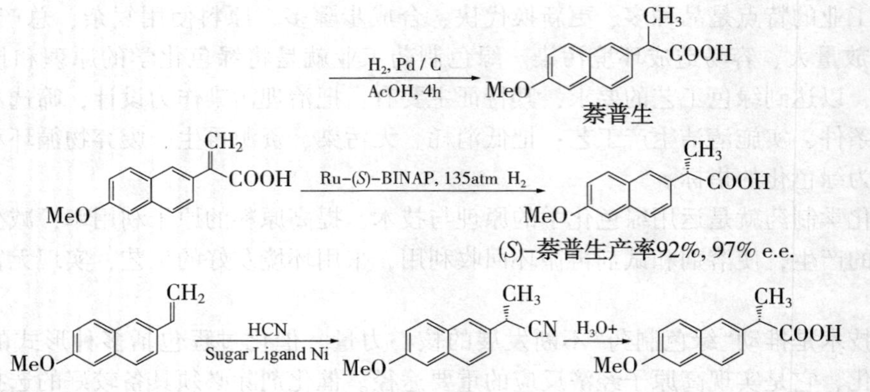

二、农药工业的绿色化

（一）绿色农药的含义及分类

绿色农药是用无公害的原材料和不生成有害副产物的工艺制备，效率高、药效稳定、易于使用、对环境友好的农药产品。使用绿色农药不仅可以保护作物的正常生长，保证农作物的稳产丰收，而且可以减少环境污染。与绿色农产品相适应，未来的化学农药产品应该是绿色农药。绿色农药应具备高效、低毒、低残留、选择性好等特点，绿色农药主要包括绿色生物农药、绿色化学农药以及绿色农药制剂。

绿色生物农药是利用生物活体或其代谢产物对有害生物进行防治的一类制剂，它较化学农药具有选择性强、无污染、不易产生抗药性、生产原料广泛等优点。生物农药从类型上可分为：微生物活体、微生物代谢物、活体和代谢物的混合制剂、植物源农药、生化农药，另外具有抗病虫功能的转基因植物品种等也可归入生物农药的范畴。从防治对象上看，可分为杀虫剂、杀菌剂、除草剂、植物生长调节剂等。

（二）绿色生物农药

1. 微生物农药

微生物农药主要包括微生物杀虫剂、微生物除草剂和农用抗生素。

微生物杀虫剂是应用昆虫病原体作为杀虫的制剂，这些病原体可以不加修饰近乎以自然状态应用，也可以通过标准的遗传操作或 DNA 重组技术将其杀虫活性予以改善。昆虫病原体主要包括：病毒、细菌、真菌、原生动物等，这些病原体都对各自的寄主昆虫有致病、致死作用。

微生物除草剂是利用植食性动物、病原微生物等天敌生物在自然状态下，通过生态学途径，将杂草种群控制在经济、生态与美学上可以接受的水平。微生物除草剂的开发研究始于20 世纪中叶，它是直接利用微生物本身进行杂草防除，例如阿维菌素。

阿维菌素为农用兽用杀虫、杀螨剂，大环内酯双糖类化合物，是从土壤微生物中分离的天然产物，对昆虫和螨类具有触杀和胃毒作用并有微弱的熏蒸作用，致死作用较慢。但在植物表面残留较少，属于环保型生物农药。结构式如下：

阿维菌素产生的菌种为链霉菌中的一个新种，属灰色链霉菌，形态为气生菌丝分枝，孢子一般在燕麦琼脂、甘油、天冬素、无机盐、淀粉及蛋清琼脂上出现。阿维菌素产生的菌种在 YMS 斜面上生长，再将孢子置于 20%的甘油水溶液中，于-30℃温度下保存。研究表明，

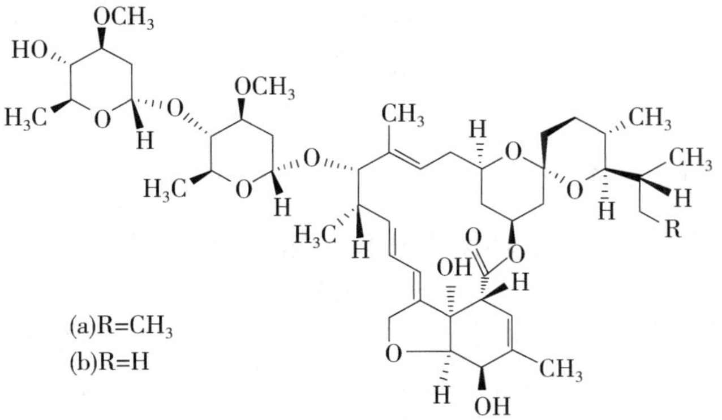

阿维菌素的产生量与下列因素有关：①菌种，菌种选育不仅可提高微生物产生的发酵单位，而且能改变各组分的比例；②C/N 比，对产量和组分影响甚大；③消泡剂，聚乙二醇是较好的消泡剂，它不仅可提高发酵单位，且可抑制发酵过程中一种橙黄色蜡状物的产生；④搅拌，对发酵效果影响较大，由于菌丝体对叶轮剪切较为敏感，故采用水翼。

2. *植物源农药*

印楝系楝科楝属乔木，广泛种植于热带、亚热带地区。印楝树的种子、树叶及树皮中，含有一种物质印楝素，正是由于它的存在，使印楝树具有驱虫治病的神奇功能。经现代研究表明，从印楝果实中提取的印楝素等成分是目前世界公认的广谱、高效、低毒、易降解、无残留的杀虫剂，且没有抗药性，对几乎所有植物害虫都具有驱杀效果，而对人畜和周围环境无任何污染，同时印楝对许多疾病还具有医疗作用，在医药中将有更广泛的应用。印楝素类化合物与昆虫体内的类固醇和甾类化合物等激素类物质非常相似，因而害虫不易区分它们是体内固有的还是外界强加的，因此，该类化合物既能进入害虫体内干扰害虫的整个生命过程，从而杀死害虫，又不易引起害虫对其产生抗药性。这类化合物与脊椎动物激素类质的结构差异很大，所以它们对人畜几乎是无毒的。其结构式如下：

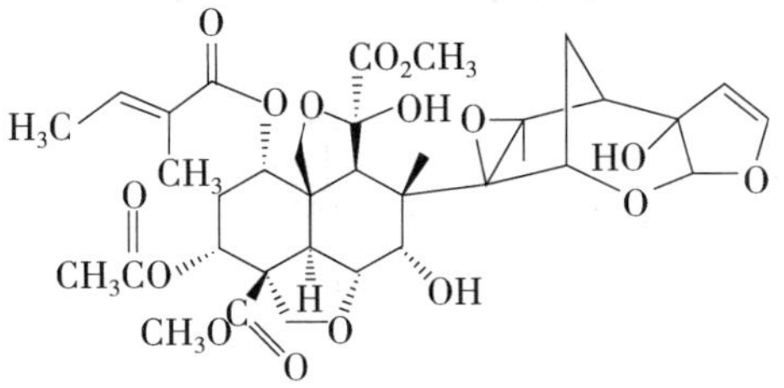

3. *绿色农药制剂*

农药的原药一般不能直接使用，必须加工配制成各种类型的制剂才能使用。制剂的型态称剂型，农药剂型具有能增强原药田间药效、改进安全性能和便于使用的特点。目前使用最多的剂型是粉剂、粒剂、乳油、悬浮剂、微乳剂、微胶囊等。

农药制剂通常由农药原药和助剂加工而成。农药助剂主要是载体和表面活性剂。液体农药制剂的载体主要是芳烃类有机溶剂，固体农药制剂的载体主要是比表面积大的多孔物质。农药制剂需要加入各种表面积活性剂，以发挥乳化、分散、黏着、润湿、渗透等一系列作用，它们泛称为农药乳化剂。

目前绿色农药新剂型的主要研究方向有：水基化、超微化、无尘化和控制释放。在绿色农药剂型设计时，农药乳化剂既要满足表面活性剂对农药的润湿、分散、增强铺展和提高药效的功能，又要考虑可持续发展的目的。因此，大量天然或植物源表面活性剂正逐步取代矿物表面活性剂。环保型农药制剂包括水基化制剂、颗粒化制剂、高浓度乳油和高含量粉体制剂、植物油型悬浮剂等。

三、表面活性剂的绿色化

随着社会经济的发展，人们的环保意识不断提高，越来越关注环境友好和“绿色”产品等方面。因此对于日化用品人们更多地会选择使用那些既不污染环境，又对人体无副作用的绿色化妆品、清洗剂及洗涤剂。由此就产生了绿色表面活性剂。绿色表面活性剂是由天然或可再生资源加工而成的，具有天然性、温和性、刺激性小等优良特点。与传统表面活性剂相比，绿色表面活性剂还具有高效去污性、优良的配伍性及良好的环境相容性，并表现出良好的乳化性、洗涤性、增溶性、润湿性、溶解性和稳定性等。下面介绍目前国内外研究最多的几类绿色表面活性剂。

（一）烷基糖苷（APG）

烷基糖苷是由葡萄糖和中碳链脂肪醇为原料生产的一种新型绿色非离子表面活性剂。具有优良的发泡性能、对人体刺激性小、易被生物降解等特点，表面张力低，去污力好，泡沫丰富细腻，配伍性强，与任何类型表面活性剂协同效应明显，具有较强的广谱抗菌活性，产品易于稀释，无浊点、无凝胶现象，使用方便，耐强碱、抗盐性强，它与大多数的表面活性剂可进行复配从而增强其他表面活性剂的效能，特别是在生态安全方面有其他表面活性剂没有的优点，故称之为“绿色表面活性剂”。我国 20 世纪 80 年代，中国日化所和大连理工大学率先开展了 APG 的研究工作。目前，国内 APG 生产技术已经成熟，中国日用化学工业研究院、发凯化工、石家庄金莫尔化学品有限公司等多家公司生产的 APG 产品质量已完全达到国外同类产品的标准，并在餐具洗涤剂、洗手液等洗涤用品领域广泛应用。APG 有多种制备方法。目前工业上采用的只有直接法和间接法两种。直接法合成 APG 的原理：用长链脂肪醇在酸性催化剂存在下，直接与葡萄糖反应，一步生成烷基多苷和水，反应生成的水在真空条件下脱除。

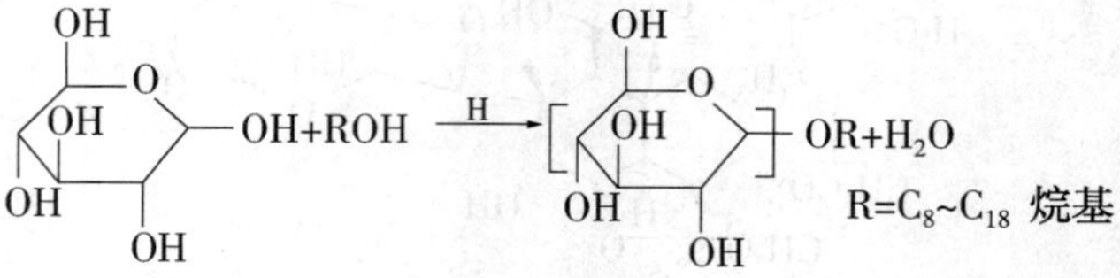

（二）脂肪醇聚氧乙烯醚羧酸盐（AEC）

脂肪醇聚氧乙烯醚羧酸盐是一种性能优良的新型绿色表面活性剂，其最显著的特点在于具有优良的化学稳定性和安全性。AEC 的生物降解性好，对皮肤温和，对眼黏膜刺激性小，对酶活性影响小，安全无毒。此外，其润湿性优良，去污能力超过相应的醇醚化合物。AEC 可通过羧甲基化法和氧化法两种方法合成。目前，世界上普遍采用羧甲基化法生产 AEC。但是氧化法生产 AEC 流程短、成本低、产品质量好，是近年来国外大公司的技术开发热点之一，工艺主要有两种，即铂、钯等贵金属催化氧化法和含氮自由基氧化法。

$$RO(CH_2CH_2O)_nH + ClCH_2COONa \xrightarrow[\text{(2) HCl或}H_2SO_4]{\text{(1) NaOH}} RO(CH_2CH_2O)_nCH_2COOH$$

$$RO(CH_2CH_2O)_nH \xrightarrow{\text{氧化}} RO(CH_2CH_2O)_nCH_2COOH$$

（三）脂肪酸甲酯磺酸盐（MES）

脂肪酸甲酯磺酸盐是近年来国内、外最受关注的新型绿色表面活性剂。MES 的优势诸多，例如原料源自可再生的天然植物油脂中，不存在口服毒性，而且具有接近 100%的生物降解率，于有氧环境下可以在 5d 内完全消失于水中，不会对环境产生任何的影响；存在较强的抗硬水性，有利于减少三聚磷酸钠等有磷助剂的排放，避免污染水源。此外，其优势还包括了性能温和，对人体刺激小；能够同众多的表面活性剂以及酶制剂进行配伍；具有良好的泡沫性，可以进行肥皂和香皂添加改性；去污性能良好等。鉴于 MES 的众多优势特征，其应用的领域包括餐具洗涤剂、皂类洗涤剂、个人清洁用品、洗衣液、牙膏以及矿物浮选等。MES 的生产原料为脂肪酸甲酯或者脂肪酸，通过磺化，再经酯化和漂白、中和等工艺过程制备而成。工艺流程图见图 12-1。

$$RCH_2COOCH_3+SO_3 \longrightarrow RCH(SO_3H)CO_2CH_3 \xrightarrow{NaOH} RCH(SO_3)NaCO_2CH_3$$

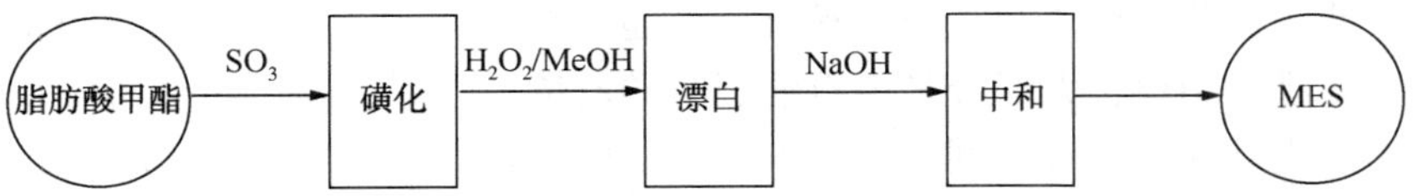

图 12-1　MES 制备工艺流程简图

（四）烷基葡萄糖酰胺（MEGA）

烷基葡萄糖酰胺即 *N*-烷酰基-*N*-甲基葡萄糖，是一种非离子表面活性剂，其所用原料均来自可再生资源，生物降解率可达 98%～99%，性能温和，对环境友好，生物安全性极高，是一种不可多得的绿色化学品。这类绿色表面活性剂能与各种表面活性剂复配使用，具备优良的协同增效作用。烷基葡萄糖酰胺的代表产品是由月桂酸衍生而来的十二烷基葡萄糖酰胺。其合成步骤包括：

第一步：甲胺与葡萄糖的醛基进行加合反应

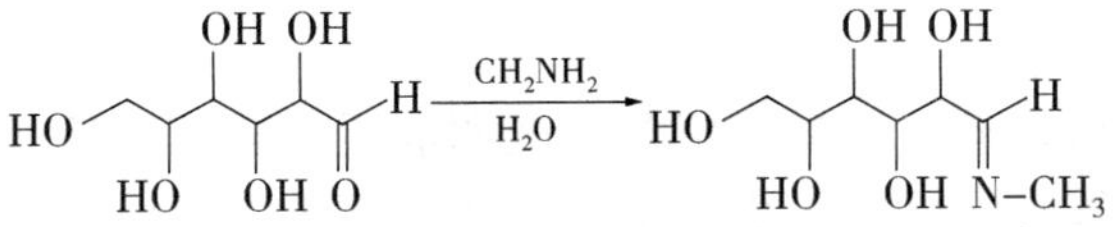

第二步：葡萄糖亚胺的加氢反应

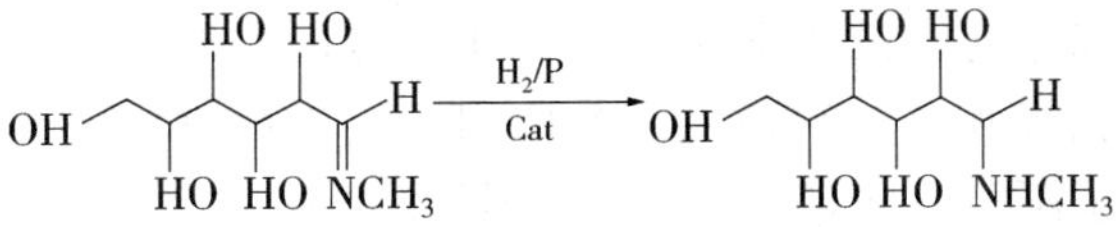

第三步：葡萄糖甲胺与甲脂进行酰胺化反应

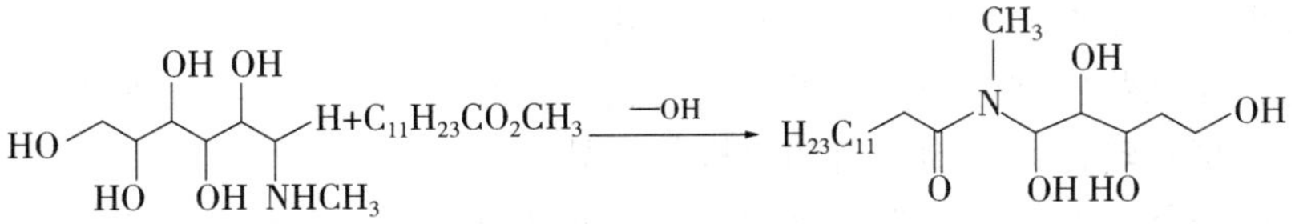

绿色化学作为一门新兴的前沿学科，将成为 21 世纪化学工业发展的主流，是解决资源和能源紧缺、环境恶化的重要途径，是提高人类生存质量和保证国家与民众安全的核心基础科学与技术。未来，绿色化工与清洁生产工艺技术将向节能、环保的方向发展。化学与材料、生命、信息、能源、资源、环境等领域的结合将开辟新的发展方向，为提高人类生活质量和环境改善提供多种途径。结合中国现在的化工生产实际和将要面临新的机遇和挑战，必将涌现出更多专家学者来致力于绿色化工技术的研究。

绿色化工技术是化学工业领域中的一种新兴策略，也是当代化工追求的最终目标。绿色化工过程以“减量化、再利用、再循环”为原则，以减少或消除有毒害物质使用与生成；减少废弃物并使废弃物最大限度转化为再生资源；尽可能延长产品使用周期的化工生产过程设计策略与方法，鉴于生产化工产品的合成路线多种多样，设计工艺流程需要对反应原料、溶剂、反应路径和反应条件进行筛选，设计方案的选择对化工过程的总体环境性能有显著影响。可持续发展要求化工生产过程必须绿色化，更要求人们在化工生产过程中必须在不超越资源与环境的承载能力之下完成。

中国是一个能源短缺的发展中国家，而且单位产值能源的消耗较高，自然界的资源总是有限，所以资源到底怎么用？怎样才能起到最大作用？怎样解决后继能源问题？这些都是资源在利用过程中亟待考虑和解决的问题。在化工生产过程中会使用很多化学品，这些化学品在使用过程中能否回收、能否再生以及循环使用也是绿色化工技术研究的一个重要方向。世界塑料的年产量已达 10^8t，大部分是由石油裂解的乙烯、丙烯，经过聚合而成，但是大部分塑料制品使用后立即作为废弃物排放，使得我国的“白色污染”现象尤其严重，所以回收再利用废弃塑料制品也是一项重要任务。低碳技巧是指涉及电力、交通、建筑、冶金、化工、石化等部门以及在可再生能源及新能源、煤的干净高效应用、油气资源和煤层气的勘察开发、二氧化碳捕获与埋存等范畴开发的有效掌握温室气体排放的新技巧。低碳技术具有广泛的应用前景和发展空间，其技术转让、设备制造、产品生产和相关服务业都将成为未来新的经济增长点。发展低碳经济则要进行能源结构的调整、产业结构的调整以及技术的革新，是走可持续发展道路的重要途径。这是环境战略重点的一次创新性转移，也是人们对环境问题由被动反应转化为主动行为的一次认识上的飞跃。

未来经济和社会可持续发展要求传统化学工业必须向绿色化学工业方向发展。绿色化工对化工过程的可持续发展具有巨大的推动作用。中国的绿色化学与化工将面临新的更大的机遇与挑战。

未来几年，我国人口将继续增加，资源、能源消耗将持续增长，面临的环保压力也将越来越大，化工行业的节能减排任务也更加艰巨。我国将大力倡导生态文明，推动绿色化工的建设，通过环保、绿色化学工艺过程的开发，使化工生产从原料到产品的整个过程实现绿色化。近几年来，我国在绿色化学的工业化和基础研究方面均取得了巨大进展。例如在基础研究领域，离子液体、超临界和高效绿色催化都取得了突破性进展。该领域开发了全绿色氨基酸离子液体家族，研发了胍类离子液体并应用于纳米催化，合成了手性离子液体等。同时，我国提出的高选择性氧化和卤化催化剂体系、高空间选择性的立体选择催化、手性 Michael 加成、自担载手性催化剂多相化、离子液体担载超常寿命纳米催化剂等，均处于国际领先水平。与此同时，在某些领域已经取得了一定的成果，而且部分实现了工业化生产，如通过对废弃物的处理，将其转化为动物饲料和有机化学品再次使用。

在物质合成制备方面，开发物质合成、转化的新策略和环境友好的绿色体系，实现具有新的特定结构和功能的操作，完成设计高效、节能减排的环境友好型绿色生产工艺。

我国的工业化、城市化将继续大规模发展，对化学工业、精细化学品的需求量也将不断增多，人民群众对改善环境、提高生活质量的要求也日益提高，绿色化工技术如果能够广泛被应用于人们的日常生活、生产，自然与人类的和谐相处才能够真正的实现。

习　　题

一、简答题

1. 精细化工存在的问题有哪些？
2. 精细化工发展制约因素有哪些？
3. 绿色精细化工的定义是什么？有哪些显著特点？
4. 绿色化学工艺中催化技术主要采用的催化剂包括哪些种类？
5. 生物技术的定义是什么？特点有哪些？
6. 膜技术的特点是什么？
7. 分子蒸馏的过程分为哪几个阶段？
8. 分子蒸馏的特点是什么？

参 考 文 献

[1] 钱旭红. 精细化工概论(第2版)[M]. 北京：化学工业出版社，2000.
[2] 仓理. 精细化工工艺[M]. 北京：化学工业出版社，1998.
[3] 吴绍祖. 实用精细化工[M]. 兰州：兰州大学出版社，1993.
[4] 赵世民. 表面活性剂[M]. 北京：中国石化出版社，2005.
[5] 汤鸿霄. 无机高分子絮凝理论与絮凝剂[M]. 北京：中国建筑工业出版社，2006.
[6] 李明阳. 化妆品化学[M]. 北京：科学出版社，2002.
[7] 刘程，张万福，陈长明. 表面活性剂应用手册(第2版)[M]. 北京：化学工业出版社，2004.
[8] 董银卯. 化妆品[M]. 北京：中国石化出版社，2000.
[9] 方海林. 高分子材料加工助剂[M]. 北京：化学工业出版社，2007.
[10] 董银卯. 化妆品配方设计与生产工艺[M]. 北京：中国纺织出版社，2007.
[11] 丁忠传. 化工生产流程图解(第3版)[M]. 北京：化学工业出版社，1997.
[12] 顾继友. 胶接理论与胶接基础[M]. 北京：科学出版社，2003.
[13] 王慎敏. 胶黏剂合成、配方设计与配方实例[M]. 北京：化学工业出版社，2003.
[14] 冯光炷. 胶黏剂配方设计与生产技术[M]. 北京：中国纺织出版社，2009.
[15] 李和平. 胶黏剂生产原理与技术[M]. 北京：化学工业出版社，2009.
[16] 向明，蔡燎原，张季冰. 胶黏剂基础与配方设计[M]. 北京：化学工业出版社，2002
[17] 朱洪法. 精细化工[M]. 北京：中国石化出版社，1998.
[18] 姚蒙正. 精细化工产品合成原理(第2版)[M]. 北京：中国石化出版社，2000.
[19] 曾繁涤. 精细化工产品及工艺学[M]. 北京：化学工业出版社，1997.
[20] 陈昭琼. 精细化工产品配方合成及应用[M]. 北京：国防工业出版社，1999.
[21] 朱洪法. 精细化工产品配方与制造[M]. 北京：金盾出版社，1995.
[22] 周学良. 精细化工产品手册[M]. 北京：化学工业出版社，2002.
[23] 沉一丁. 精细化工导论[M]. 北京：中国轻工业出版社，2006.
[24] 张洁. 精细化工工艺教程[M]. 北京：石油工业出版社，2004.
[25] 李和平. 精细化工工艺学(第2版)[M]. 北京：科学出版社，2007.
[26] 李祥新. 精细化工工艺与设备[M]. 北京：高等教育出版社，2008.
[27] 宋启煌. 精细化工工艺学[M]. 北京：化学工业出版社，2007.
[28] 钱伯章. 精细化工技术进展与市场分析[M]. 北京：化学工业出版社，2005.
[29] 黄玉媛. 精细化工配方研究与产品配制技术[M]. 广州：广东科技出版社，2002.
[30] 梁亮. 精细化工配方研究与产品配制技术[M]. 北京：化学工业出版社，2007.
[31] 刘德峥. 精细化工生产工艺学[M]. 北京：化学工业出版社，2000.
[32] 王大全. 精细化工生产流程图解[M]. 北京：化学工业出版社，1999.
[33] 徐崇泉. 精细化工实验[M]. 哈尔滨：哈尔滨工业大学出版社，2004.
[34] 强亮生，精细化工综合实验[M]. 哈尔滨：哈尔滨工业大学出版社，2006.
[35] 赵德丰. 精细化学品合成化学与应用[M]. 北京：化学工业出版社，2001.
[36] 闫鹏飞. 精细化学品化学[M]. 北京：化学工业出版社，2004.
[37] 赵文献. 精细化工[M]. 北京：中国矿业大学出版社，2000.
[38] 张先亮. 精细化学品化学(第2版)[M]. 武汉：武汉大学出版社. 2010.
[39] 李东光. 精细化学品配方[M]. 南京：江苏科学技术出版社，2008.
[40] 温辉梁. 化工助剂[M]. 江西：江西科学技术出版社，2009.
[41] 陈长明. 精细化学品配方工艺及原理分析[M]. 北京：北京工业大学出版社，2002.
[42] 蒋登高. 精细有机合成反应及工艺[M]. 北京：化学工业出版社，2001.
[43] 唐培堃. 精细有机合成化学及工艺学(第2版)[M]. 天津：天津大学出版社，2002.
[44] 陈虹. 化工专业实验[M]. 重庆：重庆大学出版社，2007.
[45] 马榴强. 精细化工工艺学[M]. 北京：化学工业出版社，2008.
[46] 程时远. 胶黏剂[M]. 北京：化学工业出版社，2001.
[47] 张跃军. 胶黏剂新产品与新技术[M]. 南京：江苏科学技术出版社，2004.

[48] 顾继友. 胶黏剂与涂料[M]. 北京：中国林业出版社，1999.
[49] 涂料工艺编写委员会. 涂料工艺(第3版)[M]. 北京：化学工业出版社，1997.
[50] 刘登良. 涂料工艺(第4版)[M]. 北京：化学工业出版社，2009.
[51] 林宣益，倪玉德. 涂料用溶剂与助剂[M]. 北京：化学工业出版社，2012.
[52] 吕仕铭，杜长森，周华. 涂料用颜料与填料[M]. 北京：化学工业出版社，2012.
[53] 徐燏，王训遒，马啸华. 精细化工生产技术[M]. 北京：化学工业出版社，2011.
[54] 闫福安. 涂料树脂合成及应用[M]. 北京：化学工业出版社，2008.
[55] 童忠良. 涂料生产工艺实例[M]. 北京：化学工业出版社，2010.
[56] 刘国杰. 涂料树脂合成工艺[M]. 北京：化学工业出版社，2012.
[57] 韩长日，宋小平. 食品添加剂生产与应用技术[M]. 北京：中国石化出版社，2006.
[58] 郝素娥，庞满坤，钟耀广. 食品添加剂制备与应用技术[M]. 北京：化学工业出版社，2003.
[59] 钱国坻. 染料化学[M]. 上海：上海交通大学出版社，1988.
[60] 上海市纺织工业局染料应用手册[M]. 北京：中国纺织出版社，1995.
[61] 宋小平，韩长日. 农用化学品制造技术[M]. 北京：科学技术文献出版社，2012.
[62] 程铸生，朱承炎，王雪梅. 精细化学品化学[M]. 上海：华东化工学院出版社，1991.
[63] 化工科技情报所. 世界精细化工手册(续编)[M]. 北京：化学工业出版社，1986.
[64] 朱良天. 农药[M]. 北京：化学工业出版社，2004.
[65] 陈茹玉，杨华铮，徐本立. 农药化学[M]. 北京：清华大学出版社，2009.
[66] 薛振祥. 农药中间体手册[M]. 北京：化学工业出版社，2004.
[67] 黄汉江. 泥浆工艺原理(第2版)[M]. 北京：石油工业出版社，1995.
[68] 郭稚弧. 缓蚀剂及其应用[M]. 武汉：华中理工大学出版社，1987.
[69] 赵福麟. 采油化学[M]. 北京：石油工业出版社，1987.
[70] 惠晓霞. 油田化学基础[M]. 北京：石油工业出版社，1987.
[71] 陆柱等. 油田水处理技术[M]. 北京：石油工业出版社. 1990.
[72] 张景河. 现代润滑油与燃料添加剂[M]. 北京：中国石化出版社，1992.
[73] 刘正超. 染化药剂[M]. 北京：纺织工业出版社，1991.
[74] 唐振球. 化工小商品生产法[M]. 长沙：湖南科技出版社，1996.
[75] 赵福麟. 采油化学[M]. 北京：北京石油大学出版社. 1989.
[76] 杨先麟. 精细化工产品配方与实用技术[M]. 武汉：湖北科技出版社，1995.
[77] 中国石化总公司生产部. 石油化工产品大全[M]. 北京：中国石化出版社，1992.
[78] 陈允中译. 腐蚀抑制剂及其应用技术[M]. 北京：石油工业出版社，1987.
[79] 禹茂章译. 精细化学品辞典[M]. 北京：化学工业出版社，1989.
[80] 李建波. 油田化学品的制备及现场应用[M]. 北京：化学工业出版社，2012.
[81] 徐宝财. 洗涤剂概论[M]. 北京：化学工业出版社. 2000.
[82] 品也博. 肥皂生产基本知识[M]. 北京：轻工业出版社，1978.
[83] 李东光. 化妆品原料手册(第2版)[M]. 北京：化学工业出版社，2006.
[84] 李东光. 洗涤剂原料手册(第2版)[M]. 北京：化学工业出版社，2006.
[85] 罗建雄. 二氧化氯制备系统的国产化应用[C] //全国制浆造纸行业国产二氧化氯装备及节能减排新技术应用推介会论文集，2011.
[86] 严瑞瑄. 国内外水处理化学品的现状和发展[J]. 中国科技投资，2012(13)：39-43.
[87] 王大全. 中国精细化工的现状和发展前景[J]. 皮革化工，2006，23(1)：11-15.
[88] 李小强，李留刚，关民普. 中国精细化工的现状和发展前景展望[J]. 科技信息，2011，23：51-53.
[89] 张亚红. 食用香精香料的现状及发展趋势[J]. 饮料工业，2008，(9)：3-6.
[90] 严正译，磷氮型极压抗磨剂的发展前景[J]. 精细石油化工，1989，(6)：36.
[91] 孙德群，安永生，赖鹏翔. 乙烯利加压法合成工艺改进[J]. 现代农药，2008，7(6)：19-21.
[92] 金日晟. 对氯苯氧乙酸的制备[J]. 中国医药工业杂志. 1998，29(12)：562.
[93] 张忠敏，张二巧，郝存书等. 对氯苯氧乙酸的合成工艺改进[J]. 河北化工，2000，2：31-32.
[94] 闻新春. 简述涂料用醇酸树脂的合成[J]. 新疆化工，2009，(2)：4-6.
[95] 刘佰平，田玉廉，张汝才. 碳酸二甲酯在涂料中的应用前景[J]. 现代涂料与涂装，2011，14(2)：30-32.
[96] 陈天红. 张扬. 高分子吸附剂对甜叶菊中各糖苷吸附选择性的研究[J]. 中国科学：B辑 1998，28(5)：

460-465.
[97] 沈秀丽，张贤泽. 甜叶菊糖苷的制备与含量测定[J]. 中国甜菜，1995，(4)：54-55.
[98] 刘宗林，彭义交等. 甜叶菊苷的提取结晶工艺研究[J]. 食品科学，2002，(8)：99-100.
[99] 施荣富，史作清等. 季铵基吸附树脂的合成及其在甜菊甙提取分离中的应用[J]. 离子交换与吸附，2001，17(2)：117-122.
[100] Fujinuma K，Saito K，nakazato M，et al. Thin laer chromatographic detection and liquid chromatographic determination of stevioside and rebaudioside A in beverages and foods following reverse phade column chromatography [J]. J. Assoc. OFF. Chem，1986，69：799-802.
[101] 黄海水，林静. 甜菊糖昔总昔量的快速测定[J]. 厦门大学学报：自然科学版：1990(3)：354-355.
[102] 项秀珠，郭秀珠. 甜菊普含量的测定方法研究[J]. 浙江农业科学：1996，2：97-99.
[103] 陈立功，许艳杰等. 阿斯巴甜合成工艺研究[J]. 化学通报，2001，64(7)：428-429.
[104] 马德金，张凯，唐根生. 阿斯巴甜工艺制作过程分析[J]. 科技传播，2010，09：21-23.
[105] 陶国良，陈震华. 酶法合成二肽甜味剂[J]. 化学通报，1989，(4)：42-45.
[106] 林应锐. 阿斯巴甜的生物合成[J]. 微生物学通报，1992，19(4)：226.
[107] 于中生，温树启等. 阿斯巴甜的内酯法制备[J]. 中国医药工业杂志，2002，33(7)：315-317.
[108] 冯海明，钟洁明. 阿斯巴甜有合成研究[J]. 郑州粮食学院学报，1998，19(2)：15-23.
[109] 白景瑞等. 化妆品配方设计及应用实例[M]. 北京：中国石化出版社，2001.
[110] 徐宝财. 洗涤剂配方工艺手册[M]. 北京：化学工业出版社，2006.
[111] 王福赓. 日化产品学[M]. 北京：中国纺织出版社，1998.
[112] 李东光. 实用化妆品配方手册[M]. 北京：化学工业出版社，2009.
[113] 顾夏声等. 水处理工程[M]. 北京：清华大学出版社，1985.
[114] 李仲选. 循环冷却水的水质稳定与处理[M]. 北京：冶金工业出版社，1987.
[115] 李润生. 碱式氯化铝(水处理新药剂)[M]. 北京：中国建筑工业出版社，1985.
[116] 于涛等. 油田化学剂(第二版)[M]. 北京：石油工业出版社，2008.
[117] 冯志强. 聚合物驱油剂及其应用[M]. 北京：中国石油大学出版社，2008.
[118] 彭明丽等. 精选小化工产品配方与工艺[M]. 北京：化学工业出版社，2010.
[119] 蒋挺大. 甲壳素[M]. 北京：中国环境科学出版社，1996.
[120] 国家环境保护局. 混凝剂与絮凝剂[M]. 北京：中国环境科学出版社，1991.
[121] 方道斌等. 丙烯酰胺聚合物[M]. 北京：化学工业出版社，2006.
[122] 唐玉斌. 水污染控制工程[M]. 哈尔滨：哈尔滨工业大学出版社，2006.
[123] 李静，王涛. 国内外精细化工发展现状、问题、趋势及前景分析[J]. 内蒙古石油化工，2017(Z1)：56-58.
[124] 李泉城. 绿色化工在精细化工中的应用[J]. 化工管理，2017(12)：177.
[125] 徐婷，韩伟. 分子蒸馏的原理及其应用进展[J]. 机电信息，2015(08)：1-8.
[126] 雷祖猛，司西强，赵虎. 烷基糖苷及其衍生物在钻井液中的应用研究进展[J]. 能源化工，2018(01)：46-50.
[127] 石松，张夏青. 中国精细化工的现状和发展前景展望[J]. 化工管理，2017(16)：21.
[128] 朱明华. 绿色表面活性剂 MES 的应用研究进展[J]. 日用化学品科学，2015(02)：7-10.
[129] Mulligan CN. Environmental applications for biosurfactant[J]. Enviroment Pollute，2005，133(2)：183-198.
[130] 李岳勋. 探析绿色精细化工关键技术及发展趋势[J]. 青岛科技大学学报(自然科学版)，2015(S2)：25-26.
[131] 朱红军. 可分解表面活性剂的研究进展[J]. 精细化工，2002(19)：6-10.
[132] 刘亚莉，王晓君，李和平等. 绿色表面活性剂-N-十二酰基胺乙基葡糖酰胺的合成与性能研究[J]. 河南工业大学学报：自然科学版，2005，26(2)：16-18.
[133] 宋冰蕾，商士斌，宋湛谦. 油茶副产物在绿色表面活性剂中的利用与研究进展Ⅲ[J]. 生物质化学工程，2010，44(2)：44-47.
[134] 绿色表面活性剂的现状及发展趋势[J]. China Cleaning Industry，2016(2)：30-36.
[135] 李会荣，杨原梅. 几种绿色表面活性剂的简介[J]. 染整技术，2013，4(35)：1-7.
[136] 陆光崇. 符合可循环、节能和环保原则的绿色表面活性-α-磺基脂肪酸甲酯盐[J]. 日用化学品科学，2006，29(3)：10-13.
[137] 任海宇，石春艳. 绿色制药工艺的研究进展[J]. 科技创业家，2014(09)：202.